高等学校土建类专业应用型本科“十四五”规划教材
高等学校土建类专业“互联网+”创新教材



# 建筑工程概预算

（第4版）

主　编　刘富勤　程　瑶
副主编　马朝霞　王绪民　蒋俊玲

武汉理工大学出版社
·武　汉·

## 内 容 提 要

本书全面介绍了工程造价的构成与计算，工程计价依据，工程计价方法，建筑面积计算及工程量计算原理，土石方与基础工程计量与计价，砌筑工程计量与计价，混凝土工程计量与计价，钢筋工程计量与计价，屋面防水及保温工程计量与计价，装饰装修工程计量与计价，措施项目计量与计价，设计概算，工程结算和竣工决算内容。

本书可作为高等院校土木工程、工程管理、工程造价及相关专业的教材，也可作为从事工程造价、咨询、监理等从业人员工作和学习的参考用书，还可作为预算员、造价员等岗位培训教材。

**图书在版编目(CIP)数据**

建筑工程概预算 / 刘富勤，程瑶主编. -- 4 版. -- 武汉：武汉理工大学出版社，2024. 6 (2024. 8 重印).

ISBN 978-7-5629-7063-7

Ⅰ. TU723. 3

中国国家版本馆 CIP 数据核字第 2024C7U221 号

**项目负责人:**王利永(027-87290908)　　**责任编辑:**王利永

**责任校对:**余士龙　　**版面设计:**正风图文

**出版发行:**武汉理工大学出版社

**地　　址:**武汉市洪山区珞狮路 122 号

**邮　　编:**430070

**网　　址:**http://www.wutp.com.cn

**经 销 者:**各地新华书店

**印 刷 者:**武汉市乐生印务有限公司

**开　　本:**787×1092　1/16

**印　　张:**25.25

**字　　数:**630 千字

**版　　次:**2013 年 1 月第 1 版　2014 年 8 月第 2 版　2018 年 8 月第 3 版　2024 年 6 月第 4 版

**印　　次:**2024 年 8 月第 2 次印刷　总第 29 次印刷

**印　　数:**93001～96000 册

**定　　价:**50.00 元

凡购本书，如有缺页、倒页、脱页等印装质量问题，请向出版社发行部调换。

本社购书热线电话:027-87391631　87523148　87165708(传真)

## 高等学校土建类专业应用型本科“十四五”规划教材

# 编审委员会

# 前　言

（第4版）

《建筑工程概预算》自2013年1月第1版正式出版以来，至今已经十一年有余。其中，2014年修订出版了第2版，2018年修订出版了第3版。本次出版是第4版。

自2016年以来，一些新的计价规范和文件相继公布执行，为了反映工程计价的最新内容，有必要对原书部分内容进行修订。

本书第4版基本保持了第3版的篇章结构，在第3版的基础上，根据住房和城乡建设部建标[2013]44号文及建办标[2016]4号文和建办标[2019]193号文，对建筑安装工程费用项目组成进行了调整；按最新税率调整了建筑安装工程费用计算方法；按《建设工程工程量清单计价规范》(GB 50500—2013)和《房屋建筑与装饰工程工程量计算规范》(GB 50854—2013)及修改意见更新了教材案例，依据全费用综合单价的模式修改完善了习题计算，更新并丰富了章节课后习题。

本书从应用型工程造价及管理人才的教学需要出发，详尽讲解了工程造价的构成与计算，工程计价的依据和方法，工程的计量与计价，工程概算和预算，工程结算等内容。为了便于对基本知识的学习和掌握，书中列举了大量的例题，每章后面附有思考题和习题，并在附录中给出了工程量清单计价的实例。

本书内容新颖，图文并茂，通俗易懂，方便自学，系统性、逻辑性、实用性强。本书是以国家现行的清单计价规范和计量规范，地方最新的消耗量定额及取费标准，以及《建筑工程建筑面积计算规范》(GB/T 50353—2013)为依据，结合编者们多年的教学和工程造价工作的实践经验编写而成的。本书考虑到计量与计价相结合，按编制工程量清单和全费用综合单价的需要组织内容，对工程预结算中最常见的问题均作了详尽的介绍，并有实际工程案例贯穿于相关各章，力求突出实用性。

本书由刘富勤、程瑶担任主编，马朝霞、王绪民、蒋俊玲担任副主编。具体编写分工为：湖北工业大学王绪民编写第1、2章，湖北第二师范学院马朝霞编写第3、10章，湖北工业大学刘富勤编写第4、6、7、8、9章，武汉工程科技学院卢小丽编写第5章，湖北工业大学蒋俊玲编写第11、12章，中国地质大学程瑶编写第13、14章。案例由刘富勤提供。全书由刘富勤负责统稿。

本书在编写过程中，参考了许多专家、学者的相关著作与教材，在此向他们表示深深的谢意。

由于编者知识及水平有限，书中不足与失误之处在所难免，衷心希望广大读者、专家、同行批评指正。

编　者

2024年5月

# 目　　录

# 1 绪　论

**本 章 提 要**

本章主要介绍了基本建设及基本建设程序的概念和含义，建设项目的划分及造价文件的类型，我国的造价人员从业制度以及工程造价咨询制度。本章重点要求掌握建设项目的划分及造价文件的类型。

## 1.1 基本建设程序和基本建设造价文件

### 1.1.1 基本建设和基本建设程序

基本建设指建筑、购置和安装固定资产的活动以及与此相关的其他工作。它是存在于国民经济各部门以获得固定资产为目的的经济活动。固定资产指在社会再生产过程中，能够在较长时间内为生产服务、为人民生活等方面服务的物质资料。按照我国有关部门的规定，固定资产必须满足使用年限和单位价值的要求。

基本建设包括以下 3 个方面内容：

(1) 固定资产的建造：建筑物和构筑物的建造、机器设备的安装；

(2) 固定资产购置：设备、工具和机器的购置；

(3) 其他基本建设工作：与基本建设相联系的工作，如征地、拆迁等。

基本建设程序是指基本建设项目从决策、设计、施工到竣工验收、投入使用整个生产过程中，各项工作必须遵循的先后次序。科学的基本建设程序，不是由人们的主观意志所决定的，而是建设客观规律的反映。我国自新中国成立以来，积累了基本建设正反两方面的经验和教训。当一项工程遵循基本建设程序，投资效果就好，就会获得较好的经济效益和社会效益。相反，不遵循基本建设程序客观规律，不做好前期准备工作和调查研究，盲目设计、盲目施工，就会造成不可挽回的损失，就会受到应有的惩罚。例如，地质水文调查不清，导致开工后出现滑坡；不设计就施工或边设计边施工，造成工程返工和建设使用功能的欠缺等。因此，基本建设程序必须遵循一定的先后次序。这个基本建设程序不能颠倒，但可以相互交叉。

### 1.1.2 基本建设项目的划分

为便于对建设工程进行管理和确定建筑产品的价格，将基本建设项目划分为建设项目、单项工程、单位工程、分部工程和分项工程五个层次。

(1) 建设项目

建设项目指在一个总体设计或初步设计的范围内，由一个或若干个单项工程所组成的，经济上实行统一核算，行政上有独立机构或组织形式来实行统一管理的基本建设单位。一般以一个行政上独立的企、事业单位作为一个建设项目，如一家工厂、一所学校等。建筑产品在其初步设计阶段以建设项目为对象编制总概算，竣工验收后编制竣工决算。

（2）单项工程（又称工程项目）

单项工程是指在一个建设项目中，具有独立的设计文件，可以独立施工，建成后可以独立发挥生产能力或效益的工程。它是建设项目的组成部分，如工业建筑中，一座工厂中的各个车间、办公楼等；民用建筑中，一所学校里的一座教学楼、图书馆、食堂等。单项工程是建设项目的重要组成部分。单项工程建筑产品的价格，是由编制单项工程综合概（预）算来确定的。

（3）单位工程

单位工程是指具有独立的设计文件，可以独立地施工，但建成后不能够独立发挥生产能力或效益的工程。单位工程是单项工程的组成部分，如建筑工程中的一般土建工程、装饰装修工程、给排水工程、电气照明工程、弱电工程、采暖通风空调工程、煤气管道工程、园林绿化工程等，均可以独立作为单位工程。

（4）分部工程

分部工程是单位工程的组成部分，指工程性质相近，施工方式、施工工具和使用材料大体相同的同类工程。如土建工程可以分为土石方工程、基础工程、砌筑工程、混凝土及钢筋混凝土工程、木结构工程、金属结构工程、屋面及防水工程、防腐保温隔热工程、脚手架工程、模板及支撑工程等多个分部工程。分部工程在现行预算定额中一般表达为“章”。

（5）分项工程

分项工程是分部工程的组成部分，是建设项目概（预）算中最基本的计量单元，是预算定额中最小的计价单位，它是按不同的施工方法、不同材料、不同规格将分部工程划分为若干分项工程。如土方工程可以分为人工挖土方、机械挖土方等，砖墙可以分为一砖墙、一砖半墙等。

下面以一所大学作为建设项目来进行项目分解，如图 1.1 所示。

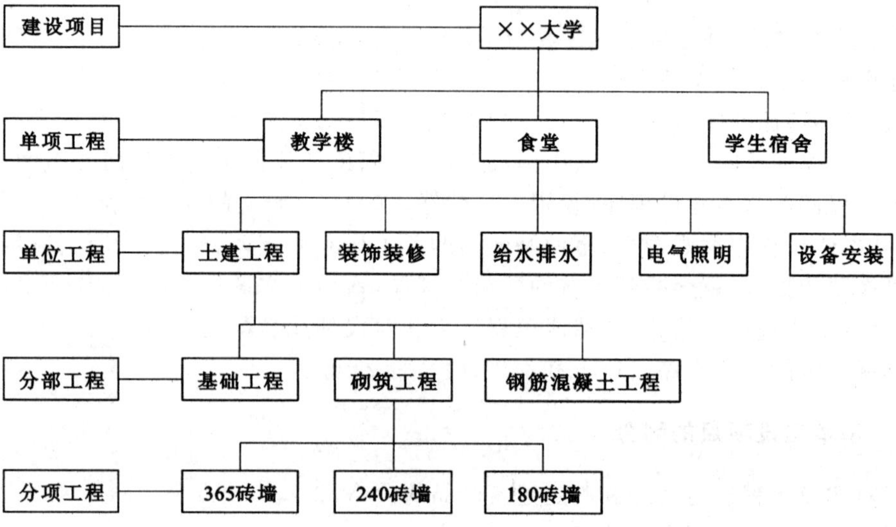


**图 1.1 建设项目分解示意图**

### 1.1.3 工程建设造价文件构成

根据基本建设程序的要求，工程建设造价文件可分成以下几个部分。

(1) 投资估算

投资估算一般是指在工程项目决策阶段，为了对方案进行比选，对该项目进行投资费用的估算，包括项目建议书的投资估算和可行性研究报告的投资估算。投资估算是在决策阶段作为论证拟建项目在经济上是否合理的重要文件。

(2) 设计概算

设计概算是设计文件的重要组成部分。它是由设计单位依据初步设计或扩大初步设计图纸，根据有关定额或指标规定的工程量计算规则、行业标准来编制的。概算的层次性十分明显，分为单位工程概算、单项工程综合概算、建设项目总概算。概算应按建设项目的建设规模、隶属关系和审批程序报请批准。总概算经有关机关批准后，就成为国家控制本建设项目总投资的主要依据，不能任意突破。如果突破，要重新立项申请。

(3) 施工图预算(定额计价)

施工图预算(定额计价)是依据审查和批准过的施工图，按照相应施工要求，并根据有关定额规定的工程量计算规则、行业标准来编制的工程造价文件。施工图预算受概算价的控制，便于业主了解设计的施工图所对应的费用。施工图预算是实行定额计价的依据。

(4) 工程量清单计价

工程量清单计价是指按照工程量清单计价规范规定的，根据工程量清单和有关技术说明、综合单价、企业定额来编制的工程造价文件。工程量清单计价是实行工程量清单招标的依据。

(5) 投标报价

投标报价是投标人根据招标文件的要求和提供的施工图纸，按所编制的施工方案或施工组织设计，并根据有关规定、行业标准和企业定额，在投标时报出的工程造价。

(6)施工预算

施工预算是用于施工单位内部管理的一种预算。施工预算是指施工单位在投标报价的控制下，根据审查和批准过的施工图和施工定额，结合施工组织设计，考虑节约因素后在施工以前编制的预算。它主要是计算单位工程施工用工、用料，以及施工机械(主要是大型机械)台班需用量。施工预算实质上是施工企业基层单位的一种成本计划文件，它指明了管理目标和方法，可作为确定用工和用料计划、备工备料、下达施工任务书和限额领料单的依据，也是指导施工、控制工料、实行经济核算及统计的依据。

(7) 合同价

合同价是指在工程招标、投标阶段通过签订总承包合同、建筑安装工程承包合同、设备材料采购合同、技术和咨询服务合同来确定的价格。合同价属于市场价格范畴，但它不等同于实际工程造价。它是由发、承包双方根据有关部门规定或协议条款约定的取费标准计算的，用以支付给承包方按照合同要求完成工程内容的价款总额。

(8) 工程结算

工程结算是建设单位(发包人)和施工企业(承包人)按照工程进度，对已完工程实行货币支付的行为，是商品交换中结算的一种形式。工程结算是指一个单项工程、单位工程、分部分项工程完工后，经建设单位及有关部门验收并办理验收手续后，由施工单位根据施工过程中现场实际情况的记录、设计变更通知书、现场工程变更签证以及合同约定的计价定额、材料价格、各项取费标准等，在合同价的基础上，根据规定编制的向建设单位办理结算工程价款来取得收入，用以补偿施工过程中的资金耗费，是确定工程实际造价的依据。

由于建筑安装工程工期的长短不同，结算方式有几种。若工期时间很长，不可能都采取竣工后一次性结算的方法，往往要在工期中通过不同方式采用分期付款，以解决施工企业资金周转的困难，这种结算方式称为中间结算；若工期较短，就可以采用竣工后一次性结算的方法。

（9）竣工结算

竣工结算是指发、承包双方依据国家有关法律、法规和标准规定，按照合同约定确定的最终工程造价。工程结算价是该结算工程的实际建造价格。

（10）竣工决算

竣工决算是指建设项目通过竣工验收交付使用后，由建设单位编制的反映整个建设项目从筹建到竣工验收所发生的全部费用。它应当反映工程项目建成后交付使用的固定资产及流动资金的详细情况和实际价值，是建设项目的实际投资总额，是登记新增固定资产价值的依据。

工程建设造价文件各阶段确定示意图，如图 1.2 所示。

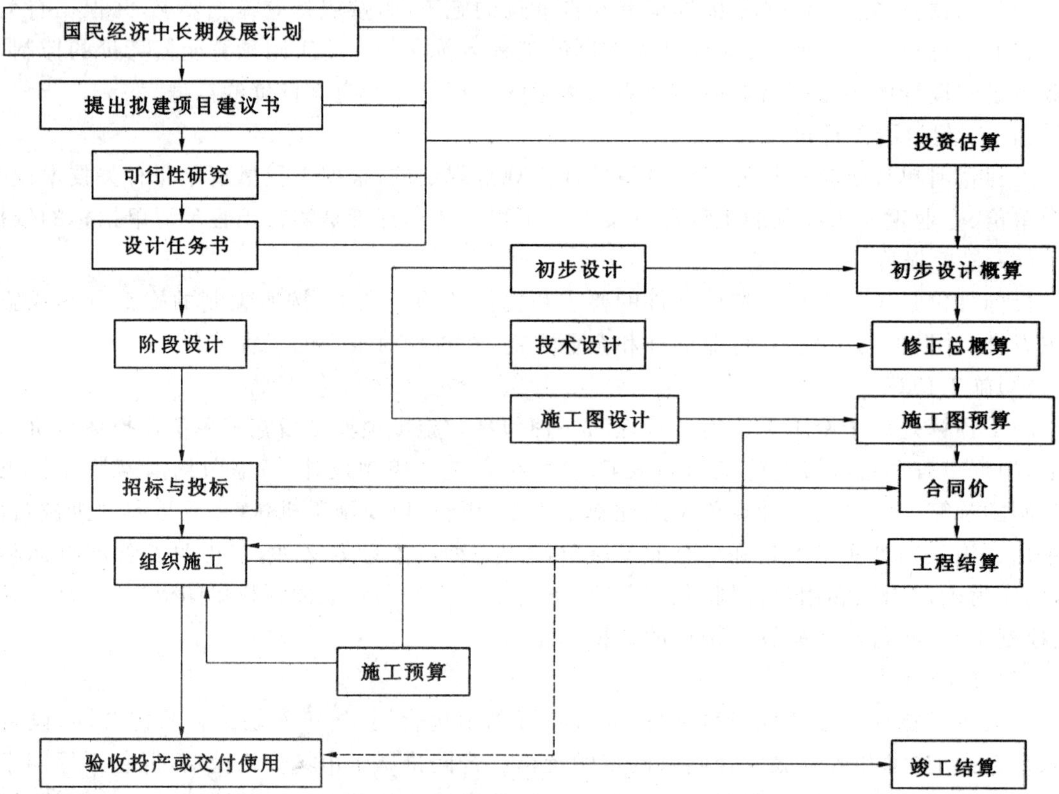


图 1.2　工程建设造价文件各阶段确定示意图

【习题测试】

## 1.2 工程造价人员从业制度和工程造价咨询制度简介

### 1.2.1 我国工程造价人员从业制度简介

按照我国现行规定，从事工程造价的人员有预算员和造价工程师。2018 年 7 月 20 日，由住房和城乡建设部、交通运输部、水利部、人力资源和社会保障部联合印发的《造价工程师职业资格制度规定》和《造价工程师职业资格考试实施办法》的通知（建人[2018]67 号）中规定：造价工程师是指通过职业资格考试取得中华人民共和国造价工程师职业资格证书，并经注册后从事建设工程造价工作的专业技术人员。造价工程师分为一级造价工程师和二级造价工程师。

1.2.1.1 预算员

预算员证是上岗证，湖北省的预算员证是由湖北省建设厅印制的证书，由湖北省建设教育协会颁发，并加盖湖北省建设行业专业技术管理人员关键岗位培训合格证书专用章。预算员的证书是一年四次考试，每季度一次。考试科目为"预算员专业基础知识"和"预算员专业管理实务"两个科目。报考条件要求具有高中、中专以上文化程度，企事业单位在职人员或在校大学生均可报名。

1.2.1.2 造价工程师

国家对造价工程师职业资格实行执业注册管理制度。取得造价工程师职业资格证书且从事工程造价相关工作的人员，经注册方可以造价工程师名义执业。工程造价咨询企业应配备造价工程师，工程建设活动中有关工程造价管理岗位按需要配备造价工程师。造价工程师分为一级造价工程师和二级造价工程师。一级造价工程师职业资格考试全国统一大纲、统一命题、统一组织。二级造价工程师职业资格考试全国统一大纲，各省、自治区、直辖市自主命题并组织实施。一级和二级造价工程师职业资格考试均设置基础科目和专业科目。造价工程师职业资格考试专业科目分为土木建筑工程、交通运输工程、水利工程和安装工程 4 个专业类别，考生在报名时可根据实际工作需要选择其一。其中，土木建筑工程、安装工程专业由住房和城乡建设部负责；交通运输工程专业由交通运输部负责；水利工程专业由水利部负责。住房和城乡建设部、交通运输部、水利部按照职责分别负责拟定一级造价工程师和二级造价工程师职业资格考试专业科目的考试大纲，组织一级造价工程师专业科目命审题工作。

(1) 二级造价工程师

二级造价工程师职业资格考试设《建设工程造价管理基础知识》和《建设工程计量与计价实务》两个科目。其中，《建设工程造价管理基础知识》为基础科目，《建设工程计量与计价实务》为专业科目。二级造价工程师职业资格考试由各省级住房和城乡建设、交通运输、水利行政主管部门会同人力资源和社会保障行政主管部门组织实施。

报考条件要求：

① 取得工程造价专业大学专科学历（或高等职业教育），从事工程造价业务工作满 2 年或者取得土木建筑、水利、装备制造、交通运输、电子信息、财经商贸大类大学专科（或高等职业教育）学历，从事工程造价业务工作满 3 年。

② 取得工程管理、工程造价专业大学本科及以上学历或学位，从事工程造价业务工作满

1年或者取得工学、管理学、经济学门类大学本科及以上学历或学位，从事工程造价业务工作满2年。

③ 取得其他专业类(门类)相应学历或学位的人员，从事工程造价业务工作年限相应增加1年。

二级造价工程师职业资格考试成绩实行2年为一个周期的滚动管理办法，参加全部2个科目考试的人员必须在连续的2个考试年度内通过全部科目，方可取得二级造价工程师职业资格证书。

二级造价工程师职业资格考试合格者，由各省、自治区、直辖市人力资源和社会保障行政主管部门颁发中华人民共和国二级造价工程师职业资格证书。该证书由各省、自治区、直辖市住房和城乡建设、交通运输、水利行政主管部门按专业类别分别与人力资源和社会保障行政主管部门用印，原则上在所在行政区域内有效。各地可根据实际情况制定跨区域认可办法。

二级造价工程师主要协助一级造价工程师开展相关工作，可独立开展以下具体工作：

① 建设工程工料分析、计划、组织与成本管理，施工图预算、设计概算编制；

② 建设工程量清单、最高投标限价、投标报价编制；

③ 建设工程合同价款、结算价款和竣工决算价款的编制。

(2) 一级造价工程师

一级造价工程师职业资格考试设《建设工程造价管理》《建设工程计价》《建设工程技术与计量》《建设工程造价案例分析》4个科目。其中，《建设工程造价管理》和《建设工程计价》为基础科目，《建设工程技术与计量》和《建设工程造价案例分析》为专业科目。

报考条件要求：

① 具有工程造价专业大学专科(或高等职业教育)学历，从事工程造价业务工作满5年或者具有土木建筑、水利、装备制造、交通运输、电子信息、财经商贸大类大学专科(或高等职业教育)学历，从事工程造价业务工作满6年。

② 具有通过工程教育专业评估(认证)的工程管理、工程造价专业大学本科学历或学位，从事工程造价业务工作满4年或者具有工学、管理学、经济学门类大学本科学历或学位，从事工程造价业务工作满5年。

③ 具有工学、管理学、经济学门类硕士学位或者第二学士学位，从事工程造价业务工作满3年。

④ 具有工学、管理学、经济学门类博士学位，从事工程造价业务工作满1年。

⑤ 具有其他专业相应学历或者学位的人员，从事工程造价业务工作年限相应增加1年。

一级造价工程师职业资格考试成绩实行4年为一个周期的滚动管理办法，在连续的4个考试年度内通过全部考试科目，方可取得一级造价工程师职业资格证书。

一级造价工程师职业资格考试合格者，由各省、自治区、直辖市人力资源和社会保障行政主管部门颁发中华人民共和国一级造价工程师职业资格证书。该证书由人力资源和社会保障部统一印制，住房和城乡建设部、交通运输部、水利部按专业类别分别与人力资源和社会保障部用印，在全国范围内有效。

一级造价工程师的执业范围包括建设项目全过程的工程造价管理与咨询等，具体工作内容：

① 项目建议书、可行性研究投资估算与审核，项目评价造价分析；

② 建设工程设计概算、施工预算编制和审核；

③ 建设工程招标投标文件工程量和造价的编制与审核；

④ 建设工程合同价款、结算价款、竣工决算价款的编制与管理；

⑤ 建设工程审计、仲裁、诉讼、保险中的造价鉴定，工程造价纠纷调解；

⑥ 建设工程计价依据、造价指标的编制与管理；

⑦ 与工程造价管理有关的其他事项。

### 1.2.2 我国工程造价咨询制度简介

#### 1.2.2.1 工程造价咨询企业

按照2020年2月19日中华人民共和国住房和城乡建设部令50号关于修改《工程造价咨询企业管理办法》规定，工程造价咨询企业，是指接受委托，对建设项目投资、工程造价的确定与控制提供专业咨询服务的企业。工程造价咨询企业应当依法取得工程造价咨询企业资质，并在其资质等级许可的范围内从事工程造价咨询活动。

工程造价咨询企业资质等级分为甲级和乙级。工程造价咨询企业资质有效期为3年。资质有效期届满，需要继续从事工程造价咨询活动的，应当在资质有效期届满30日前向资质许可机关提出资质延续申请。资质许可机关应当根据申请作出是否准予延续的决定。准予延续的，资质有效期延续3年。

#### 1.2.2.2 工程造价咨询企业业务范围

工程造价咨询企业依法从事工程造价咨询活动，不受行政区域限制。甲级工程造价咨询企业可以从事各类建设项目的工程造价咨询业务。乙级工程造价咨询企业可以从事工程造价2亿元人民币以下的各类建设项目的工程造价咨询业务。

工程造价咨询业务范围包括：

(1) 建设项目建议书及可行性研究投资估算、项目经济评价报告的编制和审核；

(2) 建设项目概预算的编制与审核，并配合设计方案比选、优化设计、限额设计等工作进行工程造价分析与控制；

(3) 建设项目合同价款的确定(包括招标工程工程量清单和标底、投标报价的编制和审核)；合同价款的签订与调整(包括工程变更、工程洽商和索赔费用的计算)及工程款支付；工程结算及竣工结(决)算报告的编制与审核等；

(4) 工程造价经济纠纷的鉴定和仲裁咨询；

(5) 提供工程造价信息服务等。

工程造价咨询企业可以对建设项目的组织实施进行全过程或者若干阶段的管理和服务。

【习题测试】

## 思考题

(1) 什么是基本建设？什么是基本建设程序？

(2) 建设项目是如何划分的？

(3) 试简述工程建设造价文件的分类。

(4) 我国对三类从业的造价人员有何要求？

(5) 试简述我国的工程造价咨询制度的特点。

# 2 工程造价的构成与计算

**本章提要**

本章主要介绍了工程造价的含义及构成，建筑安装工程费用组成与计算，设备及工器具购置费用与计算，工程建设其他费用组成内容，预备费和建设期贷款利息的计算特点。本章重点要求掌握工程造价的构成与计算，建筑安装工程费用组成与计算。

## 2.1 工程造价的含义及构成

### 2.1.1 工程造价的含义

工程造价简单来说就是工程的建造价格，它有两种定义。从投资者的角度来定义，工程造价是指工程项目全部建成所预计开支或实际开支的建设费用，即按照预定的建设内容、建设标准、功能要求和使用要求全部建成并验收合格交付使用所需的全部费用。工程造价在量上等同于工程项目的固定资产投资，是工程项目建设总投资的重要组成部分。

工程造价往往还包含另一种定义，就是指工程价格，即建成一项工程，预计或实际在工程项目承包市场交易活动中所形成的建筑安装工程的价格。两种定义同时存在于工程造价管理活动中。其中第一种定义主要适用于工程项目前期决策阶段和建设准备阶段，如项目建议书和可行性研究阶段的工程投资估算、初步设计阶段的工程设计概算，均包括工程项目从筹建到全部建成所需的全部建设费用；第二种定义主要适用于施工图设计阶段、工程项目招投标阶段和施工阶段，如施工图预算、招标控制价、投标价、合同价和结算价等，仅包括建筑安装工程费用在内。两种定义既有区别又有联系，其中，第二种定义所包含的费用内容是第一种定义所包含的费用内容的组成部分。因此，在工程造价管理活动中，要善于根据不同的建设阶段，运用不同的工程造价定义开展对工程造价的计价与控制，以最大限度地实现工程项目的投资控制目标，提高工程项目的投资效益。

### 2.1.2 工程造价的特点

（1）工程造价的单件性

由于工程建设产品生产的单件性，决定了其工程造价的单件性。每个工程项目都有自己特定的使用功能、建造标准和建设工期。工程项目所处的位置、气候状况、规模等都是不同的，同时，工程项目所在地区的市场因素、技术经济条件、竞争因素也存在差异，这些产品的个体差异决定了每项工程都必须单独计价。

(2) 多次性计价

建设工程造价是一个随着工程不断展开而逐渐深化、逐渐细化和逐渐接近实际造价的动态过程。由于建设工程周期较长，根据建设程序要分阶段进行，对应不同阶段也要相应地进行多次计价，同时对其进行监督和控制，以防工程费用超支。

(3) 造价的组合性

工程造价的计价是由多个分部分项工程计价组成的。一个项目可按建设项目分类，按各自的单位工程组价，多次组合而成。

(4) 方法的多样性

为了适应工程造价多次性的计价，不同的计价有各自不同的计价依据和计价体系，由此计价方法也有多样性。

### 2.1.3 建设工程造价的构成

根据国家发改委和原建设部发布的《建设项目经济评价方法与参数》(第3版)(发改投资[2006]1325号)的规定，建设投资包括工程费用、工程建设其他费用和预备费三部分。工程费用是指建设期内直接用于工程建造、设备购置及其安装的建设投资，可以分为建筑安装工程费用和设备及工器具购置费用；工程建设其他费用是指建设期发生的与土地使用权取得、整个工程项目建设以及未来生产经营有关的构成建设投资但不包括在工程费用中的费用；预备费是在建设期内为各种不可预见因素的变化而预留的可能增加的费用，包括基本预备费和涨价预备费。建设项目总投资的具体构成内容如图2.1所示。

- 建设项目总投资
  - 固定资产投资(工程造价)
    - 建设投资
      - 工程费用
        - 设备及工器具购置费用
          - 设备购置费
            - 设备原价
            - 设备运杂费
          - 工器具及生产家具购置费
        - 建筑安装工程费用(参见2.3节)
      - 工程建设其他费用
        - 土地使用费
        - 与项目建设有关的其他费用
        - 与未来企业生产经营有关的其他费用
      - 预备费
        - 基本预备费
        - 涨价预备费
    - 建设期贷款利息
    - 固定资产投资方向调节税(目前已暂停征收)
  - 流动资产投资(流动资金)

【习题测试】

**图2.1 建设项目总投资及工程造价的构成**

## 2.2 设备及工器具购置费用

设备及工器具购置费由设备购置费和工器具及生产家具购置费组成。

### 2.2.1 设备购置费

设备购置费是指为工程建设项目购置或自制的达到固定资产标准的设备，工器具及生产家具的费用。确定固定资产的标准是:使用年限在一年以上,单位价值在一定数目以上(具体标准由各主管部门规定)。

$$设备购置费=设备原价+设备运杂费 \quad (2.1)$$

上式中,设备原价指国产设备或进口设备的原价;设备运杂费指除设备原价之外的关于设备采购、运输、途中包装及仓库保管等方面支出费用的总和。

2.2.1.1 国产设备原价的构成及计算

国产设备原价一般指的是设备制造厂的交货价,即出厂价,或订货合同价。它一般根据生产厂或供应商的询价、报价、合同价确定,或采用一定的方法计算确定。国产设备原价分为国产标准设备原价和国产非标准设备原价。

(1) 国产标准设备原价

国产标准设备是指按照主管部门颁布的标准图纸和技术要求,由我国设备生产厂批量生产的,符合国家质量检测标准的设备。有的国产标准设备原价有两种,即带有备件的原价和不带有备件的原价。在计算时,一般采用带有备件的原价。

(2) 国产非标准设备原价

国产非标准设备是指国家尚无定型标准,各设备生产厂不可能在工艺过程中采用批量生产,只能按一次订货,并根据具体的设计图纸制造的设备。非标准设备原价有多种不同的计算方法,如成本计算估价法、系列设备插入估价法、分部组合估价法、定额估价法等。

2.2.1.2 进口设备原价的构成及计算

进口设备原价是指进口设备的抵岸价,即抵达买方边境港口或边境车站,且交纳完各种手续费、税费后形成的价格。

(1) 进口设备的交易价格

在国际贸易中,使用较为广泛的交易价格术语有 FOB、CFR 和 CIF。

① FOB(free on board),意为装运港船上交货,亦称为离岸价格。FOB 术语是指当货物在指定的装运港越过船舷,卖方即完成交货义务。风险转移,以在指定的装运港货物越过船舷时为分界点。费用划分与风险转移的分界点一致。

在 FOB 交货方式下,卖方的责任是:在规定的期限内,负责在合同规定的装运港口将货物装上买方指定的船只,并及时通知买方;承担货物在装运港越过船舷之前的一切费用和风险;负责办理出口手续;提供出口国政府或有关方面签发的证件;负责提供有关装运单据。买方的责任是:负责租船或订舱,支付运费,并将船期、船名通知卖方;负担货物装船后的一切费用和风险;负责办理保险及支付保险费,办理在目的港的进口和收货手续;接受卖方提供的有关装运单据,并按合同规定支付货款。

② CFR(cost and freight),意为成本加运费,或称之为运费在内价。CFR 是指在装运港货物越过船舷卖方即完成交货,卖方必须支付将货物运至指定的目的港所需的运费和费用,但交货后货物灭失或损坏的风险,以及由于各种事件造成的任何额外费用,由卖方转移到买方。与 FOB 价格相比,CFR 的费用划分与风险转移的分界点不一致。

在 CFR 交货方式下,卖方的责任是:提供合同规定的货物,负责订立运输合同,并租船或订舱,在合同规定的装运港和规定的期限内,将货物装上船并及时通知买方,支付运至目的港的运费;承担货物在装运港越过船舷之前的一切费用和风险;负责办理出口手续;提供出口国政府或有关方面签发的证件;负责提供有关装运单据。买方的责任是:承担货物在装运港越过船舷以后的一切风险及运输途中因遭遇风险所引起的额外费用；在合同规定的目的港受领货物，办理进口手续；受领卖方提供的各种约定的单据，并按合同规定支付货款。

③ CIF(cost insurance and freight)，意为成本加保险费、运费，习惯称到岸价格。在CIF术语中，卖方除负有与CFR相同的责任外，还应办理货物在运输途中最低险别的海运保险，并应支付保险费。如买方需要更高的保险级别，则需要与卖方明确地达成协议，或者自行作出额外的保险安排。除保险这项责任外，买方的责任与CFR相同。

(2) 进口设备到岸价的构成及计算

进口设备到岸价的计算公式为：

$$\begin{aligned}\text{进口设备到岸价(CIF)}&=\text{离岸价格(FOB)}+\text{国际运费}+\text{运输保险费}\\&=\text{运费在内价(CFR)}+\text{运输保险费}\end{aligned} \tag{2.2}$$

① 货价。一般指装运港船上交货价(FOB)。设备货价分为原币货价和人民币货价，原币货价一律折算为美元表示，人民币货价按原币货价乘以外汇市场美元兑换人民币汇率中间价确定。进口设备货价按有关生产厂商询价、报价、订货合同价计算。

② 国际运费。即从装运港(站)到达我国目的港(站)的运费。我国进口设备大部分采用海洋运输，小部分采用铁路运输，个别采用航空运输。进口设备国际运费计算公式为：

$$\text{国际运费(海、陆、空)}=\text{原币货价(FOB)}\times\text{运费率} \tag{2.3}$$

或

$$\text{国际运费(海、陆、空)}=\text{单位运价}\times\text{运量} \tag{2.4}$$

其中，运费率或单位运价参照有关部门或进出口公司的规定执行。

③ 运输保险费。对外贸易货物运输保险是由保险人(保险公司)与被保险人(出口人或进口人)订立保险契约，在被保险人交付议定的保险费后，保险人根据保险契约的规定对货物在运输过程中发生的在承保责任范围内的损失给予经济上的补偿。这是一种财产保险，计算公式为：

$$\text{运输保险费}=\frac{(\text{原币货价}+\text{国外运费})\times\text{保险费率}}{1-\text{保险费率}} \tag{2.5}$$

式中，保险费率按保险公司规定的进口货物保险费率计算。

(3) 进口从属费的构成及计算

进口从属费的计算公式如下：

$$\begin{aligned}\text{进口从属费}=&\text{银行财务费}+\text{外贸手续费}+\text{关税}+\text{消费税}+\text{增值税}\\&+\text{进口车辆购置税}+\text{海关监管手续费}\end{aligned} \tag{2.6}$$

① 银行财务费。一般是指在国际贸易结算中，金融机构为进出口商提供金融结算服务所收取的费用，可按下式简化计算：

$$\text{银行财务费}=\text{人民币货价(FOB)}\times\text{银行财务费率} \tag{2.7}$$

式中，银行财务费率一般为0.4%～0.5%。

② 外贸手续费。指按对外经济贸易部规定的外贸手续费率计取的费用，计算公式为：

$$\text{外贸手续费}=(\text{装运港船上交货价}+\text{国际运费}+\text{运输保险费})\times\text{外贸手续费率} \tag{2.8}$$

式中，外贸手续费率一般取1.5%。

③ 关税。由海关对进出国境或关境的货物和物品征收的一种税，计算公式为：

$$\text{关税}=\text{到岸价格(CIF)}\times\text{进口关税税率} \tag{2.9}$$

到岸价格作为关税的计征基数时，通常又可称为关税完税价格。进口关税税率分为优惠和普通两种。优惠税率适用于与我国签订关税互惠条款的贸易条约或协定的国家的进口设备；普通税率适用于与我国未签订关税互惠条款的贸易条约或协定的国家的进口设备。进口关税税率按我国海关总署发布的进口关税税率计算。

④ 消费税。仅对部分进口设备(如轿车、摩托车等)征收，计算公式为：

$$应纳消费税额=\frac{到岸价+关税}{1-消费税税率}\times 消费税税率 \tag{2.10}$$

式中，消费税税率根据规定的税率计算。

⑤ 增值税。指对从事进口贸易的单位和个人，在进口商品报关进口后征收的税种。我国增值税条例规定，进口应税产品均按组成计税价格和增值税税率直接计算应纳税额，即：

$$增值税额=组成计税价格\times 增值税税率 \tag{2.11}$$

其中

$$组成计税价格=关税完税价格+关税+消费税$$

增值税税率根据规定的税率计算，目前进口设备适用税率为17%。

⑥ 进口车辆购置税。指进口车辆需缴进口车辆购置税，其计算公式如下：

$$进口车辆购置税=(关税完税价格+关税+消费税)\times 进口车辆购置税率 \tag{2.12}$$

⑦ 海关监管手续费。指海关对进口减税、免税、保税货物实施监督、管理、提供服务的手续费。对于全额征收进口关税的货物不计本项费用，其计算公式如下：

$$海关监管手续费=到岸价\times 海关监管手续费率 \tag{2.13}$$

式中，海关监管手续费率一般为0.3%。

进口设备抵岸价的计算如图2.2所示。

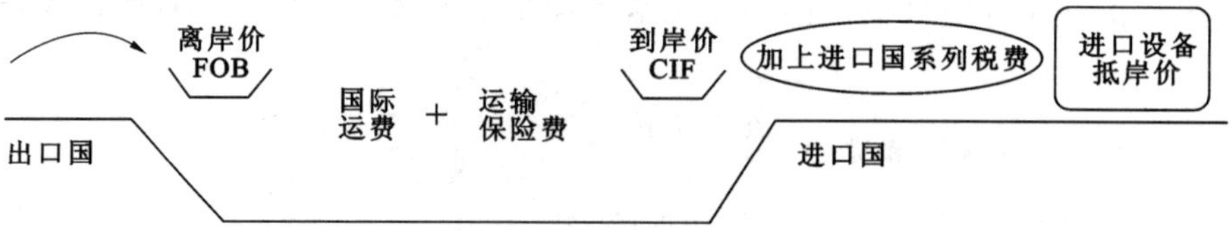


**图2.2 进口设备抵岸价的组成示意图**

**【例1.1】** 从某国进口设备，重量1000吨，装运港船上交货价为400万美元，工程建设项目位于国内某省会城市。设国际运费标准为300美元/吨，海上运输保险费率为3‰，银行财务费率为5‰，外贸手续费标准为1.5%，关税税率为22%，增值税税率17%，消费税税率为10%，银行外汇牌价为1美元=6.3元人民币，请对该设备的原价进行估算。

**【解】** 进口设备离岸价格FOB=400×6.3=2520万元

$$国际运费=300\times 1000\times 6.3=189\ 万元$$

$$海运保险费=\frac{2520+189}{1-0.3\%}\times 0.3\%=8.15\ 万元$$

则有

$$CIF=2520+189+8.15=2717.15\ 万元$$

$$银行财务费=2520\times 5‰=12.6\ 万元$$

$$外贸手续费=2717.15\times 1.5\%=40.76\ 万元$$

$$关税=2717.15\times22\%=597.77\text{ 万元}$$

$$消费税=\frac{2717.15+597.77}{1-10\%}\times10\%=368.32\text{ 万元}$$

$$增值税=(2717.15+597.77+368.32)\times17\%=626.15\text{ 万元}$$

则有

$$进口从属费=12.6+40.76+597.77+368.32+626.15=1645.6\text{ 万元}$$

则

$$进口设备原价=2717.15+1645.6=4362.75\text{ 万元}$$

2.2.1.3 设备运杂费的构成及计算

(1) 设备运杂费的构成

设备运杂费通常由下列各项构成：

① 运费和装卸费。国产设备由设备制造厂交货地点起至工地仓库(或施工组织设计指定的需要安装设备的堆放地点)止所发生的运费和装卸费;进口设备则由我国到岸港口或边境车站起至工地仓库(或施工组织设计指定的需安装设备的堆放地点)止所发生的运费和装卸费。

② 包装费。在设备原价中没有包含的,为运输需进行的包装支出的各种费用。

③ 设备供销部门的手续费。按有关部门规定的统一费率计算。

④ 采购与仓库保管费。指采购、验收、保管和收发设备所发生的各种费用,包括设备采购人员、保管人员和管理人员的工资、工资附加费、办公费、差旅交通费,以及设备供应部门办公和仓库所占固定资产使用费、工具(用具)使用费、劳动保护费、检验试验费等。这些费用可按主管部门规定的采购与保管费费率计算。

(2) 设备运杂费的计算

设备运杂费按设备原价乘以设备运杂费率计算,其计算公式为：

$$设备运杂费=设备原价\times设备运杂费率 \tag{2.14}$$

其中,设备运杂费率按有关部门的规定计取。

### 2.2.2 工器具及生产家具购置费

工器具及生产家具购置费,是指新建或扩建项目初步设计规定的,保证初期正常生产必须购置的,没有达到固定资产标准的设备、仪器、工卡模具、器具、生产家具和备品备件的购置费用。一般以设备购置费为计算基数,按照部门或行业规定的工器具及生产家具费率计算,计算公式为：

【习题测试】

$$工器具及生产家具购置费=设备购置费\times定额费率 \tag{2.15}$$

## 2.3 建筑安装工程费用

以住房和城乡建设部、财政部建标[2013]44 号文《建筑安装工程费用项目组成》为依据,将我国建筑安装工程费用项目按费用构成要素组成划分为人工费、材料费、施工机具使用费、企业管理费、利润、规费和税金。按工程造价形成顺序划分为分部分项工程费、措施项目费、其他项目费、规费和税金。同时依据住房和城乡建设部办公厅 2016 年 2 月 19 日发布的建办标[2016]4 号文规定,建筑业税收的征收方式由营业税收取改为增值税收取。

## 2.3.1 建筑安装工程费用项目组成——按费用构成要素划分

建筑安装工程费按照费用构成要素划分，由人工费、材料（包含工程设备，下同）费、施工机具使用费、企业管理费、利润、规费和税金组成。其中人工费、材料费、施工机具使用费、企业管理费和利润包含在分部分项工程费、措施项目费和其他项目费中，如图 2.3 所示。

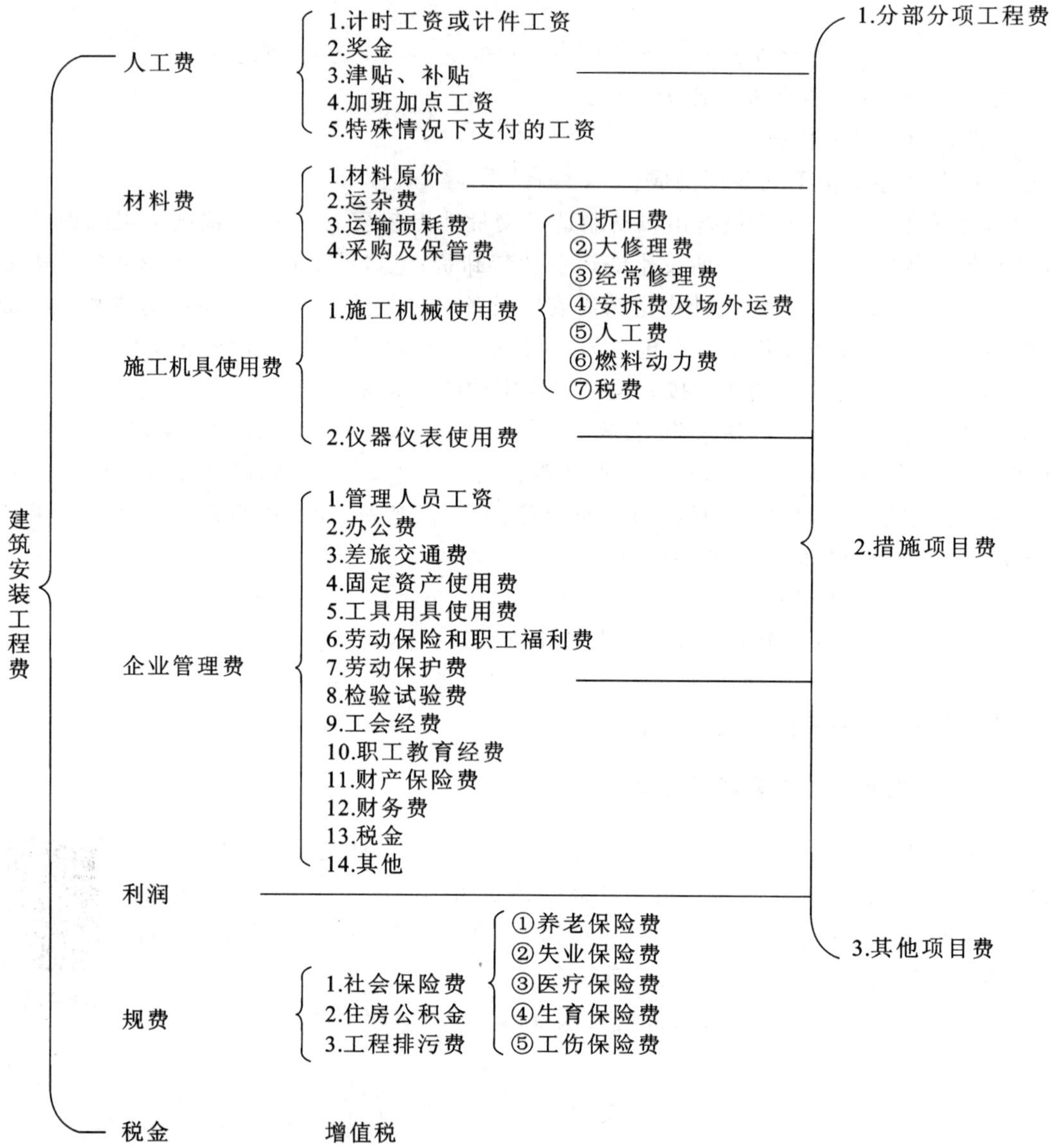


**图 2.3 建筑安装工程费用项目组成（按费用构成要素划分）**

2.3.1.1 人工费

人工费是指按工资总额构成规定，支付给从事建筑安装工程施工的生产工人和附属生产单位工人的各项费用。内容包括：

（1）计时工资或计件工资

计时工资或计件工资是指按计时工资标准和工作时间或对已做工作按计件单价支付给个人的劳动报酬。

（2）奖金

奖金是指对超额劳动和增收节支支付给个人的劳动报酬。如节约奖、劳动竞赛奖等。

（3）津贴、补贴

津贴、补贴是指为了补偿职工特殊或额外的劳动消耗和因其他特殊原因支付给个人的津贴，以及为了保证职工工资水平不受物价影响支付给个人的物价补贴。如流动施工津贴、特殊地区施工津贴、高温（寒）作业临时津贴、高空津贴等。

（4）加班加点工资

加班加点工资是指按规定支付的在法定节假日工作的加班工资和在法定日工作时间外延时工作的加点工资。

（5）特殊情况下支付的工资

特殊情况下支付的工资是指根据国家法律、法规和政策规定，因病、工伤、产假、计划生育假、婚丧假、事假、探亲假、定期休假、停工学习、执行国家或社会义务等原因按计时工资标准或计时工资标准的一定比例支付的工资。人工费按下式计算：

$$\text{人工费} = \sum(\text{工日消耗量} \times \text{日工资单价}) \tag{2.16}$$

其中

$$\text{日工资单价} = \frac{\text{生产工人平均月工资（计时、计件）} + \text{平均月（奖金} + \text{津贴、补贴} + \text{特殊情况下支付的工资）}}{\text{年平均每月法定工作日}}$$

2.3.1.2　材料费

材料费是指施工过程中耗费的原材料、辅助材料、构配件、零件、半成品或成品、工程设备的费用。内容包括：

（1）材料原价

材料原价是指材料、工程设备的出厂价格或商家供应价格。

（2）运杂费

运杂费是指材料、工程设备自来源地运至工地仓库或指定堆放地点所发生的全部费用。

（3）运输损耗费

运输损耗费是指材料在运输装卸过程中不可避免的损耗。

（4）采购及保管费

采购及保管费是指为组织采购、供应和保管材料、工程设备的过程中所需要的各项费用，包括采购费、仓储费、工地保管费、仓储损耗等。

工程设备是指构成或计划构成永久工程一部分的机电设备、金属结构设备、仪器装置及其他类似的设备和装置。材料费及工程设备费计算公式如下：

$$\text{材料费} = \sum(\text{材料消耗量} \times \text{材料单价}) \tag{2.17}$$

其中

$$\text{材料单价} = \{(\text{材料原价} + \text{运杂费}) \times [1 + \text{运输损耗率}(\%)]\} \times [1 + \text{采购保管费率}(\%)] \tag{2.18}$$

$$工程设备费 = \sum(工程设备量 \times 工程设备单价) \tag{2.19}$$

其中

$$工程设备单价=(设备原价+运杂费)\times[1+采购保管费率(\%)] \tag{2.20}$$

2.3.1.3 施工机具使用费

施工机具使用费是指施工作业所发生的施工机械、仪器仪表使用费或其租赁费。

(1) 施工机械使用费

施工机械使用费以施工机械台班耗用量乘以施工机械台班单价表示，其中施工机械台班单价应由下列七项费用组成：

① 折旧费：指施工机械在规定的使用年限内，陆续收回其原值的费用。

② 大修理费：指施工机械按规定的大修理间隔台班进行必要的大修理，以恢复其正常功能所需的费用。

③ 经常修理费：指施工机械除大修理以外的各级保养和临时故障排除所需的费用。包括为保障机械正常运转所需替换设备与随机配备工具附具的摊销和维护费用，机械运转中日常保养所需润滑与擦拭的材料费用及机械停滞期间的维护和保养费用等。

④ 安拆费及场外运费：安拆费指施工机械(大型机械除外)在现场进行安装与拆卸所需的人工、材料、机械和试运转费用以及机械辅助设施的折旧、搭设、拆除等费用；场外运费指施工机械整体或分体自停放地点运至施工现场或由一施工地点运至另一施工地点的运输、装卸、辅助材料及架线等费用。

⑤ 人工费：指机上司机(司炉)和其他操作人员的人工费。

⑥ 燃料动力费：指施工机械在运转作业中所消耗的各种燃料及水、电等费用。

⑦ 税费：指施工机械按照国家规定应缴纳的车船使用税、保险费及年检费等。

施工机械使用费按下式计算：

$$施工机械使用费 = \sum(施工机械台班消耗量 \times 机械台班单价) \tag{2.21}$$

其中

$$\begin{aligned}机械台班单价=&台班折旧费+台班大修费+台班经常修理费+台班安拆费及场外运费\\&+台班人工费+台班燃料动力费+台班车船税费\end{aligned} \tag{2.22}$$

如租赁施工机械，计算公式为：

$$施工机械使用费 = \sum(施工机械台班消耗量 \times 机械台班租赁单价) \tag{2.23}$$

(2) 仪器仪表使用费

仪器仪表使用费是指工程施工所需使用的仪器仪表的摊销及维修费用，按下式计算：

$$仪器仪表使用费=工程使用的仪器仪表摊销费+维修费 \tag{2.24}$$

2.3.1.4 企业管理费

企业管理费是指建筑安装企业组织施工生产和经营管理所需的费用，内容包括：

(1) 管理人员工资

管理人员工资是指按规定支付给管理人员的计时工资、奖金、津贴补贴、加班加点工资及特殊情况下支付的工资等。

(2) 办公费

办公费是指企业管理办公用的文具、纸张、账表、印刷、邮电、书报、办公软件、现场监控、会议、水电、烧水和集体取暖降温(包括现场临时宿舍取暖降温)等费用。

(3) 差旅交通费

差旅交通费是指职工因公出差、调动工作的差旅费、住勤补助费,市内交通费和误餐补助费,职工探亲路费,劳动力招募费,职工退休、退职一次性路费,工伤人员就医路费,工地转移费以及管理部门使用的交通工具的油料、燃料等费用。

(4) 固定资产使用费

固定资产使用费是指管理和试验部门及附属生产单位使用的属于固定资产的房屋、设备、仪器等的折旧、大修、维修或租赁费。

(5) 工具用具使用费

工具用具使用费是指企业施工生产和管理使用的不属于固定资产的工器具、家具、交通工具和检验、试验、测绘、消防用具等的购置、维修和摊销费。

(6) 劳动保险和职工福利费

劳动保险和职工福利费是指由企业支付的职工退职金、按规定支付给离休干部的经费,以及集体福利费,夏季防暑降温、冬季取暖补贴,上下班交通补贴等。

(7) 劳动保护费

劳动保护费是指企业按规定发放的劳动保护用品的支出。如工作服、手套、防暑降温饮料以及在有碍身体健康的环境中施工的保健费用等。

(8) 检验试验费

检验试验费是指施工企业按照有关标准规定,对建筑以及材料、构件和建筑安装物进行一般鉴定、检查所发生的费用,包括自设试验室进行试验所耗用的材料等费用。不包括新结构、新材料的试验费,对构件做破坏性试验及其他特殊要求检验试验的费用和建设单位委托检测机构进行检测的费用,对此类检测发生的费用,由建设单位在工程建设其他费用中列支。但对施工企业提供的具有合格证明的材料进行检测不合格的,该检测费用由施工企业支付。

(9) 工会经费

工会经费是指企业按《中华人民共和国工会法》规定的全部职工工资总额比例计提的工会经费。

(10) 职工教育经费

职工教育经费是指按职工工资总额的规定比例计提,企业为职工进行专业技术和职业技能培训,以及专业技术人员继续教育、职工职业技能鉴定、职业资格认定及根据需要对职工进行各类文化教育所发生的费用。

(11) 财产保险费

财产保险费是指施工管理用财产、车辆等的保险费用。

(12) 财务费

财务费是指企业为施工生产筹集资金或提供预付款担保、履约担保、职工工资支付担保等所发生的各种费用。

(13) 税金

税金是指企业按规定缴纳的房产税、车船使用税、土地使用税、印花税等。

(14) 其他

其他包括技术转让费、技术开发费、投标费、业务招待费、绿化费、广告费、公证费、法律顾问费、审计费、咨询费、保险费等。

企业管理费率：

① 以分部分项工程费为计算基础

$$企业管理费率(\%)=\frac{生产工人年平均管理费}{年有效施工天数\times人工单价}\times人工费占分部分项工程费比例(\%) \tag{2.25}$$

② 以人工费和机械费合计为计算基础

$$企业管理费率(\%)=\frac{生产工人年平均管理费}{年有效施工天数\times(人工单价+每一工日机械使用费)}\times100\% \tag{2.26}$$

③ 以人工费为计算基础

$$企业管理费率(\%)=\frac{生产工人年平均管理费}{年有效施工天数\times人工单价}\times100\% \tag{2.27}$$

2.3.1.5 利润

利润是指施工企业完成所承包工程获得的盈利。

利润计算时应以定额人工费或定额人工费加定额机械费作为计算基数，其费率由施工企业根据企业自身需求并结合建筑市场实际自主确定，列入报价中。利润应列入分部分项工程和措施项目中。

2.3.1.6 规费

规费是指按国家法律、法规规定，由省级政府和省级有关权力部门规定必须缴纳或计取的费用。包括：

(1) 社会保险费

① 养老保险费：是指企业按照规定标准为职工缴纳的基本养老保险费。

② 失业保险费：是指企业按照规定标准为职工缴纳的失业保险费。

③ 医疗保险费：是指企业按照规定标准为职工缴纳的基本医疗保险费。

④ 生育保险费：是指企业按照规定标准为职工缴纳的生育保险费。

⑤ 工伤保险费：是指企业按照规定标准为职工缴纳的工伤保险费。

(2) 住房公积金

住房公积金是指企业按规定标准为职工缴纳的住房公积金。

(3) 工程排污费

工程排污费是指按规定缴纳的施工现场工程排污费。

社会保险费和住房公积金应以定额人工费为计算基础，根据工程所在地省、自治区、直辖市或行业建设主管部门规定费率计算。

$$社会保险费和住房公积金=\sum(工程定额人工费\times社会保险费和住房公积金费率) \tag{2.28}$$

式中，社会保险费和住房公积金费率可以每万元发承包价的生产工人人工费和管理人员工资含量与工程所在地规定的缴纳标准综合分析取定。

工程排污费等其他应列而未列入的规费应按工程所在地环境保护等部门规定的标准缴纳，按实计取列入。

2.3.1.7 税金

税金是指按国家税法规定的应计入建筑安装工程造价内的增值税。

(1) 增值税

增值税是对销售货物或者提供加工、修理修配劳务以及进口货物的单位和个人就其实现的增值额征收的一个税种。

增值税纳税人分为一般纳税人和小规模纳税人。应税行为的年应征增值税销售额超过财政部和国家税务总局规定标准的纳税人为一般纳税人，未超过规定标准的纳税人为小规模纳税人。

增值税的计税方法，分为一般计税法和简易计税法。一般纳税人发生应税行为适用一般计税法计税；小规模纳税人发生应税行为适用简易计税法计税。

一般计税方法的应纳税额，是指当期销项税额抵扣当期进项税额后的余额。

应纳税额计算公式为：

$$应纳税额=当期销项税额-当期进项税额 \tag{2.29}$$

当期销项税额小于当期进项税额不足抵扣时，其不足部分可以结转下期继续抵扣。

销项税额，是指纳税人发生应税行为按照销售额和增值税税率计算并收取的增值税额。销项税额计算公式为：

$$销项税额=销售额\times增值税税率 \tag{2.30}$$

销售额为纳税人销售货物或者应税劳务向购买方收取的全部价款和价外费用，但是不包括收取的销项税额。

一般计税法的销售额不包括销项税额，纳税人采用销售额和销项税额合并定价方法的，按照下列公式计算销售额：

$$销售额=含税销售额\div(1+增值税税率) \tag{2.31}$$

进项税额，是指纳税人购进货物、加工修理修配劳务、服务、无形资产或者不动产，支付或者负担的增值税额。

简易计税法的应纳税额，是指按照销售额和增值税征收率计算的增值税额，不得抵扣进项税额。应纳税额计算公式为：

$$应纳税额=销售额\times征收率 \tag{2.32}$$

简易计税法的销售额不包括其应纳税额，纳税人采用销售额和应纳税额合并定价方法的，按照下列公式计算销售额：

$$销售额=含税销售额\div(1+征收率) \tag{2.33}$$

(2) 增值税的计算

① 一般计税法下的增值税指国家税法规定的应计入建筑安装工程造价内的增值税销项税。一般计税法下，人工费、材料费、施工机具使用费、企业管理费、利润、规费等的组成内容为不含进项税的价格，计税基础为不含进项税额的不含税工程造价。

$$应纳税额=当期销项税额-当期进项税额 \tag{2.34}$$

$$当期销项税额=销售额\times增值税税率(9\%) \tag{2.35}$$

销售额是指纳税人发生应税行为取得的全部价款和价外费用。

② 简易计税法下的增值税指国家税法规定的应计入建筑安装工程造价内的应交增值税。简易计税法下，人工费、材料费、施工机具使用费、企业管理费、利润、规费等的组成内容均为含进项税的价格，计税基础为含进项税额的不含税工程造价。

$$应纳税额=销售额\times征收率(3\%) \tag{2.36}$$

此时，销售额是指纳税人发生应税行为取得的全部价款和价外费用，扣除支付的分包款后的余额。

### 2.3.2 建筑安装工程费用项目组成——按造价形成划分

建筑安装工程费按照工程造价形成划分，由分部分项工程费、措施项目费、其他项目费、规费、税金组成，分部分项工程费、措施项目费、其他项目费包含人工费、材料费、施工机具使用费、企业管理费和利润，如图 2.4 所示。

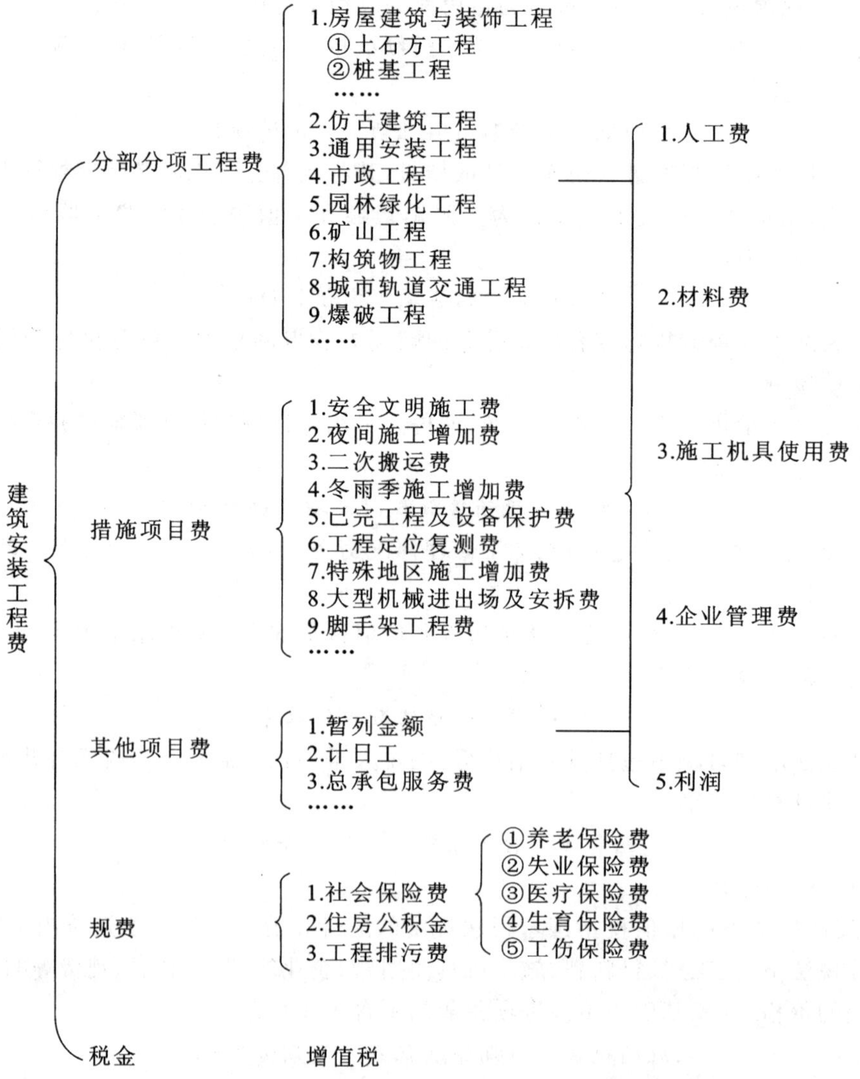


**图 2.4 建筑安装工程费用项目组成(按造价形成划分)**

2.3.2.1 分部分项工程费

分部分项工程费是指各专业工程的分部分项工程应予列支的各项费用。

(1) 专业工程

专业工程是指按现行国家“计量规范”划分的房屋建筑与装饰工程、仿古建筑工程、通用安装工程、市政工程、园林绿化工程、矿山工程、构筑物工程、城市轨道交通工程、爆破工程等各类工程。

(2) 分部分项工程

分部分项工程指按现行国家“计量规范”对各专业工程划分的项目。如房屋建筑与装饰工程划分的土石方工程、地基处理与桩基工程、砌筑工程、钢筋及钢筋混凝土工程等。

各类专业工程的分部分项工程划分见现行国家或行业“计量规范”。

$$分部分项工程费 = \sum(分部分项工程量 \times 综合单价) \tag{2.37}$$

式中,综合单价包括人工费、材料费、施工机具使用费、企业管理费和利润以及一定范围的风险费用(下同)。

2.3.2.2 措施项目费

措施项目费是指为完成建设工程施工,发生于该工程施工前和施工过程中的技术、生活、安全、环境保护等方面的费用。内容包括:

(1) 安全文明施工费

① 环境保护费:是指施工现场为达到环保部门要求所需要的各项费用。

② 文明施工费:是指施工现场文明施工所需要的各项费用。

③ 安全施工费:是指施工现场安全施工所需要的各项费用。

④ 临时设施费:是指施工企业为进行建设工程施工所必须搭设的生活和生产用的临时建筑物、构筑物和其他临时设施费用。包括临时设施的搭设、维修、拆除、清理费或摊销费等。

(2) 夜间施工增加费

夜间施工增加费是指因夜间施工所发生的夜班补助费、夜间施工降效、夜间施工照明设备摊销及照明用电等费用。

(3) 二次搬运费

二次搬运费是指因施工场地条件限制而发生的材料、构配件、半成品等一次运输不能到达堆放地点,必须进行二次或多次搬运所发生的费用。

(4) 冬雨季施工增加费

冬雨季施工增加费是指在冬季或雨季施工需增加的临时设施、防滑、排除雨雪,人工及施工机械效率降低等费用。

(5) 已完工程及设备保护费

已完工程及设备保护费是指竣工验收前,对已完工程及设备采取的必要保护措施所发生的费用。

(6) 工程定位复测费

工程定位复测费是指工程施工过程中进行全部施工测量放线和复测工作的费用。

(7) 特殊地区施工增加费

特殊地区施工增加费是指工程在沙漠或其边缘地区,高海拔、高寒、原始森林等特殊地区施工增加的费用。

(8) 大型机械设备进出场及安拆费

大型机械设备进出场及安拆费是指机械整体或分体自停放场地运至施工现场或由一个施工地点运至另一个施工地点，所发生的机械进出场运输及转移费用，以及机械在施工现场进行安装、拆卸所需的人工费、材料费、机械费、试运转费和安装所需的辅助设施的费用。

(9) 脚手架工程费

脚手架工程费是指施工需要的各种脚手架搭、拆、运输费用以及脚手架购置费的摊销(或租赁)费用。

措施项目及其包含的内容详见各类专业工程的现行国家或行业“计量规范”。

(10) 措施项目费的计算方式分为两种情形

第一种情形是国家“计量规范”规定应予计量的措施项目，其计算公式为：

$$措施项目费 = \sum(措施项目工程量 \times 综合单价) \tag{2.38}$$

第二种情形是国家“计量规范”规定不宜计量的措施项目，计算方法如下：

① 安全文明施工费

$$安全文明施工费=计算基数\times安全文明施工费费率(\%) \tag{2.39}$$

计算基数应为定额基价(定额分部分项工程费+定额中可以计量的措施项目费)、定额人工费(或定额人工费+定额机械费)，其费率由工程造价管理机构根据各专业工程的特点综合确定。

② 夜间施工增加费

$$夜间施工增加费=计算基数\times夜间施工增加费费率(\%) \tag{2.40}$$

③ 二次搬运费

$$二次搬运费=计算基数\times二次搬运费费率(\%) \tag{2.41}$$

④ 冬雨季施工增加费

$$冬雨季施工增加费=计算基数\times冬雨季施工增加费费率(\%) \tag{2.42}$$

⑤ 已完工程及设备保护费

$$已完工程及设备保护费=计算基数\times已完工程及设备保护费费率(\%) \tag{2.43}$$

上述②～⑤项措施项目的计费基数应为定额人工费(或定额人工费+定额机械费)，其费率由工程造价管理机构根据各专业工程特点和调查资料综合分析后确定。

2.3.2.3 其他项目费

(1) 暂列金额

暂列金额是指建设单位在工程量清单中暂定并包括在工程合同价款中的一笔款项，用于施工合同签订时尚未确定或者不可预见的所需材料、工程设备、服务的采购，施工中可能发生的工程变更、合同约定调整因素出现时的工程价款调整以及发生的索赔、现场签证确认等的费用。

暂列金额由建设单位根据工程特点，按有关计价规定估算，施工过程中由建设单位掌握使用，扣除合同价款调整后如有余额，归建设单位。

(2) 计日工

计日工是指在施工过程中，施工企业完成建设单位提出的施工图纸以外的零星项目或工作所需的费用。

计日工由建设单位和施工企业按施工过程中的签证计价。

(3) 总承包服务费

总承包服务费是指总承包人为配合、协调建设单位进行的专业工程发包，对建设单位自行采购的材料、工程设备等进行保管以及施工现场管理、竣工资料汇总整理等服务所需的费用。

总承包服务费由建设单位在招标控制价中根据总包服务范围和有关计价规定编制，施工企业投标时自主报价，施工过程中按签约合同价执行。

2.3.2.4 规费

定义同2.3.1.6。

2.3.2.5 税金

税金是指按国家税法规定的应计入建筑安装工程造价内的增值税。

① 一般计税法下的增值税指国家税法规定的应计入建筑安装工程造价内的增值税销项税。一般计税法下，分部分项工程费、措施项目费、其他项目费等的组成内容为不含进项税的价格，计税基础为不含进项税额的不含税工程造价。

$$\text{应纳税额}=\text{当期销项税额}-\text{当期进项税额} \tag{2.44}$$

$$\text{当期销项税额}=\text{销售额}\times\text{增值税税率}(9\%) \tag{2.45}$$

销售额是指纳税人发生应税行为取得的全部价款和价外费用。

② 简易计税法下的增值税指国家税法规定的应计入建筑安装工程造价内的应交增值税。简易计税法下，分部分项工程费、措施项目费、其他项目费等的组成内容均为含进项税的价格，计税基础为含进项税额的不含税工程造价。

$$\text{应纳税额}=\text{销售额}\times\text{征收率}(3\%) \tag{2.46}$$

此时，销售额是指纳税人发生应税行为取得的全部价款和价外费用，扣除支付的分包款后的余额。

建设单位和施工企业均应按照省、自治区、直辖市或建设行业主管部门发布的标准计算规费和税金，不得作为竞争性费用。

工程造价管理机构在定额使用周期内，应及时发布人工、材料、机械台班价格信息，实行工程造价动态管理，如遇国家法律、法规、规章或相关政策变化以及建筑市场物价波动较大时，应适时调整定额人工费、定额机械费以及定额基价或规费费率，使建筑安装工程费用能反映建筑市场的实际情况。

建设单位在编制招标控制价时，应按照各专业工程的"计量规范"和计价定额以及工程造价信息进行编制。

施工企业在使用计价定额时除不可竞争费用外，其余仅作参考，由施工企业投标时自主报价。

【习题测试】

建筑安装工程费用的取费方法与计算具体见第4章的相关内容。

## 2.4 工程建设其他费用

工程建设其他费用是指从工程筹建到工程竣工验收交付使用的整个建设期间，除建筑安装工程费用和设备、工器具费用以外，为保证工程建设顺利完成和交付使用后能够正常发挥效用而发生的费用。按其费用的用途不同，可分为三类：土地使用费、与建设项目有关的费用、与未来企业生产经营有关的其他费用。

### 2.4.1 土地使用费

土地使用费是指通过划拨方式取得土地使用权而支付的土地征用及迁移补偿费，或者通过土地使用权出让方式取得土地使用权而支付的土地使用权出让金。

(1) 土地征用及迁移补偿费

土地征用及迁移补偿费，是指建设项目通过划拨方式取得无限期的土地使用权，依照《中华人民共和国土地管理法》等规定所支付的费用。其总和一般不得超过被征土地年产值的20倍，土地年产值则按该地被征用前3年的平均产量和国家规定的价格计算。其内容包括：

① 土地补偿费。征用耕地（包括菜地）的补偿标准，为该耕地年产值的6～10倍，具体补偿标准由省、自治区、直辖市人民政府在此范围内制定。征用园地、鱼塘、藕塘、苇塘、宅基地、林地、牧场、草原等的补偿标准，由省、自治区、直辖市人民政府制定。征收无收益的土地，不予补偿。

② 青苗补偿费和被征用土地上的房屋、水井、树木等附着物补偿费。其标准由省、自治区、直辖市人民政府制定。征用城市郊区的菜地时，还应按照有关规定向国家缴纳新菜地开发建设基金。

③ 安置补助费。征用耕地、菜地的，每个农业人口的安置补助费为该地每亩年产值的3～4倍，每亩耕地的安置补助费最高不得超过其年产值的15倍。

④ 缴纳的耕地占用税或城镇土地使用税、土地登记费及征地管理费等。县市土地管理机关从征地费中提取土地管理费的比率，要按征地工作量大小，视不同情况，在1%～4%幅度内提取。

⑤ 征地动迁费。包括征用土地上的房屋及附着构筑物、城市公共设施等拆除、迁建补偿费和搬迁运输费，企业单位因搬迁造成的减产、停工损失补贴费，拆迁管理费等。

⑥ 水利水电工程水库淹没处理补偿费，包括农村移民安置迁建费，城市迁建补偿费，库区工矿企业、交通、电力、通信、广播、管网、水利等的恢复、迁建补偿费，库底清理费，防护工程费，环境影响补偿费用等。

(2) 土地使用权出让金

土地使用权出让金是指建设项目通过土地使用权出让方式，取得有限期的土地使用权，依照《中华人民共和国城镇国有土地使用权出让和转让暂行条例》规定，支付的土地使用权出让金。

### 2.4.2 与建设项目有关的其他费用

(1) 建设单位管理费

建设单位管理费是指建设项目从立项、筹建、建设、联合试运转、竣工验收交付使用及后评估等全过程管理所需费用。内容包括建设单位开办费和建设单位经费。

(2) 勘察设计费

勘察设计费是指为本建设项目提供项目建议书、可行性研究报告及设计文件等所需的费用。

(3) 研究试验费

研究试验费是指为建设项目提供或验证设计数据、资料等所进行的必要的研究试验以及设计规定在建设过程中必须进行试验、验证所需的费用。

(4) 建设单位临时设施费

建设单位临时设施费是指建设期间建设单位所需临时设施的搭设、维修、摊销费用或租赁费用。

(5) 工程监理费

工程监理费是指建设单位委托工程监理单位对工程实施监理工作所需的费用。

(6) 工程保险费

工程保险费是指建设项目在建设期间根据需要实施工程保险所需的费用,包括以各种建筑工程及其在施工过程中的物料、机器设备为保险标的的建筑工程一切险,以安装工程中的各种机器、机械设备为保险标的的安装工程一切险,以及机器损坏保险等。

(7) 引进技术和进口设备的其他费用

引进技术和进口设备的其他费用包括出国人员费用、国外工程技术人员来华费用、技术引进费、分期或延期付款利息、担保费以及进口设备检验鉴定费等。

### 2.4.3 与未来企业生产经营有关的其他费用

(1) 联合试运转费

联合试运转费是指新建企业或新增加生产工艺过程的扩建企业在竣工验收前,按照设计规定的工程质量标准,进行整个车间的负荷或无负荷联合试运转发生的费用支出大于试运转收入的亏损部分。联合试运转费一般根据不同性质的项目,按需要试运转车间的工艺设备购置费的百分比计算。

(2) 生产准备费

生产准备费是指新建企业或新增生产能力的企业,为保证竣工交付使用进行必要的生产准备所发生的费用。

(3) 办公和生活家具购置费

办公和生活家具购置费是指为保证新建、改建、扩建项目初期正常生产、使用和管理所必需购置的办公和生活家具、用具的费用。改建、扩建项目所需的办公和生活用具购置费,应低于新建项目的费用。

【习题测试】

## 2.5 预备费、建设期贷款利息、固定资产投资方向调节税

### 2.5.1 预备费

按我国现行规定,预备费包括基本预备费和涨价预备费。

(1) 基本预备费

基本预备费是指在初步设计及概算内难以预料的工程费用,费用内容包括:

① 在批准的初步设计范围内,技术设计、施工图设计及施工过程中所增加的工程费用,以及设计变更、局部地基处理等增加的费用。

② 一般自然灾害造成的损失和预防自然灾害所采取的措施费用。实行工程保险的工程项目费用应适当降低。

③ 竣工验收时为鉴定工程质量对隐蔽工程进行必要的挖掘和修复费用。

基本预备费是以工程费用和工程建设其他费用二者之和为计算基础，乘以基本预备费率进行计算，即：

$$基本预备费=(工程费用+工程建设其他费用)\times 基本预备费率 \tag{2.47}$$

基本预备费率的取值应执行国家及有关部门的规定。

（2）涨价预备费

涨价预备费，是指建设项目在建设期内由于利率、汇率或价格等因素的变化引起工程造价可能增加而预留的费用，亦称为价格变动不可预见费。费用内容包括：人工、设备、材料、施工机械的价差费，建筑安装工程费及工程建设其他费用调整，利率、汇率调整等增加的费用。

涨价预备费的测算方法，一般根据国家规定的投资综合价格指数，按估算年份价格水平的投资额为基数，采用复利方法计算。计算公式为：

$$PF=\sum_{t=0}^{n} I_t[(1+f)^t-1] \tag{2.48}$$

式中　$PF$——涨价预备费；

$n$——建设期年份数；

$I_t$——建设期中第 $t$ 年的投资计划额，包括工程费用、工程建设其他费用及基本预备费；

$f$——年均投资价格上涨率。

### 2.5.2　建设期贷款利息

建设期贷款利息包括向国内银行和其他非银行金融机构贷款、出口信贷、外国政府贷款、国际商业银行贷款以及在境内外发行的债券等在建设期间内应偿还的贷款利息。建设期贷款利息实行复利计算。

当贷款是分年均衡发放时，建设期利息的计算可按当年借款在年中支用考虑，即当年贷款按半年计息，上年贷款按全年计息。计算公式为：

$$q_j=\left(P_{j-1}+\frac{1}{2}A_j\right)\cdot i \tag{2.49}$$

式中　$q_j$——建设期第 $j$ 年应计利息；

$P_{j-1}$——建设期第 $j-1$ 年末贷款累计金额与利息累计金额之和；

$A_j$——建设期第 $j$ 年贷款金额；

$i$——年利率。

国外贷款利息的计算中，还应包括国外贷款银行根据贷款协议向贷款方以年利率的方式收取的手续费、管理费、承诺费，以及国内代理机构经国家主管部门批准的以年利率的方式向贷款单位收取的转贷费、担保费、管理费等。

【习题测试】

## 思　考　题

（1）试简述工程造价的含义。工程造价的构成内容有哪些？

（2）建筑工程费用按构成要素划分组成内容有哪些？按造价形成划分组成内容有哪些？

（3）设备购置费的原价是如何确定的？

（4）工程建设其他费用有几项内容？

（5）预备费和建设期贷款利息的计算有何特点？

## 习　题

(1) 全套设备拟从国外进口,重量 1850 t,装运港船上交货价为 460 万美元,国际运费标准为 330 美元/t,海上运输保险费率为 0.267%,中国银行费率为 0.45%,外贸手续费率为 1.7%,关税税率为 22%,增值税税率为 17%,美元对人民币的银行牌价为 1∶6.83,设备的国内运杂费率为 2.3%。试计算设备购置费。

(2) 某项目的静态投资为 8960 万元。按本项目实施进度计划,建设期为 3 年,投资分年使用比例为:第一年 20%,第二年 50%,第三年 30%。建设期内预计年平均价格总水平上涨率为 5%。试计算该项目建设期的涨价预备费。

(3) 某建设项目的工程费用与工程建设其他费用的估算额为 52180 万元,预备费为 5000 万元,建设期 3 年。各年的投资比例是:第 1 年 20%,第 2 年 55%,第 3 年 25%。该项目固定资产投资来源为自有资金和贷款。贷款本金为 40000 万元(其中外汇贷款为 2300 万美元),贷款按年均衡发放。贷款的人民币部分从中国建设银行获得,年利率为 6%(按季计息);贷款的外汇部分从中国银行获得,年利率为 8%(按年计息)。外汇牌价为 1 美元兑换 6.6 元人民币。试估算建设期贷款利息。

(4) 某工程经估算,建筑安装工程费用为 1000 万元,设备及工器具费用为 1500 万元,工程建设其他费用为 500 万元。经测算:建设期 3 年,第一年完成计划投资的 30%,第二年完成计划投资的 30%,第三年完成计划投资的 40%。基本预备费率为 5%,涨价预备费率为 6%。每年投资中的 50%为银行贷款,贷款利率为 10%。试计算该工程固定资产投资总额。

# 3 工程计价依据

## 本章提要

本章主要介绍工程建设定额的概念、特性、作用及分类；预算定额、人工工日消耗量、材料消耗量、机械台班消耗量的确定；人工单价、材料单价、机械台班单价的确定；概算定额、概算指标及企业定额的概念、作用等，并结合工程实例详细讲解了预算定额的应用。本章重点要求掌握人工工日消耗量、材料消耗量、机械台班消耗量的确定；人工单价、材料单价、机械台班单价的确定；预算定额的直接套用与预算定额的换算。

## 3.1 工程建设定额

### 3.1.1 定额的概念

所谓“定”，就是规定；“额”，即标准或尺度，这是所谓“定额”最基本的含义。在工程建设中，为了完成某合格产品，就要消耗一定数量的人工、材料、机械台班及资金。工程建设定额是指在正常的施工生产条件下，为完成某项按照法定规则划分的质量合格的分项或分部分项工程（或建筑构件）所需资源消耗量的数量标准。这种规定的额度反映的是在一定的社会生产力发展水平的条件下，完成工程建设中某项合格产品与各种生产消耗之间特定的数量关系。

正常施工条件，是指生产过程按生产工艺和施工验收规范操作，施工条件完善，劳动组织合理，机械运转正常，材料储备合理，在这样的条件下完成单位合格产品资源消耗的数量标准，同时还规定所完成的产品规格或工作内容，以及所要达到的质量标准和安全要求。例如，《全国统一建筑工程基础定额》规定，砌墙分项工程的工作内容包括：①调、运、铺砂浆，运砖；②砌砖包括窗台虎头砖、腰线、门窗套，安放木砖、铁件等。定额消耗量是：每砌 10 $m^3$ 一砖单面清水内墙，规定消耗人工（综合工日）18.87 工日，普通黏土砖 5.314 千块，M2.5 水泥混合砂浆 2.25 $m^3$，水 1.06 $m^3$，灰浆搅拌机 0.38 台班。对砌体的质量要求是表面平整、横平、竖直、灰浆饱满。

定额水平是指定额规定的完成单位产品消耗量的数量标准。定额水平高，完成单位产品的消耗量少；反之，完成单位产品的消耗量多。定额水平与一定时期的构件装配化、工厂化和施工机械化程度，工人操作技术水平和职工劳动积极性，新工艺、新材料和新技术的应用程度，企业生产经营管理水平，国家经济管理体制和管理制度等因素有关。因此，定额水平不是一成不变的，随着建筑生产技术水平的发展，定额水平也应不断变化。

在理解其概念的基础上，还必须注意定额的如下特性：

3.1.1.1 定额的市场性与自主性

推行工程量清单计价是深化工程造价管理改革，推进建设市场化的重要途径。推行工程量清单计价方法的指导思想是：顺应市场的要求，引导并规范建设工程招投标活动健康有序的发展。真正实现“政府宏观调控、企业自主报价、部门动态监管、社会全面监督”的运行机制。突出了按市场规律搞工程建设、由企业自主报价、市场定价成为定额的基本特征。

3.1.1.2 定额的法令性和指导性

定额是由国家各级主管部门按照一定的科学程序组织编制和颁发的，它是一种具有法定性的指标，是一种行业法规。在规定范围内，任何单位都必须严格遵守执行，不得任意改变，强调政府的宏观调控和部门动态监督，成为建设市场和建筑产品交易的指导。

3.1.1.3 定额的科学性与群众性

定额是在认真研究基本经济规律、价值规律的基础上，经过长期严密的观察、测定，广泛搜集和总结生产实践经验及有关的资料，应用科学的方法对工时分析、作业研究、现场布置、机械设备改革以及施工技术与组织的合理配合等方面进行综合分析、研究后制定的。定额水平反映了当时先进的施工方法，定额消耗量是施工中客观规律的反映。因此，它具有一定的科学性。

定额是在广泛地测定，大量数据的分析、统计、研究和总结工人生产经验的前提下，按正常施工条件，多数企业或个人经过努力可达到或超过的平均先进水平制定的，不是按少数企业或个人的先进水平制定的。建设工程定额的制定和执行都是建立在广大生产者和管理者的基础上，既来源于群众的生产经营活动，又是群众参加生产经营活动的准则。因此，它具有一定的先进性和群众性。

3.1.1.4 定额的动态性与相对稳定性

任何定额都只能是一定时期生产技术发展和管理水平的反映，不是固定不变的。一定时期的定额，反映一定时期的构件工厂化、施工机械化和预制装配化程度，以及工艺、材料等建筑技术发展水平。在一定时期相对稳定，这是定额的相对稳定性。随着建筑生产技术和生产力的发展，各种资源的消耗量下降，劳动生产率提高，这种稳定就被打破了。当生产力向前发展了，定额的水平将会提高，必须产生新的定额与生产力发展水平相适应。这是定额的时效性和动态性。

### 3.1.2 定额的作用和分类

从定额的概念可以看出，其反映的是社会统一平均消耗标准，反映了行业在一定时期的生产技术和管理水平。定额作为加强企业经营管理、组织施工、决定分配的工具，主要作用表现为：它是企业搞好生产经营管理的前提，也是企业组织生产、引进竞争机制的手段；它是建设系统作为计划管理、宏观调控、确定工程造价、对设计方案进行技术经济评价、贯彻按劳分配原则、实行经济核算的依据；它是衡量劳动生产率的尺度，是总结、分析和改进施工方法的重要手段。

工程建设由于具有规模庞大、构造复杂、种类繁多、建设周期长等技术经济特点，决定了建设工程定额的种类多、层次多的特点。建设工程定额是工程建设中各种定额的总称，可按照不同的原则和方法对其进行科学的分类。建设工程定额的分类如图 3.1 所示。

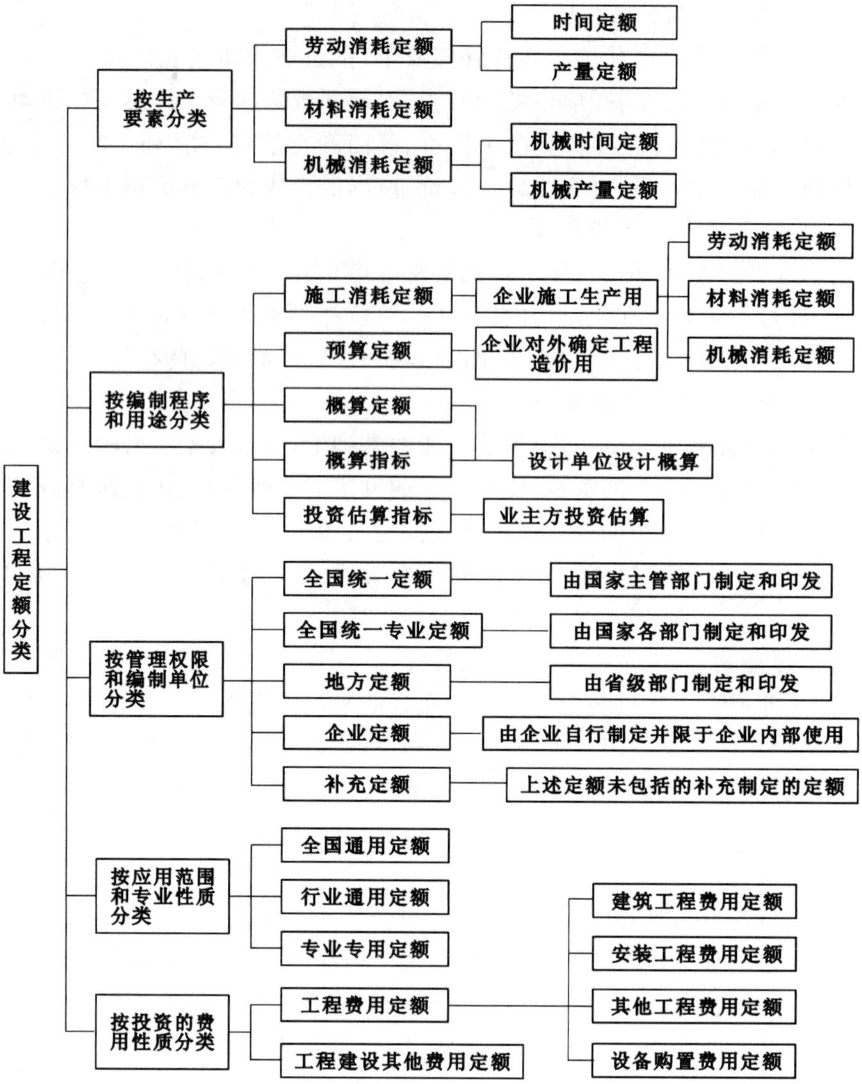


**图 3.1 建设工程定额的分类**

3.1.2.1 按生产要素分类

按生产要素分类可分为劳动消耗定额、材料消耗定额和机械消耗定额。

(1) 劳动消耗定额也称劳动定额。劳动定额是指在正常施工条件下，某工种、某等级的工人或工人小组，生产单位合格产品所必须消耗的劳动时间，表现为时间定额；或在单位时间内生产合格产品的数量，表现为产量定额。时间定额与产量定额互为倒数关系。

(2) 材料消耗定额是指在正常施工条件下且在节约与合理使用材料条件下，生产单位合格产品所必须消耗的一定规格的材料、成品、半成品、构(配)件、动力与燃料的数量标准。

(3) 机械消耗定额是指在正常施工条件下，施工机械运转状态正常，并合理、均衡地组织施工和使用机械时，生产单位合格产品所必须消耗的机械工作时间，表现为机械时间定额；或者是机械在单位时间内生产合格产品的数量，表现为机械产量定额。

3.1.2.2 按编制程序和用途分类

按编制程序和用途分类，可分为施工消耗定额、预算定额、概算定额、概算指标、投资估算指标。

(1) 施工消耗定额是以同一性质的施工过程或工序为研究对象,表示生产产品数量与时间消耗综合关系的定额。它是施工企业内部组织生产和管理的定额,同时也是建设工程定额中的基础性定额,由劳动消耗定额、材料消耗定额和机械消耗定额组成。

(2) 预算定额是以分项工程或结构构件为对象编制的,其内容包括劳动定额(人工)、材料消耗定额和机械台班使用定额。它是一种计价定额,主要用于从施工图到竣工验收阶段编制工程预算、结算等。

(3) 概算定额是以扩大分项工程或扩大结构构件为对象编制的,计算和确定劳动、机械台班、材料消耗量所使用的定额。它是在预算定额的基础上综合扩大形成的,也是一种计价定额,用在初步设计或扩大初步设计阶段以确定项目投资额。

(4) 概算指标是概算定额的扩大和合并,它是以整个建筑物或构筑物为对象,以更为扩大的计量单位来编制的。它在概算定额的基础上编制,比概算定额更加综合扩大,它也是一种计价定额,是设计单位编制工程概算、建设单位编制年度计划、准备期间编制材料和机械设备供应计划的依据。

(5) 投资估算指标是在项目建议书和可行性研究阶段编制投资估算时使用的一种定额。它非常简略,往往以独立的单项工程或完整的工程项目为计算对象,编制内容为项目所有费用之和。

3.1.2.3 按管理权限和编制单位分类

按管理权限和编制单位分类,可分为全国统一定额、全国统一专业定额、地方定额、企业定额和补充定额。

(1) 全国统一定额是由国家建设行政主管部门综合全国工程建设中技术和施工组织管理的情况编制,并在全国范围内执行的定额。

(2) 全国统一专业定额也称行业统一定额,是在考虑各行业部门专业工程技术的特点及施工生产和管理水平编制的定额。它仅限于本行业和相同专业性质的范围内使用。

(3) 地方定额也称地区统一定额,属于省、自治区、直辖市定额,主要是考虑地区性特点和全国统一定额水平作适当调整和补充进行编制的。

(4) 企业定额是施工企业考虑本企业的具体情况,参照国家部门或地区定额的水平编制的,供企业内部使用,但能反映企业的素质。

(5) 补充定额是指随着计划、施工技术的发展,现行定额不能满足需要的情况下,为了补充缺陷所编制的定额。它只能在指定的范围内使用。

3.1.2.4 按应用范围和专业性质分类

按应用范围和专业性质分类,可分为全国通用定额、行业通用定额、专业专用定额。

全国通用定额是指在部门间和地区间都可以使用的定额;行业通用定额是指具有专业特点,在行业内部可以通用的定额;专业专用定额是指特殊专业的定额,只能在指定的范围内使用。

3.1.2.5 按投资的费用性质分类

按投资的费用性质分类,可分为工程费用定额、工程建设其他费用定额。

工程费用定额可分为建筑工程费用定额、安装工程费用定额、其他工程费用定额和设备购置费用定额。

工程建设其他费用定额是指从工程筹建到工程竣工验收交付使用的整个建设期间，除了建筑安装工程费用和设备、工器具购置费以外，为保证工程建设顺利完成和交付使用后能够正常发挥效用而发生的各项费用开支的标准。工程建设其他费用定额经批准后对建设项目实施全过程费用控制。

【习题测试】

各种各样的定额虽然用于各种不同的情况，但它们却是一个相互联系的有机整体，在实际工作中常常需要配合使用。

## 3.2 预算定额

### 3.2.1 预算定额的概念、性质和作用

建筑工程预算定额是工程建设进入施工图设计阶段时，用于编制工程预算的定额依据，因而称为施工预算定额，简称“预算定额”。

预算定额是指在正常的施工条件、施工技术和组织条件下，完成一定计量单位的分项工程或结构构件所需人工、材料、机械台班消耗和价值货币表现的数量标准。预算定额是国家或各省、直辖市、自治区主管部门或授权单位组织编制并颁发执行的，是基本建设预算制度中的一项重要技术经济法规。它的法令性质保证了在定额适用范围内的建筑工程有统一的造价与核算尺度。预算定额具有如下性质：

第一，预算定额是一种计价定额，它的主要作用是作为计算工程造价的依据。

第二，当施工企业用预算定额作为参照依据计算个别成本并最终确定工程造价时，其性质属于企业定额；当预算定额由政府授权部门编制颁发，并作为一种行业标准，被投资者或社会中介机构用来计算工程的社会平均成本并最终确定工程的社会造价时，其性质属于社会定额。

第三，预算定额标定对象即分项的划分，可有两类不同的划分方法。传统划分方法是按照选用的施工方法、所使用的材料、结构构件规格等不同因素划分的分项工程或工种工程(或工序作业或不同材料、构件)为基础来划分定额分项。例如不同砂浆品种、标号的砖砌基础，都是一个定额分项。这种分项有利于企业成本核算，而不利于工程发承包，工程结算复杂。另一种国际上通用、我国目前推行的工程量清单分项方法，是以形成工程实体为基础的分项。例如砖基础工程包括基础防水层在内形成的工程实体为一个分项。

第四，预算定额的定额水平通常取社会平均水平，取企业中大部分生产工人按一般的速度工作，在正常的条件下能够达到的水平。

第五，预算定额规定的消耗指标内容包括人工、材料及机械台班的消耗，或者说预算定额是以施工消耗定额为基础，经过分析和调整而得的结果。

在理解预算定额的概念和性质的基础上，还必须注意预算定额的如下作用：

第一，预算定额是编制建筑安装工程预算，确定工程造价的依据；预算定额中的人工消耗量指标、材料消耗量指标和机械台班消耗量指标，是确定各单位工程人工费、材料费和机械使用费的基础。

第二，预算定额是建设单位编制招标标底、申请贷款和上级主管部门拨款的依据，是承包单位投标报价的基础资料。

第三，预算定额是编制施工组织设计时，确定劳动力、建筑材料、成品、半成品、设备和建筑

机械需要量的标准，是建筑企业进行经济核算、经济活动分析和考核工程成本的依据。

第四，预算定额是编制地区单位估价表和概算定额的基础；加强预算定额的管理，对于控制和节约建设资金，降低建筑安装工程的劳动消耗，加强施工企业的计划管理和经济核算，都有重大的现实意义。

第五，预算定额是工程结算的依据。工程结算是建设单位和施工单位按照工程进度对已完成的分部分项工程实现货币支付的行为。按进度支付工程款，需要根据预算定额将已完成分项工程的造价算出。单位工程验收后，再按竣工工程量、预算定额和施工合同的规定进行结算，以保证建设单位建设资金的合理使用和施工单位的经济收入。

### 3.2.2 人工工日、材料、机械台班消耗量的确定

#### 3.2.2.1 人工工日消耗量

预算定额中人工工日消耗量是指在正常施工条件下，生产单位合格产品所必须消耗的人工工日数量，是由分项工程所综合的各个工序劳动定额（包括基本用工、其他用工两部分）组成的，即：

$$\text{人工消耗量}=\text{基本用工数量}+\text{其他用工数量} \tag{3.1}$$

其中

$$\text{其他用工数量}=\text{辅助用工数量}+\text{超运距用工数量}+\text{人工幅度差用工数量}$$

(1) 基本用工

基本用工指完成单位合格产品所必须消耗的技术工种用工。按技术工种相应劳动定额、工时定额计算，以不同工种列出定额工日。基本用工包括：

① 完成定额计量单位的主要用工。按综合取定的工程量和相应劳动定额进行计算。计算公式为：

$$\text{基本用工}=\sum(\text{综合取定的工程量}\times\text{劳动定额}) \tag{3.2}$$

例如：工程实际中的砖基础，有 1 砖厚、1 砖半厚、2 砖厚等之分，用工各不相同，在预算定额中由于不区分厚度，需要按照统计的比例，加权平均，即公式中的综合取定，得出用工。

② 按劳动定额规定应增加计算的用工量。例如，砖基础埋深超过 1.5m，超过部分要增加用工，预算定额中应按一定比例给予增加。

③ 由于预算定额是以施工定额子目综合扩大的，包括的工作内容较多，施工的效果视具体部位而不一样，需要另外增加用工，列入基本用工内。

(2) 其他用工

其他用工通常包括：

① 超运距用工。超运距是指劳动定额中已包括的材料、半成品场内水平搬运距离与预算定额所考虑的现场材料、半成品堆放地点到操作地点的水平运输距离之差，即：

$$\text{超运距}=\text{预算定额取定运距}-\text{劳动定额已包括的运距} \tag{3.3}$$

需要指出，实际工程现场运距超过预算定额取定运距时，可另行计算材料二次搬运费。

② 辅助用工。辅助用工指技术工种劳动定额内不包括而在预算定额内又必须考虑的用工。例如，机械土方工程配合用工、材料加工（筛砂、洗石、熟化生石灰）、电焊点火用工等，计算公式如下：

$$辅助用工=\sum(材料加工数量\times相应的加工劳动定额) \quad (3.4)$$

③ 人工幅度差。人工幅度差即预算定额与劳动定额的差额，由于预算定额与劳动定额水平不同而引起的水平差。它主要是指在劳动定额中未包括而在正常施工情况下不可避免但又很难准确计量的用工和各种工时损失。内容包括：

a. 各工种间的工序搭接及交叉作业相互配合或影响所发生的停歇用工；

b. 施工机械在单位工程之间转移及临时水电线路移动所造成的停工；

c. 质量检查和隐蔽工程验收工作的影响；

d. 班组操作地点转移用工；

e. 工序交接时对前一工序不可避免的修整用工；

f. 施工中不可避免的其他零星用工。

人工幅度差计算公式如下：

$$人工幅度差=(基本用工+辅助用工+超运距用工)\times人工幅度差系数 \quad (3.5)$$

人工幅度差系数，一般土建工程为10%，设备安装工程为12%。

3.2.2.2 材料消耗量

(1) 定义及分类

材料消耗量是指完成单位合格产品所必须消耗的材料数量，按用途划分为以下四种：

① 主要材料。指直接构成工程实体的材料，其中也包括成品、半成品的材料。

② 辅助材料。指构成工程实体除主要材料以外的其他材料，如垫木钉子、铅丝等。

③ 周转性材料。指脚手架、模板等多次周转使用的不构成工程实体的摊销性材料。

④ 其他材料。指用量少，难以计量的零星用料，如棉纱、编号用的油漆等。

(2) 计算方法

材料消耗量计算方法主要有：

① 凡有标准规格的材料，按规范要求计算定额计量单位的耗用量，如砖、防水卷材、块料面层等。

② 凡设计图纸标注尺寸及下料要求，按设计图纸尺寸计算材料净用量，如门窗制作用材料、木方、板料等。

③ 换算法。各种胶结、涂料等材料的配合比用料，可以根据要求条件换算，得出材料用量。

④ 测定法。包括试验室试验法和现场观察法。它指各种强度等级的混凝土及砌筑砂浆配合比的耗用原材料数量的计算，需按照规范要求试配，经过试压合格以后并经过必要的调整后得出的水泥、砂子、石子、水的用量。对新材料、新结构又不能用其他方法计算定额消耗用量时，需用现场测定方法来确定，根据不同条件可以采用写实记录法和观察法得出定额的消耗量，按下式计算：

$$材料消耗量=材料净用量+材料损耗量 \quad (3.6)$$

其中，材料损耗量指正常条件下不可避免的材料损耗，如现场内材料运输及施工操作过程中的损耗等。其关系式如下：

$$材料损耗率=\frac{材料损耗量}{材料净用量}\times100\% \quad (3.7)$$

其中

$$材料损耗量=材料净用量\times材料损耗率 \tag{3.8a}$$

或

$$材料消耗量=材料净用量\times(1+材料损耗率) \tag{3.8b}$$

其他材料的确定，一般按工艺测算并在定额项目材料计算表内列出名称、数量，并依编制期价格以其他材料占主要材料的比率计算，列在定额材料栏之下，定额内可不列材料名称及消耗量。

标准砖砌体中，标准砖、砂浆用量计算公式如下：

$$每立方米砌体标准砖净用量(块)=\frac{2\times墙厚的砖数}{(砖长+灰缝)\times(砖厚+灰缝)}\times\frac{1}{墙厚} \tag{3.9}$$

公式中墙厚的砖数是指用标准砖的长度来标明墙厚。标准砖以 240 mm×115 mm×53 mm为准，其砌体计算厚度：半砖——115 mm；1 砖——240 mm；1 砖半——365 mm；灰缝一般取 10 mm。

$$砂浆净用量=1\ \mathrm{m}^3(砌体)-砖体积 \tag{3.10}$$

**【例 3.1】** 计算 1 $m^3$ 1 砖半厚砖墙标准砖和砂浆的净用量及总消耗量，损耗率为 1%。

**【解】** 1 砖半厚砖墙的标准砖净用量为：

$$\begin{aligned}标准砖净用量&=\frac{2\times墙厚的砖数}{(砖长+灰缝)\times(砖厚+灰缝)}\times\frac{1}{墙厚}\\&=\frac{2\times1.5}{(0.24+0.01)\times(0.053+0.01)}\times\frac{1}{0.365}\\&=522\ 块\end{aligned}$$

1 $m^3$ 的 1 砖半墙中砂浆的净用量：

$$砂浆净用量=1\ \mathrm{m}^3\ 砌体-砖体积$$

其中

$$每块标准砖的体积=0.24\times0.115\times0.053=0.0014628\ \mathrm{m}^3$$

则

$$\begin{aligned}砂浆净用量&=1-砖数\times每块砖的体积\\&=1-522\times0.0014628=0.236\ \mathrm{m}^3/\mathrm{m}^3\end{aligned}$$

由材料消耗量=材料净用量×(1+材料损耗率)可知：

$$标准砖总消耗量=522\times(1+1\%)=527.22\ 块/\mathrm{m}^3$$

$$砂浆总消耗量=0.236\times(1+1\%)=0.238\ \mathrm{m}^3/\mathrm{m}^3$$

3.2.2.3 机械台班消耗量

机械台班消耗量是指在正常施工条件下，生产单位合格产品必须消耗的某种型号施工机械的台班数量。

(1) 根据施工定额确定机械台班消耗量

这种方法是指根据施工定额或劳动定额中机械台班产量加机械幅度差计算预算定额的机械台班消耗量。

机械幅度差一般包括正常施工组织条件下不可避免的机械空转时间，施工技术原因的中断及合理停滞时间，因供电供水故障及水电线路移动检修而发生的运转中断时间，因气候变化或机械本身故障影响工时利用的时间，施工机械转移及配套机械相互影响损失的时间，配合机械施工的工人因与其他工种交叉造成的间歇时间，因检查工程质量造成的机械停歇的时间，以及工程收尾和工作量不饱满造成的机械停歇时间等。

大型机械幅度差系数为土方机械 25%，打桩机械 33%，吊装机械 30%。砂浆、混凝土搅拌机由于按小组配用，以小组产量计算机械台班产量，不另增加机械幅度差。其他分部工程中，如钢筋加工、木材、水磨石等各项专用机械的幅度差为 10%。

综上所述，预算定额的机械台班消耗量按下式计算：

$$\text{预算定额机械耗用台班}=\text{施工定额机械耗用台班}\times(1+\text{机械幅度差系数}) \quad (3.11)$$

占比重不大的零星小型机械按劳动定额小组成员计算出机械台班使用量，以“机械费”或“其他机械费”表示，不再列台班数量。

(2) 以现场测定资料为基础确定机械台班消耗量

如遇到施工定额（劳动定额）缺项者，则需要依据单位时间完成的产量进行现场测定，以确定机械台班消耗量。

### 3.2.3 人工、材料、施工机械台班单价的确定

3.2.3.1 人工单价的确定

(1) 人工单价及其组成内容

人工单价是指一个建筑安装生产工人一个工作日在预算中应计入的全部人工费用。它基本上反映了建筑安装生产工人的工资水平和一个工人在一个工作日中可以得到的报酬。合理确定人工工日单价，是正确计算人工费和工程造价的前提和基础。

目前，我国的人工单价均采用综合人工单价的计价方式，即根据综合取定的不同工种、技术等级工资单价及相应的工时比例进行加权平均，得出能够反映工程建设中生产工人一般综合价格水平的人工综合单价。按照我国现行规定，生产工人的人工工日单价计算公式如下：

$$\text{日工资单价}=\frac{\text{生产工人平均月工资(计时、计件)}+\text{平均月(奖金}+\text{津贴补贴}+\text{特殊情况下支付的工资)}}{\text{年平均每月法定工作天数}} \quad (3.12)$$

其中

$$\begin{aligned}&\text{年平均每月法定工作天数}\\&\quad=(\text{年日历天数}-\text{法定假日}-\text{法定节日}-\text{非生产工日})\div 12\text{ 个月}\\&\quad=[365-104-11-\text{非生产工日(注:各地不同)}]\div 12\text{ 个月}\\&\quad\approx 20.8\text{ 天}\end{aligned}$$

日工资单价是指施工企业平均技术熟练程度的生产工人在每工作日（国家法定工作时间内）按规定从事施工作业应得的日工资总额。工程造价管理机构确定日工资单价，应通过市场调查，根据工程项目的技术要求，参考实物工程量人工单价综合分析确定，最低日工资单价不得低于工程所在地人力资源和社会保障部门所发布的最低工资标准的：普工 1.3 倍、一般技工 2 倍、高级技工 3 倍。工程计价定额不可只列一个综合工日单价，应根据工程项目技术要求和工种差别适当划分多种日人工单价，确保各分部工程人工费的合理构成。依湖北省 2018 年费用定额规定，本定额的人工工日消耗量不分工种，按普工、一般技工、高级技工分为三个技术等级，人工工日单价取定：高级技工 212 元/工日；技工 142 元/工日；普工 92 元/工日。

(2) 影响人工单价的因素

影响建筑安装工人人工单价的因素很多，归纳起来有以下方面：

① 社会平均工资水平。建筑安装工人人工单价必然和社会平均工资水平趋同。社会平

均工资水平取决于经济发展水平。由于我国改革开放以来经济迅速增长，社会平均工资也有大幅增长，从而影响人工单价的大幅提高。

② 生活消费指数。生活消费指数的提高会影响人工单价的提高，以减少生活水平的下降幅度，或维持原来的生活水平。生活消费指数的变动取决于物价的变动，尤其取决于生活消费品物价的变动。

③ 人工单价的组成内容。例如，住房消费、养老保险、医疗保险、失业保险等列入人工单价，会使人工单价提高。

④ 劳动力市场供需变化。在劳动力市场，如果需求大于供给，人工单价就会上升；供给大于需求，市场竞争激烈，人工单价就会下降。

⑤ 政府推行的社会保障和福利政策也会影响人工单价的变动。

3.2.3.2 材料单价的确定

在建筑工程中，材料费占总造价的60%～70%，在金属结构工程中所占比重还要大，是建筑安装工程费用的主要组成部分。因此，合理确定材料单价的构成，正确编制材料预算价格，有利于合理确定和有效控制工程造价。

(1) 材料单价的构成

材料单价(材料的预算价格)是指材料(包括构件、成品及半成品等)从其来源地(供应者仓库或提货地点)到达施工工地仓库(施工地点内存放材料的地点)后出库的综合平均价格。材料单价一般由材料原价、运杂费、运输损耗费、采购及保管费组成，按下式计算：

$$材料单价=[(材料原价+运杂费)\times(1+运输损耗率)]\times(1+采购及保管费率) \quad (3.13)$$

① 材料原价的确定

材料原价是指材料的出厂价、交货地价格、市场采购价或批发价；进口材料以国际市场价格加上关税、手续费及保险费构成材料原价，也可按国际通用的材料到岸价或口岸价作为原价。

在确定原价时，同一种材料因产地或供应单位的不同而有几种原价时，应根据不同来源地的供应数量及不同的单价，计算出加权平均原价，按下式计算：

$$加权平均材料原价=\frac{\sum(各来源地材料原价\times各来源地材料数量)}{\sum 各来源地材料数量} \quad (3.14)$$

**【例3.2】** 某工程计划用砖10万块，由两个砖厂供应，其中第一个砖厂供应6万块，单价为240元/千块，第二个砖厂供应4万块，单价为260元/千块。试计算砖的加权平均原价。

**【解】** $加权平均材料原价=\frac{(60\times240+40\times260)}{100}=248$ 元/千块

② 材料运杂费

材料运杂费是指材料由来源地(或交货地)运到工地仓库(或存放地点)的全部过程中所发生的一切费用。材料的运杂费主要包括：

a. 调车(驳船)费，是指机车到专用线(船只到专用码头)或非公用地点装货时的调车费(驳船费)。

b. 装卸费，是指给火车、轮船、汽车上下货物时所发生的费用。

c. 运输费，是指火车、汽车、轮船运输材料的运输费。

d. 附加工作费，是指货物从货源地运至工地仓库期间所发生的材料搬运分类堆放及整理等费用。

③ 运输损耗费

材料运输损耗费是指材料在运输装卸过程中不可避免的损耗。一般通过损耗率来规定损耗标准，即：

材料运输损耗费＝(材料原价＋材料运杂费)×运输损耗率 (3.15)

④ 材料采购及保管费

材料采购及保管费是在组织采购、供应和保管材料过程中所需的各种费用，包括采购费、仓储费、工地保管费和仓储损耗。

建筑材料的种类、规格繁多，采购保管费不可能按每种材料在采购过程中所发生的实际费用计取，只能规定几种费率。目前由国家规定的综合采购保管费率为2.5%(其中采购费率为1%，保管费率为1.5%)。由建设单位供应材料到现场仓库，施工单位只收保管费。

采购及保管费按下式计算：

采购及保管费＝(材料原价＋运杂费＋运输损耗费)×采购及保管费率 (3.16)

**【例3.3】** 某工程需用白水泥，选定甲、乙两个供货地点，甲地出厂价670元/t，可供需要量的70%；乙地出厂价690元/t，可供需要量的30%。均采用汽车运输，甲地离工地80 km，乙地离工地60 km。求白水泥预算价格。运输费按0.40元/(t·km)计算，装卸费为16元/t，装卸次数一次，材料采购及保管费率为2.5%，运输损耗率1%。

**【解】** ① 加权平均计算综合原价：

综合原价＝670×70%＋690×30%＝676元/t

② 运杂费为：

80×0.40×70%＋60×0.40×30%＋16＝45.6元/t

③ 运输损耗费为：

(676＋45.6)×1%＝7.22元/t

④ 采购及保管费为：

(676＋45.6＋7.22)×2.5%＝18.22元/t

则白水泥的预算价格为：

676＋45.6＋7.22＋18.22＝747.04元/t

(2) 影响材料单价变动的因素

① 市场供需变化。材料原价是材料单价中最基本的组成。市场供大于求，价格就会下降；反之，价格就会上升，从而也就会影响材料单价的涨落。

② 材料生产成本的变动直接涉及材料单价的波动。

③ 流通环节的多少和材料供应体制也会影响材料单价。

④ 运输距离和运输方法的改变会影响材料运输费用的增减，从而也会影响材料单价。

⑤ 国际市场行情会对进口材料价格产生影响。

3.2.3.3 施工机械台班单价的确定

施工机械台班单价是指一台施工机械，在正常运转条件下一个工作台班中所发生的全部费用，每台班按工作8 h计算。正确制定施工机械台班单价是合理控制工程造价的又一重要方面。

施工机械台班单价以“台班”为计量单位。某一种机械在一个台班运行中，为使机械正常运转必须支出分摊的各种费用之和，或称台班使用费。根据获取机械使用方式不同，分为外部租用与内部租用方式。

外部租用是向外单位（如设备租赁公司、其他施工企业等）租用机械设备。机械台班单价，以该机械租赁单价为基础确定。

内部租用是企业自有的机械设备。由于机械设备是一种固定资产，采取折旧方式来回收固定资产投资。机械台班单价以机械折旧费为基础，加上运行成本费用等因素，通过内部核算来确定机械台班租用费。

（1）施工机械台班单价的组成

施工机械台班单价由下列七项费用组成：

① 折旧费

折旧费：指施工机械在规定的耐用总台班内，陆续收回其原值的费用。

② 检修费

检修费：指施工机械在规定的耐用总台班内，按规定的检修间隔进行必要的检修，以恢复其正常功能所需的费用。

③ 维护费

维护费：指施工机械在规定的耐用总台班内，按规定的维护间隔进行各级维护和临时故障排除所需的费用。保障机械正常运转所需替换设备与随机配备工具附具的摊销费用、机械运转及日常维护所需润滑与擦拭的材料费用及机械停滞期间的维护费用等。

④ 安拆费及场外运输费

安拆费指施工机械在现场进行安装与拆卸所需的人工、材料、机械和试运转以及机械辅助设施的折旧、搭设、拆除等费用。

场外运输费指施工机械整体或分体自停放地点运至施工现场或由一施工地点运至另一施工地点的运输、装卸、辅助材料等费用。

⑤ 人工费

人工费是指机上司机（司炉）和其他操作人员的工作日人工费。

⑥ 燃料动力费

燃料动力费是指施工机械在运转作业中所消耗的各种燃料及水、电等费用。

各专业定额中施工机械台班价格不含燃料动力费，燃料动力费并入各专业定额的材料费中。

⑦ 其他费

其他费是指施工机械按照国家规定应交纳的车船税、保险费及检测费等。

（2）施工机械停滞费及租赁费的计算

① 施工机械停滞费是指施工机械非自身原因停滞期间所发生的费用，也称“施工机械窝工损失费”，计算公式如下：

$$\text{机械停滞费}=\text{折旧费}+\text{人工费}+\text{其他费} \quad (3.17)$$

② 湖北省定额中的施工机械是按施工企业自有方式考虑的，根据湖北省工程的实际情况，对采用租赁的施工机械台班单价按以下方法计算：实际工程中，若大型施工机械采用租赁方式的（需承发包双方约定），租赁的大型机械费用按价差处理。价差作为独立费用，计取增值税。租赁的机械费价差按下列公式计算：

机械费价差＝（甲乙双方商定的租赁价格或租赁机械市场信息价格－施工机械使用费用定额中施工机械台班单价）×定额中大型机械总台班数×租赁机械调整系数 (3.18)

其中：租赁机械调整系数综合取定为 0.43。

**【例 3.4】** 某预应力混凝土管桩工程，桩径 $\phi$600，使用履带式柴油打桩机 7 t 打桩施工，工程量为 10000 m，施工机械采用租赁方式，租赁价格为 3000 元/台班，试计算机械费价差？

**【解】** 由题意，甲乙双方商定的租赁价格为 3000 元/台班，查《湖北省施工机具使用费定额》(2018)知：履带式柴油打桩机 7 t 台班单价为 1657.30 元/台班。查《湖北省建设工程公共专业消耗量定额及全费用基价表》(2018)知，打预应力混凝土管桩桩径 $\phi$600 定额子目为 G3-25，每打 100 m 预应力混凝土管桩需轨道式柴油打桩机 6 t 台班 1.120 个，故租赁的大型机械总台班数为 10000÷100×1.120＝112 个。所以

机械费价差＝(3000－1657.30)×112×0.43＝64664.43 元

(3) 影响机械台班价格的因素

① 施工机械的价格。这是影响折旧费，从而也影响机械台班单价的重要因素。

② 机械使用年限。它不仅影响折旧费提取，也影响到大修理费和经常修理费的开支。

③ 机械的使用效率和管理水平。

④ 政府征收税费的规定等。

### 3.2.4 预算定额的应用

预算定额手册的项目是根据建筑构成、工程内容、施工顺序、使用材料等，按章（分部）、节（分项）、项（子项）排列的。为了使编制预算项目和定额项目一致，便于查对，定额的章、节、项等都应有固定的编号，称之为定额编号。为提高施工图预算编制质量，便于查阅和审查选套的定额项目是否正确，在编制施工图预算时必须注明选套的定额编号。定额的编号一般采用两符号或三符号编号法。

① 两符号编号法的第一个符号表示分部工程的序号，第二个符号表示分项工程的序号，其表示形式如下：

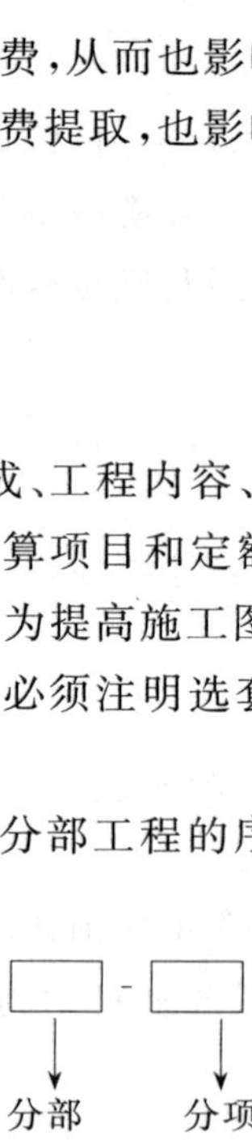


② 三符号编号法的第一个符号表示分部工程（章）的序号，第二个符号表示分项工程（节）的序号，第三个符号表示分项工程项目中的子项目符号，其表示形式如下：

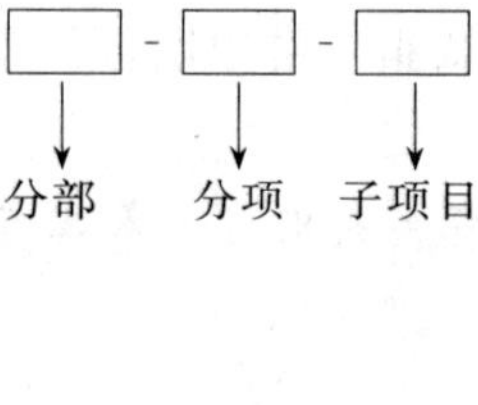

分项工程定额项目表的表达形式如表 3.1 所示，该表是《湖北省房屋建筑与装饰工程消耗量定额及全费用基价表》(2018)中“砌筑工程”的摘录。从表 3.1 中可知，预算定额基价表是由若干个分项工程和结构构件的单价组成，其计算公式如下：

分项工程全费用＝定额人工费＋定额材料费＋定额机械费＋定额费用＋增值税　(3.19)

其中

定额人工费＝分项工程定额普工工日×普工单价＋分项工程定额技工工日×技工单价
＋分项工程定额高级技工工日×高级技工单价

(3.20)

定额材料费 $=\sum$(分项工程定额材料用量×相应材料预算单价)　(3.21)

定额机械费 $=\sum$(分项工程定额机械台班使用量×相应机械台班预算单价)　(3.22)

定额费用＝(人工费＋施工机具使用费)×(总价措施项目费率＋企业管理费率＋利润率＋规费费率)

增值税＝(人工费＋材料费＋机械费＋费用)×增值税税率　(3.23)

**表 3.1　砖基础定额子目表(摘录 2018 年湖北省消耗量定额)**

| 定额编号 | | | | A1-1(单位:10 $m^3$) |
| --- | --- | --- | --- | --- |
| 项目 | | | | 砖基础 |
| | | | | 实心砖 |
| 全费用(元) | | | | 5994.17 |
| 其中 | 人工费(元) | | | 1476.33 |
| | 材料费(元) | | | 2621.11 |
| | 机械费(元) | | | 44.96 |
| | 费用(元) | | | 1356.84 |
| | 增值税(元) | | | 494.93 |
| 名称 | | 单位 | 单价(元) | 数量 |
| 人工 | 普工 | 工日 | 92.00 | 2.511 |
| | 技工 | 工日 | 142.00 | 5.021 |
| | 高级技工 | 工日 | 212.00 | 2.511 |
| 材料 | 混凝土实心砖 240 mm×115 mm×53 mm | 千块 | 295.18 | 5.288 |
| | 干混砌筑砂浆 DM M10 | t | 257.35 | 4.078 |
| | 水 | $m^3$ | 3.39 | 1.650 |
| | 电[机械] | kW·h | 0.75 | 6.842 |
| 机械 | 干混砂浆罐式搅拌机 20000 L | 台班 | 187.32 | 0.240 |

**【例 3.5】**　计算表 3.1 中定额编号为 A1-1 子目的全费用、定额人工费、定额材料费、定额机械费、定额费用及增值税。

**【解】**　① 定额人工费

定额人工费＝普工工日×表中普工单价＋技工工日×表中技工单价

＋高级技工工日×表中高级技工单价

＝2.511 工日/10 $m^3$×92 元/工日＋5.021 工日/10 $m^3$

×142 元/工日＋2.511 工日/10 $m^3$×212 元/工日

＝1476.33 元/10 $m^3$

② 定额材料费

定额材料费＝混凝土实心砖用量×混凝土实心砖预算价格＋干混砌筑砂浆 DM M10 用量

×干混砌筑砂浆 DM M10 预算价格＋水用量×水预算价格

＋电[机械]用量×电[机械]预算价格

＝5.288 千块/10 $m^3$×295.18 元/千块＋4.078 t/10 $m^3$×257.35 元/t

＋1.650 $m^3$/10 $m^3$×3.39 元/$m^3$＋6.842 kW·h/10 $m^3$×0.75 元/kW·h

＝2621.11 元/10 $m^3$

③ 定额机械费

定额机械费＝干混砂浆罐式搅拌机的用量×干混砂浆罐式搅拌机预算单价

＝0.240 台班/10 $m^3$×187.32 元/台班

＝44.96 元/10 $m^3$

④ 定额费用

定额费用＝(人工费＋施工机具使用费)

×(总价措施项目费率＋企业管理费率＋利润率＋规费费率)

总价措施项目费率由安全文明施工费率和其他总价措施项目费率组成，查表 4.4 和表 4.5 可知，房屋建筑工程安全文明施工费率为 13.64%，其他总价措施项目费率为 0.7%。查表 4.6、表 4.7 和表 4.8 可知，企业管理费率为 28.27%，利润率为 19.73%，规费费率 26.85%，计费基数均为人工费和施工机具使用费之和，由此

定额费用＝(1476.33＋44.96)×(13.64%＋0.7%＋28.27%＋19.73%＋26.85%)

＝1521.29×89.19%＝1356.84 元/10 $m^3$

⑤ 增值税

增值税＝(人工费＋材料费＋机械费＋费用)×增值税税率

＝(1476.33＋2621.11＋44.96＋1356.84)×9%

＝494.93 元/10 $m^3$

实心砖砖基础的全费用＝人工费＋材料费＋机械费＋费用＋增值税

＝1476.33＋2621.11＋44.96＋1356.84＋494.93

＝5994.17 元/10 $m^3$

3.2.4.1　预算定额的直接套用

当设计要求与定额项目的内容相一致时，可直接套用定额的预算基价及工料消耗量，计算该分项工程费以及工料所需量。具体计算步骤如下：

首先，应熟悉施工图上分项工程的设计要求、施工组织设计上分项工程的施工方法，初步选择套用的定额分项。

其次，应熟悉定额，若该分项工程说明，定额表表上工作内容、表下附注说明，以及材料品种和规格等内容与设计要求一致，则可直接套用该定额分项。同时，应注意分项工程或结构构件的工程名称和单位应与定额表中的一致。

再次，套用定额项目，用工程量乘定额基价计算该分项工程费，并进行工料机分析(即用工程量分别乘定额消耗量，得到人工、材料和机械台班消耗量)。

单位工程施工图预算的工料分析，首先是从所适用的定额当中，查出各分项工程各工料的单位定额消耗工料的数量，然后分别乘以相应分项工程的工程量，得到分项工程的人工、材料消耗量。最后将各分部分项工程的人工、材料消耗量分别进行计算和汇总，得出单位工程人工、材料的消耗数量。工料分析所得全部人工和各种材料消耗量，是编制单位工程劳动力计划和材料供应计划、开展班组经济核算的基础，也是预算造价计算当中工程费调整的计算依据之一。工料分析应注意的问题有：

(1) 凡是由预制厂制作现场安装的构件，应按制作和安装分别计算工料；

(2) 对主要材料，应按品种、规格及预算价格不同分别进行用量计算，并分类统计；

(3) 按系数法补价差的地方材料可以不分析，但经济核算有要求时应全部分析；

(4) 对换算的定额子目在工料分析时要注意含量的变化，以求分析量准确完整；

(5) 机械费用需单项调整的，应同时按规格、型号进行机械使用台班用量的分析。

**【例 3.6】** 采用 DM M10 干混砌筑砂浆砌筑实心砖砖基础 2000 $m^3$，试计算完成该分项工程的分项工程费及主要材料消耗量。

**【解】** ① 确定定额编号。查表 3.1，A1-1：DM M10 干混砌筑砂浆砌筑实心砖基础全费用为 6049.16 元/10 $m^3$。

② 计算该分项工程费

分项工程费＝预算基价×工程量

＝5994.17 元/10 $m^3$×2000 $m^3$＝1198834 元

③ 计算主要材料消耗量

混凝土实心砖：5.288 千块/10 $m^3$×2000 $m^3$＝1057.60 千块

DM M10 干混砌筑砂浆：4.078 t/10 $m^3$×2000 $m^3$＝815.60 t

水：1.650 $m^3$/10 $m^3$×2000 $m^3$＝330.00 $m^3$

电[机械]：6.842 kW·h/10 $m^3$×2000 $m^3$＝1368.40 kW·h

3.2.4.2 预算定额的换算

确定某一分项工程或结构构件预算价值时，如果施工图纸设计内容与套用相应定额项目内容不完全一致，就不能直接套用定额，则应按定额规定的范围、内容和方法对相应定额项目的基价和人工、材料、机械消耗量进行调整换算。换算后的定额项目应在定额编号的右下角标注一个“换”字，以示区别。

(1) 预拌混凝土与现场搅拌混凝土换算

《湖北省房屋建筑与装饰工程消耗量定额及全费用基价表》(2018)中所使用的混凝土均为预拌混凝土。实际采用现场搅拌混凝土浇捣，人工、材料、机械具体调整如下：

① 人工增加 6.39 工日/10 $m^3$；

② 水增加 3.8 $m^3$/10 $m^3$；

③ 混凝土搅拌机增加 0.39 台班/10 $m^3$；

④ 混凝土坍落度取定如表 3.2 所示。

**表 3.2　混凝土坍落度表**

| 名称 | 现浇混凝土 | 防水混凝土 | 泵送混凝土 |
|---|---|---|---|
| 坍落度 | 30～50 | 30～50 | 110～130 |

(2) 干混预拌砂浆与现拌砂浆、湿拌预拌砂浆换算

《湖北省房屋建筑与装饰工程消耗量定额及全费用基价表》(2018)中所使用的砂浆均为干混预拌砂浆编制。

① 实际使用现拌砂浆时，按表 3.3 调整。

**表 3.3　干混预拌砂浆与现拌砂浆调整**

<table>
<tr><th>材料名称</th><th>技工(工日)</th><th>水($m^3$)</th><th>现拌砂浆($m^3$)</th><th>罐式搅拌机</th><th>灰浆搅拌机(台班)</th></tr>
<tr><td>干混砌筑砂浆</td><td rowspan="2">＋0.225</td><td rowspan="2">－0.147</td><td rowspan="2">×0.588</td><td rowspan="3">减定额台班量</td><td rowspan="3">＋0.01</td></tr>
<tr><td>干混地面砂浆</td></tr>
<tr><td>干混抹灰砂浆</td><td>＋0.232</td><td>－0.151</td><td>×0.606</td></tr>
</table>

② 实际使用湿拌预拌砂浆时，按表 3.4 调整。

**表 3.4　干混预拌砂浆与湿拌预拌砂浆调整**

<table>
<tr><th>材料名称</th><th>技工(工日)</th><th>湿拌预拌砂浆($m^3$)</th><th>罐式搅拌机</th></tr>
<tr><td>干混砌筑砂浆</td><td rowspan="2">－0.118</td><td rowspan="2">×0.588</td><td rowspan="3">减定额台班量</td></tr>
<tr><td>干混地面砂浆</td></tr>
<tr><td>干混抹灰砂浆</td><td>－0.121</td><td>×0.606</td></tr>
</table>

(3) 预拌混凝土、干混预拌砂浆强度等级的换算

由于施工图设计的预拌混凝土、干混预拌砂浆强度等级与定额规定的预拌混凝土、干混预拌砂浆强度等级有差异，定额又规定允许换算。此类换算绝大多数均属于材料换算。一般情况下，材料换算时，人工费和机械费保持不变，仅换算材料费。而且在材料费的换算过程中，定额上的材料用量保持不变，仅换算材料的预算单价。因此，预拌混凝土、干混预拌砂浆强度等级的换算实质就是预算单价的调整。材料换算的公式为：

$$\text{换算后的定额材料费} = \text{换算前原定额材料费} + \text{应换算材料的定额用量} \times (\text{换入材料的单价} - \text{换出材料的单价}) \qquad (3.24)$$

**【例 3.7】** 试求 30 $m^3$ 的 DM M7.5 干混预拌砂浆砌筑实心砖砖基础的分项工程费和主要材料消耗量。

**【解】** (1) 换算后实心砖砖基础全费用

经查《湖北省房屋建筑与装饰工程消耗量定额及全费用基价表》(2018)知，无定额子目 DM M7.5 干混砌筑砂浆砌筑实心砖砖基础，需套用相近定额子目 DM M10 干混砌筑砂浆砌筑实心砖砖基础(表 3.1)并进行换算。

查《湖北省建设工程公共专业消耗量定额及全费用基价表》(2018)附录二材料价格取定表的序号 1845 可知，DM M7.5 干混砌筑砂浆除税价为 253.08 元/t。由此计算各项费用如下：

① 定额人工费

$$\text{定额人工费} = 1476.33 \text{ 元}/10\ m^3$$

② 定额材料费

定额材料费＝2621.11 元/10 $m^3$＋4.078 t/10 $m^3$×(253.08 元/t －257.35 元/t)

＝2603.70 元/10 $m^3$

③ 定额机械费

定额机械费＝44.96 元/10 $m^3$

④ 定额费用

定额费用＝(人工费＋施工机具使用费)×(总价措施项目费率＋企业管理费率＋利润率＋规费费率)

其中，总价措施项目费率由安全文明施工费率和其他总价措施项目费率组成，查表 4.4 和表 4.5 可知，房屋建筑工程安全文明施工费率为 13.64%，其他总价措施项目费率为 0.7%。查表 4.6、表 4.7 和表 4.8 可知，企业管理费费率为 28.27%，利润率为 19.73%，规费费率 26.85%，计费基数均为人工费和施工机具使用费之和，由此：

定额费用＝(1476.33＋44.96)×(13.64%＋0.7%＋28.27%＋19.73%＋26.85%)

＝1521.29×89.19%＝1356.84 元/10 $m^3$

⑤ 增值税

增值税＝(人工费＋材料费＋机械费＋费用)×增值税税率

＝(1476.33＋2603.70＋44.96＋1356.84)×9%

＝5481.83×9%＝493.36 元/10 $m^3$

⑥ 换算后 DM M7.5 干混砌筑砂浆砌筑实心砖砖基础定额编号为$(A1\text{-}1)_{换}$

DM M7.5 干混砌筑砂浆砌筑实心砖砖基础全费用＝人工费＋材料费＋机械费＋费用＋增值税

＝1476.33＋2603.70＋44.96＋1356.84＋493.36

＝5975.20 元/10 $m^3$

(2) 计算分项工程费

分项工程费＝全费用×工程量＝5975.20 元/10 $m^3$×30 $m^3$＝17925.60 元

计算分项工程费如表 3.5 所示。

**表 3.5　分项工程费计算表**

| 定额编号 | 分项工程名称 | 单位 | 工程量 | 全费用 | 分项工程费(元) |
|---|---|---|---|---|---|
| $(A1\text{-}1)_{换}$ | DM M7.5 干混砌筑砂浆砌筑实心砖砖基础 | 10 $m^3$ | 3 | 5975.20 | 17925.60 |

(3) 计算主要材料消耗量

混凝土实心砖：5.288 千块/10 $m^3$×30 $m^3$＝15.86 千块

DM M10 干混砌筑砂浆：4.078 t/10 $m^3$×30 $m^3$＝12.23 t

水：1.650 $m^3$/10 $m^3$×30 $m^3$＝4.95 $m^3$

电[机械]：6.842 kW・h/10 $m^3$×30 $m^3$＝20.53 kW・h

(4) 系数的换算

凡定额说明、工程量计算规则和附注中规定按定额人工、材料、机械乘以系数的分项工程，应将其系数乘在定额基价或乘在人工费、材料费和机械费某一项上。工程量也应另列项目，与不乘系数的分项工程分别计算。乘系数换算需注意以下问题：

① 要区分定额系数与工程量系数。定额系数一般在定额说明或附注中，定额系数用以调整定额基价，如《湖北省建设工程公共专业消耗量定额及全费用基价表（结构·屋面）》（2018）第一章砌筑工程说明第十四条规定：定额中各类砖、砌块及石砌体的砌筑均按直形砌筑编制，如为圆弧形砌筑者，按相应定额人工用量乘以系数1.10，砖、砌块、石砌体及砂浆（粘结剂）用量乘以系数1.03计算。再如《湖北省建设工程公共专业消耗量定额及全费用基价表（结构·屋面）》（2018）第五章门窗工程说明第五条规定：厂库房大门项目是按一、二类木种考虑的，如采用三、四类木种时，制作按相应项目执行，人工和机械乘以系数1.3；安装按相应项目执行，人工和机械乘以系数1.35。

工程量系数一般在工程量计算规则中，工程量系数用以调整工程量，如《湖北省建设工程公共专业消耗量定额及全费用基价表（装饰·措施）》（2018）第十二章天棚工程工程量计算规则第二条规定：阳台底面抹灰按水平投影面积计算，并计入相应天棚抹灰面积内。阳台如带悬臂梁者，其工程量乘系数1.30。

② 要区分定额系数的具体调整对象。有的系数用以调整定额基价，有的系数用以调整其中的人工、材料或机械费。

③ 按定额说明、工程量计算规则和附注中的有关规定进行换算。

**【例3.8】** 采用DM M10干混砌筑砂浆砌筑圆弧形空花墙200 $m^3$，试计算完成该分项工程的分项工程费。

**【解】** 根据砌筑工程定额说明：定额中各类砖、砌块及石砌体的砌筑均按直形砌筑编制，如为圆弧形砌筑者，按相应定额人工用量乘以系数1.10，砖、砌块、石砌体及砂浆（粘结剂）用量乘以系数1.03计算。

（1）换算后圆弧形空花墙全费用

经查《湖北省房屋建筑与装饰工程消耗量定额及全费用基价表》（2018）知，DM M10干混砌筑砂浆砌筑空花墙定额编号A1-13，如表3.6所示。

根据砌筑工程定额说明，定额中各类砖、砌块及石砌体的砌筑均按直形砌筑编制，如为圆弧形砌筑者，按相应定额人工用量乘以系数1.10，砖、砌块、石砌体及砂浆（粘结剂）用量乘以系数1.03计算。由此计算各项费用如下：

① 定额人工费

$$定额人工费=2337.89元/10\ m^3\times1.1=2571.68元/10\ m^3$$

② 定额材料费

$$\begin{aligned}定额主要材料费&=[4.032千块/10\ m^3\times349.57元/千块\times1.03+2.038\ t/10\ m^3\\&\quad\times257.35元/t\times1.03+1.110\ m^3/10\ m^3\times3.39元/m^3\\&\quad+3.421\ kW\cdot h/10\ m^3\times0.75元/(kW\cdot h)]\times(1+0.0021)\\&=1998.29\times(1+0.0021)\\&=2002.48元/10\ m^3\end{aligned}$$

③ 定额机械费

$$定额机械费=22.48元/10\ m^3$$

④ 定额费用

定额费用=（人工费+施工机具使用费）×（总价措施项目费率+企业管理费率+利润率+规费费率）

其中，总价措施项目费率由安全文明施工费率和其他总价措施项目费率组成，查表4.4和

表 4.5 可知，房屋建筑工程安全文明施工费率为 13.64%，其他总价措施项目费率为 0.7%。查表 4.6、表 4.7 和表 4.8 可知，企业管理费费率为 28.27%，利润率为 19.73%，规费费率 26.85%，计费基数均为人工费和施工机具使用费之和，由此：

定额费用＝(2571.68＋22.48)×(13.64%＋0.7%＋28.27%＋19.73%＋26.85%)

＝2594.16×89.19%＝2313.73 元/10 $m^3$

⑤ 增值税

增值税＝(人工费＋材料费＋机械费＋费用)×增值税税率

＝(2571.68＋2202.48＋22.48＋2313.73)×9%

＝6910.39×9%＝621.94 元/10 $m^3$

⑥ 换算后 DM M10 干混砌筑砂浆砌筑圆弧形空花墙定额编号为 $\text{(A1-13)}_{\text{换}}$

DM M10 干混砌筑砂浆砌筑圆弧形空花墙全费用＝人工费＋材料费＋机械费＋费用＋增值税

＝2571.68＋2002.50＋22.48＋2313.73＋621.94

＝7532.33 元/10 $m^3$

**表 3.6 空花墙定额子目表(摘录 2018 年湖北省消耗量定额)**

| 定额编号 | | | | A1-13(单位:10 $m^3$) |
|---|---|---|---|---|
| 项目 | | | | 空花墙 |
| 全费用(元) | | | | 6986.82 |
| 其中 | 人工费(元) | | | 2337.89 |
| | 材料费(元) | | | 1944.35 |
| | 机械费(元) | | | 22.48 |
| | 费用(元) | | | 2105.21 |
| | 增值税(元) | | | 576.89 |
| 名称 | | 单位 | 单价(元) | 数量 |
| 人工 | 普工 | 工日 | 92.00 | 3.976 |
| | 技工 | 工日 | 142.00 | 7.952 |
| | 高级技工 | 工日 | 212.00 | 3.976 |
| 材料 | 蒸压灰砂砖混凝土实心砖 240 mm×115 mm×53 mm | 千块 | 349.57 | 4.032 |
| | 干混砌筑砂浆 DM M10 | t | 257.35 | 2.038 |
| | 水 | $m^3$ | 3.39 | 1.110 |
| | 其他材料占材料费比例 | — | — | 0.210 |
| | 电[机械] | kW·h | 0.75 | 3.421 |
| 机械 | 干混砂浆罐式搅拌机 20000 L | 台班 | 187.32 | 0.120 |

(2) 计算分项工程费

分项工程费＝全费用×工程量＝7532.33 元/10 $m^3$×200 $m^3$＝150646.6 元

计算分项工程费如表 3.7 所示。

**表 3.7　分项工程费计算表**

| 定额编号 | 分项工程名称 | 单位 | 工程量 | 全费用 | 分项工程费(元) |
|---|---|---|---|---|---|
| (A1-13)$_{\text{换}}$ | DM M10 干混砌筑砂浆砌筑圆弧形空花砖墙 | 10 $m^3$ | 20 | 7532.33 | 150646.6 |

3.2.4.3　定额的补充

当设计图纸中的分项工程或结构构件项目在定额中缺项，而又不属于定额调整换算范围之内，无定额项目可套时，应编制补充定额。经批准备案，一次性使用。补充定额编制可采用定额代换法或定额编制法。

(1) 定额代换法

即利用性质相似、材料大致相同，施工方法又很接近的定额项目，将类似项目分解套用或考虑(估算)一定系数调整使用。此种方法一定要在实践中注意观察和测定，合理确定系数，保证定额的精确性，也为以后新编定额项目做准备。

【习题测试】

(2) 定额编制法

材料用量按图纸的构造做法及相应的计算公式计算，并加入规定的损耗率。人工及机械台班使用量，可按劳动定额、机械台班使用定额计算，材料用量按实际确定或经有关技术和定额人员讨论确定，然后乘以人工日工资单价、材料预算价格和机械台班单价，即得到补充定额基价。

## 3.3　概 算 定 额

建筑工程概算定额亦称扩大结构定额，是在预算定额基础上确定完成合格的单位扩大分项工程或单位扩大结构构件所需消耗的人工、材料和机械台班的数量标准。建筑工程概算定额是在预算定额的基础上，根据通用图和标准图等资料，以主要工序为主，综合相关工序适当扩大编制而成的扩大定额，是按主要分项工程规定的计量单位，综合相关工序的人工、材料和机械台班而确定的消耗标准。

概算定额是预算定额的合并与扩大。它将预算定额中有联系的若干个分项工程项目综合为一个概算定额项目。如砖基础概算定额项目，就是以砖基础为主，综合了平整场地、挖地槽、铺设垫层、砌砖基础、铺设防潮层、回填土及运土等预算定额的分项工程项目。又如砖墙概算定额项目，就是以砖墙为主，综合了砌砖，钢筋混凝土过梁制作、运输、安装，勒脚、内外墙面抹灰及内墙面刷白等预算定额的分项工程项目。概算定额主要用于设计概算的编制。由于概算定额综合了若干分项工程的预算定额，因此概算工程量计算和概算表的编制，都比编制施工图预算简化一些。

### 3.3.1　概算定额的作用

(1) 概算定额是在初步设计阶段编制建设项目概算的依据，也是在技术设计阶段编制修正概算的依据。

(2) 概算定额是设计方案比较的依据。所谓设计方案比较，是指在满足使用功能的条件下，选择出技术先进可靠、经济合理的方案，达到降低造价和资源消耗的目的。

(3) 概算定额是编制建设项目主要材料需要量的计算基础。

(4) 概算定额是编制概算指标的依据。

(5) 概算定额也可在实行工程总承包时作为已完工程价款结算的依据。

### 3.3.2 概算定额的编制原则及依据

概算定额的编制应贯彻社会平均水平和简明适用的原则。由于概算定额和预算定额都是工程计价的依据,所以应符合价值规律和反映现阶段大多数企业的设计、生产及施工管理水平。但在概预算定额水平之间,应保留必要的幅度差。概算定额的内容和深度是以预算定额为基础的综合和扩大,在合并中不得遗漏或增减项目,以保证其严密性和正确性。概算定额务必达到简化、准确和适用。

由于概算定额的使用范围不同,其编制依据也略有不同,其编制依据一般有以下几种:

(1) 现行的设计标准和规范;

(2) 现行建筑和安装工程预算定额;

(3) 国务院各有关部门和各省、自治区、直辖市批准颁发的标准设计图集和有代表性的设计图纸等;

(4) 现行的概算定额及其编制资料;

(5) 编制期人工工资标准、标准预算价格、机械台班单价及其他的价格资料等。

### 3.3.3 概算定额的内容与形式

3.3.3.1 文字说明部分

文字说明部分有总说明和分部工程说明。在总说明中,主要阐述概算定额的编制依据、使用范围、包括的内容及作用、应遵守的规则及建筑面积计算规则等;分部工程说明主要阐述本分部工程包括的综合工作内容及分部工程的工程量计算规则等。

3.3.3.2 定额项目表

(1) 定额项目的划分

建筑工程概算定额项目一般按以下两种方法划分:一是按结构划分,一般是按土方、基础、墙、梁板柱、门窗、楼地面、屋面、装饰、构筑物等工程结构划分;二是按工程部位(分部)划分,一般是按基础、墙体、梁柱、楼地面、屋盖、其他工程部分等划分,如基础工程中包括砖、石、混凝土基础等项目。

(2) 定额项目表

定额项目表是概算定额手册的主要内容,由若干个分节组成。各节定额由工程内容、定额表及附注说明组成。定额表中列有定额编号、计量单位、概算基价,以及人工、材料、机械台班消耗指标,综合了预算定额的若干项目与数量。

## 3.4 概算指标

概算指标比概算定额综合性更强,它是以整个建筑物和构筑物为对象,以建筑面积、体积或成套设备装置的台或组为计量单位而规定的人工、材料和机械台班的消耗量标准和造价指标。

### 3.4.1 概算指标的作用

概算指标和概算定额、预算定额一样，都是与各个设计阶段相适应的多次计价的产物，它主要用于投资估价，其作用主要有：

(1) 概算指标可以作为编制建设项目投资估算的参考依据；

(2) 概算指标中的主要材料指标可作为匡算主要材料用量的依据；

(3) 概算指标是设计单位进行设计方案比较、建设单位选址的一种依据；

(4) 概算指标是编制固定资产投资计划、确定投资额的主要依据。

### 3.4.2 概算指标的内容和表现形式

概算指标的组成内容一般分为文字说明（总说明和分册说明）和列表形式两部分，以及必要的附录。

3.4.2.1 总说明和分册说明

总说明和分册说明的内容一般包括：概算指标的编制范围、编制依据、分册情况、指标包括的内容、指标未包括的内容、指标的使用方法、指标允许调整的范围及调整方法等。

3.4.2.2 列表形式

(1) 建筑工程列表形式

房屋建筑、构筑物一般是以建筑面积、建筑体积、“座”、“个”等为计量单位，附以必要的工程示意图。示意图画出建筑物的轮廓示意或单线平面图，列出综合指标（如元/$m^2$ 或元/$m^3$），自然条件（如地基承载力、地震烈度等），建筑物的类型、结构形式及各部位中结构主要特点，主要工程量等。

(2) 安装工程列表形式

设备以“t”或“台”为计算单位，也有以设备购置费或设备原价的百分比（%）表示；工艺管道一般以“t”为计算单位；通信电话线安装以“站”为计算单位。列出指标编号、项目名称、规格、综合指标（元/计算单位）之后还要列出其中的人工费，必要时还要列出主材费、辅材费。

### 3.4.3 概算指标的表示方法

按具体内容和表示方法的不同，概算指标一般有综合指标和单项指标两种。

(1) 综合指标

综合指标是以一种类型的建筑物或构筑物为研究对象，以建筑物或构筑物的体积或面积为计量单位，综合了该类型范围内各种规格的单位工程的造价和消耗量指标而形成的，它反映的不是具体工程的指标，而是一类工程的综合指标，是一种概括性较强的指标。

(2) 单项指标

单项指标是一种以典型的建筑物或构筑物为分析对象的概算指标，仅仅反映某一具体工程的消耗情况。

## 3.5 企 业 定 额

企业定额是施工企业根据本企业的施工技术、机械装备和管理水平而编制的人工、材料和施工机械台班等的消耗标准。企业定额是由企业自行编制，只限于本企业内部使用的定额，包括企业及附属的加工厂、车间编制的定额，以及具有经营性质的定额标准、出厂价格、机械台班租赁价格等，是供企业内部进行经营管理、成本核算和投标报价的企业内部文件。企业定额与消耗量定额的关系如表3.8所示。

**表3.8 企业定额与消耗量定额的关系**

| 比较内容 | 定额名称 | |
|---|---|---|
| | 企业定额 | 消耗量定额 |
| 编制单位 | 施工企业 | 各省、市、自治区主管部门 |
| 编制内容 | 确定分项工程的人工、材料和机械台班消耗量标准 | |
| 定额水平 | 企业平均先进 | 社会平均 |
| 使用范围 | 企业内部 | 社会范围 |
| 定额作用 | 对内：施工管理<br>对外：投标报价 | 确定工程造价，建设单位编制招标控制价、施工单位编制投标报价的依据 |

### 3.5.1 企业定额的特点

(1) 其各项平均消耗要比社会平均水平低，体现其先进性；

(2) 可以表现本企业在某些方面的技术优势；

(3) 可以表现本企业局部或全面管理方面的优势；

(4) 所有匹配的单价都是动态的，具有市场性；

(5) 与施工方案能全面接轨。

### 3.5.2 企业定额在工程建设中的作用

企业定额是企业直接生产工人在合理的施工组织和正常条件下，为完成单位合格产品或完成一定量的工作所耗用的人工、材料和机械台班使用量的标准数量。企业定额不仅能反映企业的劳动生产率和技术装备水平，同时也是衡量企业管理水平的标尺，是企业加强集约经营、精细管理的前提和主要手段，其主要作用有：

(1) 是编制施工组织设计和施工作业计划的依据；

(2) 是企业内部编制施工预算的统一标准，也是加强项目成本管理和主要经济指标考核的基础；

(3) 是施工队和施工班组下达施工任务书和限额领料、计算施工工时和工人劳动报酬的依据；

(4) 是企业走向市场参与竞争，加强工程成本管理，进行投标报价的主要依据；

(5) 企业定额能够满足工程量清单计价的要求；

(6) 企业定额的建立和运用可以规范发包、承包行为；

(7) 企业定额的建立和运用可以提高企业管理水平。

### 3.5.3 企业定额的构成及编制依据

3.5.3.1 构成

企业定额的构成应包括：编制方案，总说明，工程量计算规则，定额划项，定额水平的制定

（人工、材料、机械台班消耗水平和管理成本费的测算和制定），定额水平的测算（典型工程测算及与全国基础定额的对比测算），定额编制基础资料的整理、归类和编写。

3.5.3.2　企业定额编制依据

(1) 国家的有关法律、法规，政府的价格政策；

(2) 现行的建筑安装工程设计、施工及验收规范；

(3) 安全技术操作规程和现行劳动保护法律、法规；

(4) 国家设计规范，各种类型具有代表性的标准图集，施工图样；

(5) 企业技术与管理水平；

(6) 工程施工组织方案，现场实际调查和测定的有关数据；

(7) 采用新工艺、新技术、新材料、新方法的情况等。

### 3.5.4　企业定额编制原则

编制施工企业定额，应该坚持既要结合历年定额水平，也要考虑本企业实际情况，还要兼顾本企业今后的发展趋势，并按市场经济规律办事的原则。就一个施工企业而言，不但要与历史最好水平相比，还要与客观实际相比，要制定出本企业在正常情况下，经过努力可以达到的定额水平。其编制原则有：

(1) 定额水平的平均先进性原则；

(2) 定额划项的适用性原则；

(3) 独立自主编制的原则。

### 3.5.5　企业定额编制方法

企业定额的编制方法可以根据子目特殊性、所占工程造价的比重、技术含量等因素选择不同的方法，以下几种方法可供参照。

3.5.5.1　现场观察测定法

现场观察测定法是我国多年来专业测定定额的常用方法。它以研究工时消耗为对象，以观测为手段，通过密集抽样和粗放抽样等技术进行直接的时间研究，确定人工消耗和机械台班定额水平。这种方法的特点是能够把现场工时消耗情况和施工组织技术条件联系起来加以观察、测时、计量和分析，以获得在该施工过程的技术组织条件下工时消耗的有技术根据的基础资料。这种方法技术简便、应用面广、资料全面，适用于影响工程造价大的主要项目及新技术、新工艺、新施工方法的劳动力消耗和机械台班水平的测定。

3.5.5.2　经验统计法（抽样统计法）

经验统计法是运用抽样统计的方法，从以往类似工程施工竣工结算资料和典型设计图纸资料及成本核算资料中抽取若干个项目的资料进行分析、测量及定量的方法。运用这种方法，首先要建立一系列数学模型，对以往不同类型的样本工程项目成本降低情况进行统计、分析，然后得出同类型工程成本的平均值或是平均先进值。由于典型工程的经验数据权重不断增加，使其统计数据资料越来越完善、真实、可靠。这种方法只要正确确定基础类型，然后对号入座就行了。此方法的特点是积累过程长、统计分析细致，使用时简单易行、方便快捷。缺点是模型中考虑的因素有限，而工程实际情况则要复杂得多，对各种变化情况的需要不能一一适应，准确性也不够，因此这种方法对设计方案较规范的一般民用住宅项目的人工、材料、机械消耗及管理费测定较适用。

3.5.5.3 定额换算法

这种方法是按照工程预算的计算程序来计算造价，然后根据具体工程项目的施工图纸、现场条件和本企业劳务、设备、材料储备状况结合市场情况对定额水平进行调整，从而确定工程实际成本。在施工企业定额尚未建立完善的今天，该方法已经被经营人员广泛使用，是企业定额建立的雏形，但其缺点是系统化不足，不利于推广，且不善于管理。

3.5.5.4 利用计算机技术

面对大量的数据、资料，编制施工企业定额必须要利用现代化技术解决。现在有些软件公司正在对企业定额的定位、编制、维护、应用以及如何实现动态良性循环的整体解决方案进行研发，企业可以与之联合利用计算机技术，使定额的编制更加科学化、程序化。

## 思考题

(1) 工程建设定额如何分类？

(2) 试简述定额的特性。

(3) 什么是劳动定额？什么是材料消耗定额？什么是机械消耗定额？

(4) 什么是预算定额？有什么作用？

(5) 人工工日消耗量、材料消耗量、机械台班消耗量是如何确定的？

(6) 人工单价、材料单价、机械台班单价是如何确定的？

(7) 什么是概算定额？其作用有哪些？

(8) 什么是概算指标？其有何作用？

(9) 什么是企业定额？试简述它在工程建设中的作用。

## 习题

(1) 用标准砖(240 mm×115 mm×53 mm)砌1砖厚墙，求1 $m^3$ 的1砖墙中标准砖、砂浆的净用量。

(2) 某工程需用的32.5级水泥从两个地方采购。根据表3.9中数据，计算某工程32.5级水泥的基价。

**表3.9 32.5级水泥的基础数据表**

| 货源地 | 数量(t) | 原价(元/t) | 运杂费(元/t) | 运输损耗率(%) | 采购及保管费率(%) |
|---|---|---|---|---|---|
| 甲地 | 600 | 290 | 25 | 2.0 | 3.0 |
| 乙地 | 400 | 300 | 20 | 2.0 | 3.0 |

(3) 某工程采用DM M10干混砌筑砂浆砌筑圆弧形1砖半混水砖墙35.28 $m^3$，试计算完成该分项工程的分项工程费及主要材料消耗量。

(4) 某地面工程采用干混地面砂浆DS M20铺贴600×600天然石饰面板，经计算工程量为480 $m^2$，试计算：

① 铺贴此天然石饰面板地面所需要的人工费、材料费、机械费、费用和增值税。

② 铺贴此天然石饰面板地面所需的饰面板用量和砂浆用量。

③ 若市场人工单价为260元/工日，且人工不分等级，求铺贴此天然石饰面板地面所需的人工费为多少？

④ 若此天然石饰面板市场单价为160元/$m^2$，求铺贴此天然石饰面板地面所需的材料费为多少？

# 4　工程计价方法

**本 章 提 要**

本章主要介绍工程计价的两种模式：定额计价和工程量清单计价。具体阐述了定额计价的概念以及编制依据和编制方法，工程量清单的内容和招标控制价及投标报价的编制方法。本章重点要求掌握定额计价的程序和方法，以及工程量清单的各组成内容与计价方法。

## 4.1　定 额 计 价

我国的定额计价模式是采用国家、部门或地区统一规定的预算定额和取费标准进行工程造价计价的模式，通常也称为传统计价模式。定额计价模式是我国长期使用的一种施工图预算编制方法。

虽然定额计价模式对我国建设工程的投资计划管理和招投标起到过很大的作用，但也存在一些缺陷。传统的定额计价模式的工、料、机消耗量是根据“社会平均水平”综合测定，取费标准是根据不同地区价格水平平均测算，企业自主报价的空间很小，不能结合项目具体情况、自身技术管理水平和市场价格自主报价，也不能满足招标人对建筑产品质优价廉的要求。同时，由于工程量计算由投标的各方单独完成，计价基础不统一，不利于招标工作的规范性。在工程完工后，工程结算烦琐，易引起争议。

### 4.1.1　定额计价的编制依据

定额计价的编制依据主要包括以下几个方面：

(1) 国家、行业、地方政府发布的计价依据等有关法律法规或规定；

(2) 建设项目有关文件、合同、协议等；

(3) 批准的设计概算；

(4) 批准的施工图设计图纸及相关标准图集和规范；

(5) 相应预算定额和地区单位估价表；

(6) 合理的施工组织设计和施工方案等文件；

(7) 项目有关的设备、材料供应合同、价格及相关说明书；

(8) 项目所在地区有关的气候、水文、地质地貌等的自然条件；

(9) 项目的技术复杂程度，以及新技术、专利使用情况等；

(10) 项目所在地区有关的经济、人文等社会条件。

### 4.1.2 定额计价的编制方法

根据2018年《湖北省建筑安装工程费用定额》的规定，定额计价的编制过程是：先根据施工图设计文件和消耗量定额计算各分项工程和单价措施项目的工程量；再以消耗量定额基价表中的人工费、材料费、费用和增值税为基础，计算工程所需的全部费用，包括人工费、材料费、施工机具使用费、总价措施项目费、企业管理费、利润、规费和税金。其中，税金是指增值税，本书均按一般计税法计算增值税。

具体的编制步骤如下：

(1) 准备资料，熟悉施工图纸及相关定额

准备施工图纸、施工组织设计或施工方案、现行建筑安装定额、取费标准、统一工程量计算规则和地区材料预算价格等各种资料。在此基础上详细了解施工图纸，全面分析工程的各分项工程，充分了解施工组织设计或施工方案，尤其要注意影响费用的关键因素。

(2) 计算分部分项工程量和单价措施项目工程量

工程量计算一般按如下步骤进行：

① 根据工程内容和定额项目，列出需计算工程量的分项工程；

② 根据一定的计算顺序和计算规则，列出分项工程量的计算式；

③ 根据施工图纸上的设计尺寸及有关数据，代入计算式进行数值计算；

④ 对计算结果的计量单位进行调整，使之与定额中相应的分项工程的计量单位保持一致。

(3) 套用定额单价，计算分部分项工程费和单价措施项目费

核对工程量计算结果后，利用预算定额表中的分项工程定额基价，计算出各分项工程的人工费、材料费和机械费，汇总求出分部分项工程费。以同样方法计算出单价措施项目费。

(4) 按计价程序计取其他费用，并汇总造价

根据有关取费标准规定的费率、税率和相应的计费基数，分别计算总价措施项目费、企业管理费、利润、规费及税金。

将上述费用进行汇总，求出单位工程预算造价。

(5) 编制工料分析表

根据各分部分项工程项目实物工程量和预算定额项目中所列的用工及材料数量，计算各分部分项工程所需人工及材料数量，汇总后算出该单位工程所需各类人工、材料的数量。

(6) 复核

对项目填列、工程量计算公式、计算结果、套用的单价、采用的取费费率、数字计算、数据精确度等进行全面复核，以便及时发现差错，及时修改，提高预算的准确性。

(7) 编制说明、填写封面

编制说明主要应写明预算所包括的工程内容范围、依据的图纸编号、承包方式、有关部门现行的调价文件号、套用单价需要补充说明的问题及其他需要说明的问题等。封面应写明工程编号、工程名称、预算总造价和单方造价、编制单位名称、负责人和编制日期以及审核单位的名称、负责人和审核日期等。

采用定额计价，湖北省建筑安装工程费用计算程序如表4.1所示。

表 4.1　湖北省建筑安装工程费用采用定额计价计算程序

| 序号 | 费用项目 | | 计算方法 |
|---|---|---|---|
| 1 | 分部分项工程和单价措施项目费 | | 1.1+1.2+1.3+1.4+1.5 |
| 1.1 | 其中 | 人工费 | $\sum$（人工费） |
| 1.2 | | 材料费 | $\sum$（材料费） |
| 1.3 | | 施工机具使用费 | $\sum$（施工机具使用费） |
| 1.4 | | 费用 | $\sum$（费用） |
| 1.5 | | 增值税 | $\sum$（增值税） |
| 2 | 其他项目费 | | 2.1+2.2+2.3 |
| 2.1 | 总包服务费 | | 项目价值×费率 |
| 2.2 | 索赔与现场签证 | | $\sum$(价格×数量)/$\sum$（费用） |
| 2.3 | 增值税 | | (2.1+2.2)×税率 |
| 3 | 含税工程造价 | | 1+2 |

注：竣工结算时，以实物量形式表示的索赔与现场签证，列入分部分项工程和单价措施项目费中；以费用形式表示的索赔与现场签证费，不含增值税，列入其他项目费中。

分部分项工程和单价措施项目费由人工费、材料费、机械费、费用和增值税组成，即：

$$\text{分部分项工程和单价措施项目费}=\text{人工费}+\text{材料费}+\text{机械费}+\text{费用}+\text{增值税} \tag{4.1}$$

其中

$$\begin{aligned}\text{人工费} &= \sum(\text{工程量}\times\text{定额人工费})\\ \text{或} &= \sum(\text{工程量}\times\text{人工消耗量}\times\text{人工工日单价})\end{aligned} \tag{4.2}$$

$$\begin{aligned}\text{材料费} &= \sum(\text{工程量}\times\text{定额材料费})\\ \text{或} &= \sum(\text{工程量}\times\text{材料消耗量}\times\text{材料单价})\end{aligned} \tag{4.3}$$

$$\begin{aligned}\text{机械费} &= \sum(\text{工程量}\times\text{定额机械})\\ \text{或} &= \sum(\text{工程量}\times\text{机械台班消耗量}\times\text{机械台班单价})\end{aligned} \tag{4.4}$$

$$\begin{aligned}\text{费用} &= \sum(\text{工程量}\times\text{定额费用})\\ \text{或} &= \sum[(\text{人工费}+\text{施工机具使用费})\times(\text{总价措施项目费率}\\ &\quad+\text{企业管理费率}+\text{利润率}+\text{规费费率})]\end{aligned} \tag{4.5}$$

$$\begin{aligned}\text{增值税} &= \sum(\text{工程量}\times\text{定额增值税})\\ \text{或} &= \sum[(\text{人工费}+\text{材料费}+\text{机械费}+\text{费用})\times\text{增值税税率}(9\%)]\end{aligned} \tag{4.6}$$

**【例 4.1】** 某房屋建筑工程分部分项和单价措施项目工程量经计算确定为：

① M10 干混砌筑砂浆 1 砖混水砖墙，工程量为 200 $m^3$。

② 现浇 C20 钢筋混凝土带形基础，工程量为 50 $m^3$。

③ 钢筋混凝土带形基础胶合板模板为 40 $m^2$。

已知一砖混水砖墙和混凝土带形基础预算定额对应的项目如表 4.2 所示，钢筋混凝土带形基础胶合板模板全费用如表 4.3 所示。现将一砖混水砖墙的人工费调整为 160 元/工日，不分普工、技工和高级技工，其余不变，试计算该房屋建筑工程此部分的分部分项工程和单价措施项目费。

**表 4.2　一砖混水砖墙和混凝土带形基础消耗量定额及全费用基价表**　（计量单位：10 $m^3$）

| 定额编号 | | | | A1-5 混水砖墙 1砖 | A2-3 带形基础 混凝土 |
|---|---|---|---|---|---|
| 全费用(元) | | | | 6802.27 | 4630.86 |
| 其中 | 人工费(元) | | | 1688.88 | 387.24 |
| | 材料费(元) | | | 2907.88 | 3477.25 |
| | 机械费(元) | | | 42.71 | — |
| | 费　用(元) | | | 1544.41 | 345.38 |
| | 增值税(元) | | | 618.39 | 420.99 |
| 名　称 | | 单位 | 单价(元) | 数量 | |
| 人工 | 普工 | 工日 | 92.00 | 2.872 | 1.860 |
| | 技工 | 工日 | 142.00 | 5.745 | 1.522 |
| | 高级技工 | 工日 | 212.00 | 2.872 | — |
| 材料 | 蒸压灰砂砖 240 mm×115 mm×53 mm | 千块 | 349.57 | 5.379 | — |
| | 干混砌筑砂浆 DM M10 | t | 257.35 | 3.932 | — |
| | 预拌混凝土 C20 | $m^3$ | 341.94 | — | 10.100 |
| | 塑料薄膜 | $m^2$ | 1.47 | — | 12.590 |
| | 水 | $m^3$ | 3.39 | 1.638 | 1.009 |
| | 其他材料费 | % | — | 0.180 | — |
| | 电 | kW·h | 0.75 | 6.500 | 2.310 |
| 机械 | 干混砂浆罐式搅拌机 20000 L | 台班 | 187.32 | 0.228 | — |

**表 4.3　钢筋混凝土带形基础模板全费用基价表**　（计量单位：100 $m^2$）

| 定额编号 | | A16-14 | A16-15 |
|---|---|---|---|
| | | 板式带形基础 | |
| | | 钢筋混凝土 | |
| | | 组合钢模板 | 胶合板模板 |
| 全费用(元) | | 7443.91 | 7477.93 |
| 其中 | 人工费(元) | 2705.55 | 2600.15 |
| | 材料费(元) | 1647.65 | 1875.94 |
| | 机械费(元) | 0.48 | 1.56 |
| | 费　用(元) | 2413.51 | 2320.47 |
| | 增值税(元) | 676.72 | 679.81 |

已知,2018 年湖北省建筑安装工程费用定额的总价措施项目费分为安全文明施工费和其他总价措施项目费,其费率如表 4.4 和表 4.5 所示。

**表 4.4 安全文明施工费** (单位:%)

| 专业 | | 房屋建筑工程 | 装饰工程 | 通用安装工程 | 市政工程 | 园建工程 | 绿化工程 | 土石方工程 |
|---|---|---|---|---|---|---|---|---|
| 计费基数 | | 人工费+施工机具使用费 | | | | | | |
| 费率 | | 13.64 | 5.39 | 9.29 | 12.44 | 4.30 | 1.76 | 6.58 |
| 其中 | 安全施工费 | 7.72 | 3.05 | 3.67 | 3.97 | 2.33 | 0.95 | 2.01 |
| | 文明施工费<br>环境保护费 | 3.15 | 1.20 | 2.02 | 5.41 | 1.19 | 0.49 | 2.74 |
| | 临时设施费 | 2.77 | 1.14 | 3.60 | 3.06 | 0.78 | 0.32 | 1.83 |

**表 4.5 其他总价措施项目费** (单位:%)

| 专业 | | 房屋建筑工程 | 装饰工程 | 通用安装工程 | 市政工程 | 园建工程 | 绿化工程 | 土石方工程 |
|---|---|---|---|---|---|---|---|---|
| 计费基数 | | 人工费+施工机具使用费 | | | | | | |
| 费率 | | 0.70 | 0.60 | 0.66 | 0.90 | 0.49 | 0.49 | 1.29 |
| 其中 | 夜间施工增加费 | 0.16 | 0.14 | 0.15 | 0.18 | 0.13 | 0.13 | 0.32 |
| | 二次搬运费 | 按施工组织设计 | | | | | | |
| | 冬雨季施工增加费 | 0.40 | 0.34 | 0.38 | 0.54 | 0.26 | 0.26 | 0.71 |
| | 工程定位复测费 | 0.14 | 0.12 | 0.13 | 0.18 | 0.10 | 0.10 | 0.26 |

企业管理费率和利润率及规费费率如表 4.6、表 4.7 和表 4.8 所示。

**表 4.6 企业管理费** (单位:%)

| 专业 | 房屋建筑工程 | 装饰工程 | 通用安装工程 | 市政工程 | 园建工程 | 绿化工程 | 土石方工程 |
|---|---|---|---|---|---|---|---|
| 计费基数 | 人工费+施工机具使用费 | | | | | | |
| 费率 | 28.27 | 14.19 | 18.86 | 25.61 | 17.89 | 6.58 | 15.42 |

**表 4.7 利润** (单位:%)

| 专业 | 房屋建筑工程 | 装饰工程 | 通用安装工程 | 市政工程 | 园建工程 | 绿化工程 | 土石方工程 |
|---|---|---|---|---|---|---|---|
| 计费基数 | 人工费+施工机具使用费 | | | | | | |
| 费率 | 19.73 | 14.64 | 15.31 | 19.32 | 18.15 | 3.57 | 9.42 |

**表 4.8　规费**　（单位：%）

| 专业 | | 房屋建筑工程 | 装饰工程 | 通用安装工程 | 市政工程 | 园建工程 | 绿化工程 | 土石方工程 |
|---|---|---|---|---|---|---|---|---|
| 计费基数 | | 人工费＋施工机具使用费 | | | | | | |
| 费率 | | 26.85 | 10.15 | 11.97 | 26.34 | 11.78 | 10.67 | 11.57 |
| 社会保险费 | | 20.08 | 7.58 | 8.94 | 19.70 | 8.78 | 8.50 | 8.65 |
| 其中 | 养老保险金 | 12.68 | 4.87 | 5.75 | 12.45 | 5.65 | 5.55 | 5.49 |
| | 失业保险金 | 1.27 | 0.48 | 0.57 | 1.24 | 0.56 | 0.55 | 0.55 |
| | 医疗保险金 | 4.02 | 1.43 | 1.68 | 3.94 | 1.65 | 1.62 | 1.73 |
| | 工伤保险金 | 1.48 | 0.57 | 0.67 | 1.45 | 0.66 | 0.52 | 0.61 |
| | 生育保险金 | 0.63 | 0.23 | 0.27 | 0.62 | 0.26 | 0.26 | 0.27 |
| 住房公积金 | | 5.29 | 1.91 | 2.26 | 5.19 | 2.21 | 2.17 | 2.28 |
| 工程排污费 | | 1.48 | 0.66 | 0.77 | 1.45 | 0.79 | — | 0.64 |

**【解】**　由题意可知，计算1砖混水砖墙的各项费用如下：

人工费＝工程量×人工消耗量×人工工日单价

＝(200/10)×(2.872＋5.745＋2.872)×160＝36764.8 元

材料费＝工程量×定额材料费

＝(200/10)×2907.88＝58157.6 元

机械费＝工程量×定额机械

＝(200/10)×42.71＝854.2 元

费用＝(人工费＋施工机具使用费)×(总价措施项目费率＋企业管理费率＋利润率＋规费费率)，总价措施项目费率由安全文明施工费率和其他总价措施项目费率组成，查表4.4和表4.5可知，房屋建筑工程安全文明施工费率为13.64%，其他总价措施项目费率为0.7%。查表4.6、表4.7和表4.8可知，企业管理费率为28.27%，利润率为19.73%，规费费率26.85%，计费基数均为人工费和施工机具使用费之和，则有：

费用＝(36764.8＋854.2)×(13.64%＋0.7%＋28.27%＋19.73%＋26.85%)

＝37619×89.19%＝33552.39 元

增值税＝(人工费＋材料费＋机械费＋费用)×增值税税率

＝(36764.8＋58157.6＋854.2＋33552.39)×9%＝11639.61 元

1砖混水砖墙的分部分项工程费＝人工费＋材料费＋机械费＋费用＋增值税

＝36764.8＋58157.6＋854.2＋33552.39＋11639.61

＝140968.6 元

依题意：

混凝土带形基础的分部分项工程费＝工程量×定额全费用

钢筋混凝土带形基础胶合板模板的单价措施项目费＝工程量×定额全费用

即

混凝土带形基础的分部分项工程费＝(50/10)×4630.86＝23154.30 元

钢筋混凝土带形基础胶合板模板的单价措施项目费＝(40/100)×7477.93＝2991.17 元

则该房屋建筑工程此部分的分部分项工程和单价措施项目费为：

分部分项工程和单价措施项目费＝140968.60＋23154.30＋2991.17＝167114.10 元

**【例 4.2】** 接上题，该工程一砖混水砖墙为分包工程，总包服务费按项目价值的 3％计取，结算时混凝土工程和模板工程产生的索赔与现场签证费用为 2000 元(不含增值税)，试计算该房屋建筑工程此部分的含税工程造价。

**【解】** 依题意，总包服务费＝项目价值×3％，项目价值不含增值税，则：

总包服务费＝(人工费＋材料费＋机械费＋费用)×3％

＝(36764.8＋58157.6＋854.2＋33552.39)×3％＝3879.87 元

其他项目增值税＝(总包服务费＋索赔与现场签证费用)×9％

＝(3879.87＋2000)×9％＝529.19 元

其他项目费＝总包服务费＋索赔与现场签证费用＋其他项目增值税

＝3879.87＋2000＋529.19＝6409.06 元

该房屋建筑工程此部分的含税工程造价为：

含税工程造价＝分部分项工程和单价措施项目费＋其他项目费

＝167114.10＋6409.06＝173523.10 元

【习题测试】

## 4.2 工程量清单计价与计量规范

### 4.2.1 概述

工程量清单计价方法是一种区别于定额计价模式的一种新计价模式，也是国际上通用的方法。我国自 2003 年起开始在全国范围内逐步推广工程量清单计价方法。

由于工程造价计价的主要依据是工程量和单价两大要素，所以任何国家或地区的工程造价管理基本体制主要体现在对于工程项目的“量”和“价”这两个方面的管理和控制模式上。定额计价模式是“量价合一、固定取费”，清单计价模式为“量价分离，企业自主报价”。我国的清单计价是学习并借鉴国外通行做法并与中国实际相结合的产物，是在定额计价基础上衍生出来的计价模式。

工程量清单计价，是指建设工程招标投标中，招标人按照国家统一的《建设工程工程量清单计价规范》(GB 50500—2013)和各专业的“计量规范”，编制工程量清单，作为招标文件的一部分提供给投标人，由投标人依据自身企业的实际技术水平和管理水平计算工程量清单所需的全部费用的计价方式。

工程量清单计价规范与“计量规范”由《建设工程工程量清单计价规范》(GB 50500—2013)以及《房屋建筑与装饰工程工程量计算规范》(GB 50854—2013)、《仿古建筑工程工程量计算规范》(GB 50855—2013)、《通用安装工程工程量计算规范》(GB 50856—2013)、《市政工程工程量计算规范》(GB 50857—2013)、《园林绿化工程工程量计算规范》(GB 50858—2013)、《矿山工程工程量计算规范》(GB 50859—2013)、《构筑物工程工程量计算规范》(GB 50860—2013)、《城市轨道交通工程工程量计算规范》(GB 50861—2013)、《爆破工程工程量计算规范》(GB 50862—2013)9 种工程量计算规范组成。规范本着工程计量规则标准化、工程计价行为规范化、工程造价形成市场化的原则，从 2013 年 7 月 1 日起施行。

《建设工程工程量清单计价规范》(GB 50500—2013)，适用于建设工程发承包及实施阶段的计价活动，包括工程量清单编制、招标控制价编制、投标报价编制、工程合同价款的约定、工程施工过程中工程计量与合同价款的支付、索赔与现场签证、合同价款的调整、竣工结算的办理、合同解除的价款结算与支付、合同价款争议的解决、工程造价鉴定以及工程计价资料与档案建立等活动，涵盖了工程建设发承包以及施工阶段的整个过程。

《房屋建筑与装饰工程工程量计算规范》(GB 50854—2013)的内容包括正文、附录、条文说明三个部分。其中，正文包括总则、术语、工程计量、工程量清单编制，共计 29 项条款；附录部分包括附录 A——土石方工程，附录 B——地基处理与边坡支护工程，附录 C——桩基工程，附录 D——砌筑工程，附录 E——混凝土及钢筋混凝土工程，附录 F——金属结构工程，附录 G——木结构工程，附录 H——门窗工程，附录 J——屋面及防水工程，附录 K——保温、隔热、防腐工程，附录 L——楼地面装饰工程，附录 M——墙、柱面装饰与隔断、幕墙工程，附录 N——天棚工程，附录 P——油漆、涂料、裱糊工程，附录 Q——其他装饰工程，附录 R——拆除工程，附录 S——措施项目等 17 个附录，共计 557 个项目。

本书以《建设工程工程量清单计价规范》(GB 50500—2013)(以下简称“计价规范”)和《房屋建筑与装饰工程工程量计算规范》(GB 50854—2013)(以下简称“计量规范”)为基础编写。

### 4.2.2 工程量清单的内容

工程量清单是载明建设工程分部分项工程项目、措施项目和其他项目的名称和相应数量等内容的明细清单。招标工程量清单是指由招标人依据国家标准、招标文件、设计文件以及施工现场实际情况编制的，随招标文件发布供投标报价的工程量清单，包括对其的说明和表格。已标价工程量清单是指构成合同文件组成部分的投标文件中已标明价格，经算术性错误修正(如有)且承包人已确认的工程量清单，包括对其的说明和表格。招标工程量清单应由具有编制能力的招标人或受其委托，具有相应资质的工程造价咨询人编制。采用工程量清单方式招标，招标工程量清单必须作为招标文件的组成部分，其准确性和完整性由招标人负责。招标工程量清单是工程量清单计价的基础，应作为编制招标控制价、投标报价、计算或调整工程量、索赔等的依据之一。

根据“计价规范”规定，招标工程量清单应以单位(项)工程为单位编制，应由分部分项工程项目清单、措施项目清单、其他项目清单组成。

编制工程量清单的依据有：

(1) 计价规范和相关工程的国家“计量规范”；

(2) 国家或省级、行业建设主管部门颁发的计价定额和办法；

(3) 建设工程设计文件及相关资料；

(4) 与建设工程有关的标准、规范、技术资料；

(5) 拟定的招标文件；

(6) 施工现场情况、地勘水文资料、工程特点及常规施工方案；

(7) 其他相关资料。

#### 4.2.2.1 分部分项工程量清单

分部分项工程是“分部工程”和“分项工程”的总称。分部工程是单项或单位工程的组成部分，是按结构部位、路段长度及施工特点或施工任务将单项或单位工程划分为若干分部的工程。例如，房屋建筑与装饰工程分为土石方工程、地基处理与边坡支护工程、桩基工程、砌筑工程、混凝土及钢筋混凝土工程等分部工程。分项工程是分部工程的组成部分，是按不同施工方法、材料、工序及路段长度等将分部工程划分为若干个分项或项目的工程。例如现浇混凝土基础分为垫层、带形基础、独立基础、满堂基础、桩承台基础、设备基础等分项工程。

根据“计价规范”规定，分部分项工程项目清单必须载明项目编码、项目名称、项目特征、计量单位和工程量，这五个要件在分部分项工程量清单的组成中缺一不可。分部分项工程项目清单必须根据相关工程现行国家“计量规范”规定的项目编码、项目名称、项目特征、计量单位和工程量计算规则进行编制，其格式如表 4.9 所示。在分部分项工程量清单的编制过程中，由招标人负责前六项内容填写，金额部分在编制招标控制价或投标报价时填写。

**表 4.9　分部分项工程项目清单与计价表**

工程名称：　　　　　　　　　　　　标段：　　　　　　　　　　　　第　页　共　页

| 序号 | 项目编码 | 项目名称 | 项目特征描述 | 计量单位 | 工程量 | 金额（元） | | |
|---|---|---|---|---|---|---|---|---|
| | | | | | | 综合单价 | 合　价 | 其中：暂估价 |
| 1 | 010101001001 | 平整场地 | 土壤类别：三类土；<br>弃土运距：5 km | $m^2$ | 320 | | | |

（1）项目编码的设置

项目编码是用分部分项工程项目和措施项目清单名称的阿拉伯数字标识。工程量清单的项目编码以五级编码设置，采用十二位阿拉伯数字表示。一至九位应按相关工程“计量规范”附录的规定统一设置，不得变动；十至十二位应根据拟建工程的工程量清单项目名称和项目特征，由清单编制人设置，并应自 001 起顺序编制。同一招标工程的项目编码不得有重码。

各级编码代表的含义如下：

① 第一级为专业工程代码（分二位）：房屋建筑与装饰工程为 01，仿古建筑工程为 02，通用安装工程为 03，市政工程为 04，园林绿化工程为 05，矿山工程为 06，构筑物工程为 07，城市轨道交通工程为 08，爆破工程为 09；

② 第二级表示专业工程附录分类顺序码（分二位）；

③ 第三级表示分部工程顺序码（分二位）；

④ 第四级表示分项工程项目名称顺序码（分三位）；

⑤ 第五级为清单项目名称顺序码（分三位）。

项目编码结构如图 4.1 所示（以房屋建筑与装饰工程为例）。

当同一标段（或合同段）的一份工程量清单中含有多个单位工程，且工程量清单是以单位工程为编制对象时，在编制工程量清单时应特别注意项目编码十至十二位的设置不得有重码的规定。例如一个标段（或合同段）的工程量清单中含有三个单位工程，每一单位工程中都有项目特征相同的实心砖墙砌体，在工程量清单中又需反映三个不同单位工程的实心砖墙砌体工程量时，则第一个单位工程的实心砖墙的项目编码应为 010401003001，第二个单位工程的实心砖墙的项目编码应为 010401003002，第三个单位工程的实心砖墙的项目编码应为 010401003003，并分别列出各单位工程实心砖墙的工程量。

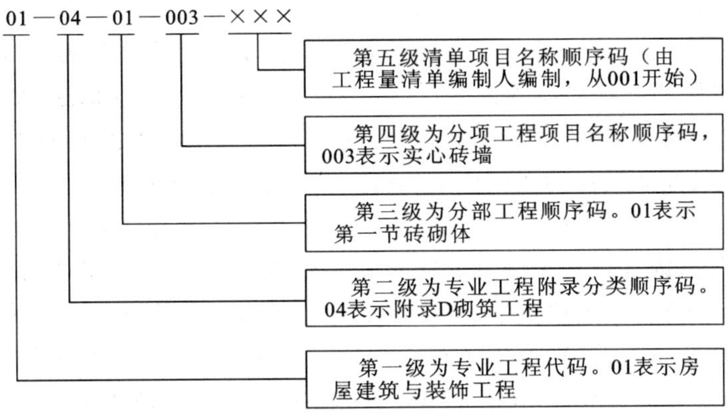


**图 4.1　清单项目编码结构图**

(2) 项目名称的确定

分部分项工程量清单的项目名称应根据各工程“计量规范”附录的项目名称结合拟建工程的实际情况确定。编制工程量清单时，应以附录中的项目名称为基础，考虑该项目的规格、型号、材质等特征要求，并结合拟建工程的实际情况，对其进行适当的调整或细化，使其能够反映影响工程造价的主要因素。如房屋建筑与装饰工程“计量规范”中编号为“010502001”的项目名称为“矩形柱”，则可根据拟建工程的实际情况写“C30 现浇混凝土矩形柱 400×400”。

(3) 项目特征的描述

项目特征是指构成分部分项工程项目、措施项目自身价值的本质特征。工程量清单项目特征应按各工程“计量规范”附录中规定的项目特征，结合拟建工程项目的实际予以描述。工程量清单的项目特征是确定一个清单项目综合单价不可缺少的重要依据，也是履行合同义务的基础。在编制工程量清单时，必须对项目特征进行准确和全面的描述，但有些项目特征用文字往往又难以准确和全面地描述清楚。因此，为达到规范、简洁、准确、全面描述项目特征的要求，在描述工程量清单项目特征时，应按“计量规范”附录中的规定，结合拟建工程的实际，满足确定综合单价的需要。

项目特征描述可以按以下原则进行：

① 项目特征中必须描述的内容：涉及正确计量的内容必须描述，如门窗洞口尺寸或框外围尺寸；涉及结构要求的内容必须描述，如混凝土构件的混凝土强度等级是 C20 还是 C30，混凝土强度等级不同，其价格也不同，必须描述；涉及材质要求的内容必须描述，如油漆的品种是调和漆还是硝基清漆等；涉及安装方式的内容必须描述，如管道工程中的钢管的连接方式是螺纹连接还是焊接，塑料管是粘接连接还是热熔连接等，就必须描述。

② 项目特征中可不描述的内容：对计量计价没有实质影响的内容可不描述，如对现浇混凝土柱的高度、断面大小等的特征规定可以不描述，因为混凝土构件是按“$m^3$”计量，对此的描述实质意义不大；应由投标人根据施工方案确定的可以不描述，如对石方的预裂爆破的单孔深度及装药量的特征规定，若由清单编制人来描述是困难的，而应由投标人根据施工要求，在施工方案中确定，自主报价；应由投标人根据当地材料和施工要求确定的可以不描述，如对混凝土构件中的混凝土拌合料使用的石子种类及粒径、砂的种类的特征规定可以不描述，因为混凝土拌合料使用砾石还是碎石，使用粗砂还是中砂、细砂或特细砂，主要取决于工程所在地砂、石子材料的供应情况，石子粒径大小主要取决于钢筋配筋的密度；应由施工措施解决的可以不描

述，如对现浇混凝土板、梁的标高的特征规定可以不描述，因为同样的板或梁都可以将其归并在同一个清单项目，不同标高的差异可以由投标人在报价中考虑或在施工措施中解决。

③ 项目特征中可不详细描述的内容：无法准确描述的可不详细描述，如土壤类别，其表层土与表层土以下的土壤，其类别可能不同，可注明由投标人根据地勘资料自行确定土壤类别，决定报价；施工图纸、标准图集标注明确的，可不再详细描述，对这些项目可描述为见××图集××页号及节点大样等；其他可不详细描述的，应注明由投标人自定，如土方工程中的“取土运距”、“弃土运距”等，因为由清单编制人决定在多远取土或弃土往往是困难的，另外，由投标人根据在建工程施工情况自主决定取、弃土方的运距可以充分体现竞争的要求。

在各专业工程“计量规范”附录中还有关于各清单项目“工作内容”的描述。工作内容是指完成清单项目可能发生的具体工作和操作程序，在编制工程量清单时，工作内容通常无须描述。在“计价规范”中，工作内容更多的是用来指引造价人员的报价。

（4）计量单位的选择

工程量清单的计量单位应按“计量规范”附录中规定的计量单位确定。除各专业另有特殊规定外，均按以下基本单位计量：

① 以重量计算的项目——吨或千克(t 或 kg)；

② 以体积计算的项目——立方米($m^3$)；

③ 以面积计算的项目——平方米($m^2$)；

④ 以长度计算的项目——米(m)；

⑤ 以自然计量单位计算的项目——个、套、块、组、台……；

⑥ 没有具体数量的项目——宗、项……。

以“吨”为计量单位的应保留小数点后三位，第四位小数四舍五入；以“立方米”“平方米”“米”“千克”为计量单位的应保留小数点后二位，第三位小数四舍五入；以“项”“个”等为计量单位的应取整数。

当计量单位有两个或两个以上时，在工程计量时，应结合拟建工程项目的实际情况，确定其中一个作为计量单位。在同一个建设项目(或标段、合同段)中，有多个单位工程的相同项目计量单位必须保持一致。例如：门窗工程的计量单位为“樘”或“$m^2$”两个计量单位，实际工作中，就应选择最适宜、最方便计量和组价的一个单位来表示。

（5）工程量的计算

工程量清单中所列工程量应按“计量规范”附录中规定的工程量计算规则计算。工程量计算规则是指对清单项目工程量的计算规定。除另有说明外，所有清单项目的工程量以实体工程量为准，并以完成后的净值来计算。因此，投标人投标报价时，应在计算综合单价时考虑施工中的各种损耗和需要增加的工程量，或在措施费清单中列入相应的措施费用。采用工程量清单计算规则，工程实体的工程量是唯一的。统一的清单工程量，为各投标人提供了一个公平竞争的平台，也方便招标人对各投标人的报价进行对比。

根据“计量规范”的规定，工程量计算规则可以分为房屋建筑与装饰工程、仿古建筑工程、通用安装工程、市政工程、园林绿化工程、矿山工程、构筑物工程、城市轨道交通工程、爆破工程九大类。

（6）补充项目

随着工程建设中新材料、新技术、新工艺等的不断涌现，“计量规范”附录所列的工程量清单项目不可能包含所有项目。在编制工程量清单时，当出现“计量规范”附录中未包括的清单项目时，编制人应作补充。在编制补充时应注意以下三个方面：

①补充项目的编码应按“计量规范”的规定确定，具体做法如下：补充项目的编码由“计量规范”的代码与B和三位阿拉伯数字组成，并应从001起顺序编制。例如，房屋建筑与装饰工程如需补充项目，则其编码应从01B001开始起顺序编制，同一招标工程的项目不得重码。

② 在工程量清单中应附补充项目的项目名称、项目特征、计量单位、工程量计算规则和工作内容。

③ 将编制的补充项目报省级或行业工程造价管理机构备案。

4.2.2.2 措施项目清单

措施项目是指为完成工程项目施工，发生于该工程施工准备和施工过程中的技术、生活、安全、环境保护等方面项目。措施项目清单必须根据相关工程现行国家“计量规范”的规定编制，并应根据拟建工程的实际情况列项。

“计量规范”将措施项目划分为两类，一类是可以计算工程量的措施项目(即单价措施项目)，如脚手架、混凝土模板及支架等，同分部分项工程一样，编制工程量清单时必须列出项目编码、项目名称、项目特征、计量单位、工程量等，见表4.10。

**表4.10 单价措施项目清单与计价表**

工程名称：

| 序号 | 项目编码 | 项目名称 | 项目特征 | 计量单位 | 工程量 | 金额(元) | | |
|---|---|---|---|---|---|---|---|---|
| | | | | | | 综合单价 | 合 价 | 其中：暂估价 |
| 1 | 011701001001 | 综合脚手架 | 建筑结构形式：框剪；<br>檐口高度：28 m | $m^2$ | 12000 | | | |

另一类是不能计算工程量的措施项目(即总价措施项目)，如安全文明施工、夜间施工和二次搬运等，“计量规范”仅列出了项目编码、项目名称和包含的范围，未列出项目特征、计量单位和工程量计算规则，编制工程量清单时，必须按“计量规范”规定的项目编码、项目名称确定清单项目，不必描述项目特征和确定计量单位，见表4.11。

**表4.11 总价措施项目清单与计价表**

工程名称：

| 序号 | 项目编码 | 项目名称 | 计算基础 | 费率(%) | 金额(元) | 调整费率(%) | 调整后金额(元) | 备注 |
|---|---|---|---|---|---|---|---|---|
| 1 | 011707001001 | 安全文明施工 | 人工费+施工机具使用费 | | | | | |
| 2 | 011707002001 | 夜间施工 | 人工费+施工机具使用费 | | | | | |

措施项目清单的编制需考虑多种因素，除工程本身的因素外，还涉及水文、气象、环境、安全等因素。由于影响措施项目设置的因素太多，“计量规范”不可能将施工中可能出现的措施项目一一列出。在编制措施项目清单时，因工程情况不同，出现“计量规范”附录中未列的措施

项目,可根据工程的具体情况对措施项目清单作补充。

4.2.2.3 其他项目清单

其他项目清单是指分部分项工程量清单、措施项目清单所包含的内容以外,因招标人的特殊要求而发生的与拟建工程有关的其他费用项目和相应数量的清单。工程建设标准的高低、工程的复杂程度、工程的工期长短、工程的组成内容、发包人对工程管理的要求等都直接影响其他项目清单的具体内容。其他项目清单应按照表4.12的格式编制,出现未包含在表格中内容的项目,可根据工程实际情况进行补充。

**表4.12 其他项目清单与计价汇总表**

| 序号 | 项目名称 | 金 额(元) | 结算金额(元) | 备 注 |
|---|---|---|---|---|
| 1 | 暂列金额 | 350000 | | 明细详见表4.13 |
| 2 | 暂估价 | 200000 | | |
| 2.1 | 材料(工程设备)暂估价 | — | | 明细详见表4.14 |
| 2.2 | 专业工程暂估价 | 200000 | | 明细详见表4.15 |
| 3 | 计日工 | | | 明细详见表4.16 |
| 4 | 总承包服务费 | | | 明细详见表4.17 |
| 合计 | | | 550000 | |

注:材料(工程设备)暂估单价进入清单项目综合单价,此处不汇总。

(1) 暂列金额

暂列金额是指招标人在工程量清单中暂定并包括在合同价款中的一笔款项。用于工程合同签订时尚未确定或者不可预见的所需材料、工程设备、服务的采购,施工中可能发生的工程变更、合同约定调整因素出现时的工程价款调整以及发生的索赔、现场签证确认等的费用。

为保证工程施工建设的顺利实施,应针对施工过程中可能出现的各种不确定因素对工程造价的影响,在招标控制价中估算一笔暂列金额。暂列金额可按照表4.13的格式列示。暂列金额在实际履约过程中可能发生,也可能不发生。暂列金额如不能列出明细,也可只列暂定金额总额。

**表4.13 暂列金额明细表**

| 序号 | 项目名称 | 计量单位 | 暂定金额(元) | 备 注 |
|---|---|---|---|---|
| 1 | 自行车棚工程 | 项 | 100000 | 正在设计图纸 |
| 2 | 工程量偏差和设计变更 | 项 | 100000 | |
| 3 | 政策性调整和材料价格波动 | 项 | 100000 | |
| 4 | 其他 | 项 | 50000 | |
| 总 计 | | | 350000 | — |

注:此表由招标人填写,如不能详列,也可只列暂定金额总额,投标人应将上述暂列金额计入投标总价中。

(2) 暂估价

暂估价是指招标人在工程量清单中提供的用于支付必然发生但暂时不能确定价格的材

料、工程设备的单价以及专业工程的金额，包括材料暂估单价、工程设备暂估单价和专业工程暂估价。暂估价类似于FIDIC合同条款中的Prime Cost Items，在招标阶段预见肯定要发生，但是因为标准不明确或者需要由专业承包人来完成，暂时无法确定价格或金额。暂估价数量和拟用项目应当结合工程量清单中的“暂估价表”予以补充说明。为方便合同管理和计价，需要纳入分部分项工程项目清单综合单价中的暂估价应只是材料、工程设备费，以方便投标人组价。

专业工程的暂估价一般应是综合暂估价，包括除规费和税金以外的管理费、利润等。总承包招标时，专业工程设计深度往往是不够的，一般需要交由专业设计人设计，出于提高可建造性考虑，国际上惯例，一般由专业承包人负责设计，以发挥其专业技能和专业施工经验的优势。这类专业工程交由专业分包人完成是国际工程的良好实践，目前在我国工程建设领域也已经比较普遍。公开透明、合理地确定这类暂估价的实际开支金额的最佳途径，就是通过施工总承包人与工程建设项目招标人共同组织招标。

暂估价可按表4.14、表4.15的格式列示。

**表4.14　材料(工程设备)暂估单价及调整表**

| 序号 | 材料(工程设备)名称、规格、型号 | 计量单位 | 数量 | | 单价(元) | | 合价(元) | | 差额±(元) | | 备注 |
|---|---|---|---|---|---|---|---|---|---|---|---|
| | | | 暂估 | 确认 | 暂估 | 确认 | 暂估 | 确认 | 单价 | 合价 | |
| 1 | 钢筋(规格见施工图) | t | 200 | | 4000 | | 800000 | | | | 用于现浇钢筋混凝土项目 |
| 2 | 低压开关柜(CGD190380/220V) | 台 | 1 | | 45000 | | 45000 | | | | 用于低压开关柜安装项目 |
| 合计 | | | | | | | 845000 | | | | |

注：此表由招标人填写“暂估单价”，并在备注栏说明暂估价的材料、工程设备拟用在哪些清单项目上，投标人应将上述材料、工程设备暂估单价计入工程量清单综合单价报价中。

**表4.15　专业工程暂估价及结算价表**

| 序号 | 工程名称 | 工程内容 | 暂估金额(元) | 结算金额(元) | 差额±(元) | 备注 |
|---|---|---|---|---|---|---|
| 1 | 消防工程 | 合同图纸中标明的以及消防工程规范和技术说明中规定的各系统中的设备、管道、阀门、线缆等的供应、安装和调试工作 | 200000 | | | |
| | | | | | | |
| 合计 | | | 200000 | | | |

注：此表“暂估金额”由招标人填写，投标人应将“暂估金额”计入投标总价中。结算时按合同约定结算金额填写。

(3) 计日工

计日工是指在施工过程中，承包人完成发包人提出的工程合同范围以外的零星项目或工作，按合同中约定的单价计价的一种方式。计日工是为了解决现场发生的零星工作的计价而设立的。国际上常见的标准合同条款中,大多数都设立了计日工(Daywork)计价机制。计日工以完成零星工作所消耗的人工工时、材料数量、施工机械台班进行计量,并按照计日工表中填报的适用项目的单价进行计价支付。计日工适用的所谓零星项目或工作一般是指合同约定之外或者因变更而产生的、工程量清单中没有相应项目的额外工作,尤其是那些时间不允许事先商定价格的额外工作。计日工为额外工作和变更的计价提供了一个方便快捷的途径。

计日工应列出项目名称、计量单位和暂定数量。计日工可按照表 4.16 的格式列示。

**表 4.16 计日工表**

| 编号 | 项目名称 | 单位 | 暂定数量 | 实际数量 | 综合单价(元) | 合价(元) | |
|---|---|---|---|---|---|---|---|
| | | | | | | 暂定 | 实际 |
| 一 | 人 工 | | | | | | |
| 1 | 普工 | 工日 | 100 | | | | |
| 2 | 技工 | 工日 | 60 | | | | |
| 人 工 小 计 | | | | | | | |
| 二 | 材 料 | | | | | | |
| 1 | 钢筋(规格见施工图) | t | 1 | | | | |
| 2 | 水泥 42.5 | t | 2 | | | | |
| 3 | 中砂 | $m^3$ | 10 | | | | |
| 4 | 砾石(5.40 mm) | $m^3$ | 5 | | | | |
| 5 | 页岩砖(240 mm×115 mm×53 mm) | 千块 | 1 | | | | |
| 材料小计 | | | | | | | |
| 三 | 施工机械 | | | | | | |
| 1 | 自升式塔式起重机 | 台班 | 5 | | | | |
| 2 | 灰浆搅拌机(400 L) | 台班 | 2 | | | | |
| 3 | | | | | | | |
| 施 工 机 械 小 计 | | | | | | | |
| 四、企业管理费和利率 | | | | | | | |
| 总 计 | | | | | | | |

注:此表项目名称、暂定数量由招标人填写;编制招标控制价时,单价由招标人按有关计价规定确定;投标时,单价由投标人自主报价,按暂定数量计算合价计入投标总价中;结算时,按发承包双方确认的实际数量计算合价。

(4) 总承包服务费

总承包服务费是指总承包人为配合协调发包人进行的专业工程发包,对发包人自行采购的材料、工程设备等进行保管以及施工现场管理、竣工资料汇总整理等服务所需的费用。招标人应当预计该项费用并按投标人的投标报价向投标人支付该项费用。

总承包服务费应列出服务项目及其内容等。总承包服务费,按照表 4.17 的格式列出。

表 4.17　总承包服务费计价表

| 序号 | 项目名称 | 项目价值（元） | 服务内容 | 计算基础 | 费率（%） | 金额（元） |
|---|---|---|---|---|---|---|
| 1 | 发包人发包专业工程 | 200000 | （1）按专业工程承包人的要求提供施工工作面并对施工现场进行统一管理，对竣工资料进行统一整理汇总。<br>（2）为专业工程承包人提供垂直运输机械和焊接电源接入点，并承担垂直运输费和电费 | | | |
| 2 | 发包人供应材料 | 845000 | 对发包人供应的材料进行验收及保管和使用发放 | | | |
| 合　计 | | | | | | |

注：此表项目名称、服务内容由招标人填写；编制招标控制价时，费率及金额由招标人按有关计价规定确定；投标时，费率及金额由投标人自主报价，计入投标总价中。

### 4.2.3　招标控制价的编制

4.2.3.1　概述

招标控制价是指招标人根据国家或省级、行业建设主管部门颁发的有关计价依据和办法，以及拟定的招标文件和招标工程量清单，结合工程具体情况编制的招标工程的最高投标限价。

招标工程量清单是工程量清单计价的基础，应作为编制招标控制价、投标报价、计算或调整工程量、索赔等的依据之一。国有资金投资的工程招标，招标人必须编制招标控制价，招标控制价应由具有编制能力的招标人或受其委托具有相应资质的工程造价咨询人编制和复核，工程造价咨询人接受招标人委托编制招标控制价，不得再就同一工程接受投标人委托编制投标报价。当招标控制价超过批准的概算时，招标人应将其报原概算审批部门审核。招标人应在发布招标文件时公布招标控制价，招标控制价不应上调或下浮，同时招标人应将招标控制价及有关资料报送工程所在地或有该工程管辖权的行业管理部门工程造价管理机构备查。投标人经复核认为招标人公布的招标控制价未按照计价规范的规定进行编制的，应在招标控制价公布后5天内向招投标监督机构和工程造价管理机构投诉。招标投标监督机构应会同工程造价管理机构对投诉进行复查，当招标控制价复查结论与原公布的招标控制价误差大于±3%时，应当责成招标人改正。

招标控制价应根据下列依据编制与复核：

（1）计价规范；

（2）国家或省级、行业建设主管部门颁发的计价定额和计价办法；

（3）建设工程设计文件及相关资料；

（4）拟定的招标文件及招标工程量清单；

（5）与建设项目相关的标准、规范、技术资料；

（6）施工现场情况、工程特点及常规施工方案；

（7）工程造价管理机构发布的工程造价信息（当工程造价信息没有发布时，参照市场价）；

(8) 其他的相关资料。

4.2.3.2　招标控制价的编制方法

招标控制价的编制内容包括分部分项工程费、措施项目费、其他项目费，各个部分有不同的计价要求。

(1) 分部分项工程费的确定

招标控制价的分部分项工程费应由各单位工程的招标工程量清单乘以相应综合单价汇总而成。综合单价是指完成一个规定清单项目所需的人工费、材料和工程设备费、施工机具使用费和企业管理费、利润、规费、税金以及一定范围内的风险费用。风险费用是指隐含于已标价工程量清单综合单价中，用于化解发承包双方在工程合同中约定内容和范围内的市场价格波动风险的费用。即：

$$
\begin{aligned}
\text{综合单价} = & \text{人工费} + \text{材料和工程设备费} + \text{施工机具使用费} \\
& + \text{企业管理费} + \text{利润} + \text{规费} + \text{税金} + \text{风险费}
\end{aligned} \tag{4.7}
$$

其中

$$\text{企业管理费} = (\text{人工费} + \text{施工机具使用费}) \times \text{管理费率} \tag{4.8}$$

$$\text{利润} = (\text{人工费} + \text{施工机具使用费}) \times \text{利润率} \tag{4.9}$$

$$\text{规费} = (\text{人工费} + \text{施工机具使用费}) \times \text{规费费率} \tag{4.10}$$

$$\text{税金} = (\text{人工费} + \text{材料和工程设备费} + \text{机械费} + \text{企业管理费} + \text{利润} + \text{规费}) \times \text{增值税税率} \tag{4.11}$$

则有

$$\text{分部分项工程费} = \sum \text{分部分项工程量} \times \text{分部分项工程综合单价} \tag{4.12}$$

确定分部分项工程费时，工程量依据招标文件中提供的分部分项工程量清单确定。对招标文件中提供了暂估单价的材料，应按暂估的单价计入综合单价，为使招标控制价与投标报价所包含的内容一致，综合单价应当包括招标文件中招标人要求投标人所承担的风险内容及其范围(幅度)产生的风险费用。

① 综合单价的组价

首先，依据提供的施工图纸、工程量清单项目名称和项目特征及工作内容，按照工程所在地区颁发的计价定额的规定，确定所组价的定额项目名称，并计算出相应的计价工程量；其次，依据工程造价政策规定或工程造价信息确定其人工、材料和工程设备、机械台班单价；同时，按照有关费用取费标准在考虑风险因素确定管理费率和利润率的基础上，按规定程序计算出所组价定额项目的合价[见公式(4.13)]；最后将若干项所组价的定额项目合价相加除以工程量清单项目工程量，便得到工程量清单项目综合单价，对于未计价材料费(包括暂估单价的材料费)应计入综合单价[见公式(4.14)]。

$$
\begin{aligned}
\text{定额项目合价} = & \text{计价工程量} \times [\sum (\text{定额人工消耗量} \times \text{人工单价}) \\
& + \sum (\text{定额材料或工程设备消耗量} \times \text{材料或工程设备单价}) \\
& + \sum (\text{定额机械台班消耗量} \times \text{机械台班单价}) \\
& + \text{管理费、利润、规费、税金和风险费}]
\end{aligned} \tag{4.13}
$$

$$\text{工程量清单综合单价} = \frac{\sum \text{定额项目合价} + \text{未计价材料费}}{\text{工程量清单项目工程量}} \tag{4.14}$$

② 确定综合单价应考虑的因素

编制招标控制价在确定其综合单价时，应考虑一定范围内的风险因素。在招标文件中应预留一定的风险费用，或明确说明风险所包含的范围及超出该范围的价格调整方法。对于招标文件中未作要求的，可按以下原则确定：

a. 对于技术难度较大和管理复杂的项目，可考虑一定的风险费用，并纳入到综合单价中。

b. 对于工程设备、材料价格的市场风险，应依据招标文件的规定，工程所在地或行业工程造价管理机构的有关规定，以及市场价格趋势考虑一定率值的风险费用，纳入到综合单价中。

c. 税金、规费等法律、法规、规章和政策变化的风险和人工单价等风险费用不应纳入综合单价。

招标工程发布的分部分项工程量清单对应的综合单价，应依据招标人发布的分部分项工程量清单的项目名称、工程量、项目特征描述，依据工程所在地区颁发的计价定额和人工、材料、机械台班价格信息等进行组价确定，并应编制工程量清单综合单价分析表。

(2) 措施项目费的确定

措施项目清单分为单价措施项目清单和总价措施项目清单两种。措施项目清单计价根据拟建工程的施工组织设计，对单价措施项目清单，应按分部分项工程量清单的方式采用综合单价计价[见公式(4.15)]；对总价措施项目清单，应按有关规定确定计算基数和费率的方法综合取定[见公式(4.16)]。措施项目清单中的安全文明施工费应当按照国家或省级、行业建设主管部门的规定标准计算，该部分不得作为竞争性费用。

$$\text{单价措施项目费} = \sum \text{单价措施项目工程量} \times \text{单价措施项目综合单价} \tag{4.15}$$

$$\text{总价措施项目费} = \sum \text{总价措施项目计算基数} \times \text{费率} \tag{4.16}$$

(3) 其他项目费的确定

其他项目费由暂列金额、暂估价、计日工、总承包服务费等内容构成。

① 暂列金额。暂列金额应按招标工程量清单中列出的金额填写，如招标工程量清单未列出金额，可根据工程的复杂程度、设计深度、工程环境条件(包括地质、水文、气候条件等)进行估算，一般可按分部分项工程费的10%～15%作为参考。

② 暂估价。暂估价中的材料、工程设备暂估单价应按招标工程量清单中列出的单价填写，并计入综合单价中；如招标工程量清单未列出单价，应按照工程造价管理机构发布的工程造价信息确定，工程造价信息未发布的，其单价参照市场价格确定。暂估价中的专业工程金额应按招标工程量清单中列出的金额填写；如招标工程量清单未列出金额，专业工程暂估价应分不同专业，按有关计价规定估算。

③ 计日工。在编制招标控制价时，对计日工中的人工单价和施工机械台班单价，应按省级、行业建设主管部门或其授权的工程造价管理机构公布的单价计算；材料单价应按工程造价管理机构发布的工程造价信息中的材料单价计算，工程造价信息未发布单价的材料，其价格应按市场调查确定的单价计算。

④ 总承包服务费。总承包服务费应按照省级或行业建设主管部门的规定计算，编制招标控制价时，应根据招标文件列出的内容和向总承包人提出的要求参照下列标准计算：

a. 当招标人仅要求总包人对其发包的专业工程进行施工现场协调和统一管理、对竣工资料进行统一汇总整理等服务时，总承包服务费按发包的专业工程估算造价的1.5%左右计算；

b. 当招标人要求总包人对其发包的专业工程既进行总承包管理和协调，又要求提供相应配合服务时，总承包服务费根据招标文件列出的配合服务内容，按发包的专业工程估算造价的3%～5%计算；

c. 招标人自行供应材料、设备的，按招标人供应材料、设备价值的1%计算。

(4) 招标控制价的计价程序

招标控制价的计价方法如上所述，其计价程序如表4.18所示。表中计费基数是以《湖北省建筑安装工程费用定额》(2018)为依据，并考虑全费用基价清单计价，全费用基价中的"全费用"是指基价中包括人工费、材料费、机械费、费用和增值税共五项内容，其中费用是总价措施项目费、企业管理费、利润和规费之和。利用《湖北省房屋建筑与装饰工程消耗量定额及全费用基价表》(2018)和《湖北省建筑安装工程费用定额》(2018)计算的综合单价由人工费、材料和工程设备费、施工机具使用费和总价措施项目费、企业管理费、利润、规费、税金以及一定范围内的风险费用组成，也称全费用综合单价。

**表4.18　招标控制价计价程序表**

| 序号 | 费用项目 | 计算方法 |
|---|---|---|
| 1 | 分部分项工程和单价措施项目费 | $\sum$分部分项工程量×分部分项工程全费用综合单价<br>或$\sum$单价措施项目工程量×单价措施项目全费用综合单价 |
| 2 | 其他项目费 | 2.1+2.2+2.3+2.4+2.5+2.6 |
| 2.1 | 暂列金额 | 按招标工程量清单中列出的金额填写或按分部分项工程费的10%～15%作为参考 |
| 2.2 | 专业工程暂估价 | 按招标工程量清单中列出的金额填写或按有关计价规定估算 |
| 2.3 | 计日工 | $\sum$(人工单价×暂定数量)+$\sum$(材料价格×暂定数量)+$\sum$(机械台班价格×暂定数量)+总价措施项目费+管理费+利润+规费 |
| 2.4 | 总包服务费 | 2.4.1+2.4.2 |
| 2.4.1 | 发包人发包专业工程 | 按分包的专业工程估算造价的1.5%计算或按分包的专业工程估算造价的3%～5%计算 |
| 2.4.2 | 发包人提供的材料 | 按招标人供应材料、设备价值的1%计算 |
| 2.5 | 索赔与现场签证费 | $\sum$(价格×数量)/$\sum$费用 |
| 2.6 | 增值税 | (2.1+2.2+2.3+2.4+2.5)×增值税税率 |
| 3 | 单位工程造价 | 1+2 |

(5) 编制招标控制价应注意的问题

① 采用的材料价格应是工程造价管理机构发布的工程造价信息中的材料单价，工程造价信息未发布单价的材料，其材料价格应通过市场调查确定。未采用工程造价管理机构发布的工程造价信息时，需在招标文件或答疑补充文件中对招标控制价采用的与造价信息不一致的市场价格予以说明，采用的市场价格则应通过市场调查、分析确定，并有可靠的信息来源。

② 施工机械设备的选型直接关系到综合单价水平，应根据工程项目特点和施工条件，本着经济实用、先进高效的原则确定。

③ 应该正确、全面地使用行业和地方的计价定额与相关文件。

④ 总价措施项目费中的安全文明施工费、规费和税金是不可竞争性费用，编制招标控制价时应按国家有关规定计算。

⑤ 不同工程项目、不同施工单位会有不同的施工组织方法，所发生的措施费也会有所不同，因此，对于竞争性的措施费用的确定，招标人应首先编制常规的施工组织设计或施工方案，然后经专家论证确认后再进行措施项目与费用的合理确定。

⑥ 根据“计价规范”的规定，由发包人承担的计价风险包括：国家法律、法规、规章和政策发生变化；省级或行业建设主管部门发布的人工费调整，但承包人对人工费人工单价的报价高于发布的除外；由政府定价或政府指导价管理的原材料等价格进行的调整。这些全部由发包人承担的计价风险应在编制控制价时予以充分考虑。

### 4.2.4 投标报价的编制

#### 4.2.4.1 概述

投标价是指投标人投标时响应招标文件要求所报出的对已标价工程量清单汇总后标明的总价。

投标报价应根据下列依据编制和复核：

(1) “计价规范”；

(2) 国家或省级、行业建设主管部门颁发的计价办法；

(3) 企业定额，国家或省级、行业建设主管部门颁发的计价定额和计价办法；

(4) 招标文件、招标工程量清单及其补充通知、答疑纪要；

(5) 建设工程设计文件及相关资料；

(6) 施工现场情况、工程特点及投标时拟定的施工组织设计或施工方案；

(7) 与建设项目相关的标准、规范等技术资料；

(8) 市场价格信息或工程造价管理机构发布的工程造价信息；

(9) 其他的相关资料。

#### 4.2.4.2 投标报价的编制步骤与方法

(1) 投标报价的编制步骤

招标工程量清单是投标报价的基础，投标报价是完成随招标文件发布的招标工程量清单的计价编制，投标报价的编制内容包括分部分项工程费、措施项目费、其他项目费，其编制步骤如下：

① 研究招标文件、熟悉工程量清单；

② 核算工程数量，分析项目特征，编制综合单价，计算分部分项工程费用；

③ 确定措施项目清单内容，计算措施项目费用；

④ 计算其他项目费用；

⑤ 汇总各项费用，复核调整确认。

(2) 投标报价的编制方法

① 分部分项工程费的计算与确定

投标人必须按招标工程量清单填报价格。项目编码、项目名称、项目特征、计量单位、工程量必须与招标人提供的一致，均不作改动。全费用综合单价和合价由投标人自主决定填写。

投标价中的分部分项工程费应由招标工程量清单中分部分项工程量乘以相应综合单价汇总而成，即：

$$分部分项工程费 = \sum 分部分项工程量 \times 分部分项工程全费用综合单价 \quad (4.17)$$

分部分项工程全费用综合单价应按招标工程量清单中分部分项工程量清单项目的特征描述和“计量规范”中的工作内容来确定，包括完成单位分部分项工程清单项目所需的人工费、材料和工程设备费、施工机具使用费、总价措施项目费、企业管理费、利润、规费和税金，并考虑风险费用的分摊。

a. 分部分项工程全费用综合单价确定的步骤和方法

ⓐ 确定计算基础

计算基础主要包括消耗量指标和生产要素单价。应根据本企业的企业实际消耗量水平，并结合拟定的施工方案确定完成清单项目需要消耗的各种人工、材料、机械台班的数量。计算时应采用企业定额，在没有企业定额或企业定额缺项时，可参照与本企业实际水平相近的地区、行业定额，并通过调整来确定清单项目的人、材、机单位用量。各种人工、材料和工程设备、机械台班单价，则应根据询价的结果和市场行情综合确定。

ⓑ 分析每一清单项目的项目特征和工作内容，确定组合定额子目

在招标工程量清单中，招标人已对项目特征进行了准确、详细的描述，投标人根据这一描述，再结合施工现场情况和拟定的施工方案确定完成各清单项目实际发生的工作内容。必要时可参照“计量规范”提供的工作内容，有些特殊的工程也可能出现规范列表之外的工作内容。清单项目一般以一个“综合实体”考虑，包括较多的工作内容，计价时，可能出现一个清单项目对应多个定额子目的情况，比如挖基坑土方清单项目就由排地表水、土方开挖、挡土板的支拆、基底钎探、土方运输等定额子目组合而成。计算综合单价就是要将清单项目的工作内容与定额项目的工作内容进行比较，结合清单项目的特征描述，确定拟组价清单项目应该由哪几个定额子目来组合。

ⓒ 计算定额子目的工程数量

每一项定额子目都应根据所选定额的工程量计算规则计算其工程数量。由于一个清单项目可能对应几个定额子目，而清单工程量计算的是主项工程量，与各定额子目的工程量可能并不一致；即便一个清单项目对应一个定额子目，也可能由于清单工程量计算规则与所采用的定额工程量计算规则之间的差异，而导致二者的计价单位和计算出来的工程量不一致。因此，清单工程量不能直接用于计价，在计价时必须考虑施工方案等各种影响因素，根据所采用的计价定额及相应的工程量计算规则重新计算各定额子目的施工工程量，这个工程量也称计价工程量。定额子目工程量应严格按照与所采用的定额相对应的工程量计算规则计算。当定额的工程量计算规则与清单的工程量计算规则相一致时，可直接以工程量清单中的工程量作为定额子目的工程量。

ⓓ 确定人、材、机消耗量

人、材、机的消耗量一般参照定额进行确定。在编制招标控制价时，一般参照政府颁发的消耗量定额；在编制投标报价时，一般采用反映企业水平的企业定额，投标企业没有企业定额时可参照消耗量定额进行调整。

ⓔ 确定人、材、机单价

人工单价、材料单价和施工机械台班单价，应根据工程项目的具体情况及市场资源的供求

状况进行确定，采用市场价格作为参考，并考虑一定的调价系数。

ⓕ 计算清单项目的人工费、材料费和机械费

按确定的分项工程人工、材料和机械的消耗量及询价获得的人工单价、材料单价、施工机械台班单价，与相应的计价工程量相乘得到各定额子目的人工费、材料费和机械费，将各定额子目的人工费、材料费和机械费汇总后算出清单项目的人工费、材料费和机械费，即：

$$\text{清单项目人工费、材料费和机械费} = \sum \text{计价工程量} \times (\sum \text{人工消耗量} \times \text{人工单价} + \sum \text{材料消耗量} \times \text{材料单价} + \sum \text{台班消耗量} \times \text{台班单价}) \quad (4.18)$$

ⓖ 计算清单项目的总价措施项目费、管理费、利润、规费和税金及风险费

总价措施项目费、管理费、利润、规费和税金通常根据各地区规定的费率乘以规定的计算基数得出，再根据工程的类别和施工难易程度考虑一定的风险费用。依据 2018 年湖北省费用定额，总价措施项目费、管理费、利润、规费均是以人工费和施工机械使用费为基数，乘以相应的费率计算，总价措施项目费、管理费、利润、规费合在一起计算称之为费用。

$$\text{费用} = (\text{人工费} + \text{施工机具使用费}) \times (\text{总价措施项目费率} + \text{企业管理费率} + \text{利润率} + \text{规费费率}) \quad (4.19)$$

$$\text{税金(增值税)} = (\text{人工费} + \text{材料费} + \text{施工机械使用费} + \text{费用}) \times \text{增值税税率} \quad (4.20)$$

风险费是以人工费、材料费、施工机械使用费、费用和税金为基数，乘以风险费率计算：

$$\text{风险费} = (\text{人工费} + \text{材料费} + \text{施工机械使用费} + \text{费用} + \text{税金}) \times \text{风险费率} \quad (4.21)$$

ⓗ 计算清单项目的综合单价

将清单项目的人工费、材料费、机械费、费用、税金及风险费汇总得到该清单项目合价，将该清单项目合价除以清单项目的工程量即可得到该清单项目的全费用综合单价，即：

$$\text{全费用综合单价} = \frac{\sum(\text{人工费} + \text{材料费} + \text{机械费} + \text{费用} + \text{税金} + \text{风险费})}{\text{清单工程量}} \quad (4.22)$$

根据计算出的全费用综合单价，可编制分部分项工程量清单与计价表以及综合单价分析表，如表 4.19 和表 4.20 所示。全费用综合单价分析表应填写使用的企业定额名称，也可填写使用的省级或行业建设主管部门发布的计价定额，如不使用则不填写。

**表 4.19　分部分项工程量清单与计价表**

工程名称：某多层砖混住宅工程　　　　标段：　　　　第　页　共　页

| 序号 | 项目编码 | 项目名称 | 项目特征描述 | 计量单位 | 工程量 | 金额(元) | | |
|---|---|---|---|---|---|---|---|---|
| | | | | | | 综合单价 | 合价 | 其中：暂估价 |
| | 010101003001 | 挖沟槽土方 | 土壤类别：三类土；<br>挖土深度：1.8 m；<br>场内弃土距离：60 m；<br>场外弃土距离：4 km | $m^3$ | 2634.0 | 117.96 | 310694.40 | |
| 本页小计 | | | | | | | | |
| 合　计 | | | | | | | | |

**表 4.20　全费用综合单价分析表**

工程名称：某多层砖混住宅工程　　　　　　标段：　　　　　　　　　　　第　页　共　页

| 项目编码 | 010101003001 | 项目名称 | 挖基础土方 | 计量单位 | $m^3$ | 工程量 | 2634.0 |
|---|---|---|---|---|---|---|---|

| 清单综合单价组成明细 | | | | | | | | | | | | | |
|---|---|---|---|---|---|---|---|---|---|---|---|---|---|
| 定额编号 | 定额名称 | 定额单位 | 数量 | 单价（元） | | | | | 合价（元） | | | | |
| | | | | 人工费 | 材料费 | 机械费 | 费用 | 增值税 | 人工费 | 材料费 | 机械费 | 费用 | 增值税 |
| | 人工挖土 | $m^3$ | 2.1304 | 20.29 | — | — | 8.98 | 2.63 | 43.23 | — | — | 19.13 | 5.60 |
| | 人工运土 | $m^3$ | 0.8240 | 18.80 | — | — | 8.32 | 2.44 | 15.49 | — | — | 6.86 | 2.01 |
| | 装载机装、自卸汽车运土方 | $m^3$ | 0.9268 | 0.36 | 0.04 | 17.19 | 7.77 | 2.28 | 0.33 | 0.04 | 15.93 | 7.20 | 2.11 |
| 人工单价 | | 小　　计 | | | | | | | 59.05 | 0.04 | 15.93 | 33.19 | 9.72 |
| 60 元/工日 | | 未计价材料费 | | | | | | | | | | | |
| 清单项目综合单价 | | | | | | | | | 117.93 | | | | |

| 材料费明细 | 主要材料名称、规格、型号 | 单位 | 数量 | 单价（元） | 合价（元） | 暂估单价（元） | 暂估合价（元） |
|---|---|---|---|---|---|---|---|
| | 水 | $m^3$ | 0.012 | 3.15 | 0.04 | — | |
| | | | | | | | |
| | 其他材料费 | | | — | — | — | |
| | 材料费小计 | | | — | 0.04 | — | |

**【例 4.3】**　某多层砖混住宅土方工程，土壤类别为三类土，砖基础大放脚带形基础，垫层宽度为 920 mm，挖土深度为 1.8 m，基础总长度为 1590.6 m。根据施工方案，土方开挖的工作面宽度各边 0.25 m，放坡系数为 0.3。除沟边堆土 1000 $m^3$ 外，现场堆土 2170.5 $m^3$，运距 60 m，采用人工运输。其余土方需装载机装，自卸汽车运，运距 4 km。已知人工挖沟槽土方单价为 20.29 元/$m^3$，人工运土单价 18.80 元/$m^3$，装载机装土、自卸汽车运土需使用机械有装载机(620 元/台班，0.00259 台班/$m^3$)、自卸汽车(666 元/台班，0.01933 台班/$m^3$)、推土机(839 元/台班，0.00294 台班/$m^3$)和洒水车(400 元/台班，0.0006 台班/$m^3$)。另外，装载机装土、自卸汽车运土需用工(60 元/工日，0.006 工日/$m^3$)、用水(水 3.15 元/$m^3$，1 $m^3$ 土方需耗水 0.012 $m^3$)。试根据建筑工程量清单计算规则计算土方工程的全费用综合单价(含措施费、规费和增值税)。

**【解】**　(1) 招标人根据清单规则计算的挖方量

$$0.92 \times 1.8 \times 1590.6 = 2634.0\ m^3$$

(2) 投标人根据地质资料和施工方案计算挖土方量和运土方量

① 需挖土方量

工作面宽度各边 0.25 m，放坡系数为 0.3，则基础挖土方总量为：

$$(0.92+2\times0.25+0.3\times1.8)\times1.8\times1590.6=5611.6\ m^3$$

② 运土方量

沟边堆土 1000 $m^3$；现场堆土 2170.5 $m^3$，运距 60 m，采用人工运输；装载机装，自卸汽车运，运距 4 km，运土方量为：

$$5611.6-1000-2170.5=2441.1\ m^3$$

(3) 人工挖土

人工费＝5611.6×20.29＝113859.36 元

(4) 人工运土(60 m 内)

人工费＝2170.5 ×18.80＝40805.40 元

(5) 装载机装土、自卸汽车运土(4 km)

① 人工费＝60×0.006×2441.1＝878.80 元

人工单价＝60×0.006＝0.36 元/$m^3$

② 材料费(水)＝3.15×0.012×2441.1＝92.27 元

材料单价＝3.15×0.012＝0.04 元/$m^3$

③ 机械费

装载机：620×0.00259×2441.1＝3919.92 元

自卸汽车：666×0.01933 ×2441.1＝31426.18 元

推土机：839×0.00294×2441.1＝6021.36 元

洒水车：400×0.0006 ×2441.1＝585.86 元

机械费小计＝3919.92＋31426.18＋6021.36＋585.86＝41953.32 元

机械费单价＝620×0.00259＋666×0.01933＋839×0.00294＋400×0.0006

＝17.19 元/$m^3$

④ 装载机装土、自卸汽车运土费合计＝人工费＋材料费＋机械费

＝878.80＋92.27＋41953.32＝42924.39 元

(6) 全费用综合单价计算

① 分部分项人工费和机械费之和

分部分项人工费和机械费之和＝113859.36＋40805.40＋878.80＋41953.32＝197496.88 元

② 费用

费用＝(人工费＋机械费)×(总价措施项目费率＋企业管理费率＋利润率＋规费费率)。查表总价措施项目费率由安全文明施工费率和其他总价措施项目费率组成，查表 4.4 和表 4.5 可知，土石方工程安全文明施工费率为 6.58%，其他总价措施项目费率为 1.29%。查表 4.6、表 4.7 和表 4.8 可知，企业管理费率为 15.42%，利润率为 9.42%，规费费率 11.57%，则

费用＝197496.88×(6.58%＋1.29%＋15.42%＋9.42%＋11.57%)

＝197496.88×44.28%＝87451.62 元

③ 增值税

增值税＝(人工费＋材料费＋机械费＋费用)×增值税税率(9%)

＝(113859.36＋40805.40＋42924.39＋87451.62)×9%

＝285040.77×9%＝25653.67 元

④ 总计

$$113859.36+40805.40+42924.39+87451.62+25653.67=310694.40 \text{ 元}$$

⑤ 全费用综合单价

按招标人提供的土方挖方总量折算为工程量清单全费用综合单价：

$$\frac{310694.40}{2634.0}=117.96 \text{ 元}/m^3$$

(7) 全费用综合单价分析

① 人工挖土方

单位清单工程量 $=5611.6/2634.0=2.1304\ m^3/m^3$

费用 $=20.29\times44.28\%=8.98$ 元/$m^3$

增值税 $=(20.29+8.98)\times9\%=2.63$ 元/$m^3$

② 人工运土方

单位清单工程量 $=2170.5/2634.0=0.8240\ m^3/m^3$

费用 $=18.80\times44.28\%=8.32$ 元/$m^3$

增值税 $=(18.80+8.32)\times9\%=2.44$ 元/$m^3$

③ 装载机装土、自卸汽车运土方

单位清单工程量 $=2441.1/2634.0=0.9268\ m^3/m^3$

人工费＋机械费 $=0.36+17.19=17.55$ 元/$m^3$

费用 $=17.55\times44.28\%=7.77$ 元/$m^3$

增值税 $=(0.36+0.04+17.19+7.77)\times9\%=2.28$ 元/$m^3$

b. 确定分部分项工程全费用综合单价时应注意的事项

ⓐ 以项目特征描述为依据

项目特征是确定全费用综合单价的重要依据之一，投标人投标报价时应依据招标文件中分部分项工程量清单项目的特征描述确定清单项目的全费用综合单价。在招标投标过程中，当出现招标文件中分部分项工程量清单项目特征描述与设计图纸不符时，投标人应以分部分项工程量清单的项目特征描述为准，确定投标报价的全费用综合单价。当施工中施工图纸或设计变更与工程量清单项目特征描述不一致时，发承包双方应按实际施工的项目特征，依据合同约定重新确定全费用综合单价。

ⓑ 材料、工程设备暂估价的处理

投标人应将招标文件中提供了暂估单价的材料和工程设备，按其暂估的单价计入分部分项工程量清单项目的全费用综合单价中，并应计算出暂估单价的材料在全费用综合单价及其合价中的具体数额，因此，为更详细反应暂估价情况，也可在表中增设一栏“其中：暂估价”。

ⓒ 考虑合理的风险

招标文件中要求投标人承担的风险费用，投标人应考虑进入全费用综合单价。在施工过程中，当出现的风险内容及其范围（幅度）在招标文件规定的范围（幅度）内时，全费用综合单价不得变动，合同价款不作调整。根据国际惯例并结合我国工程建设的特点，投标人应完全承担的风险是技术风险和管理风险，如总价措施费、管理费和利润；应有限度承担的是市场风险，如材料、工程设备涨价及施工机械使用费等；应完全不承担的是法律、法规、规章和政策变化的风险，如规费、税金。

为此,“计价规范”规定:

国家法律、法规、规章和政策变化,省级或行业建设主管部门发布的人工费调整,由政府定价或政府指导价管理的原材料等价格进行了调整的风险由招标人承担。

由于市场物价波动影响合同价款,应由招投标双方合理分摊,材料、工程设备的涨幅在招标时基准价格5%以内,施工机械使用费的涨幅在招标时基准价格10%以内由投标人承担。超过者予以调整。

总价措施费、管理费和利润的风险由投标人全部承担。

② 措施项目费的计算与确定

根据“计价规范”的规定,措施项目分为单价措施项目和总价措施项目。措施项目费的计算与确定应遵循以下原则:

a. 措施项目的内容应依据招标人提供的措施项目清单和投标人投标时拟定的施工组织设计或施工方案确定,投标人可根据工程实际情况结合施工组织设计,对招标人所列的措施项目进行增补。这是由于各投标人拥有的施工装备、技术水平和采用的施工方法有所差异,招标人提出的措施项目清单是根据一般情况确定的,没有考虑不同投标人的“个性”,投标人投标时应根据自身编制的投标施工组织设计(或施工方案)确定措施项目,投标人根据投标施工组织设计(或施工方案)调整和确定的措施项目应通过评标委员会的评审。

b. 单价措施项目清单计价应根据拟建工程的施工组织设计(或施工方案),由投标人自主报价,采用分部分项工程量清单方式的全费用综合单价计价。

c. 总价措施项目费已包含在分部分项和单价措施项目的全费用综合单价里,总价措施项目中的安全文明施工费必须按国家或省级、行业建设主管部门的规定计算,不得作为竞争性费用。

单价措施项目清单与计价表如表4.21所示。

**表4.21 单价措施项目清单与计价表**

工程名称: 标段: 第 页 共 页

| 序号 | 项目编码 | 项目名称 | 项目特征描述 | 计量单位 | 工程数量 | 金额(元) | | |
|---|---|---|---|---|---|---|---|---|
| | | | | | | 综合单价 | 合价 | 其中:暂估价 |
| 1 | 011701001001 | 综合脚手架 | 建筑结构形式:框架;<br>檐口高度:8.3 m | $m^2$ | 650.9 | 17.57 | 11436.31 | |
| 2 | 011703001001 | 垂直运输 | 建筑类型:物业办公室;<br>结构形式:框架;<br>檐口高度:8.3 m;<br>局部9.4 m;<br>层数:2层 | $m^2$ | 650.9 | 8.75 | 5695.38 | |

③ 其他项目费的计算与确定

其他项目费主要包括暂列金额、专业工程暂估价、计日工以及总承包服务费等内容。投标人对其他项目费投标报价时应遵循以下原则:

a. 暂列金额应按照招标工程量清单中列出的金额填写,不得变动。

b. 专业工程暂估价必须按照招标工程量清单列出的金额填写。

c. 计日工应按照招标工程量清单列出的项目和估算的数量，自主确定各项综合单价并计算费用。

d. 总承包服务费应根据招标工程量清单列出的专业工程暂估价内容和供应材料、设备情况，按照招标人提出协调、配合与服务要求和施工现场管理需要自主确定。

其他项目清单与计价表如表 4.22 至表 4.26 所示。

**表 4.22　其他项目清单与计价汇总表**

| 序号 | 费用名称 | 金 额(元) | 结算金额(元) | 备 注 |
|---|---|---|---|---|
| 1 | 暂列金额 | 350000 | | 明细详见表 4.23 |
| 2 | 专业工程暂估价 | 200000 | | 明细详见表 4.24 |
| 3 | 计日工 | 31531.04 | | 明细详见表 4.25 |
| 4 | 总承包服务费 | 20760 | | 明细详见表 4.26 |
| 5 | 索赔与现场签证费 | 0 | | |
| 6 | 增值税 | 60229.1 | | |
| | | 662520.1 | | |

注：材料(工程设备)暂估单价进入清单项目综合单价，此处不汇总。

**表 4.23　暂列金额明细表**

| 序号 | 项目名称 | 计量单位 | 暂定金额(元) | 备 注 |
|---|---|---|---|---|
| 1 | 自行车棚工程 | 项 | 100000 | 正在设计图纸 |
| 2 | 工程量偏差和设计变更 | 项 | 100000 | |
| 3 | 政策性调整和材料价格波动 | 项 | 100000 | |
| 4 | 其他 | 项 | 50000 | |
| 总计 | | | 350000 | — |

注：此表由招标人填写，如不能详列，也可只列暂定金额总额，投标人应将上述暂列金额计入投标总价中。

**表 4.24　专业工程暂估价及结算价表**

| 序号 | 工程名称 | 工程内容 | 暂估金额(元) | 结算金额(元) | 差额±(元) | 备 注 |
|---|---|---|---|---|---|---|
| 1 | 消防工程 | 合同图纸中标明的以及消防工程规范和技术说明中规定的各系统中的设备、管道、阀门、线缆等的供应、安装和调试工作 | 200000 | | | |
| | | | | | | |
| 合　计 | | | 200000 | | | |

注：此表"暂估金额"由招标人填写，投标人应将"暂估金额"计入投标总价中。结算时按合同约定结算金额填写。

表 4.25　计日工表

| 编号 | 项目名称 | 单位 | 暂定数量 | 实际数量 | 综合单价（元） | 合价(元) | |
|---|---|---|---|---|---|---|---|
| | | | | | | 暂定 | 实际 |
| 一 | 人工 | | | | | | |
| 1 | 普工 | 工日 | 100 | | 60 | 6000 | |
| 2 | 技工 | 工日 | 60 | | 92 | 5520 | |
| 人工小计 | | | | | | 11520 | |
| 二 | 材　料 | | | | | | |
| 1 | 钢筋(规格见施工图) | t | 1 | | 4000 | 4000 | |
| 2 | 水泥 42.5 | t | 2 | | 600 | 1200 | |
| 3 | 中砂 | $m^3$ | 10 | | 80 | 800 | |
| 4 | 砾石(5.40 mm) | $m^3$ | 5 | | 42 | 210 | |
| 5 | 页岩砖(240×115×53) | 千块 | 1 | | 300 | 300 | |
| 材 料 小 计 | | | | | | 6510 | |
| 三 | 施工机械 | | | | | | |
| 1 | 自升式塔式起重机 | 台班 | 5 | | 550 | 2750 | |
| 2 | 灰浆搅拌机(400 L) | 台班 | 2 | | 20 | 40 | |
| 3 | | | | | | | |
| 施 工 机 械 小 计 | | | | | | 2790 | |
| 四、企业管理费、利润和规费　（人工费＋机械费）×74.85％ | | | | | | 10711.04 | |
| 总　　计 | | | | | | 31531.04 | |

注:此表项目名称、暂定数量由招标人填写,编制招标控制价时,单价由招标人按有关计价规定确定;投标时,单价由投标人自主报价,按暂定数量计算合价计入投标总价中。结算时,按发承包双方确认的实际数量计算合价。

表 4.26　总承包服务费计价表

| 序号 | 项目名称 | 项目价值(元) | 服务内容 | 计算基础 | 费率(％) | 金额(元) |
|---|---|---|---|---|---|---|
| 1 | 发包人发包专业工程 | 200000 | (1) 按专业工程承包人的要求提供施工工作面并对施工现场进行统一管理,对竣工资料进行统一整理汇总。<br>(2) 为专业工程承包人提供垂直运输机械和焊接电源接入点,并承担垂直运输费和电费 | 项目价值 | 7 | 14000 |
| 2 | 发包人供应材料 | 845000 | 对发包人供应的材料进行验收及保管和使用发放 | 项目价值 | 0.8 | 6760 |
| 合　　计 | | | | | | 20760 |

注:此表项目名称、服务内容由招标人填写,编制招标控制价时,费率及金额由招标人按有关计价规定确定;投标时,费率及金额由投标人自主报价,计入投标总价中。

④ 投标报价的计价程序

投标人的投标总价应当与组成已标价工程量清单的分部分项工程费、措施项目费、其他项目费的合计金额一致，即投标人在进行投标报价时，不能进行投标总价优惠（或降价、让利），投标人对招标人的任何优惠（或降价、让利）均应反映在相应清单项目的全费用综合单价中。投标报价的计价程序如表 4.27 所示。

**表 4.27　投标报价计价程序表**

| 序号 | 费用项目 | 计算特点 | 计算方法 |
|---|---|---|---|
| 1 | 分部分项工程和单价措施项目费 | 自主报价 | $\sum$ 分部分项工程量×分部分项工程全费用综合单价或<br>$\sum$ 单价措施项目工程量×单价措施项目全费用综合单价 |
| 2 | 其他项目费 | | 2.1+2.2+2.3+2.4+2.5+2.6 |
| 2.1 | 暂列金额 | 按招标工程量清单列出的金额填写 | |
| 2.2 | 专业工程暂估价 | 按招标工程量清单列出的金额填写 | |
| 2.3 | 计日工 | 自主报价 | 包括工人费、材料费、机械费、企业管理费、利润和规费 |
| 2.4 | 总承包服务费 | 自主报价 | $\sum$（项目价值×费率）/ $\sum$（材料价值×费率） |
| 2.5 | 索赔与现场签证费 | 结算时双方约定 | $\sum$（价格×数量）/ $\sum$ 费用 |
| 2.6 | 增值税 | 按规定税率计算 | （2.1+2.2+2.3+2.4+2.5）×增值税税率 |
| 3 | 单位工程投标报价汇总 | | 1+2 |

⑤ 编制投标报价应注意的问题

a. “计价规范”规定投标报价不得低于工程成本，投标人的投标报价高于招标控制价的应予废标。投标价应由投标人或受其委托具有相应资质的工程造价咨询人编制。

b. 招标工程量清单与计价表中列明的所有需要填写单价和合价的项目，投标人均应填写且只允许有一个报价。未填写单价和合价的项目，可视为此项费用已包含在已标价工程量清单中其他项目的单价和合价之中。当竣工结算时，此项目不得重新组价予以调整。

c. 必须复核工程量清单中的工程量，应以实际施工工程量（计价工程量）来计算工程造价，以招标人提供的清单工程量进行报价。注意清单工程量计算规则与计价工程量计算规则的区别。

d. 投标报价的人、材、机消耗量应根据企业定额确定，现阶段应按照各省、自治区、直辖市的计价定额计算。投标报价的人、材、机单价应根据市场价格（暂估价除外）自主报价。

e. 投标报价应在满足招标文件要求的前提下，实行企业定额的人、材、机消耗量自定，综合单价及费用自选，全面竞争，自由报价。其中，可以自主确定和计算的有企业定额消耗量、人材机单价、管理费率、利润率、计日工单价、总承包服务费等；不能自主确定和计算的有安全文明施工费、规费、增值税、暂列金额、暂估价、计日工量等。

【习题测试】

## 思 考 题

（1）什么是定额计价？什么是清单计价？这两种方法之间有何异同？

（2）工程量清单的内容由哪几部分组成？各有什么特点？

（3）工程量清单的编制依据有哪些？

（4）分部分项工程量清单采用何种单价进行计价？该单价的组成是怎样的？

（5）措施项目费的计算方法有哪些？

（6）其他项目费由哪几部分构成？

（7）我国建筑安装工程税金计算有什么特点？

（8）招标控制价和投标价的编制有何异同？

## 习 题

（1）经计算某房屋建筑的基础工程人工费34000.00元，材料费80531.62元，机械费13844.59元，单价项目措施费10500.96元，其中人工费4540.00元，材料费4890.56元，机械费1070.40元。试根据当地的费用定额和取费标准计算该房屋建筑的基础工程造价。

（2）已知某基础工程资料如表4.28所示，某承包商拟参加投标，确定该基础工程为人工开挖，工作面每边留30 cm，放坡系数为0.33，槽边可堆土105.00 $m^3$，余土用翻斗车外运，运距为500 m。试用当地的费用定额和取费标准计算基础工程各分项的全费用综合单价。

该承包商的企业定额中的人工材料机械消耗量如下：挖1 $m^3$沟槽用工0.52工日（包括槽底钎探用工），装运（外运500 m）1 $m^3$土方，用工0.15工日，翻斗车0.080台班，已知人工单价180元/工日，翻斗车台班单价为120.63元/台班。

现浇混凝土垫层，每立方米混凝土用工1.31工日，人工单价180元/工日，材料费合计为356.03元，机械费合计1.90元。

现浇混凝土C20带形基础每立方米用工0.65工日，日工资单价为240元/工日，材料费合计290.52元，机械费为2.10元。

砖基础每立方米用工1.22工日，日工资单价为240元/工日，材料费合计146.30元，机械费为3.0元。

基础上抹1∶3水泥砂浆防潮层，每立方米用工0.09工日，日工资单价为240元/工日，材料费合计9.60元，机械费为0.52元。

土方回填（基础）每立方米用工0.22工日，日工资单价为180元/工日，机械费为1.86元。

**表4.28 某基础工程资料**

| 序号 | 项目名称 | 特征描述 | 计量单位 | 工程数量 |
|---|---|---|---|---|
| 1 | 挖一般土方 | 挖基础土方，三类土，垫层底宽1.2 m，长34.8 m，挖土深度为1.50 m，弃土运距为500 m | $m^3$ | 95.58 |
| 2 | 带形基础 | 垫层为C10混凝土10 cm厚，基础为C20混凝土 | $m^3$ | 10.44 |
| 3 | 砖基础 | 砖基础，砖为MV15机砖，基础为带形基础，深度为1.40 m，M5水泥砂浆砌筑。1∶3水泥砂浆防潮层2 cm厚 | $m^3$ | 13.34 |
| 4 | 回填方 | 土方回填（基础）采用原土加填，均为夯实砌筑，分层碾压夯实 | $m^3$ | 37.19 |

（3）经业主根据施工图计算：某建筑物的台阶水平投影面积为15.60 $m^2$；3∶7灰土垫层150 mm厚，体积

1.86 $m^3$;C15 混凝土垫层 80 mm 厚,体积 1.02 $m^3$;面层为天然花岗岩,板厚 25 mm,单价 260 元/$m^2$。工程量清单如表 4.29 所示,试确定该清单项目投标报价,并编制全费用综合单价分析表。

**表 4.29　某工程分部分项工程量清单与计价表**

工程名称:　　　　　　　　　　　　　　标段:　　　　　　　　　　　　　　第　页　共　页

| 序号 | 项目编码 | 项目名称 | 项目特征 | 计量单位 | 工程数量 | 金额(元) | | |
|---|---|---|---|---|---|---|---|---|
| | | | | | | 综合单价 | 合价 | 其中:暂估价 |
| 1 | 011107001001 | 石材台阶面 | 面层:天然花岗岩 25 mm 厚;<br>粘结层:30 mm 厚,干混地面砂浆 DSM20;<br>垫层:80 mm 厚 C15 混凝土;<br>垫层:150 mm 厚碎石灌浆 | $m^2$ | 15.60 | | | |

(4) 某建设单位拟建一栋商住楼,采用工程量清单方式招标,部分工程量清单如表 4.30 所示,请依据当地消耗量定额计算分部分项工程量清单综合单价。

**表 4.30　分部分项工程量清单与计价表**

工程名称:某工程

| 序号 | 项目编码 | 项目名称 | 项目特征 | 计量单位 | 工程数量 | 金额(元) | | |
|---|---|---|---|---|---|---|---|---|
| | | | | | | 综合单价 | 合价 | 其中:暂估价 |
| 1 | 010502001001 | 矩形柱 | 柱截面:450 mm×450 mm;<br>混凝土:C25 商品混凝土;<br>柱高:4.5 m | $m^3$ | 25.0 | | | |
| 2 | 011102003001 | 块料楼地面 | 面层:陶瓷地砖 600 mm×600 mm;<br>找平层:20 mm 厚 1:3 水泥砂浆,636 $m^2$;<br>防水层:1.5 mm 厚,聚氨酯涂膜防水,685 $m^2$;<br>垫层:20 mm 厚 1:4 水泥砂浆,636 $m^2$;<br>30 mm 厚 C20 细石混凝土,636 $m^2$ | $m^2$ | 636.0 | | | |

# 5 建筑面积计算及工程量计算原理

**本 章 提 要**

本章主要介绍建筑面积的概念及作用，建筑面积的计算规则，工程量的概念和计算方法。本章的重点是要求掌握建筑面积的计算方法，理解工程量计算的一般原理。

## 5.1 建筑面积的概念及作用

### 5.1.1 建筑面积的概念

建筑面积是一项重要的经济指标。在国民经济一定的时期内，完成建筑面积的多少标志着一个国家的工、农业发展状况，人民生活居住条件的改善和文化生活福利设施发展的程度。建筑面积是指建筑物外围结构所围成的水平投影面积的总和，也就是建筑物的展开面积。建筑面积包括房屋使用面积、辅助面积和结构面积。其中，使用面积是指建筑物各层布置中可直接为生产或生活使用的净面积总和，例如住宅建筑中的卧室、起居室、客厅等(住宅建筑中的使用面积也称为居住面积)。辅助面积，是指建筑物各层平面布置中为辅助生产和生活所必需的净面积总和，例如住宅建筑中的楼梯、走道、厕所、厨房等。使用面积与辅助面积的总和称为有效面积。结构面积是指建筑物各层平面布置中的墙体、柱等结构所占面积的总和。建筑面积的组成示意图如图 5.1 所示。

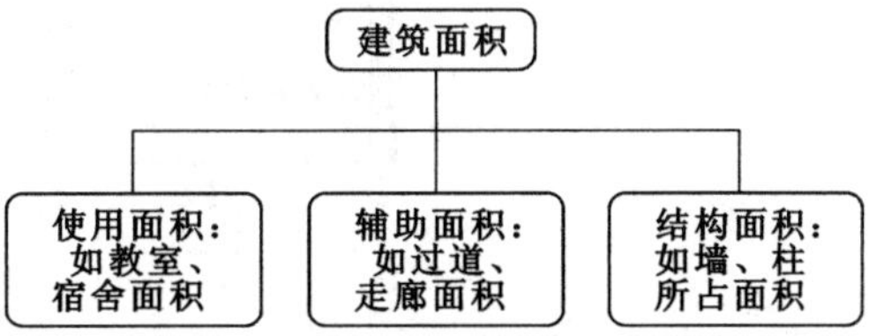

**图 5.1 建筑面积的组成示意图**

### 5.1.2 计算建筑面积的作用

在我国的工程项目建设中，建筑面积是一项重要的技术经济指标。它是确定建设规模的重要指标，也是确定各项技术经济指标的基础，还是计算有关分项工程量的依据。有了建筑面积，才能够计算出另外一个重要的技术经济指标——单方造价(元/$m^2$)。建筑面积、单方造价这两个技术经济指标，是计划部门、规划部门、上级主管部门进行立项、审批、控制的重要依据。

【习题测试】

## 5.2 建筑面积的计算规则

建筑面积的计算规则，全国各地的规定会有所区别，但基本上大同小异。下面以《建筑工程建筑面积计算规范》(GB/T 50353—2013)的规定来介绍建筑面积计算规则。

(1)建筑物的建筑面积应按自然层外墙结构外围水平面积之和计算。结构层高在 2.20 m 及以上的，应计算全面积；结构层高在 2.20 m 以下的，应计算 1/2 面积。

在主体结构内形成的建筑空间，满足计算面积结构层高要求的，均应计算建筑面积。主体结构外的室外阳台、雨篷、檐廊、室外走廊、室外楼梯等，按相应条款计算建筑面积。当外墙结构本身在一个层高范围内不等厚时，以楼地面结构标高处的外围水平面积计算。结构层高是指上下两层楼面结构标高之间的垂直距离。建筑物最底层的层高，有基础底板的，指基础底板上表面结构标高至上层楼面的结构标高之间的垂直距离；没有基础底板的，指地面标高至上层楼面结构标高之间的垂直距离。最上一层的层高，是指楼面结构标高至屋面板板面结构标高之间的垂直距离，遇有以屋面板找坡的屋面，层高指楼面结构标高至屋面板最低处板面结构标高之间的垂直距离。

建筑面积的计算是以勒脚以上外墙结构外边线计算的，勒脚是墙根部很矮的一部分墙体加厚，不能代表整个外墙结构，因此要扣除勒脚墙体加厚的部分。

单层建筑物应按不同的高度确定其面积的计算。其高度指室内地面标高至屋面板板面结构标高之间的垂直距离。

**【例 5.1】** 如图 5.2 所示单层建筑物，勒脚厚 40 mm，墙体厚 240 mm，试计算其建筑面积 $S$。

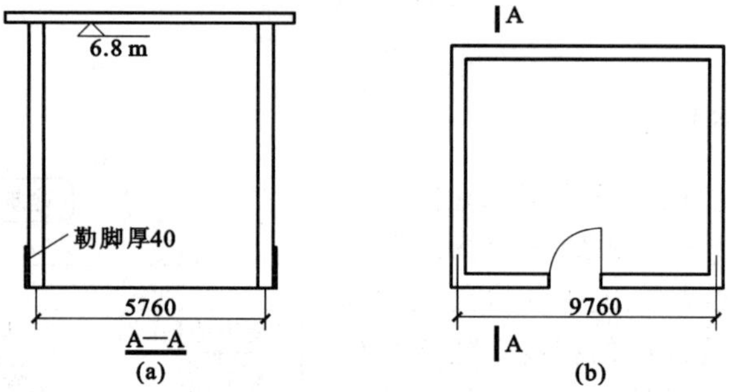


**图 5.2 单层建筑物建筑面积计算示意图(单位：mm)**

(a)剖面图；(b)平面图

**【解】** 建筑面积为：

$$S=(5.76+0.24)\times(9.76+0.24)=60\ \text{m}^2$$

多层建筑物的建筑面积应按不同的层高分别计算。

**【例 5.2】** 已知一多层建筑如图 5.3 所示，墙厚为 240 mm，试计算其建筑面积 $S$。

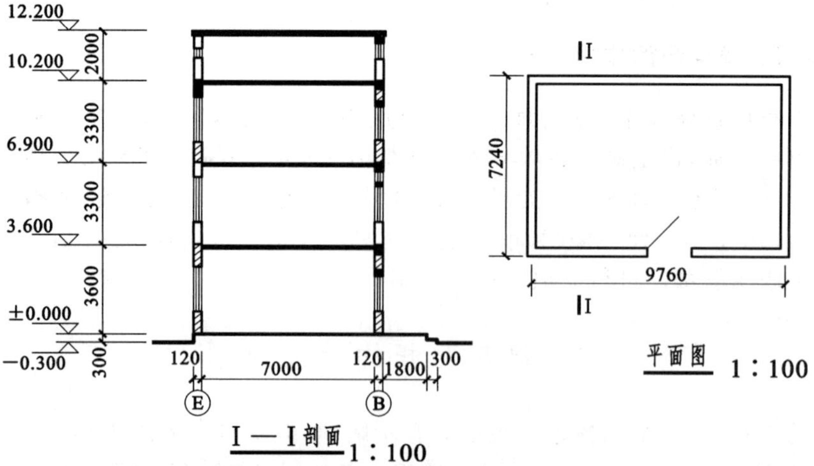


**图 5.3 多层建筑物示意图(单位：mm)**

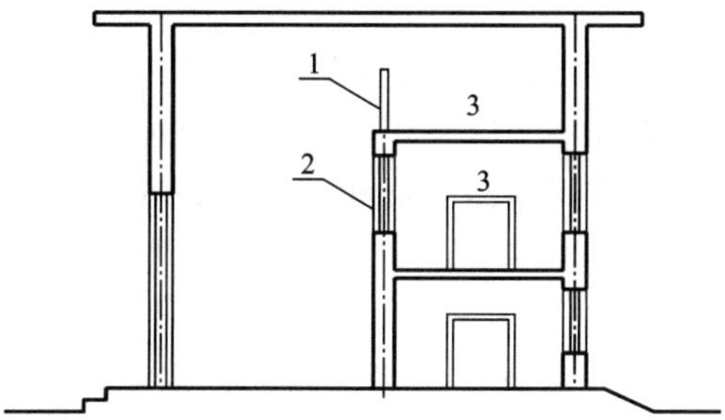


**图 5.4　建筑物内的局部楼层**

1—围护设施；2—围护结构；3—局部楼层

**【解】** 1～3 层层高均高于 2.2 m，应计算全面积；顶层层高不足 2.2 m，按一半计算建筑面积，则总的建筑面积为：

$S=7.24\times(9.76+0.24)\times3+7.24\times(9.76+0.24)\div2=253.4\ \text{m}^2$

(2) 建筑物内设有局部楼层时，对于局部楼层的二层及以上楼层，有围护结构的应按其围护结构外围水平面积计算，无围护结构的应按其结构底板水平面积计算。结构层高在 2.20 m 及以上的，应计算全面积；结构层高在 2.20 m 以下的，应计算 1/2 面积。如图 5.4 所示。

(3) 形成建筑空间的坡屋顶，结构净高在 2.10 m 及以上的部位应计算全面积；结构净高在 1.20 m 及以上至 2.10 m 以下的部位应计算 1/2 面积；结构净高在 1.20 m 以下的部位不应计算建筑面积。

关于坡屋顶内空间如何计算建筑面积，参照了《住宅设计规范》的有关规定，将坡屋顶的建筑按不同净高确定其面积的计算。净高指楼面或地面至上部楼板底面或吊顶底面之间的垂直距离。

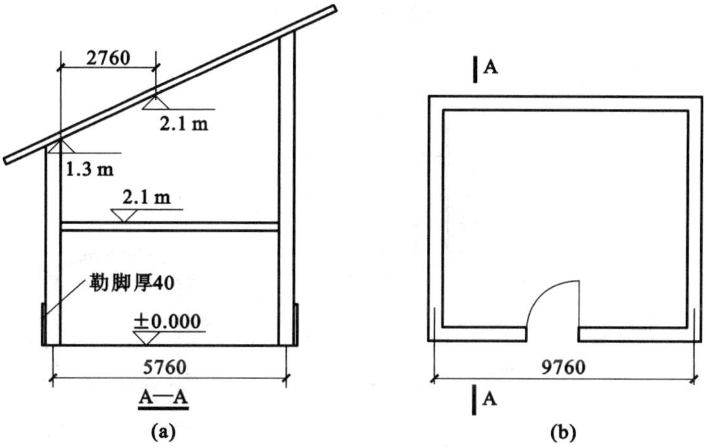


**图 5.5　单层建筑物利用坡屋顶内空间示意图(单位：mm)**

**【例 5.3】** 如图 5.5 所示，建筑物利用坡屋顶内空间，已知勒脚厚 40 mm，墙体厚 240 mm，试计算其建筑面积 $S$。

**【解】**

底层建筑面积：

$$S_1=\frac{(5.76+0.24)\times(9.76+0.24)}{2}=30\ \text{m}^2$$

坡屋顶建筑面积：

$$S_2=\frac{(2.76+0.24)\times10}{2}+(5.76-2.76)\times10=45\ \text{m}^2$$

建筑面积：

$$S=S_1+S_2=75\ \text{m}^2$$

(4) 场馆看台下的建筑空间，结构净高在 2.10 m 及以上的部位应计算全面积；结构净高在 1.20 m 及以上至 2.10 m 以下的部位应计算 1/2 面积；结构净高在 1.20 m 以下的部位不应计算建筑面积。室内单独设置的有围护设施的悬挑看台，应按看台结构底板水平投影面积计算建筑面积。有顶盖无围护结构的场馆看台应按其顶盖水平投影面积的 1/2 计算面积。

场馆看台下的建筑空间因其上部结构多为斜板，所以采用净高的尺寸划定建筑面积的计算范围和对应规则。室内单独设置的有围护设施的悬挑看台，因其看台上部设有顶盖且可供人使用，所以按看台板的结构底板水平投影计算建筑面积。"有顶盖无围护结构的场馆看台"中所称的"场馆"为专业术语，指各种"场"类建筑，如体育场、足球场、网球场、带看台的风雨操场等。

(5) 地下室、半地下室应按其结构外围水平面积计算。结构层高在 2.20 m 及以上的，应计算全面积；结构层高在 2.20 m 以下的，应计算 1/2 面积。

地下室作为设备、管道层按设备、管道层计算面积有关规定执行；地下室的各种竖向井道按有关井道计算面积的规定执行；地下室的围护结构不垂直于水平面的，按围护结构不垂直于水平面的楼层计算面积有关规定执行。

(6) 出入口外墙外侧坡道有顶盖的部位，应按其外墙结构外围水平面积的 1/2 计算面积。

出入口坡道分有顶盖出入口坡道和无顶盖出入口坡道，出入口坡道顶盖的挑出长度，为顶盖结构外边线至外墙结构外边线的长度；顶盖以设计图纸为准，对后增加及建设单位自行增加的顶盖等，不计算建筑面积。顶盖不分材料种类(如钢筋混凝土顶盖、彩钢板顶盖、阳光板顶盖等)。地下室出入口如图 5.6 所示。

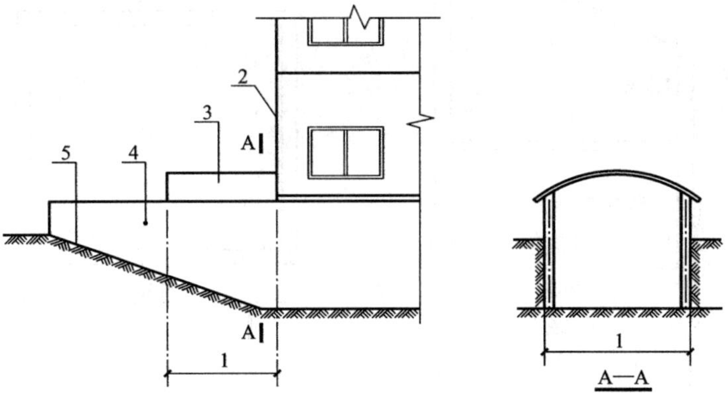


**图 5.6 地下室出入口**

1—计算 1/2 投影面积部位；2—主体建筑；3—出入口顶盖；4—封闭出入口侧墙；5—出入口坡道

(7) 建筑物架空层及坡地建筑物吊脚架空层，应按其顶板水平投影计算建筑面积。结构层高在 2.20 m 及以上的，应计算全面积；结构层高在 2.20 m 以下的，应计算 1/2 面积。

本条既适用于建筑物吊脚架空层、深基础架空层建筑面积的计算，也适用于目前部分住宅、学校教学楼等工程在底层架空或在二楼或以上某个甚至多个楼层架空，作为公共活动、停车、绿化等空间的建筑面积的计算。架空层中有围护结构的建筑空间按相关规定计算。建筑物吊脚架空层如图 5.7 所示。

(8) 建筑物的门厅、大厅应按一层计算建筑面积，门厅、大厅内设置的走廊应按走廊结构底板水平投影面积计算建筑面积。结构层高在 2.20 m 及以上的，应计算全面积；结构层高在 2.20 m 以下的，应计算 1/2 面积。

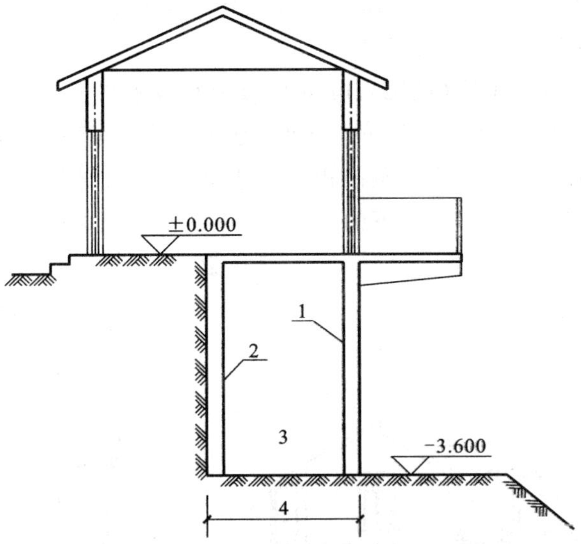


**图 5.7　建筑物吊脚架空层**

1—柱；2—墙；3—吊脚架空层；4—计算建筑面积部位

(9) 建筑物间的架空走廊，有顶盖和围护设施的，应按其围护结构外围水平面积计算全面积；无围护结构、有围护设施的，应按其结构底板水平投影面积计算 1/2 面积。无围护结构的架空走廊如图 5.8 所示，有围护结构的架空走廊如图 5.9 所示。

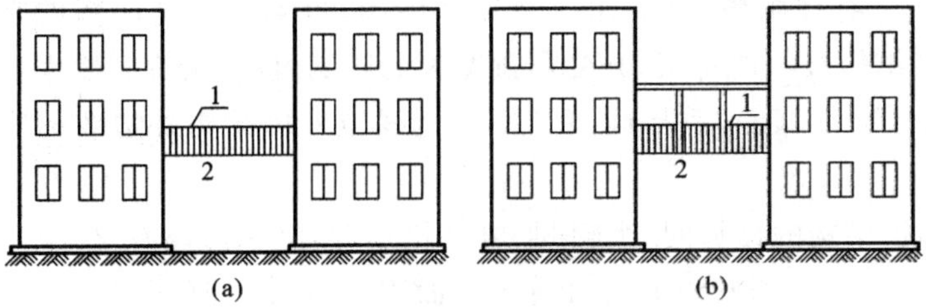


**图 5.8　无围护结构的架空走廊**

1—栏杆；2—架空走廊

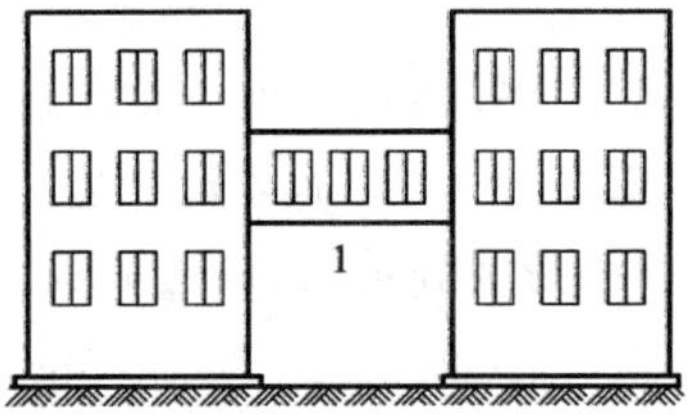


**图 5.9　有围护结构的架空走廊**

1—架空走廊

(10) 立体书库、立体仓库、立体车库，有围护结构的，应按其围护结构外围水平面积计算建筑面积；无围护结构、有围护设施的，应按其结构底板水平投影面积计算建筑面积。无结构层的应按一层计算，有结构层的应按其结构层面积分别计算。结构层高在 2.20 m 及以上的，应计算全面积；结构层高在 2.20 m 以下的，应计算 1/2 面积。

本条主要规定了图书馆中的立体书库、仓储中心的立体仓库、大型停车场的立体车库等建筑的建筑面积计算规则。起局部分隔、存储等作用的书架层、货架层或可升降的立体钢结构停车层均不属于结构层，故该部分分层不计算建筑面积。

(11) 有围护结构的舞台灯光控制室，应按其围护结构外围水平面积计算。结构层高在 2.20 m 及以上的，应计算全面积；结构层高在 2.20 m 以下的，应计算 1/2 面积。

(12) 附属在建筑物外墙的落地橱窗，应按其围护结构外围水平面积计算。结构层高在 2.20 m 及以上的，应计算全面积；结构层高在 2.20 m 以下的，应计算 1/2 面积。

(13) 窗台与室内楼地面高差在 0.45 m 以下且结构净高在 2.10 m 及以上的凸(飘)窗，应按其围护结构外围水平面积计算 1/2 面积。

(14) 有围护设施的室外走廊(挑廊)，应按其结构底板水平投影面积计算 1/2 面积；有围护设施(或柱)的檐廊，应按其围护设施(或柱)外围水平面积计算 1/2 面积，如图 5.10 所示。

(15) 门斗应按其围护结构外围水平面积计算建筑面积，且结构层高在 2.20 m 及以上的，应计算全面积；结构层高在 2.20 m 以下的，应计算 1/2 面积，如图 5.11 所示。

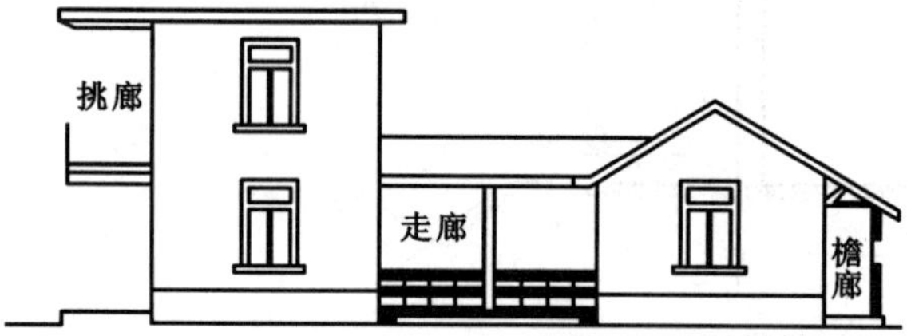


图 5.10 走廊(挑廊)、檐廊示意图

图 5.11 有围护结构的门斗示意图

(16) 门廊应按其顶板的水平投影面积的 1/2 计算建筑面积；有柱雨篷应按其结构板水平投影面积的 1/2 计算建筑面积；无柱雨篷的结构外边线至外墙结构外边线的宽度在 2.10 m 及以上的，应按雨篷结构板的水平投影面积的 1/2 计算建筑面积。

雨篷分为有柱雨篷和无柱雨篷。有柱雨篷，没有出挑宽度的限制，也不受跨越层数的限制，均计算建筑面积。无柱雨篷，其结构板不能跨层，并受出挑宽度的限制，设计出挑宽度大于或等于 2.10 m 时才计算建筑面积。出挑宽度，系指雨篷结构外边线至外墙结构外边线的宽度，弧形或异形时，取最大宽度。

(17) 设在建筑物顶部的、有围护结构的楼梯间、水箱间、电梯机房等，结构层高在 2.20 m 及以上的应计算全面积；结构层高在 2.20 m 以下的，应计算 1/2 面积。图 5.12 所示是有围护结构的楼梯间，层高为 2.1 m，其建筑面积为：$S=(a\times b)/2$。

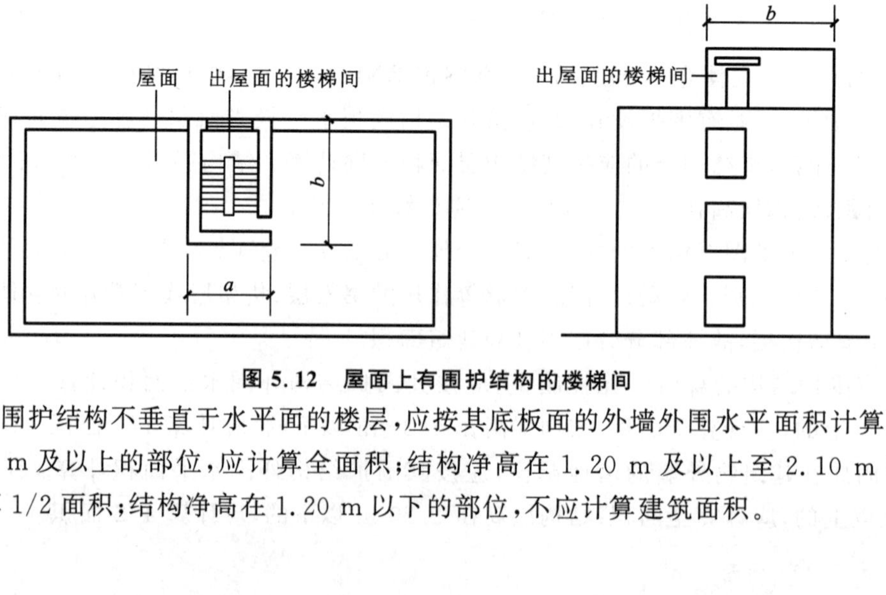


图 5.12 屋面上有围护结构的楼梯间

(18) 围护结构不垂直于水平面的楼层，应按其底板面的外墙外围水平面积计算。结构净高在 2.10 m 及以上的部位，应计算全面积；结构净高在 1.20 m 及以上至 2.10 m 以下的部位，应计算 1/2 面积；结构净高在 1.20 m 以下的部位，不应计算建筑面积。

本条文对围护结构向内、向外倾斜均适用。由于目前很多建筑设计追求新、奇、特，造型越来越复杂，很多时候根本无法明确区分什么是围护结构、什么是屋顶，因此对于斜围护结构与斜屋顶采用相同的计算规则，即只要外壳倾斜，就按结构净高划段，分别计算建筑面积。斜围护结构如图 5.13 所示。

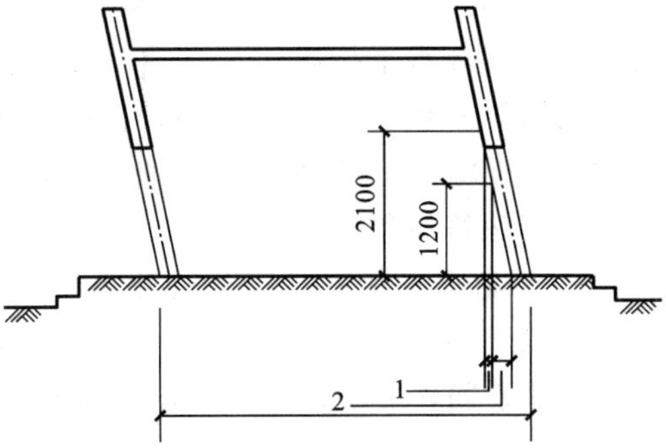


**图 5.13 斜围护结构**

1—计算 1/2 建筑面积部位；2—不计算建筑面积部位

(19) 建筑物的室内楼梯、电梯井、提物井、管道井、通风排气竖井、烟道等，应并入建筑物的自然层计算建筑面积。有顶盖的采光井应按一层计算面积，结构净高在 2.10 m 及以上的，应计算全面积；结构净高在 2.10 m 以下的，应计算 1/2 面积。

室内楼梯间的面积计算，应按楼梯依附的建筑物的自然层数计算并在建筑物面积内。遇跃层建筑，其共用的室内楼梯应按自然层计算面积；上下两错层户室共用的室内楼梯，应选上一层的自然层计算面积，如图 5.14 所示。

有顶盖的采光井包括建筑物中的采光井和地下室采光井。地下室采光井如图 5.15 所示。

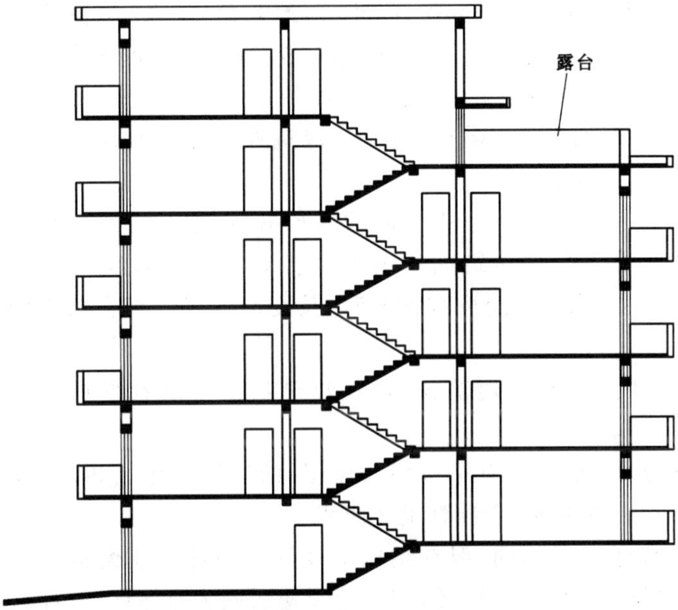


**图 5.14 户室错层剖面示意图**

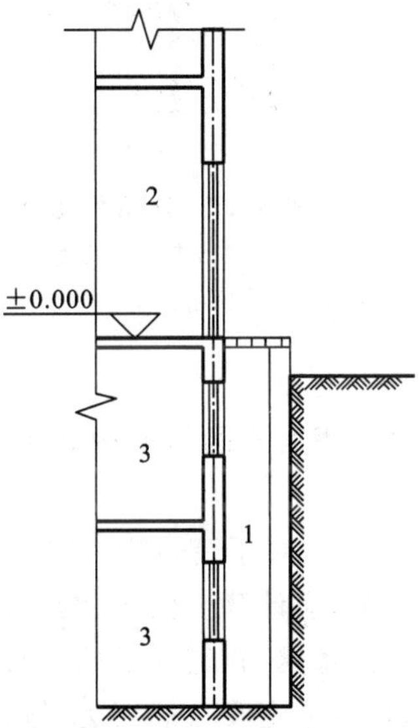


**图 5.15 地下室采光井**

1—采光井；2—室内；3—地下室

(20) 室外楼梯应并入所依附建筑物自然层，并应按其水平投影面积的 1/2 计算建筑面积。

室外楼梯作为连接该建筑物层与层之间交通不可缺少的基本部件，无论是从其功能还是从工程计价的要求来说，均需计算建筑面积。层数为室外楼梯所依附的楼层数，即梯段部分投影到建筑物范围的层数。利用室外楼梯下部的建筑空间不得重复计算建筑面积；利用地势砌筑的为室外踏步，不计算建筑面积。

(21) 在主体结构内的阳台，应按其结构外围水平面积计算全面积；在主体结构外的阳台，应按其结构底板水平投影面积计算 1/2 面积。

建筑物的阳台，不论其形式如何，均以建筑物主体结构为界分别计算建筑面积。

(22) 有顶盖无围护结构的车棚、货棚、站台、加油站、收费站等，应按其顶盖水平投影面积的 1/2 计算建筑面积。

(23) 以幕墙作为围护结构的建筑物，应按幕墙外边线计算建筑面积。

幕墙以其在建筑物中所起的作用和功能来区分。直接作为外墙起围护作用的幕墙，按其外边线计算建筑面积；设置在建筑物墙体外起装饰作用的幕墙，不计算建筑面积。

(24) 建筑物的外墙外保温层，应按其保温材料的水平截面积计算，并计入自然层建筑面积。

为贯彻国家节能要求，鼓励建筑外墙采取保温措施，规范将保温材料的厚度计入建筑面积。建筑物外墙外侧有保温隔热层的，保温隔热层以保温材料的净厚度乘以外墙结构外边线长度按建筑物的自然层计算建筑面积，其外墙外边线长度不扣除门窗和建筑物外已计算建筑面积构件(如阳台、室外走廊、门斗、落地橱窗等部件)所占长度。当建筑物外已计算建筑面积的构件(如阳台、室外走廊、门斗、落地橱窗等部件)有保温隔热层时，其保温隔热层也不再计算建筑面积。外墙是斜面者，按楼面楼板处的外墙外边线长度乘以保温材料的净厚度计算。外墙外保温以沿高度方向满铺为准，某层外墙外保温铺设高度未达到全部高度时(不包括阳台、室外走廊、门斗、落地橱窗、雨篷、飘窗等)，不计算建筑面积。保温隔热层的建筑面积是以保温隔热材料的厚度来计算的，不包含抹灰层、防潮层、保护层(墙)的厚度。建筑外墙外保温构造如图 5.16所示。

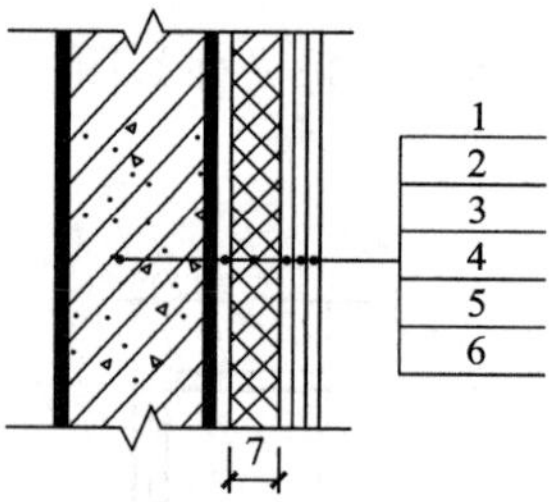


**图 5.16 建筑外墙外保温**

1—墙体；2—粘结胶浆；3—保温材料；4—标准网；5—加强网；6—抹面胶浆；7—计算建筑面积部位

(25) 与室内相通的变形缝，应按其自然层合并在建筑物建筑面积内计算。对于高低联跨的建筑物，当高低跨内部连通时，其变形缝应计算在低跨面积内。

这里所指的与室内相通的变形缝，是指暴露在建筑物内、在建筑物内可以看得见的变形缝。

(26) 对于建筑物内的设备层、管道层、避难层等有结构层的楼层，结构层高在 2.20 m 及以上的，应计算全面积；结构层高在 2.20 m 以下的，应计算 1/2 面积。

设备层、管道层虽然其具体功能与普通楼层不同，但在结构上及施工消耗上并无本质区别，且规范定义自然层为“按楼地面结构分层的楼层”，因此设备、管道楼层归为自然层，其计算规则与普通楼层相同。在吊顶空间内设置管道的，则吊顶空间部分不能被视为设备层、管道层。

(27) 下列项目不应计算建筑面积：

① 与建筑物内不相连通的建筑部件

这里指的是依附于建筑物外墙外不与户室开门连通，起装饰作用的敞开式挑台(廊)、平台，以及不与阳台相通的空调室外机搁板(箱)等设备平台部件；

② 骑楼、过街楼底层的开放公共空间和建筑物通道

骑楼如图 5.17 所示，过街楼如图5.18 所示。

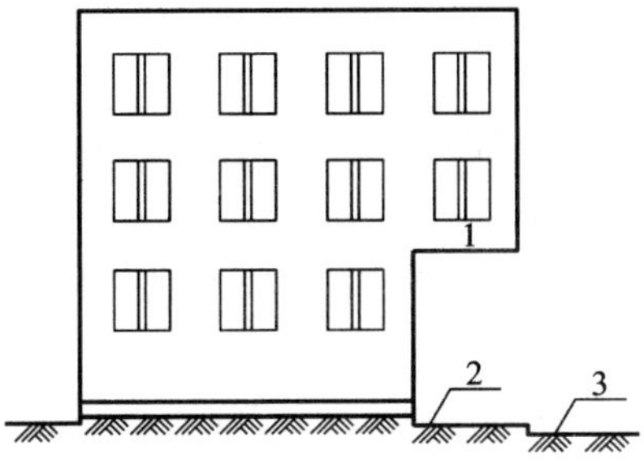


**图 5.17　骑楼**

1—骑楼；2—人行道；3—街道

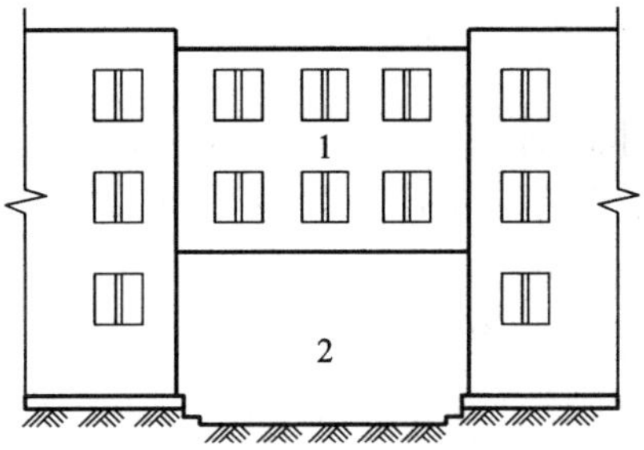


**图 5.18　过街楼**

1—过街楼；2—建筑物通道

③ 舞台及后台悬挂幕布和布景的天桥、挑台等

这里指的是影剧院的舞台及为舞台服务的可供上人维修、悬挂幕布、布置灯光及布景等搭设的天桥和挑台等构件设施。

④ 露台、露天游泳池、花架、屋顶的水箱及装饰性结构构件。

⑤ 建筑物内的操作平台、上料平台、安装箱和罐体的平台

建筑物内不构成结构层的操作平台、上料平台（工业厂房、搅拌站和料仓等建筑中的设备操作控制平台、上料平台等），其主要作用为室内构筑物或设备服务的独立上人设施，因此不计算建筑面积。

⑥ 勒脚、附墙柱（附墙柱是指非结构性装饰柱）、垛、台阶、墙面抹灰、装饰面、镶贴块料面层、装饰性幕墙，主体结构外的空调室外机搁板（箱）、构件、配件，挑出宽度在 2.10 m 以下的无柱雨篷和顶盖高度达到或超过两个楼层的无柱雨篷，如图 5.19 所示。

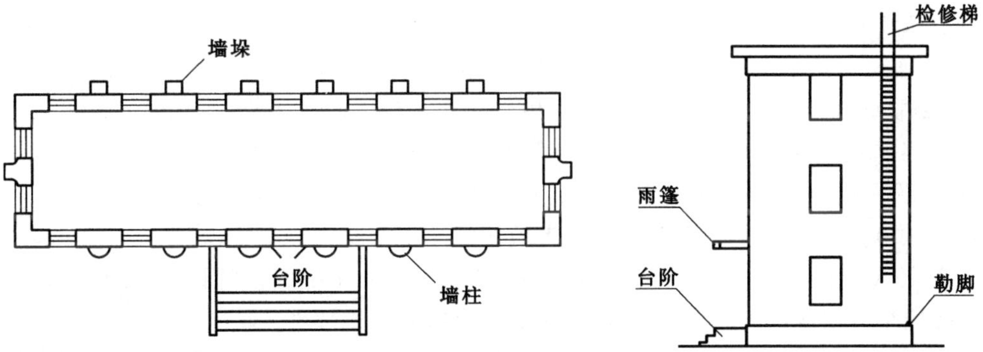


**图 5.19　不计算建筑面积的构件示意图**

⑦ 窗台与室内地面高差在 0.45 m 以下且结构净高在 2.10 m 以下的凸（飘）窗，窗台与室内地面高差在 0.45 m 及以上的凸（飘）窗。

⑧ 室外爬梯、室外专用消防钢楼梯。

⑨ 无围护结构的观光电梯。

⑩ 建筑物以外的地下人防通道，独立的烟囱、烟道、地沟、油（水）罐、气柜、水塔、贮油（水）池、贮仓、栈桥等构筑物。

【习题测试】

## 5.3 术 语

(1) 建筑面积 (construction area)——建筑物(包括墙体)所形成的楼地面面积。

(2) 自然层 (floor)——按楼地面结构分层的楼层。

(3) 结构层高 (structure story height)——楼面或地面结构层上表面至上部结构层上表面之间的垂直距离。

(4) 围护结构(building enclosure)——围合建筑空间的墙体、门、窗。

(5) 建筑空间 (space)——以建筑界面限定的、供人们生活和活动的场所。

(6) 结构净高 (structure net height)——楼面或地面结构层上表面至上部结构层下表面之间的垂直距离。

(7) 围护设施 (enclosure facilities)——为保障安全而设置的栏杆、栏板等围挡。

(8) 地下室 (basement)——室内地平面低于室外地平面的高度超过室内净高的 1/2 的房间。

(9) 半地下室 (semi-basement)——室内地平面低于室外地平面的高度超过室内净高的 1/3,且不超过 1/2 的房间。

(10) 架空层 (stilt floor)——仅有结构支撑而无外围护结构的开敞空间层。

(11) 走廊 (corridor)——建筑物中的水平交通空间。

(12) 架空走廊(elevated corridor)——专门设置在建筑物的二层或二层以上,作为不同建筑物之间水平交通的空间。

(13) 结构层 (structure layer)——整体结构体系中承重的楼板层。

(14) 落地橱窗 (french window)——突出外墙面且根基落地的橱窗。

(15) 凸窗(飘窗) (bay window)——凸出建筑物外墙面的窗户。

(16) 檐廊 (eaves gallery)——建筑物挑檐下的水平交通空间。

(17) 挑廊 (overhanging corridor)——挑出建筑物外墙的水平交通空间。

(18) 门斗(air lock)——建筑物入口处两道门之间的空间。

(19) 雨篷 (canopy)——建筑出入口上方为遮挡雨水而设置的部件。

(20) 门廊 (porch)——建筑物入口前有顶棚的半围合空间。

(21) 楼梯 (stairs)——由连续行走的梯级、休息平台和维护安全的栏杆(或栏板)、扶手以及相应的支托结构组成的作为楼层之间垂直交通使用的建筑部件。

(22) 阳台(balcony)——附设于建筑物外墙,设有栏杆或栏板,可供人活动的室外空间。

(23) 主体结构 (major structure)——接受、承担和传递建设工程所有上部荷载,维持上部结构整体性、稳定性和安全性的有机联系的构造。

(24) 变形缝(deformation joint)——防止建筑物在某些因素作用下引起开裂甚至破坏而预留的构造缝。

(25) 骑楼 (overhang)——建筑底层沿街面后退且留出公共人行空间的建筑物。

(26) 过街楼 (overhead building)——跨越道路上空并与两边建筑相连接的建筑物。

(27) 建筑物通道(passage)——为穿过建筑物而设置的空间。

(28) 露台 (terrace)——设置在屋面、首层地面或雨篷上的供人室外活动的有围护设施的平台。

(29) 勒脚 (plinth)——在房屋外墙接近地面部位设置的饰面保护构造。

(30) 台阶(step)——联系室内外地坪或同楼层不同标高而设置的阶梯形踏步。

## 5.4 工程量计算原理

### 5.4.1 工程量的概念

工程量是指以物理计量或自然计量单位所表示的建筑工程各个分项工程或结构构件的实物数量。物理计量单位是指以度量表示的长度、面积、体积和重量等单位;自然计量单位是指以建筑成品在自然状态下的简单点数所表示的个、条、樘、块等单位。

工程量是确定工程量清单、建筑工程直接费、编制施工组织设计、安排施工进度、编制材料供应计划、进行统计工作和实现经济核算的重要依据。

### 5.4.2 工程量计算的基本要求

无论什么工程,必须在看懂图纸、熟悉图纸内容的前提下进行工程量计算,并且绝不能人为地加大或缩小数据,只能按图纸尺寸计算,这是一个最基本的要求。在计算工程量过程中,必须遵循下列工程量计算的基本要求:

(1) 计算口径要一致

计算工程量时,根据施工图纸列出的分项工程的口径(指分项工程所包括的内容和范围)应与预算定额(或"计量规范")相对应分项工程的口径相一致。在分项工程的列项上,既不允许漏项,也不允许重复,只能与定额(或"计量规范")规定的口径相一致。如楼地面分部工程的卷材防潮层定额项目中,已包括刷冷底子油一遍和附加卷材层工料的消耗,所以在计算该分项工程量时,不能再列刷冷底子油项目。

(2) 工程量计量单位必须同定额(或"计量规范")规定计量单位一致

在计算工程量时,首先要弄清楚的就是定额(或"计量规范")的计量单位。分项工程工程量计量单位必须与定额(或"计量规范")相应项目中的计量单位一致。

(3) 工程量计算规则要与现行定额(或"计量规范")要求一致

工程量计算规则是整个工程量计算的指南,是预算定额编制的重要依据之一,也是预算定额和工程量计算之间联系、沟通与统一的桥梁。只有按工程量计算规则计算出来的工程量,才能从定额中分析出相应的活劳动与物化劳动的消耗量。在清单计价模式下,投标单位报价按施工图纸计算工程量时,所采用的计算规则必须与本地区现行的定额工程量计算规则相一致,这样才能有统一的计算标准,防止错算。

(4) 必须与设计图纸的设计规定一致

工程量计算项目名称与图纸设计规定应保持一致,不得随便修改名称去高套定额。

(5) 工程量计算式必须部位清楚,或做简要文字注释,算式应按一定的格式排列

(6) 计算必须准确,不重算、不漏算

计算工程量时,必须严格按照图示尺寸计算,不得任意加大或缩小。

注意工程量数据的位数:钢材以吨(t)为计量单位,木材以立方米($m^3$)为计量单位,均保留三位小数;其余项目一般都保留两位小数,土方汇总时取整数。

### 5.4.3 工程量的计算顺序

一个单位工程的分项工程很多，稍有疏忽，就会有漏项少算和重复多算的现象发生。因此，对工程量计算方法的研究是一个十分重要的课题。由于全国各省、市、自治区编制的定额和工程量计算规则有一定的差异，加之预算人员的经历和经验不同，工程对象多样化等，因而就全国范围来说，对工程量的计算也没有一个定型的统一计算方法。归纳各地的做法，现简要介绍如下：

(1) 按定额(或"计量规范")的编排顺序列项

按定额(或"计量规范")的编排顺序列项计算的方法是按照定额手册(或"计量规范")所排列的分部分项顺序列项依次进行计算，如土石方、砖石、脚手架、混凝土及钢筋混凝土等分部分项进行计算。

(2) 按施工顺序列项计算

按施工顺序列项计算的方法是按施工的先后顺序安排工程量的计算顺序。如基础工程是按平整场地，挖地槽、地坑、基础垫层，砌砖石基础，现浇混凝土基础、基础防潮层，基础回填，余土外运等列项计算，这种方法打破了定额(或"计量规范")按分部分项列项进行计算的常规方法。

(3) 按顺时针方向列项计算

按顺时针方向列项计算的方法是从平面图的左上角开始，从左到右按顺时针方向环绕一周，再回到左上角为止，如图5.20所示。

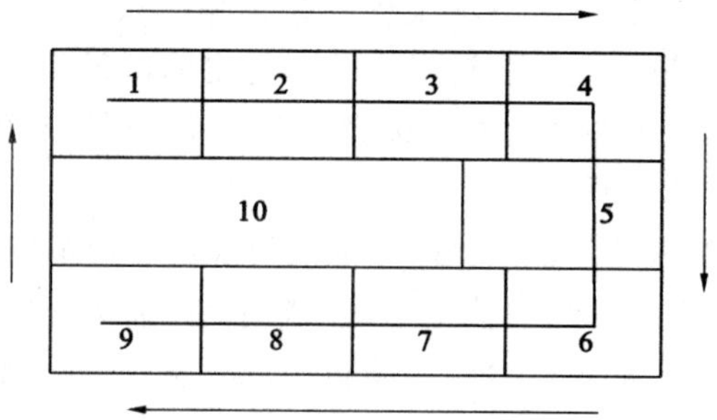


**图5.20 顺时针方向列项示意图**

(4) 按先横后竖、先上后下、先左后右的顺序列项计算

按先横后竖、先上后下、先左后右的顺序列项计算的方法是指在同一平面图上有纵横交错的墙体时，可按照先横后竖的顺序进行计算。计算横墙时先上后下，横墙间断时先左后右；计算竖墙时先左后右，竖墙间断时先上后下。如计算内墙基础、内墙砌筑、内墙墙身防潮等均按上述顺序进行计算，如图5.21所示。

(5) 按构件的分类和编号顺序列项计算

按构件的分类与编号顺序列项计算的方法是按照各类不同的构件、配件，如空心板、平板、过梁、单梁、门窗等，就其自身的编号(如柱Z1、Z2、…，梁L1、L2、…，门M1、M2、…)分别依次列表计算。这种分类编号列表计算的方法，既方便检查核对，又能简化计算式，因此各类构件和门窗均可采用此方法计算工程量。

以上所述的仅是工程量计算的一般方法。不论采用何种计算方法，都应做到项目不重复

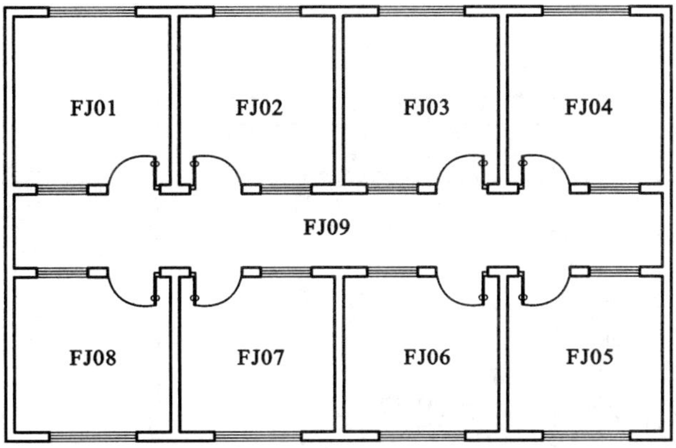


图 5.21 先横后竖列项计算示意图

计算、不漏项,数据准确可靠,方法科学简便,只有这样才能不断提高工程造价的编制速度和质量。

## 思 考 题

(1) 什么是建筑面积? 建筑面积有什么作用?

(2) 坡屋顶的建筑面积是如何计算的?

(3) 多层建筑物的建筑面积是如何计算的?

(4) 地下室、场馆、门厅、阳台、楼梯、雨篷、站台等的建筑面积是如何计算的?

(5) 试理解建筑面积计算规则中的有关术语。

(6) 工程量计算的基本要求是什么?

## 习 题

(1) 已知某单层房屋平面和剖面图如图 5.22 所示,试计算该房屋建筑面积。

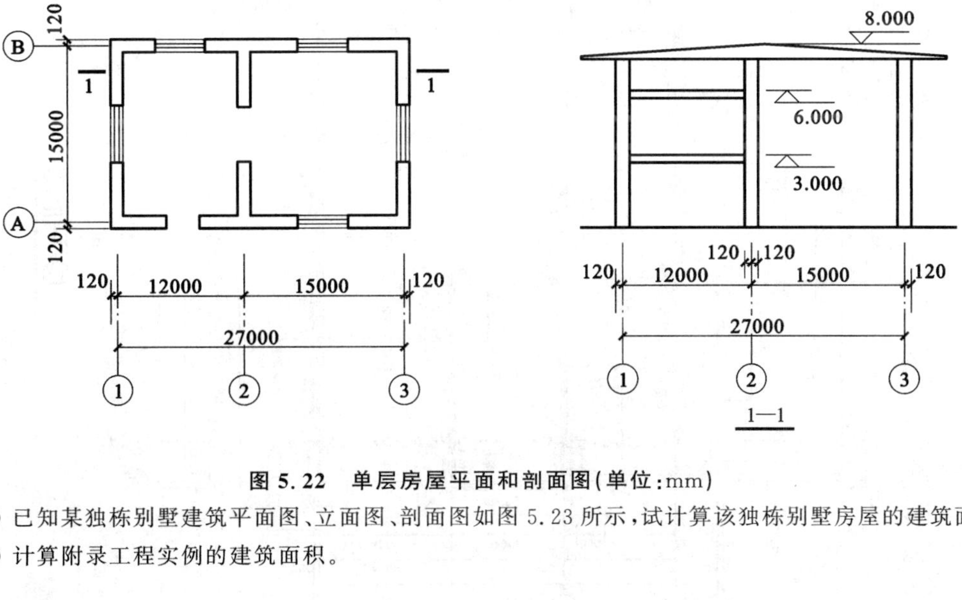


图 5.22 单层房屋平面和剖面图(单位:mm)

(2) 已知某独栋别墅建筑平面图、立面图、剖面图如图 5.23 所示,试计算该独栋别墅房屋的建筑面积。

(3) 计算附录工程实例的建筑面积。

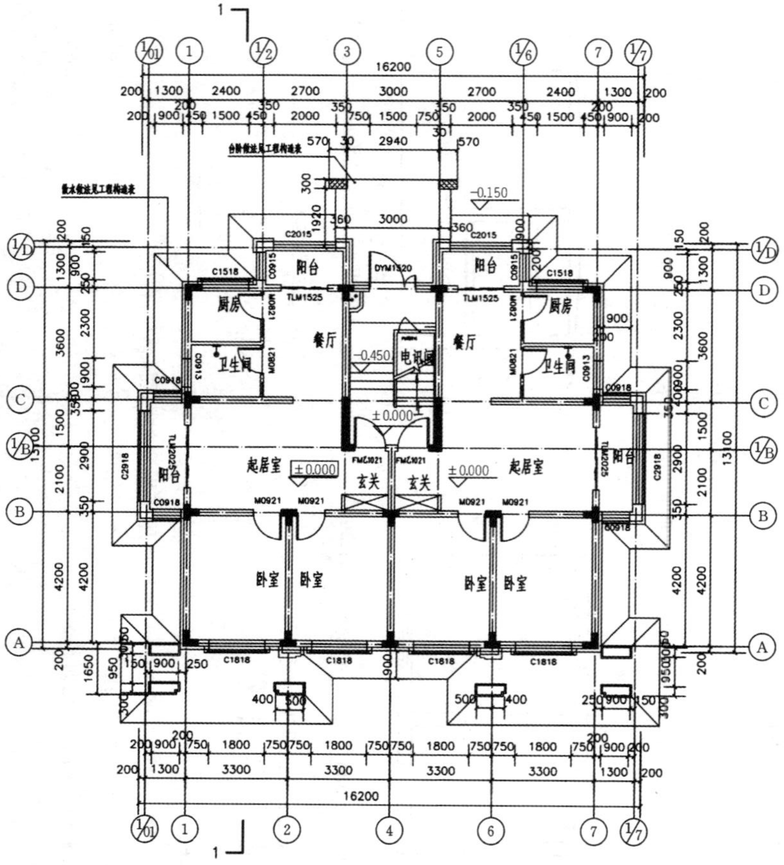


一层平面图 1∶100

（本层墙体未标注处均为200厚居中）

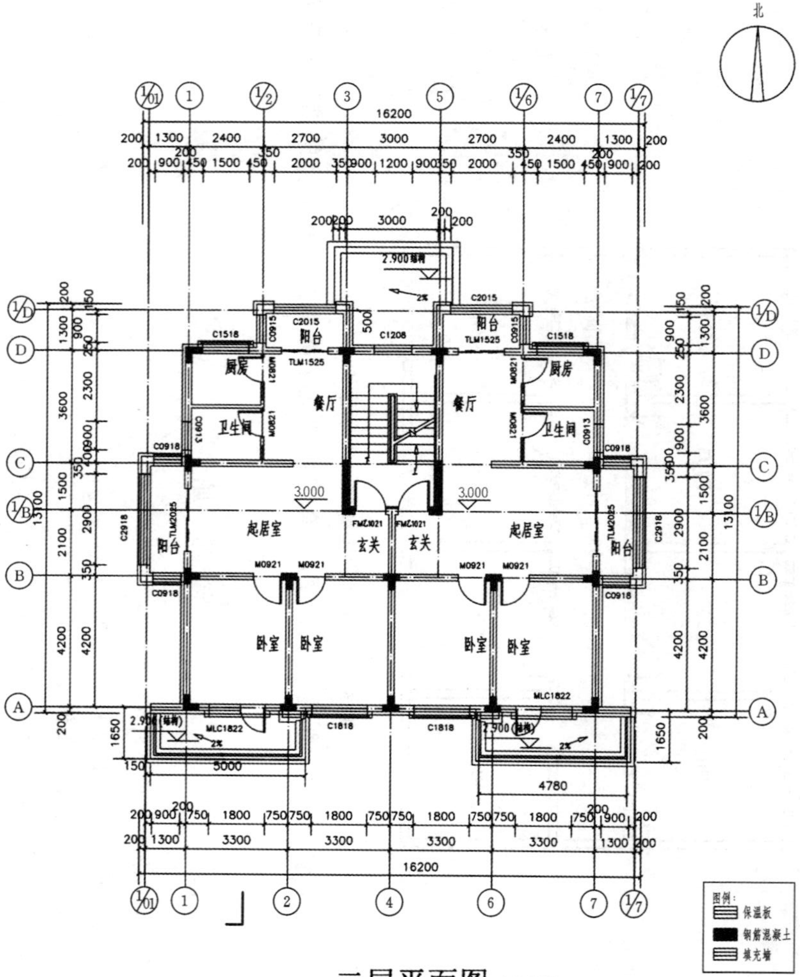


二层平面图 1∶100

（本层墙体未标注处均为200厚居中）

**图 5.23　某独栋别墅设计图**

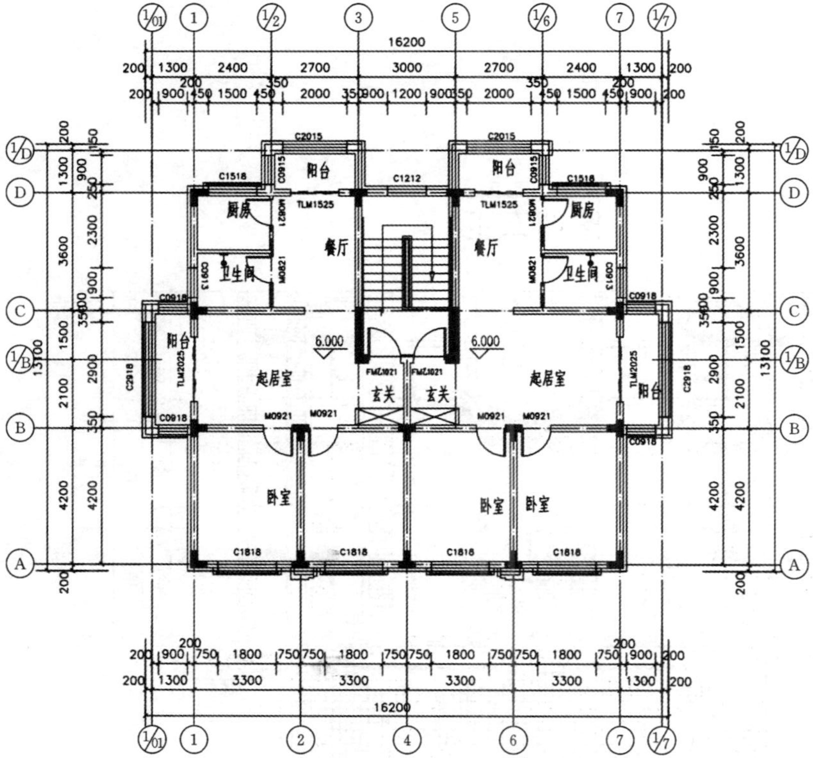


三层平面图

（本层墙体未标注处均为200厚居中）

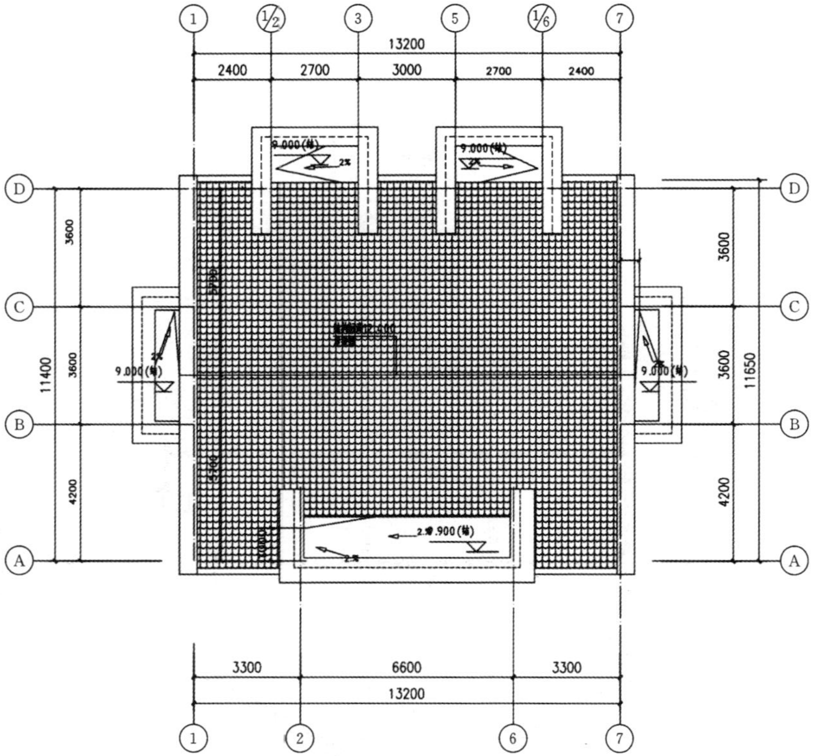


屋顶层平面图

续图 5.23

正立面图

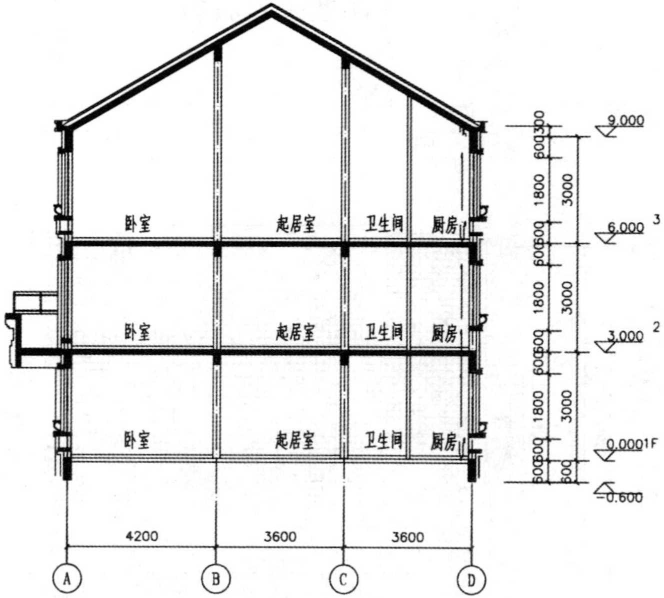


1-1剖面图

续图 5.23

# 6　土石方与基础工程计量与计价

## 本 章 提 要

本章介绍内容主要包括平整场地、挖一般土方、挖沟槽土方、土方运输与回填、地基与边坡处理等项目的清单分项特点，清单工程量计算规则，并结合工程实例详细讲解了土方和基础工程量清单的编制和工程量清单报价。本章重点要求掌握土方和基础工程的工程量计算方法，工程量清单的编制和相应的清单报价。

## 6.1　土石方工程

### 6.1.1　土石方工程概述

《房屋建筑与装饰工程工程量计算规范》(GB 50854—2013)(以下简称“计量规范”)，将土石方工程分为三节：土方工程、石方工程和回填。在计算土石方工程之前，需先收集和确定下列资料。

(1) 土壤和岩石的分类

因各个建筑物所处的地理位置不同，其土壤及岩石的强度、密实性、透水性等物理性质和力学性质差别也比较大，这会直接影响到土石方工程的施工方法。“计量规范”中土壤的分类详见表6.1，岩石的分类见表6.2。

**表 6.1　土壤分类**

| 土壤分类 | 土壤名称 | 开挖方法 |
| --- | --- | --- |
| 一、二类土 | 粉土、砂土(粉砂、细砂、中砂、粗砂、砾砂)、粉质黏土、弱中盐渍土、软土(淤泥质土、泥炭、泥炭质土)、软塑红黏土、冲填土 | 用锹，少许用镐、条锄开挖。机械能全部直接铲挖满载者 |
| 三类土 | 黏土、碎石土(圆砾、角砾)混合土、可塑红黏土、硬塑红黏土、强盐渍土、素填土、压实填土 | 主要用镐、条锄，少许用锹开挖。机械需部分刨松方能铲挖满载者或可直接铲挖但不能满载者 |
| 四类土 | 碎石土(卵石、碎石、漂石、块石)、坚硬红黏土、超盐渍土、杂填土 | 全部用镐、条锄挖掘，少许用撬棍挖掘。机械须普遍刨松方能铲挖满载者 |

**表 6.2　岩石分类**

| 岩石分类 | | 代表性岩石 | 开挖方法 |
|---|---|---|---|
| 极软岩 | | （1）全风化的各种岩石；<br>（2）各种半成岩 | 部分用手凿工具、部分用爆破法开挖 |
| 软质岩 | 软岩 | （1）强风化的坚硬岩或较硬岩；<br>（2）中等风化—强风化的较软岩；<br>（3）未风化—微风化的页岩、泥岩、泥质砂岩等 | 用风镐和爆破法开挖 |
| | 较软岩 | （1）中等风化—强风化的坚硬岩或较硬岩；<br>（2）未风化—微风化的凝灰岩、千枚岩、泥灰岩、砂质泥岩等 | 用爆破法开挖 |
| 硬质岩 | 较硬岩 | （1）微风化的坚硬岩；<br>（2）未风化—微风化的大理岩、板岩、石灰岩、白云岩、钙质砂岩等 | 用爆破法开挖 |
| | 坚硬岩 | 未风化—微风化的花岗岩、闪长岩、辉绿岩、玄武岩、安山岩、片麻岩、石英岩、石英砂岩、硅质砾岩、硅质石灰岩等 | 用爆破法开挖 |

（2）土石方体积应按挖掘前的天然密实体积计算。如需按天然密实体积折算时，应按表6.3和表6.4所示系数折算。

**表 6.3　土方体积折算系数**

| 天然密实度体积 | 虚方体积 | 夯实后体积 | 松填体积 |
|---|---|---|---|
| 0.77 | 1.00 | 0.67 | 0.83 |
| 1.00 | 1.30 | 0.87 | 1.08 |
| 1.15 | 1.50 | 1.00 | 1.25 |
| 0.92 | 1.20 | 0.80 | 1.00 |

注：虚方指未经碾压、堆积时间不大于1年的土壤。

**表 6.4　石方体积折算系数**

| 石方类别 | 天然密实度体积 | 虚方体积 | 松填体积 | 码方 |
|---|---|---|---|---|
| 石方 | 1.0 | 1.54 | 1.31 | |
| 块方 | 1.0 | 1.75 | 1.43 | 1.67 |
| 砂夹石 | 1.0 | 1.07 | 0.94 | |

（3）土石方、沟槽、基础挖填的起止标高、施工方法及运距

挖土方、挖石平均厚度应按自然地面测量标高至设计地坪标高间的平均厚度确定。基础土方、石方开挖深度应按基础垫层底表面标高至交付施工场地标高确定；无交付施工场地标高时，应按自然地面标高确定。

### 6.1.2　土方工程清单分项

土方工程包括平整场地、挖一般土方、挖沟槽土方、挖基坑土方、冻土开挖、挖淤泥流砂和管沟土方7个子目，其工程量清单项目及工程量计算规则如表6.5所示。回填工程有2个子目，如表6.6所示。

表 6.5　土方工程(编号:010101)

| 项目编码 | 项目名称 | 项目特征 | 计量单位 | 工程量计算规则 | 工作内容 |
|---|---|---|---|---|---|
| 010101001 | 平整场地 | (1) 土壤类别;<br>(2) 弃土运距;<br>(3) 取土运距 | $m^2$ | 按设计图示尺寸以建筑物首层面积计算 | (1) 土方挖填;<br>(2) 场地找平;<br>(3) 运输 |
| 010101002 | 挖一般土方 | (1) 土壤类别;<br>(2) 挖土深度;<br>(3) 弃土运距 | $m^3$ | 按设计图示尺寸以体积计算 | (1) 排地表水;<br>(2) 土方开挖;<br>(3) 围护(挡土板)及拆除;<br>(4) 基底钎探;<br>(5) 运输 |
| 010101003 | 挖沟槽土方 | | | 按设计图示尺寸以基础垫层底面积乘以挖土深度计算 | |
| 010101004 | 挖基坑土方 | | | | |
| 010101005 | 冻土开挖 | (1) 冻土厚度;<br>(2) 弃土运距 | | 按设计图示尺寸开挖面积乘以厚度以体积计算 | (1) 爆破;<br>(2) 开挖;<br>(3) 清理;<br>(4) 运输 |
| 010101006 | 挖淤泥、流砂 | (1) 挖掘深度;<br>(2) 弃淤泥、流砂距离 | | 按设计图示位置、界限以体积计算 | (1) 开挖;<br>(2) 运输 |
| 010101007 | 管沟土方 | (1) 土壤类别;<br>(2) 管外径;<br>(3) 挖沟深度;<br>(4) 回填要求 | (1) m;<br>(2) $m^3$ | (1) 以 m 计量,按设计图示以管道中心线长度计算;<br>(2) 以 $m^3$ 计量,按设计图示管底垫层面积乘以挖土深度计算;无管底垫层按管外径的水平投影面积乘以挖土深度计算。不扣除各类井的长度,井的土方并入 | (1) 排地表水;<br>(2) 土方开挖;<br>(3) 围护(挡土板)、支撑;<br>(4) 运输;<br>(5) 回填 |

表 6.6　回填工程(编号:010103)

| 项目编码 | 项目名称 | 项目特征 | 计量单位 | 工程量计算规则 | 工程内容 |
|---|---|---|---|---|---|
| 010103001 | 回填方 | (1) 密实度要求;<br>(2) 填方材料品种;<br>(3) 填方粒径要求;<br>(4) 填方来源、运距 | $m^3$ | 按设计图示尺寸以体积计算:<br>(1) 场地回填:回填面积乘平均回填厚度;<br>(2) 室内回填:主墙间面积乘回填厚度,不扣除间隔墙;<br>(3) 基础回填:按挖方清单项目工程量减去自然地坪以下埋设的基础体积(包括基础垫层及其他构筑物) | (1) 运输;<br>(2) 回填;<br>(3) 压实 |
| 010103002 | 余方弃置 | (1) 废弃料品种;<br>(2) 运距 | | 按挖方清单项目工程量减利用回填方体积(正数)计算 | 余方点装料运输至弃置点 |

注:① 填方密实度要求,在无特殊要求情况下,项目特征可描述为满足设计和规范的要求;

② 填方材料品种可以不描述,但应注明由投标人根据设计要求验方后方可填入,并符合相关工程的质量规范要求;

③ 填方粒径要求,在无特殊要求情况下,项目特征可以不描述;

④ 如需买土回填,应在项目特征填方来源中描述,并注明买土方数量。

### 6.1.3 土方工程计量

6.1.3.1 挖基坑土(石)方、挖沟槽土(石)方、挖一般土(石)方、平整场地的区分

在土(石)方工程计量时,挖基坑土(石)方、挖沟槽土(石)方、挖一般土(石)方、平整场地分别对应不同的清单项目,“计量规范”对其区分如表 6.7 所示。

**表 6.7 挖基坑土(石)方、挖沟槽土(石)方、挖一般土(石)方、平整场地区分表**

| 项目 | 划分条件 | |
|---|---|---|
| | 坑底面积($m^2$) | 槽底宽度(m) |
| 挖基坑土(石)方 | 底面积不大于 150 $m^2$ 且底长不大于 3 倍底宽 | — |
| 挖沟槽土(石)方 | — | 底宽不大于 7 m,且底长大于 3 倍底宽 |
| 挖一般土(石)方 | 底面积大于 150 $m^2$ | 底宽大于 7 m |
| | 建筑物场地厚度大于±300 mm 的竖向布置挖土(石)或山坡切土(凿石) | |
| 平整场地 | 建筑物场地厚度不大于±300 mm 的挖、填、运、找平 | |

6.1.3.2 放坡系数和工作面宽度

对于土方工程的计量,“计量规范”对挖沟槽、基坑、一般土方有两种计算方式:一种是按基础垫层底面积乘以挖土深度计算挖沟槽和基坑项目,按设计图示尺寸以体积计算挖一般土方项目,均不考虑放坡和加宽工作面;另外一种是挖沟槽、基坑、一般土方项目工程量的计算考虑放坡和加宽工作面。放坡,是在建筑工程的土方施工中为了确保施工安全,防止侧壁塌方,按照一定的坡度做成的边坡。放坡的系数和起点深度,应根据施工组织设计的规定确定,若无规定时,则应按“计量规范”的规定(表 6.8)确定。再就是沟槽、基坑加宽工作面的确定。工作面,是指在基础土方开挖时,应考虑增加的工作空间。为此增加的挖土量计入基础土方开挖的清单工程量中。工作面的宽度应按施工组织设计规定计算,若无规定时,则应按“计量规范”的规定来确定,如表 6.9 所示。管沟施工所需工作面宽度如表 6.10 所示。

**表 6.8 放坡系数表($k$)**

| 土壤类别 | 放坡起点(m) | 人工挖土 | 机械挖土 | | |
|---|---|---|---|---|---|
| | | | 在坑内作业 | 在坑上作业 | 顺沟槽在坑上作业 |
| 一、二类土 | 1.20 | 1∶0.5 | 1∶0.33 | 1∶0.75 | 1∶0.5 |
| 三类土 | 1.50 | 1∶0.33 | 1∶0.25 | 1∶0.67 | 1∶0.33 |
| 四类土 | 2.00 | 1∶0.25 | 1∶0.10 | 1∶0.33 | 1∶0.25 |

注:① 沟槽、基坑中土类别不同时,分别按其放坡起点、放坡系数,依不同土类别厚度加权平均计算;

② 计算放坡时,在交接处的重复工程量不予扣除,原槽、坑作基础垫层时,放坡自垫层上表面开始计算。

**表 6.9　基础施工所需工作面宽度计算表**

| 基础材料 | 每边各增加工作面宽度(cm) |
| --- | --- |
| 砖基础 | 20 |
| 浆砌毛石、条石基础 | 15 |
| 混凝土基础垫层支模板 | 30 |
| 混凝土基础支模板 | 30 |
| 基础垂直面做防水层 | 100(防水层面) |

**表 6.10　管沟施工每侧所需工作面宽度计算表**

| 管沟材料 | 管道结构宽(cm) | | | |
| --- | --- | --- | --- | --- |
| | ≤50 | ≤100 | ≤250 | >250 |
| 混凝土及钢筋混凝土管道(cm) | 40 | 50 | 60 | 70 |
| 其他材质管道(cm) | 30 | 40 | 50 | 60 |

注:对于管道结构宽,有管座的按基础外缘,无管座的按管道外径。

6.1.3.3　土方工程量计算

(1) 平整场地

在土方开挖前,为便于建筑物或构筑物施工的测量、放线、定位,对工程现场高低不平的部位进行的厚度在±30cm以内的就地挖、填、运土及场地找平等工作称为平整场地,如图6.1所示。

$$平整场地工程量\ S_{场}=S_{首} \tag{6.1}$$

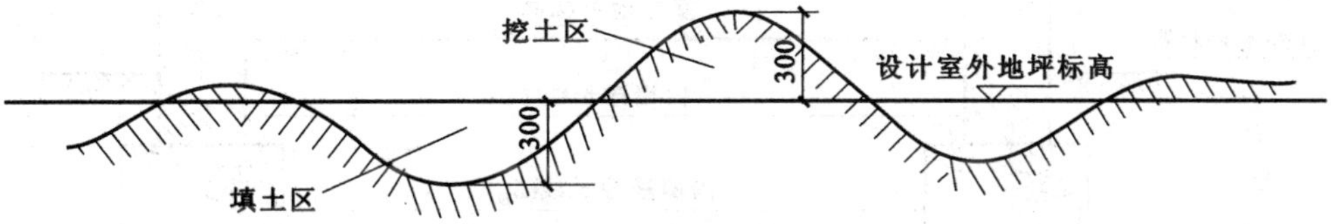


**图 6.1　平整场地示意图(单位:mm)**

(2) 挖一般土方

挖一般土方是指设计室外地坪标高以上的挖土,并包括指定范围内的土方运输。“指定范围内的运输”是指招标人指定的弃土地点的运距。若招标文件规定由投标人确定弃土地点时,则此条件不必在工程量清单中进行描述。

挖一般土方的清单工程量计算是按设计图示尺寸以体积计算。土方体积应按挖掘前的天然密实体积计算,如需体积折算时,应按表6.3所给的折算系数计算。挖土方平均厚度应按自然地面测量标高至设计地坪标高间的平均厚度确定。建筑场地厚度在±30 cm以外的竖向布置挖土或山坡切土,应按挖一般土方项目编码和列项。

(3) 挖沟槽土方

挖沟槽土方清单工程量计算有两种方式,其中一种是按设计图示尺寸以基础垫层底面积乘以挖土深度计算。图 6.2 所示为挖沟槽土方断面示意图。计算公式如下:

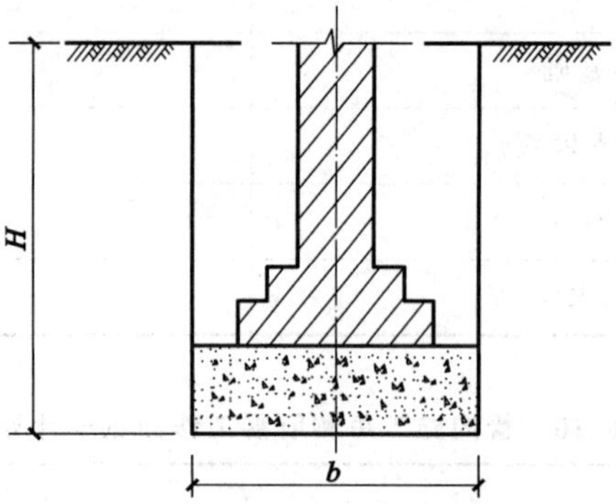


图 6.2　挖沟槽土方断面示意图

挖沟槽土方工程量 V ＝垫层底面积×挖土深度

＝沟槽计算长度×垫层宽度×挖土深度

＝沟槽计算长度×沟槽断面积　　(6.2)

计算公式中的数据说明:

① 沟槽计算长度:挖外墙基沟槽按图示中心线长度计算,内墙基沟槽按图示沟槽(无垫层时按基础底面)之间的净长度计算。内外墙突出部分(如墙垛、附墙烟囱等)体积并入沟槽工程量内,如图 6.3 所示。

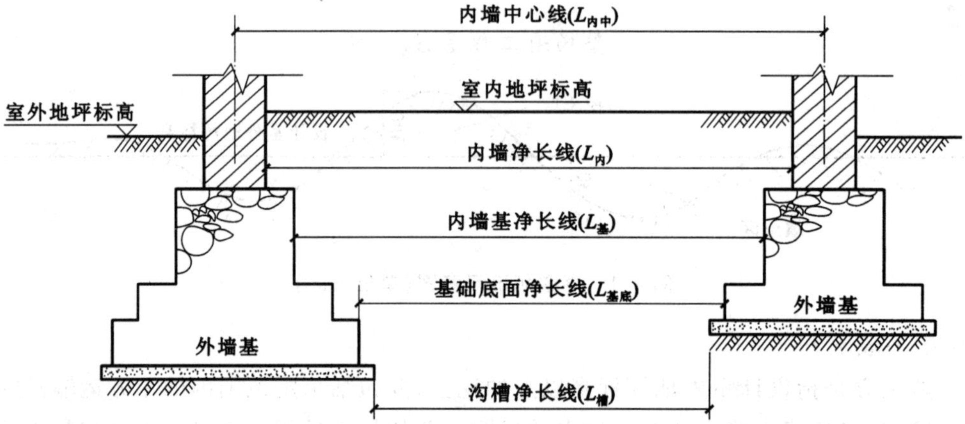


图 6.3　内墙净长度计算示意图

② 沟槽宽度:有垫层时按垫层宽度计算,无垫层时按基础底宽计算。

③ 挖土深度:以自然地坪到槽底的垂直深度计算。当自然地坪标高不明确时,可采用室外设计地坪标高计算;当沟槽深度不同时,应分别计算。

挖沟槽土方清单工程量计算的另一种方式是考虑放坡和加宽工作面,把因工作面和放坡增加的工程量,并入各土方工程量中。放坡从基础(含垫层)底标高算起(图 6.4)。

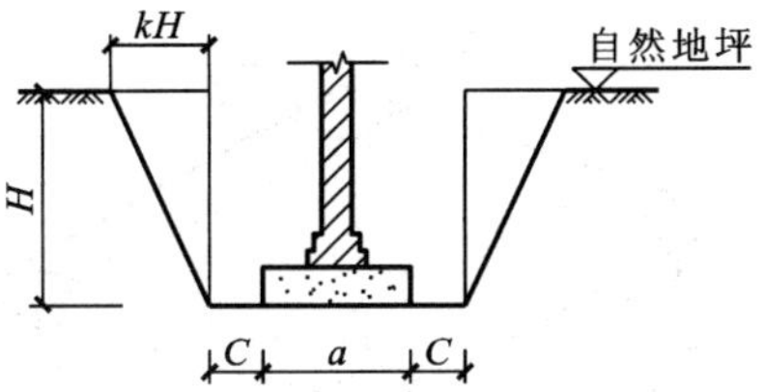


**图 6.4　挖沟槽加宽工作面、放坡示意图**

图 6.4 中挖沟槽土方的清单工程量为：

$$V=(a+2C+kH)\times H\times L \tag{6.3}$$

式中　$a$——基础垫层宽度；

$C$——加宽工作面，见表 6.9；

$k$——放坡系数，见表 6.8；

$H$——挖土深度，从垫层下表面到设计室外地坪计算；

$L$——挖沟槽的长度，外墙按中心线长度计算，内墙按净长线长度计算。

(4) 挖基坑土方

挖基坑土方清单工程量计算有两种方式，一种是按设计图示尺寸以基础垫层底面积乘以挖土深度计算，不考虑放坡和加宽工作面，其计算公式为：

① 方形基坑土方工程量

$$V=B\times L\times H \tag{6.4}$$

② 圆形基坑土方工程量

$$V=\pi HR^2 \tag{6.5}$$

式中　$B$、$L$——方形基坑长、宽；

$R$——圆形基坑半径；

$H$——挖土深度。

挖基坑土方清单工程量计算的另一种方式是考虑放坡和加宽工作面，把因加宽工作面和放坡增加的工程量，并入各土方工程量中。建筑物基坑工作面及放坡自垫层下表面开始(图 6.5)。若建筑物原坑作基础垫层时，放坡和加宽工作面自垫层上表面开始计算。

图 6.5 所示基坑土方工程量计算公式为：

$$V=\frac{1}{3}H(S_{下}+S_{上}+\sqrt{S_{下}S_{上}}) \tag{6.6}$$

其中

$$S_{下}=(a+2C)(b+2C)$$
$$S_{上}=(a+2C+2kH)(b+2C+2kH)$$

式中　$S_{下}$——基坑下底面积；

$S_{上}$——基坑上底面积；

$a$——基础底宽；

$b$——基础底长；

$k$——放坡系数，如表 6.8 所示；

$C$——加宽工作面，如表 6.9 所示。

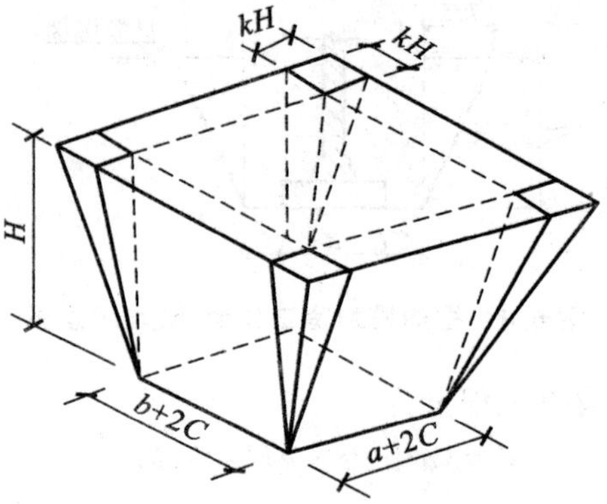


**图 6.5 挖基坑加宽工作面、放坡示意图**

圆形基坑考虑加宽工作面和放坡的土方工程量计算公式为：

$$V=\frac{1}{3}H\pi(R_1^2+R_2^2+R_1R_2) \tag{6.7}$$

式中 $R_1$、$R_2$——圆形基坑的下底半径和上口半径。

(5) 管沟土方

管沟土方的计量有两种计算方式：一种是工程量按设计图示以管道中心线长度计算；另一种是以立方米计量，按设计图示管底垫层面积乘以挖土深度计算；无管底垫层按管外径的水平投影面积乘以挖土深度计算。不扣除各类井的长度，井的土方并入。

管沟土方项目适用于管道(给排水、工业、电力、通信)、光(电)缆沟及连接井(检查井)等的开挖、回填。

(6) 回填方

回填方工程量计算按设计图示尺寸以体积计算，包括场地回填、室内回填和基础回填，计算公式如下：

$$场地回填工程量V=回填面积\times平均回填厚度 \tag{6.8}$$

$$室内回填工程量V=室内主墙间面积\times回填土厚度 \tag{6.9}$$

$$基础回填工程量V=挖方体积-设计室外地坪以下埋设的基础体积 \tag{6.10}$$

其中

$$回填土厚度=室内外标高差-垫屋与面层厚度之和$$

(7) 余方弃置

$$余方弃置工程量=挖方体积-回填方体积 \tag{6.11}$$

若余方弃置工程量计算结果为负数，则表示需买土方回填。

### 6.1.4 土方工程清单计价

土方工程清单计价应根据工程量清单中描述的项目特征和工作内容，结合施工图纸、现场情况确定计价的范围。

(1) “平整场地”项目如出现±30 cm 以内全部是挖方或全部是填方，需外运土或借土回填时，综合单价的计算应考虑这部分的运输。平整场地工程量“按建筑物首层建筑面积计算”，如招标文件规定超面积平整场地，则综合单价和总价应包括这些超出部分。

(2) 挖一般土方、挖沟槽土方和挖基坑土方中，根据施工方案规定的放坡、支挡土板、操作工作机械挖土进出施工工作面的坡道等增加的施工量，应包括在挖一般土方、挖沟槽土方和挖基坑土方综合单价内，施工增量的弃土运输也应包括在综合单价和总价内。

(3) 管沟土方项目中管沟开挖加宽工作面、放坡和接口处加宽工作面、管沟回填，应包括在其综合单价和总价内。

(4) 回填方项目适用于场地回填、室内回填和基础回填，并包括指定范围内的运输以及取土回填的土方开挖。

下面以具体实例讲述土方工程工程量清单计价的主要方法。

**【例 6.1】** 某单层建筑物外墙轴线尺寸如图 6.6 所示，轴线居中，墙厚均为 240(单位：mm)。试编制该工程人工平整场地的工程量清单，并对该工程量清单进行报价。

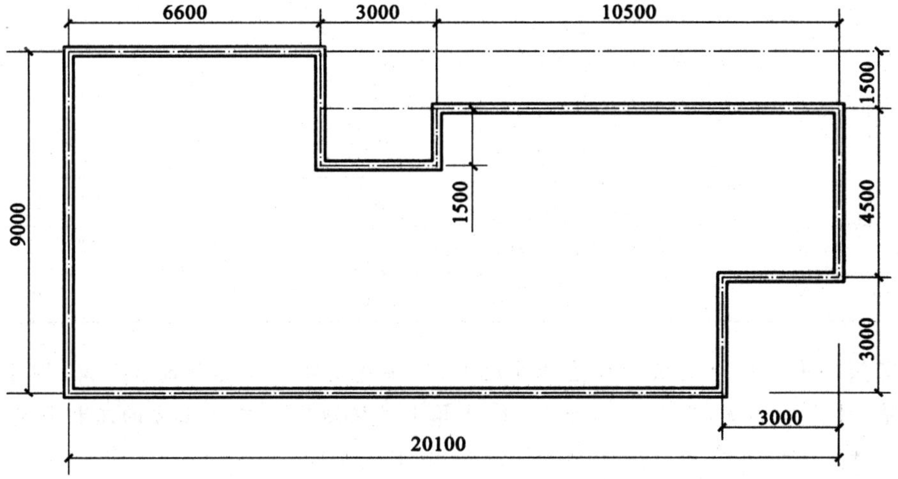


图 6.6 某单层建筑物

**【解】** (1) 平整场地的清单工程量

$$S_{场}=S_{首}=20.34\times9.24-3\times3-13.5\times1.5-2.76\times1.5$$
$$=154.55\ m^2$$

编制平整场地分部分项工程量清单，如表 6.11 所示。

表 6.11 分部分项工程量清单与计价表

工程名称： 标段： 第 页 共 页

| 序号 | 项目编码 | 项目名称 | 项目特征描述 | 计量单位 | 工程量 | 金额(元) | | |
|---|---|---|---|---|---|---|---|---|
| | | | | | | 综合单价 | 合价 | 其中：暂估价 |
| 01 | 010101001001 | 平整场地 | (1) 土壤类别：三类土；<br>(2) 弃土运距：15 m | $m^2$ | 154.55 | | | |

(2) 对该平整场地工程量清单报价

① 计算计价工程量(定额工程量)

根据“计量规范”中平整场地的项目特征和工作内容可知,其组价内容有平整场地和土方运输两个定额子目,分别对应2018年湖北省建设工程公共专业消耗量定额的G1-318子目和G1-47子目。两个定额子目表内容如表6.12所示。

**表6.12　平整场地组价定额子目表**

| 定额编号 | | | | G1-47(单位:10 $m^3$) | G1-318(单位:100 $m^2$) |
|---|---|---|---|---|---|
| 项　目 | | | | 人工运土方 | 人工平整场地 |
| | | | | 运距20 m以内 | |
| 全费用(元) | | | | 212.47 | 329.87 |
| 其中 | 人工费(元) | | | 133.86 | 207.83 |
| | 材料费(元) | | | — | — |
| | 机械费(元) | | | — | — |
| | 费　用(元) | | | 59.29 | 92.05 |
| | 增值税(元) | | | 19.32 | 29.99 |
| 名　称 | | 单位 | 单价(元) | 数　量 | |
| 人工 | 普工 | 工日 | 92.00 | 1.455 | 2.259 |

经查定额知平整场地定额工程量计算规则,是按建筑物首层建筑面积计算,即平整场地的定额工程量(计价工程量)为154.55 $m^2$。经计算平整场地需人工运土方的工程量为25 $m^3$,运距14 m。

② 计算全费用综合单价

依据定额子目G1-318可知完成100 $m^2$平整场地的人工费是207.83元,材料费和机械费是0,费用是92.05元,增值税是29.99元,全费用是329.87元;依据定额子目G1-47可知人工运输10 $m^3$的土方人工费是133.86元,材料费和机械费是0,费用是59.29元,增值税是19.32元,全费用是212.47元。

平整场地的全费用为:

$$154.55/100\times329.87+25/10\times212.47=1040.99\text{ 元}$$

平整场地全费用综合单价为:

$$1040.99\div154.55(\text{清单工程量})=6.74\text{ 元}/m^2$$

平整场地清单项目全费用综合单价分析表如表6.13所示,分部分项工程项目清单全费用分析表如表6.14所示。

**表 6.13　平整场地清单项目全费用综合单价分析表**

| 项目编码 | | 010101001001 | | 项目名称 | | 平整场地 | | | 计量单位 | $m^2$ | 工程量 | 154.55 | |
|---|---|---|---|---|---|---|---|---|---|---|---|---|---|
| 清单全费用综合单价组成明细 | | | | | | | | | | | | | |
| 定额编号 | 定额项目名称 | 定额单位 | 数量 | 单价(元) | | | | | 合价(元) | | | | |
| | | | | 人工费 | 材料费 | 施工机具使用费 | 费用 | 增值税 | 人工费 | 材料费 | 施工机具使用费 | 费用 | 增值税 |
| G1-318 | 人工平整场地 | 100 $m^2$ | 0.01 | 207.83 | 0 | 0 | 92.05 | 29.99 | 2.08 | 0 | 0 | 0.92 | 0.3 |
| G1-47 | 人工运土方运距≤20 m | 10 $m^3$ | 0.0162 | 133.86 | 0 | 0 | 59.29 | 19.32 | 2.17 | 0 | 0 | 0.96 | 0.31 |
| 人工单价 | | 小计 | | | | | | | 4.25 | 0 | 0 | 1.88 | 0.61 |
| 普工 92 元/工日 | | 未计价材料费 | | | | | | | 0 | | | | |
| 清单全费用综合单价(元) | | | | | | | | | 6.74 | | | | |
| 材料费明细 | 主要材料名称、规格、型号 | | | | | | 单位 | 数量 | 单价(元) | 合价(元) | 暂估单价(元) | 暂估合价(元) | |
| | | | | | | | | | | | | | |
| | | | | | | | | | | | | | |

**表 6.14　分部分项工程项目清单全费用分析表**

| 项目编码 | 项目名称 | 计量单位 | 工程量 | 综合单价(元) | | | | | | | | | | |
|---|---|---|---|---|---|---|---|---|---|---|---|---|---|---|
| | | | | 人工费 | 材料费 | 机械费 | 费用 | 费用明细(不重复计入小计) | | | | | 增值税 | 小计 |
| | | | | | | | | 管理费 | 利润 | 总价措施 | 其中:安全文明施工 | 规费 | | |
| 010101001001 | 平整场地 | $m^2$ | 154.55 | 4.25 | 0 | 0 | 1.88 | 0.65 | 0.4 | 0.33 | 0.28 | 0.49 | 0.61 | 6.74 |
| G1-318 | 人工平整场地 | 100 $m^2$ | 1.5455 | 207.83 | 0 | 0 | 92.05 | 32.05 | 19.58 | 16.37 | 13.68 | 24.05 | 29.99 | 329.87 |
| G1-47 | 人工运土方运距≤20 m | 10 $m^3$ | 2.5 | 133.86 | 0 | 0 | 59.29 | 20.64 | 12.61 | 10.54 | 8.81 | 15.5 | 19.32 | 212.47 |

**【例 6.2】** 某基础工程施工图如图 6.7 所示。基础垫层支模板浇筑，砖基础使用 M10 干混砌筑砂浆砌筑混凝土实心砖。基础土方施工方案考虑人工开挖，施工时无须排地表水，需要完成基底钎探，考虑放坡和加宽工作面来完成土方的开挖，不考虑支挡土板施工。开挖的基础

土方，考虑按挖方量的60%进行现场运输、堆放，采用人力车运输，距离为40 m，其余部分土在开挖位置5 m内堆放。弃土外运为8 km，基础回填和室内回填均为夯填。土壤类别为三类土，均属天然密实土，现场内土壤堆放时间为3个月。试编制基础工程挖沟槽土方、挖基坑土方、回填方和余方弃置项目的分部分项工程量清单，并对该工程量清单项目挖沟槽土方和余方弃置进行报价。

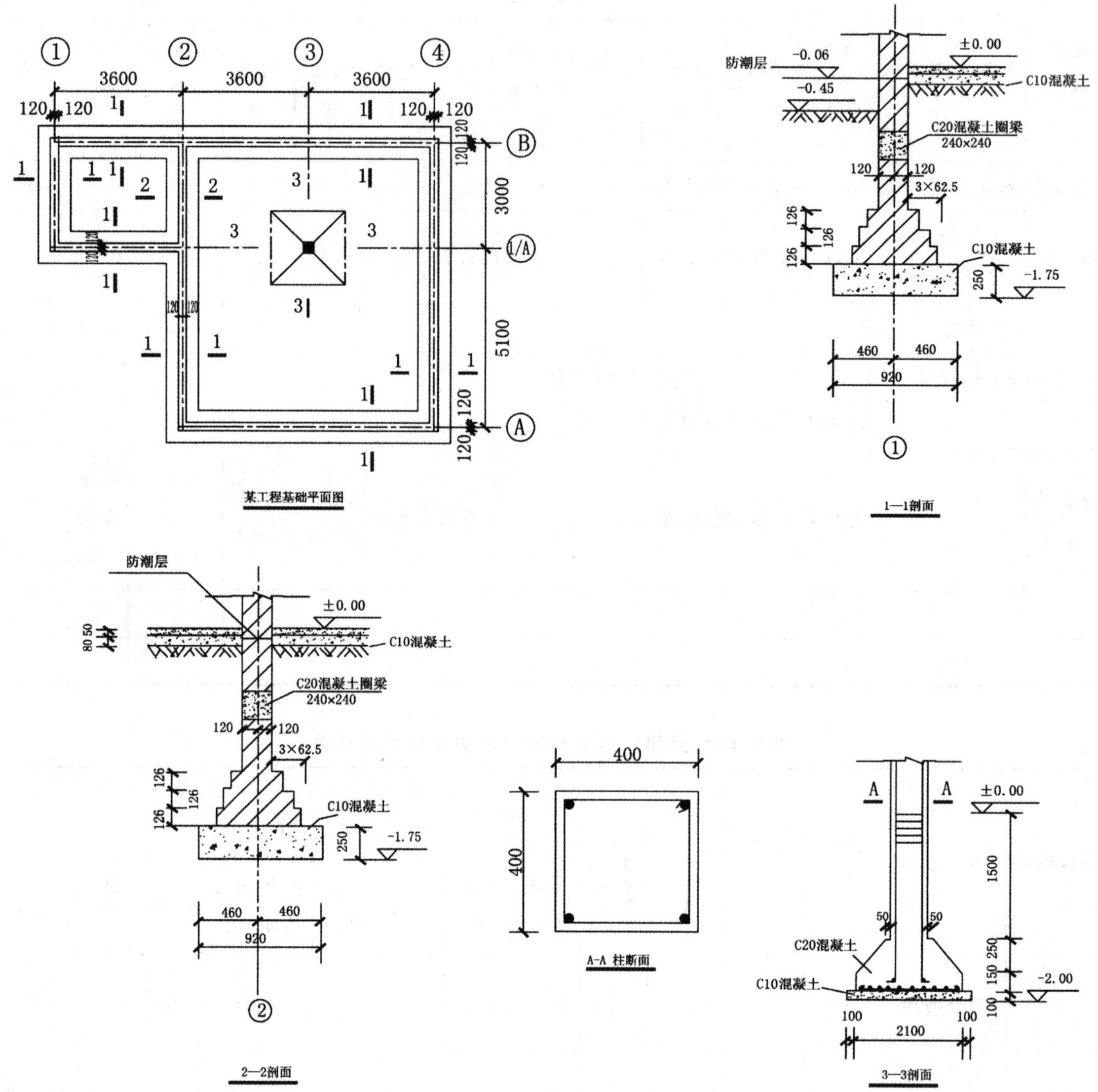


**图 6.7 某基础工程施工图**

**【解】** (1) 计算清单工程量

依题意，挖沟槽和挖基坑土方清单工程量计算考虑放坡和加宽工作面，加宽工作面查表6.9知，基础垫层支模板需两边各加宽0.3 m，工程量清单计算如表6.15所示。

**表 6.15　工程量清单计算表**

| 序号 | 清单项目编码 | 清单项目名称 | 计量单位 | 工程量 | 计　算　式 |
|---|---|---|---|---|---|
| 1 | 010101003001 | 挖沟槽土方 | $m^3$ | 77.62 | 挖土深度 $H=1.75-0.45=1.30$。由表 6.8 知，三类土不需放坡<br>挖土宽度 $=0.92+0.3\times2=1.52$<br>外墙中心线长度 $L_{外}=(10.8+8.1)\times2=37.8$<br>内墙净长线长度 $=3.00-1.52=1.48$<br>$V=(37.8+1.48)\times1.52\times1.3=77.62$ |
| 2 | 010101004001 | 挖基坑土方 | $m^3$ | 18.15 | $S_{下}=(2.3+0.3\times2)^2=2.9^2=8.41$<br>$S_{上}=(2.3+0.3\times2+2\times0.33\times1.55)^2=3.92^2=15.36$<br>$V=\frac{1}{3}H(S_{下}+S_{上}+\sqrt{S_{下}S_{上}})$<br>$=\frac{1}{3}\times1.55\times(8.41+15.36+2.9\times3.92)=18.15$ |
| 3 | 010103001001 | 回填方 | $m^3$ | 91.13 | ①垫层：$V=(37.8+3.0-0.92)\times0.92\times0.250+2.3\times2.3\times0.1=9.70$<br>②埋在土下的砖基础(含圈梁)：$V=(37.8+3.0-0.24)\times(0.24\times1.05+0.0625\times0.126\times12)=14.05$<br>③埋在土下的混凝土基础及柱：$V=1.05\times0.4\times0.4+\frac{1}{3}\times0.25\times(0.5^2+2.1^2+0.5\times2.1)+2.1\times2.1\times0.15=1.31$<br>基础回填：$V=77.62+18.15-9.70-14.05-1.31=70.71$<br>室内回填：$V=(3.36\times2.76+6.96\times7.86-0.4\times0.4)\times(0.45-0.13)=20.42$<br>回填方：$V=70.71+20.42=91.13$ |
| 4 | 010103002001 | 余方弃置 | $m^3$ | 4.64 | $V=77.62+18.15-91.13=4.64$ |

编制分部分项工程量清单，如表 6.16 所示。

**表 6.16　分部分项工程量清单与计价表**

工程名称：　　　　　　　　　　　　标段：　　　　　　　　　　　　第　页　共　页

| 序号 | 项目编码 | 项目名称 | 项目特征描述 | 计量单位 | 工程量 | 金额(元) | |
|---|---|---|---|---|---|---|---|
| | | | | | | 综合单价 | 合价 |
| 1 | 010101003001 | 挖沟槽土方 | (1) 土壤类别：三类土；<br>(2) 挖土深度：1.30 m；<br>(3) 弃土运距：40 m | $m^3$ | 77.62 | | |
| 2 | 010101004001 | 挖基坑土方 | (1) 土壤类别：三类土；<br>(2) 挖土深度：1.55 m；<br>(3) 弃土运距：40 m | $m^3$ | 18.15 | | |

**续表 6.16**

| 序号 | 项目编码 | 项目名称 | 项目特征描述 | 计量单位 | 工程量 | 金额(元) | |
|---|---|---|---|---|---|---|---|
| | | | | | | 综合单价 | 合价 |
| 3 | 010103001001 | 回填方 | (1) 密实度要求:满足规范及设计;<br>(2) 粒径要求:满足规范及设计;<br>(3) 填方来源、运距:原土、40 m;<br>(4) 夯填 | $m^3$ | 91.13 | | |
| 4 | 010103002001 | 余方弃置 | (1) 废弃料品种:三类土;<br>(2) 运距:8 km | $m^3$ | 4.64 | | |

(2) 对工程量清单报价

① 计算计价工程量(定额工程量)

根据“计量规范”中挖沟槽土方的项目特征和工作内容可知,其组价内容有人工挖沟槽、基底钎探和运土方三个定额子目,分别对应 2018 年湖北省建设工程公共专业消耗量定额的 G1-11子目、G1-332 子目和 G1-51 子目。定额子目表内容如表 6.17 所示。挖基坑土方组价内容有人工挖基坑、基底钎探和运土方三个定额子目,分别对应 2018 年湖北省建设工程公共专业消耗量定额的 G1-19 子目、G1-332 子目和 G1-51 子目。回填方组价内容有 G1-19 和G1-329 两个定额子目,余方弃置组价内容有 G1-199、G1-212 和 G1-213 三个定额子目。定额子目 G1-19、G1-329 如表 6.18 所示,G1-199、G1-212 和 G1-213 如表 6.19 所示。

**表 6.17 挖沟槽土方组价定额子目表(摘录 2018 年湖北省消耗量定额)**

| 定额编号 | | | | G1-11<br>(单位:10 $m^3$) | G1-332<br>(单位:100 $m^2$) | G1-51<br>(单位:10 $m^3$) |
|---|---|---|---|---|---|---|
| 项目 | | | | 人工挖沟槽<br>三类土深 2 m 以内 | 基底钎探 | 人力车运土方<br>运距 50 m 以内 |
| 全费用(元) | | | | 551.07 | 274.01 | 153.18 |
| 其中 | 人工费(元) | | | 347.21 | 84.64 | 96.51 |
| | 材料费(元) | | | — | 96.71 | — |
| | 机械费(元) | | | — | 20.97 | — |
| | 费　用(元) | | | 153.76 | 46.78 | 42.74 |
| | 增值税(元) | | | 50.10 | 24.91 | 13.93 |
| 名称 | | 单位 | 单价(元) | 数量 | | |
| 人工 | 普工 | 工日 | 92.00 | 3.774 | 0.920 | 1.049 |
| 材料 | 砂子 中粗砂 | $m^3$ | 128.68 | — | 0.251 | — |
| | 钢钎 $\phi$22-25 | kg | 3.85 | — | 8.173 | — |
| | 水 | $m^3$ | 3.39 | — | 0.050 | — |
| | 烧结煤矸石砖 | 千块 | 286.09 | — | 0.029 | — |
| | 电[机械] | kW·h | 0.75 | — | 32.640 | — |
| 机械 | 轻便钎探器 | 台班 | 26.21 | — | 0.800 | — |

**表 6.18　G1-19、G1-329 定额子目表(摘录 2018 年湖北省消耗量定额)**

| 定额编号 | | | | G1-19(单位:10 m$^3$) | G1-329(单位:10 m$^3$) |
|---|---|---|---|---|---|
| 项目 | | | | 人工挖基坑 | 夯填土 |
| | | | | 三类土深 2 m 以内 | 槽、坑 |
| 全费用(元) | | | | 620.71 | 264.73 |
| 其中 | 人工费(元) | | | 391.09 | 166.43 |
| | 材料费(元) | | | — | 0.53 |
| | 机械费(元) | | | — | — |
| | 费用(元) | | | 173.19 | 73.70 |
| | 增值税(元) | | | 56.43 | 24.07 |
| 名称 | | 单位 | 单价(元) | 数量 | |
| 人工 | 普工 | 工日 | 92.00 | 4.251 | 1.809 |
| 材料 | 水 | m$^3$ | 3.39 | — | 0.155 |

**表 6.19　余方弃置组价定额子目表(摘录 2018 年湖北省消耗量定额)**

| 定额编号 | | | | G1-199 | G1-212 | G1-213 |
|---|---|---|---|---|---|---|
| 项目 | | | | 单位:1000 m$^3$ | | |
| | | | | 装载机<br>装松散土 | 自卸汽车运土方<br>(载重 8 t 以内) | |
| | | | | 斗容量 1.0 m$^3$ | 运距 | 30 km 以内 |
| | | | | | 1 km 以内 | 每增加 1 km |
| 全费用(元) | | | | 2248.9 | 8445.29 | 2479.38 |
| 其中 | 人工费(元) | | | 368.00 | — | — |
| | 材料费(元) | | | 699.50 | 2189.33 | 630.81 |
| | 机械费(元) | | | 564.17 | 3803.87 | 1125.00 |
| | 费用(元) | | | 412.78 | 1684.34 | 498.17 |
| | 增值税(元) | | | 204.45 | 767.75 | 225.4 |
| 名称 | | 单位 | 单价(元) | 数量 | | |
| 人工 | 普工 | 工日 | 92.00 | 4.000 | — | — |
| 材料 | 柴油[机械] | kg | 5.26 | 132.985 | 388.262 | 119.925 |
| | 汽油[机械] | kg | 6.03 | — | 17.643 | — |
| | 水 | m$^3$ | 3.39 | — | 12.000 | — |
| 机械 | 轮胎式装载机 1 m$^3$ | 台班 | 223.70 | 2.522 | — | — |
| | 自卸汽车 8 t | 台班 | 383.96 | — | 9.486 | 2.930 |
| | 洒水汽车 4000 L | 台班 | 276.76 | — | 0.584 | — |

根据定额的有关规定，人工挖沟槽(G1-11 子目)的定额工程量计算规则同清单工程量计算规则相一致，即人工挖沟槽的定额工程量为 77.62 $m^3$。

基底钎探的工程量按图示基底面积计算：

$$S=0.92\times[(10.8+8.1)\times 2+3-0.92]=36.69\ m^2$$

人力车运输土方量按挖方量的 60%计算：

$$V=77.62\times 60\%=46.57\ m^3$$

② 计算挖沟槽土方全费用综合单价

$$\frac{77.62}{10}\times 551.07+\frac{36.69}{100}\times 274.01+\frac{46.57}{10}\times 153.18=5091.30\ 元$$

全费用综合单价为：

$$5091.30\div 77.62(清单工程量)=65.59\ 元/m^3$$

挖沟槽土方清单项目全费用综合单价分析表如表 6.20 所示。

**表 6.20　工程量清单全费用综合单价分析表**

工程名称：　　　　　　　　　　　　　　　　　标段：　　　　　　　　　　　　　　　　第　页　共　页

| 项目编码 | | 010101003001 | | 项目名称 | | 挖沟槽土方 | | | 计量单位 | m³ | 工程量 | 77.62 | |
|---|---|---|---|---|---|---|---|---|---|---|---|---|---|
| 清单全费用综合单价组成明细 | | | | | | | | | | | | | |
| 定额编号 | 定额项目名称 | 定额单位 | 数量 | 单价(元) | | | | | 合价(元) | | | | |
| | | | | 人工费 | 材料费 | 施工机具使用费 | 费用 | 增值税 | 人工费 | 材料费 | 施工机具使用费 | 费用 | 增值税 |
| G1-11 | 人工挖沟槽土方 | 10 m³ | 0.1 | 347.21 | 0 | 0 | 153.76 | 50.10 | 34.72 | 0 | 0 | 15.38 | 5.01 |
| G1-332 | 基底钎探 | 100 m² | 0.0047 | 84.64 | 96.71 | 20.97 | 46.78 | 24.91 | 0.4 | 0.46 | 0.1 | 0.22 | 0.12 |
| G1-51 | 人力车运土方 | 10 m³ | 0.06 | 96.51 | 0 | 0 | 42.74 | 13.93 | 5.79 | 0 | 0 | 2.56 | 0.84 |
| 人工单价 | | 小计 | | | | | | | 40.91 | 0.46 | 0.1 | 18.16 | 5.97 |
| 普工 92 元/工日 | | 未计价材料费 | | | | | | | 0 | | | | |
| 清单全费用综合单价(元) | | | | | | | | | 65.59 | | | | |
| 材料费明细 | 主要材料名称、规格、型号 | | | | | | 单位 | 数量 | 单价(元) | 合价(元) | 暂估单价(元) | 暂估合价(元) | |
| | 砂子 中粗砂 | | | | | | m³ | 0.001 | 128.68 | 0.15 | | | |
| | 钢钎 ϕ22～25 | | | | | | kg | 0.039 | 3.85 | 0.15 | | | |
| | 水 | | | | | | m³ | 0 | 3.39 | 0 | | | |
| | 烧结煤矸石砖 240 mm×115 mm×53 mm | | | | | | 千块 | 0 | 286.09 | 0.03 | | | |
| | 电[机械] | | | | | | kW·h | 0.154 | 0.75 | 0.12 | | | |
| | 材料费小计 | | | | | | | | — | 0.45 | — | 0 | |
| | | | | | | | | | | | | | |
| | | | | | | | | | | | | | |

同理计算余方弃置的综合单价。余方弃置的清单工程量为 4.64 $m^3$，装载机装松散土的定额工程量考虑土的可松性系数，查表 6.3 得折算系数 1.30，则松散体积为 4.64×1.30＝6.03 $m^3$，自卸汽车运土方工程量也为 6.03 $m^3$，则：

$$\frac{6.03}{1000}\times 2248.9+\frac{6.03}{1000}\times 8445.29+7\times\frac{6.03}{1000}\times 2479.38=169.14\text{ 元}$$

余方弃置的全费用综合单价为：

$$169.14\div 4.64(\text{清单工程量})=36.45\text{ 元}/m^3$$

余方弃置清单项目全费用综合单价分析表如表 6.21 所示。

**表 6.21　全费用综合单价分析表**

工程名称：　　　　　　　　　　　　标段：　　　　　　　　　　　　第　页　共　页

| 项目编码 | 010103002001 | 项目名称 | 余方弃置 | 计量单位 | $m^3$ | 工程量 | 4.64 |
|---|---|---|---|---|---|---|---|

| 清单全费用综合单价组成明细 | | | | | | | | | | | | | |
|---|---|---|---|---|---|---|---|---|---|---|---|---|---|
| 定额编号 | 定额项目名称 | 定额单位 | 数量 | 单价（元） | | | | | 合价（元） | | | | |
| | | | | 人工费 | 材料费 | 施工机具使用费 | 费用 | 增值税 | 人工费 | 材料费 | 施工机具使用费 | 费用 | 增值税 |
| G1-199 | 装载机装松散土斗容量 1.0 $m^3$ | 1000 $m^3$ | 0.0013 | 368 | 699.50 | 564.17 | 412.78 | 204.45 | 0.48 | 0.91 | 0.73 | 0.54 | 0.27 |
| G1-212 | 自卸汽车运土方（载重 8 t 以内）运距 1 km 以内 | 1000 $m^3$ | 0.0013 | 0 | 2189.33 | 3803.87 | 1684.34 | 767.75 | 0 | 2.85 | 4.94 | 2.19 | 1 |
| 7×G1-213 | 自卸汽车运土方（载重 8 t 以内）30 km 以内每增加 1 km | 1000 $m^3$ | 0.0091 | 0 | 630.81 | 1125 | 498.17 | 225.4 | 0 | 5.74 | 10.24 | 4.53 | 2.05 |
| 人工单价 | | 小计 | | | | | | | 0.48 | 9.50 | 15.91 | 7.26 | 3.32 |
| 普工 92 元/工日 | | 未计价材料费 | | | | | | | 0 | | | | |
| 清单全费用综合单价（元） | | | | | | | | | 36.45 | | | | |

| 材料费明细 | 主要材料名称、规格、型号 | 单位 | 数量 | 单价（元） | 合价（元） | 暂估单价（元） | 暂估合价（元） | |
|---|---|---|---|---|---|---|---|---|
| | 水 | $m^3$ | 0.016 | 3.39 | 0.05 | | | |
| | 柴油[机械] | kg | 0.833 | 5.26 | 4.38 | | | |
| | 汽油[机械] | kg | 0.023 | 6.03 | 0.14 | | | |
| | 材料费小计 | | | — | 4.57 | — | 0 | |
| | | | | | | | | |

【习题测试】

③ 编制分部分项工程量清单与计价表

分部分项工程量清单与计价表如表 6.22 所示。

**表 6.22　分部分项工程量清单与计价表**

工程名称：　　　　　　　　　　　　　　　　　标段：　　　　　　　　　　　　　　　　第　页　共　页

| 序号 | 项目编码 | 项目名称 | 项目特征描述 | 计量单位 | 工程量 | 金额(元) | | |
|---|---|---|---|---|---|---|---|---|
| | | | | | | 综合单价 | 合价 | 其中：暂估价 |
| 1 | 010101003001 | 挖沟槽土方 | (1) 土壤类别：三类土；<br>(2) 挖土深度：1.30 m；<br>(3) 弃土运距：40 m | $m^3$ | 77.62 | 65.59 | 5091.1 | |
| 2 | 010103002001 | 余方弃置 | (1) 废弃料品种：三类土；<br>(2) 运距：8 km | $m^3$ | 4.64 | 36.45 | 169.14 | |

# 6.2 地基处理与边坡支护工程

## 6.2.1 地基处理与边坡支护工程清单分项

《房屋建筑与装饰工程工程量计算规范》(GB 50854—2013)，将地基处理与边坡支护工程分为地基处理、基坑与边坡支护两个方面的内容共 28 个项目。

### 6.2.1.1 地基处理清单项目

地基处理清单项目的项目特征中，对地层情况的描述按土壤分类表(表 6.1)和岩石分类表(表 6.2)规定，并根据岩土工程勘察报告按单位工程各地层所占比例(包括范围值)进行描述。对无法准确描述的地层情况，可注明由投标人根据岩土工程勘察报告自行决定报价。

项目特征中的桩长应包括桩尖，空桩长度等于孔深减去桩长，孔深为自然地面至设计桩底的深度。为避免"空桩长度、桩长"的描述引起重新组价，可采用以下两种方法处理：第一种方法是描述空桩长度、桩长的范围值，或描述空桩长度、桩长所占比例及范围值；第二种方法是空桩部分单独列项。

高压喷射注浆类型包括旋喷、摆喷、定喷，高压喷射注浆方法包括单管法、双重管法、三重管法。

对于成孔，如采用泥浆护壁成孔，工作内容包括土方、废泥浆外运；如采用沉管灌注成孔，工作内容包括桩尖制作、安装。

对于"预压地基"、"强夯地基"和"振冲密实(不填料)"项目的工程量，按设计图示处理范围以面积计算，即根据每个点位所代表的范围乘以点数计算。

地基处理清单项目设置及工程量计算规则如表 6.23 所示。

**表 6.23　地基处理(编号：010201)**

| 项目编码 | 项目名称 | 项目特征 | 计量单位 | 工程量计算规则 | 工作内容 |
|---|---|---|---|---|---|
| 010201001 | 换填垫层 | (1) 材料种类及配合比；<br>(2) 压实系数；<br>(3) 掺加剂品种 | $m^3$ | 按设计图示尺寸以体积计算 | (1) 分层铺填；<br>(2) 碾压、振密或夯实；<br>(3) 材料运输 |

续表 6.23

| 项目编码 | 项目名称 | 项目特征 | 计量单位 | 工程量计算规则 | 工作内容 |
|---|---|---|---|---|---|
| 010201002 | 铺设土工合成材料 | (1) 部位；<br>(2) 品种；<br>(3) 规格 | $m^2$ | 按设计图示尺寸以面积计算 | (1) 挖填锚固沟；<br>(2) 铺设；<br>(3) 固定；<br>(4) 运输 |
| 010201003 | 预压地基 | (1) 排水竖井种类、断面尺寸、排列方式、间距、深度；<br>(2) 预压方法；<br>(3) 预压荷载、时间；<br>(4) 砂垫层厚度 | | 按设计图示处理范围以面积计算 | (1) 设置排水竖井、盲沟、滤水管；<br>(2) 铺设砂垫层、密封膜；<br>(3) 堆载、卸载或抽气设备安拆、抽真空；<br>(4) 材料运输 |
| 010201004 | 强夯地基 | (1) 夯击能量；<br>(2) 夯击遍数；<br>(3) 夯击点布置形式、间距；<br>(4) 地耐力要求；<br>(5) 夯填材料种类 | | | (1) 铺设夯填材料；<br>(2) 强夯；<br>(3) 夯填材料运输 |
| 010201005 | 振冲密实(不填料) | (1) 地层情况；<br>(2) 振密深度；<br>(3) 孔距 | | | (1) 振冲加密；<br>(2) 泥浆运输 |
| 010201006 | 振冲桩(填料) | (1) 地层情况；<br>(2) 空桩长度、桩长；<br>(3) 桩径；<br>(4) 填充材料种类 | (1) m；<br>(2) $m^3$ | (1) 以 m 计量，按设计图示尺寸以桩长计算；<br>(2) 以 $m^3$ 计量，按设计桩截面乘以桩长以体积计算 | (1) 振冲成孔、填料、振实；<br>(2) 材料运输；<br>(3) 泥浆运输 |
| 010201007 | 砂石桩 | (1) 地层情况；<br>(2) 空桩长度、桩长；<br>(3) 桩径；<br>(4) 成孔方法；<br>(5) 材料种类、级配 | | (1) 以 m 计量，按设计图示尺寸以桩长(包括桩尖)计算；<br>(2) 以 $m^3$ 计量，按设计桩截面乘以桩长(包括桩尖)以体积计算 | (1) 成孔；<br>(2) 填充、振实；<br>(3) 材料运输 |
| 010201008 | 水泥粉煤灰碎石桩 | (1) 地层情况；<br>(2) 空桩长度、桩长；<br>(3) 桩径；<br>(4) 成孔方法；<br>(5) 混合料强度等级 | m | 按设计图示尺寸以桩长(包括桩尖)计算 | (1) 成孔；<br>(2) 混合料制作、灌注、养护；<br>(3) 材料运输 |
| 010201009 | 深层搅拌桩 | (1) 地层情况；<br>(2) 空桩长度、桩长；<br>(3) 桩截面尺寸；<br>(4) 水泥强度等级、掺量 | | 按设计图示尺寸以桩长计算 | (1) 预搅下钻、水泥浆制作、喷浆搅拌提升成桩；<br>(2) 材料运输 |

续表 6.23

| 项目编码 | 项目名称 | 项目特征 | 计量单位 | 工程量计算规则 | 工作内容 |
|---|---|---|---|---|---|
| 010201010 | 粉喷桩 | (1) 地层情况；<br>(2) 空桩长度、桩长；<br>(3) 桩径；<br>(4) 粉体种类、掺量；<br>(5) 水泥强度等级、石灰粉要求 | m | 按设计图示尺寸以桩长计算 | (1) 预搅下钻、喷粉搅拌提升成桩；<br>(2) 材料运输 |
| 010201011 | 夯实水泥土桩 | (1) 地层情况；<br>(2) 空桩长度、桩长；<br>(3) 桩径；<br>(4) 成孔方法；<br>(5) 水泥强度等级；<br>(6) 混合料配合比 | | 按设计图示尺寸以桩长(包括桩尖)计算 | (1) 成孔、夯底；<br>(2) 水泥土拌和、填料、夯实；<br>(3) 材料运输 |
| 010201012 | 高压喷射注浆桩 | (1) 地层情况；<br>(2) 空桩长度、桩长；<br>(3) 桩截面；<br>(4) 注浆类型、方法；<br>(5) 水泥强度等级 | m | 按设计图示尺寸以桩长计算 | (1) 成孔；<br>(2) 水泥浆制作、高压喷射注浆；<br>(3) 材料运输 |
| 010201013 | 石灰桩 | (1) 地层情况；<br>(2) 空桩长度、桩长；<br>(3) 桩径；<br>(4) 成孔方法；<br>(5) 掺和料种类、配合比 | | 按设计图示尺寸以桩长(包括桩尖)计算 | (1) 成孔；<br>(2) 混合料制作、运输、夯填 |
| 010201014 | 灰土(土)挤密桩 | (1) 地层情况；<br>(2) 空桩长度、桩长；<br>(3) 桩径；<br>(4) 成孔方法；<br>(5) 灰土级配 | | | (1) 成孔；<br>(2) 灰土拌和、运输填充、夯实 |
| 010201015 | 柱锤冲扩桩 | (1) 地层情况；<br>(2) 空桩长度、桩长；<br>(3) 桩径；<br>(4) 成孔方法；<br>(5) 桩体材料种类、配合比 | | 按设计图示尺寸以桩长计算 | (1) 安、拔套管；<br>(2)冲孔、填料、夯实；<br>(3) 桩体材料制作、运输 |
| 010201016 | 注浆地基 | (1) 地层情况；<br>(2) 空钻深度、注浆深度；<br>(3) 注浆间距；<br>(4) 浆液种类及配合比；<br>(5) 注浆方法；<br>(6) 水泥强度等级 | (1) m；<br>(2) $m^3$ | (1) 以 m 计量，按设计图示尺寸以钻孔深度计算；<br>(2) 以 $m^3$ 计量，按设计图示尺寸以加固体积计算 | (1) 成孔；<br>(2) 注浆导管制作、安装；<br>(3) 浆液制作、压浆；<br>(4) 材料运输 |
| 010201017 | 褥垫层 | (1) 厚度；<br>(2) 材料品种及比例 | (1) $m^2$；<br>(2) $m^3$ | (1) 以 $m^2$ 计量，按设计图示尺寸以铺设面积计算；<br>(2) 以 $m^3$ 计量，按设计图示尺寸以体积计算 | 材料拌和、运输、铺设、压实 |

6.2.1.2　基坑与边坡支护清单项目

基坑与边坡支护清单项目的项目特征中，对地层情况的描述按土壤分类表(表 6.1)和岩石分类表(表 6.2)规定，并根据岩土工程勘察报告按单位工程各地层所占比例(包括范围值)进行描述。对无法准确描述的地层情况，可注明由投标人根据岩土工程勘察报告自行决定报价。

项目特征中的土钉置入方法包括钻孔置入、打入或射入等。混凝土种类指清水混凝土、彩色混凝土等。如在同一地区既使用预拌(商品)混凝土，又允许现场搅拌混凝土时，也应注明。

地下连续墙和喷射混凝土(砂浆)的钢筋网、咬合灌注桩的钢筋笼及钢筋混凝土支撑的钢筋制作、安装，按"计量规范"附录 E(混凝土及钢筋混凝土工程)中相关项目列项；此节未列的基坑与边坡支护的排桩按"计量规范"附录 C(桩基工程)中相关项目列项；水泥土墙、坑内加固按附录 B(地基处理与边坡支护工程)的地基处理中相关项目列项；砖、石挡土墙、护坡按"计量规范"附录 D(砌筑工程)中相关项目列项；混凝土挡土墙按"计量规范"附录 E(混凝土及钢筋混凝土工程)中相关项目列项。基坑与边坡支护清单项目设置及工程量计算规则如表 6.24 所示。

**表 6.24　基坑与边坡支护(编号:010202)**

<table>
<tr><th>项目编码</th><th>项目名称</th><th>项目特征</th><th>计量单位</th><th>工程量计算规则</th><th>工作内容</th></tr>
<tr><td>010202001</td><td>地下连续墙</td><td>(1) 地层情况；<br>(2) 导墙类型、截面；<br>(3) 墙体厚度；<br>(4) 成槽深度；<br>(5) 混凝土种类、强度等级；<br>(6) 接头形式</td><td>$m^3$</td><td>按设计图示墙中心线长乘以厚度乘以槽深以体积计算</td><td>(1) 导墙挖填、制作、安装、拆除；<br>(2) 挖土成槽、固壁、清底置换；<br>(3) 混凝土制作、运输、灌注、养护；<br>(4) 接头处理；<br>(5) 土方、废泥浆外运；<br>(6) 打桩场地硬化及泥浆池、泥浆沟</td></tr>
<tr><td>010202002</td><td>咬合灌注桩</td><td>(1) 地层情况；<br>(2) 桩长；<br>(3) 桩径；<br>(4) 混凝土种类、强度等级；<br>(5) 部位</td><td rowspan="3">(1) m；<br>(2) 根</td><td>(1) 以 m 计量，按设计图示尺寸以桩长计算；<br>(2) 以根计量，按设计图示数量计算</td><td>(1) 成孔、固壁；<br>(2) 混凝土制作、运输、灌注、养护；<br>(3) 套管压拔；<br>(4) 土方、废泥浆外运；<br>(5) 打桩场地硬化及泥浆池、泥浆沟</td></tr>
<tr><td>010202003</td><td>圆木桩</td><td>(1) 地层情况；<br>(2) 桩长；<br>(3) 材质；<br>(4) 尾径；<br>(5) 桩倾斜度</td><td rowspan="2">(1) 以 m 计量，按设计图示尺寸以桩长(包括桩尖)计算；<br>(2) 以根计量，按设计图示数量计算</td><td>(1) 工作平台搭拆；<br>(2) 桩机移位；<br>(3) 桩靴安装；<br>(4) 沉桩</td></tr>
<tr><td>010202004</td><td>预制钢筋混凝土板桩</td><td>(1) 地层情况；<br>(2) 送桩深度、长度；<br>(3) 桩截面；<br>(4) 沉桩方法；<br>(5) 连接方式；<br>(6) 混凝土强度等级</td><td>(1) 工作平台搭拆；<br>(2) 桩机移位；<br>(3) 沉桩；<br>(4) 板桩连接</td></tr>
</table>

**续表 6.24**

| 项目编码 | 项目名称 | 项目特征 | 计量单位 | 工程量计算规则 | 工作内容 |
|---|---|---|---|---|---|
| 010202005 | 型钢桩 | (1) 地层情况或部位；<br>(2) 送桩深度、桩长；<br>(3) 规格型号；<br>(4) 桩倾斜度；<br>(5) 防护材料种类；<br>(6) 是否拔出 | (1) t；<br>(2) 根 | (1) 以 t 计量，按设计图示尺寸以质量计算；<br>(2) 以根计量，按设计图示数量计算 | (1) 工作平台搭拆；<br>(2) 桩机移位；<br>(3) 打(拔)桩；<br>(4) 接桩；<br>(5) 刷防护材料 |
| 010202006 | 钢板桩 | (1) 地层情况；<br>(2) 桩长；<br>(3) 板桩厚度 | (1) t；<br>(2) $m^2$ | (1) 以 t 计量，按设计图示尺寸以质量计算；<br>(2) 以 $m^2$ 计量，按设计图示墙中心线长乘以桩长以面积计算 | (1) 工作平台搭拆；<br>(2) 桩机移位；<br>(3) 打拔钢板桩 |
| 010202007 | 锚杆<br>(锚索) | (1) 地层情况；<br>(2) 锚杆(索)类型、部位；<br>(3) 钻孔深度；<br>(4) 钻孔直径；<br>(5) 杆体材料品种、规格、数量；<br>(6) 预应力；<br>(7) 浆液种类、强度等级 | (1) m；<br>(2) 根 | (1) 以 m 计量，按设计图示尺寸以钻孔深度计算；<br>(2) 以根计量，按设计图示数量计算 | (1) 钻孔、浆液制作、运输、压浆；<br>(2) 锚杆(锚索)制作、安装；<br>(3) 张拉锚固；<br>(4) 锚杆(锚索)施工平台搭设、拆除 |
| 010202008 | 土钉 | (1) 地层情况；<br>(2) 钻孔深度；<br>(3) 钻孔直径；<br>(4) 置入方法；<br>(5) 杆体材料品种、规格、数量；<br>(6) 浆液种类、强度等级 | | | (1) 钻孔、浆液制作、运输、压浆；<br>(2) 土钉制作、安装；<br>(3) 土钉施工平台搭设、拆除 |
| 010202009 | 喷射混凝土、水泥砂浆 | (1) 部位；<br>(2) 厚度；<br>(3) 材料种类；<br>(4) 混凝土(砂浆)类别、强度等级 | $m^2$ | 按设计图示尺寸以面积计算 | (1) 修整边坡；<br>(2) 混凝土(砂浆)制作、运输、喷射、养护；<br>(3) 钻排水孔、安装排水管；<br>(4) 喷射施工平台搭设、拆除 |
| 010202010 | 钢筋混凝土支撑 | (1) 部位；<br>(2) 混凝土种类；<br>(3) 混凝土强度等级 | $m^3$ | 按设计图示尺寸以体积计算 | (1) 模板(支架或支撑)制作、安装、拆除、堆放、运输及清理模内杂物、刷隔离剂等；<br>(2) 混凝土制作、运输、浇筑、振捣、养护 |
| 010202011 | 钢支撑 | (1) 部位；<br>(2) 钢材品种、规格；<br>(3) 探伤要求 | t | 按设计图示尺寸以质量计算。不扣除孔眼质量，焊条、铆钉、螺栓等不另增加质量 | (1) 支撑、铁件制作(摊销、租赁)；<br>(2) 支撑、铁件安装；<br>(3) 探伤；<br>(4) 刷漆；<br>(5) 拆除；<br>(6) 运输 |

【例 6.3】 背景资料：某幢别墅工程基底为可塑黏土，不能满足设计承载力要求，采用水泥粉煤灰碎石桩进行地基处理，桩径为 400 mm，桩体强度等级为 C20，桩数为 52 根，设计桩长为 10 m，桩端进入硬塑黏土层不少于 1.5 m，桩顶在地面以下 1.5～2 m，水泥粉煤灰碎石桩采用振动沉管灌注桩施工，桩顶采用 200 mm 厚人工级配砂石（砂∶碎石＝3∶7，最大粒径 30 mm）作为褥垫层，如图 6.8、图 6.9 所示。试列出该工程地基处理分部分项工程量清单。

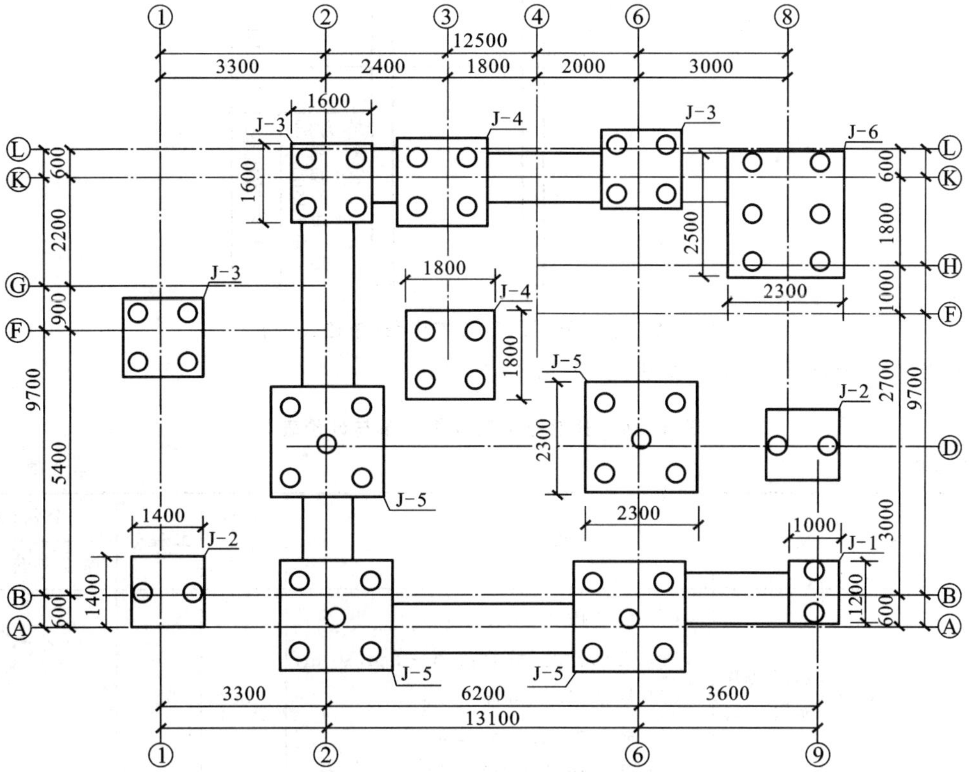


图 6.8 某幢别墅水泥粉煤灰碎石桩平面图（单位：mm）

【解】 (1) 工程量清单计算如表 6.25 所示。

表 6.25 工程量清单计算表

| 序号 | 清单项目编码 | 清单项目名称 | 计量单位 | 工程量 | 计算式 |
| --- | --- | --- | --- | --- | --- |
| 1 | 010201008001 | 水泥粉煤灰碎石桩 | m | 520 | $L=52\times10=520$ |
| 2 | 010201017001 | 褥垫层 | $m^2$ | 79.55 | (1) J-1：$1.8\times1.6\times1=2.88\ m^2$<br>(2) J-2：$2.0\times2.0\times2=8.00\ m^2$<br>(3) J-3：$2.2\times2.2\times3=14.52\ m^2$<br>(4) J-4：$2.4\times2.4\times2=11.52\ m^2$<br>(5) J-5：$2.9\times2.9\times4=33.64\ m^2$<br>(6) J-6：$2.9\times3.1\times1=8.99\ m^2$<br>$S=2.88+8.00+14.52+11.52+33.64+8.99=79.55\ m^2$ |

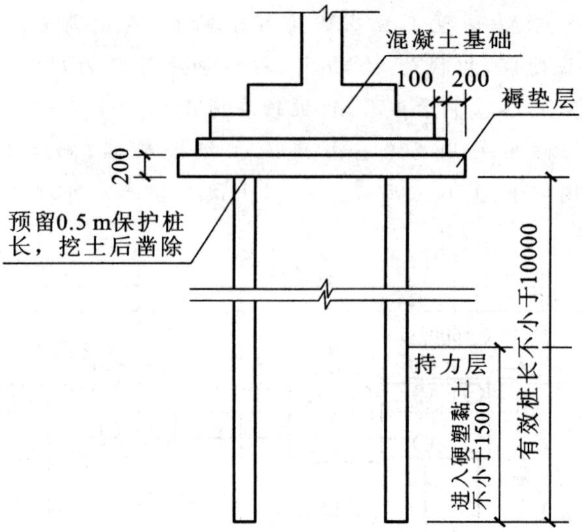


**图 6.9　水泥粉煤灰碎石桩详图(单位：mm)**

(2) 编制分部分项工程量清单，如表 6.26 所示。

**表 6.26　分部分项工程量清单与计价表**

工程名称：　　　　　　　　　　　　　　标段：　　　　　　　　　　　　　　第　页　共　页

| 序号 | 项目编码 | 项目名称 | 项目特征描述 | 计量单位 | 工程量 | 金额(元) | |
|---|---|---|---|---|---|---|---|
| | | | | | | 综合单价 | 合价 |
| 1 | 010201008001 | 水泥粉煤灰碎石桩 | (1) 地层情况：三类土；<br>(2) 空桩长度、桩长：1.5～2 m、10 m；<br>(3) 桩径：400 mm；<br>(4) 成孔方法：振动沉管；<br>(5) 混合料强度等级：C20 | m | 520 | | |
| 2 | 010201017001 | 褥垫层 | (1) 厚度：200 mm；<br>(2) 材料品种及比例：人工级配砂石(最大粒径 30 mm)，砂∶石=3∶7 | $m^2$ | 79.55 | | |

## 6.2.2　地基处理与边坡支护工程计价

(1) 地下连续墙中现浇混凝土导墙模板的制作、安拆按措施项目有关规定执行。地下连续墙钢筋网制作、安装，不包括在清单项目工作内容中，因此也不在清单项目的综合单价内。

(2) 模板的费用包括在钢筋混凝土支撑项目的综合单价内。

(3) 工作平台搭拆包含在打桩、锚杆(锚索)、土钉和喷射项目的综合单价中。

## 6.3 桩基工程

### 6.3.1 桩基工程清单分项

《房屋建筑与装饰工程工程量计算规范》(GB 50854—2013)，将桩基工程分为打桩和灌注桩两个方面的内容共 11 个项目。

6.3.1.1 打桩清单项目

打桩清单项目的项目特征中，对地层情况的描述按土壤分类表(表 6.1)和岩石分类表(表 6.2)规定，并根据岩土工程勘察报告按单位工程各地层所占比例(包括范围值)进行描述。对无法准确描述的地层情况，可注明由投标人根据岩土工程勘察报告自行决定报价。

项目特征中的桩截面、混凝土强度等级、桩类型等可直接用标准图代号或设计桩型进行描述。预制钢筋混凝土方桩、预制钢筋混凝土管桩项目以成品桩编制，应包括成品桩购置费，如果在现场预制，应包括现场预制桩的所有费用。

打试验桩和打斜桩应按相应项目单独列项，并应在项目特征中注明试验桩或斜桩(斜率)。截(凿)桩头项目适用于“计量规范”附录 B(地基处理与边坡支护工程)、附录 C(桩基工程)所列桩的桩头截(凿)。

预制钢筋混凝土管桩桩顶与承台的连接构造按“计量规范”附录 E(混凝土及钢筋混凝土工程)中相关项目列项。

打桩清单项目设置及工程量计算规则如表 6.27 所示。

**表 6.27 打桩(编号:010301)**

| 项目编码 | 项目名称 | 项目特征 | 计量单位 | 工程量计算规则 | 工作内容 |
|---|---|---|---|---|---|
| 010301001 | 预制钢筋混凝土方桩 | (1) 地层情况；<br>(2) 送桩深度、桩长；<br>(3) 桩截面；<br>(4) 桩倾斜度；<br>(5) 沉桩方法；<br>(6) 接桩方式；<br>(7) 混凝土强度等级 | (1) m；<br>(2) $m^3$；<br>(3) 根 | (1) 以 m 计量，按设计图示尺寸以桩长(包括桩尖)计算；<br>(2) 以 $m^3$ 计量，按设计图示截面积乘以桩长(包括桩尖)以实体积计算；<br>(3) 以根计量，按设计图示数量计算 | (1) 工作平台搭拆；<br>(2) 桩机竖拆、移位；<br>(3) 沉桩；<br>(4) 接桩；<br>(5) 送桩 |
| 010301002 | 预制钢筋混凝土管桩 | (1) 地层情况；<br>(2) 送桩深度、桩长；<br>(3) 桩外径、壁厚；<br>(4) 桩倾斜度；<br>(5) 沉桩方法；<br>(6) 桩尖类型；<br>(7) 混凝土强度等级；<br>(8) 填充材料种类；<br>(9) 防护材料种类 | | | (1) 工作平台搭拆；<br>(2) 桩机竖拆、移位；<br>(3) 沉桩；<br>(4) 接桩；<br>(5) 送桩；<br>(6) 桩尖制作安装；<br>(7) 填充材料、刷防护材料 |

续表 6.27

| 项目编码 | 项目名称 | 项目特征 | 计量单位 | 工程量计算规则 | 工作内容 |
| --- | --- | --- | --- | --- | --- |
| 010301003 | 钢管桩 | (1) 地层情况；<br>(2) 送桩深度、桩长；<br>(3) 材质；<br>(4) 管径、壁厚；<br>(5) 桩倾斜度；<br>(6) 沉桩方法；<br>(7) 填充材料种类；<br>(8) 防护材料种类 | (1) t；<br>(2) 根 | (1) 以 t 计量，按设计图示尺寸以质量计算；<br>(2) 以根计量，按设计图示数量计算 | (1) 工作平台搭拆；<br>(2) 桩机竖拆、移位；<br>(3) 沉桩；<br>(4) 接桩；<br>(5) 送桩；<br>(6) 切割钢管、精割盖帽；<br>(7) 管内取土；<br>(8) 填充材料、刷防护材料 |
| 010301004 | 截(凿)桩头 | (1) 桩类型；<br>(2) 桩头截面、高度；<br>(3) 混凝土强度等级；<br>(4) 有无钢筋 | (1) $m^3$；<br>(2) 根 | (1) 以 $m^3$ 计量，按设计桩截面乘以桩头长度以体积计算；<br>(2) 以根计量，按设计图示数量计算 | (1) 截(切割)桩头；<br>(2) 凿平；<br>(3) 废料外运 |

6.3.1.2 灌注桩清单项目

灌注桩清单项目的项目特征中，对地层情况的描述按土壤分类表(表 6.1)和岩石分类表(表 6.2)规定，并根据岩土工程勘察报告按单位工程各地层所占比例(包括范围值)进行描述。对无法准确描述的地层情况，可注明由投标人根据岩土工程勘察报告自行决定报价。

项目特征中的桩长应包括桩尖，空桩长度等于孔深减去桩长，孔深为自然地面至设计桩底的深度。项目特征中的桩截面(桩径)、混凝土强度等级、桩类型等可直接用标准图代号或设计桩型进行描述。

泥浆护壁成孔灌注桩是指在泥浆护壁条件下成孔，采用水下灌注混凝土的桩。其成孔方法包括冲击钻成孔、冲抓锥成孔、回旋钻成孔、潜水钻成孔、泥浆护壁的旋挖成孔等。

沉管灌注桩的沉管方法包括锤击沉管法、振动沉管法、振动冲击沉管法、内夯沉管法等。

干作业成孔灌注桩是指不用泥浆护壁和套管护壁的情况下，用钻机成孔后，下钢筋笼，灌注混凝土的桩，适用于地下水位以上的土层使用。其成孔方法包括螺旋钻成孔、螺旋钻成孔扩底、干作业的旋挖成孔等。

混凝土种类指清水混凝土、彩色混凝土、水下混凝土等。如在同一地区既使用预拌(商品)混凝土，又允许现场搅拌混凝土时，也应注明。

混凝土灌注桩的钢筋笼制作、安装，按“计量规范”附录 E(混凝土及钢筋混凝土工程)中相关项目编码列项。

灌注桩清单项目设置及工程量计算规则如表 6.28 所示。

**表 6.28　灌注桩(编号:010302)**

| 项目编码 | 项目名称 | 项目特征 | 计量单位 | 工程量计算规则 | 工作内容 |
|---|---|---|---|---|---|
| 010302001 | 泥浆护壁成孔灌注桩 | (1) 地层情况;<br>(2) 空桩长度、桩长;<br>(3) 桩径;<br>(4) 成孔方法;<br>(5) 护筒类型、长度;<br>(6) 混凝土种类、强度等级 | (1) m;<br>(2) $m^3$;<br>(3) 根 | (1) 以 m 计量,按设计图示尺寸以桩长(包括桩尖)计算;<br>(2) 以 $m^3$ 计量,按不同截面在桩上范围内以体积计算;<br>(3) 以根计量,按设计图示数量计算 | (1) 护筒埋设;<br>(2) 成孔、固壁;<br>(3) 混凝土制作、运输、灌注、养护;<br>(4) 土方、废泥浆外运;<br>(5) 打桩场地硬化及泥浆池、泥浆沟 |
| 010302002 | 沉管灌注桩 | (1) 地层情况;<br>(2) 空桩长度、桩长;<br>(3) 复打长度;<br>(4) 桩径;<br>(5) 沉管方法;<br>(6) 桩尖类型;<br>(7) 混凝土种类、强度等级 | | | (1) 打(沉)拔钢管;<br>(2) 桩尖制作、安装;<br>(3) 混凝土制作、运输、灌注、养护 |
| 010302003 | 干作业成孔灌注桩 | (1) 地层情况;<br>(2) 空桩长度、桩长;<br>(3) 桩径;<br>(4) 扩孔直径、高度;<br>(5) 成孔方法;<br>(6) 混凝土种类、强度等级 | (1) m;<br>(2) $m^3$;<br>(3) 根 | (1) 以 m 计量,按设计图示尺寸以桩长(包括桩尖)计算;<br>(2) 以 $m^3$ 计量,按不同截面在桩上范围内以体积计算;<br>(3) 以根计量,按设计图示数量计算 | (1) 成孔、扩孔;<br>(2) 混凝土制作、运输、灌注、振捣、养护 |
| 010302004 | 挖孔桩土(石)方 | (1) 地层情况;<br>(2) 挖孔深度;<br>(3) 弃土(石)运距 | $m^3$ | 按设计图示尺寸(含护壁)截面积乘以挖孔深度以 $m^3$ 计算 | (1) 排地表水;<br>(2) 挖土、凿石;<br>(3) 基底钎探;<br>(4) 运输 |
| 010302005 | 人工挖孔灌注桩 | (1) 桩芯长度;<br>(2) 桩芯直径、扩底直径、扩底高度;<br>(3) 护壁厚度、高度;<br>(4) 护壁混凝土种类、强度等级;<br>(5) 桩芯混凝土种类、强度等级 | (1) $m^3$;<br>(2) 根 | (1) 以 $m^3$ 计量,按桩芯混凝土体积计算;<br>(2) 以根计量,按设计图示数量计算 | (1) 护壁制作;<br>(2) 混凝土制作、运输、灌注、振捣、养护 |

续表 6.28

| 项目编码 | 项目名称 | 项目特征 | 计量单位 | 工程量计算规则 | 工作内容 |
|---|---|---|---|---|---|
| 010302006 | 钻孔压浆桩 | (1) 地层情况；<br>(2) 空钻长度、桩长；<br>(3) 钻孔直径；<br>(4) 水泥强度等级 | (1) m；<br>(2) 根 | (1) 以 m 计量，按设计图示尺寸以桩长计算；<br>(2) 以根计量，按设计图示数量计算 | 钻孔、下注浆管、投放骨料、浆液制作、运输、压浆 |
| 010302007 | 灌注桩后压浆 | (1) 注浆导管材料、规格；<br>(2) 注浆导管长度；<br>(3) 单孔注浆量；<br>(4) 水泥强度等级 | 孔 | 按设计图示以注浆孔数计算 | (1) 注浆导管制作、安装；<br>(2) 浆液制作、运输、压浆 |

**【例 6.4】** 某工程有预制钢筋混凝土方桩 240 根(含试桩 3 根)，桩截面为 500 mm×500 mm，桩长 11 m，土壤类别为二类土，桩身混凝土 C35，送桩深度 2 m。试编制此工程量清单。

**【解】** 本工程为预制钢筋混凝土方桩，试桩与工程桩各自单独列项，所以共设两个预制钢筋混凝土方桩工程量清单项目。

计算清单工程量：

预制钢筋混凝土方桩：240－3＝237 根

预制钢筋混凝土方桩试桩：3 根

分部分项工程量清单与计价表如表 6.29 所示。

**表 6.29 分部分项工程量清单与计价表**

工程名称： 标段： 第 页 共 页

| 序号 | 项目编码 | 项目名称 | 项目特征描述 | 计量单位 | 工程量 | 金额(元) | |
|---|---|---|---|---|---|---|---|
| | | | | | | 综合单价 | 合价 |
| 1 | 010301001001 | 预制钢筋混凝土方桩 | (1) 地层情况：二类土；<br>(2) 送桩深度 2 m，桩长 11 m；<br>(3) 桩截面：500 mm×500 mm；<br>(4) 桩倾斜度：0；<br>(5) 沉桩方法：打入；<br>(6) 接桩方式：无接桩；<br>(7) 混凝土强度等级：C35 | 根 | 237 | | |
| 2 | 010301001002 | 预制钢筋混凝土方桩试桩 | (1) 地层情况：二类土；<br>(2) 送桩深度 2 m，单桩长度 11 m；<br>(3) 桩截面：500 mm×500 mm；<br>(4) 桩倾斜度：0；<br>(5) 沉桩方法：打入；<br>(6) 接桩方式：无接桩；<br>(7) 混凝土强度等级：C35 | 根 | 3 | | |

【例 6.5】 某工程采用排桩进行基坑支护，排桩采用旋挖钻孔灌注桩进行施工。场地地面标高为 495.50～496.10 m，旋挖桩桩径为 1000 mm，桩长为 20 m，采用水下商品混凝土 C30，桩顶标高为 493.50 m，桩数为 206 根，超灌高度不少于 1 m。根据地质情况，采用 5 mm 厚钢护筒，护筒长度不少于 3 m。根据地质资料和设计情况，一、二类土约占 25%，三类土约占 20%，四类土约占 55%。试列出该排桩分部分项工程量清单。

【解】 (1) 工程量清单计算，如表 6.30 所示。

**表 6.30 工程量清单计算表**

工程名称：某工程

| 序号 | 清单项目编码 | 清单项目名称 | 计量单位 | 工程量 | 计算式 |
|---|---|---|---|---|---|
| 1 | 010302001001 | 泥浆护壁成孔灌注桩（旋挖桩） | 根 | 206 | $n=206$ 根 |
| 2 | 010301004001 | 截（凿）桩头 | $m^3$ | 161.79 | $\pi\times0.5^2\times1\times206=161.71\ m^3$ |

(2) 编制分部分项工程量清单，如表 6.31 所示。

**表 6.31 分部分项工程量清单与计价表**

工程名称：某工程

| 序号 | 项目编码 | 项目名称 | 项目特征描述 | 计量单位 | 工程量 | 金额（元） | |
|---|---|---|---|---|---|---|---|
| | | | | | | 综合单价 | 合价 |
| 1 | 010302001001 | 泥浆护壁成孔灌注桩（旋挖桩） | (1) 地层情况：一、二类土约占 25%，三类土约占 20%，四类土约占 55%；<br>(2) 空桩长度：2～2.6 m，桩长：20 m；<br>(3) 桩径：1000 mm；<br>(4) 成孔方法：旋挖钻孔；<br>(5) 护筒类型、长度：5 mm 厚钢护筒、不少于 3 m；<br>(6) 混凝土种类、强度等级：水下商品混凝土 C30 | 根 | 206 | | |
| 2 | 010301004001 | 截（凿）桩头 | (1) 桩类型：旋挖桩；<br>(2) 桩头截面、高度：1000 mm、不少于 1 m；<br>(3) 混凝土强度等级：C30；<br>(4) 有无钢筋：有 | $m^3$ | 161.71 | | |

### 6.3.2 桩基工程计价

(1) 各种桩的充盈量，包括砂石级配、密实系数等应包括在全费用综合单价内。

(2) 沉管灌注桩（含复打桩）使用预制钢筋混凝土桩尖时，桩尖应包括在清单项目的全费用综合单价内；预制钢筋混凝土桩送桩、接桩、管桩填充材料和刷防护材料等应包括在全费用综合单价内。

(3) 固壁泥浆制作、运输，泥浆池、槽的砌筑拆除，泥浆的外运，应包括在全费用综合单价内。

(4) 混凝土灌注桩的钢筋笼制作、安装，不包括在灌注桩清单项目工作内容中，因此也不在这些清单项目的全费用综合单价内。

(5) 在打试桩与打工程桩之间的间隔时间内，打桩机械在现场的停滞，应包括在试验桩的全费用综合单价内。

**【例 6.6】** 根据例 6.4 资料，预制方桩为施工单位外购，试计算预制钢筋混凝土方桩全费用综合单价。

**【解】** 工程量清单，如表 6.29 所示。

(1) 确定定额子目（计价项目）

① 根据清单的项目特征和"计量规范"规定的工作内容，确定清单项目"预制钢筋混凝土方桩"组合的定额项目有：

G3-1 打预制钢筋混凝土方桩桩长 12 m 以内；

G3-5 打送预制钢筋混凝土方桩桩长 12 m 以内；

② 清单项目 "预制钢筋混凝土方桩试桩"组合的定额项目与工程桩相同，只是在计价时考虑试验桩的因素。如 2018 年湖北省定额规定：单独打试桩、锚桩，按相应定额的打桩人工及机械乘以系数 1.5。

(2) 计算计价项目的工程量

① 清单项目 "预制钢筋混凝土方桩"对应的定额子目工程量计算如表 6.32 所示。

**表 6.32　分部分项工程量定额工程量表(一)**

工程名称：　　　　　　　　　　　　标段：　　　　　　　　　　　　第　页　共　页

| 序号 | 定额编号 | 分项名称 | 单位 | 工程量计算式 | 数量 |
|---|---|---|---|---|---|
| 1 | G3-1 | 打预制钢筋混凝土方桩桩长 12 m 以内 | $m^3$ | 11×0.5×0.5×237 | 651.75 |
| 2 | G3-5 | 打送预制钢筋混凝土方桩桩长 12 m 以内 | $m^3$ | 2×0.5×0.5×237 | 118.5 |

② 清单项目 "预制钢筋混凝土方桩试桩"对应的定额子目工程量计算如表 6.33 所示。

**表 6.33　分部分项工程量定额工程量表(二)**

工程名称：　　　　　　　　　　　　标段：　　　　　　　　　　　　第　页　共　页

| 序号 | 定额编号 | 分项名称 | 单位 | 工程量计算式 | 数量 |
|---|---|---|---|---|---|
| 1 | G3-1 | 打预制钢筋混凝土方桩桩长 12 m 以内 | $m^3$ | 11×0.5×0.5×3 | 8.25 |
| 2 | G3-5 | 打送预制钢筋混凝土方桩桩长 12 m 以内 | $m^3$ | 2×0.5×0.5×3 | 1.5 |

(3) 计算全费用综合单价

① 预制钢筋混凝土方桩全费用综合单价分析表如表 6.34 所示。

**表 6.34　预制钢筋混凝土方桩全费用综合单价分析表**

工程名称：　　　　　　　　　　　　　　标段：　　　　　　　　　　　　　　第　页　共　页

| 项目编码 | 010301001001 | | | 项目名称 | | 预制钢筋混凝土方桩 | | | 计量单位 | 根 | 工程量 | 237 | |
|---|---|---|---|---|---|---|---|---|---|---|---|---|---|
| 清单全费用综合单价组成明细 | | | | | | | | | | | | | |
| 定额编号 | 定额项目名称 | 定额单位 | 数量 | 单价(元) | | | | | 合价(元) | | | | |
| | | | | 人工费 | 材料费 | 施工机具使用费 | 费用 | 增值税 | 人工费 | 材料费 | 施工机具使用费 | 费用 | 增值税 |
| G3-1 | 打预制钢筋混凝土方桩桩长≤12 m | 10 $m^3$ | 0.275 | 603.02 | 9432.79 | 709.92 | 1171 | 1191.67 | 165.83 | 2594.02 | 195.23 | 322.03 | 327.71 |
| G3-5 | 打送预制钢筋混凝土方桩桩长≤12 m | 10 $m^3$ | 0.05 | 874.28 | 425.64 | 1029.39 | 1697.88 | 402.72 | 43.71 | 21.28 | 51.47 | 84.89 | 20.14 |
| 人工单价 | | 小计 | | | | | | | 209.54 | 2615.3 | 246.7 | 406.92 | 347.85 |
| 技工 142 元/工日；普工 92 元/工日 | | 未计价材料费 | | | | | | | 0 | | | | |
| 清单全费用综合单价(元) | | | | | | | | | 3826.31 | | | | |
| 材料费明细 | 主要材料名称、规格、型号 | | | | | | | | 单位 | 数量 | 单价(元) | 合价(元) | 暂估单价(元) | 暂估合价(元) | |
| | 预制钢筋混凝土方桩 | | | | | | $m^3$ | 2.778 | 898.39 | 2495.28 | | | |
| | 垫木 | | | | | | $m^3$ | 0.01 | 1855.33 | 18.18 | | | |
| | 金属周转材料 | | | | | | kg | 0.738 | 3.92 | 2.89 | | | |
| | 其他材料费 | | | | | | 元 | 12.581 | 1 | 12.58 | | | |
| | 柴油[机械] | | | | | | kg | 16.437 | 5.26 | 86.46 | | | |
| | 材料费小计 | | | | | | | | — | 2615.39 | — | 0 | |
| | | | | | | | | | | | | | |

② 打预制钢筋混凝土方桩试桩全费用综合单价分析表略。

## 思　考　题

(1) 平整场地的清单工程量和定额工程量是如何计算的？

(2) 挖沟槽土方、挖基坑土方的清单工程量和定额工程量是如何计算的？试简述其工程量清单的报价过程及特点。

(3) 基础回填土、室内回填土工程量计算时应注意什么？

(4) 什么是空桩长度？什么是桩长？

(5) 打试验桩和打工程桩为何要单独列清单项目？其计价有何特点？

## 习　题

(1) 图 6.10 所示为某建筑物基础平面图和剖面图，轴线居中，土质为二类土，弃土外运 5 km，基础采用 MU10 灰砂砖，M5 水泥砂浆砌筑。柱下独立基础混凝土强度为 C20；基础垫层混凝土强度等级为 C10 素混凝土。计算该基础挖土方、回填土的清单工程量，编制工程量清单，并对其进行报价。

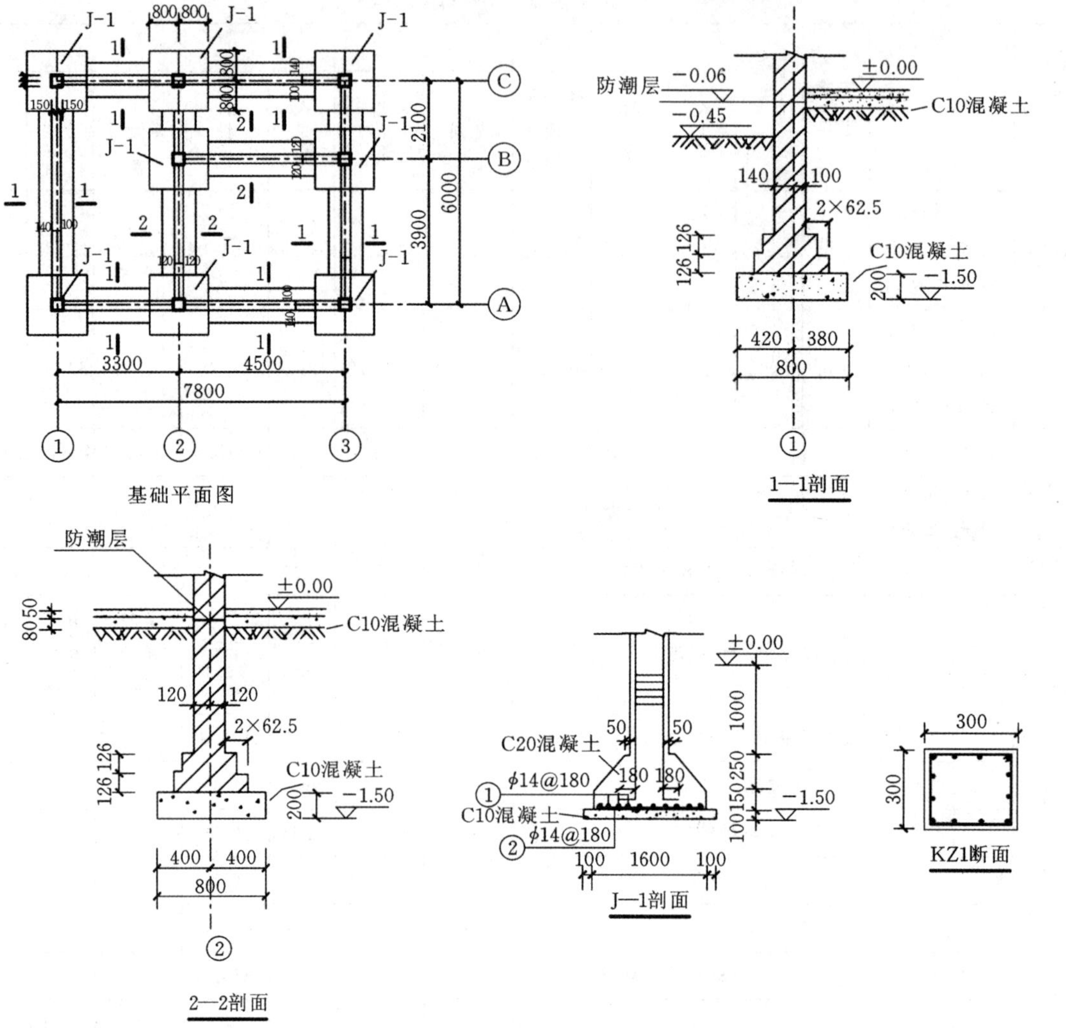


图 6.10　某建筑物基础平面图、剖面图(单位:mm)

(2) 预制单根方桩尺寸如图 6.11 所示，共有 108 根，试计算预制桩的清单工程量。若土壤类别为三类，打垂直桩，桩的混凝土强度等级 C40，试编制该项目的工程量清单并报价。

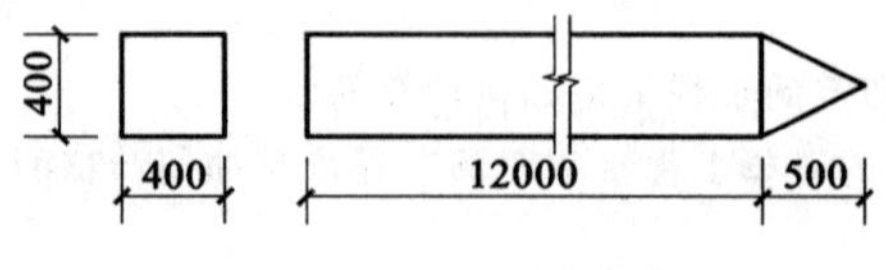


图 6.11　预制方桩示意图(单位:mm)

(3) 试依据当地定额和取费标准对例 6.3 和例 6.5 进行清单报价。

# 7 砌筑工程计量与计价

## 本 章 提 要

本章主要介绍砌筑工程部分砖基础和砖墙的清单分项特点，清单工程量计算规则，并结合工程实例详细讲解了砖基础和砖墙工程量清单的编制和工程量清单报价，本章重点要求掌握砖基础和砖墙的工程量计算方法，工程量清单的编制和相应的清单报价。

## 7.1 砌筑工程清单分项

### 7.1.1 砖基础与砖墙(柱)的划分

【习题测试】

(1) 基础与墙(柱)身使用同一种材料时，以设计室内地面(标高±0.00)为界(有地下室者，按地下室室内设计地面为界)，以下为基础，以上为墙(柱)身；

(2) 基础与墙(柱)身使用不同材料时，两种材料分界线位于设计室内地面高度不大于±300 mm时，以不同材料为分界线，界线以上为墙(柱)身，界线以下为基础；

(3) 若两种材料分界线位于设计室内地面高度大于±300 mm，以设计室内地面为分界线，界线以上为墙(柱)身，界线以下为基础；

(4) 砖围墙以设计室外地坪为界，以下为基础，以上为墙身。

### 7.1.2 砌体计算厚度的确定

标准砖尺寸以 240 mm×115 mm×53 mm 为准，其砌体计算厚度按表 7.1 规定。

表 7.1 标准砖砌体计算厚度

| 砖数(厚度) | 1/4 | 1/2 | 3/4 | 1 | 1.5 | 2 | 2.5 | 3 |
|---|---|---|---|---|---|---|---|---|
| 计算厚度(mm) | 53 | 115 | 180 | 240 | 365 | 490 | 615 | 740 |

使用非标准砖时，其砌体厚度应按砖实际规格和设计厚度计算。

### 7.1.3 砌筑工程清单项目

《房屋建筑与装饰工程工程量计算规范》(GB 50854—2013)，将砌筑工程分为砖砌体、砌块砌体、石砌体和垫层 4 个方面的内容共 27 个项目。其中砖砌体、砌块砌体和垫层工程量清单项目设置及工程量计算规则如表 7.2、表 7.3 和表 7.4 所示。

表 7.2　砖砌体(编号:010401)

<table>
<tr><th>项目编码</th><th>项目<br>名称</th><th>项目特征</th><th>计量<br>单位</th><th>工程量计算规则</th><th>工作内容</th></tr>
<tr><td>010401001</td><td>砖基础</td><td>(1)砖品种、规格、强度等级;<br>(2)基础类型;<br>(3)砂浆强度等级;<br>(4)防潮层材料种类</td><td rowspan="5">$m^3$</td><td>按设计图示尺寸以体积计算。<br>包括附墙垛基础宽出部分体积,扣除地梁(圈梁)、构造柱所占体积,不扣除基础大放脚T形接头处的重叠部分及嵌入基础内的钢筋、铁件、管道、基础砂浆防潮层和单个面积不大于0.3 $m^2$的孔洞所占体积,靠墙暖气沟的挑檐不增加。<br>基础长度:外墙按外墙中心线,内墙按内墙净长线计算</td><td>(1)砂浆制作、运输;<br>(2)砌砖;<br>(3)防潮层铺设;<br>(4)材料运输</td></tr>
<tr><td>010401002</td><td>砖砌挖孔桩护壁</td><td>(1)砖品种、规格、强度等级;<br>(2)砂浆强度等级</td><td>按设计图示尺寸以 $m^3$ 计算</td><td>(1)砂浆制作、运输;<br>(2)砌砖;<br>(3)材料运输</td></tr>
<tr><td>010401003</td><td>实心砖墙</td><td rowspan="3">(1)砖品种、规格、强度等级;<br>(2)墙体类型;<br>(3)砂浆强度等级、配合比</td><td rowspan="3">按设计图示尺寸以体积计算。<br>扣除门窗、洞口、嵌入墙内的钢筋混凝土柱、梁、圈梁、挑梁、过梁及凹进墙内的壁龛、管槽、暖气槽、消火栓箱所占体积,不扣除梁头、板头、檩头、垫木、木楞头、沿缘木、木砖、门窗走头、砖墙内加固钢筋、木筋、铁件、钢管及单个面积不大于0.3 $m^2$的孔洞所占体积。凸出墙面的腰线、挑檐、压顶、窗台线、虎头砖、门窗套的体积亦不增加。凸出墙面的砖垛并入墙体体积内计算。<br>墙长度:外墙按中心线,内墙按净长计算;墙高计算规则参见后文7.2.2</td><td rowspan="3">(1)砂浆制作、运输;<br>(2)砌砖;<br>(3)刮缝;<br>(4)砖压顶砌筑;<br>(5)材料运输</td></tr>
<tr><td>010401004</td><td>多孔砖墙</td></tr>
<tr><td>010401005</td><td>空心砖墙</td></tr>
</table>

续表 7.2

| 项目编码 | 项目名称 | 项目特征 | 计量单位 | 工程量计算规则 | 工作内容 |
|---|---|---|---|---|---|
| 010401006 | 空斗墙 | (1) 砖品种、规格、强度等级；<br>(2) 墙体类型；<br>(3) 砂浆强度等级、配合比 | $m^3$ | 按设计图示尺寸以空斗墙外形体积计算。墙角、内外墙交接处、门窗洞口立边、窗台砖、屋檐处的实砌部分体积并入空斗墙体积内 | (1) 砂浆制作、运输；<br>(2) 砌砖；<br>(3) 装填充料；<br>(4) 刮缝；<br>(5) 材料运输 |
| 010401007 | 空花墙 | | | 按设计图示尺寸以空花部分外形体积计算，不扣除空洞部分体积 | |
| 010401008 | 填充墙 | (1) 砖品种、规格、强度等级；<br>(2) 墙体类型；<br>(3) 填充材料种类及厚度；<br>(4) 砂浆强度等级、配合比 | | 按设计图示尺寸以填充墙外形体积计算。 | |
| 010401009 | 实心砖柱 | (1) 砖品种、规格、强度等级；<br>(2) 柱类型；<br>(3) 砂浆强度等级、配合比 | $m^3$ | 按设计图示尺寸以体积计算。扣除混凝土及钢筋混凝土梁垫、梁头、板头所占体积 | (1) 砂浆制作、运输；<br>(2) 砌砖；<br>(3) 刮缝；<br>(4) 材料运输 |
| 010401010 | 多孔砖柱 | | | | |
| 010401011 | 砖检查井 | (1) 井截面、深度；<br>(2) 砖品种、规格、强度等级；<br>(3) 垫层材料种类、厚度；<br>(4) 底板厚度；<br>(5) 井盖安装；<br>(6) 混凝土强度等级；<br>(7) 砂浆强度等级；<br>(8) 防潮层材料种类 | 座 | 按设计图示数量计算 | (1) 砂浆制作、运输；<br>(2) 铺设垫层；<br>(3) 底板混凝土制作、运输、浇筑、振捣、养护；<br>(4) 砌砖；<br>(5) 刮缝；<br>(6) 井池底、壁抹灰；<br>(7) 抹防潮层；<br>(8) 材料运输 |
| 010401012 | 零星砌砖 | (1) 零星砌砖名称、部位；<br>(2) 砖品种、规格、强度等级；<br>(3) 砂浆强度等级、配合比 | (1) $m^3$；<br>(2) $m^2$；<br>(3) m；<br>(4) 个 | (1) 以 $m^3$ 计量，按设计图示尺寸截面积乘以长度计算；<br>(2) 以 $m^2$ 计量，按设计图示尺寸水平投影面积计算；<br>(3) 以 m 计量，按设计图示尺寸长度计算；<br>(4) 以个计量，按设计图示数量计算 | (1) 砂浆制作、运输；<br>(2) 砌砖；<br>(3) 刮缝；<br>(4) 材料运输 |

续表 7.2

| 项目编码 | 项目名称 | 项目特征 | 计量单位 | 工程量计算规则 | 工作内容 |
| --- | --- | --- | --- | --- | --- |
| 010401013 | 砖散水、地坪 | （1）砖品种、规格、强度等级；<br>（2）垫层材料种类、厚度；<br>（3）散水、地坪厚度；<br>（4）面层种类、厚度；<br>（5）砂浆强度等级 | $m^2$ | 按设计图示尺寸以面积计算 | （1）土方挖、运、填；<br>（2）地基找平、夯实；<br>（3）铺设垫层；<br>（4）砌砖散水、地坪；<br>（5）抹砂浆面层 |
| 010401014 | 砖地沟、明沟 | （1）砖品种、规格、强度等级；<br>（2）沟截面尺寸；<br>（3）垫层材料种类、厚度；<br>（4）混凝土强度等级；<br>（5）砂浆强度等级 | m | 以 m 计量，按设计图示以中心线长度计算 | （1）土方挖、运、填；<br>（2）铺设垫层；<br>（3）底板混凝土制作、运输、浇筑、振捣、养护；<br>（4）砌砖；<br>（5）刮缝、抹灰；<br>（6）材料运输 |

**表 7.3　砌块砌体（编号：010402）**

| 项目编码 | 项目名称 | 项目特征 | 计量单位 | 工程量计算规则 | 工作内容 |
| --- | --- | --- | --- | --- | --- |
| 010402001 | 砌块墙 | （1）砌块品种、规格、强度等级；<br>（2）墙体类型；<br>（3）砂浆强度等级 | $m^3$ | 按设计图示尺寸以体积计算。<br>扣除门窗、洞口、嵌入墙内的钢筋混凝土柱、梁、圈梁、挑梁、过梁及凹进墙内的壁龛、管槽、暖气槽、消火栓箱所占体积，不扣除梁头、板头、檩头、垫木、木楞头、沿缘木、木砖、门窗走头、砌块墙内加固钢筋、木筋、铁件、钢管及单个面积不大于 0.3 $m^2$ 的孔洞所占体积。凸出墙面的腰线、挑檐、压顶、窗台线、虎头砖、门窗套的体积亦不增加。凸出墙面的砖垛并入墙体体积内计算。<br>墙长度：外墙按中心线，内墙按净长线计算；墙高计算规则参见后文 7.2.2 | （1）砂浆制作、运输；<br>（2）砌砖；<br>（3）防潮层铺设；<br>（4）材料运输 |
| 010402002 | 砌块柱 | | | 按设计图示尺寸以体积计算。<br>扣除混凝土及钢筋混凝土梁垫、梁头、板头所占体积 | |

表 7.4　垫层(编号:010404)

| 项目编码 | 项目名称 | 项目特征 | 计量单位 | 工程量计算规则 | 工作内容 |
| --- | --- | --- | --- | --- | --- |
| 010404001 | 垫层 | 垫层材料种类、配合比、厚度 | $m^3$ | 按设计图示尺寸以 $m^3$ 计算 | (1) 垫层材料的拌制；<br>(2) 垫层铺设；<br>(3) 材料运输 |

注:除混凝土垫层应按混凝土工程相关项目编码列项外,没有包括垫层要求的清单项目应按本表垫层项目编码列项。例如:灰土垫层、楼地面等(非混凝土)垫层按本项目编码列项。

## 7.2　砌筑工程计量

### 7.2.1　砖基础计量

砖基础常见的类型有条形基础和独立基础,一般用于墙下基础、柱下基础、管道基础、烟囱基础等。条形基础的工程量,按施工图示尺寸以体积计算,即:

$$V=\sum L\times A+\sum V_{\text{跺基}}-\sum \text{嵌入基础的混凝土构件体积}$$
$$-\sum \text{大于 } 0.3\ \text{m}^2 \text{ 洞孔面积}\times\text{基础墙厚} \quad (7.1)$$

式中　$V$——基础体积;

$L$——基础长度,外墙按中心线长度,内墙按净长线长度计算;

$A$——基础断面积,等于基础墙的面积与大放脚面积之和。

(1) 大放脚的形式有等高式和不等高式两种,如图 7.1 所示。

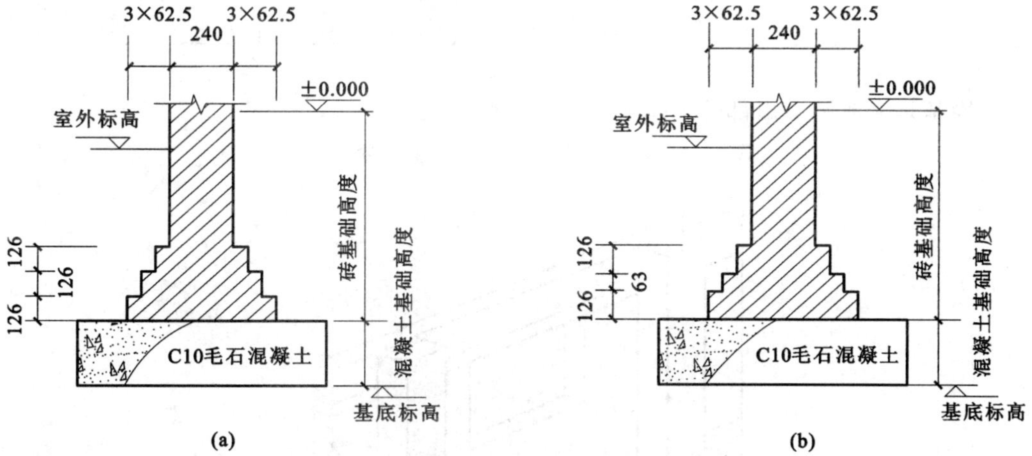


**图 7.1　砖基础大放脚示意图(单位:mm)**

(a)等高式大放脚;(b)不等高式大放脚

带大放脚的砖基础断面面积 $A$ 可利用平面几何知识按以下公式直接计算:

等高式砖基础断面面积

$$A=bH+n(n+1)\times 0.0625\times 0.126 \quad (7.2)$$

不等高式砖基础断面面积

$$A=bH+0.0625n\left[\frac{n}{2}(0.126+0.0625)+0.126\right] \quad (7.3)$$

式中 $H$——砖基础高度(m)；

$b$——基础墙厚度(m)；

$n$——大放脚层数。

也可根据大放脚的层数，所附基础墙的厚度及是否等高放阶等因素，查表 7.5 来获得大放脚的折加高度 $h$ 或大放脚的增加断面面积 $s$，按下式计算：

$$\text{基础断面面积 } A=b(H+h) \quad \text{或} \quad \text{基础断面面积 } A=bH+s \quad (7.4)$$

$$\text{大放脚折加高度}=\frac{\text{大放脚增加断面面积}}{\text{砖基础墙的厚度}} \quad (7.5)$$

现将不同墙厚、不同层数大放脚的折加高度和增加的断面面积列于表 7.5 中，供计算砖基础工程量时直接查用。

**表 7.5 标准砖大放脚的折加高度和大放脚增加断面面积**

| 放脚层数($n$) | 折加高度(m) | | | | | | | | 增加断面面积($m^2$) | |
|---|---|---|---|---|---|---|---|---|---|---|
| | 1/2 砖 | | 1 砖 | | 1.5 砖 | | 2 砖 | | | |
| | 等高 | 不等高 | 等高 | 不等高 | 等高 | 不等高 | 等高 | 不等高 | 等高 | 不等高 |
| 1 | 0.137 | 0.137 | 0.066 | 0.066 | 0.043 | 0.043 | 0.032 | 0.032 | 0.01575 | 0.01575 |
| 2 | 0.411 | 0.342 | 0.197 | 0.164 | 0.129 | 0.108 | 0.096 | 0.08 | 0.04725 | 0.03938 |
| 3 | | | 0.394 | 0.328 | 0.259 | 0.216 | 0.193 | 0.161 | 0.0945 | 0.07875 |
| 4 | | | 0.656 | 0.525 | 0.432 | 0.345 | 0.321 | 0.257 | 0.1575 | 0.126 |
| 5 | | | 0.984 | 0.788 | 0.647 | 0.518 | 0.482 | 0.386 | 0.2363 | 0.189 |
| 6 | | | 1.378 | 1.083 | 0.906 | 0.712 | 0.672 | 0.53 | 0.3308 | 0.259 |
| 7 | | | 1.838 | 1.444 | 1.208 | 0.949 | 0.90 | 0.707 | 0.441 | 0.3465 |
| 8 | | | 2.363 | 1.838 | 1.553 | 1.208 | 1.157 | 0.900 | 0.567 | 0.4411 |

(2) 垛基是大放脚突出部分的基础，如图 7.2 所示。

$$V_{\text{垛基}}=\text{垛基正身体积}+\text{放脚部分体积} \quad (7.6)$$

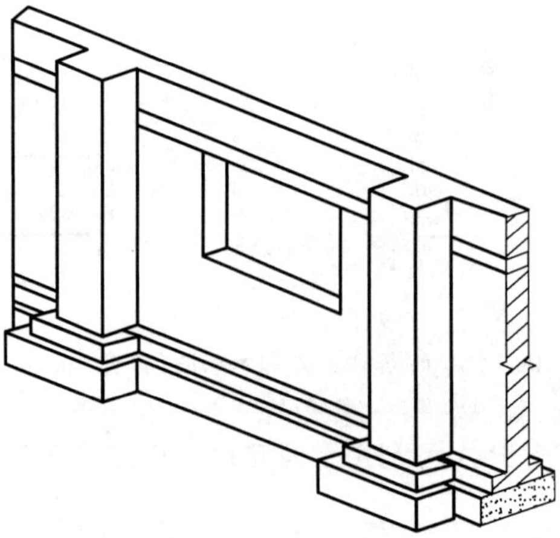

**图 7.2 垛基示意图**

### 7.2.2 砖墙计量

砖墙包括实心砖墙、多孔砖墙和空心砖墙等，工程量按实体积以 $m^3$ 计算，计算公式如下：

$$V=(\text{墙长}\times\text{墙高}-\sum\text{嵌入墙身的门窗洞口面积})\times\text{墙厚}$$
$$-\sum\text{嵌入墙身的混凝土构件体积}+\sum\text{应并入的体积} \qquad (7.7)$$

式中：

(1) 墙长

外墙按中心线总长度计算，内墙按净长线总长度计算。

(2) 墙高

① 外墙高度：斜（坡）屋面无檐口天棚者，其高度算至屋面板底，如图 7.3 所示；有屋架且室内外均有天棚者，其高度算至屋架下弦底另加 200 mm，如图 7.4 所示；有屋架无天棚者，其高度算至屋架下弦底另加 300 mm，出檐宽度超过 600 mm 时按实砌高度计算，如图 7.5 所示；与钢筋混凝土楼板隔层者算至板顶，平屋顶算至钢筋混凝土板底，如图 7.6 所示。

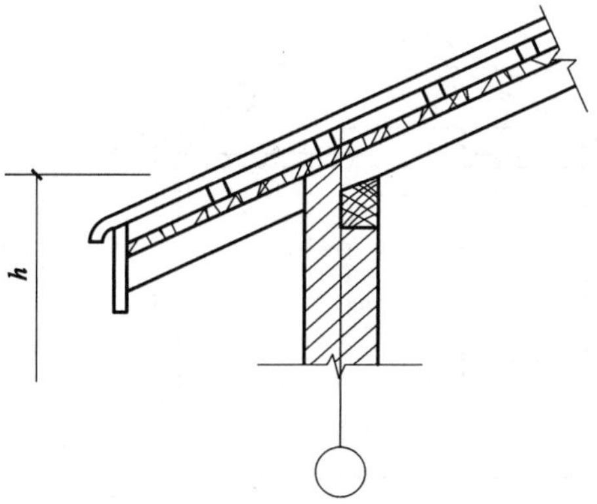


图7.3　斜(坡)屋面无檐口天棚的外墙高度

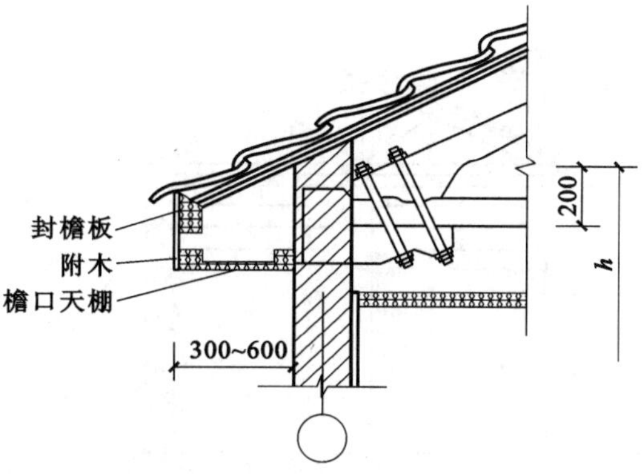


图 7.4　有屋架且室内外均有天棚的外墙高度(单位:mm)

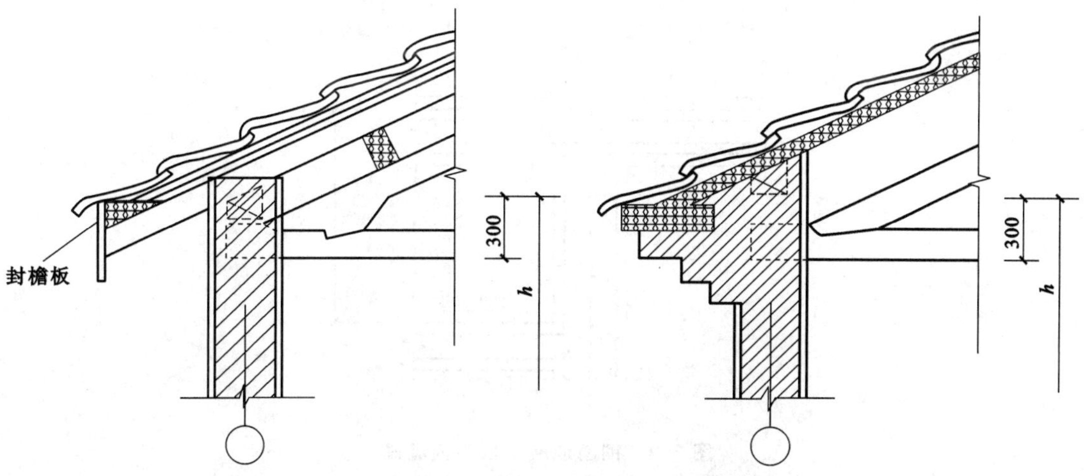


图 7.5　有屋架无天棚的外墙高度(单位:mm)

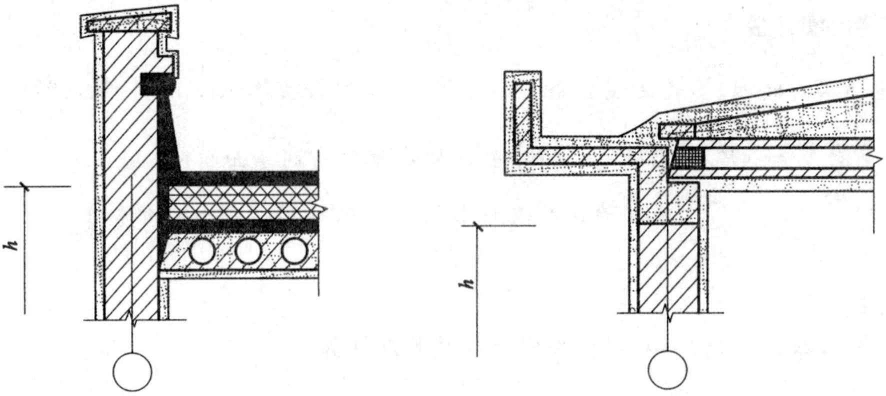


图 7.6　平屋面的外墙高度

② 内墙高度：位于屋架下弦者，其高度算至屋架下弦底，如图 7.7 所示；无屋架者算至天棚底另加 100 mm，如图 7.8 所示；有钢筋混凝土楼板隔层者算至楼板顶，如图 7.9 所示；有框架梁时，其高度算至梁底。

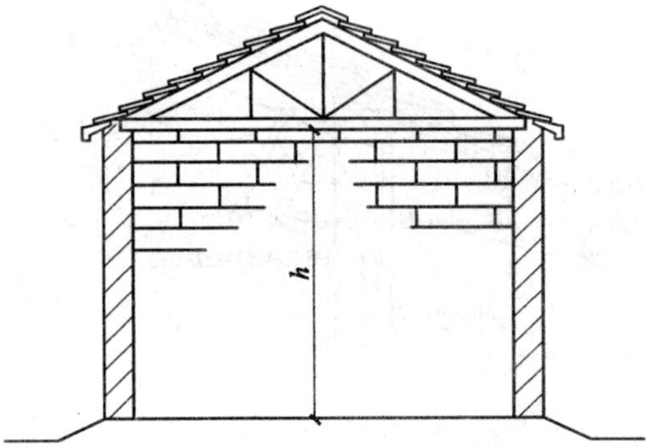


图 7.7　位于屋架下的内墙高

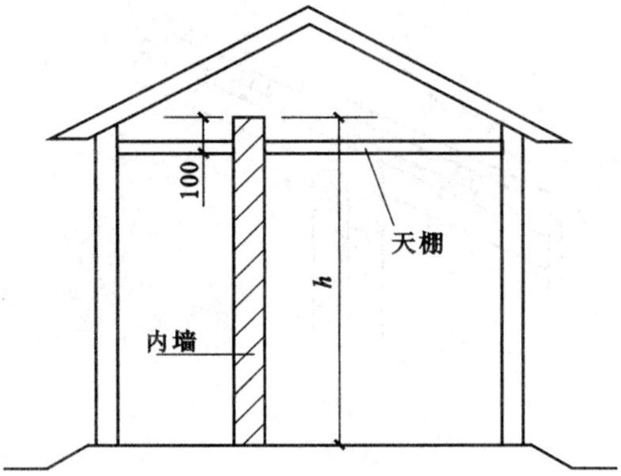


图 7.8　无屋架内墙高

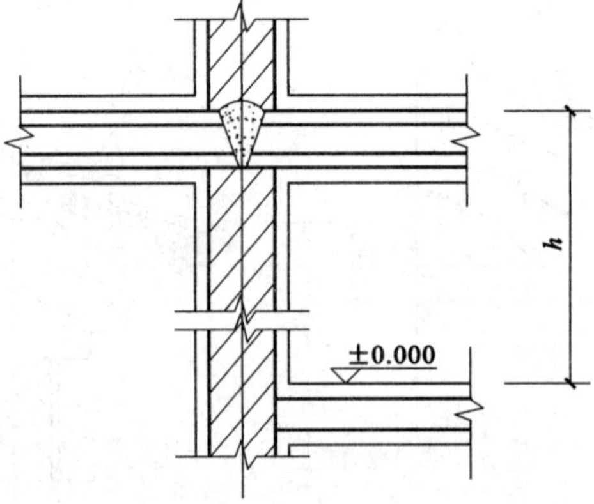


图 7.9　钢筋混凝土板下内墙高

③ 女儿墙高度：从屋面板上表面算至女儿墙顶面（如有混凝土压顶时算至压顶下表面）。

④ 内、外山墙高度：按山墙处的平均高度计算。

⑤ 围墙高度：高度算至压顶上表面（如有混凝土压顶时算至压顶下表面），围墙柱并入围墙体积内。

⑥ 框架间墙：不分内外墙，按墙体净尺寸以体积计算。

【习题测试】

## 7.3 砌筑工程计价

### 7.3.1 砖基础工程计价

对照“计量规范”的项目特征和工作内容，依据 2018 湖北省房屋建筑与装饰工程消耗量定额可以看出，清单砖基础(010401001)项目计价的组价内容有：砌筑砖基础和铺设防潮层两个定额子目。下面以一个实例分析砖基础工程计价的整个过程。

**【例 7.1】** 某建筑物基础平面图、剖面图如图 7.10 所示，已知该条形基础是 M10 干混砌筑砂浆砌筑混凝土实心砖，基础防潮层做法为 20 mm 厚 M15 干混地面砂浆掺防水粉，垫层为 C10 混凝土。试编制该砖基础工程的工程量清单，并对该工程量清单进行报价。

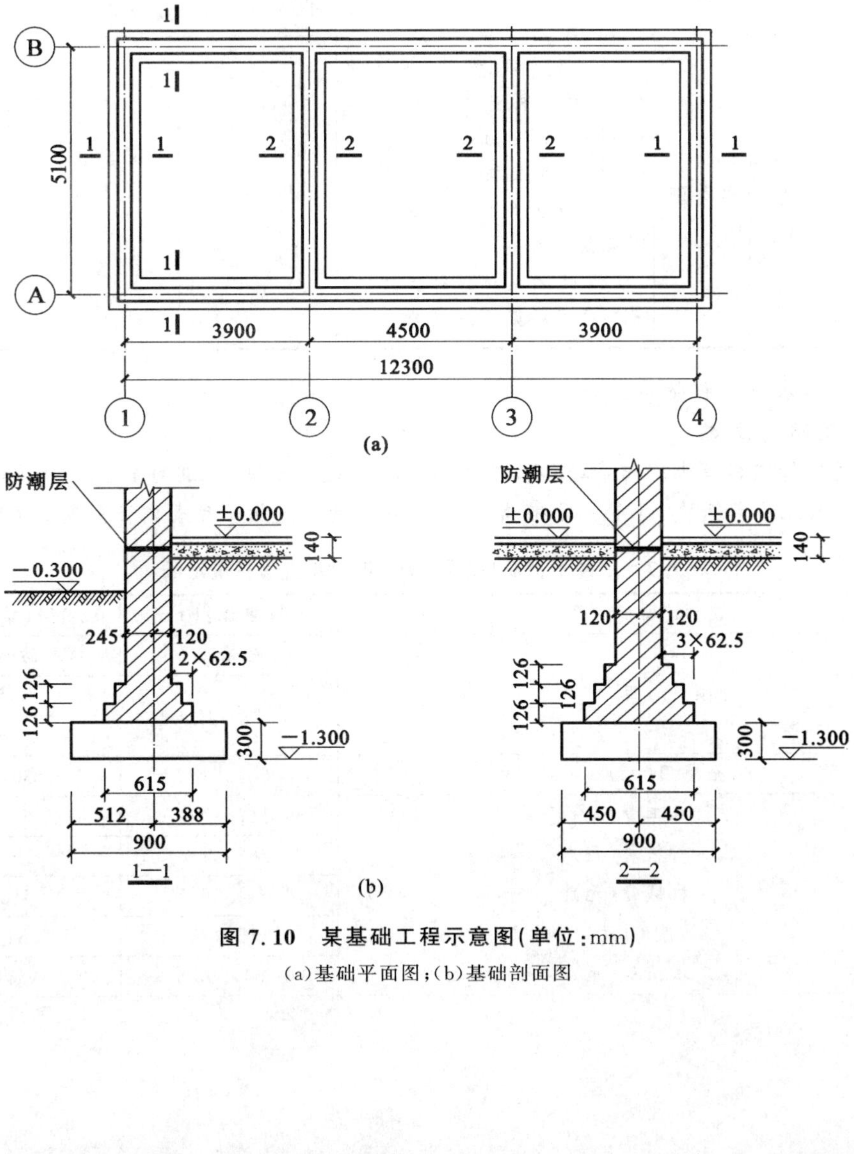


**图 7.10 某基础工程示意图(单位：mm)**

(a)基础平面图；(b)基础剖面图

【解】 (1) 计算砖基础清单工程量

外墙条形基础长度(轴线不居中,需调整),调整值为:

$$(0.512-0.388)\div 2=0.062\ \text{m}$$

$$L_{中}=(12.3+5.1+0.062\times 4)\times 2=35.3\ \text{m}$$

内墙条形基础长度:

$$L_{内}=(5.1-0.24)\times 2=9.72\ \text{m}$$

基础断面面积 $A=b(H+h)$,其中折加高度 $h$,查表 7.5 知,外内墙分别为 0.129 m 和 0.394 m。

砖基础体积为:

$$V_{砖基础}=0.365\times(1+0.129)\times 35.3+0.24\times(1+0.394)\times 9.72=17.80\ \text{m}^3$$

编制砖基础分部分项工程量清单,如表 7.6 所示。

**表 7.6 分部分项工程量清单与计价表**

工程名称: 标段: 第 页 共 页

| 序号 | 项目编码 | 项目名称 | 项目特征描述 | 计量单位 | 工程量 | 金额(元) | | |
|---|---|---|---|---|---|---|---|---|
| | | | | | | 综合单价 | 合价 | 其中:暂估价 |
| 01 | 010401001001 | 砖基础 | (1) 砖品种、规格、强度等级:混凝土实心砖 240 mm×115 mm×53 mm;<br>(2) 基础类型:条形基础;<br>(3) 砂浆强度等级:M10 干混砌筑砂浆;<br>(4) 防潮层材料种类:M15 干混地面砂浆掺防水粉 | $\text{m}^3$ | 17.80 | | | |

(2) 对该砖基础工程量清单报价

① 计算定额工程量

砖基础的组价内容有砌筑砖基础和铺设防潮层两个定额子目,分别对应 2018 年湖北省房屋建筑与装饰工程消耗量定额的 A1-1 子目和 A6-117 子目。两个定额子目表内容如表 7.7 所示。

**表 7.7 定额子目表(摘录 2018 年湖北省消耗量定额)**

| 定额编号 | | A1-1(单位:10 $\text{m}^3$) | A6-117(单位:100 $\text{m}^2$) |
|---|---|---|---|
| 项目 | | 砖基础 | 防水砂浆 |
| | | 实心砖 | 掺防水粉 |
| | | | 20 mm 厚 |
| 全费用(元) | | 6049.18 | 3642.32 |
| 其中 | 人工费(元) | 1476.33 | 927.20 |
| | 材料费(元) | 2621.11 | 1521.96 |
| | 机械费(元) | 44.96 | 18.54 |
| | 费用(元) | 1356.85 | 843.50 |
| | 增值税(元) | 549.93 | 331.12 |

续表 7.7

| 名称 | | 单位 | 单价(元) | 数量 | |
|---|---|---|---|---|---|
| 人工 | 普工 | 工日 | 92.00 | 2.511 | 3.040 |
| | 技工 | 工日 | 142.00 | 5.021 | 4.560 |
| | 高级技工 | 工日 | 212.00 | 2.511 | — |
| 材料 | 干混砌筑砂浆 DM M10 | t | 257.35 | 4.078 | — |
| | 干混地面砂浆 DS M15 | t | 295.81 | — | 3.655 |
| | 混凝土实心砖 240 mm×115 mm×53 mm | 千块 | 295.18 | 5.288 | — |
| | 水 | $m^3$ | 3.39 | 1.650 | 0.513 |
| | 电[机械] | kW·h | 0.75 | 6.842 | 2.822 |
| | 防水粉 | kg | 6.59 | — | 66.300 |
| 机械 | 干混砂浆罐式搅拌机 20000 L | 台班 | 187.32 | 0.240 | 0.099 |

经查定额知砖基础定额工程量计算规则同清单规则，即定额工程量也为 17.80 $m^3$。防潮层的工程量计算规则是：建筑物墙基防潮层，外墙长度按中心线长度，内墙按净长，乘以宽度以平方米计算，则有：

$$S_{防潮层}=35.3\times0.365+9.72\times0.24=15.22\ m^2$$

② 计算全费用综合单价

$$17.8/10\times6049.18+15.22/100\times3642.32=11321.90\ 元$$

$$11321.90\div17.80(清单工程量)=636.06\ 元/m^3$$

该砖基础清单项目全费用综合单价分析表如表 7.8 所示。

**表 7.8　工程量清单全费用综合单价分析表**

工程名称：　　　　　　　　　　标段：　　　　　　　　　　第　页　共　页

| 项目编码 | | 010401001001 | | 项目名称 | | 砖基础 | | | 计量单位 | m³ | 工程量 | | 17.80 |
|---|---|---|---|---|---|---|---|---|---|---|---|---|---|
| 清单全费用综合单价组成明细 | | | | | | | | | | | | | |
| 定额编号 | 定额项目名称 | 定额单位 | 数量 | 单价(元) | | | | | 合价(元) | | | | |
| | | | | 人工费 | 材料费 | 施工机具使用费 | 费用 | 增值税 | 人工费 | 材料费 | 施工机具使用费 | 费用 | 增值税 |
| A1-1 | 砖基础实心砖直形 | 10 $m^3$ | 0.1 | 1476.33 | 2621.11 | 44.96 | 1356.85 | 549.93 | 147.63 | 262.11 | 4.5 | 135.69 | 54.99 |
| A6-117 | 防水砂浆掺防水粉 | 100 $m^2$ | 0.0086 | 927.20 | 1521.96 | 18.54 | 843.50 | 331.12 | 7.93 | 13.01 | 0.16 | 7.21 | 2.83 |
| 人工单价 | | 小计 | | | | | | | 155.56 | 275.12 | 4.66 | 142.90 | 57.82 |

续表 7.8

| | | | | | | | | |
|---|---|---|---|---|---|---|---|---|
| 高级技工 212 元/工日；技工 142 元/工日；普工 92 元/工日 | 未计价材料费 | | | 0 | | | | |
| 清单全费用综合单价(元) | | | | 636.06 | | | | |
| 材料费明细 | 主要材料名称、规格、型号 | 单位 | 数量 | 单价(元) | 合价(元) | 暂估单价(元) | 暂估合价(元) | |
| | 混凝土实心砖 240 mm×115 mm×53 mm | 千块 | 0.529 | 295.18 | 156.09 | | | |
| | 干混砌筑砂浆 DM M10 | t | 0.408 | 257.35 | 104.95 | | | |
| | 水 | $m^3$ | 0.169 | 3.39 | 0.57 | | | |
| | 电[机械] | kW·h | 0.708 | 0.75 | 0.53 | | | |
| | 干混地面砂浆 DS M15 | t | 0.031 | 295.81 | 9.23 | | | |
| | 防水粉 | kg | 0.567 | 6.59 | 3.74 | | | |
| | 材料费小计 | | | — | 275.11 | — | 0 | |
| | | | | | | | | |

### 7.3.2 砖墙工程计价

实心砖墙(010401003)项目适用于各种类型实心砖墙，可分为外墙、内墙、围墙、清水墙、混水墙、直形墙、弧形墙等。对照“计量规范”的项目特征和工作内容，依据 2018 年湖北省房屋建筑与装饰工程消耗量定额可以看出，实心砖墙(010401003)项目计价的组价内容依据上述墙的类型不同一般对应一个定额子目，若是清水砖墙有勾缝要求，则需要增加一个勾缝的定额子目。下面以一个实例分析实心砖墙计价的整个过程。

**【例 7.2】** 某单层建筑物如图 7.11 所示，内外墙均为 M5 干混砌筑砂浆砌筑 1 砖混水墙，门窗尺寸如表 7.9 所示，圈梁尺寸为 240 mm×300 mm，窗上圈梁带过梁，门上过梁尺寸为 240 mm×120 mm。试编制该砖墙工程的工程量清单，并对该砖墙工程量清单进行报价。

**表 7.9 门窗统计表**

| 门窗名称 | 代号 | 洞口尺寸(mm×mm) | 数量(樘) | 单樘面积($m^2$) | 合计面积($m^2$) |
|---|---|---|---|---|---|
| 双扇铝合金推拉窗 | C1 | 1500×1800 | 6 | 2.7 | 16.2 |
| 双扇铝合金推拉窗 | C2 | 2100×1800 | 2 | 3.78 | 7.56 |
| 单扇无亮无砂镶板门 | M1 | 900×2000 | 4 | 1.8 | 7.2 |

**【解】** (1) 计算砖墙清单工程量

外墙中心线：

$$L_{中}=(15.0+5.1)\times 2=40.2\ \text{m}$$

内墙净长线：

$$L_{净}=(5.1-0.24)\times 2+3.6-0.24=13.08\ \text{m}$$

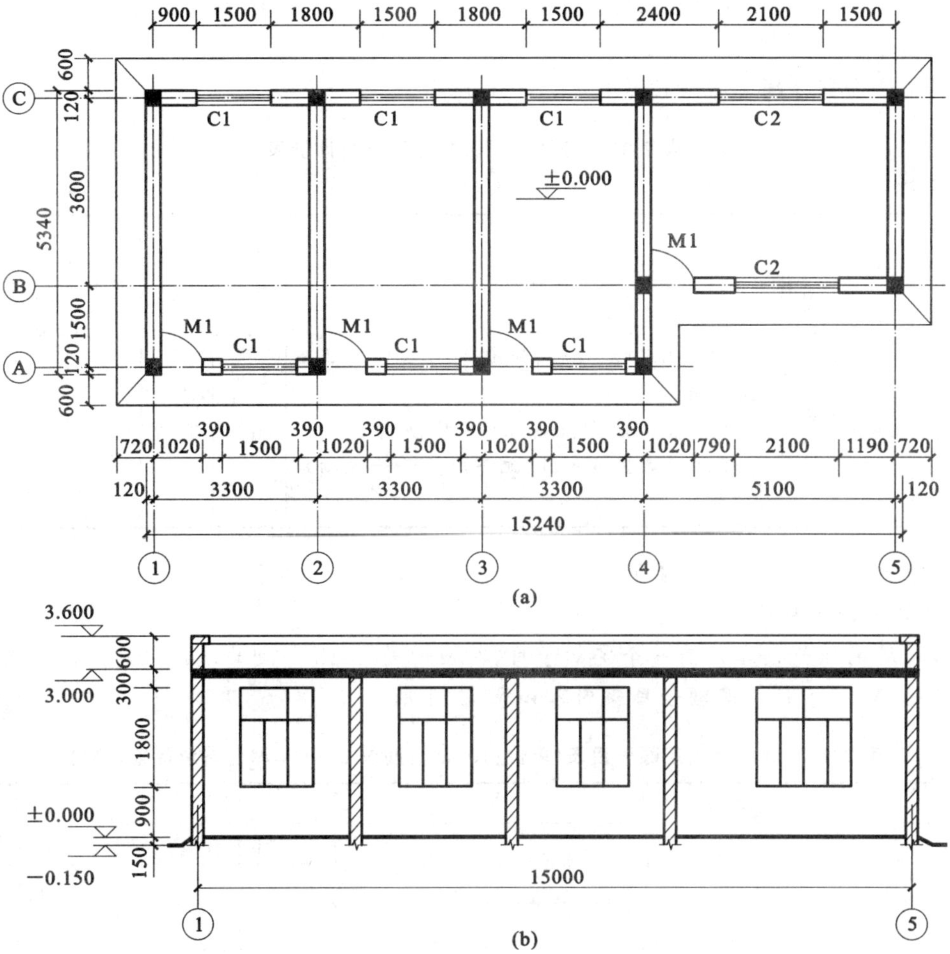


**图 7.11 某单层建筑物示意图**

(a) 平面图;(b) 剖面图

外墙高:

$$H_{外}=3.6-0.3=3.3\ \text{m}$$

内墙高:

$$H_{内}=3.0-0.3=2.7\ \text{m}$$

扣门窗洞面积,取表 7.9 中数据相加得:

$$F_{门窗}=7.2+16.2+7.56=30.96\ \text{m}^2$$

1 砖墙厚 $D$ 为 0.24 m

扣门洞过梁体积 $V_{GL}$:过梁尺寸为 240 mm×120 mm,长度为门洞宽度两端共加 500 mm 计算,本图实际应加 250 mm(见钢筋混凝土部分工程量计算规定):

$$V_{GL}=4\times0.24\times0.12\times(0.9+0.25)=0.132\ \text{m}^3$$

扣构造柱体积(计算见钢筋混凝土部分工程量计算规定)

$$V_{GZ}=(5\times0.072+6\times0.0792)\times3.3=2.756\ \text{m}^3$$

则内外墙体工程量:

$$V_{墙}=(L_{中}\times H_{外}+L_{净}\times H_{内}-F_{门窗})\times D-V_{GL}-V_{GZ}$$

$=(40.2\times3.3+13.08\times2.7-30.96)\times0.24-0.13-2.76$

$=30.0\ m^3$

编制砖墙分部分项工程量清单，如表 7.10 所示。

**表 7.10　分部分项工程量清单与计价表**

工程名称：　　　　　　　　　　　　　　　标段：　　　　　　　　　　　　　　　第　页　共　页

| 序号 | 项目编码 | 项目名称 | 项目特征描述 | 计量单位 | 工程量 | 金额（元） | | |
|---|---|---|---|---|---|---|---|---|
| | | | | | | 综合单价 | 合价 | 其中：暂估价 |
| 01 | 010401003001 | 实心砖墙 | （1）砖品种、规格、强度等级：MU10 蒸压灰砂砖；<br>（2）墙体类型：1 砖混水内墙、外墙；<br>（3）砂浆强度等级、配合比：M5 干混砌筑砂浆 | $m^3$ | 30.0 | | | |

（2）对该实心砖墙工程量清单报价

① 计算定额工程量

实心砖墙的组价内容只有一个定额子目，对应的是 2018 年湖北省房屋建筑与装饰工程消耗量定额的 A1-5 子目。定额子目表内容如表 7.11 所示。

**表 7.11　混水砖墙定额子目表（单位：10 $m^3$）（摘录 2018 年湖北省消耗量定额）**

| 定额编号 | | | | A1-5 | A1-6 |
|---|---|---|---|---|---|
| 项目 | | | | 混水砖墙<br>1 砖 | 混水砖墙<br>1 砖半 |
| 全费用（元） | | | | 6802.27 | 6719.72 |
| 其中 | 人工费（元） | | | 1688.88 | 1625.23 |
| | 材料费（元） | | | 2907.88 | 2947.59 |
| | 机械费（元） | | | 42.71 | 45.71 |
| | 费用（元） | | | 1544.41 | 1490.31 |
| | 增值税（元） | | | 618.39 | 610.88 |
| 名称 | | 单位 | 单价（元） | 数量 | |
| 人工 | 普工 | 工日 | 92.00 | 2.872 | 2.764 |
| | 技工 | 工日 | 142.00 | 5.745 | 5.528 |
| | 高级技工 | 工日 | 212.00 | 2.872 | 2.764 |
| 材料 | 蒸压灰砂砖 240 mm×115 mm×53 mm | 千块 | 349.57 | 5.379 | 5.332 |
| | 干混砌筑砂浆 DM M10 | t | 257.35 | 3.932 | 4.418 |
| | 水 | $m^3$ | 3.39 | 1.638 | 1.680 |
| | 其他材料费 | % | — | 0.180 | 0.180 |
| | 电［机械］ | kW·h | 0.75 | 6.500 | 6.956 |
| 机械 | 干混砂浆罐式搅拌 20000 L | 台班 | 187.32 | 0.228 | 0.244 |

经查定额知砖墙定额工程量计算规则同清单规则，即定额工程量也为 30.0 $m^3$。

② 计算全费用综合单价

依据定额子目 A1-5 可知 1 砖混水砖墙是采用 M10 干混砌筑砂浆砌筑，现建筑物是采用 M5 干混砌筑砂浆砌筑，需要进行砂浆换算，查 2018《湖北省建设工程公共专业消耗量定额及全费用基价表》附录二材料价格取定表的序号 1844 可知，M5 干混砌筑砂浆除税价为 248.81 元/t。由此计算各项费用如下：

人工费＝30.0/10×1688.88＝5066.64 元

定额人工费＝1688.88 元/10 $m^3$

材料费＝30.0/10×[2907.88＋3.932×(248.81－257.35)]＝8622.90 元

定额材料费＝2907.88＋3.932×(248.81－257.35)＝2874.30 元/10 $m^3$

机械费＝30.0/10×42.71＝128.13 元

定额机械费＝42.71 元/10 $m^3$

费用＝(人工费＋施工机具使用费)×(总价措施项目费率＋企业管理费率＋利润率＋规费费率)

总价措施项目费率由安全文明施工费率和其他总价措施项目费率组成，查表 4.4 和表 4.5 可知，房屋建筑工程安全文明施工费率为 13.64%，其他总价措施项目费率为 0.7%。查表 4.6、表 4.7和表 4.8 可知，企业管理费费率为 28.27%，利润率为 19.73%，规费费率 26.85%，计费基数均为人工费和施工机具使用费之和，由此：

费用＝(5066.64＋128.13)×(13.64%＋0.7%＋28.27%＋19.73%＋26.85%)
＝5194.77×89.19%＝4633.22 元

定额费用＝(1688.88＋42.71)×89.19%＝1544.41 元/10 $m^3$

增值税＝(人工费＋材料费＋机械费＋费用)×增值税税率
＝(5066.64＋8622.90＋128.13＋4633.22)×9%＝1660.58 元

定额增值税＝(1688.88＋2874.30＋42.71＋1544.41)×9%
＝553.53 元/10 $m^3$

1 砖混水砖墙的全费用＝人工费＋材料费＋机械费＋费用＋增值税
＝5066.64＋8622.90＋128.13＋4633.22＋1660.58＝20111.47 元

M5 干混砌筑砂浆 1 砖混水砖墙全费用综合单价为：

20111.47÷30.0(清单工程量)＝670.38 元/ $m^3$

该砖墙清单项目全费用综合单价分析表如表 7.12 所示。

**表 7.12　工程量清单全费用综合单价分析表**

工程名称：　　　　　　　　　　　　　　标段：　　　　　　　　　　　　　　第　页　共　页

| 项目编码 | 010401003001 | 项目名称 | 实心砖墙 | | | | 计量单位 | $m^3$ | 工程量 | 30 | | |
|---|---|---|---|---|---|---|---|---|---|---|---|---|
| 清单全费用综合单价组成明细 | | | | | | | | | | | | |
| 定额编号 | 定额项目名称 | 定额单位 | 数量 | 单价(元) | | | | | 合价(元) | | | |
| | | | | 人工费 | 材料费 | 施工机具使用费 | 费用 | 增值税 | 人工费 | 材料费 | 施工机具使用费 | 费用 | 增值税 |

续表 7.12

| | | | | | | | | | | | | | |
|---|---|---|---|---|---|---|---|---|---|---|---|---|---|
| A1-5换 | 混水砖墙1砖换为[干混砌筑砂浆DM M5] | 10 m³ | 0.1 | 1688.88 | 2874.30 | 42.71 | 1544.41 | 553.53 | 168.89 | 287.43 | 4.27 | 154.44 | 55.35 |
| 人工单价 | | 小计 | | | | | | | 168.89 | 287.43 | 4.27 | 154.44 | 55.35 |
| 高级技工 212 元/工日；技工 142 元/工日；普工 92 元/工日 | | 未计价材料费 | | | | | | | 0 | | | | |
| 清单全费用综合单价(元) | | | | | | | | | 670.38 | | | | |
| 材料费明细 | 主要材料名称、规格、型号 | | | | | | 单位 | 数量 | 单价（元） | 合价（元） | 暂估单价（元） | 暂估合价（元） | |
| | 其他材料费 | | | | | | 元 | 0.516 | 1 | 0.52 | | | |
| | 水 | | | | | | m³ | 0.164 | 3.39 | 0.56 | | | |
| | 电[机械] | | | | | | kW·h | 0.65 | 0.75 | 0.49 | | | |
| | 蒸压灰砂砖 240 mm×115 mm×53 mm | | | | | | 千块 | 0.538 | 349.57 | 188.03 | | | |
| | 干混砌筑砂浆 DM M5 | | | | | | t | 0.393 | 248.81 | 97.83 | | | |
| | 材料费小计 | | | | | | | | — | 287.43 | — | 0 | |
| | | | | | | | | | | | | | |
| | | | | | | | | | | | | | |

## 思 考 题

(1) 砖基础与砖墙(柱)是如何界定的？

(2) 砖墙的计算厚度怎么确定？

(3) 砖基础大放脚有几种方式？其工程量如何计算？

(4) 砖墙的工程量计算规则是什么？

(5) 砖基础和砖墙的清单计价有什么特点？

## 习 题

(1) 某基础如图 7.12 所示，已知砖基础设计墙厚为 1 砖，采用混凝土实心砖，M10 干混砌筑砂浆砌筑，大放脚为等高式；土质为三类土，施工方案拟采用人工挖土、填土夯实，人工运土、弃土运距为 20 m。试编制该砖基础的工程量清单，并依据当地的取费标准计算基础工程的报价。

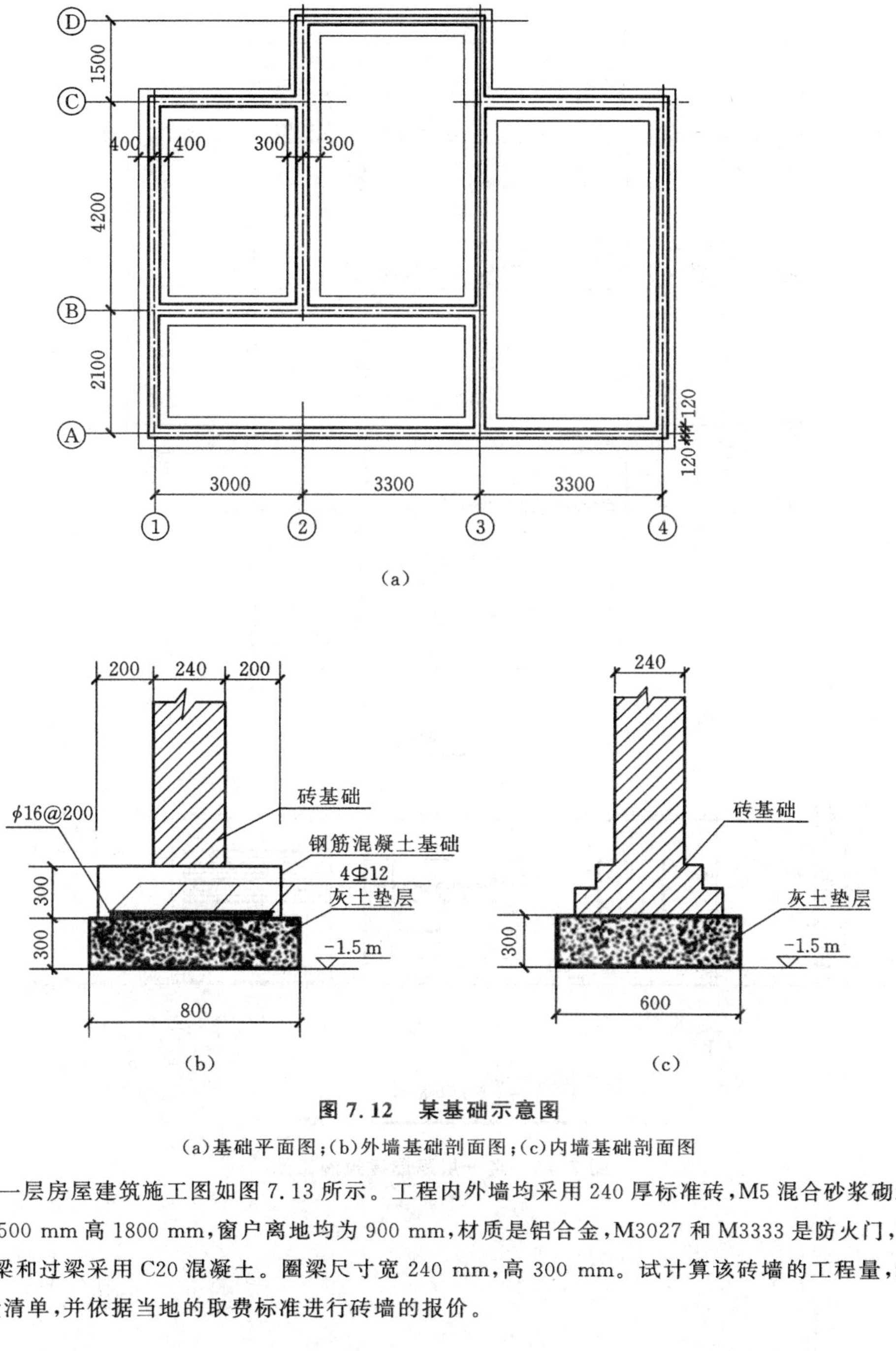


**图 7.12　某基础示意图**

(a)基础平面图;(b)外墙基础剖面图;(c)内墙基础剖面图

(2) 某一层房屋建筑施工图如图 7.13 所示。工程内外墙均采用 240 厚标准砖,M5 混合砂浆砌筑;C1518 指窗户宽 1500 mm 高 1800 mm,窗户离地均为 900 mm,材质是铝合金,M3027 和 M3333 是防火门,其他门是镶板门,圈梁和过梁采用 C20 混凝土。圈梁尺寸宽 240 mm,高 300 mm。试计算该砖墙的工程量,编制该砖墙的工程量清单,并依据当地的取费标准进行砖墙的报价。

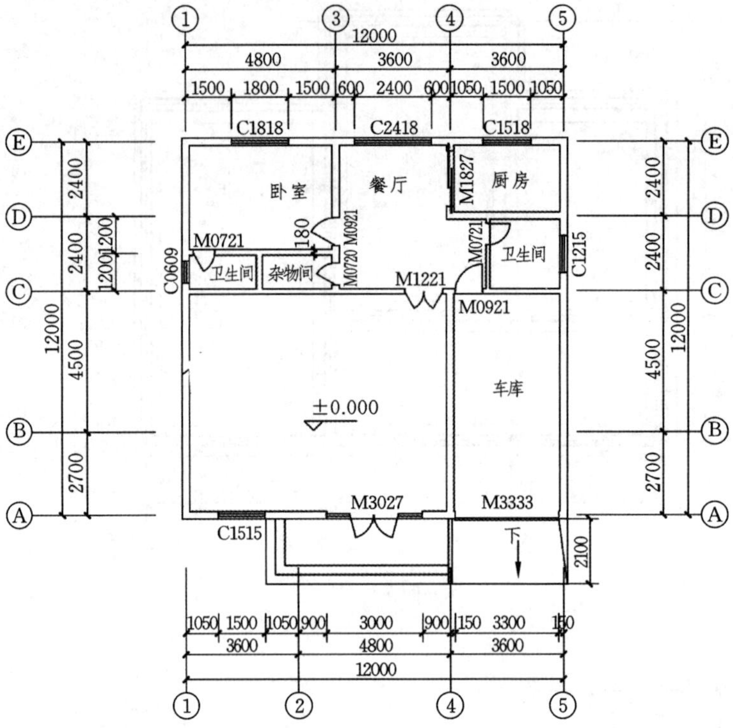


平面图 1∶100

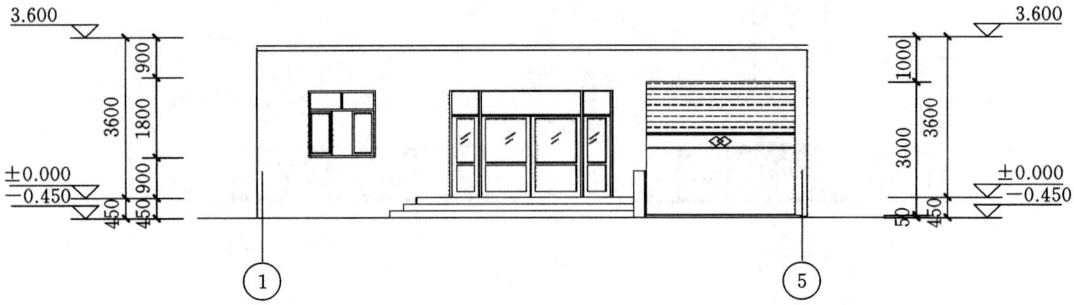


①—⑤立面图 1∶100

**图 7.13 某一层房屋建筑施工图**

# 8　混凝土工程计量与计价

**本 章 提 要**

本章主要介绍现浇混凝土工程和预制混凝土工程的清单分项特点，清单工程量计算规则，工程量清单的编制和工程量清单报价。重点要求掌握现浇混凝土工程梁、板、柱的工程量计算方法，以及工程量清单的编制和报价。

## 8.1　现浇混凝土工程

### 8.1.1　现浇混凝土工程清单分项

《房屋建筑与装饰工程工程量计算规范》(GB 50854—2013)将现浇混凝土工程分为现浇混凝土基础、现浇混凝土柱、现浇混凝土梁、现浇混凝土墙、现浇混凝土板、现浇混凝土楼梯、现浇混凝土其他构件、后浇带8个方面的内容共39个清单项目。其中现浇混凝土基础、现浇混凝土柱、现浇混凝土梁及现浇混凝土板工程量清单项目设置及工程量计算规则如表8.1至表8.4所示。

**表8.1　现浇混凝土基础(编号:010501)**

| 项目编码 | 项目名称 | 项目特征 | 计量单位 | 工程量计算规则 | 工作内容 |
|---|---|---|---|---|---|
| 010501001 | 垫层 | (1) 混凝土种类;<br>(2) 混凝土强度等级 | $m^3$ | 按设计图示尺寸以体积计算。不扣除伸入承台基础的桩头所占体积 | (1) 模板及支撑制作、安装、拆除、堆放、运输及清理模内杂物、刷隔离剂等;<br>(2) 混凝土制作、运输、浇筑、振捣、养护 |
| 010501002 | 带形基础 | | | | |
| 010501003 | 独立基础 | | | | |
| 010501004 | 满堂基础 | | | | |
| 010501005 | 桩承台基础 | | | | |
| 010501006 | 设备基础 | (1) 混凝土种类;<br>(2) 混凝土强度等级;<br>(3) 灌浆材料及其强度等级 | | | |

表 8.2 现浇混凝土柱(编号:010502)

| 项目编码 | 项目名称 | 项目特征 | 计量单位 | 工程量计算规则 | 工作内容 |
| --- | --- | --- | --- | --- | --- |
| 010502001 | 矩形柱 | (1) 混凝土种类；<br>(2) 混凝土强度等级 | $m^3$ | 按设计图示尺寸以体积计算。<br>柱高：(1) 有梁板的柱高，应自柱基上表面(或楼板上表面)至上一层楼板上表面之间的高度计算；<br>(2) 无梁板的柱高，应自柱基上表面(或楼板上表面)至柱帽下表面之间的高度计算；<br>(3) 框架柱的柱高，应自柱基上表面至柱顶高度计算；<br>(4) 构造柱按全高计算，嵌接墙体部分(马牙槎)并入柱身体积；<br>(5) 依附柱上的牛腿和升板的柱帽，并入柱身体积计算 | (1) 模板及支架(撑)制作、安装、拆除、堆放、运输及清理模内杂物、刷隔离剂等；<br>(2) 混凝土制作、运输、浇筑、振捣、养护 |
| 010502002 | 构造柱 | | | | |
| 010502003 | 异形柱 | (1) 柱形状；<br>(2) 混凝土种类；<br>(3) 混凝土强度等级 | | | |

表 8.3 现浇混凝土梁(编号:010503)

| 项目编码 | 项目名称 | 项目特征 | 计量单位 | 工程量计算规则 | 工作内容 |
| --- | --- | --- | --- | --- | --- |
| 010503001 | 基础梁 | (1) 混凝土种类；<br>(2) 混凝土强度等级 | $m^3$ | 按设计图示尺寸以体积计算。伸入墙内的梁头、梁垫并入梁体积内。<br>梁长：(1) 梁与柱连接时，梁长算至柱侧面；<br>(2) 主梁与次梁连接时，次梁长算至主梁侧面 | (1) 模板及支架(撑)制作、安装、拆除、堆放、运输及清理模内杂物、刷隔离剂等；<br>(2) 混凝土制作、运输、浇筑、振捣、养护 |
| 010503002 | 矩形梁 | | | | |
| 010503003 | 异形梁 | | | | |
| 010503004 | 圈梁 | | | | |
| 010503005 | 过梁 | | | | |
| 010503006 | 弧形、拱形梁 | | | | |

表 8.4 现浇混凝土板(编号:010505)

| 项目编码 | 项目名称 | 项目特征 | 计量单位 | 工程量计算规则 | 工作内容 |
| --- | --- | --- | --- | --- | --- |
| 010505001 | 有梁板 | (1) 混凝土强度种类；<br>(2) 混凝土强度等级 | $m^3$ | 按设计图示尺寸以体积计算。不扣除单个面积不大于 0.3 $m^2$ 的柱、垛以及孔洞所占体积。<br>压形钢板混凝土楼板扣除构件内压形钢板所占体积。<br>有梁板(包括主、次梁与板)按梁、板体积之和计算，无梁板按板和柱帽体积之和计算，各类板伸入墙内的板头并入板体积内，薄壳板的肋、基梁并入薄壳体积内计算 | (1) 模板及支架(撑)制作、安装、拆除、堆放、运输及清理模内杂物、刷隔离剂等；<br>(2) 混凝土制作、运输、浇筑、振捣、养护 |
| 010505002 | 无梁板 | | | | |
| 010505003 | 平板 | | | | |
| 010505004 | 拱板 | | | | |
| 010505005 | 薄壳板 | | | | |
| 010505006 | 栏板 | | | | |
| 010505007 | 天沟(檐沟)、挑檐板 | | | 按设计图示尺寸以体积计算 | |

续表 8.4

| 项目编码 | 项目名称 | 项目特征 | 计量单位 | 工程量计算规则 | 工作内容 |
|---|---|---|---|---|---|
| 010505008 | 雨篷、悬挑板、阳台板 | （1）混凝土强度种类；<br>（2）混凝土强度等级 | $m^3$ | 按设计图示尺寸以墙外部分体积计算。包括伸出墙外的牛腿和雨篷反挑檐的体积 | （1）模板及支架（撑）制作、安装、拆除、堆放、运输及清理模内杂物、刷隔离剂等；<br>（2）混凝土制作、运输、浇筑、振捣、养护 |
| 010505009 | 空心板 | | | 按设计图示尺寸以体积计算。空心板（GBF 高强薄壁蜂巢芯板等）应扣除空心部分体积 | |
| 010505010 | 其他板 | | | 按设计图示尺寸以体积计算 | |

清单列项时应注意：

（1）现浇混凝土及钢筋混凝土实体工程项目“工作内容”中增加模板及支架的内容，如招标人在措施项目清单中未编列现浇混凝土模板项目清单，即模板及支架工程不再单列，按混凝土及钢筋混凝土实体项目执行，综合单价中应包括模板及支架；

（2）混凝土及钢筋混凝土构筑物项目，按构筑物工程相应项目编码列项；

（3）有肋带形基础、无肋带形基础应按现浇混凝土基础中相关项目列项，并注明肋高；

（4）如为毛石混凝土基础，项目特征应描述毛石所占比例；

（5）混凝土种类指清水混凝土、彩色混凝土等，如在同一地区既使用预拌（商品）混凝土，又允许现场搅拌混凝土时，也应注明；

（6）现浇混凝土小型池槽、垫块、门框等，应按现浇混凝土其他构件项目编码列项；

（7）架空式混凝土台阶按现浇楼梯计算。

### 8.1.2 现浇混凝土工程计量

现浇混凝土工程主要包括现浇混凝土基础、柱、梁、板、楼梯、墙及其他构件等项目。清单工程计量时，现浇混凝土和钢筋混凝土构件，不扣除构件内钢筋、螺栓、预埋铁件、张拉孔道所占体积，但应扣除劲性骨架的型钢所占体积。

#### 8.1.2.1 现浇混凝土基础

现浇混凝土基础主要包括混凝土垫层、带形基础、独立基础、满堂基础、桩承台基础、设备基础等，工程量计量均按设计图示尺寸以体积计算，不扣除构件内钢筋、预埋铁件和伸入承台基础的桩头所占体积。

（1）带形基础

带形基础也叫条形基础，其外形呈长条状，断面形式一般有梯形、阶梯形、矩形等，一般用于上部荷载比较大、地基承载能力比较差的混合结构房屋墙下基础，如图 8.1 所示。

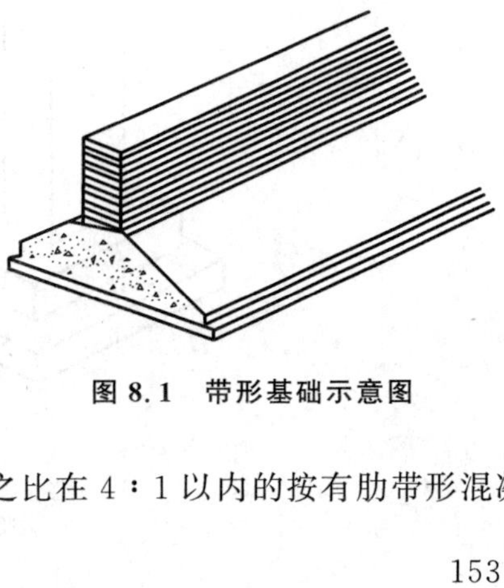

图 8.1 带形基础示意图

有肋带形混凝土基础，如图 8.2 所示。其肋高与肋宽之比在 4∶1 以内的按有肋带形混凝土基础计算；超过 4∶1 时，其底板按板式基础计算，以上部分按墙计算。

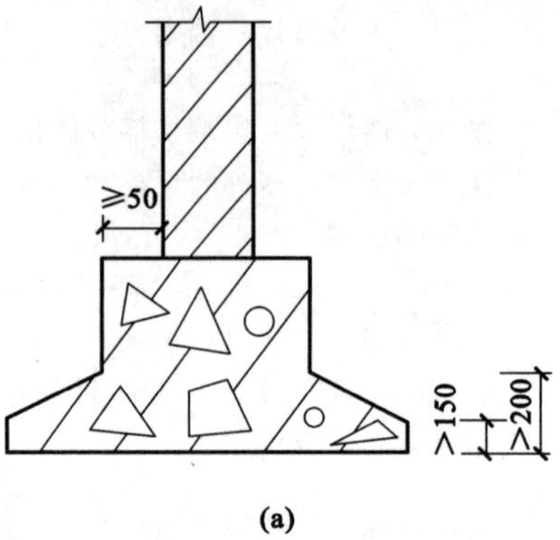


**图 8.2　有肋带形混凝土基础**

(a)有肋锥形；(b)有肋平板形

各种带形基础工程量均须按图示基础长度乘以基础的断面面积，以立方米($m^3$)计算工程量。计算公式为：

$$V=L\times S \tag{8.1}$$

式中　$V$——带形基础体积；

$L$——带形基础的长度，外墙基础长度按外墙基础中心线长度计算，内墙基础长度按内墙基础净长线长度计算；

$S$——带形基础的断面面积，断面面积须以图示尺寸按实际计算，基础的高度应算至基础的扩大顶面。

(2) 独立基础

独立基础一般用作柱基础或设备基础，常用的独立基础有阶梯式、截锥式等几种，如图 8.3 所示。工程量计算公式为：

阶梯式独立基础

$$V=\sum V_{基础各阶梯} \tag{8.2}$$

截锥式独立基础

$$V=V_{基底矩形}+V_{棱台} \tag{8.3}$$

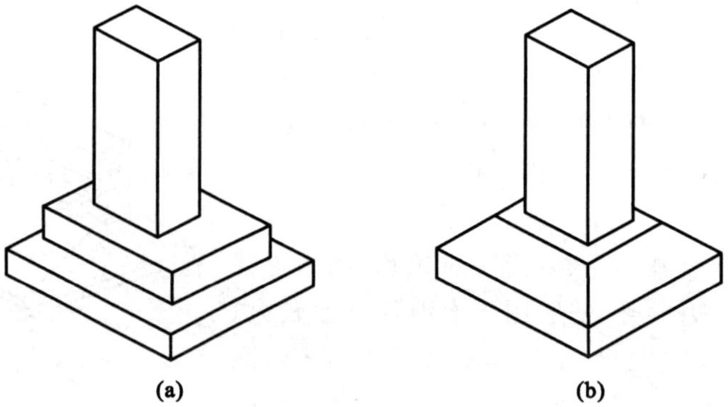


**图 8.3　独立基础示意图**

(a) 阶梯式独立基础；(b) 截锥式独立基础

(3) 满堂基础

当独立基础、带形基础不能满足设计要求时，在设计上将基础联成一个整体，称为满堂基础（又称筏片基础），这种基础适用于设有地下室或软弱地基及有特殊要求的建筑。满堂基础主要包括无梁式满堂基础、有梁式满堂基础及箱式满堂基础等，如图 8.4 所示。

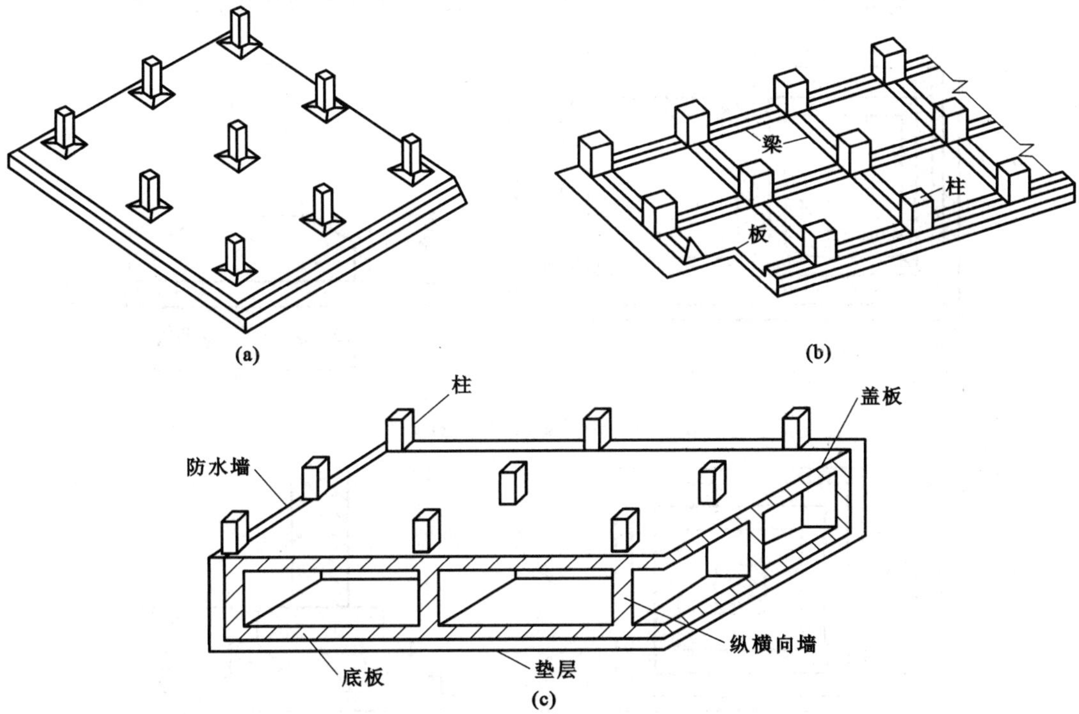


**图 8.4　满堂基础示意图**

(a) 无梁式满堂基础；(b) 有梁式满堂基础；(c) 箱式满堂基础

工程量计算均应按相应的计算规则和图示实体积，以立方米（$m^3$）计算工程量。

① 无梁式满堂基础的工程量应为基础底板体积与柱帽体积之和，即：

$$V=V_{基础底板}+V_{柱帽} \tag{8.4}$$

② 有梁式满堂基础的工程量应为基础底板体积与基础梁体积之和，即：

$$V=V_{基础底板}+V_{基础梁} \tag{8.5}$$

③ 箱式满堂基础中柱、梁、墙、板按现浇混凝土柱、现浇混凝土梁、现浇混凝土墙、现浇混凝土板相关项目分别编码列项；箱式满堂基础底板按现浇混凝土基础中的满堂基础项目列项。箱式满堂基础的工程量应为基础底板的体积，即：

$$V=V_{基础底板体积} \tag{8.6}$$

(4) 桩承台

桩承台是在已打完的桩顶上，将桩顶部的混凝土剔凿掉，露出钢筋，浇筑混凝土使之与桩顶连成一体的钢筋混凝土基础。工程量按图示尺寸，以立方米（$m^3$）计算。

(5) 设备基础

为安装锅炉、机械或设备等所做的基础称为设备基础。工程量计算按图示尺寸，以立方米（$m^3$）计算，不扣除螺栓套孔洞所占的体积。设备螺栓套预留孔洞以“个”为单位，按长度大小分别列项计算。框架式设备基础中柱、梁、墙、板分别按现浇混凝土柱、现浇混凝土梁、现浇混凝土墙、现浇混凝土板相关项目分别编码列项；基础部分按现浇混凝土基础相关项目编码列项。

**【例 8.1】** 某现浇钢筋混凝土带形基础的尺寸如图 8.5 所示，现浇钢筋混凝土独立基础的尺寸如图 8.6 所示，共 3 个。计算现浇混凝土带形基础、独立基础混凝土工程量。

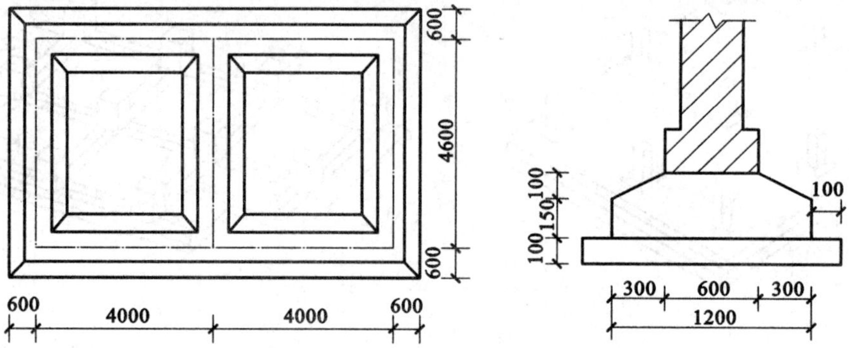


图 8.5 带形基础(单位:mm)

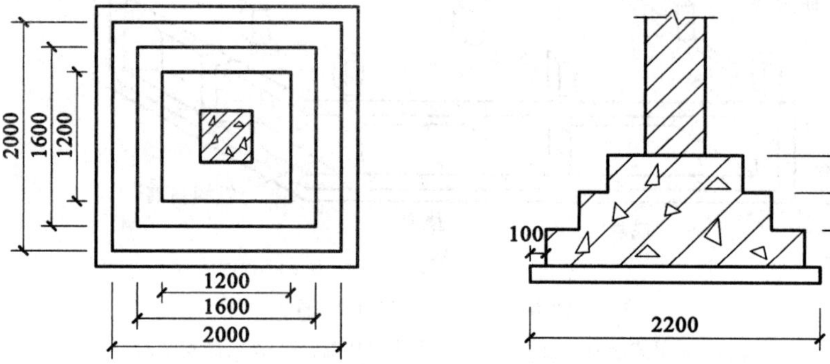


图 8.6 独立基础(单位:mm)

**【解】** (1) 基础工程量＝外墙中心线长度×断面面积＋内墙基础长度×断面面积

现浇钢筋混凝土带形基础工程量

$$=[(8.00+4.60)\times2+4.60-1.2]\times\left[1.2\times0.15+(0.6+1.2)\times\frac{0.1}{2}\right]=7.72\ \mathrm{m}^3$$

(2) 独立基础工程量＝设计图示体积

现浇钢筋混凝土独立基础工程量

$$=(2.00\times2.00+1.60\times1.60+1.20\times1.20)\times0.35\times3=8.4\ \mathrm{m}^3$$

8.1.2.2 现浇混凝土柱

现浇混凝土柱分为矩形柱、异形柱、圆形柱和构造柱四大类。

异形柱是指柱面有凹凸或竖向线脚的柱、五至七边形柱，七边以上的多边形柱可视为圆柱。构造柱是在多层砌体房屋墙体的规定部位，按构造配筋，并按先砌墙后浇灌混凝土柱的施工顺序制成的混凝土柱，通常称为混凝土构造柱，简称构造柱。

现浇混凝土柱工程量按图示尺寸，以立方米($\mathrm{m}^3$)计算，不扣除构件内钢筋、预埋铁件所占

体积。依附于柱上的牛腿，并入柱身体积内计算。现浇混凝土柱的计算公式为

$$V=S\times h+\text{牛腿所占体积} \tag{8.7}$$

式中 $V$——现浇混凝土柱体积；

$S$——柱的断面面积（断面面积须以图示尺寸按实计算）；

$h$——柱高。

柱高的确定方法如下：

(1) 有梁板的柱高，应自柱基上表面（或楼板上表面）至上一层楼板上表面之间的高度计算，如图 8.7 所示。

(2) 无梁板的柱高，应自柱基上表面（或楼板上表面）至柱帽下表面之间的高度计算（柱被无梁板隔断），如图 8.8 所示。

(3) 框架柱的柱高，应自柱基上表面至柱顶高度计算（柱连续不断，穿通梁和板），如图 8.9 所示。

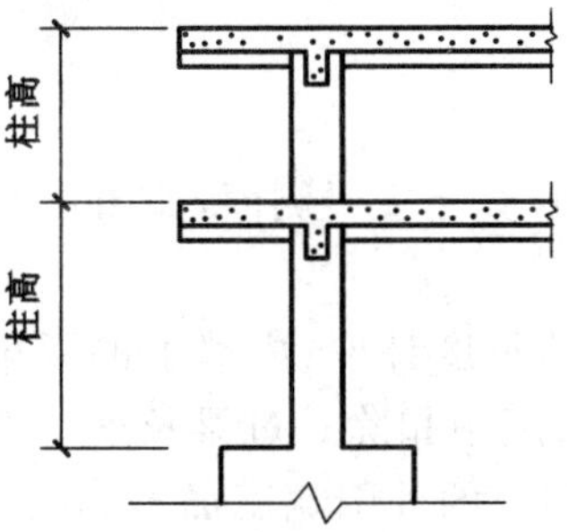


**图 8.7 有梁板的柱高示意图**

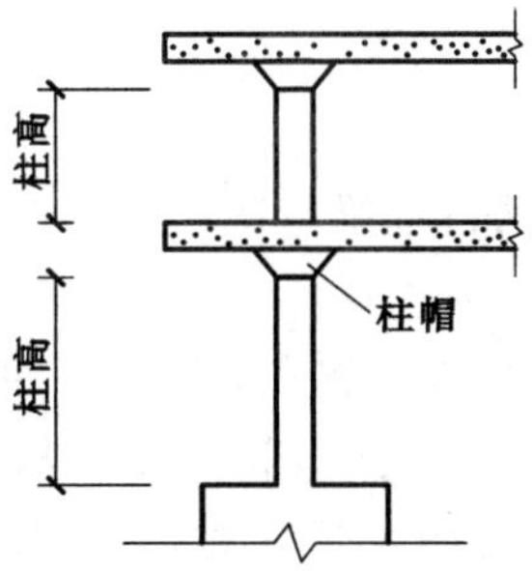


**图 8.8 无梁板的柱高示意图**

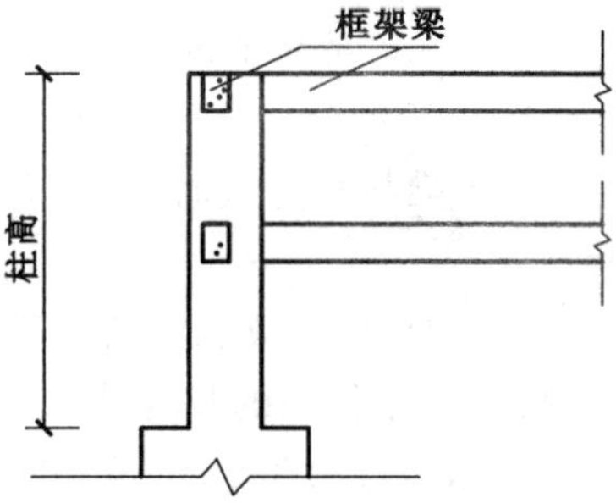


**图 8.9 框架柱的柱高示意图**

(4) 构造柱按全高（从地圈梁顶面算起）计算，嵌入墙体部分（马牙槎）的体积并入柱身体积计算。构造柱横截面面积可按基本截面宽度两边各加 30 mm 计算。构造柱横截面面积 $S$ 计算方法，如图 8.10 所示。

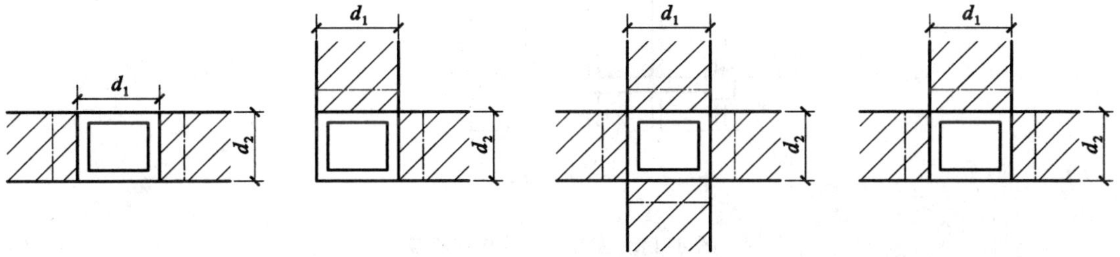


(a) (b) (c) (d)

**图 8.10 构造柱横截面面积计算示意图**

(a) 一字形；(b) L 形；(c) 十字形；(d) T 形

一字形：

$$S=(d_1+0.06)\times d_2$$

L 形：

$$S=d_1\times d_2+d_1\times 0.03+d_2\times 0.03$$

十字形：

$$S=d_1\times d_2+d_1\times 0.03\times 2+d_2\times 0.03\times 2$$

T 形：

$$S=d_1\times d_2+d_1\times 0.03+d_2\times 0.03\times 2$$

式中 $d_1$——构造柱截面长度；

$d_2$——构造柱截面宽度。

8.1.2.3 现浇混凝土梁

现浇混凝土梁分为基础梁、矩形梁、异形梁、圈梁、过梁、弧形梁、拱梁等项目，须区分具体项目，按图示尺寸，以立方米($m^3$)计算工程量，不扣除构件内钢筋、预埋铁件所占体积，伸入墙内的梁头、梁垫并入梁体积内。计算公式为：

$$V=L\times S \tag{8.8}$$

式中 $V$——现浇混凝土梁的体积；

$S$——梁的断面面积(按图示尺寸确定)；

$L$——梁的长度。

梁的长度确定方法如下：

(1) 梁与柱连接时，梁长算到柱侧面；主梁与次梁连接时，次梁长算至主梁侧面，如图 8.11 所示。

(2) 圈梁、过梁的梁长计取：外墙上的圈梁长，按外墙中心线的长度计取；内墙上的圈梁长，按内墙净长线的长度计取；圈梁代过梁用时，其长度须从圈梁长度中扣除。过梁长度一般应按图示尺寸计取；圈梁代过梁用，且无图示尺寸时，其长度应按洞口的外围宽度加上 50 cm 确定。

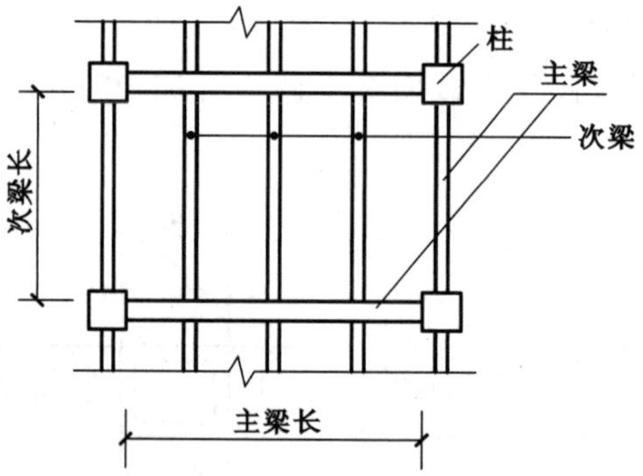


**图 8.11 主梁、次梁与柱相交**

8.1.2.4 现浇混凝土墙

现浇混凝土墙，主要有直形墙、弧形墙、短肢剪力墙、挡土墙等项目。短肢剪力墙是指截面厚度不大于 300 mm、各肢截面高度与厚度之比的最大值大于 4 但不大于 8 的剪力墙；各肢截面高度与厚度之比的最大值不大于 4 的剪力墙按柱项目编码列项。现浇混凝土墙均须区分具体项目，按图示尺寸，以立方米($m^3$)计算工程量。计算公式为：

$$V=L\times d\times h \tag{8.9}$$

式中 $V$——现浇混凝土墙的体积；

$L$——墙的长度，一般按中心线长计算；

$d$——墙的厚度，应按图示尺寸计算；

$h$——墙的高度，需按实浇高度计算。

在计算现浇混凝土墙的工程量时，须遵循如下规则：

(1) 现浇混凝土墙与板连接时，墙高应取至板顶面；

(2) 现浇混凝土墙中门窗洞口及大于 0.3 $m^2$ 孔洞所占的体积必须扣除；

(3) 现浇混凝土附墙垛及突出墙面部分的体积应并入现浇混凝土墙的工程量中。

8.1.2.5 现浇混凝土板

现浇混凝土板主要包括有梁板、无梁板、平板、拱板、薄壳板、栏板、天沟(檐沟)挑檐板、雨篷阳台板、空心板等项目。现浇混凝土板工程量均不扣除≤0.3 $m^2$ 的柱、垛以及孔洞所占体积，各类板伸入墙内的板头并入板体积内计算。压形钢板混凝土楼板扣除构件内压形钢板所占体积。

(1) 有梁板

有梁板是指梁(包括主梁、次梁，圈梁除外)与板构成一体的现浇钢筋混凝土楼板。其工程量包括主次梁与板，按梁、板体积之和计算。

(2) 无梁板

无梁板是指不带梁(圈梁除外)，而是用柱为直接支撑的钢筋混凝土楼板，其工程量按板与柱帽体积之和计算。

(3) 平板

平板指无梁(圈梁除外)、无柱直接由墙支撑的钢筋混凝土楼板，其工程量按板体积计算。

(4) 薄壳板、栏板

薄壳板、栏板工程量按图示尺寸以体积计算。

(5) 天沟、挑檐板

现浇挑檐、天沟板与板(包括屋面板、楼板)连接时，以外墙外边线为分界线；与圈梁(包括其他梁)连接时，以梁外边线为分界线。外边线以外为挑檐、天沟，如图 8.12 所示。工程量按图示尺寸以体积计算。

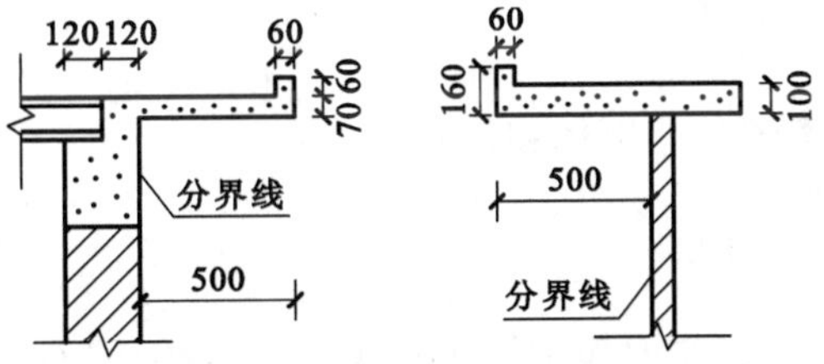


**图 8.12 现浇天沟板分界(单位：mm)**

(6) 雨篷、阳台板

雨篷、阳台板工程量按设计图示尺寸以墙外部分体积计算，包括伸出墙外的牛腿和雨篷反挑檐的体积。

8.1.2.6 现浇混凝土楼梯

现浇混凝土楼梯分为现浇直形楼梯和现浇弧形楼梯，其工程量计算有两种方式：一是以平方米($m^2$)计量，按设计图示尺寸以水平投影面积计算。不扣除宽度不大于 500 mm 的楼梯井，伸入墙内部分不计算。整体楼梯（包括直形楼梯、弧形楼梯）水平投影面积包括休息平台、平台梁、斜梁和楼梯的连接梁。当整体楼梯与现浇楼板无梯梁连接时，以楼梯的最后一个踏步边缘加 300 mm 为界。二是以立方米（$m^3$）计量，按设计图示尺寸以体积计算。

**【例 8.2】** 某七层住宅楼为不上人屋面，楼梯平面图如图 8.13 所示，试计算整体楼梯混凝土工程量。

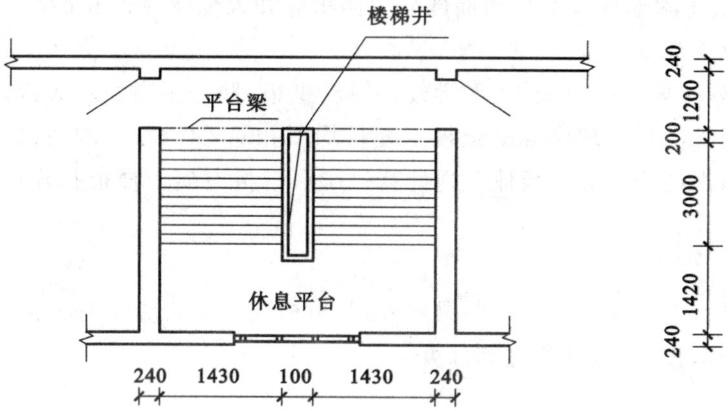


图 8.13 楼梯平面图(单位:mm)

**【解】** $S=(1.43\times2+0.1)\times(1.42+3.0+0.2)\times6$

$=2.96\times4.62\times6$

$=82.05\ m^2$

8.1.2.7 现浇混凝土其他构件

现浇混凝土其他构件，主要有散水、坡道、室外地坪、电缆沟、地沟、台阶、扶手、压顶、化粪池、检查井及其他构件等项目，均须分别按具体内容，按图示尺寸及相应计算规则计算工程量。其中，散水、坡道、室外地坪工程量按设计图示尺寸以面积计算；电缆沟、地沟工程量按设计图示以中心线长度计算；台阶按设计图示尺寸以面积或体积计算；扶手、压顶按设计图示尺寸以延长米或体积计算；化粪池、检查井按设计图示尺寸以体积计算或以图示数量以座计算；其他构件按设计图示尺寸以体积计算。

8.1.2.8 后浇带

后浇带工程量按设计图示尺寸以体积计算。

### 8.1.3 现浇混凝土工程计价

《湖北省房屋建筑与装饰工程消耗量定额及基价表》(2018)对现浇混凝土工程的工程量计算规则做了如下规定：

8.1.3.1 概述

现浇混凝土工程量除另有规定者外，均按图示尺寸以体积计算，不扣除构件内钢筋、预埋铁件及墙、板中 0.3 $m^2$ 以内的孔洞所占体积。型钢混凝土中型钢骨架所占体积(按密度 7850 $kg/m^3$)扣除。

8.1.3.2 基础

基础按图示尺寸以体积计算，不扣除伸入承台基础的桩头所占体积。

(1) 带形基础：不分有肋式与无肋式均按带形基础项目计算，有肋式带形基础，肋高（指基础扩大顶面至梁顶面的高）≤1.2 m时，合并计算；肋高>1.2 m时，扩大顶面以下的基础部分，按无肋带形基础项目计算，扩大顶面以上部分，按墙项目计算。

(2) 箱式基础分别按基础、柱、墙、梁、板等有关规定计算。

(3) 设备基础：设备基础除块体（块体设备基础是指没有空间的实心混凝土形状）以外，其他类型设备基础分别按基础、柱、墙、梁、板等有关规定计算。

8.1.3.3 柱

柱按设计图示尺寸以体积计算：

(1) 有梁板的柱高，应自柱基上表面（或楼板上表面）至上一层楼板上表面之间的高度计算；

(2) 无梁板的柱高，应自柱基上表面（或楼板上表面）至柱帽下表面之间的高度计算；

(3) 框架柱的柱高，应自柱基上表面至柱顶面高度计算；

(4) 构造柱按全高计算，嵌接墙体部分（马牙槎）并入柱身体积；

(5) 依附柱上的牛腿，并入柱身体积内计算；

(6) 钢管混凝土柱以钢管高度按照钢管内径计算混凝土体积。

8.1.3.4 墙

墙按设计图示尺寸以体积计算，扣除门窗洞口及0.3 $m^2$以外孔洞所占体积，墙垛及凸出部分并入墙体积内计算。直形墙中门窗洞口上的梁并入墙体积；短肢剪力墙结构砌体内门窗洞口上的梁并入梁体积。墙与柱连接时墙算至柱边；墙与梁连接时墙算至梁底；墙与板连接时板算至墙侧；未凸出墙面的暗梁暗柱并入墙体积。

8.1.3.5 梁

梁按设计图示尺寸以体积计算，伸入砖墙内的梁头、梁垫并入梁体积内。

(1) 梁与柱连接时，梁长算至柱侧面；

(2) 主梁与次梁连接时，次梁长算至主梁侧面。

8.1.3.6 板

板按设计图示尺寸以体积计算，不扣除单个面积0.3 $m^2$以内的柱、垛及孔洞所占体积。

(1) 有梁板系指梁（包括主、次梁）与板构成一体，其工程量按梁、板的体积总和计算，与柱头重合部分体积应扣除；

(2) 无梁板系指不带梁直接用柱头支承的板，其体积按板与柱帽体积之和计算；

(3) 平板系指无柱、梁，直接用墙支承的板；

(4) 各类板伸入砖墙内的板头并入板体积内计算，薄壳板的肋、基梁并入薄壳体积内计算；

(5) 空心板按设计图示尺寸以体积（扣除空心部分）计算。

8.1.3.7 楼梯

楼梯（包括休息平台，平台梁、斜梁及楼梯的连接梁）按设计图示尺寸以水平投影面积计算，不扣除宽度小于500 mm楼梯井，伸入墙内部分不计算。当整体楼梯与现浇楼板无梯梁连接时，以楼梯的最后一个踏步边缘加300 mm为界。

8.1.3.8 其他构件

(1) 栏板、扶手按设计图示尺寸以体积计算，伸入砖墙内的部分并入栏板、扶手体积计算。

(2) 挑檐、天沟按设计图示尺寸以墙外部分体积计算。挑檐、天沟板与板(包括屋面板)连接时,以外墙外边线为分界线;与梁(包括圈梁等)连接时,以梁外边线为分界线;外墙外边线以外为挑檐、天沟。

(3) 凸阳台(凸出外墙外侧用悬挑梁悬挑的阳台)按阳台项目计算;凹进墙内的阳台,按梁、板分别计算,阳台栏板、压顶分别按栏板、压顶项目计算。

(4) 雨篷梁、板工程量合并,按雨篷以体积计算,高度≤400 mm 的栏板并入雨篷体积内计算,栏板高度>400 mm 时按栏板计算。

(5) 散水、台阶按设计图示尺寸,以水平投影面积计算。台阶与平台连接时其投影面积应以最上层踏步外沿加 300 mm 计算。

(6) 场馆看台、地沟、混凝土后浇带按设计图示尺寸以体积计算。

(7) 二次灌浆、空心砖内灌注混凝土,按照实际灌注混凝土体积计算。

(8) 空心楼板筒芯、箱体安装,均按体积计算。

对照"计价规范"的项目特征和工程内容,依据 2018 年《湖北省房屋建筑与装饰工程消耗量定额及全费用基价表》,下面以一个具体实例分析现浇混凝土计价的整个过程。

**【例 8.3】** 某四层钢筋混凝土现浇框架、预制板办公楼,其平面结构示意图和独立柱基础断面图如图 8.14 所示,轴线即为梁、柱的中心线。已知楼层高均为 3.60 m;C20 柱:柱顶标高为 14.4 m,柱截面尺寸为 400 mm×400 mm;C20 梁:L1,300 mm×600 mm;L2,300 mm×400 mm。施工采用现浇混凝土,试编制主体结构柱、梁分项工程工程量清单,并对该工程量清单进行报价。

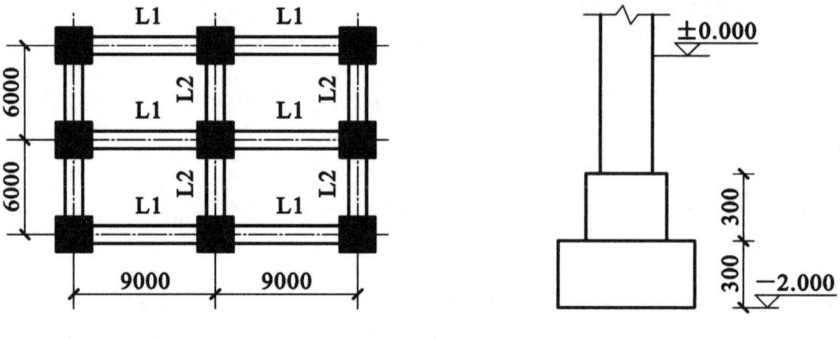


**图 8.14 框架梁示意图**

**【解】** (1) 编制工程量清单

① 现浇混凝土矩形柱 010502001001

$$清单工程量为 V=0.4\times0.4\times(14.4+2-0.3-0.3)\times9=22.75\ m^3$$

② 现浇混凝土矩形梁 010503002001

L1 梁:

$$清单工程量为 V=[(9-0.2\times2)\times(0.3\times0.6)\times(2\times3)]\times4=37.15\ m^3$$

L2 梁:

$$清单工程量为 V=[(6-0.2\times2)\times(0.3\times0.4)\times(2\times3)]\times4=16.13\ m^3$$

现浇混凝土矩形梁清单工程量为 53.28 $m^3$,如表 8.5 所示。

【习题测试】

**表 8.5　分部分项工程量清单与计价表**

工程名称：　　　　　　　　　　　　标段：　　　　　　　　　　　　第　页　共　页

| 序号 | 项目编码 | 项目名称 | 项目特征描述 | 计量单位 | 工程数量 | 金额（元） | |
|---|---|---|---|---|---|---|---|
| | | | | | | 综合单价 | 合价 |
| 1 | 010502001001 | 现浇混凝土矩形柱 | （1）混凝土种类：清水混凝土；<br>（2）混凝土强度等级：C20 | $m^3$ | 22.75 | | |
| 2 | 010503002001 | 现浇混凝土矩形梁 | （1）混凝土种类：清水混凝土；<br>（2）混凝土强度等级：C20 | $m^3$ | 53.28 | | |

（2）工程量清单报价

① 各清单项目对应的定额项目

清单项目 010502001001“现浇混凝土矩形柱”对应 2018 年《湖北省房屋建筑与装饰工程消耗量定额及全费用基价表（结构·屋面）》的定额子目为：A2-11 现浇混凝土矩形柱。

清单项目 010503002001“现浇混凝土矩形梁”对应的定额子目为：A2-17 现浇混凝土矩形梁。

② 计算计价项目的定额工程量

该项目的定额工程量同清单工程量，现浇混凝土矩形柱工程量为 22.75 $m^3$；现浇混凝土矩形梁工程量为 53.28 $m^3$。

③ 计算全费用综合单价

全费用综合单价计算过程如表 8.6、表 8.7 所示。

010502001001 现浇混凝土矩形柱：

**表 8.6　分部分项工程量清单与计价表**

工程名称：　　　　　　　　　　　　标段：　　　　　　　　　　　　第　页　共　页

| 项目编码 | 010502001001 | 项目名称 | 矩形柱 | 计量单位 | $m^3$ | 工程量 | 22.75 |
|---|---|---|---|---|---|---|---|

| 清单全费用综合单价组成明细 | | | | | | | | | | | | | |
|---|---|---|---|---|---|---|---|---|---|---|---|---|---|
| 定额编号 | 定额项目名称 | 定额单位 | 数量 | 单价（元） | | | | | 合价（元） | | | | |
| | | | | 人工费 | 材料费 | 施工机具使用费 | 费用 | 增值税 | 人工费 | 材料费 | 施工机具使用费 | 费用 | 增值税 |
| A2-11 | 现浇混凝土矩形柱 | 10 $m^3$ | 0.1 | 742.99 | 3461.34 | 0 | 662.67 | 486.7 | 74.3 | 346.13 | 0 | 66.27 | 48.67 |
| 小计 | | | | | | | | | 74.3 | 346.13 | 0 | 66.27 | 48.67 |
| 清单全费用综合单价（元） | | | | | | | | | 535.37 | | | | |

010503002001 现浇混凝土矩形梁：

**表 8.7　分部分项工程量清单与计价表**

工程名称：　　　　　　　　　　　　　　　　标段：　　　　　　　　　　　　　　　　第　页　共　页

| 项目编码 | | 010503002001 | | 项目名称 | | 矩形梁 | | | 计量单位 | m³ | 工程量 | 53.28 | |
|---|---|---|---|---|---|---|---|---|---|---|---|---|---|
| 清单全费用综合单价组成明细 | | | | | | | | | | | | | |
| 定额编号 | 定额项目名称 | 定额单位 | 数量 | 单价(元) | | | | | 合价(元) | | | | |
| | | | | 人工费 | 材料费 | 施工机具使用费 | 费用 | 增值税 | 人工费 | 材料费 | 施工机具使用费 | 费用 | 增值税 |
| A2-17 | 现浇混凝土矩形梁 | 10 m³ | 0.1 | 310.88 | 3526.91 | 0 | 277.29 | 411.51 | 31.09 | 352.69 | 0 | 27.73 | 41.15 |
| 小计 | | | | | | | | | 31.09 | 352.69 | 0 | 27.73 | 41.15 |
| 清单全费用综合单价(元) | | | | | | | | | 452.66 | | | | |

④ 编制分部分项清单与计价表，如表 8.8 所示。

**表 8.8　分部分项工程量清单与计价表**

工程名称：　　　　　　　　　　　　　　　　标段：　　　　　　　　　　　　　　　　第　页　共　页

| 序号 | 项目编码 | 项目名称 | 项目特征描述 | 计量单位 | 工程数量 | 金额(元) | |
|---|---|---|---|---|---|---|---|
| | | | | | | 综合单价 | 合价 |
| 1 | 010502001001 | 现浇混凝土矩形柱 | (1) 混凝土种类：清水混凝土；<br>(2) 混凝土强度等级：C20 | m³ | 22.75 | 535.37 | 12179.67 |
| 2 | 010503002001 | 现浇混凝土矩形梁 | (1) 混凝土种类：清水混凝土；<br>(2) 混凝土强度等级：C20 | m³ | 53.28 | 452.66 | 24117.72 |
| | | 小计 | | | | | 36297.39 |

## 8.2　预制混凝土工程

预制混凝土工程主要包括预制柱、梁、屋架、板、楼梯及其他预制构件等项目。预制构件的施工工艺为：构件制造、生产—构件运输—构件安装—接头灌缝等过程。其中，在构件制造、生产过程中，按照其加工生产地点不同，又分为现场预制构件和加工厂预制构件两种。在编制造价时，要分别按照有关规定，列项计算构件的制作、运输、安装、灌缝等内容。

### 8.2.1　预制混凝土工程清单分项

“计量规范”将预制混凝土工程分为预制混凝土柱、预制混凝土梁、预制混凝土屋架、预制混凝土板、预制混凝土楼梯、其他预制构件共 6 项 24 个子目，工程量清单项目及工程量计算规则如表 8.9 至表 8.14 所示。

**表 8.9 预制混凝土柱(编号:010509)**

| 项目编码 | 项目名称 | 项目特征 | 计量单位 | 工程量计算规则 | 工作内容 |
| --- | --- | --- | --- | --- | --- |
| 010509001 | 矩形柱 | (1) 图代号;<br>(2) 单件体积;<br>(3) 安装高度;<br>(4) 混凝土强度等级;<br>(5) 砂浆(细石混凝土)强度等级、配合比 | (1) $m^3$;<br>(2) 根 | (1) 以立方米($m^3$)计量,按设计图示尺寸以体积计算;<br>(2) 以根计量,按设计图示尺寸以数量计算 | (1) 模板制作、安装、拆除、堆放、运输及清理模内杂物、刷隔离剂等;<br>(2) 混凝土制作、运输、浇筑、振捣、养护;<br>(3) 构件运输、安装;<br>(4) 砂浆制作、运输;<br>(5) 接头灌缝、养护 |
| 010509002 | 异形柱 | | | | |

**表 8.10 预制混凝土梁(编号:010510)**

| 项目编码 | 项目名称 | 项目特征 | 计量单位 | 工程量计算规则 | 工作内容 |
| --- | --- | --- | --- | --- | --- |
| 010510001 | 矩形梁 | (1) 图代号;<br>(2) 单件体积;<br>(3) 安装高度;<br>(4) 混凝土强度等级;<br>(5) 砂浆(细石混凝土)强度等级、配合比 | (1) $m^3$;<br>(2) 根 | (1) 以立方米($m^3$)计量,按设计图示尺寸以体积计算;<br>(2) 以根计量,按设计图示尺寸以数量计算 | (1) 模板制作、安装、拆除、堆放、运输及清理模内杂物、刷隔离剂等;<br>(2) 混凝土制作、运输、浇筑、振捣、养护;<br>(3) 构件运输、安装;<br>(4) 砂浆制作、运输;<br>(5) 接头灌缝、养护 |
| 010510002 | 异形梁 | | | | |
| 010510003 | 过梁 | | | | |
| 010510004 | 拱形梁 | | | | |
| 010510005 | 鱼腹式吊车梁 | | | | |
| 010510006 | 其他梁 | | | | |

**表 8.11 预制混凝土屋架(编号:010511)**

| 项目编码 | 项目名称 | 项目特征 | 计量单位 | 工程量计算规则 | 工作内容 |
| --- | --- | --- | --- | --- | --- |
| 010511001 | 折线型 | (1) 图代号;<br>(2) 单件体积;<br>(3) 安装高度;<br>(4) 混凝土强度等级;<br>(5) 砂浆(细石混凝土)强度等级、配合比 | (1) $m^3$;<br>(2) 榀 | (1) 以立方米($m^3$)计量,按设计图示尺寸以体积计算;<br>(2) 以榀计量,按设计图示尺寸以数量计算 | (1) 模板制作、安装、拆除、堆放、运输及清理模内杂物、刷隔离剂等;<br>(2) 混凝土制作、运输、浇筑、振捣、养护;<br>(3) 构件运输、安装;<br>(4) 砂浆制作、运输;<br>(5) 接头灌缝、养护 |
| 010511002 | 组合 | | | | |
| 010511003 | 薄腹 | | | | |
| 010511004 | 门式钢架 | | | | |
| 010511005 | 天窗架 | | | | |

**表 8.12　预制混凝土板(编号:010512)**

| 项目编码 | 项目名称 | 项目特征 | 计量单位 | 工程量计算规则 | 工作内容 |
|---|---|---|---|---|---|
| 010512001 | 平板 | (1) 图代号；<br>(2) 单件体积；<br>(3) 安装高度；<br>(4) 混凝土强度等级；<br>(5) 砂浆(细石混凝土)强度等级、配合比 | (1) $m^3$；<br>(2) 块 | (1) 以立方米($m^3$)计量，按设计图示尺寸以体积计算。不扣除单个面积不大于 300 mm×300 mm 的孔洞所占体积，扣除空心板空洞体积；<br>(2) 以块计量，按设计图示尺寸以数量计算 | (1) 模板制作、安装、拆除、堆放、运输及清理模内杂物、刷隔离剂等；<br>(2) 混凝土制作、运输、浇筑、振捣、养护；<br>(3) 构件运输、安装；<br>(4) 砂浆制作、运输；<br>(5) 接头灌缝、养护 |
| 010512002 | 空心板 | | | | |
| 010512003 | 槽形板 | | | | |
| 010512004 | 网架板 | | | | |
| 010512005 | 折线板 | | | | |
| 010512006 | 带肋板 | | | | |
| 010512007 | 大型板 | | | | |
| 010512008 | 沟盖板、井盖板、井圈 | (1) 单件体积；<br>(2) 安装高度；<br>(3) 混凝土强度等级；<br>(4) 砂浆强度等级、配合比 | (1) $m^3$；<br>(2) 块(套) | (1) 以立方米($m^3$)计量，按设计图示尺寸以体积计算；<br>(2) 以块计量，按设计图示尺寸以数量计算 | |

**表 8.13　预制混凝土楼梯(编号:010513)**

| 项目编码 | 项目名称 | 项目特征 | 计量单位 | 工程量计算规则 | 工作内容 |
|---|---|---|---|---|---|
| 010513001 | 楼梯 | (1) 楼梯类型；<br>(2) 单件体积；<br>(3) 混凝土强度等级；<br>(4) 砂浆(细石混凝土)强度等级 | (1) $m^3$；<br>(2) 段 | (1) 以立方米($m^3$)计量，按设计图示尺寸以体积计算。扣除空心踏步板空洞体积。<br>(2) 以段计量，按设计图示数量计算 | (1) 模板制作、安装、拆除、堆放、运输及清理模内杂物、刷隔离剂等；<br>(2) 混凝土制作、运输、浇筑、振捣、养护；<br>(3) 构件运输、安装；<br>(4) 砂浆制作、运输；<br>(5) 接头灌缝、养护 |

**表 8.14　其他预制构件(编号:010514)**

| 项目编码 | 项目名称 | 项目特征 | 计量单位 | 工程量计算规则 | 工作内容 |
|---|---|---|---|---|---|
| 010514001 | 垃圾道、通风道、烟道 | (1) 单件体积；<br>(2) 混凝土强度等级；<br>(3) 砂浆强度等级 | (1) $m^3$；<br>(2) $m^2$；<br>(3) 根(块、套) | (1) 以立方米($m^3$)计量，按设计图示尺寸以体积计算。不扣除单个面积不大于 300 mm×300 mm 的孔洞所占体积，扣除烟道、垃圾道、通风道的孔洞所占体积。<br>(2) 以平方米($m^2$)计量，按设计图示尺寸以面积计算。不扣除单个面积不大于 300 mm×300 mm 的孔洞所占面积。<br>(3) 以根计量，按设计图示尺寸以数量计算 | (1) 模板制作、安装、拆除、堆放、运输及清理模内杂物、刷隔离剂等；<br>(2) 混凝土制作、运输、浇筑、振捣、养护；<br>(3) 构件运输、安装；<br>(4) 砂浆制作、运输；<br>(5) 接头灌缝、养护 |
| 010514002 | 其他构件 | (1) 单件体积；<br>(2) 构件的类型；<br>(3) 混凝土强度等级；<br>(4) 砂浆强度等级 | | | |

清单列项时应注意：

（1）预制混凝土构件或预制钢筋混凝土构件，如施工图设计标注做法见标准图集时，项目特征注明标准图集的编码、页号及节点大样即可。

（2）清单计量时，预制混凝土或预制钢筋混凝土构件，不扣除构件内钢筋、螺栓、预埋铁件、张拉孔道所占体积，但应扣除劲性骨架的型钢所占体积。

（3）清单项目以根、榀、块、套计量时，必须描述单件体积。

（4）三角形屋架按折线型屋架项目编码列项。

（5）不带肋的预制遮阳板、雨篷板、挑檐板、栏板等，应按平板项目编码列项。

（6）预制F形板、双T形板、单肋板和带反挑檐的雨篷板、挑檐板、遮阳板等，应按带肋板项目编码列项。

（7）预制大型墙板、大型楼板、大型屋面板等，按大型板项目编码列项。

（8）预制钢筋混凝土小型池槽、压顶、扶手、垫块、隔热板、花格等，按其他构件项目编码列项。

### 8.2.2 预制混凝土工程计价

（1）工程量计算按设计图纸以体积来计算。按体积计算时，不扣除构件内钢筋、预埋铁件及小于0.3 $m^2$ 以内的孔洞所占体积，预制空心板应扣除空洞体积，预制楼梯应扣除空心踏步板空洞体积。定额已包含预制混凝土构件废品损耗率。

（2）预制混凝土构件或预制钢筋混凝土构件，若是按现场制作编制项目，工作内容中包括模板制作、安装、拆除，不再单列，钢筋按预制构件钢筋项目编码列项。

（3）若是购买加工厂预制构件，则以成品价格进入总价，钢筋和模板工程均不再单列，全费用综合单价中包括钢筋和模板的费用。

（4）预制混凝土构件全费用综合单价应包含构件制作、场内外运输、安装、接头灌缝等工作内容的相应费用。

## 思　考　题

(1) 现浇混凝土梁构件中,主次梁长度是如何计算的?

(2) 现浇混凝土梁、板、柱的工程量如何计算?

(3) 预制混凝土工程计价应考虑哪些因素?

## 习　题

(1) 构造柱如图 8.15 所示,A 型 4 根,B 型 8 根,C 型 10 根,D 型 20 根,总高为 26 m,混凝土强度等级为 C25。试计算构造柱现浇混凝土工程量。

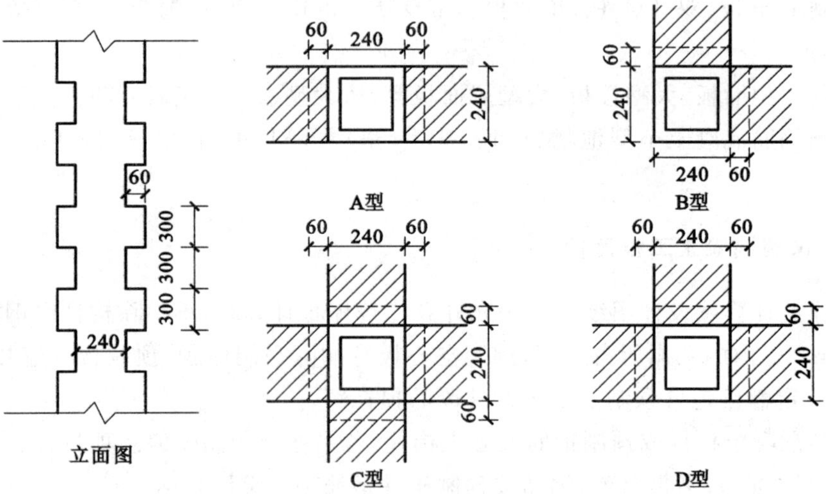


图 8.15　构造柱(单位:mm)

(2) 某单位新建传达室如图 8.16 所示,试计算该建筑柱、有梁板、挑檐板及过梁的混凝土工程量,编制分部分项工程量清单并依据当地预算定额计算综合单价。已知本工程为框架结构,单层,层高 3.6 m,混凝土构件均采用 C20 现浇混凝土,柱截面尺寸为 300 mm×300 mm,柱下独立基础扩大顶面标高为 −1.3 m,屋面板厚为 100 mm,挑檐与屋面板一起现浇。

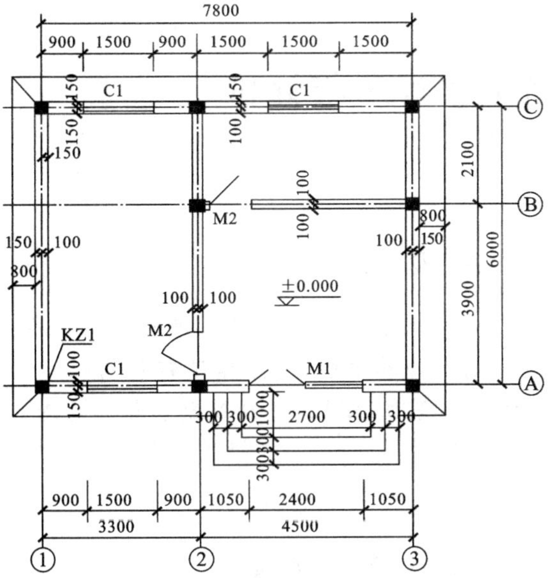


(a)

门窗表

| 类型 | 编号 | 洞口尺寸(mm) | |
|---|---|---|---|
| | | 宽 | 高 |
| 门 | M1 | 2400 | 2700 |
| | M2 | 900 | 2100 |
| 窗 | C1 | 1500 | 1800 |

注：
M1为无纱连窗门；
M2为无纱镶板门单扇；
C1单层玻璃窗双扇；
墙裙高1800mm。

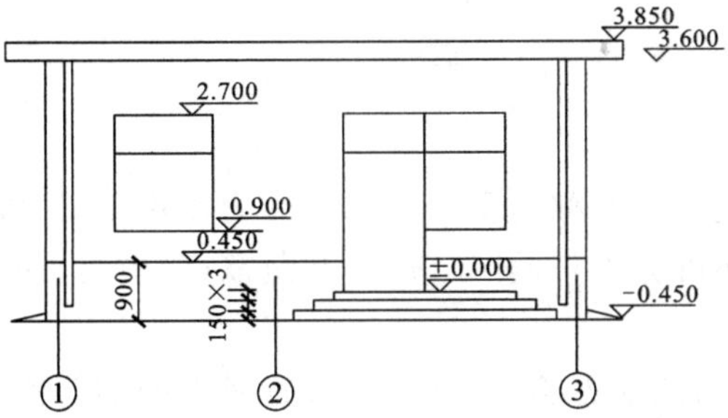


(b)

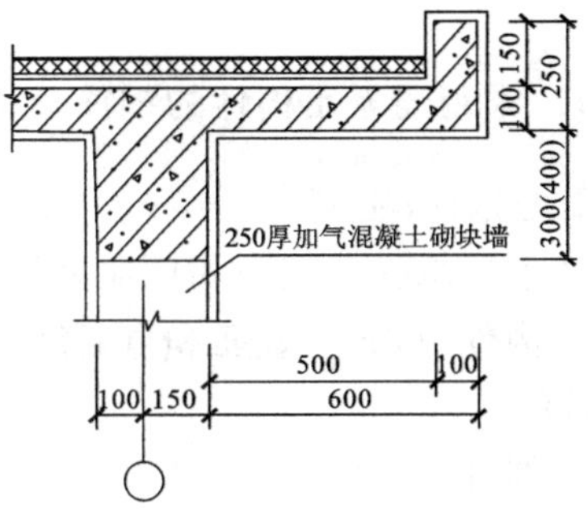


(c)

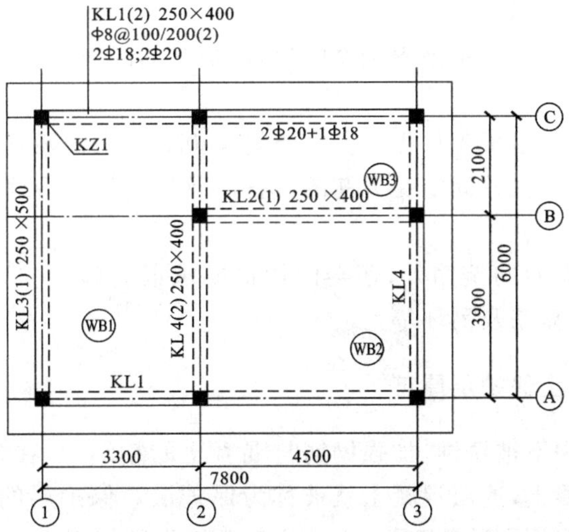


(d)

**图 8.16　某传达室建筑图**

(a) 平面图；(b) ①～③立面图；(c) 挑檐大样图；(d) 标高 **3.6** m结构平面图

# 9 钢筋工程计量与计价

**本 章 提 要**

本章主要介绍钢筋工程清单分项特点，并结合工程实例详细讲解了梁钢筋、柱钢筋、板钢筋、剪力墙钢筋的清单工程量计算规则和计算方法，并介绍了钢筋工程的计价方法。本章重点要求掌握钢筋工程量的计算方法，钢筋工程量清单的编制和相应的清单报价。

## 9.1 钢筋工程清单分项

### 9.1.1 常用混凝土构件的钢筋分类

（1）受力钢筋（主筋）

在构件中以承受拉应力和压应力为主的钢筋称为受力钢筋。受力筋用于梁、板、柱等各种钢筋混凝土构件中，分为直筋和弯起筋，还可分为正筋（拉应力）和负筋（压应力）两种。

（2）箍筋

承受一部分斜拉应力（剪应力），并为固定受力筋、架立筋的位置所设的钢筋称为箍筋。箍筋一般用于梁和柱中。

（3）架立钢筋

架立钢筋叫架立筋，用以固定梁内钢筋的位置，把纵向的受力钢筋和箍筋绑扎成骨架。

（4）分布钢筋

分布钢筋简称分布筋，用于各种板内。分布筋与板的受力钢筋垂直设置，其作用是将承受的荷载均匀地传递给受力筋，并固定受力筋的位置以及抵抗热胀冷缩所引起的温度变形。

（5）其他钢筋

除以上常用的四种类型的钢筋外，还会因构造要求或者施工安装需要而配制钢筋，如腰筋、附加吊筋、拉结筋、马凳筋及吊环等。

### 9.1.2 钢筋的混凝土保护层厚度

为了使钢筋在构件中不被锈蚀，加强钢筋与混凝土的粘结力，在各种构件中的钢筋外面，必须要有一定厚度的混凝土，这层混凝土就被称为保护层。保护层的厚度因混凝土构件种类和所处环境类别不同而取不同数值，混凝土结构的环境类别如表 9.1 所示，混凝土保护层的最小厚度如表 9.2 所示。

**表 9.1　混凝土结构的环境类别**

| 环境类别 | 条　件 |
|---|---|
| 一 | 室内干燥环境；<br>无侵蚀性静水浸没环境 |
| 二 a | 室内潮湿环境；<br>非严寒和非寒冷地区的露天环境；<br>非严寒和非寒冷地区与无侵蚀性的水或土壤直接接触的环境；<br>严寒和寒冷地区的冰冻线以下与无侵蚀性的水或土壤直接接触的环境 |
| 二 b | 干湿交替环境；<br>水位频繁变动环境；<br>严寒和寒冷地区的露天环境；<br>严寒和寒冷地区的冰冻线以上与无侵蚀性的水或土壤直接接触的环境 |
| 三 a | 严寒和寒冷地区冬季水位变动区环境；<br>受除冰盐影响环境；<br>海风环境 |
| 三 b | 盐渍土环境；<br>受除冰盐作用环境；<br>海岸环境 |
| 四 | 海水环境 |
| 五 | 受人为或自然的侵蚀性物质影响的环境 |

注：① 室内潮湿环境是指构件表面经常处于结露或湿润状态的环境。

② 严寒和寒冷地区的划分应符合现行国家标准《民用建筑热工设计规范》(GB 50176)的有关规定。

③ 海岸环境和海风环境宜根据当地情况，考虑主导风向及结构所处迎风、背风部位等因素的影响，由调查研究和工程经验确定。

④ 受除冰盐影响环境是指受到除冰盐盐雾影响的环境；受除冰盐作用环境是指被冰盐溶液溅射的环境以及使用除冰盐地区的洗车房、停车楼等建筑。

⑤ 暴露的环境是指混凝土结构表面所处的环境。

**表 9.2　混凝土保护层的最小厚度(mm)**

| 环境类别 | 板、墙 | 梁、柱 |
|---|---|---|
| 一 | 15 | 20 |
| 二 a | 20 | 25 |
| 二 b | 25 | 35 |
| 三 a | 30 | 40 |
| 三 b | 40 | 50 |

注：① 表中混凝土保护层厚度指最外层钢筋外边缘至混凝土表面的距离，适用于设计年限为 50 年的混凝土结构。

② 构件中受力钢筋的保护层厚度不应小于钢筋的公称直径。

③ 设计使用年限为 100 年的混凝土结构，一类环境中，最外层钢筋的保护层厚度不应小于表中数值的 1.4 倍；二、三类环境中，应采取专门的有效措施。

④ 混凝土强度等级不大于 C25 时，表面保护层厚度数值应增加 5 mm。

⑤ 基础底面钢筋的保护层厚度，有混凝土垫层时应从垫层顶面算起，且不应小于 40 mm。

### 9.1.3　钢筋的锚固长度

新规范 22G101-1 平法规则，对受拉钢筋的锚固长度做了比较大的改动，其具体的锚固长度的规定如表 9.3 至表 9.4 所示。

**表 9.3　受拉钢筋锚固长度 $l_a$**

| 钢筋种类 | C25 | | C30 | | C35 | | C40 | | C45 | | C50 | | C55 | | ≥C60 | |
|---|---|---|---|---|---|---|---|---|---|---|---|---|---|---|---|---|
| | $d\leqslant25$ | $d>25$ | $d\leqslant25$ | $d>25$ | $d\leqslant25$ | $d>25$ | $d\leqslant25$ | $d>25$ | $d\leqslant25$ | $d>25$ | $d\leqslant25$ | $d>25$ | $d\leqslant25$ | $d>25$ | $d\leqslant25$ | $d>25$ |
| HPB300 | $34d$ | — | $30d$ | — | $28d$ | — | $25d$ | — | $24d$ | — | $23d$ | — | $22d$ | — | $21d$ | — |
| HRB400<br>HRBF400<br>RRB400 | $40d$ | $44d$ | $35d$ | $39d$ | $32d$ | $35d$ | $29d$ | $32d$ | $28d$ | $31d$ | $27d$ | $30d$ | $26d$ | $29d$ | $25d$ | $28d$ |
| HRB500<br>HRBF500 | $48d$ | $53d$ | $43d$ | $47d$ | $39d$ | $43d$ | $36d$ | $40d$ | $34d$ | $37d$ | $32d$ | $35d$ | $31d$ | $34d$ | $30d$ | $33d$ |

**表 9.4　受拉钢筋抗震锚固长度 $l_{aE}$**

| 钢筋种类及抗震等级 | | C25 | | C30 | | C35 | | C40 | | C45 | | C50 | | C55 | | ≥C60 | |
|---|---|---|---|---|---|---|---|---|---|---|---|---|---|---|---|---|---|
| | | $d\leqslant25$ | $d>25$ | $d\leqslant25$ | $d>25$ | $d\leqslant25$ | $d>25$ | $d\leqslant25$ | $d>25$ | $d\leqslant25$ | $d>25$ | $d\leqslant25$ | $d>25$ | $d\leqslant25$ | $d>25$ | $d\leqslant25$ | $d>25$ |
| HPB300 | 一、二级 | $39d$ | — | $35d$ | — | $32d$ | — | $29d$ | — | $28d$ | — | $26d$ | — | $25d$ | — | $24d$ | — |
| | 三级 | $36d$ | — | $32d$ | — | $29d$ | — | $26d$ | — | $25d$ | — | $24d$ | — | $23d$ | — | $22d$ | — |
| HRB400<br>HRBF400<br>RRB400 | 一、二级 | $46d$ | $51d$ | $40d$ | $45d$ | $37d$ | $40d$ | $33d$ | $37d$ | $32d$ | $36d$ | $31d$ | $35d$ | $30d$ | $33d$ | $29d$ | $32d$ |
| | 三级 | $42d$ | $46d$ | $37d$ | $41d$ | $34d$ | $37d$ | $30d$ | $34d$ | $29d$ | $33d$ | $28d$ | $32d$ | $27d$ | $30d$ | $26d$ | $29d$ |
| HRB500<br>HRBF500 | 一、二级 | $55d$ | $61d$ | $49d$ | $54d$ | $45d$ | $49d$ | $41d$ | $46d$ | $39d$ | $43d$ | $37d$ | $40d$ | $36d$ | $39d$ | $35d$ | $38d$ |
| | 三级 | $50d$ | $56d$ | $45d$ | $49d$ | $41d$ | $45d$ | $38d$ | $42d$ | $36d$ | $39d$ | $34d$ | $37d$ | $33d$ | $36d$ | $32d$ | $35d$ |

注：① 当为环氧树脂涂层带肋钢筋时，表中数据尚应乘以 1.25。

② 当纵向受拉钢筋在施工过程中易受扰动时，表中数据尚应乘以 1.1。

③ 当锚固长度范围内纵向受力钢筋周边保护层厚度为 $3d$、$5d$（$d$ 为锚固钢筋的直径）时，表中数据可分别应乘以 0.8、0.7；中间时按内插值。

④ 当纵向受拉普通钢筋锚固长度修正系数（注①～注③）多于一项时，可按连乘计算。

⑤ 受拉钢筋的锚固长度 $l_a$、$l_{aE}$ 计算值不应小于 200 mm。

⑥ 四级抗震时，$l_{aE}=l_a$。

⑦ 当锚固钢筋的保护层厚度不大于 $5d$ 时，锚固钢筋长度范围内应设置横向构造钢筋，其直径不应小于 $d/4$（$d$ 为锚固钢筋的最大直径）；对梁、柱等构件间距不应大于 $5d$，对板、墙等构件间距不应大于 $10d$，且均不应大于 100（$d$ 为锚固钢筋的最小直径）。

⑧ HPB300 钢筋末端应做 180°弯钩。

⑨ 混凝土强度等级应取锚固区的混凝土强度等级。

### 9.1.4　钢筋的末端弯钩长度

钢筋的末端弯钩有 180°、90°和 135°弯钩三种。180°弯钩常用于Ⅰ级光圆钢筋；90°弯钩常用于柱立筋的下部、附加钢筋和无抗震要求的箍筋中；135°弯钩常用于Ⅱ、Ⅲ级钢筋和有抗震要求的箍筋中。

当弯弧内直径为 2.5$d$(Ⅱ、Ⅲ级钢筋为 4$d$)、平直部分为 3$d$ 时,其弯钩增加长度的计算值为:半圆弯钩为 6.25$d$、直弯钩为 3.5$d$、斜弯钩为 4.9$d$,如图 9.1 所示。若斜弯钩用于抗震要求的箍筋中,平直部分为 10$d$ 时,其弯钩增加长度的计算值为 11.9$d$。

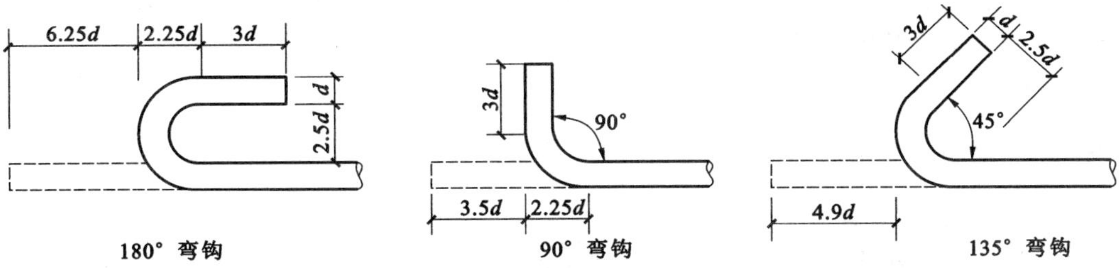


图 9.1　钢筋弯钩计算简图

### 9.1.5　钢筋的中间弯起增加长度

中间弯起钢筋的弯起角度一般有 30°、45°和 60°三种,如图 9.2 所示。其弯起增加长度是指钢筋斜长与水平投影长度之间的差值($S-L$)。

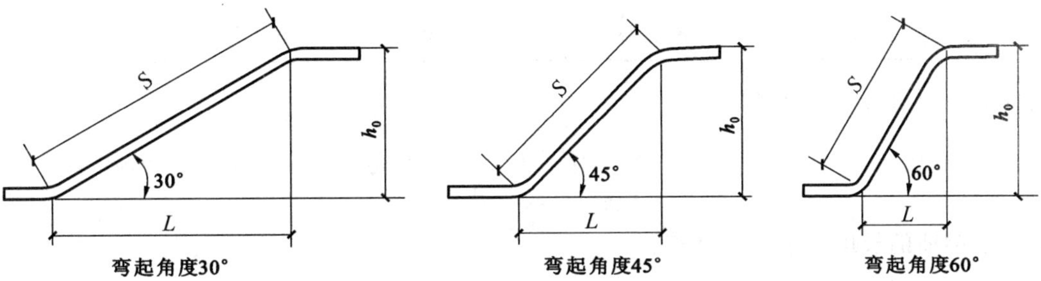


图 9.2　弯起钢筋斜长计算简图

弯起钢筋的增加长度,可按弯起角度、弯起钢筋净高 $h_0$(构件断面高－两端保护层厚度)计算,其计算值如表 9.5 所示。

表 9.5　弯起钢筋斜长系数表

| 弯起角度 | $\alpha=30°$ | $\alpha=45°$ | $\alpha=60°$ |
|---|---|---|---|
| 斜边长度 $S$ | $2h_0$ | $1.41h_0$ | $1.15h_0$ |
| 底边长度 $L$ | $1.73h_0$ | $h_0$ | $0.58h_0$ |
| 弯起增加长度 $S-L$ | $0.27h_0$ | $0.41h_0$ | $0.57h_0$ |

说明:梁高 $h\geq800$ mm 时用 60°,梁高 $h<800$ mm 时用 45°,板用 30°。

### 9.1.6　钢筋的接头

钢筋接头有三种连接方法,即:绑扎搭接接头、焊接接头、机械连接接头。钢筋连接的原则:钢筋接头宜设置在受力较小处,同一根钢筋不宜设置 2 个以上接头,同一构件中的纵向受力钢筋接头宜相互错开。直径大于 12 mm 以上的钢筋,应优先采用焊接接头或机械连接接头。对于轴心受拉构件和小偏心受拉构件的纵向受力钢筋;直径 $d>28$ mm 的受拉钢筋、直径 $d>32$ mm 的受压钢筋不得采用绑扎搭接接头。直接承受动力荷载的构件,纵向受力钢筋不得采用绑扎搭接接头。

绑扎搭接接头使用条件有一定的限制，即搭接处接头可靠，必须有足够的搭接长度。纵向受拉钢筋搭接长度和纵向受拉钢筋抗震搭接长度应符合规范的规定。

在计算钢筋工程量时，设计（含标准图集）已规定钢筋搭接长度的，按规定钢筋搭接长度计算，设计未规定搭接长度的已包括在钢筋的损耗率之内，不另计算搭接长度。钢筋焊接、机械连接按接头个数计算。

### 9.1.7 钢筋工程量计算

钢筋工程量按下式计算：

钢筋的工程量(kg)＝钢筋图示长度(m)×钢筋单位理论质(重)量(kg/m)　(9.1)

钢筋单位理论质(重)量可按表9.6查用，也可按下面简便公式计算：

钢筋单位理论质量(kg/m)$=0.617\times D^2$(cm)　(9.2)

式中　$D$——钢筋直径，单位以cm计。

表9.6　钢筋单位理论质量

| 直　　径 | ϕ6 | ϕ8 | ϕ10 | ϕ12 | ϕ14 | ϕ16 | ϕ18 | ϕ20 | ϕ22 | ϕ25 | ϕ28 | ϕ30 | ϕ32 |
|---|---|---|---|---|---|---|---|---|---|---|---|---|---|
| 每米重(kg/m) | 0.222 | 0.395 | 0.617 | 0.888 | 1.21 | 1.58 | 2.00 | 2.47 | 2.98 | 3.85 | 4.83 | 5.55 | 6.31 |

普通钢筋长度可按下式计算：

钢筋图示长度＝构件长度－两端保护层＋末端弯钩长度＋中间弯起增加长度＋钢筋搭接长度　(9.3)

平法标注钢筋的长度可按下式计算：

钢筋图示长度＝净长＋末端弯钩长度＋中间弯起增加长度＋钢筋搭接长度＋节点锚固长度　(9.4)

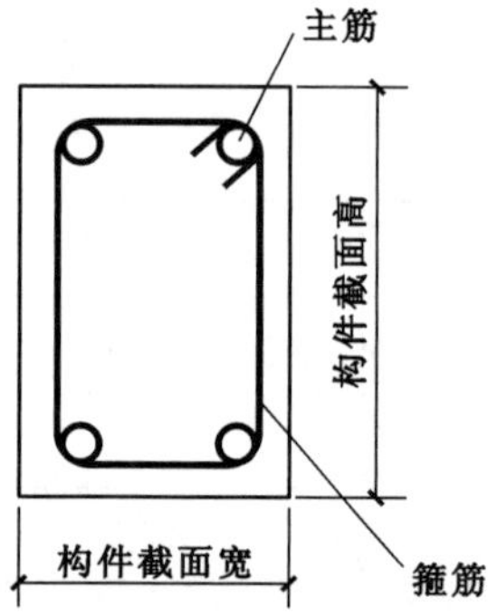


图9.3　双肢箍示意图

箍筋长度的计算是先计算单个箍筋的长度，再计算箍筋的个数。箍筋示意如图9.3所示。若该箍筋有抗震要求，末端作135°弯钩，弯钩平直部分的长度为箍筋直径的10倍，则：

$$箍筋长度\ L=(a-2c)\times 2+(b-2c)\times 2+2\times 11.9d \quad (9.5)$$

式中　$a$、$b$——构件截面宽和高的尺寸；

$c$——保护层厚度；

$d$——箍筋直径。

箍筋的布置通常分为加密区和非加密区，计算个数时可分加密区长度和非加密区长度分别计算，即：

箍筋个数＝加密区长度/加密区间距＋非加密区长度/非加密区间距＋1　(9.6)

### 9.1.8 钢筋工程及螺栓、铁件清单项目

《房屋建筑与装饰工程工程量计算规范》(GB 50854—2013)将钢筋工程分为现浇构件钢筋、预制构件钢筋、钢筋网片、钢筋笼、先张法预应力钢筋、后张法预应力钢筋、预应力钢丝、预

应力钢绞线、支撑钢筋(铁马)、声测管 10 个清单项目。将螺栓、铁件分为螺栓、预埋铁件及机械连接 3 个清单项目。其清单项目设置及工程量计算规则如表 9.7 及表 9.8 所示。

**表 9.7　钢筋工程(编号:010515)**

| 项目编码 | 项目名称 | 项目特征 | 计量单位 | 工程量计算规则 | 工程内容 |
| --- | --- | --- | --- | --- | --- |
| 010515001 | 现浇构件钢筋 | 钢筋种类、规格 | t | 按设计图示钢筋(网)长度(面积)乘单位理论质量计算 | (1) 钢筋(网、笼)制作、运输;<br>(2) 钢筋(网、笼)安装;<br>(3) 焊接(绑扎) |
| 010515002 | 预制构件钢筋 | | | | |
| 010515003 | 钢筋网片 | | | | |
| 010515004 | 钢筋笼 | | | | |
| 010515005 | 先张法预应力钢筋 | (1) 钢筋种类、规格;<br>(2) 锚具种类 | | 按设计图示钢筋长度乘单位理论质量计算 | (1) 钢筋制作、运输;<br>(2) 钢筋张拉 |
| 010515006 | 后张法预应力钢筋 | (1) 钢筋种类、规格;<br>(2) 钢丝种类、规格;<br>(3) 钢绞线种类、规格;<br>(4) 锚具种类;<br>(5) 砂浆强度等级 | | 按设计图示钢筋(丝束、绞线)长度乘单位理论质量计算 | (1) 钢筋、钢丝、钢绞线制作、运输;<br>(2) 钢筋、钢丝、钢绞线安装;<br>(3) 预埋管孔道铺设;<br>(4) 锚具安装;<br>(5) 砂浆制作、运输;<br>(6) 孔道压浆、养护 |
| 010515007 | 预应力钢丝 | | | | |
| 010515008 | 预应力钢绞线 | | | | |
| 010515009 | 支撑钢筋(铁马) | (1) 钢筋种类;<br>(2) 规格 | | 按钢筋长度乘单位理论质量计算 | 钢筋制作、焊接、安装 |
| 010515010 | 声测管 | (1) 材质;<br>(2) 规格型号 | | 按设计图示尺寸以质量计算 | (1) 检测管截断、封头;<br>(2) 套管制作、焊接;<br>(3) 定位、固定 |

注:① 现浇构件中伸出构件的锚固钢筋应并入钢筋工程量内。除设计(包括规范规定)标明的搭接外,其他施工搭接不计算工程量,在综合单价中综合考虑。

② 现浇构件中固定位置的支撑钢筋、双层钢筋用的“铁马”在编制工程量清单时,如果设计未明确,其工程数量可为暂估量,结算时按现场签证数量计算。

说明:

(1) 低合金钢筋两端均采用螺杆锚具时,钢筋长度按孔道长度减 0.35 m 计算,螺杆另行计算。

(2) 低合金钢筋一端采用镦头插片、另一端采用螺杆锚具时,钢筋长度按孔道长度计算,螺杆另行计算。

(3) 低合金钢筋一端采用镦头插片、另一端采用帮条锚具时,钢筋长度按孔道长度增加 0.15 m计算;两端均采用帮条锚具时,钢筋长度按孔道长度增加 0.3 m 计算。

(4) 低合金钢筋采用后张混凝土自锚时,钢筋长度按孔道长度增加 0.35 m 计算。

(5) 低合金钢筋(钢绞线)采用 JM、XM、QM 型锚具,孔道长度不大于 20 m 时,钢筋长度按孔道长度增加 1 m 计算;孔道长度大于 20 m 时,钢筋长度按孔道长度增加 1.8 m 计算。

(6) 碳素钢丝采用锥形锚具,孔道长度在不大于 20 m 时,钢丝束长度按孔道长度增加1 m计算;孔道长在大于 20 m 时,钢丝束长度按孔道长度增加 1.8 m 计算。

(7) 碳素钢丝采用镦头锚具时,钢丝束长度按孔道长度增加 0.35 m 计算。

【习题测试】

表 9.8　螺栓、铁件(编号:010516)

| 项目编码 | 项目名称 | 项目特征 | 计量单位 | 工程量计算规则 | 工程内容 |
| --- | --- | --- | --- | --- | --- |
| 010516001 | 螺栓 | (1) 螺栓种类;<br>(2) 规格 | t | 按设计图示尺寸以质量计算 | (1) 螺栓、铁件制作、运输;<br>(2) 螺栓、铁件安装 |
| 010516002 | 预埋铁件 | (1) 钢材种类;<br>(2) 规格;<br>(3) 铁件尺寸 | | | |
| 010516003 | 机械连接 | (1) 连接方式;<br>(2) 螺纹套筒种类;<br>(3) 规格 | 个 | 按数量计算 | (1) 钢筋套丝;<br>(2) 套筒连接 |

注:编制工程量清单时,如果设计未明确,其工程数量可为暂估量,实际工程量按现场签证数量计算。

## 9.2　梁钢筋计量

### 9.2.1　梁平法施工图表示方法

梁平法施工图是在梁平面布置图上采用平面注写方式或截面注写方式表达钢筋的配筋信息。下面以平面注写方式为例来讲解梁钢筋的识图和计量。

平面注写方式是在梁平面布置图上,分别在不同编号的梁中各选一根梁,在其上注写截面尺寸和配筋具体数值的方式来表达梁平法施工图。平面注写包括集中标注与原位标注,集中标注表达梁的通用数值,原位标注表达梁的特殊数值。当集中标注中的某项数值不适用于梁的某部位时,则将该项数值原位标注,施工时,原位标注取值优先,如图 9.4 所示。

以图中 WKL4 为例,集中标注表示:第 4 号屋面框架梁,2 跨,梁截面为 250 mm×650 mm;箍筋为Ⅰ级钢筋,直径 8 mm,加密区间距为 100 mm,非加密区间距为 200 mm,均为双肢箍;上部通长筋为 2 根直径 18 mm 的Ⅱ级钢筋;梁侧面纵向构造钢筋为 4 根直径 12 mm 的Ⅱ级钢筋,每侧 2 根。原位标注表示:梁上部钢筋,支座 2 上部为 2 根直径 18 mm 和 1 根直径 16 mm 的Ⅱ级钢筋,其中 2 根直径 18 mm 的Ⅱ级钢筋为上部通长筋;支座 3 上部钢筋配置同支座 2 上部钢筋;梁下部钢筋,第一跨为 2 根直径 16 mm 的Ⅱ级钢筋,全部伸入支座,第一跨的梁截面是 250 mm×400 mm;第二跨为 2 根直径 22 mm 和 2 根直径 20 mm 的Ⅱ级钢筋,全部伸入支座。

### 9.2.2　梁平法钢筋计量

平法标注的现浇混凝土框架梁钢筋构造(部分内容)如图 9.5 至图 9.9 所示,全部构造内容参见《国家建筑标准设计图集》(22 G101-1)规范梁钢筋标准构造详图。其钢筋计算长度公式如表 9.9 所示。

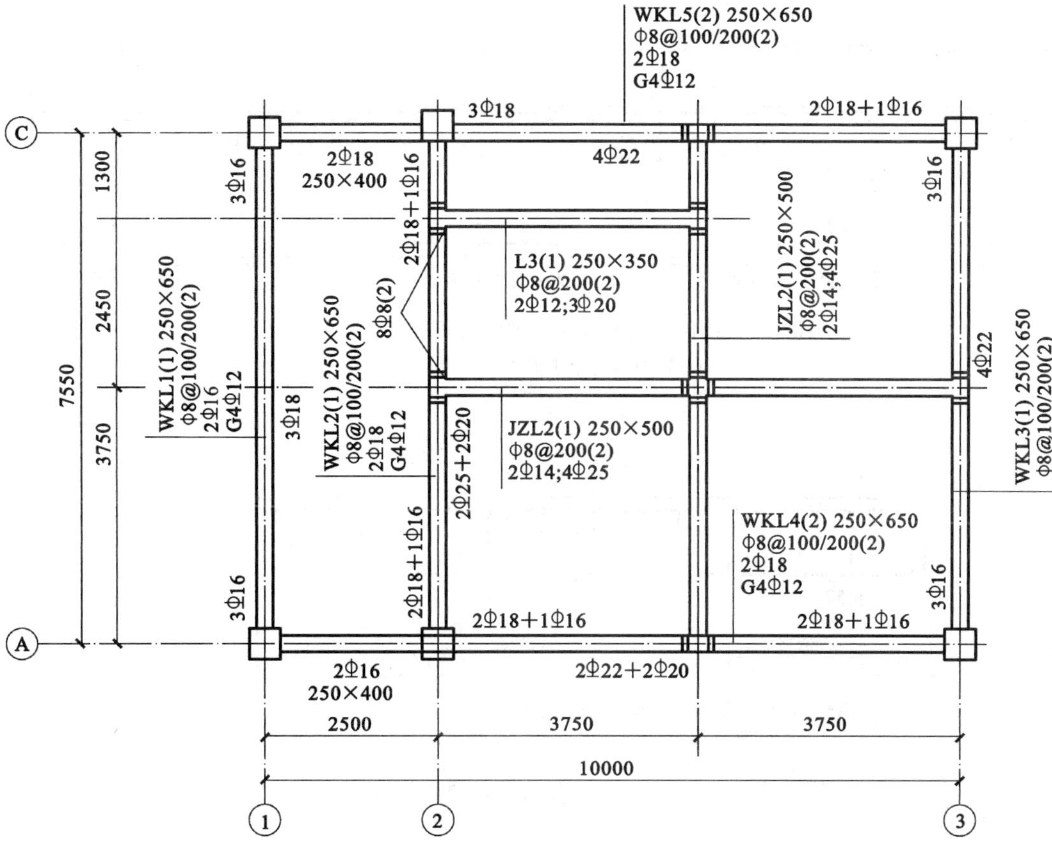


图 9.4　屋面梁平面整体配筋示意图

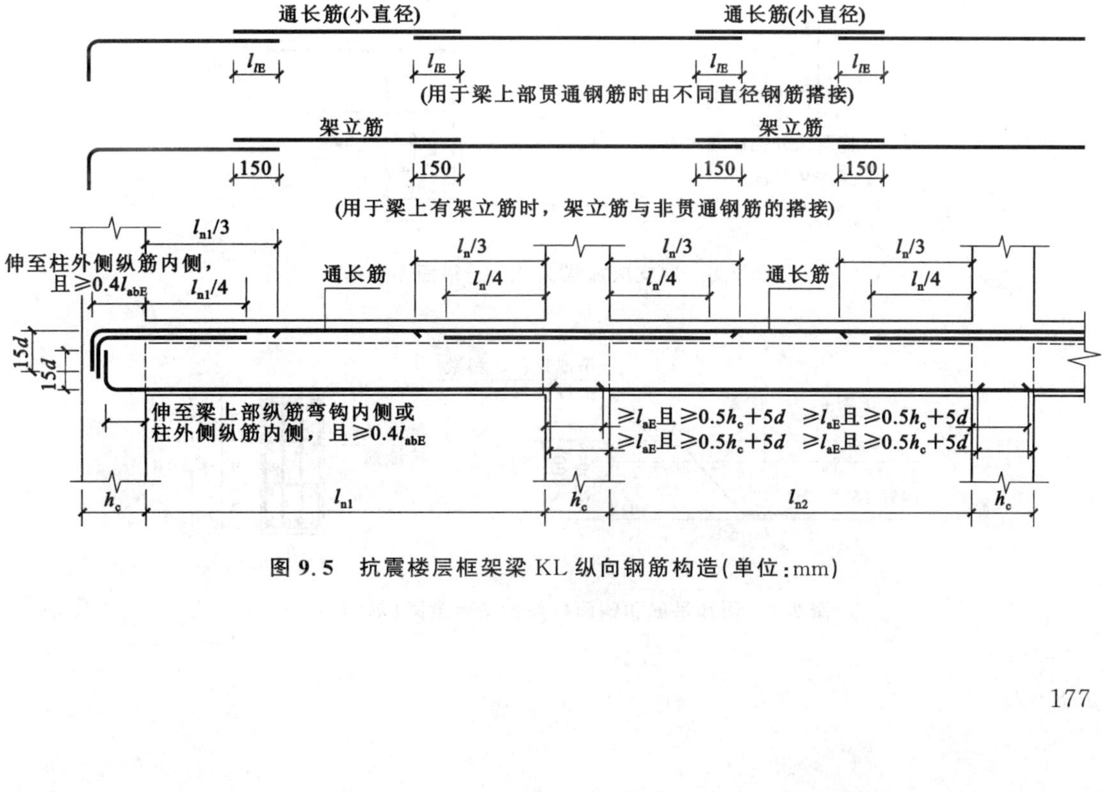


图 9.5　抗震楼层框架梁 KL 纵向钢筋构造(单位:mm)

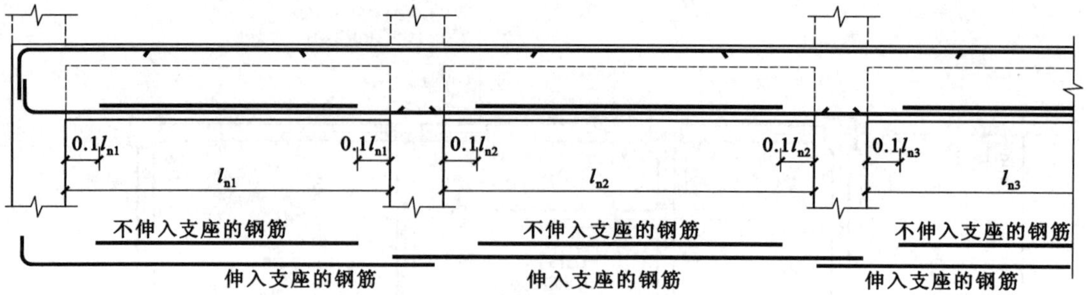


**图 9.6　不伸入支座的梁下部纵向钢筋断点位置**

（本构造详图不适用于框支梁、框架扁梁）

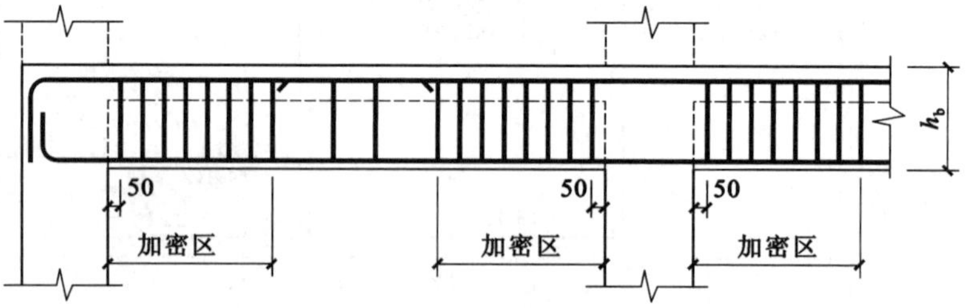


加密区：抗震等级为一级：$\geqslant 2.0h_b$且$\geqslant 500$；
抗震等级为二～四级：$\geqslant 1.5h_b$且$\geqslant 500$

**图 9.7　框架梁箍筋加密区范围示意图(单位：mm)**

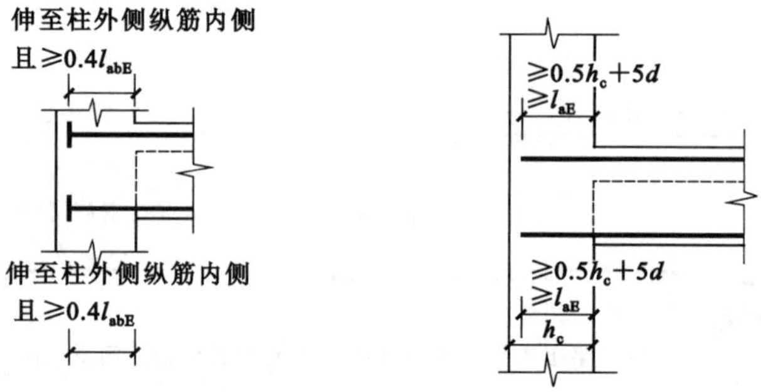


**图 9.8　端支座加锚头(锚板)锚固和直锚**

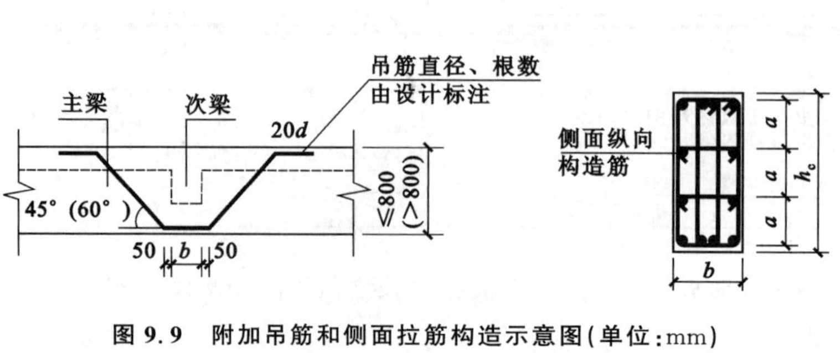


**图 9.9　附加吊筋和侧面拉筋构造示意图(单位：mm)**

**表 9.9　平法标注框架梁钢筋计算长度公式**

| 钢筋部位及名称 | 计算公式 | 备　注 |
|---|---|---|
| 上部通长筋或下部通长筋 | 长度＝通跨净跨长＋首尾端支座锚固值 | 首尾端支座锚固长度的取值判断：<br>当 $h_c$－保护层(直锚长度)＞$l_{aE}$ 时，取 $\max(l_{aE},0.5h_c+5d)$；<br>当 $h_c$－保护层(直锚长度)≤ $l_{aE}$ 时，必须弯锚，取 $\max(l_{aE},h_c$－保护层$+15d)$；<br>参见图 9.5 和图 9.8 |
| 端支座负筋 | 第一排钢筋长度＝$l_n/3$＋端支座锚固值<br>第二排钢筋长度＝$l_n/4$＋端支座锚固值 | $l_n$ 为本跨净跨长，端支座锚固值计算同上部通长筋参见图 9.5 和图 9.8 |
| 中间支座负筋 | 第一排钢筋长度＝$l_n/3$＋中间支座值＋$l_n/3$<br>第二排钢筋长度＝$l_n/4$＋中间支座值＋$l_n/4$ | 当中间跨两端的支座负筋延伸长度之和≥该跨的净跨长时，其钢筋长度：<br>第一排为该跨净跨长＋($l_n/3$＋前中间支座值)＋($l_n/3$＋后中间支座值)；<br>第二排为该跨净跨长＋($l_n/4$＋前中间支座值)＋($l_n/4$＋后中间支座值)。<br>参见图 9.5 |
| 腰筋 | 构造钢筋长度＝净跨长＋$2\times15d$<br>抗扭钢筋：算法同下部纵向钢筋 | 参见图 9.5 和图 9.9 |
| 拉筋 | 拉筋长度＝(梁宽－2×保护层)＋$2\times1.9d+2\times\max(10d,75)$(抗震弯钩值)<br>根数＝(布筋长度/布筋间距＋1)×排数 | 参见图 9.9 |
| 下部非通长筋伸入支座 | 长度＝净跨长＋左右支座锚固值 | 钢筋的中间支座锚固值＝$\max(l_{aE},0.5H_c+5d)$端支座锚固值计算同上部通长筋；<br>下部钢筋不论分排与否，计算的结果都是一样的。<br>参见图 9.5、图 9.6 和图 9.8 |
| 下部钢筋不伸入支座 | 长度＝本跨净跨长－$2\times0.1l_n$ | $l_n$ 为本跨净跨长参见图 9.6 |
| 箍筋 | 长度＝(梁宽－2×保护层＋梁高－2×保护层)×$2+2\times1.9d+2\times\max(10d,75)$(抗震弯钩值)<br>箍筋根数＝[(加密区长度－0.05)/加密区间距＋1]×2＋(非加密区长度/非加密区间距－1) | 参见图 9.7 |
| 吊筋 | 长度＝$2\times20d$＋2×斜段长度＋次梁宽度＋2×50 | 框梁高度＞800 mm，夹角＝60°；框架高度≤800 mm，夹角＝45°。<br>参见图 9.9 |
| 架立筋 | 长度＝本跨净跨长－左侧负筋伸入长度－右侧负筋伸入长度＋2×搭接(0.15) | 参见图 9.5 |

【例 9.1】 试计算图 9.10 所示的钢筋工程量。已知：该钢筋混凝土构件的环境类别为一类，柱子截面为 650 mm×600 mm，抗震等级为二级，混凝土强度等级为 C20。

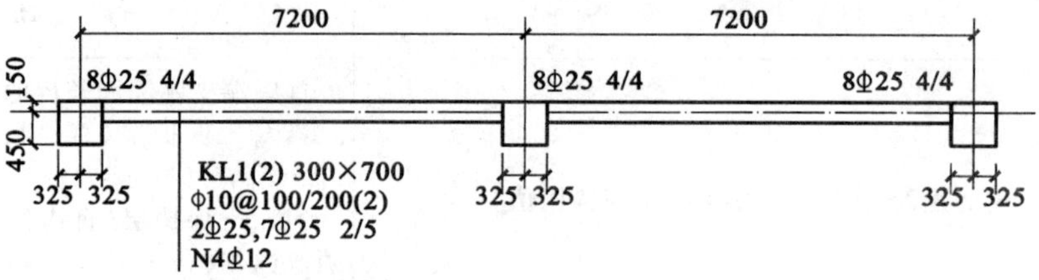


图 9.10 某梁配筋示意图

【解】 查表 9.2 得保护层厚度为 25 mm，即箍筋和拉结筋的保护层厚度为 25 mm，则主筋的保护层厚度为 35 mm。查表 9.4 得锚固长度为 $44d$。

(1) 上部通长筋：2Φ25

$l=7.2\times2-0.325\times2+2\times(0.65-0.035)+2\max(15\times0.025,44\times0.025-0.65+0.035)$

$=15.95$ m

$2l=15.95\times2=31.9$ m

下部通长筋：7Φ25 2/5，计算方法同上部通长筋，则：

$$7l=15.95\times7=111.65 \text{ m}$$

(2) 腰筋：N4Φ12

$l=7.2\times2-0.325\times2+2\times(0.65-0.035)+2\max(15\times0.012,44\times0.012-0.65+0.035)$

$=15.34$ m

$4l=4\times15.34=61.36$ m

拉结筋：Φ6@400（参见 72 G101-1 P85）

单根长：

$$l=0.3-2\times0.025+2\times1.9\times0.006+2\times\max(10d,75)=0.42 \text{ m}$$

根数：

$$n=[(7.2-0.65-2\times0.05)\times2/0.4+1]\times2=67$$

总长：

$$总长=l\times n=0.42\times67=28.14 \text{ m}$$

(3) 左支座处负筋：8Φ25 4/4

上排两根为上部通长筋，另两根为：

$l=(7.2-0.65)/3+(0.65-0.035)+\max(15\times0.025,44\times0.025-0.65+0.035)$

$=3.28$ m

$2l=2\times3.28=6.56$ m

下排四根：

$l=(7.2-0.65)/4+(0.65-0.035)+\max(15\times0.025,44\times0.025-0.65+0.035)$

$=2.74$ m

$4l=4\times2.74=10.96$ m

(4) 右支座处负筋：8Φ25 4/4，计算方法同左支座处负筋：8Φ25 4/4

中间支座处负筋：8Φ25　4/4

上排二根：

$$l=(7.2-0.65)/3\times2+0.65=5.02\ \text{m}\quad 2l=4\times5.02=10.04\ \text{m}$$

下排四根：

$$l=(7.2-0.65)/4\times2+0.65=3.93\ \text{m}\quad 4l=4\times3.93=15.72\ \text{m}$$

(5) 箍筋

单根长：

$$l=(0.3+0.7)\times2-8\times0.025+2\times11.9\times0.01=2.04\ \text{m}$$

根数：

$$n=(7.2-0.65-2\times1.5\times0.7)/0.2+(1.5\times0.7-0.05)/0.1\times2+1=43$$

两跨共 86 根，则

$$\text{总长}=l\times n=2.04\times86=175.44\ \text{m}$$

汇总计算：

Φ25 钢筋重量 $=(31.9+111.65+6.56\times2+10.96\times2+10.04+15.72)\times3.85=786.75$ kg

Φ12 钢筋重量 $=61.36\times0.888=54.49$ kg

Φ10 钢筋重量 $=175.44\times0.617=108.25$ kg

Φ6 钢筋重量 $=28.14\times0.222=6.25$ kg

## 9.3　柱钢筋计量

### 9.3.1　柱平法施工图表示方法

柱平法施工图是在柱平面布置图上采用列表注写方式或截面注写方式表达钢筋的配筋信息。下面以截面注写方式为例讲解柱钢筋的识图和计量。

截面注写方式是在柱平面布置图的柱截面上，分别在同一编号的柱中选择一个截面，以直接注写截面尺寸和配筋具体数值的方式来表达柱平法施工图，如图 9.11 所示。

以图中 KZ1 为例，配筋信息如下：1 号框架柱截面尺寸 $b\times h$ 为 650 mm×600 mm；柱的角筋为 4 根直径 22 mm 的三级钢筋；$b$ 边有 5 根直径 22 mm 的三级钢筋，对称布置；$h$ 边有 4 根直径 20 mm 的三级钢筋，对称布置；箍筋为 I 级钢筋，直径 10 mm，加密区间距为 100 mm，非加密区间距为 200 mm，箍筋类型为 4×4 肢箍。

### 9.3.2　柱平法钢筋计量

平法标注的现浇混凝土框架柱钢筋构造（部分内容）如图 9.12 至图 9.16 所示，全部构造内容参见《国家建筑标准设计图集》(22 G101-1)规范柱钢筋标准构造详图及《国家建筑标准设计图集》(22 G101-3)柱纵向钢筋在基础中的构造。其钢筋计算长度公式如表 9.10 所示。

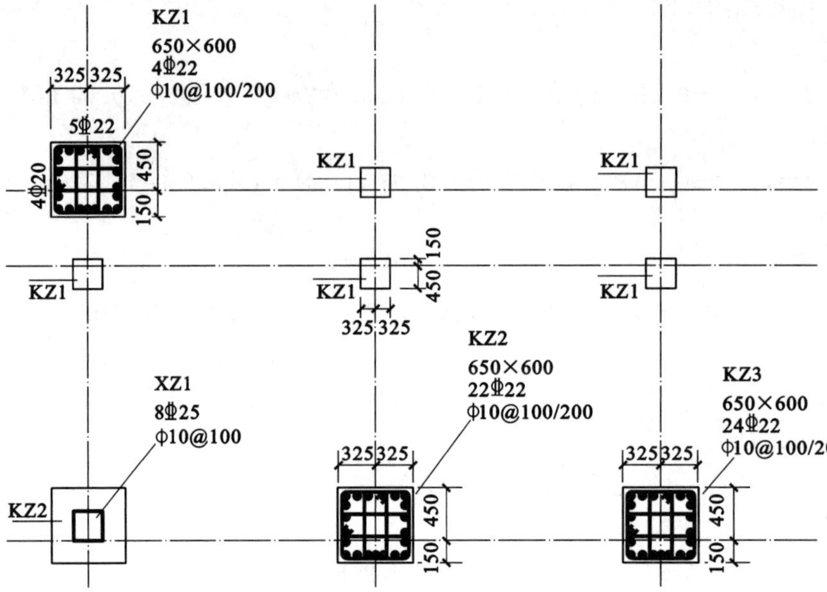


图 9.11　柱的平面整体配筋示意图

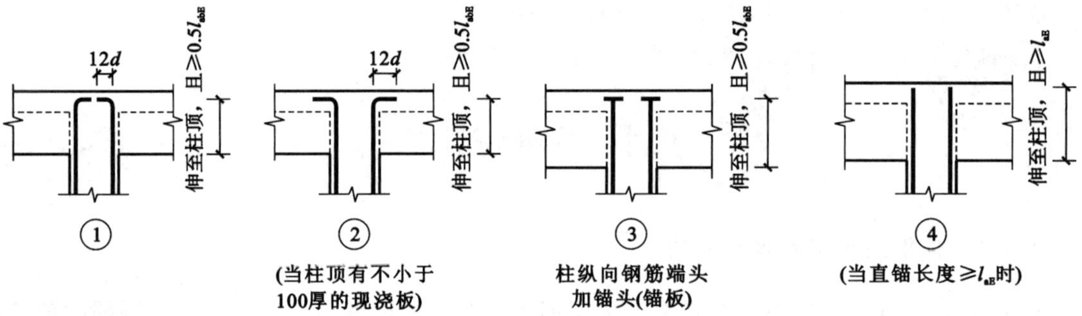


图 9.12　中柱柱顶纵向钢筋构造

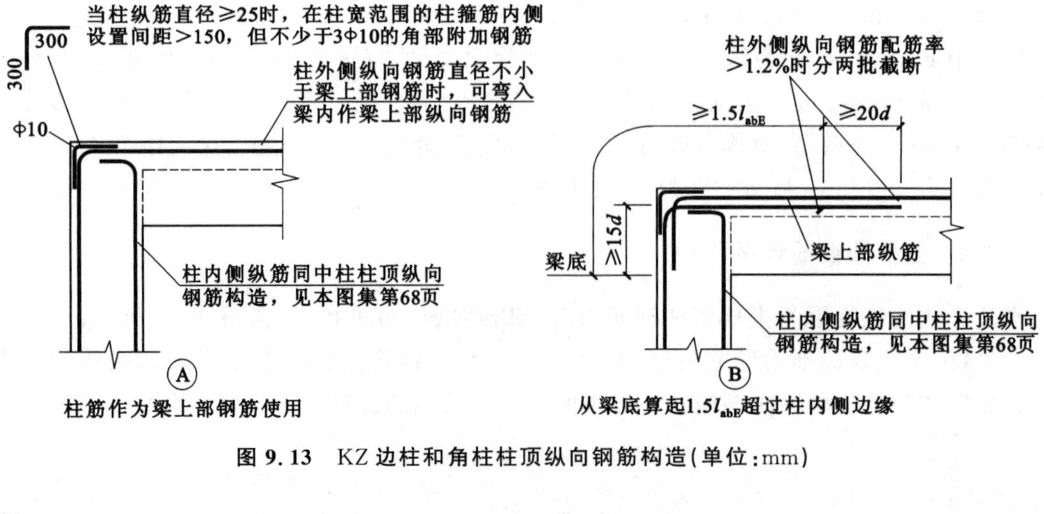


图 9.13　KZ 边柱和角柱柱顶纵向钢筋构造(单位:mm)

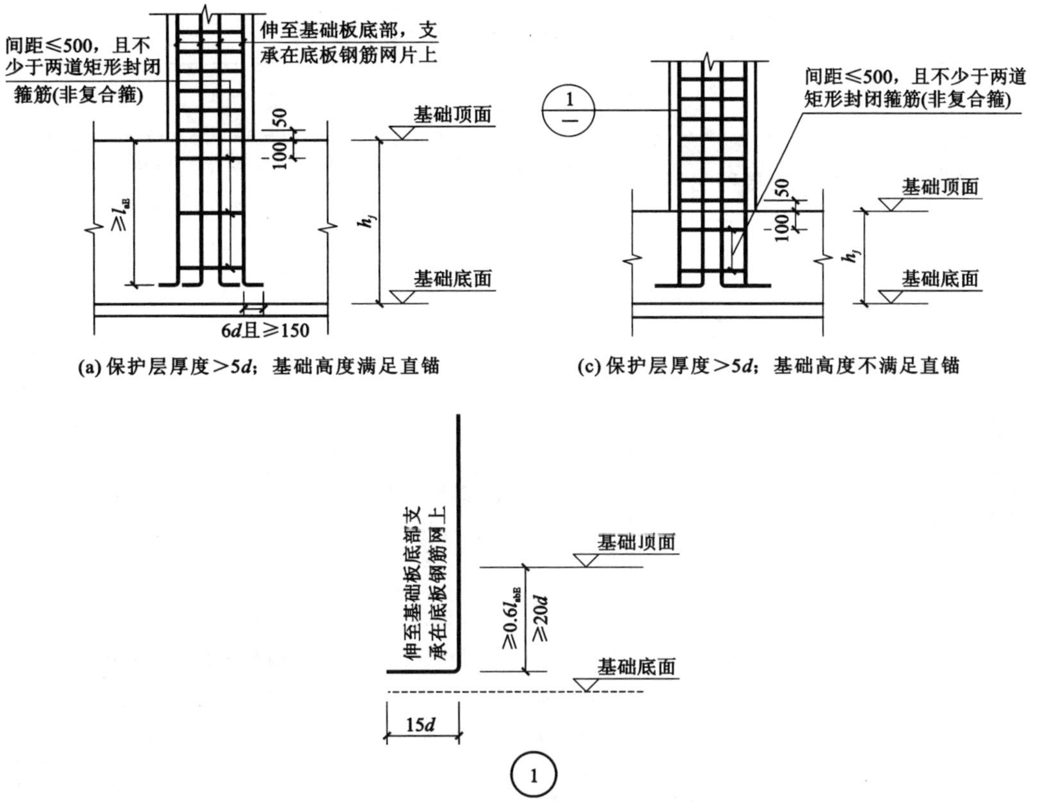


图 9.14　柱纵向钢筋在基础中的构造(单位：mm)

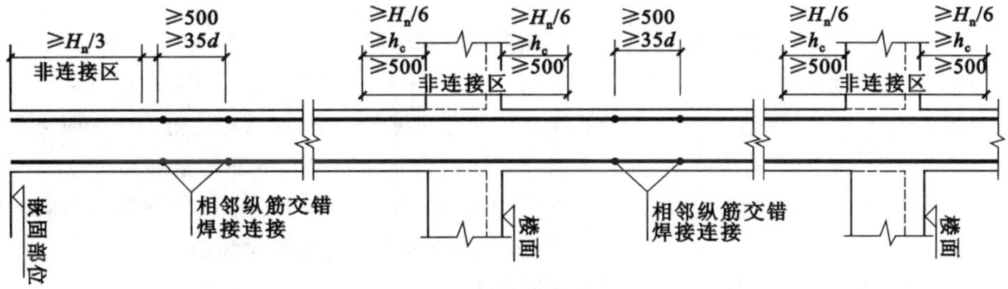


图 9.15　KZ 纵向钢筋连接构造(单位：mm)

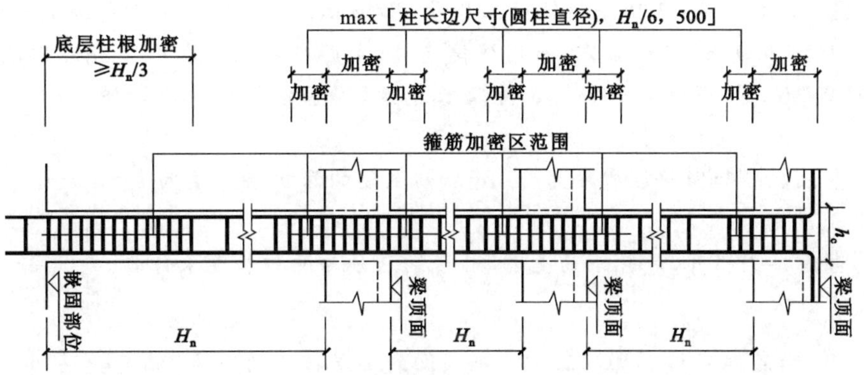


图 9.16　KZ 箍筋加密区范围(单位：mm)

表 9.10　平法标注框架柱钢筋计算长度公式

| 钢筋部位及名称 | 计算公式 | 备注 |
| --- | --- | --- |
| 柱插筋 | 长度＝伸入上层的钢筋长度＋基础高－保护层＋末端弯折长度 | 伸入上层的钢筋长度为 $H_n/3$ 或$[H_n/3+\max(500,35d)]$，其中 $H_n$ 表示所在楼层的柱净高。末端弯折长度，当基础高$>l_{aE}(l_a)$，为 $6d$ 且$\geqslant 150$；当基础高$\leqslant l_{aE}(l_a)$，为 $15d$。<br>参见图 9.14 和图 9.15 |
| 柱在基础部分的箍筋根数 | 当保护层厚度$>5d$，为间距$\leqslant 500$ mm，且不少于两道，当保护层厚度$\leqslant 5d$，为间距$\leqslant 10d$ 且$\leqslant 100$ | 参见图 9.14 |
| 中间层柱纵筋 | 长度＝层高－当前层伸出楼面的高度＋上一层伸出楼面的高度 | 当前层伸出楼面的高度和上一层伸出楼面的高度为 $\max(H_n/6,h_c,500)$或$[\max(H_n/6,h_c,500)+\max(500,35d)]$。<br>参见图 9.15 |
| 边柱、角柱顶层纵筋 | 长度＝$H_n$－当前层伸出楼面的高度＋顶层钢筋锚固值 | 顶层钢筋锚固值外侧为 max[$1.5l_{abE}$，(梁高－保护层＋柱宽－保护层)]，内侧为弯锚($\leqslant l_{aE}$)：梁高－保护层＋$12d$，直锚($\geqslant l_{aE}$)：梁高－保护层。<br>参见图 9.12 和图 9.13 |
| 中柱顶层纵筋 | 长度＝$H_n$－当前层伸出楼面的高度＋顶层钢筋锚固值 | 弯锚($\leqslant l_{aE}$)：梁高－保护层＋$12d$，直锚($\geqslant l_{aE}$)：梁高－保护层。<br>参见图 9.12 |
| 箍筋 | 长度＝(柱截面宽－2×保护层＋柱截面高－2×保护层)×2＋2×$1.9d$＋2×max($10d$,75)(抗震弯钩值)<br>中间层的箍筋根数＝$N$ 个加密区/加密区间距＋$N$＋非加密区/非加密区间距－1 | 首层柱箍筋的加密区有三个，分别为：下部的箍筋加密区长度取 $H_n/3$；上部取 max(500，柱长边尺寸，$H_n/6$)；梁节点范围内加密。如果该柱采用绑扎搭接，那么搭接范围内同时需要加密。<br>首层以上柱箍筋分别为：上、下部的箍筋加密区长度均取 max(500，柱长边尺寸，$H_n/6$)；梁节点范围内加密。如果该柱采用绑扎搭接，那么搭接范围内同时需要加密。<br>参见图 9.16 |

**【例 9.2】** 计算图 9.17 所示的钢筋工程量，已知：KZ1 为边柱，该钢筋混凝土构件的环境类别为一类，C25 混凝土，三级抗震，采用焊接连接，主筋在基础内水平弯折为 200。基础箍筋 2 根，主筋的交错位置、箍筋的加密区位置及长度按《国家建筑标准设计图集》(22 G101-1)规范计算。

**【解】** 查表 9.2 知保护层厚度为 25 mm，则主筋的保护层厚度为 $c=33$ mm，查表 9.3 知锚固长度为 $35d$。

柱纵筋考虑接头错开，计算钢筋量时 12 根纵筋分为两种长度来计算。

(1) 基础插筋

6 Φ25：$L_1$ ＝底部弯折＋基础高＋基础顶面到上层接头的距离$\left(满足\geqslant\dfrac{H_n}{3}\right)$

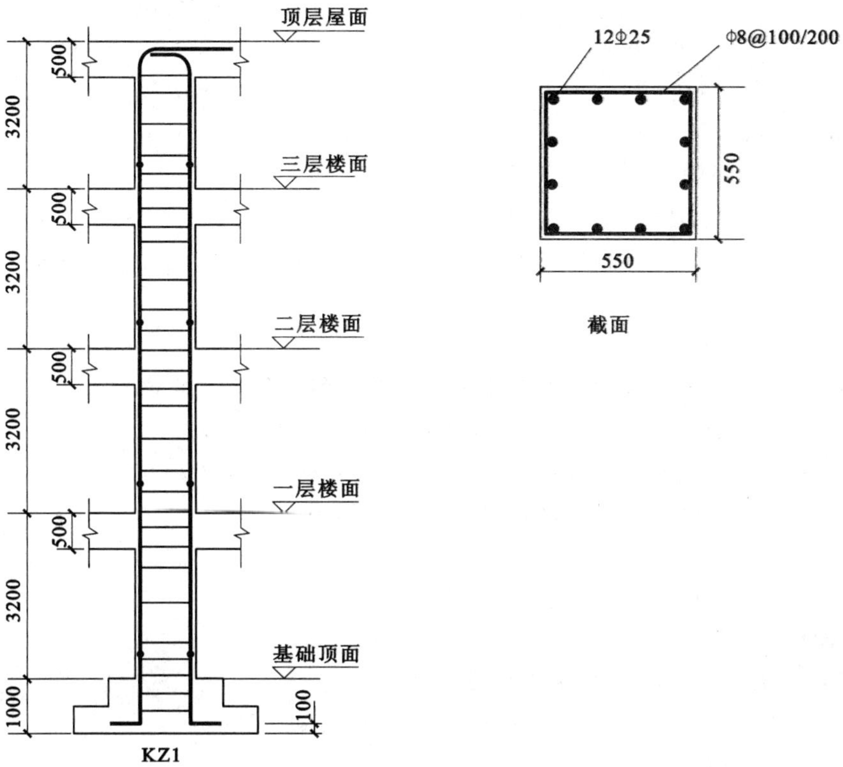


图 9.17　某楼层边柱 KZ1 配筋示意图(单位:mm)

$$=0.2+(1-0.1)+\frac{3.2-0.5}{3}$$

$$=2.0\ \text{m}$$

$6\Phi25$:$L_2$ = 底部弯折 + 基础高 + 基础顶面到上层接头的距离 + 纵筋交错距离

$$=0.2+(1-0.1)+\frac{3.2-0.5}{3}+\max(35d,500)$$

$$=2.875\ \text{m}$$

(2) 一层柱纵筋

$12\Phi25$:$L_1=L_2$ = 层高 − 基础顶面距接头距离 + 上层楼面距接头距离

$$=3.2-\frac{H_n}{3}+\max(H_n/6,h_c,500)$$

$$=3.2-0.9+0.55$$

$$=2.85\ \text{m}$$

(3) 二层柱纵筋

$12\Phi25$:$L_1=L_2$ = 层高 − 本层楼面距接头距离 + 上层楼面距接头距离

$$=3.2-\max(H_n/6,h_c,500)+\max(H_n/6,h_c,500)$$

$$=3.2-0.55+0.55$$

$$=3.2\ \text{m}$$

(4) 三层柱纵筋

$12\Phi25$:$L_1=L_2$ = 层高 − 本层楼面距接头距离 + 上层楼面距接头距离

$=3.2-\max(H_n/6, h_c, 500)+\max(H_n/6, h_c, 500)$
$=3.2-0.55+0.55$
$=3.2\ \text{m}$

(5) 顶层柱纵筋

① 柱外侧纵筋 4Φ25

2Φ25: $L_1=H_n-$本层楼面距接头距离$+\max[1.5l_{abE}$,(梁高−保护层+柱宽−保护层)]
$=3.2-0.5-\max(H_n/6, h_c, 500)+\max(1.5\times 35d, 500-33+550-33)$
$=3.2-0.5-0.55+1.31$
$=3.46\ \text{m}$

2Φ25: $L_2=H_n-$(本层楼面距接头距离+本层相邻纵筋交错距离)
$+\max[1.5l_{abE}$,(梁高−保护层+柱宽−保护层)]
$=3.2-0.5-[\max(H_n/6, h_c, 500)+\max(35d, 500)]$
$+\max(1.5\times 35d, 500-33+550-33)$
$=3.2-0.5-1.425+1.31$
$=2.59\ \text{m}$

② 柱内侧纵筋 8Φ25

4Φ25: $L_1=H_n-$本层楼面距接头距离+锚固
$=3.2-0.5-\max(H_n/6, h_c, 500)+H_b-c+12d$
$=3.2-0.5-0.55+0.5-0.033+12\times 0.025$
$=2.92\ \text{m}$

4Φ25: $L_2=H_n-$(本层楼面距接头距离+本层相邻纵筋交错距离)+锚固
$=3.2-0.5-[\max(H_n/6, h_c, 500)+\max(35d, 500)]+H_b-c+12d$
$=3.2-0.5-1.425+0.767$
$=2.04\ \text{m}$

(6) 箍筋

单根箍筋长度:

$$L=(550-2\times 25)\times 4+11.9\times 8\times 2=2190\ \text{mm}=2.19\ \text{m}$$

箍筋根数:

一层:加密区长度$=\dfrac{H_n}{3}+H_b+\max$(柱长边尺寸,$H_n/6$,500)

$$=\frac{3200-500}{3}+500+550=1950\ \text{mm}=1.95\ \text{m}$$

非加密区长度$=H-$加密区长度$=3200-1950=1250\ \text{mm}=1.25\ \text{m}$

$$n=\frac{1950}{100}+\frac{1250}{200}+1=27$$

二层:加密区长度$=2\times\max$(柱长边尺寸,$H_n/6$,500)$+H_b$

$$=2\times 550+500=1600\ \text{mm}=1.6\ \text{m}$$

非加密区长度$=H-$加密区长度$=3200-1600=1600\ \text{mm}=1.6\ \text{m}$

$$n=\frac{1600}{100}+\frac{1600}{200}+1=25$$

三、四层同二层，即：

总根数：$n=2+27+25\times3=104$ 根

钢筋汇总计算：Φ25

总重$=[(2.0+2.875)\times6+2.85\times12+3.2\times24+(3.46+2.59)\times2$
$+(2.92+2.04)\times4]\times3.85$
$=662.93$ kg

箍筋Φ8：

总重$=2.19\times104\times0.395=89.97$ kg

## 9.4 板钢筋计量

### 9.4.1 板平法施工图表示方法

板平法施工图包括有梁楼盖平法施工图和无梁楼盖平法施工图及楼板相关构造。下面以有梁楼盖平法施工图为例讲解板钢筋的识图和计量。

有梁楼盖平法施工图是指以梁为支座的楼面板与屋面板平法施工图。它是在楼面板与屋面板布置图上，采用平面注写的表达方式，包括板块集中标注和板支座原位标注，如图9.18所示。

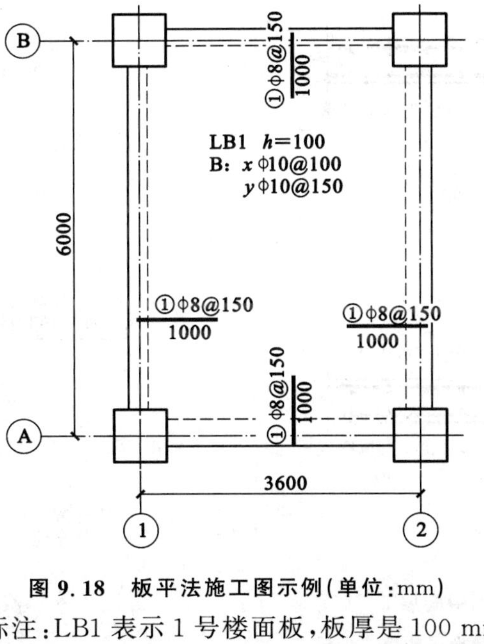


**图9.18 板平法施工图示例(单位：mm)**

图9.18中，板块集中标注：LB1表示1号楼面板，板厚是100 mm；板下部配置的贯通纵筋$x$向为直径10 mm的一级钢筋，间距为100 mm，$y$向为直径10 mm的一级钢筋，间距为150 mm；板上部未配置贯通纵筋。板支座原位标注：①号支座负筋为直径8 mm的一级钢筋，间距是150 mm，自支座中线向板内的延伸长度是1000 mm，沿板四周布置。

## 9.4.2 板平法钢筋计量

平法标注的板钢筋构造(部分内容)如图 9.19至图 9.21 所示,全部构造内容参见《国家建筑标准设计图集》(22 G101-1)规范板钢筋标准构造详图。

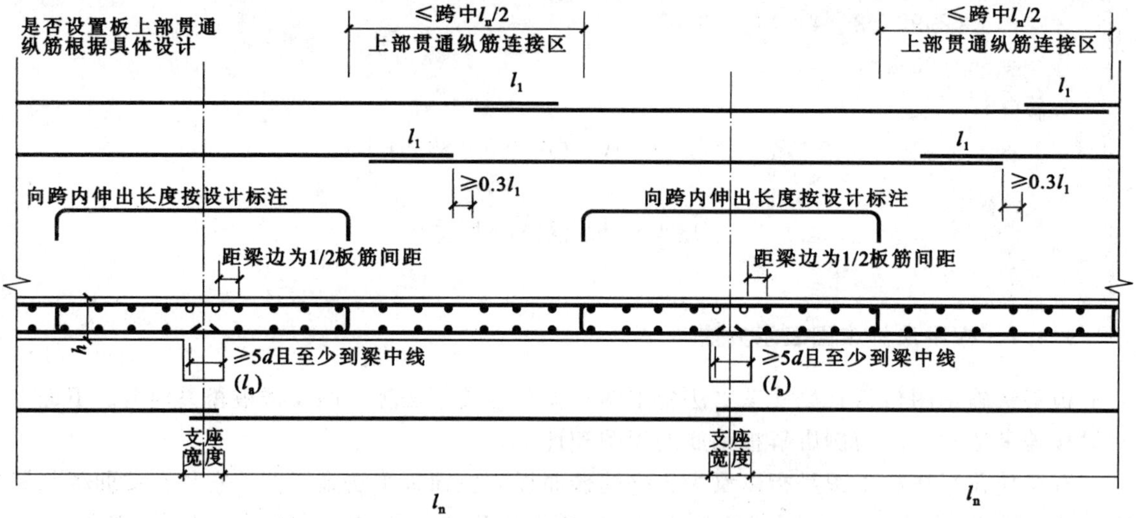


图 9.19 有梁楼盖楼面板和屋面板钢筋构造

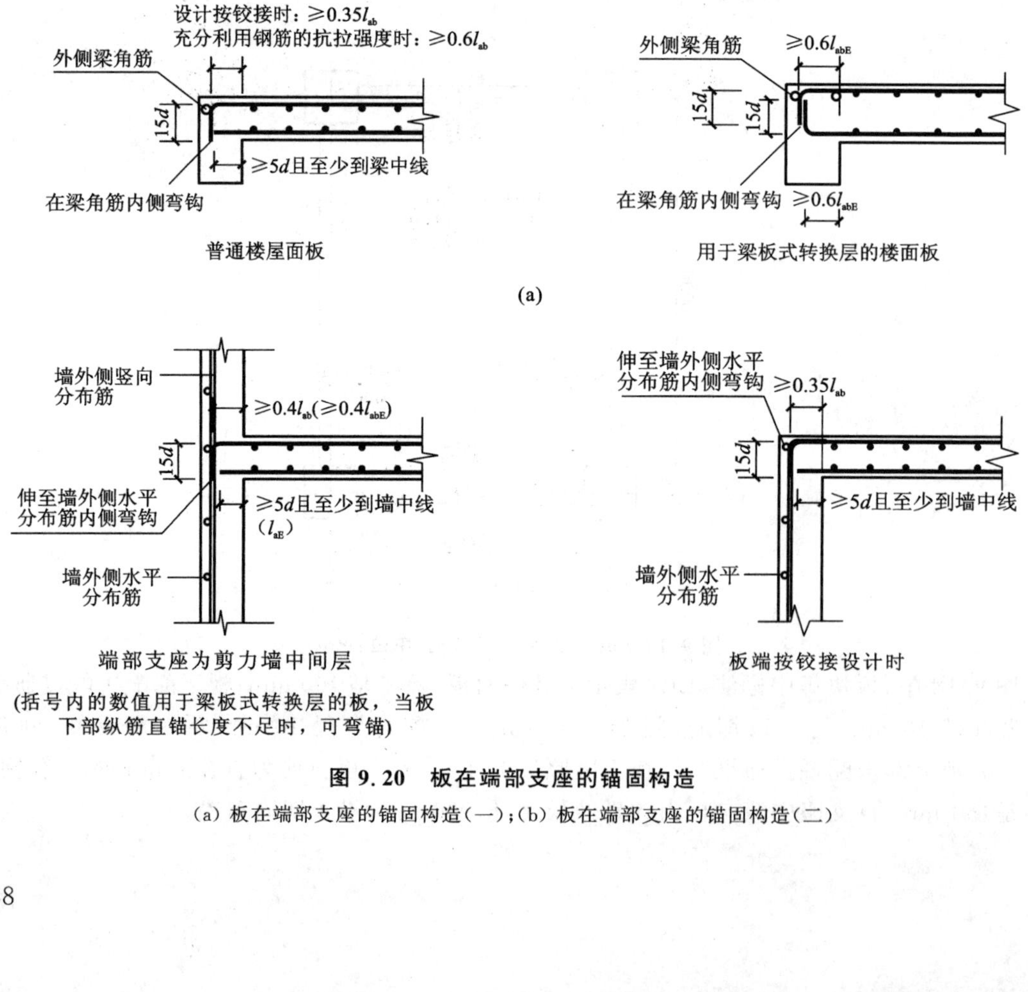


图 9.20 板在端部支座的锚固构造

(a) 板在端部支座的锚固构造(一);(b) 板在端部支座的锚固构造(二)

板端上部纵筋按充分利用钢筋的抗拉强度时　　　　搭接连接

(b)

续图 9.20

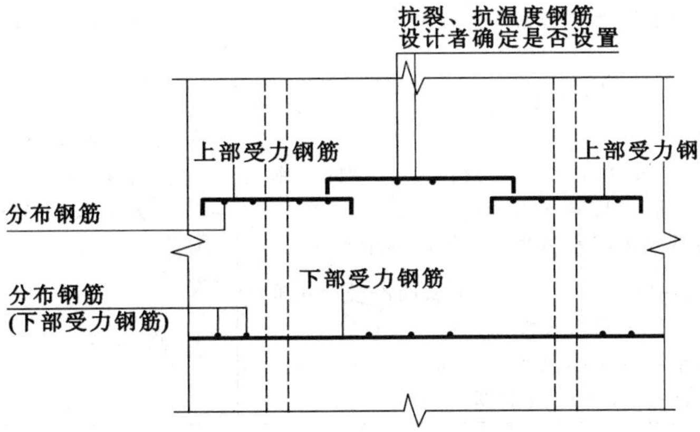


分离式配筋

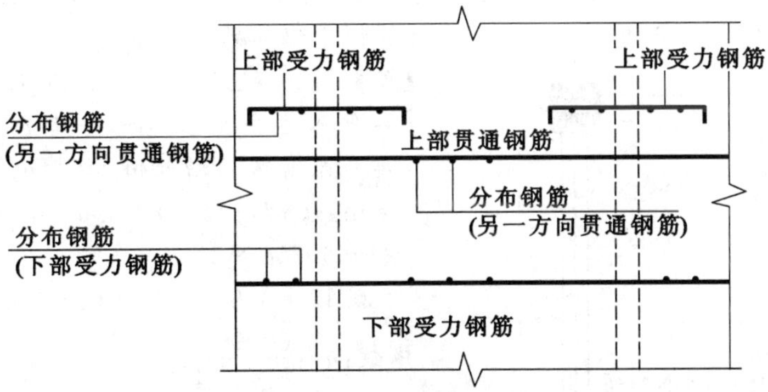


部分贯通式钢筋

图 9.21　单(双)板配筋示意

板钢筋构造可根据板筋的功能、部位、具体构造要素不同,分为受力钢筋和附加钢筋两大部分。受力钢筋有板底钢筋(下部贯通筋)、板面钢筋(上部贯通筋)和支座负筋,附加钢筋有分布钢筋、温度钢筋、阴阳角附加钢筋和洞口附加钢筋等。其钢筋(部分)长度计算公式如表 9.11 所示。

**表 9.11　板平法钢筋长度计算公式**

| 钢筋部位及名称 | 计算公式 | 备　注 |
|---|---|---|
| 板底钢筋 | 长度＝伸入左支座长度＋净跨长＋伸入右支座长度＋末端弯钩增长值；<br>第一根钢筋距支座边为 1/2 板筋间距 | 伸入梁支座长度：≥5$d$ 且至少到梁中线（或≥$l_a$）；<br>伸入砌体墙支座长度：≥120 mm 且≥$h$（板厚）且≥墙厚/2；<br>伸入剪力墙支座长度：≥5$d$ 且至少到墙中线（或≥$l_a$）。<br>参见图 9.19 和图 9.20 |
| 板面钢筋 | 长度＝伸入左支座长度＋通跨净长＋伸入右支座长度＋搭接长度×搭接个数＋末端弯钩增长值；<br>第一根钢筋距支座边为 1/2 板筋间距 | 伸入梁支座长度＝支座宽－保护层＋15$d$；<br>伸入砌体墙支座长度＝0.35$l_{ab}$＋15$d$；<br>伸入剪力墙支座长度＝0.4$l_{ab}$＋15$d$。<br>参见图 9.19 和图 9.20 |
| 支座负筋 | 端支座：长度＝伸入支座长度＋伸入跨内长度＋弯折长度；<br>中间支座：长度＝伸入左跨内长度＋中间支座宽度＋伸入右跨内长度＋弯折长度×2；<br>第一根钢筋距支座边为 1/2 板筋间距 | 伸入支座长度同板面钢筋；<br>弯折长度＝板厚－保护层×2。<br>参见图 9.20 和图 9.21 |
| 负筋分布筋 | $x$ 向负筋的分布筋长度＝$y$ 向板跨净长－$y$ 向负筋在跨内长度＋搭接长度（2×150 mm）；<br>分布筋根数计算的范围是 $x$ 向负筋的长度；<br>$y$ 向负筋的分布筋长度计算同理 | 参见图 9.21 |

**【例 9.3】** 已知：某现浇楼板配筋图如图 9.22 所示，梁截面为 300 mm×600 mm，板厚 120 mm，分布筋Φ 6@250，保护层 15 mm，试计算板中钢筋的工程量。

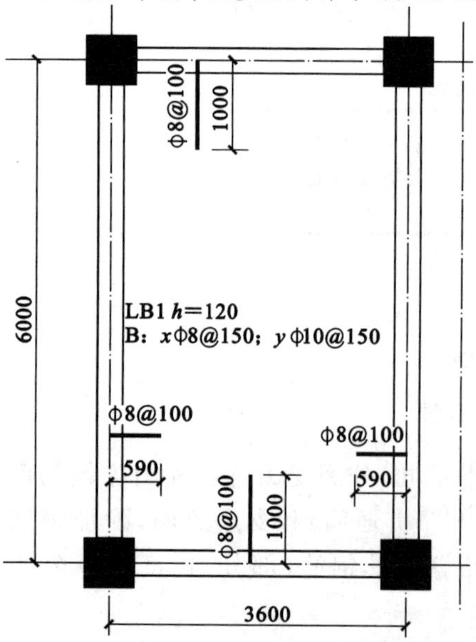


**图 9.22　某楼板配筋图**

**【解】**（1）板底钢筋：$x$ Φ 8@150

$l$＝伸入左支座长度＋净跨长＋伸入右支座长度＋末端弯钩增长值

＝max(5$d$,300/2)＋3.6－0.3＋max(5$d$,300/2)＋6.25$d$×2

＝0.15＋3.3＋0.15＋0.1＝3.7 m

根数：$n=\dfrac{6000-300-150}{150}+1=38$ 根

重量：3.7×38×0.395＝55.537 kg

（2）板底钢筋：$y$ Φ 10@150

$l$＝伸入左支座长度＋净跨长＋伸入右支座长度＋末端弯钩增长值

＝max(5$d$,300/2)＋6.0－0.3＋max(5$d$,300/2)＋6.25$d$×2

＝0.15＋5.7＋0.15＋0.125＝6.125 m

根数：$n=\dfrac{3600-300-150}{150}+1=22$ 根

重量：$6.125\times22\times0.617=83.141$ kg

(3) 支座负筋：Φ8@100

$l_1$ = 伸入支座长度 + 伸入跨内长度 + 弯折长度

= (支座宽 − 保护层 + $15d$) + 0.59 − 0.15

+ (板厚 − 保护层 × 2)

$=(0.3-0.025+15\times0.008)+0.59-0.15$

$+(0.12-0.015\times2)$

$=0.925$ m

根数：$n=\dfrac{6000-300-150}{100}+1=57$ 根

$l_2$ = 伸入支座长度 + 伸入跨内长度 + 弯折长度

= (支座宽 − 保护层 + $15d$) + 1.0 − 0.15

+ (板厚 − 保护层 × 2)

$=(0.3-0.025+15\times0.008)+1.0-0.15$

$+(0.12-0.015\times2)$

$=1.335$ m

根数：$n=\dfrac{3600-300-150}{100}+1=33$ 根

重量：$(0.925\times57+1.335\times33)\times2\times0.395$

$=76.456$ kg

(4) 负筋分布筋：Φ6@250

$l_1$ = $y$ 向板跨净长 − $y$ 向负筋在跨内长度 + 搭接长度 ($2\times150$)

$=6.0-0.3-(1.0-0.15)\times2+2\times0.15$

$=4.3$ m

根数：

$$n=(590-150)/250=2\text{ 根}$$

$l_2$ = $x$ 向板跨净长 − $x$ 向负筋在跨内长度 + 搭接长度 ($2\times150$)

$=3.6-0.3-(0.59-0.15)\times2+2\times0.15$

$=2.72$ m

根数：

$$n=(1000-150)/250=3\text{ 根}$$

重量：

$$(4.3\times2+2.72\times3)\times2\times0.222=7.441\text{ kg}$$

钢筋重量汇总：Φ6　7.441 kg

Φ8　76.456 + 55.537 = 131.993 kg

Φ10　83.141 kg

## 9.5 剪力墙钢筋计量

### 9.5.1 剪力墙平法施工图表示方法

剪力墙平法施工图是在剪力墙平面布置图上采用列表注写方式或截面注写方式表达钢筋

的配筋信息。为表达清楚、简便，规范将剪力墙分为剪力墙柱、剪力墙身和剪力墙梁（简称为墙柱、墙身、墙梁）三类构件。

截面注写方式是在分标准层绘制的剪力墙平面布置图上，直接在墙柱、墙身、墙梁上注写截面尺寸和配筋具体数值的方式来表达剪力墙平法施工图，如图 9.23 所示。

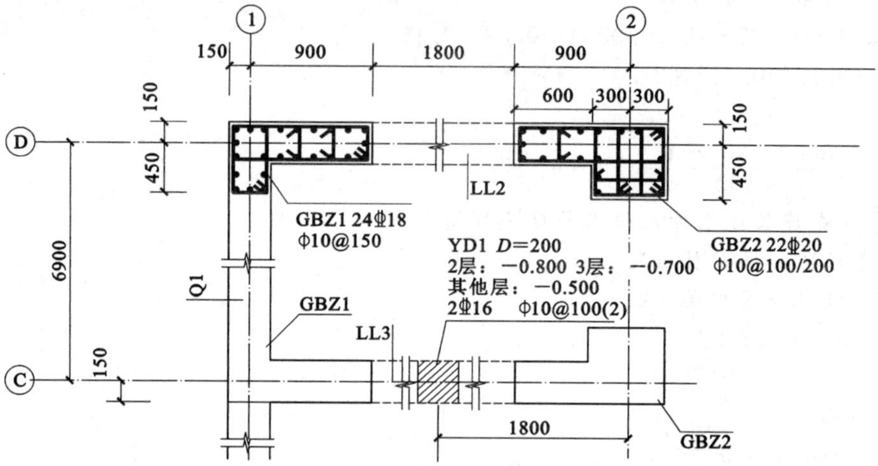


图 9.23 剪力墙平法配筋示意图

以图中 GBZ1 为例，表示 1 号构造边缘角柱，截面为 L 形：1050 mm×300 mm+300 mm×300 mm；纵筋为 24 根直径 18 mm 的三级钢筋；箍筋为直径 10 mm 的一级钢筋，间距150 mm。

### 9.5.2 剪力墙平法钢筋计量

剪力墙主要由墙身、墙柱、墙梁构成，其中墙身钢筋包括水平筋、垂直筋和拉筋；墙柱包括暗柱和端柱两种类型，其钢筋主要有纵筋和箍筋；墙梁包括暗梁和连梁两种类型，其钢筋主要有纵筋和箍筋，剪力墙钢筋计算种类如图 9.24 所示。

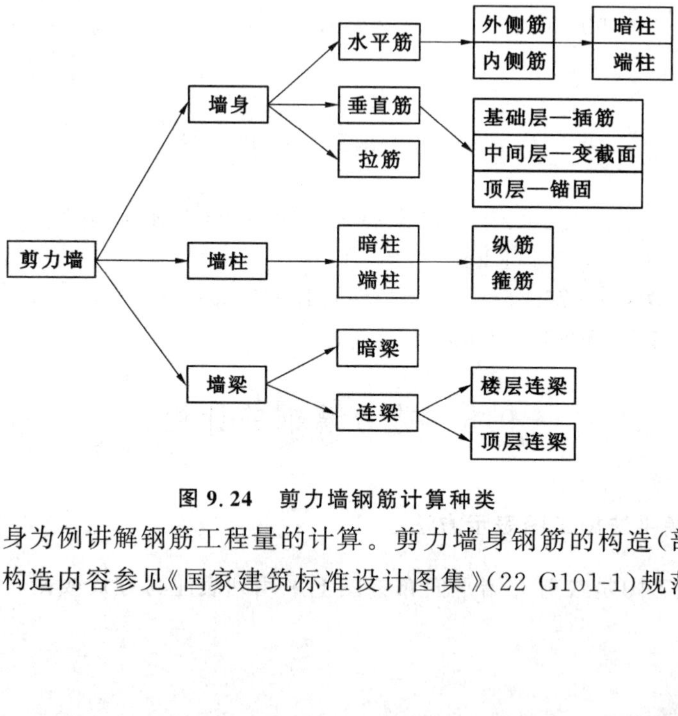


**图 9.24 剪力墙钢筋计算种类**

下面以剪力墙身为例讲解钢筋工程量的计算。剪力墙身钢筋的构造（部分）如图 9.25 至图 9.27 所示，全部构造内容参见《国家建筑标准设计图集》（22 G101-1）规范剪力墙钢筋标准构造详图及《国家建筑标准设计图集》(22 G101-3)墙身竖向分布钢筋在基础中构造。其钢筋长度计算公式如表 9.12 所示。

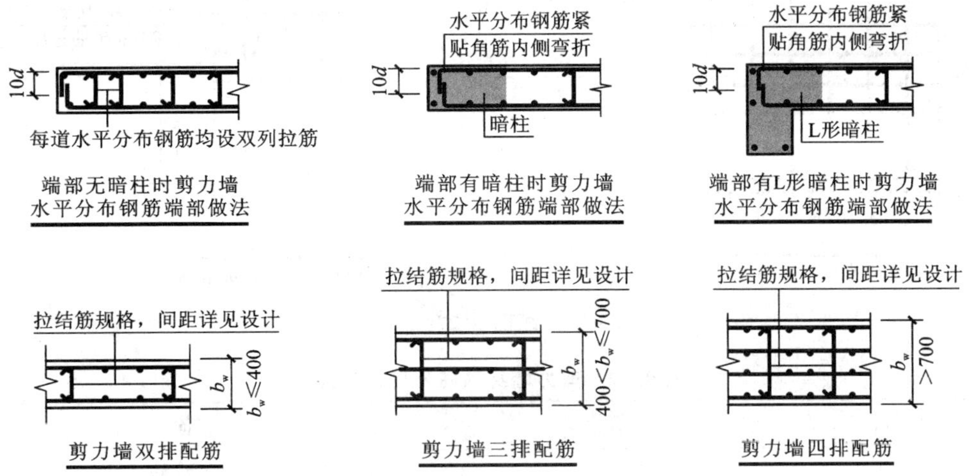


图 9.25　剪力墙身水平钢筋构造(单位:mm)

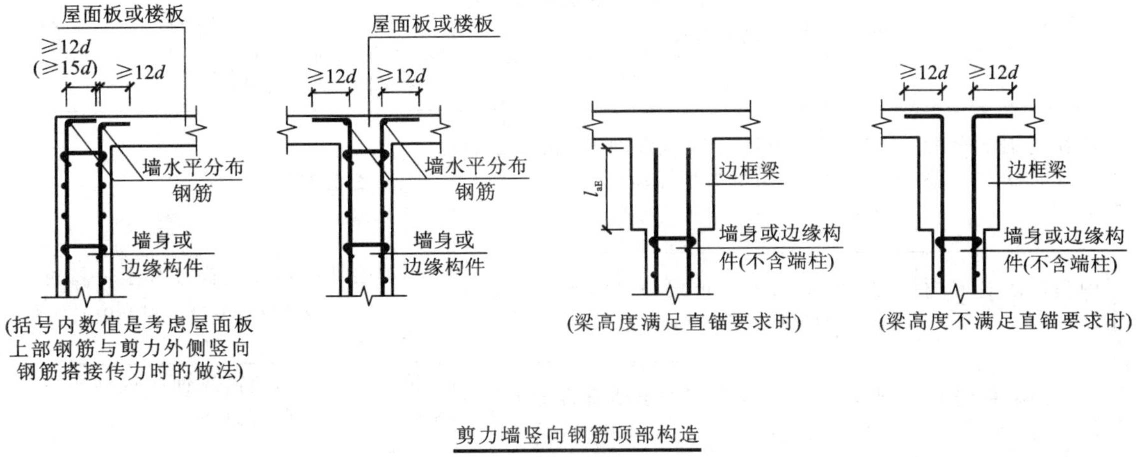


**图 9.26　剪力墙身竖向钢筋构造(单位:mm)**

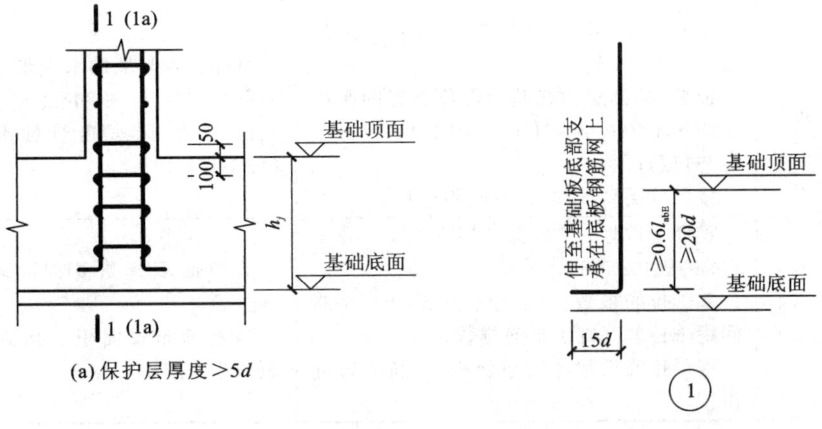


**图 9.27　墙身竖向分布钢筋在基础中构造(单位:mm)**

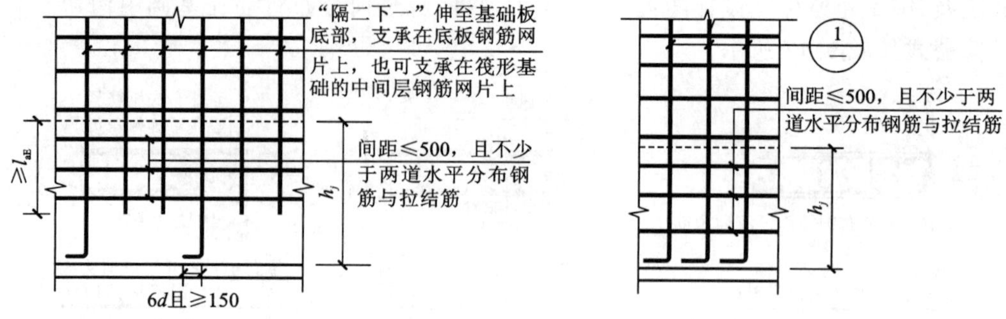


1—1
基础高度满足直锚

1a—1a
基础高度不满足直锚

**续图 9.27**

**表 9.12　剪力墙身钢筋长度计算公式**

| 钢筋部位及名称 | 计算公式 | 备　注 |
| --- | --- | --- |
| 墙插筋 | 长度=基础高－保护层＋末端弯折长度＋伸入上层的钢筋长度 | 伸入上层的钢筋长度为 500 mm 或 500 mm＋35$d$；<br>末端弯折长度，当基础高＞$l_{aE}$($l_a$)，为 6$d$；当基础高≤$l_{aE}$($l_a$)，为 15$d$。<br>参见图 9.26 和图 9.27 |
| 墙在基础部分的水平分布筋与拉筋根数 | 当保护层厚度＞5$d$，为间距≤500 mm 且不少于两道；当保护层厚度≤5$d$，为间距≤10$d$ 且≤100 mm | 参见图 9.27 |
| 中间层墙身竖向钢筋 | 长度=层高－当前层伸出楼面的高度＋上一层伸出楼面的高度 | 当前层伸出楼面的高度和上一层伸出楼面的高度为 500 mm 或 500 mm＋35$d$。<br>参见图 9.26 |
| 顶层墙身竖向钢筋 | 长度=$H_n$－当前层伸出楼面的高度＋顶层钢筋锚固值 | 顶层钢筋锚固值：(屋面板或楼板厚－保护层＋12$d$)或 $l_{aE}$($l_a$)。<br>参见图 9.26 |
| 墙身竖向钢筋根数 | 根数=(墙净长－2×50/间距＋1)×排数 | 墙身竖向钢筋从暗柱、端柱边 50 mm 开始布置 |
| 墙身水平钢筋 | 长度＝墙长－保护层＋10$d$－保护层＋10$d$；<br>根数：基础层为在基础部位布置间距小于或等于 500 mm 且不小于两道水平分布筋与拉筋；<br>楼层：(层高－2×50)/间距＋1 | 具体计算与墙的末端形状和钢筋在墙内侧与外侧有关，本公式参见图 9.25，其他详见《国家建筑标准设计图集》(22 G101-1) |
| 拉筋 | 长度=墙厚－2×保护层＋1.9$d$×2＋2×max(10$d$,75)；<br>基础拉筋根数=(墙净长－2×50/拉筋间距＋1)×基础水平筋排数；<br>楼层拉筋根数=墙净面积/拉筋的布置面积 | 墙净面积是指要扣除暗(端)柱、暗(连)梁；<br>拉筋的布置面积是指其水平方向间距×竖向间距 |

【例 9.4】 已知某剪力墙配筋如图 9.28 所示，三级抗震等级，C25 混凝土，保护层为 15 mm，基础底面钢筋的保护层厚度取 40 mm，各层楼板厚度均为 100 mm，剪力墙竖向钢筋机械连接。试计算图中剪力墙 Q2 钢筋的工程量。相关数据如表 9.13 所示。

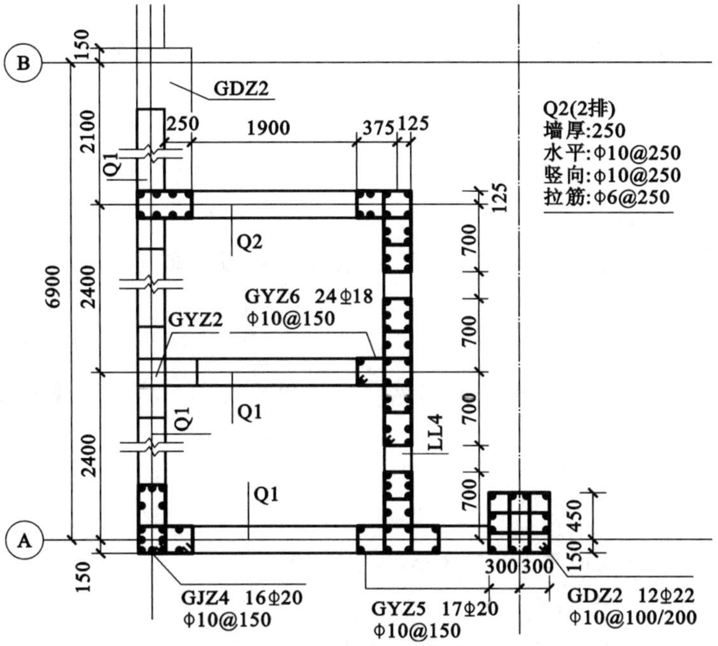


图 9.28 剪力墙配筋图(单位:mm)

表 9.13 某剪力墙相关数据

| 楼层 | 顶标高(m) | 层高(mm) | 板厚(mm) |
|---|---|---|---|
| 3(顶层) | 9.850 | 3000 | 100 |
| 2 | 6.850 | 3300 | 100 |
| 1 | 3.550 | 3600 | 100 |
| −1 | −0.050 | 4200 | 100 |
| 基础 | −4.250 | 基础厚 500 | — |

【解】 剪力墙 Q2 钢筋计算：

(1) 剪力墙竖向钢筋

墙插筋：查表 9.3 知钢筋锚固长度为 $36d$，$h_j=500\ \text{mm}>l_{aE}=36\times10\ \text{mm}$，所以末端弯折长度为 $6d$。考虑接头错开，长度有 2 种。

$l_1$ = 基础高 − 保护层 + 末端弯折长度 + 伸入上层的钢筋长度

$=0.5-0.04+6d+0.5$

$=1.02\ \text{m}$

$l_2$ = 基础高 − 保护层 + 末端弯折长度 + 伸入上层的钢筋长度 + 纵筋交错距离

$=0.5-0.04+6d+0.5+35d$

$=1.37\ \text{m}$

① －1 层墙身竖向钢筋

$l_1$ ＝层高－当前层伸出楼面的高度＋上一层伸出楼面的高度

＝(4.2－0.5)－0.5＋0.5

＝3.7 m

$l_2$ ＝层高－当前层伸出楼面的高度－纵筋交错距离＋上一层伸出楼面的高度＋纵筋交错距离

＝(4.2－0.5)－0.5－35$d$＋0.5＋35$d$

＝3.7 m

② 1 层墙身竖向钢筋

$l_1$ ＝层高－当前层伸出楼面的高度＋上一层伸出楼面的高度

＝3.6－0.5＋0.5

＝3.6 m

$l_2$ ＝层高－当前层伸出楼面的高度－纵筋交错距离＋上一层伸出楼面的高度＋纵筋交错距离

＝3.6－0.5－35$d$＋0.5＋35$d$

＝3.6 m

③ 同理，2 层墙身竖向钢筋 $l_1$＝3.3 m，$l_2$＝3.3 m。

④ 3 层(顶层)墙身竖向钢筋

$l_1$ ＝$h_n$－当前层伸出楼面的高度＋屋面板厚－保护层＋12$d$

＝2.9－0.5＋0.1－0.015＋0.12

＝2.605 m

$l_2$ ＝$h_n$－当前层伸出楼面的高度－纵筋交错距离＋屋面板厚－保护层＋12$d$

＝2.9－0.5－35$d$＋0.1－0.015＋0.12

＝2.255 m

$$墙身竖向钢筋根数\ n=\left(\frac{墙净长-2\times50}{间距}+1\right)\times排数$$

$$=\left(\frac{1900-2\times50}{250}+1\right)\times2$$

＝16 根

重量：(1.02＋3.7＋3.6＋3.3＋2.605)×16×0.617＝140.429 kg

从以上计算可看出，剪力墙竖向钢筋的接头位置不影响钢筋工程量，故计算时可不考虑接头位置。

(2) 剪力墙水平钢筋

墙身水平钢筋外侧 $l$ ＝墙长＋左端暗柱－保护层＋10$d$＋右端转角处搭接长度

＝1.9＋0.5－0.015＋0.1＋1.4×35$d$

＝2.975 m

墙身水平钢筋内侧 $l$ ＝墙长＋左端暗柱－保护层＋10$d$＋右端暗柱－保护层＋15$d$

＝1.9＋0.5－0.015＋0.1＋0.5－0.015＋0.15

＝3.12 m

根数：

基础层：在基础部位布置间距小于或等于500 mm且不小于两道水平分布筋

楼层：$n=\frac{\text{层高}-2\times 50}{\text{间距}}+1$

$-1$ 层 $n=\frac{4200-100}{250}+1=17$ 根

1 层 $n=\frac{3600-100}{250}+1=15$ 根

2 层 $n=\frac{3300-100}{250}+1=14$ 根

3 层 $n=\frac{3000-100}{250}+1=13$ 根

重量：$(2.975+3.12)\times(2+17+15+14+13)\times 0.617=229.398$ kg

(3) 剪力墙拉筋

墙身拉筋：$l=\text{墙厚}-2\times\text{保护层}+1.9d\times 2+2\times\max(10d,75)$

$=0.25-2\times 0.015+11.9\times 0.01\times 2=0.458$ m

根数：

$$\text{基础拉筋根数}=\left(\frac{\text{墙净长}-2\times 50}{\text{拉筋间距}}+1\right)\times\text{基础水平筋排数}$$

$$=\left(\frac{1900-2\times 50}{250}+1\right)\times 2$$

$$=16\text{ 根}$$

$$-1\text{ 层根数 } n=\frac{\text{墙净面积}}{\text{拉筋的布置面积}}$$

$$=\frac{1900\times 4200}{250\times 250}$$

$$=128\text{ 根}$$

$$1\sim 3\text{ 层根数 } n=\frac{\text{墙净面积}}{\text{拉筋的布置面积}}$$

$$=\frac{1900\times 3600+1900\times 3300+1900\times 3000}{250\times 250}$$

$$=302\text{ 根}$$

重量：$0.458\times(16+128+302)\times 0.617=126.033$ kg

汇总计算：

$\phi$10 钢筋重量 $=140.429+221.876+126.033=488.338$ kg

## 9.6 钢筋工程计价

钢筋工程的工程量清单可以根据钢筋的种类、直径和级别来编制，对照清单的项目特征和工作内容，依据《湖北省房屋建筑与装饰工程消耗量定额》(2018年)可以看出，现浇构件钢筋(010515001)项目计价的组价内容也是根据钢筋的种类、直径和级别来选取定额子目的。下面以第 3 节例 9.2 柱钢筋为例编制工程量清单并报价。钢筋采用焊接连接。

(1) 编制钢筋工程分部分项工程量清单如表 9.14 所示。

**表 9.14　分部分项工程量清单与计价表**

工程名称：　　　　　　　　　　　　标段：　　　　　　　　　　　　第　页　共　页

| 序号 | 项目编码 | 项目名称 | 项目特征描述 | 计量单位 | 工程量 | 金额(元) | | |
|---|---|---|---|---|---|---|---|---|
| | | | | | | 综合单价 | 合价 | 其中：暂估价 |
| 01 | 010515001001 | 现浇构件钢筋 | 钢筋种类、规格：箍筋圆钢 HPB300 Φ8 | t | 0.09 | | | |
| 02 | 010515001002 | 现浇构件钢筋 | 钢筋种类、规格：螺纹钢 HPB335 Φ25 | t | 0.66 | | | |

(2) 对该钢筋工程工程量清单报价

① 计算定额工程量

钢筋工程 010515001001 的组价内容对应《湖北省房屋建筑与装饰工程消耗量定额》(2018 年)的 A2-77 子目，钢筋工程 010515001002 的组价内容对应《湖北省房屋建筑与装饰工程消耗量定额》(2018 年)的 A2-70 子目。两个定额子目表内容如表 9.15 所示。

**表 9.15　钢筋定额子目表**

工作内容：钢筋制作、绑扎、安装。　　　　　　　　　　　　　　　　(单位：t)

| 定额编号 | | | | A2-77 | A2-70 |
|---|---|---|---|---|---|
| 项　目 | | | | 箍筋圆钢 HPB300 | 带肋钢筋 HRB400 以内 |
| | | | | 直径(mm) | 直径(mm) |
| | | | | ≤10 | ≤25 |
| 全费用(元) | | | | 7388.91 | 4796.81 |
| 其中 | 人工费(元) | | | 1868.94 | 524.59 |
| | 材料费(元) | | | 3112.71 | 3214.55 |
| | 机械费(元) | | | 36.27 | 81.25 |
| | 费用(元) | | | 1699.27 | 540.35 |
| | 增值税(元) | | | 671.72 | 436.07 |
| 名　称 | | 单位 | 单价(元) | 数　量 | |
| 人工 | 普工 | 工日 | 92.00 | 3.608 | 1.013 |
| | 技工 | 工日 | 142.00 | 10.824 | 3.038 |

续表 9.15

| 名称 | | 单位 | 单价(元) | 数量 | |
|---|---|---|---|---|---|
| 材料 | 钢筋 HPB300,$\phi$10 以内 | kg | 2.99 | 1020.000 | — |
| | 钢筋 HRB400 以内,$\phi$20～25 | kg | 3.06 | — | 1025.000 |
| | 低合金钢焊条 E43 系列 | kg | 6.92 | | 4.800 |
| | 水 | $m^3$ | 3.39 | — | 0.093 |
| | 镀锌铁丝 $\phi$0.7 | kg | 4.28 | 10.037 | 1.600 |
| | 电[机械] | kW・h | 0.75 | 26.596 | 50.221 |
| 机械 | 钢筋调直机 40 | 台班 | 37.59 | 0.300 | — |
| | 钢筋切断机 40 | 台班 | 18.93 | 0.180 | 0.090 |
| | 钢筋弯曲机 40 | 台班 | 16.48 | 1.310 | 0.180 |
| | 对焊机 75 kV・A | 台班 | 233.53 | — | 0.060 |
| | 直流弧焊机 32 kV・A | 台班 | 165.38 | — | 0.400 |
| | 电焊条烘干箱 | 台班 | 12.10 | | 0.040 |

《湖北省房屋建筑与装饰工程消耗量定额》(2018 年)的钢筋工程量计算规则有以下特点:

a. 钢筋工程量应区分不同钢种和规格按设计长度(指钢筋中心线)乘以单位质量,以吨计算。

b. 计算钢筋工程量时,设计(含标准图集)已规定钢筋搭接长度的,按规定搭接长度计算;设计未规定搭接长度的,已包括在钢筋的损耗率之内,不另计算搭接长度。

c. 钢筋机械连接(指直螺纹、锥螺纹和套筒冷压钢筋接头)、电渣压力焊接头以个计算。

d. 设计图纸(含标准图集)未注明的钢筋接头和施工损耗已综合在定额项目内。

e. 绑扎铁丝、成型点焊和接头焊接用的电焊条已综合在定额项目内。

f. 钢筋工程内容包括制作、绑扎、安装以及浇筑钢筋混凝土时维护钢筋用工。

g. 现浇构件钢筋以手工绑扎取定,实际施工与定额不同时,不再换算。

h. 预应力构件中的非预应力钢筋按现浇钢筋相应项目计算。

从以上的规定知,清单项目现浇构件钢筋的工程量和定额的工程量是相等的。

② 计算综合单价

人工费=0.09×1868.94=168.20 元

材料费=0.09×3112.71=280.14 元

机械费=0.09×36.27=3.26 元

费用=0.09×1699.27=152.93 元

增值税=0.09×671.72=60.45

钢筋工程 010515001001 全费用综合单价为：

（168.20＋280.14＋3.26＋152.93＋60.45）÷0.09（清单工程量）＝7388.67 元/ t

该钢筋工程清单项目综合单价分析表如表 9.16 所示。

**表 9.16　工程量清单综合单价分析表**

工程名称：　　　　　　　　　　　　　　标段：　　　　　　　　　　　　　　第　页　共　页

| 项目编码 | | 010515001001 | | 项目名称 | | 现浇构件钢筋 | | 计量单位 | | t | 工程量 | 0.09 | |
|---|---|---|---|---|---|---|---|---|---|---|---|---|---|
| 清单全费用综合单价组成明细 | | | | | | | | | | | | | |
| 定额编号 | 定额项目名称 | 定额单位 | 数量 | 单价(元) | | | | | 合价(元) | | | | |
| | | | | 人工费 | 材料费 | 施工机具使用费 | 费用 | 增值税 | 人工费 | 材料费 | 施工机具使用费 | 费用 | 增值税 |
| A2-77 | 箍筋圆钢 HPB300 直径≤10 mm | t | 1 | 1868.94 | 3112.71 | 36.27 | 1699.27 | 671.72 | 1868.94 | 3112.71 | 36.27 | 1699.27 | 671.72 |
| 人工单价 | | 小计 | | | | | | | 1868.94 | 3112.71 | 36.27 | 1699.27 | 671.72 |
| 技工 142 元/工日；普工 92 元/工日 | | 未计价材料费 | | | | | | | 0 | | | | |
| 清单全费用综合单价(元) | | | | | | | | | 7388.67 | | | | |

| 材料费明细 | 主要材料名称、规格、型号 | 单位 | 数量 | 单价（元） | 合价（元） | 暂估单价（元） | 暂估合价（元） |
|---|---|---|---|---|---|---|---|
| | 电[机械] | kW·h | 26.6 | 0.75 | 19.95 | | |
| | 钢筋 HPB300，ϕ10 以内 | kg | 1020 | 2.99 | 3049.8 | | |
| | 镀锌铁丝 ϕ0.7 | kg | 10.033 | 4.28 | 42.94 | | |
| | 材料费小计 | | | — | 3112.69 | — | 0 |
| | | | | | | | |
| | | | | | | | |

对现浇构件钢筋Φ25（010515001002）报价略。

## 思 考 题

(1) 常用混凝土构件的钢筋分类有哪些?

(2) 钢筋的保护层厚度和锚固长度是如何确定的?

(3) 梁和板有哪些钢筋?其工程量的计算有何特点?

(4) 柱钢筋和剪力墙钢筋工程量计算的特点是什么?

(5) 钢筋工程如何计价?

## 习 题

(1) 梁配筋如图 9.29 所示。已知梁所处环境为室内干燥环境,抗震等级:三级,混凝土标号:C25,钢筋直径>22 mm 时为焊接;直径≤22 mm 时为搭接;直径≤12 mm 时 12 m 一个搭接,直径>12 mm 时 8 m 一个搭接。试计算梁钢筋工程量并编制分部分项工程量清单。

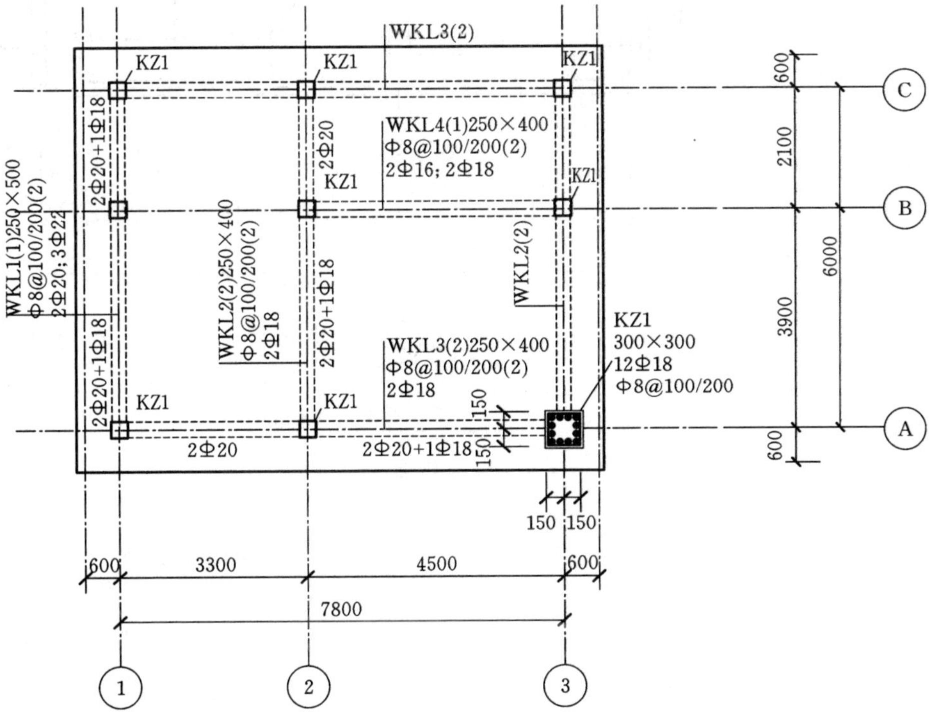


**图 9.29 梁钢筋配筋图**

(2) 已知某现浇楼板配筋如图 9.30 所示,梁截面为 250 mm×400 mm,板厚 100 mm,分布筋Φ6@250,保护层 15 mm。试计算板中钢筋的工程量,编制分部分项工程量清单并报价。

(3) 试计算图 9.11 框架柱钢筋工程量。已知条件:柱四层高,基底标高是−2.4 m,基础高度是 1.3 m,层高为 3.9 m,每层梁高均为 300 mm,柱纵筋为对焊连接,屋面板厚 120 mm。

(4) 已知图 9.28 中剪力墙 Q1 配筋同剪力墙 Q2 配筋,试计算剪力墙 Q1 钢筋工程量。

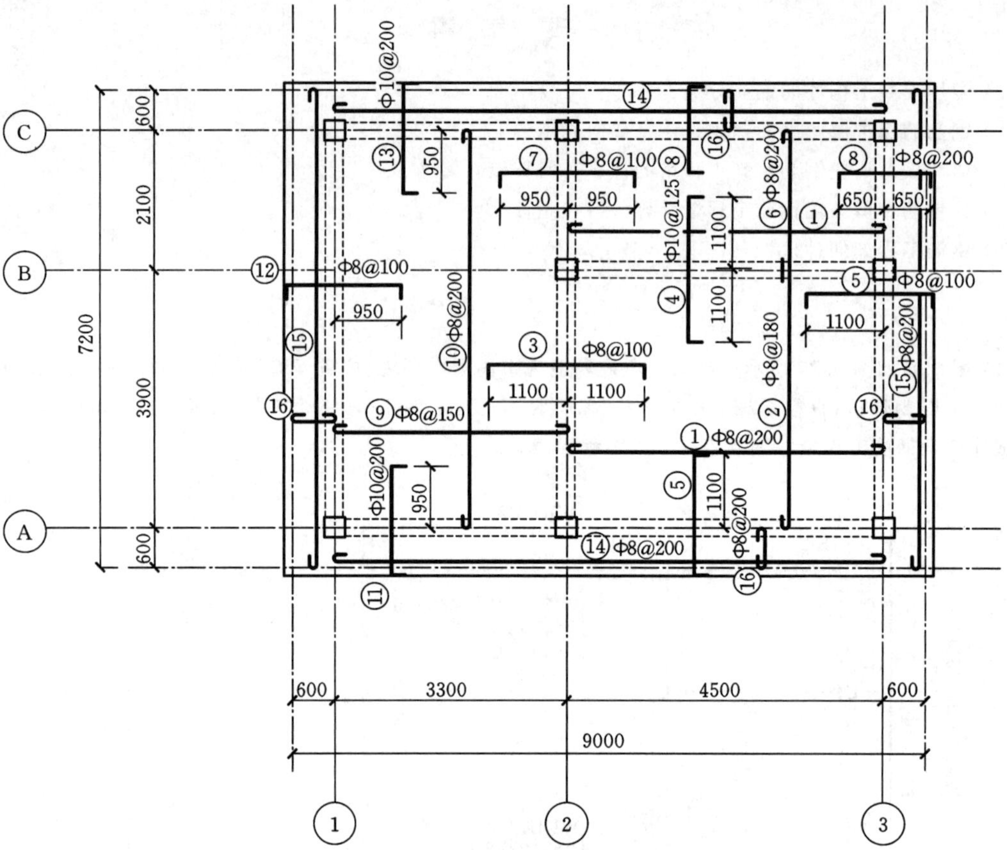


板配筋图 1∶100

**图 9.30 板配筋图**

# 10　屋面防水及保温工程计量与计价

**本 章 提 要**

本章主要介绍屋面及防水工程，保温、隔热、防腐工程的清单分项特点，清单工程量计算规则，并结合工程实例详细讲解了屋面防水和保温工程清单的编制和工程量清单报价，本章的重点要求掌握屋面防水及保温工程的工程量计算方法，工程量清单的编制和相应的清单报价。

## 10.1　屋面及防水工程

### 10.1.1　屋面及防水工程清单分项

根据屋面坡度大小，有平屋面（坡度 $i \leqslant 15\%$）和坡屋面（坡度 $i > 15\%$）；按屋面所用材料不同，有刚性防水屋面和柔性防水屋面；根据使用功能不同，可分为上人屋面和不上人屋面。

屋面工程主要包括瓦屋面、型材屋面、卷材屋面、涂料屋面（指板缝采用嵌缝材料防水，板面采用涂料防水或板面自防水并涂刷附加层的一种屋面）、铁皮屋面、屋面排水等。防水工程适用于屋面、楼地面、墙基、构筑物、水池、水塔及室内厕所、浴室的防水，以及建筑物±0.00 以下的防水，防潮工程按防水项目计算。变形缝项目指的是建筑物和构筑物变形缝的填缝、盖缝和止水等，按变形缝部位和材料分项，变形缝项目包括基础、墙体、屋面等部位的抗震缝、伸缩缝、沉降缝等。

屋面及防水工程清单项目分为：瓦、型材及其他屋面（编码 010901）；屋面防水及其他（编码 010902）；墙面防水、防潮（编码 010903）；楼（地）面防水、防潮（编码 010904）。

10.1.1.1　瓦、型材及其他屋面清单分项

清单列项时，对于瓦屋面，若是在木基层上铺瓦，项目特征不必描述粘结层砂浆的配合比，瓦屋面铺防水层按屋面防水及其他相关项目编码列项。型材屋面、阳光板屋面、玻璃钢屋面的柱、梁、屋架，按“计量规范”附录 F（金属结构工程）、附录 G（木结构工程）中相关项目编码列项。其中瓦屋面及型材屋面清单分项如表 10.1 所示。

【习题测试】

**表 10.1 瓦屋面及型材屋面清单(编号:010901)**

| 项目编码 | 项目名称 | 项目特征 | 计量单位 | 工程量计算规则 | 工作内容 |
| --- | --- | --- | --- | --- | --- |
| 010901001 | 瓦屋面 | (1) 瓦品种、规格;<br>(2) 粘结层砂浆的配合比 | $m^2$ | 按设计图示尺寸以斜面积计算。<br>不扣除房上烟囱、风帽底座、风道、小气窗、斜沟等所占面积。小气窗的出檐部分不增加面积 | (1) 砂浆制作、运输、摊铺、养护;<br>(2) 安瓦、做瓦脊 |
| 010901002 | 型材屋面 | (1) 型材品种、规格;<br>(2) 金属檩条材料品种、规格;<br>(3) 接缝、嵌缝材料种类 | | | (1) 檩条制作、运输、安装;<br>(2) 屋面型材安装;<br>(3) 接缝、嵌缝 |

10.1.1.2 *屋面防水及其他清单分项*

清单列项时,若屋面刚性层无钢筋,其钢筋项目特征不必描述,屋面找平层按"计量规范"附录 L(楼地面装饰工程)"平面砂浆找平层"项目编码列项,屋面防水搭接及附加层用量不另行计算,在综合单价中考虑。屋面保温找坡层按"计量规范"附录 K(保温、隔热、防腐工程)"保温隔热屋面"项目编码列项。屋面防水及其他清单项目设置如表 10.2 所示。

**表 10.2 屋面防水及其他(编号:010902)**

| 项目编码 | 项目名称 | 项目特征 | 计量单位 | 工程量计算规则 | 工作内容 |
| --- | --- | --- | --- | --- | --- |
| 010902001 | 屋面卷材防水 | (1) 卷材品种、规格、厚度;<br>(2) 防水层数;<br>(3) 防水层做法 | $m^2$ | 按设计图示尺寸以面积计算。<br>(1) 斜屋顶(不包括平屋顶找坡)按斜面积计算,平屋顶按水平投影面积计算;<br>(2) 不扣除房上烟囱、风帽底座、风道、屋面小气窗和斜沟所占面积;<br>(3) 屋面的女儿墙、伸缩缝和天窗等处的弯起部分,并入屋面工程量内 | (1) 基层处理;<br>(2) 刷底油;<br>(3) 铺油毡卷材、接缝 |
| 010902002 | 屋面涂膜防水 | (1) 防水膜品种;<br>(2) 涂膜厚度、遍数;<br>(3) 增强材料种类 | | | (1) 基层处理;<br>(2) 刷基层处理剂;<br>(3) 铺布、喷涂防水层 |
| 010902003 | 屋面刚性层 | (1) 刚性层厚度;<br>(2) 混凝土种类;<br>(3) 混凝土强度等级;<br>(4) 嵌缝材料种类;<br>(5) 钢筋规格、型号 | | 按设计图示尺寸以面积计算。不扣除房上烟囱、风帽底座、风道等所占面积 | (1) 基层处理;<br>(2) 混凝土制作、运输、铺筑、养护;<br>(3) 钢筋制安 |
| 010902004 | 屋面排水管 | (1) 排水管品种、规格;<br>(2) 雨水斗、山墙出水口品种、规格;<br>(3) 接缝、嵌缝材料种类;<br>(4) 油漆品种、刷漆遍数 | m | 按设计图示尺寸以长度计算。如设计未标注尺寸,以檐口至设计室外散水上表面垂直距离计算 | (1) 排水管及配件安装、固定;<br>(2) 雨水斗、山墙出水口、雨水箅子安装;<br>(3) 接缝、嵌缝;<br>(4) 刷漆 |
| 010902005 | 屋面排(透)气管 | (1) 排(透)气管品种、规格;<br>(2) 接缝、嵌缝材料种类;<br>(3) 油漆品种、刷漆遍数 | | 按设计图示尺寸以长度计算 | (1) 排(透)气管及配件安装、固定;<br>(2) 铁件制作、安装;<br>(3) 接缝、嵌缝;<br>(4) 刷漆 |

续表 10.2

| 项目编码 | 项目名称 | 项目特征 | 计量单位 | 工程量计算规则 | 工作内容 |
|---|---|---|---|---|---|
| 010902006 | 屋面（廊、阳台）泄（吐）水管 | (1) 吐水管品种、规格；<br>(2) 接缝、嵌缝材料种类；<br>(3) 吐水管长度；<br>(4) 油漆品种、刷漆遍数 | 根（个） | 按设计图示数量计算 | (1) 水管及配件安装、固定；<br>(2) 接缝、嵌缝；<br>(3) 刷漆 |
| 010902007 | 屋面天沟、檐沟 | (1) 材料品种、规格；<br>(2) 接缝、嵌缝材料种类 | $m^2$ | 按设计图示尺寸以展开面积计算 | (1) 天沟材料铺设；<br>(2) 天沟配件安装；<br>(3) 接缝、嵌缝；<br>(4) 刷防护材料 |
| 010902008 | 屋面变形缝 | (1) 嵌缝材料种类；<br>(2) 止水带材料种类；<br>(3) 盖缝材料；<br>(4) 防护材料种类 | m | 按设计图示以长度计算 | (1) 清缝；<br>(2) 填塞防水材料；<br>(3) 止水带安装；<br>(4) 盖缝制作、安装；<br>(5) 刷防护材料 |

#### 10.1.1.3 墙面防水、防潮清单分项

清单列项时，墙面防水搭接及附加层用量不另行计算，在综合单价中考虑。墙面变形缝若做双面，工程量应乘系数 2，墙面找平层按“计量规范”附录 M（墙、柱面装饰与隔断、幕墙工程）“立面砂浆找平层”项目编码列项。墙面防水、防潮清单项目设置如表 10.3 所示。

**表 10.3 墙面防水、防潮（编号：010903）**

| 项目编码 | 项目名称 | 项目特征 | 计量单位 | 工程量计算规则 | 工作内容 |
|---|---|---|---|---|---|
| 010903001 | 墙面卷材防水 | (1) 卷材品种、规格、厚度；<br>(2) 防水层数；<br>(3) 防水层做法 | $m^2$ | 按设计图示尺寸以面积计算 | (1) 基层处理；<br>(2) 刷粘结剂；<br>(3) 铺防水卷材；<br>(4) 接缝、嵌缝 |
| 010903002 | 墙面涂膜防水 | (1) 防水膜品种；<br>(2) 涂膜厚度、遍数；<br>(3) 增强材料种类 | | | (1) 基层处理；<br>(2) 刷基层处理剂；<br>(3) 铺布、喷涂防水层 |
| 010903003 | 墙面砂浆防水（防潮） | (1) 防水层做法；<br>(2) 砂浆厚度、配合比；<br>(3) 钢丝网规格 | | | (1) 基层处理；<br>(2) 挂钢丝网片；<br>(3) 设置分格缝；<br>(4) 砂浆制作、运输、摊铺、养护 |
| 010903004 | 墙面变形缝 | (1) 嵌缝材料种类；<br>(2) 止水带材料种类；<br>(3) 盖缝材料；<br>(4) 防护材料种类 | m | 按设计图示以长度计算 | (1) 清缝；<br>(2) 填塞防水材料；<br>(3) 止水带安装；<br>(4) 盖缝制作、安装；<br>(5) 刷防护材料 |

10.1.1.4　楼(地)面防水、防潮清单分项

清单列项时,楼(地)面防水找平层按“计量规范”附录L(楼地面装饰工程)“平面砂浆找平层”项目编码列项,楼(地)面防水搭接及附加层用量不另行计算,在综合单价中考虑。楼(地)面防水、防潮清单项目设置如表10.4所示。

**表10.4　楼(地)面防水、防潮(编号:010904)**

<table>
<tr><th>项目编码</th><th>项目名称</th><th>项目特征</th><th>计量单位</th><th>工程量计算规则</th><th>工作内容</th></tr>
<tr><td>010904001</td><td>楼(地)面卷材防水</td><td>(1) 卷材品种、规格、厚度;<br>(2) 防水层数;<br>(3) 防水层做法;<br>(4) 反边高度</td><td rowspan="3">$m^2$</td><td rowspan="3">按设计图示尺寸以面积计算。<br>(1) 楼(地)面防水:按主墙间净空面积计算,扣除凸出地面的构筑物、设备基础等所占面积,不扣除间壁墙及单个面积不大于0.3 $m^2$ 柱、垛、烟囱和孔洞所占面积;<br>(2) 楼(地)面防水反边高度不大于300 mm算作地面防水,反边高度大于300 mm算作墙面防水</td><td>(1) 基层处理;<br>(2) 刷粘结剂;<br>(3) 铺防水卷材;<br>(4) 接缝、嵌缝</td></tr>
<tr><td>010904002</td><td>楼(地)面涂膜防水</td><td>(1) 防水膜品种;<br>(2) 涂膜厚度、遍数;<br>(3) 增强材料种类;<br>(4) 反边高度</td><td>(1) 基层处理;<br>(2) 刷基层处理剂;<br>(3) 铺布、喷涂防水层</td></tr>
<tr><td>010904003</td><td>楼(地)面砂浆防水(防潮)</td><td>(1) 防水层做法;<br>(2) 砂浆厚度、配合比;<br>(3) 反边高度</td><td>(1) 基层处理;<br>(2) 砂浆制作、运输、摊铺、养护</td></tr>
<tr><td>010904004</td><td>楼(地)面变形缝</td><td>(1) 嵌缝材料种类;<br>(2) 止水带材料种类;<br>(3) 盖缝材料;<br>(4) 防护材料种类</td><td>m</td><td>按设计图示以长度计算</td><td>(1) 清缝;<br>(2) 填塞防水材料;<br>(3) 止水带安装;<br>(4) 盖缝制作、安装;<br>(5) 刷防护材料</td></tr>
</table>

### 10.1.2　屋面及防水工程计量

10.1.2.1　瓦、型材及其他屋面计量

(1) 瓦屋面、型材屋面:按设计图示尺寸以斜面积计算。不扣除房上烟囱、风帽底座、风道、小气窗、斜沟等所占面积,小气窗的出檐部分不增加面积。

瓦屋面、型材屋面斜面积按屋面水平投影面积乘以表10.5中屋面坡度系数以 $m^2$ 计算。

(2) 阳光板、玻璃钢屋面:按设计图示尺寸以斜面积计算。不扣除屋面面积不大于0.3 $m^2$ 孔洞所占面积。

(3) 膜结构屋面:按设计图示尺寸以需要覆盖的水平面积计算。

膜结构也叫索膜结构,是一种以膜布与支撑(柱、网架)和拉结结构(拉杆、钢丝绳等)组成的屋盖、篷顶结构。计算工程量时要注意不是膜本身的水平投影面积,而是需覆盖的水平投影面积。

**表 10.5　屋面坡度系数表**

| 坡　　度 | | | 延尺系数 | 隅延尺系数 |
|---|---|---|---|---|
| $B/A(A=1)$ | $B/2A$ | 角度 $\alpha$ | $C$ | $D$ |
| 1 | 1/2 | 45° | 1.4142 | 1.7321 |
| 0.75 | | 36°52′ | 1.2500 | 1.6008 |
| 0.70 | | 35° | 1.2207 | 1.5779 |
| 0.666 | 1/3 | 33°40′ | 1.2015 | 1.5620 |
| 0.65 | | 33°01′ | 1.1926 | 1.5564 |
| 0.60 | | 30°58′ | 1.1662 | 1.5362 |
| 0.577 | | 30° | 1.1547 | 1.5270 |
| 0.55 | | 28°49′ | 1.1413 | 1.5170 |
| 0.50 | 1/4 | 26°34′ | 1.1180 | 1.5000 |
| 0.45 | | 24°14′ | 1.0966 | 1.4839 |
| 0.40 | 1/5 | 21°48′ | 1.0770 | 1.4697 |
| 0.35 | | 19°17′ | 1.0594 | 1.4569 |
| 0.30 | | 16°42′ | 1.0440 | 1.4457 |
| 0.25 | | 14°02′ | 1.0308 | 1.4362 |
| 0.20 | 1/10 | 11°19′ | 1.0198 | 1.4283 |
| 0.15 | | 8°32′ | 1.0112 | 1.4221 |
| 0.125 | | 7°8′ | 1.0078 | 1.4191 |
| 0.100 | 1/20 | 5°42′ | 1.0050 | 1.4177 |
| 0.083 | | 4°45′ | 1.0035 | 1.4166 |
| 0.066 | 1/30 | 3°49′ | 1.0022 | 1.4157 |

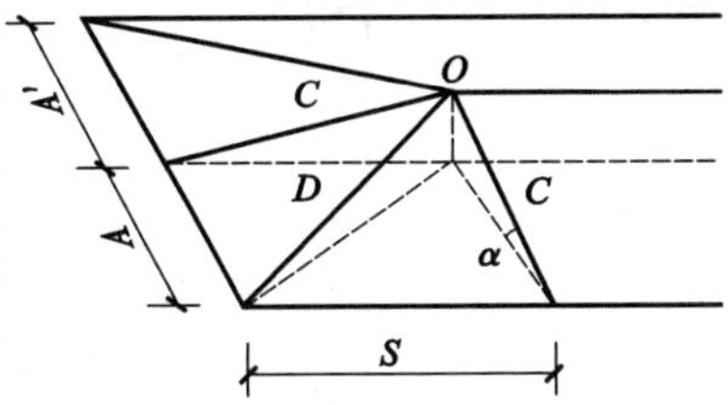


注：① $A=A'$ 且 $S=0$ 时，为等两坡屋面；

$A=A'=S$ 时，为等四坡屋面。

② 屋面斜铺面积＝屋面水平投影面积×$C$。

③ 等两坡屋面山墙泛水斜长：$A\times C$。

④ 等四坡屋面斜脊长度：$A\times D$。

⑤ 表 10.5 列出了常用的屋面坡度延尺系数 $C$ 及隅延尺系数 $D$，可直接查表应用。当各坡的坡度不同或当设计坡度表中查不到时，应利用以下公式计算相应的 $C$、$D$ 值：

$$C=\frac{1}{\cos\alpha}=\sqrt{1+\tan^2\alpha}$$

$$D=\sqrt{2+\tan^2\alpha} \text{ 或 } D=\sqrt{1+C^2}$$

**【例 10.1】** 有一等两坡面的坡形屋面，其外墙中心线长度为 40 m，宽度为 15 m，四面出檐距外墙外边线为 0.3 m，屋面坡度为 1∶1.333，外墙为 24 墙，试计算屋面工程量。

**【解】** (1) 屋面水平投影面积＝长×宽，其中：

$$长=40+0.12\times2+0.30\times2=40.84\ \text{m}$$

$$宽=15+0.12\times2+0.30\times2=15.84\ \text{m}$$

则

$$屋面水平投影面积=40.84\times15.84=646.91\ \text{m}^2$$

(2) 屋面坡度系数

坡度为 1∶1.333＝$B/A$＝0.75/1，查表 10.5 知 $C$＝1.25

(3) 计算屋面工程量

$$S=646.91\times1.25=808.64\ \text{m}^2$$

**【例 10.2】** 某等四坡屋面平面如图 10.1 所示，$A$＝9.6 m，设计屋面坡度 0.5。试计算屋面斜面积、斜脊长。

【解】 屋面坡度$=B/A=0.5$,查屋面坡度系数表10.5知$C=1.118$、$D=1.5$,则:

屋面斜面积$=(50+0.6\times2)\times(18+0.6\times2)\times1.118=1099.04\ m^2$

斜脊长$=A\times D=9.6\times1.5=14.40\ m$

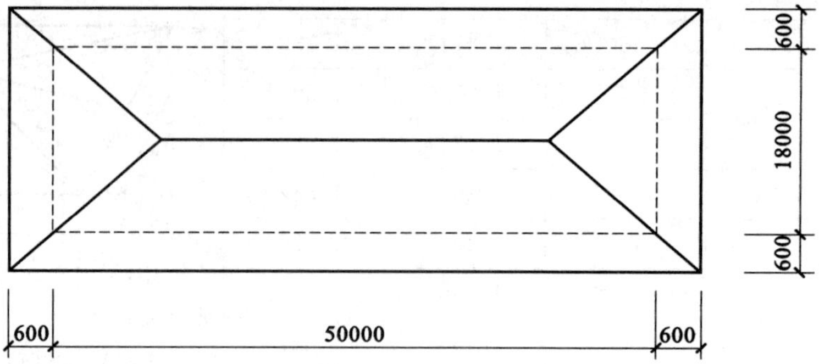


图10.1 屋顶平面图(单位:mm)

10.1.2.2 屋面防水及其他计量

(1) 屋面卷材防水、屋面涂膜防水

按设计图示尺寸以面积计算。斜屋顶(不包括平屋顶找坡)按斜面积计算;平屋顶按水平投影面积计算,不扣除房上烟囱、风帽底座、风道、屋面小气窗和斜沟所占的面积。屋面的女儿墙、伸缩缝和天窗等处的弯起部分,并入屋面工程量内。

(2) 屋面刚性层

按设计图示尺寸以面积计算,不扣除房上烟囱、风帽底座、风道等所占的面积。

(3) 屋面排水管

按设计图示尺寸以长度计算。设计未标注尺寸的,以檐口至设计室外散水上表面垂直距离计算。

(4) 屋面排(透)气管

按设计图示尺寸以长度计算。

(5) 屋面(廊、阳台)泄(吐)水管

按设计图示数量计算。

(6) 屋面天沟、檐沟

按设计图示尺寸以展开面积计算。

(7) 屋面变形缝

按设计图示尺寸以长度计算。

10.1.2.3 墙面防水、防潮计量

(1) 墙面卷材防水、涂膜防水和砂浆防水(防潮):按设计图示尺寸以面积计算。

(2) 变形缝:按设计图示尺寸以长度计算。

10.1.2.4 楼(地)面防水、防潮计量

(1) 楼(地)面卷材防水、涂膜防水和砂浆防水(防潮)

按设计图示尺寸以面积计算。楼(地)面防水按主墙间净空面积计算,扣除凸出地面的构筑物、设备基础等所占面积,不扣除间壁墙及单个面积不大于0.3 $m^2$的柱、垛、烟囱和孔洞所占面积。楼(地)面防水反边高度不大于300 mm的算作地面防水,反边高度大于300 mm的算作墙面防水。

(2) 楼(地)面变形缝

楼(地)面变形缝按设计图示尺寸以长度计算。

**【例 10.3】** 某厂房屋面如图 10.2 所示。设计要求:现浇水泥珍珠岩保温层最薄处 80 mm厚,坡度为 2%,1∶3 水泥砂浆找平层 20 mm 厚,三元乙丙橡胶卷材防水层(满铺且不考虑卷边,卷材层数为一层),试编制屋面防水工程量清单。

**【解】** (1) 清单项目的编制

该屋面项目中,三元乙丙橡胶卷材防水属"屋面及防水工程",查《房屋建筑与装饰工程工程量计算规范》表 J.2 屋面防水及其他(编码:010902),其中 010902001 屋面卷材防水、屋面卷材防水工程内容包括基层处理,刷底油,铺油毡卷材、接缝。水泥珍珠岩保温层属规范附录 K 保温、隔热、防腐工程"保温隔热屋面"项目编码列项。1∶3 水泥砂浆找平层属规范附录 L 楼地面装饰工程"平面砂浆找平层"项目编码列项。

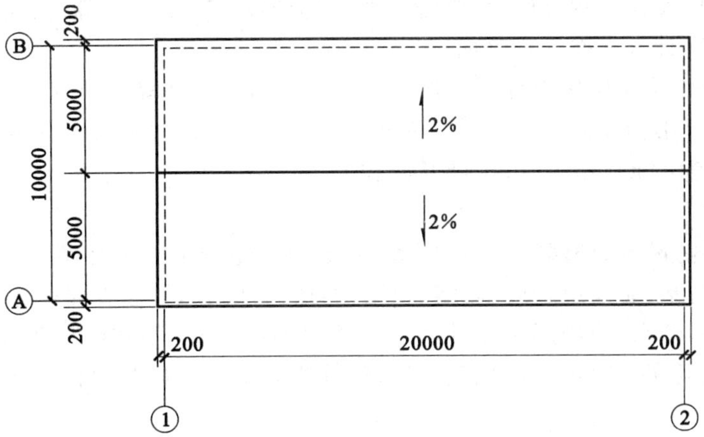


**图 10.2 厂房屋面图(单位:mm)**

(2) 计算清单工程量

三元乙丙橡胶卷材防水清单工程量为:

$$(20+0.2\times2)\times(10+0.2\times2)=212.16\ \text{m}^2$$

(3) 编制工程量清单(表 10.6)

**表 10.6 分部分项工程量清单与计价表**

工程名称:某厂房　　　　标段:　　　　第　页　共　页

| 序号 | 项目编码 | 项目名称 | 项目特征描述 | 计量单位 | 工程量 | 金额(元) | | |
|---|---|---|---|---|---|---|---|---|
| | | | | | | 综合单价 | 合价 | 其中:暂估价 |
| 1 | 010902001001 | 屋面卷材防水 | (1) 卷材品种:三元乙丙橡胶卷材;<br>(2) 防水层数:一层;<br>(3) 防水层做法:满铺 | $\text{m}^2$ | 212.16 | | | |

### 10.1.3 屋面防水计价

10.1.3.1 屋面工程

(1) 各种屋面和型材屋面(包括挑檐部分),均按设计图示尺寸以面积计算(斜屋面按斜面面积计算)，不扣除房上烟囱、风帽底座、风道、小气窗、斜沟和脊瓦等所占面积，小气窗的出檐部分也不增加。

(2) 西班牙瓦、瓷质波形瓦、英红瓦屋面的正斜脊瓦、檐口线，按设计图示尺寸以长度计算。

(3) 采光板屋面和玻璃采光顶屋面按设计图示尺寸以面积计算(斜屋面按斜面面积计算)；不扣除面积≤0.3 $m^2$孔洞所占面积。

(4) 膜结构屋面按设计图示尺寸以需要覆盖的水平投影面积计算，膜材料可以调整含量。

(5) 围墙瓦顶按设计图示尺寸以长度计算。

10.1.3.2　防水工程及其他

(1) 防水

① 屋面防水，按设计图示尺寸以面积计算(斜屋面按斜面面积计算)，不扣除房上烟囱、风帽底座、风道、屋面小气窗和斜沟所占面积；屋面的女儿墙、伸缩缝和天窗等处的弯起部分，按设计图示尺寸计算；设计无规定时，伸缩缝的弯起部分按 250 mm 计算，女儿墙、天窗的弯起部分按 500 mm 计算，计入立面工程量内。

② 楼地面防水、防潮层按设计图示尺寸以主墙间净面积计算，扣除凸出地面的构筑物、设备基础等所占面积，不扣除间壁墙及单个面积≤0.3 $m^2$柱、垛、烟囱和孔洞所占面积，平面与立面交接处，上翻高度≤300 mm 时，按展开面积并入平面工程量内计算；高度>300 mm 时，按立面防水层计算。

③ 墙基防水、防潮层，外墙按外墙中心线长度、内墙按墙体净长度乘以宽度，以面积计算。

④ 墙的立面防水、防潮层，不论内墙、外墙，均按设计图示尺寸以面积计算。

⑤ 基础底板的防水、防潮层按设计图示尺寸以面积计算，不扣除桩头所占面积。桩头处外包防水按桩头投影外扩 300 mm 以面积计算，地沟处防水按展开面积计算，均计入平面工程量，执行相应规定。

⑥ 屋面分格缝，按设计图示尺寸，以长度计算。

(2) 屋面排水

① 水落管、镀锌铁皮天沟、檐沟，按设计图示尺寸，以长度计算。

② 水斗、下水口、雨水口、弯头、短管等，均以设计数量计算。

③ 种植屋面排水按设计尺寸以铺设排水层面积计算；不扣除房上烟囱、风帽底座、风道、屋面小气窗、斜沟和脊瓦等所占面积，以及面积≤0.3 $m^2$的孔洞所占面积，屋面小气窗的出檐部分也不增加。

(3) 变形缝与止水带

① 变形缝(嵌填缝与盖板)与止水带按设计图示尺寸，以长度计算。

② 屋面检修孔以"块"计算。

**【例 10.4】** 计算表 10.6 中屋面卷材防水的工程量清单的综合单价。

**【解】** 根据表 10.6 分部分项工程量清单，图 10.2 及《湖北省房屋建筑与装饰工程消耗量定额及全费用基价表》(2018)、《湖北省建筑安装工程费用定额》(2018)和《建设工程工程量清单计价规范》(GB 50500—2013)等计算。

① 核算清单工程量

经核算屋面卷材防水工程量为 212.16 $m^2$，与清单工程量无误差。

② 计算计价工程量

按照《湖北省房屋建筑与装饰工程消耗量定额及全费用基价表》(2018)相关的工程量计算

规则计算。对应《湖北省房屋建筑与装饰工程消耗量定额及全费用基价表》(2018)中 A6-69 子目，如表 10.7 所示。

计算卷材防水的计价工程量：因屋面卷材防水的计价工程量计算规则与清单工程量计算规则一致，故其计价工程量为 212.16 $m^2$。

③ 计算全费用综合单价

$$212.16/100\times7579.23=16080.09 \text{ 元}$$

$$16080.09\div212.16(\text{清单工程量})=75.79 \text{ 元}/m^2$$

该屋面卷材防水清单项目全费用综合单价分析表如表 10.8 所示。

**表 10.7　高分子卷材屋面**

工作内容：清理基层，刷基底处理剂，防水薄弱处贴卷材附加层，铺贴卷材，收头钉压条等全部操作过程

(单位：100 $m^2$)

| 定额编号 | | | | A6-69 | A6-70 |
|---|---|---|---|---|---|
| 项目 | | | | 三元乙丙橡胶卷材 | |
| | | | | 平面 | 立面 |
| 全费用(元) | | | | 7579.23 | 8470.09 |
| 其中 | 人工费(元) | | | 1464.99 | 1893.06 |
| | 材料费(元) | | | 4118.6 | 4118.6 |
| | 机械费(元) | | | — | — |
| | 费用(元) | | | 1306.62 | 1688.42 |
| | 增值税(元) | | | 689.02 | 770.01 |
| 名称 | | 单位 | 单价(元) | 数量 | |
| 人工 | 普工 | 工日 | 92.00 | 4.803 | 6.207 |
| | 技工 | 工日 | 142.00 | 7.205 | 9.310 |
| 材料 | 三元乙丙橡胶防水卷材 1.2 | $m^2$ | 19.68 | 135.405 | 135.405 |
| | 聚氯乙烯防水卷材 1.2 | $m^2$ | 21.22 | — | — |
| | FL-15 胶粘剂 | kg | 15.28 | — | — |
| | 圆钢 $\phi$10 以内 | kg | 2.99 | 4.235 | 4.235 |
| | CSPE 嵌缝油膏 330 ml | 支 | 7.30 | 28.844 | 28.844 |
| | 乙酸乙酯 | kg | 26.10 | 4.883 | 4.883 |
| | 二甲苯 | kg | 5.99 | 26.107 | 26.107 |
| | CX-404 胶 | kg | 20.12 | 39.064 | 39.064 |
| | 丁基粘结剂 | kg | 9.05 | 17.018 | 17.018 |
| | 水泥 801 胶浆结合层 1∶0.01 | $m^3$ | 548.30 | 0.010 | 0.010 |
| | 圆钉 | kg | 5.92 | 0.222 | 0.222 |

**表 10.8　工程量清单全费用综合单价分析表**

工程名称：某厂房　　　　　　　　　　　　标段：　　　　　　　　　　　　第　页　共　页

| 项目编码 | | 010902001001 | | 项目名称 | | 屋面卷材防水 | | 计量单位 | m² | | 工程量 | 212.16 | |
|---|---|---|---|---|---|---|---|---|---|---|---|---|---|
| 清单全费用综合单价组成明细 | | | | | | | | | | | | | |
| 定额编号 | 定额项目名称 | 定额单位 | 数量 | 单价（元） | | | | | 合价（元） | | | | |
| | | | | 人工费 | 材料费 | 施工机具使用费 | 费用 | 增值税 | 人工费 | 材料费 | 施工机具使用费 | 费用 | 增值税 |
| A6-69 | 三元乙丙橡胶卷材 | 100 m² | 0.01 | 1464.99 | 4118.6 | 0 | 1306.62 | 689.02 | 14.65 | 41.19 | 0.00 | 13.07 | 6.89 |
| 人工单价 | | 小计 | | | | | | | 14.65 | 41.19 | 0.00 | 13.07 | 6.89 |
| 高级技工 212 元/工日；技工 142 元/工日；普工 92 元/工日 | | 未计价材料费 | | | | | | | 0 | | | | |
| 清单全费用综合单价（元） | | | | | | | | | 75.80 | | | | |
| 材料费明细 | 主要材料名称、规格、型号 | | | | | | 单位 | 数量 | 单价（元） | 合价（元） | 暂估单价（元） | 暂估合价（元） | |
| | 三元乙丙橡胶防水卷材 1.2 | | | | | | m² | 1.3541 | 19.68 | 26.65 | | | |
| | 圆钢 $\phi$10 以内 | | | | | | kg | 0.0424 | 2.99 | 0.13 | | | |
| | CSPE 嵌缝油膏 330 ml | | | | | | 支 | 0.2884 | 7.3 | 2.11 | | | |
| | 乙酸乙酯 | | | | | | kg | 0.0488 | 26.1 | 1.27 | | | |
| | 二甲苯 | | | | | | kg | 0.2611 | 5.99 | 1.56 | | | |
| | CX-404 胶 | | | | | | kg | 0.3906 | 20.12 | 7.86 | | | |
| | 丁基粘结剂 | | | | | | kg | 0.1702 | 9.05 | 1.54 | | | |
| | 水泥 801 胶浆结合层 1∶0.01 | | | | | | m³ | 0.0001 | 548.3 | 0.05 | | | |
| | 圆钉 | | | | | | kg | 0.0022 | 5.92 | 0.01 | | | |
| | 材料费小计 | | | | | | | | — | 41.18 | — | 0 | |
| | | | | | | | | | | | | | |

④ 计算清单项目费，编制清单计价表，如表 10.9 所示。

**表 10.9　分部分项工程量清单与计价表**

工程名称：某厂房　　　　　　　　　　　　标段：　　　　　　　　　　　　第　页　共　页

| 序号 | 项目编码 | 项目名称 | 项目特征描述 | 计量单位 | 工程量 | 金额（元） | | |
|---|---|---|---|---|---|---|---|---|
| | | | | | | 综合单价 | 合价 | 其中：暂估价 |
| 1 | 010902001001 | 屋面卷材防水 | (1) 卷材品种：三元乙丙橡胶卷材；<br>(2) 防水层数：一层；<br>(3) 防水层做法：满铺 | m² | 212.16 | 75.80 | 16080.09 | |

## 10.2 保温、隔热、防腐工程

### 10.2.1 保温、隔热、防腐工程清单分项

保温、隔热工程适用于中温、低温及恒温要求的工业厂房和一般建筑物的保温隔热工程。常用的保温隔热材料有软木板、聚苯乙烯泡沫塑料板、加气混凝土块、膨胀珍珠岩板、沥青玻璃棉、沥青矿渣棉、微孔硅酸钙、稻壳等，可用于屋面、墙体、柱子、楼地面、天棚等部位。屋面保温层中应设有排气管或排气孔。防腐工程分刷油防腐和耐酸防腐两类。常用的防腐材料有：水玻璃耐酸砂浆、混凝土，耐酸沥青砂浆、混凝土，环氧砂浆、混凝土及各类玻璃钢等。根据工程需要，可用防腐块料或防腐涂料做面层。

保温、隔热、防腐工程清单项目分成保温、隔热（编码：011001）、防腐面层（编码：011002）和其他防腐（编码：011003）三部分。

10.2.1.1 保温、隔热清单分项

清单列项时应注意：①保温隔热装饰面层，按“计量规范”附录L（楼地面装饰工程）、附录M（墙、柱面装饰与隔断、幕墙工程）、附录N（天棚工程）、附录P（油漆、涂料、裱糊工程）、附录Q（其他装饰工程）中相关项目编码列项；仅做找平层按规范附录L（楼地面装饰工程）“平面砂浆找平层”或附录M（墙、柱面装饰与隔断、幕墙工程）“立面砂浆找平层”项目编码列项。②柱帽保温隔热应并入天棚保温隔热工程量内。③池槽保温隔热应按其他保温隔热项目编码列项。④保温隔热方式指内保温、外保温、夹心保温。⑤保温柱、梁适用于不与墙、天棚相连的独立柱、梁。保温、隔热清单分项如表10.10所示。

**表10.10 保温、隔热（编号：011001）**

| 项目编码 | 项目名称 | 项目特征 | 计量单位 | 工程量计算规则 | 工作内容 |
|---|---|---|---|---|---|
| 011001001 | 保温隔热屋面 | (1) 保温隔热材料品种、规格、厚度；<br>(2) 隔气层材料品种、厚度；<br>(3) 粘结材料种类、做法；<br>(4) 防护材料种类、做法 | $m^2$ | 按设计图示尺寸以面积计算。扣除面积大于0.3 $m^2$孔洞及占位面积 | (1) 基层清理；<br>(2) 刷粘结材料；<br>(3) 铺粘保温层；<br>(4) 铺、刷（喷）防护材料 |
| 011001002 | 保温隔热天棚 | (1) 保温隔热面层材料品种、规格、性能；<br>(2) 保温隔热材料品种、规格及厚度；<br>(3) 粘结材料种类及做法；<br>(4) 防护材料种类及做法 | | 按设计图示尺寸以面积计算。扣除面积大于0.3 $m^2$上柱、垛、孔洞所占面积，与天棚相连的梁按展开面积计算，并入天棚工程量内 | |

**续表 10.10**

| 项目编码 | 项目名称 | 项目特征 | 计量单位 | 工程量计算规则 | 工作内容 |
| --- | --- | --- | --- | --- | --- |
| 011001003 | 保温隔热墙面 | (1) 保温隔热部位；<br>(2) 保温隔热方式；<br>(3) 踢脚线、勒脚线保温做法；<br>(4) 龙骨材料品种、规格；<br>(5) 保温隔热面层材料品种、规格、性能；<br>(6) 保温隔热材料品种、规格及厚度；<br>(7) 增强网及抗裂防水砂浆种类；<br>(8) 粘结材料种类及做法；<br>(9) 防护材料种类及做法 | $m^2$ | 按设计图示尺寸以面积计算。扣除门窗洞口以及面积大于 0.3 $m^2$ 梁、孔洞所占面积；门窗洞口侧壁以及与墙相连的柱，并入保温墙体工程量内 | (1) 基层清理；<br>(2) 刷界面剂；<br>(3) 安装龙骨；<br>(4) 填贴保温材料；<br>(5) 保温板安装；<br>(6) 粘贴面层；<br>(7) 铺设增强格网，抹抗裂、防水砂浆面层；<br>(8) 嵌缝；<br>(9) 铺、刷（喷）防护材料 |
| 011001004 | 保温柱、梁 | | | 按设计图示尺寸以面积计算。<br>(1) 柱按设计图示柱断面保温层中心线展开长度乘保温层高度以面积计算，扣除面积大于 0.3 $m^2$ 梁所占面积；<br>(2) 梁按设计图示梁断面保温层中心线展开长度乘保温层长度以面积计算 | |
| 011001005 | 保温隔热楼地面 | (1) 保温隔热部位；<br>(2) 保温隔热材料品种、规格、厚度；<br>(3) 隔气层材料品种、厚度；<br>(4) 粘结材料种类、做法；<br>(5) 防护材料种类、做法 | $m^2$ | 按设计图示尺寸以面积计算。扣除面积大于 0.3 $m^2$ 柱、垛、孔洞所占面积。门洞、空圈、暖气包槽、壁龛的开口部分不增加面积 | (1) 基层清理；<br>(2) 刷粘结材料；<br>(3) 铺粘保温层；<br>(4) 铺、刷（喷）防护材料 |
| 011001006 | 其他保温隔热 | (1) 保温隔热部位；<br>(2) 保温隔热方式；<br>(3) 隔气层材料品种、厚度；<br>(4) 保温隔热面层材料品种、规格、性能；<br>(5) 保温隔热材料品种、规格及厚度；<br>(6) 粘结材料种类及做法；<br>(7) 增强网及抗裂防水砂浆种类；<br>(8) 防护材料种类及做法 | $m^2$ | 按设计图示尺寸以展开面积计算。扣除面积大于 0.3 $m^2$ 孔洞及占位面积 | (1) 基层清理；<br>(2) 刷界面剂；<br>(3) 安装龙骨；<br>(4) 填贴保温材料；<br>(5) 保温板安装；<br>(6) 粘贴面层；<br>(7) 铺设增强格网，抹抗裂、防水砂浆面层；<br>(8) 嵌缝；<br>(9) 铺、刷（喷）防护材料 |

10.2.1.2 防腐面层清单分项

“防腐混凝土面层”、“防腐砂浆面层”、“防腐胶泥面层”项目适用于平面和立面的水玻璃混凝土、水玻璃砂浆、水玻璃胶泥、沥青混凝土、沥青砂浆、沥青胶泥、树脂砂浆、树脂胶泥以及聚合物水泥砂浆等防腐工程。因防腐材料不同，价格差异较大，清单项目中必须列出混凝土、砂浆、胶泥的材料种类。

"玻璃钢防腐面层"项目适用于树脂胶料与增强材料复合塑制而成的玻璃钢防腐。玻璃钢项目名称应描述构成玻璃钢、树脂和增强材料名称,还应描述防腐部位和立面、平面。"聚氯乙烯板面层"项目适用于地面、墙面的软、硬聚氯乙烯板防腐工程。"块料防腐面层"项目适用于地面、基础等各类块料防腐工程。防腐踢脚线应按"计量规范"附录L(楼地面装饰工程)"踢脚线"项目编码列项。防腐蚀块料的规格、品种及粘贴部位应在清单项目中进行描述。防腐面层清单分项如表10.11所示。

**表10.11　防腐面层(编号:011002)**

<table>
<tr><th>项目编码</th><th>项目名称</th><th>项目特征</th><th>计量单位</th><th>工程量计算规则</th><th>工作内容</th></tr>
<tr><td>011002001</td><td>防腐混凝土面层</td><td>(1)防腐部位;<br>(2)面层厚度;<br>(3)混凝土种类;<br>(4)胶泥种类、配合比</td><td rowspan="6">$m^2$</td><td rowspan="6">按设计图示尺寸以面积计算。<br>(1)平面防腐:扣除凸出地面的构筑物、设备基础等以及面积大于0.3 $m^2$孔洞、柱、垛等所占面积,门洞、空圈、暖气包槽、壁龛的开口部分不增加面积;<br>(2)立面防腐:扣除门、窗、洞口以及面积大于0.3 $m^2$孔洞、梁所占面积,门、窗、洞口侧壁、垛突出部分按展开面积并入墙面积内</td><td>(1)基层清理;<br>(2)基层刷稀胶泥;<br>(3)混凝土制作、运输、摊铺、养护</td></tr>
<tr><td>011002002</td><td>防腐砂浆面层</td><td>(1)防腐部位;<br>(2)面层厚度;<br>(3)砂浆、胶泥种类、配合比</td><td>(1)基层清理;<br>(2)基层刷稀胶泥;<br>(3)砂浆制作、运输、摊铺、养护</td></tr>
<tr><td>011002003</td><td>防腐胶泥面层</td><td>(1)防腐部位;<br>(2)面层厚度;<br>(3)胶泥种类、配合比</td><td>(1)基层清理;<br>(2)胶泥调制、摊铺</td></tr>
<tr><td>011002004</td><td>玻璃钢防腐面层</td><td>(1)防腐部位;<br>(2)玻璃钢种类;<br>(3)贴布材料的种类、层数;<br>(4)面层材料品种</td><td>(1)基层清理;<br>(2)刷底漆、刮腻子;<br>(3)胶浆配制、涂刷;<br>(4)粘布、涂刷面层</td></tr>
<tr><td>011002005</td><td>聚氯乙烯板面层</td><td>(1)防腐部位;<br>(2)面层材料品种、厚度;<br>(3)粘结材料种类</td><td>(1)基层清理;<br>(2)配料、涂胶;<br>(3)聚氯乙烯板铺设</td></tr>
<tr><td>011002006</td><td>块料防腐面层</td><td>(1)防腐部位;<br>(2)块料品种、规格;<br>(3)粘结材料种类;<br>(4)勾缝材料种类</td><td>(1)基层清理;<br>(2)铺贴块料;<br>(3)胶泥调制、勾缝</td></tr>
<tr><td>011002007</td><td>池、槽块料防腐面层</td><td>(1)防腐池、槽的名称、代号;<br>(2)块料品种、规格;<br>(3)粘结材料种类;<br>(4)勾缝材料种类</td><td>$m^2$</td><td>按设计图示尺寸以展开面积计算</td><td>(1)基层清理;<br>(2)铺贴块料;<br>(3)胶泥调制、勾缝</td></tr>
</table>

#### 10.2.1.3　其他防腐清单分项

"隔离层"项目适用于楼地面的沥青类、树脂玻璃钢类防腐工程隔离层。"砌筑沥青浸渍砖"项目适用于浸渍标准砖的铺砌。"防腐涂料"项目适用于建筑物、构筑物以及钢结构的防腐。防腐涂料项目名称应对涂刷基层及部位进行描述；涂料底漆层、中间漆层、面漆涂刷（或刮）遍数应在清单项目中进行描述。项目特征浸渍砖砌法指平砌、立砌。其他防腐清单分项如表10.12所示。

**表10.12 其他防腐(编号:011003)**

| 项目编码 | 项目名称 | 项目特征 | 计量单位 | 工程量计算规则 | 工作内容 |
|---|---|---|---|---|---|
| 011003001 | 隔离层 | （1）隔离层部位；<br>（2）隔离层材料品种；<br>（3）隔离层做法；<br>（4）粘贴材料种类 | $m^2$ | 按设计图示尺寸以面积计算。<br>（1）平面防腐：扣除凸出地面的构筑物、设备基础等以及面积大于0.3 $m^2$孔洞、柱、垛等所占面积，门洞、空圈、暖气包槽、壁龛的开口部分不增加面积；<br>（2）立面防腐：扣除门、窗、洞口以及面积大于0.3 $m^2$孔洞、梁所占面积，门、窗、洞口侧壁、垛突出部分按展开面积并入墙面积内 | （1）基层清理、刷油；<br>（2）煮沥青；<br>（3）胶泥调制；<br>（4）隔离层铺设 |
| 011003002 | 砌筑沥青浸渍砖 | （1）砌筑部位；<br>（2）浸渍砖规格；<br>（3）胶泥种类；<br>（4）浸渍砖砌法 | $m^3$ | 按设计图示尺寸以体积计算 | （1）基层清理；<br>（2）胶泥调制；<br>（3）浸渍砖铺砌 |
| 011003003 | 防腐涂料 | （1）涂刷部位；<br>（2）基层材料类型；<br>（3）刮腻子的种类、遍数；<br>（4）涂料品种、刷涂遍数 | $m^2$ | 按设计图示尺寸以面积计算。<br>（1）平面防腐：扣除凸出地面的构筑物、设备基础等以及面积大于0.3 $m^2$孔洞、柱、垛等所占面积，门洞、空圈、暖气包槽、壁龛的开口部分不增加面积；<br>（2）立面防腐：扣除门、窗、洞口以及面积大于0.3 $m^2$孔洞、梁所占面积，门、窗、洞口侧壁、垛突出部分按展开面积并入墙面积内 | （1）基层清理；<br>（2）刮腻子；<br>（3）刷涂料 |

### 10.2.2 保温、隔热、防腐工程计量

10.2.2.1 保温、隔热计量

（1）保温隔热屋面：按设计图示尺寸以面积计算。扣除面积大于0.3 $m^2$孔洞及占位面积。

（2）保温隔热天棚：按设计图示尺寸以面积计算。扣除面积大于0.3 $m^2$柱、垛、孔洞所占面积，与天棚相连的梁按展开面积计算，并入天棚工程量内。

（3）保温隔热墙面：按设计图示尺寸以面积计算。扣除门窗洞口以及面积大于0.3 $m^2$梁、孔洞所占面积；门窗洞口侧壁以及与墙相连的柱，并入保温墙体工程量内。

（4）保温柱、梁：按设计图示尺寸以面积计算。柱按设计图示柱断面保温层中心线展开长度乘保温层高度以面积计算，扣除面积大于0.3 $m^2$梁所占面积。梁按设计图示梁断面保温层中心线展开长度乘保温层长度以面积计算。

(5) 保温隔热楼地面:按设计图示尺寸以面积计算。扣除面积大于 0.3 $m^2$ 柱、垛、孔洞所占面积。门洞、空圈、暖气包槽、壁龛的开口部分不增加面积按设计图示尺寸以展开面积计算。

(6) 其他保温隔热:按设计图示尺寸以展开面积计算。扣除面积大于 0.3 $m^2$ 孔洞及占位面积。

10.2.2.2 防腐面层计量

(1) 防腐混凝土面层、防腐砂浆面层、防腐胶泥面层、玻璃钢防腐面层、聚氯乙烯板面层、块料防腐面层:按设计图示尺寸以面积计算。

① 平面防腐:扣除凸出地面的构筑物、设备基础等以及面积大于 0.3 $m^2$ 孔洞、柱、垛所占面积,门洞、空圈、暖气包槽、壁龛的开口部分不增加面积。

② 立面防腐:扣除门、窗、洞口以及面积大于 0.3 $m^2$ 孔洞、梁所占面积,门、窗、洞口侧壁、垛突出部分按展开面积并入墙面积内。

(2) 池、槽块料防腐面层:按设计图示尺寸以展开面积计算。

10.2.2.3 其他防腐计量

(1) 隔离层、防腐涂料:按设计图示尺寸以面积计算。

① 平面防腐:扣除凸出地面的构筑物、设备基础等以及面积大于 0.3 $m^2$ 孔洞、柱、垛所占面积,门洞、空圈、暖气包槽、壁龛的开口部分不增加面积。

② 立面防腐:扣除门、窗、洞口以及面积大于 0.3 $m^2$ 孔洞、梁所占面积,门、窗、洞口侧壁、垛突出部分按展开面积并入墙面积内。

(2) 砌筑沥青浸渍砖:按设计图示尺寸以体积计算。

**【例 10.5】** 试编制例 10.3 屋面工程中水泥珍珠岩保温层的工程量清单。

**【解】** (1) 清单项目的编制

该屋面项目中,现浇水泥珍珠岩保温层属《房屋建筑与装饰工程工程量计算规范》(GB 50854—2013)K.1,"保温、隔热" 011001001 保温隔热屋面。保温隔热屋面工作内容包括:基层清理;刷粘结材料;铺粘保温层;铺、刷(喷)防护材料。

(2) 计算清单工程量

现浇水泥珍珠岩保温隔热屋面清单工程量为:

$$(20+0.2\times2)\times(10+0.2\times2)=212.16\ \text{m}^2$$

(3) 编制工程量清单(表 10.13)

**表 10.13 分部分项工程量清单与计价表**

工程名称:某厂房　　　　标段:　　　　第　页　共　页

| 序号 | 项目编码 | 项目名称 | 项目特征描述 | 计量单位 | 工程量 | 金额(元) | | |
|---|---|---|---|---|---|---|---|---|
| | | | | | | 综合单价 | 合价 | 其中:暂估价 |
| 1 | 011001001001 | 保温隔热屋面 | (1) 保温隔热材料品种:现浇水泥珍珠岩;<br>(2) 保温层厚度:最薄处 80 mm 厚,坡度 2% | $m^2$ | 212.16 | | | |

### 10.2.3 防腐、隔热、保温工程计价

10.2.3.1 保温隔热工程

(1) 屋面保温隔热层工程量按设计图示尺寸以面积计算，扣除＞0.3 $m^2$孔洞所占面积。其他项目按设计图示尺寸以定额项目规定的计量单位计算。

(2) 天棚保温隔热层工程量按设计图示尺寸以面积计算。扣除面积＞0.3 $m^2$柱、垛、孔洞所占面积，与天棚相连的梁按展开面积计算，其工程量并入天棚内。

(3) 墙面保温隔热层工程量按设计图示尺寸以面积计算。扣除门窗洞口及面积＞0.3 $m^2$梁、孔洞所占面积；门窗洞口侧壁以及与墙相连的柱，并入保温墙体工程量内。墙体及混凝土板下铺贴隔热层不扣除木框架及木龙骨的体积。其中外墙按隔热层中心线长度计算，内墙按隔热层净长度计算。

(4) 柱、梁保温隔热层工程量按设计图示尺寸以面积计算。柱按设计图示柱断面保温层中心线展开长度乘保温层高度以面积计算，扣除面积＞0.3 $m^2$梁所占面积。梁按设计图示梁断面保温层中心线展开长度乘保温层长度以面积计算。

(5) 楼地面保温隔热层工程量按设计图示尺寸以面积计算。扣除柱、垛及单个＞0.3 $m^2$孔洞所占面积。

(6) 其他保温隔热层工程量按设计图示尺寸以展开面积计算。扣除面积＞0.3 $m^2$孔洞及占位面积。

(7) 大于0.3 $m^2$孔洞侧壁周围及梁头、连系梁等其他零星工程保温隔热工程量，并入墙面的保温隔热工程量内。

(8) 柱帽保温隔热层，并入天棚保温隔热层工程量内。

(9) 保温层排气管按设计图示尺寸以长度计算，不扣除管件所占长度，保温层排气孔以数量计算。

(10) 混凝土保温一体板按模板与混凝土构件接触面的设计图示尺寸以面积计算。

(11) 防火隔离带工程量按设计图示尺寸以面积计算。

(12) 屋面预制混凝土架空隔热板、屋面预制纤维板水泥架空板凳按设计图示尺寸以面积计算。

10.2.3.2 防腐工程

(1) 防腐工程面层、隔离层及防腐油漆工程量均按设计图示尺寸以面积计算。

(2) 平面防腐工程量应扣除凸出地面的构筑物、设备基础等以及面积＞0.3 $m^2$孔洞、柱、垛等所占面积，门洞、空圈、暖气包槽、壁龛的开口部分不增加面积。

(3) 立面防腐工程量应扣除门、窗、洞口以及面积＞0.3 $m^2$孔洞、梁所占面积，门、窗、洞口侧壁、垛凸出部分按展开面积并入墙面内。

(4) 池、槽块料防腐面层工程量按设计图示尺寸以展开面积计算。

(5) 砌筑沥青浸渍砖工程量按设计图示尺寸以面积计算。

(6) 踢脚板防腐工程量按设计图示长度乘高度以面积计算，扣除门洞所占面积，并相应增加侧壁展开面积。

(7) 混凝土面及抹灰面防腐按设计图示尺寸以面积计算。

**【例10.6】** 计算表10.13中保温隔热屋面的工程量清单的综合单价。

**【解】** 根据表10.13分部分项工程量清单，图10.2及《湖北省房屋建筑与装饰工程消耗量定额及全费用基价表》(2018)、《湖北省建筑安装工程费用定额》(2018)和《建设工程工程量清单计价规范》(GB 50500—2013)等计算。

① 核算清单工程量

经核算保温隔热屋面工程量为212.16 $m^2$，与清单工程量无误差。

② 计算计价工程量

按照《湖北省房屋建筑与装饰工程消耗量定额及全费用基价表》(2018)相关的工程量计算规则计算。对应《湖北省房屋建筑与装饰工程消耗量定额及全费用基价表》(2018)中A7-15和A7-16子目，如表10.14所示。

考虑坡度2%影响，现浇水泥珍珠岩保温层最薄处80 mm厚，最高处为：

$$(10000/2+200)\times2\%+80=184\ \text{mm}$$

其平均厚度为：

$$(184+80)/2=132\ \text{mm}$$

③ 计算全费用综合单价

$$212.16/100\times3053.04+212.16/100\times32/10\times289.89=8445.43\ \text{元}$$

$$8445.43\div212.16(\text{清单工程量})=39.81\ \text{元}/\text{m}^2$$

该保温隔热屋面清单项目全费用综合单价分析表如表10.15所示。

**表10.14 保温、隔热屋面**

工作内容：清扫基层，调制保温混合料，铺填及养护。 （单位：100 $m^2$）

| 定额编号 | | | | A7-15 | A7-16 |
|---|---|---|---|---|---|
| 项目 | | | | 水泥珍珠岩 | |
| | | | | 厚度(mm) | |
| | | | | 100 | 每增减10 |
| 全费用(元) | | | | 3053.04 | 289.89 |
| 其中 | 人工费(元) | | | 751.14 | 67.71 |
| | 材料费(元) | | | 1354.41 | 135.44 |
| | 机械费(元) | | | — | — |
| | 费用(元) | | | 669.94 | 60.39 |
| | 增值税(元) | | | 277.55 | 26.35 |
| 名称 | | 单位 | 单价(元) | 数量 | |
| 人工 | 普工 | 工日 | 92.00 | 2.463 | 0.222 |
| | 技工 | 工日 | 142.00 | 3.694 | 0.333 |
| 材料 | 水泥炉渣1:6 | $m^3$ | 121.47 | — | — |
| | 水泥珍珠岩1:8 | $m^3$ | 127.95 | 10.400 | 1.040 |
| | 水泥蛭石1:8 | $m^3$ | 162.08 | — | — |
| | 水 | $m^3$ | 3.39 | 7.000 | 0.700 |

**表 10.15　工程量清单全费用综合单价分析表**

工程名称：某厂房　　　　　　　　　　　　标段：　　　　　　　　　　　　第　页　共　页

| 项目编码 | | 011001001001 | | 项目名称 | | 保温隔热屋面 | | 计量单位 | m² | | 工程量 | 212.16 | |
|---|---|---|---|---|---|---|---|---|---|---|---|---|---|
| 清单全费用综合单价组成明细 | | | | | | | | | | | | | |
| 定额编号 | 定额项目名称 | 定额单位 | 数量 | 单价(元) | | | | | 合价(元) | | | | |
| | | | | 人工费 | 材料费 | 施工机具使用费 | 费用 | 增值税 | 人工费 | 材料费 | 施工机具使用费 | 费用 | 增值税 |
| A7-15 | 水泥珍珠岩 100 mm | 100 $m^2$ | 0.01 | 751.14 | 1354.41 | — | 669.94 | 277.55 | 7.51 | 13.54 | 0.00 | 6.70 | 2.78 |
| A7-16 | 水泥珍珠岩，每增减 10 mm | 100 $m^2$ | 0.032 | 67.71 | 135.44 | — | 60.39 | 26.35 | 2.17 | 4.34 | 0.00 | 1.93 | 0.84 |
| 人工单价 | | 小计 | | | | | | | 9.68 | 17.88 | 0.00 | 8.63 | 3.62 |
| 高级技工 212 元/工日；技工 142 元/工日；普工 92 元/工日 | | 未计价材料费 | | | | | | | 0 | | | | |
| 清单全费用综合单价(元) | | | | | | | | | 39.81 | | | | |
| 材料费明细 | 主要材料名称、规格、型号 | | | | | | 单位 | 数量 | 单价(元) | 合价(元) | 暂估单价(元) | 暂估合价(元) | |
| | 水泥珍珠岩 1∶8 | | | | | | $m^3$ | 0.1373 | 127.95 | 17.56 | | | |
| | 水 | | | | | | $m^3$ | 0.0924 | 3.39 | 0.31 | | | |
| | 材料费小计 | | | | | | | | — | 17.88 | — | 0 | |
| | | | | | | | | | | | | | |

④ 计算清单项目费，编制清单计价表，如表 10.16 所示。

**表 10.16　分部分项工程量清单与计价表**

工程名称：某厂房　　　　　　　　　　　　标段：　　　　　　　　　　　　第　页共　页

| 序号 | 项目编码 | 项目名称 | 项目特征描述 | 计量单位 | 工程量 | 金额(元) | | |
|---|---|---|---|---|---|---|---|---|
| | | | | | | 综合单价 | 合价 | 其中：暂估价 |
| 1 | 011001001001 | 保温隔热屋面 | (1) 保温隔热材料品种：现浇水泥珍珠岩；(2) 保温层厚度：最薄处 80 mm 厚，坡度 2% | $m^2$ | 212.16 | 39.81 | 8445.43 | |

## 思　考　题

（1）屋面防水有哪些项目？各项目适用于哪种条件的屋面？其工作内容包括哪些？

（2）墙面、地面防水（潮）有哪些项目？如何列项？

（3）保温隔热屋面、保温隔热天棚工程量如何计算？包括哪些工作内容？

## 习　　题

（1）某工程如图 10.3 所示，屋面板上铺水泥瓦，试计算清单工程量，并编制工程量清单。

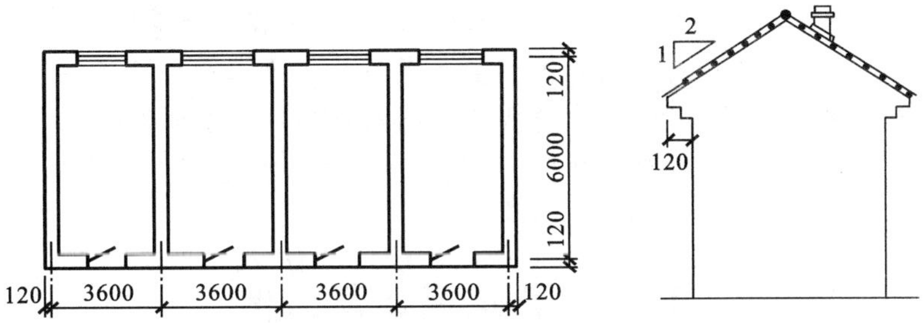


**图 10.3　某工程屋面布置图（单位：mm）**

（2）某工程 SBS 改性沥青卷材防水屋面平面、剖面图如图 10.4 所示，其自结构层由下向上的做法为：钢筋混凝土板上用 1∶1.2 水泥珍珠岩找坡，坡度 2%，最薄处 60 mm；20 mm 厚 1∶3 水泥砂浆找平层（反边高 300 mm），3 mm 厚 SBS 改性沥青防水卷材一道（反边高 300 mm），在防水卷材上抹 1∶2.5 水泥砂浆找平层（反边高 300 mm）。试计算屋面清单工程量，编制工程量清单并报价。

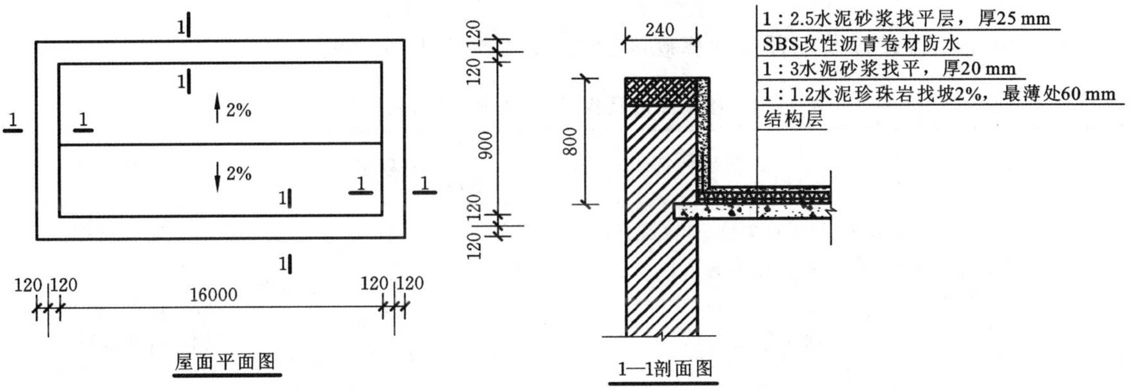


**图 10.4　屋面布置图**

（3）试计算上题图 10.4 中屋面清单项目的综合单价。

# 11　装饰装修工程计量与计价

**本 章 提 要**

本章主要介绍装饰装修部分的清单分项特点，清单工程量计算规则，并结合工程实例详细讲解该部分工程量清单的编制和工程量清单报价。本章的重点要求掌握楼地面、墙柱面、门窗等的工程量计算方法，工程量清单的编制和相应的清单报价。

## 11.1　楼地面装饰工程

【习题测试】

这一部分包括 8 节，即整体面层及找平层、块料面层、橡塑面层、其他材料面层、踢脚线、楼梯面层、台阶装饰、零星装饰项目。总共 43 个清单项目，适用于楼地面、台阶等装饰工程。

### 11.1.1　楼地面工程清单分项

部分清单项目设置及工程量计算规则如表 11.1 至表 11.3 所示。

**表 11.1　整体面层及找平层(编号:011101)(部分)**

| 项目编码 | 项目名称 | 项目特征 | 计量单位 | 工程量计算规则 | 工作内容 |
|---|---|---|---|---|---|
| 011101001 | 水泥砂浆楼地面 | (1) 找平层厚度、砂浆配合比；<br>(2) 素水泥浆遍数；<br>(3) 面层厚度、砂浆配合比；<br>(4) 面层做法要求 | $m^2$ | 按设计图示尺寸以面积计算。扣除凸出地面构筑物、设备基础、室内铁道、地沟等所占面积，不扣除间壁墙及不大于 0.3 $m^2$ 柱、垛、附墙烟囱及孔洞所占面积。门洞、空圈、暖气包槽、壁龛的开口部分不增加面积 | (1) 基层清理；<br>(2) 抹找平层；<br>(3) 抹面层；<br>(4) 材料运输 |
| 011101002 | 现浇水磨石楼地面 | (1) 找平层厚度、砂浆配合比；<br>(2) 面层厚度、水泥石子浆配合比；<br>(3) 嵌条材料种类、规格；<br>(4) 石子种类、规格、颜色；<br>(5) 颜料种类 、颜色；<br>(6) 图案要求；<br>(7) 磨光、酸洗、打蜡要求 | | | (1) 基层清理；<br>(2) 抹找平层；<br>(3) 面层铺设；<br>(4) 嵌缝条安装；<br>(5) 磨光、酸洗打蜡；<br>(6) 材料运输 |
| 011101003 | 细石混凝土楼地面 | (1) 找平层厚度、砂浆配合比；<br>(2) 面层厚度、混凝土强度等级 | | | (1) 基层清理；<br>(2) 抹找平层；<br>(3) 面层铺设；<br>(4) 材料运输 |

**续表 11.1**

| 项目编码 | 项目名称 | 项目特征 | 计量单位 | 工程量计算规则 | 工作内容 |
|---|---|---|---|---|---|
| 011101006 | 平面砂浆找平层 | 找平层厚度、砂浆配合比 | $m^2$ | 按设计图示尺寸以面积计算 | (1) 基层清理；<br>(2) 抹找平层；<br>(3) 材料运输 |

注：① 水泥砂浆面层处理是拉毛还是提浆压光应在面层做法要求中描述；
② 平面砂浆找平层只适用于仅做找平层的平面抹灰；
③ 间壁墙指墙厚不大于 120 mm 的墙；
④ 楼地面混凝土垫层另按"计量规范"附录 E. 1(现浇混凝土基础)中垫层项目编码列项。除混凝土外的其他材料垫层，按规范中垫层项目编码列项。

**表 11. 2　块料面层(编号:011102)**

| 项目编码 | 项目名称 | 项目特征 | 计量单位 | 工程量计算规则 | 工作内容 |
|---|---|---|---|---|---|
| 011102001 | 石材楼地面 | (1) 找平层厚度、砂浆配合比；<br>(2) 结合层厚度、砂浆配合比；<br>(3) 面层材料品种、规格、颜色；<br>(4) 嵌缝材料种类；<br>(5) 防护层材料种类；<br>(6) 酸洗、打蜡要求 | $m^2$ | 按设计图示尺寸以面积计算。门洞、空圈、暖气包槽、壁龛的开口部分并入相应的工程量内 | (1) 基层清理；<br>(2) 抹找平层；<br>(3) 面层铺设、磨边；<br>(4) 嵌缝；<br>(5) 刷防护材料；<br>(6) 酸洗、打蜡；<br>(7) 材料运输 |
| 011102002 | 碎石材楼地面 | | | | |
| 011102003 | 块料楼地面 | | | | |

**表 11.3　楼梯面层(编号:011106)(部分)**

| 项目编码 | 项目名称 | 项目特征 | 计量单位 | 工程量计算规则 | 工作内容 |
|---|---|---|---|---|---|
| 011106001 | 石材楼梯面层 | (1) 找平层厚度、砂浆配合比；<br>(2) 粘结层厚度、材料种类；<br>(3) 面层材料品种、规格、颜色；<br>(4) 防滑条材料种类、规格；<br>(5) 勾缝材料种类；<br>(6) 防护材料种类；<br>(7) 酸洗、打蜡要求 | $m^2$ | 按设计图示尺寸以楼梯(包括踏步、休息平台及不大于 500 mm 的楼梯井)水平投影面积计算。楼梯与楼地面相连时，算至梯口梁内侧边沿；无梯口梁者算至最上一层踏步边沿加 300 mm | (1) 基层清理；<br>(2) 抹找平层；<br>(3) 面层铺贴、磨边；<br>(4) 贴嵌防滑条；<br>(5) 勾缝；<br>(6) 刷防护材料；<br>(7) 酸洗、打蜡；<br>(8) 材料运输 |
| 011106002 | 块料楼梯面层 | | | | |
| 011106003 | 拼碎块料面层 | | | | |

其他需注意事项：

(1) 橡塑面层(011103)、其他材料面层(011104)按设计图示尺寸以面积计算；踢脚线(011105)可以按设计图示长度乘高度以面积计算，也可按延长米计算；台阶装饰(011107)按设计图示尺寸以台阶(包括最上层踏步边沿加 300 mm)水平投影面积计算。

(2) 在描述碎石材项目的面层材料特征时可不用描述规格、颜色。

(3) 石材、块料与粘结材料的结合面刷防渗材料的种类在防护材料种类中描述。

(4) 楼梯、台阶牵边和侧面镶贴块料面层,以及不大于 0.5 $m^2$ 的少量分散的楼地面镶贴块料面层,应按零星装饰项目(011108)执行。

### 11.1.2 楼地面工程定额计量

楼地面工程清单工程量计算规则依照上部分,在定额消耗工程量计算中,依照《湖北省房屋建筑与装饰工程消耗量定额及基价表》(2013),特别注意以下问题:

(1) 水泥砂浆、水泥石子浆、混凝土等的配合比,如设计规定与定额不同,可以换算。

(2) 楼梯找平层按水平投影面积乘以系数 1.365,台阶找平层乘以系数 1.48。楼梯整体面层不包括踢脚线、侧面、底面的抹灰。

(3) 整体面层中的水磨石粘贴砂浆厚度为 25 mm,若设计粘贴砂浆厚度与定额厚度不同时,按找平层每增减子目进行调整。

(4) 现浇水磨石定额项目已包括酸洗、打蜡工料,其余项目均不包括酸洗、打蜡。

(5) 零星项目面层适用于楼梯侧面、台阶的牵边、小便池、蹲台、池槽,以及面积在 0.5 $m^2$ 以内且定额未列项目。

(6) 地面垫层按室内主墙间净空面积乘设计厚度以体积计算。应扣除凸出地面的构筑物、设备基础、室内铁道、地沟等所占的体积,不扣除间壁墙和面积在 0.3 $m^2$ 以内柱、垛、附墙烟囱及孔洞所占面积。

(7) 整体面层、找平层均按主墙间净空面积以面积计算。应扣除凸出地面构筑物、设备基础、室内管道、地沟等所占面积,不扣除间壁墙和面积在 0.3 $m^2$ 以内柱、垛、附墙烟囱及孔洞所占面积,门洞、空圈、暖气包槽、壁龛的开口部分亦不增加。

(8) 楼地面块料面层按实铺面积计算,不扣除单个 0.1 $m^2$ 以内的柱、垛、附墙烟囱及孔洞所占面积。拼花部分按实贴面积计算。

(9) 楼梯面积(包括踏步、休息平台,以及小于 500 mm 宽的楼梯井)按水平投影面积计算。楼梯与楼地面相连时,算至梯口梁内侧边沿;无梯口梁者,算至最上一层踏步边沿加 300 mm。

(10) 台阶面层按设计图示尺寸以台阶(包括踏步及最上一层踏步边沿加 300 mm)水平投影面积计算。

(11) 块料面层踢脚线按实贴长度乘以高度以面积计算,成品木踢脚线按实铺长度计算。楼梯踢脚线按相应定额乘以 1.15 系数。

(12) 点缀按个计算,计算主体铺贴地面面积时,不扣除点缀所占面积。

(13) 零星项目按实铺面积计算。

### 11.1.3 楼地面工程计价

下面以一个实例分析楼地面工程计价的整个过程。

**【例 11.1】** 某建筑平面如图 11.1 所示,墙厚 240 mm,室内铺设 500 mm×500 mm 中国

红大理石，试计算其清单工程量，并进行综合单价计算。

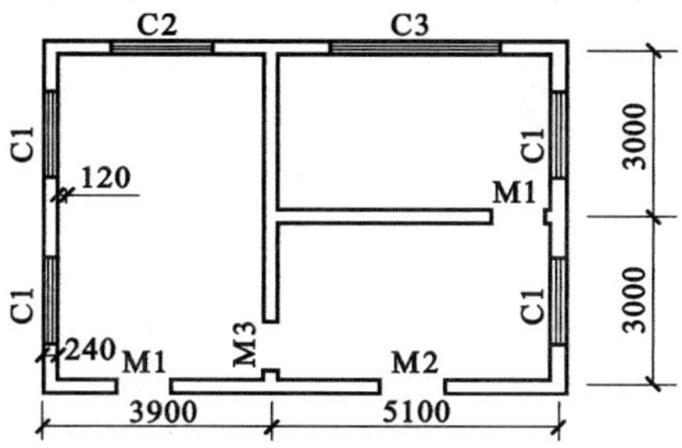


| 门窗表 | |
|---|---|
| M1 | 1000 mm×2000 mm |
| M2 | 1200 mm×2000 mm |
| M3 | 900 mm×2400 mm |
| C1 | 1500 mm×1500 mm |
| C2 | 1800 mm×1500 mm |
| C3 | 3000 mm×1500 mm |

图 11.1　某建筑平面图及门窗表(单位：mm)

**【解】**　(1) 计算楼地面清单工程量

根据装饰工程工程量清单项目及计算规则中块料面层，石材楼地面清单工程量为：

楼地面清单工程量＝(3.9－0.24)×(3＋3－0.24)＋(5.1－0.24)×(3－0.24)×2

＝21.082＋26.827＝47.91 $m^2$

(2) 计算综合单价

查找《湖北省房屋建筑与装饰工程消耗量定额及全费用基价表(装饰·措施)》(2018)楼地面工程，计算定额工程量，如表 11.4 所示。

**表 11.4　块料面层 石材(节选)**

工作内容：清理基层、试排弹线、锯板修边、铺抹结合层、铺贴饰面、清理镜面　　(计量单位：100 $m^2$)

| 定额编号 | | A9-31 | A9-32 | A9-33 |
|---|---|---|---|---|
| 项　目 | | 石材楼地面(每块面积) | | |
| | | 0.36 $m^2$ 以内 | 0.64 $m^2$ 以内 | 0.64 $m^2$ 以外 |
| 全费用(元) | | 20556.92 | 24847.77 | 28805.06 |
| 其中 | 人工费(元) | 2499.74 | 2807.47 | 2903.41 |
| | 材料费(元) | 15143.36 | 18633.80 | 22125.26 |
| | 机械费(元) | 63.69 | 63.69 | 63.69 |
| | 费　用(元) | 1152.77 | 1291.16 | 1334.30 |
| | 增值税(元) | 1697.36 | 2051.65 | 2378.40 |

注：增值税按 9%税率。

石材规格为 500 mm×500 mm，选用定额子目 A9-31。经查定额知楼地面定额工程量计算规则同清单工程量计算规则，即定额工程量也为 47.91 $m^2$。

按照全费用基价表清单计价办法计算综合单价。

大理石楼地面综合单价为：

(人工费＋材料费＋机械费＋费用＋增值税)÷清单工程量

＝(47.91/100)×(2499.74＋15143.36＋63.69＋1152.77＋1697.36)÷47.91(清单工程量)

＝205.57 元/$m^2$

该楼地面清单项目综合单价分析表如表 11.5 所示。

**表 11.5　大理石楼地面全费用综合单价分析表**

工程名称：　　　　　　　　　　　　　　标段：　　　　　　　　　　　　　　第　页　共　页

| 项目编码 | | 011102001001 | 项目名称 | | 大理石楼地面 | | 计量单位 | $m^2$ | 工程量 | 47.91 | |
|---|---|---|---|---|---|---|---|---|---|---|---|
| 清单全费用综合单价组成明细 | | | | | | | | | | | |
| 定额编号 | 定额名称 | 定额单位 | 数量 | 单价(元) | | | | | 合价(元) | | | | |
| | | | | 人工费 | 材料费 | 施工机具使用费 | 费用 | 增值税 | 人工费 | 材料费 | 施工机具使用费 | 费用 | 增值税 |
| A9-31 | 大理石楼地面 | 100 $m^2$ | 0.01 | 2499.74 | 15143.36 | 63.69 | 1152.77 | 1697.36 | 25.00 | 151.43 | 0.64 | 11.53 | 16.97 |
| 小　计 | | | | | | | | | 25.00 | 151.43 | 0.64 | 11.53 | 16.97 |
| 清单全费用综合单价(元) | | | | | | | | | 205.57 | | | | |

**【例 11.2】** 经清单编制人根据施工图计算：某建筑物的台阶水平投影面积为 29.34 $m^2$；C10 混凝土基层厚 80 mm、体积 6.06 $m^3$；3∶7 灰土垫层厚 100 mm、体积 3.59 $m^3$；面层为芝麻白花岗岩石，板厚 25 mm。工程量清单如表 11.6 所示。试确定该清单项目综合单价。

**表 11.6　分部分项工程量清单**

| 序号 | 项目编码 | 项目名称 | 项目特征 | 计量单位 | 工程量 | 金额(元) | | |
|---|---|---|---|---|---|---|---|---|
| | | | | | | 综合单价 | 合价 | 其中：暂估价 |
| 1 | 011107001001 | 石材台阶面 | 芝麻白花岗石 25mm 厚；<br>粘结层水泥砂浆 1∶3；<br>基层 80 mm 厚混凝土 C10；<br>垫层 100 mm 厚灰土 | $m^2$ | 29.34 | | | |

**【解】** 清单项目综合单价计算过程如表 11.7 所示。

**表 11.7　石材台阶全费用综合单价计算表**

工程名称：　　　　　　　　　　　　　　标段：　　　　　　　　　　　　　　第　页　共　页

| 项目编码 | | 011107001001 | 项目名称 | | 石材台阶面 | | 计量单位 | $m^2$ | 工程量 | 29.34 | | | |
|---|---|---|---|---|---|---|---|---|---|---|---|---|---|
| 清单全费用综合单价组成明细 | | | | | | | | | | | | | |
| 定额编号 | 定额名称 | 定额单位 | 数量 | 单价(元) | | | | | 合价(元) | | | | |
| | | | | 人工费 | 材料费 | 施工机具使用费 | 费用 | 增值税 | 人工费 | 材料费 | 施工机具使用费 | 费用 | 增值税 |
| A9-135 | 石材台阶 | 100 $m^2$ | 0.01 | 3786.00 | 23660.97 | 92.35 | 1744.09 | 2928.34 | 37.86 | 236.61 | 0.92 | 17.44 | 29.28 |
| A1-70 | 灰土垫层 | 10 $m^3$ | 0.0122 | 549.86 | 1022.83 | 6.45 | 496.17 | 207.53 | 6.71 | 12.48 | 0.08 | 6.05 | 2.53 |
| A2-1 | 混凝土垫层 | 10 $m^3$ | 0.0207 | 419.54 | 3411.48 | 0 | 374.19 | 420.52 | 8.68 | 70.62 | 0 | 7.75 | 8.70 |
| 小　计 | | | | | | | | | 53.25 | 319.71 | 1.00 | 31.24 | 40.51 |
| 清单全费用综合单价(元) | | | | | | | | | 445.71 | | | | |

注：① 3∶7 灰土垫层的清单单位含量＝3.59/29.34＝0.122；

② 混凝土垫层 C10 的清单单位含量＝6.06/29.34＝0.207。

## 11.2 墙、柱面装饰与隔断、幕墙工程

这一部分包括10节，即：墙面抹灰、柱(梁)面抹灰、零星抹灰、墙面块料面层、柱(梁)面镶贴块料、镶贴零星块料、墙饰面、柱(梁)饰面、幕墙工程、隔断。总共36个清单项目，适用于墙、柱、梁面装饰及幕墙、隔断工程。

### 11.2.1 墙柱面工程清单分项

部分清单项目设置及工程量计算规则如表11.8至表11.12所示。

**表11.8 墙面抹灰(编号:011201)**

| 项目编码 | 项目名称 | 项目特征 | 计量单位 | 工程量计算规则 | 工作内容 |
|---|---|---|---|---|---|
| 011201001 | 墙面一般抹灰 | (1) 墙体类型；<br>(2) 底层厚度、砂浆配合比；<br>(3) 面层厚度、砂浆配合比；<br>(4) 装饰面材料种类；<br>(5) 分格缝宽度、材料种类 | $m^2$ | 按设计图示尺寸以面积计算。扣除墙裙、门窗洞口及单个大于0.3 $m^2$ 的孔洞面积，不扣除踢脚线、挂镜线和墙与构件交接处的面积，门窗洞口和孔洞的侧壁及顶面不增加面积。附墙柱、梁、垛、烟囱侧壁并入相应的墙面面积内。<br>(1) 外墙抹灰面积按外墙垂直投影面积计算。<br>(2) 外墙裙抹灰面积按其长度乘以高度计算。<br>(3) 内墙抹灰面积按主墙间的净长乘以高度计算：<br>① 无墙裙的，高度按室内楼地面至天棚底面计算；<br>② 有墙裙的，高度按墙裙顶至天棚底面计算；<br>③ 有吊顶天棚抹灰，高度算至天棚底。<br>(4) 内墙裙抹灰面按内墙净长乘以高度计算 | (1) 基层清理；<br>(2) 砂浆制作、运输；<br>(3) 底层抹灰；<br>(4) 抹面层；<br>(5) 抹装饰面；<br>(6) 勾分格缝 |
| 011201002 | 墙面装饰抹灰 | | | | |
| 011201003 | 墙面勾缝 | (1) 勾缝类型；<br>(2) 勾缝材料种类 | | | (1) 基层清理；<br>(2) 砂浆制作、运输；<br>(3) 勾缝 |
| 011201004 | 立面砂浆找平层 | (1) 基层类型；<br>(2) 找平层砂浆厚度、配合比 | | | (1) 基层清理；<br>(2) 砂浆制作、运输；<br>(3) 抹灰找平 |

**表11.9 柱(梁)面抹灰(编号:011202)**

| 项目编码 | 项目名称 | 项目特征 | 计量单位 | 工程量计算规则 | 工作内容 |
|---|---|---|---|---|---|
| 011202001 | 柱、梁面一般抹灰 | (1) 柱(梁)体类型；<br>(2) 底层厚度、砂浆配合比；<br>(3) 面层厚度、砂浆配合比；<br>(4) 装饰面材料种类；<br>(5) 分格缝宽度、材料种类 | $m^2$ | (1) 柱面抹灰：按设计图示柱断面周长乘高度以面积计算；<br>(2) 梁面抹灰：按设计图示梁断面周长乘长度以面积计算 | (1) 基层清理；<br>(2) 砂浆制作、运输；<br>(3) 底层抹灰；<br>(4) 抹面层；<br>(5) 勾分格缝 |
| 011202002 | 柱、梁面装饰抹灰 | | | | |
| 011202003 | 柱、梁面砂浆找平 | (1) 柱(梁)体类型；<br>(2) 找平的砂浆厚度、配合比 | | | (1) 基层清理；<br>(2) 砂浆制作、运输；<br>(3) 抹灰找平 |
| 011202004 | 柱面勾缝 | (1) 勾缝类型；<br>(2) 勾缝材料种类 | | 按设计图示柱断面周长乘高度以面积计算 | (1) 基层清理；<br>(2) 砂浆制作、运输；<br>(3) 勾缝 |

表 11.10　墙面块料面层(编号:011204)

| 项目编码 | 项目名称 | 项目特征 | 计量单位 | 工程量计算规则 | 工作内容 |
|---|---|---|---|---|---|
| 011204001 | 石材墙面 | (1) 墙体类型；<br>(2) 安装方式；<br>(3) 面层材料品种、规格、颜色；<br>(4) 缝宽、嵌缝材料种类；<br>(5) 防护材料种类；<br>(6) 磨光、酸洗、打蜡要求 | $m^2$ | 按镶贴表面积计算 | (1) 基层清理；<br>(2) 砂浆制作、运输；<br>(3) 粘结层铺贴；<br>(4) 面层安装；<br>(5) 嵌缝；<br>(6) 刷防护材料；<br>(7) 磨光、酸洗、打蜡 |
| 011204002 | 拼碎石材墙面 | | | | |
| 011204003 | 块料墙面 | | | | |
| 011204004 | 干挂石材钢骨架 | (1) 骨架种类、规格；<br>(2) 防锈漆品种、遍数 | t | 按设计图示以质量计算 | (1) 骨架制作、运输、安装；<br>(2) 刷漆 |

表 11.11　柱(梁)面镶贴块料(编号:011205)

| 项目编码 | 项目名称 | 项目特征 | 计量单位 | 工程量计算规则 | 工作内容 |
|---|---|---|---|---|---|
| 011205001 | 石材柱面 | (1) 柱截面类型、尺寸；<br>(2) 安装方式；<br>(3) 面层材料品种、规格、颜色；<br>(4) 缝宽、嵌缝材料种类；<br>(5) 防护材料种类；<br>(6) 磨光、酸洗、打蜡要求 | $m^2$ | 按镶贴表面积计算 | (1) 基层清理；<br>(2) 砂浆制作、运输；<br>(3) 粘结层铺贴；<br>(4) 面层安装；<br>(5) 嵌缝；<br>(6) 刷防护材料；<br>(7) 磨光、酸洗、打蜡 |
| 011205002 | 块料柱面 | | | | |
| 011205003 | 拼碎块柱面 | | | | |
| 011205004 | 石材梁面 | (1) 安装方式；<br>(2) 面层材料品种、规格、颜色；<br>(3) 缝宽、嵌缝材料种类；<br>(4) 防护材料种类；<br>(5) 磨光、酸洗、打蜡要求 | | | |
| 011205005 | 块料梁面 | | | | |

表 11.12　幕墙工程(编号:011209)

| 项目编码 | 项目名称 | 项目特征 | 计量单位 | 工程量计算规则 | 工作内容 |
|---|---|---|---|---|---|
| 011209001 | 带骨架幕墙 | (1) 骨架材料种类、规格、中距；<br>(2) 面层材料品种、规格、颜色；<br>(3) 面层固定方式；<br>(4) 隔离带、框边封闭材料品种、规格；<br>(5) 嵌缝、塞口材料种类 | $m^2$ | 按设计图示框外围尺寸以面积计算。与幕墙同种材质的窗所占面积不扣除 | (1) 骨架制作、运输、安装；<br>(2) 面层安装；<br>(3) 隔离带、框边封闭；<br>(4) 嵌缝、塞口；<br>(5) 清洗 |
| 011209002 | 全玻(无框玻璃)幕墙 | (1) 玻璃品种、规格、颜色；<br>(2) 粘结塞口材料种类；<br>(3) 固定方式 | | 按设计图示尺寸以面积计算。带肋全玻幕墙按展开面积计算 | (1) 幕墙安装；<br>(2) 嵌缝、塞口；<br>(3) 清洗 |

清单列项时需注意：

(1) 抹石灰砂浆、水泥砂浆、混合砂浆、聚合物水泥砂浆、麻刀石灰浆、石膏灰浆等按一般抹灰列项；水刷石、斩假石、干粘石、假面砖等按装饰抹灰列项。

(2) 立面砂浆找平项目适用于仅做找平层的立面抹灰。

(3) 墙、柱(梁)面不大于 0.5 $m^2$ 的少量分散的抹灰按零星抹灰项目编码列项。

(4) 幕墙钢骨架按"干挂石材钢骨架"清单项目编码列项。

### 11.2.2 墙柱面工程定额计量

依据现行 2018 年《湖北省房屋建筑与装饰工程消耗量定额及全费用基价表(装饰·措施)》，在工程量计算及套用定额时，严格执行定额规定，按要求进行调整或换算。

在定额工程量计算中，注意以下问题：

圆弧形、锯齿形、异形等不规则墙面抹灰、镶贴块料按相应项目乘以系数 1.15。

(1) 内墙面、墙裙抹灰面积，应扣除设计门窗洞口和单个 0.3 $m^2$ 以上的空圈所占面积，不扣除踢脚线、挂镜线和墙与构件交接处的面积，门窗洞口和孔洞的侧壁及顶面不增加面积。附墙柱、梁、垛、烟囱侧壁并入相应的墙面面积内。

(2) 外墙抹灰面积按垂直投影面积计算。应扣除门窗洞口、外墙裙和单个 0.3 $m^2$ 以上孔洞所占面积，门窗洞口和孔洞的侧壁及顶面不增加面积。

(3) 抹灰工程的装饰线条，展开宽度>300 mm 且≤400 mm 者，按相应项目乘以系数 1.33；展开宽度 >400 mm 且≤500 mm 者，按相应项目乘以系数 1.67。

(4) 除已列有挂贴石材柱帽、柱墩的项目外，其他项目的柱帽、柱墩并入相应柱面积内，每个柱帽或柱墩另增人工：抹灰 0.25 工日，块料 0.38 工日，饰面 0.5 工日。

**【例 11.3】** 某建筑物钢筋混凝土柱的构造如图 11.2 所示，柱面挂贴花岗岩面层，试计算清单工程量。

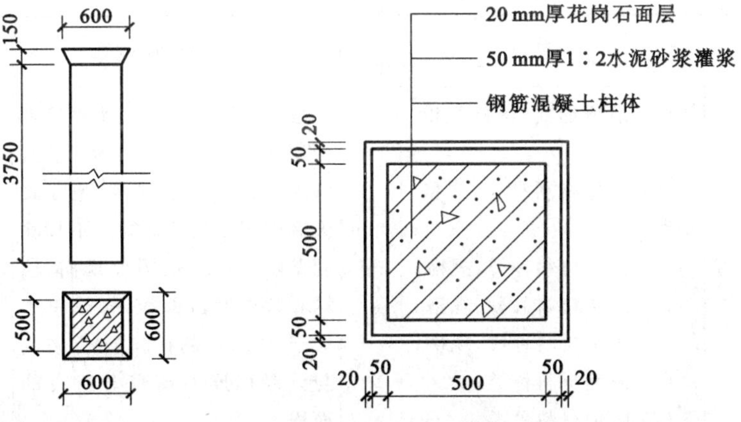


**图 11.2 某钢筋混凝土柱挂贴花岗岩详图(单位：mm)**

**【解】** 所求工程量=柱身工程量+柱帽工程量，其中：

柱身工程量=(0.5+0.05×2+0.02×2)×4×3.75=9.6 $m^2$

柱帽工程量=一个梯形饰面工程量×4

【习题测试】

$$一个梯形饰面工程量=\frac{(0.64+0.74)\times(0.15^2+0.05^2)^{\frac{1}{2}}}{2}=0.109\ m^2$$

则

$$柱帽工程量=0.109\times4=0.44\ m^2$$

$$柱面挂贴花岗岩的清单工程量=9.6+0.44=10.04\ m^2$$

## 11.3 天 棚 工 程

这一部分包括4节，即：天棚抹灰、天棚吊顶、采光天棚、天棚其他装饰。总共10个清单项目，适用于天棚装饰工程。

### 11.3.1 天棚工程清单分项

部分清单项目设置及工程量计算规则如表11.13、表11.14所示。

**表11.13 天棚抹灰(编号:011301)**

| 项目编码 | 项目名称 | 项目特征 | 计量单位 | 工程量计算规则 | 工作内容 |
|---|---|---|---|---|---|
| 011301001 | 天棚抹灰 | (1) 基层类型；<br>(2) 抹灰厚度、材料种类；<br>(3) 砂浆配合比 | $m^2$ | 按设计图示尺寸以水平投影面积计算。不扣除间壁墙、垛、柱、附墙烟囱、检查口和管道所占的面积，带梁天棚的梁两侧抹灰面积并入天棚面积内，板式楼梯底面抹灰按斜面积计算，锯齿形楼梯底板抹灰按展开面积计算 | (1) 基层清理；<br>(2) 底层抹灰；<br>(3) 抹面层 |

**表11.14 天棚吊顶(编号:011302)(部分)**

| 项目编码 | 项目名称 | 项目特征 | 计量单位 | 工程量计算规则 | 工作内容 |
|---|---|---|---|---|---|
| 011302001 | 吊顶天棚 | (1) 吊顶形式、吊杆规格、高度；<br>(2) 龙骨材料种类、规格、中距；<br>(3) 基层材料种类、规格；<br>(4) 面层材料品种、规格；<br>(5) 压条材料种类、规格；<br>(6) 嵌缝材料种类；<br>(7) 防护材料种类 | $m^2$ | 按设计图示尺寸以水平投影面积计算。天棚面中的灯槽及跌级、锯齿形、吊挂式、藻井式天棚面积不展开计算。不扣除间壁墙、检查口、附墙烟囱、柱垛和管道所占面积，扣除单个大于0.3 $m^2$ 的孔洞、独立柱及与天棚相连的窗帘盒所占的面积 | (1) 基层清理、吊杆安装；<br>(2) 龙骨安装；<br>(3) 基层板铺贴；<br>(4) 面层铺贴；<br>(5) 嵌缝；<br>(6) 刷防护材料 |

其他需注意问题：

(1) 格栅吊顶、吊筒吊顶、藤条造型悬挂吊顶、织物软雕吊顶，以及装饰网架吊顶，均按设计图示尺寸以水平投影面积计算；

(2) 采光天棚(011303001)按框外围展开面积计算。采光天棚骨架不包括在本项目中，单独按规范附录F(金属结构工程)相关编码列项。

### 11.3.2 天棚工程定额计量

天棚工程清单工程量计算规则依照上部分,在定额工程量计算中,依据现行2018年《湖北省房屋建筑与装饰工程消耗量定额及全费用基价表(装饰·措施)》,严格执行定额规定,按要求进行调整或换算。

特别注意以下问题:

(1) 天棚抹灰按设计结构尺寸以展开面积计算。项目中砂浆配合与设计不同,可按设计要求换算,如设计厚度与定额取定厚度不同时,按相应项目调整。

(2) 带密肋小梁和每个井内面积在5 $m^2$以内的井字梁天棚抹灰,按每100 $m^2$增加3.96工日计算。

(3) 板式楼梯底板抹灰面积按水平投影面积乘以系数1.15计算;锯齿形楼梯底板抹灰面积按水平投影面积乘以系数1.37计算且相应项目人工乘以系数1.35。

(4) 吊顶天棚中龙骨的种类、间距、规格和基层、面层材料的型号、规格是按常用材料和常用做法考虑的,如设计要求不同时,材料可以调整,但人工、机械不变。

(4) 跌级天棚其面层按相应项目人工乘以系数1.30。

(5) 轻钢龙骨、铝合金龙骨项目中龙骨按双向结构(即中、小龙骨紧贴大龙骨底面吊挂),如为单层结构时(大、中龙骨底面在同一水平上),人工乘以系数0.85。

(6) 吊筋安装,如在混凝土板上钻眼、挂筋者,按相应项目每100 $m^2$增加人工3.4工日;如在砖墙上打洞搁放骨架者,按相应天棚项目每100 $m^2$增加人工1.4工日。

(7) 轻钢龙骨、铝合金龙骨项目中,若面层规格与定额不同时,按相近规格的项目执行。不上人型吊杆长度为0.5 m,上人型吊杆长度为1.4 m。吊杆长度与定额不同时可按实际调整,人工不变。

(8) 阳台底面抹灰按水平投影面积计算,并入相应天棚抹灰面积内。阳台如带悬臂梁者,其工程量乘系数1.30。

(9) 雨篷底面或顶面抹灰分别按水平投影面积计算,并入相应天棚抹灰面积内。雨篷顶面带反沿或反梁者,其工程量乘以系数1.20;底面带悬臂梁者,其工程量乘以系数1.20。

(10) 各种吊顶天棚龙骨按主墙间水平投影面积计算,不扣除间壁墙、垛、柱、附墙烟囱、检查口和管道所占面积。

**【例11.4】** 某建筑平面图如图11.3所示,墙厚240 mm,天棚基层类型为混凝土现浇板,方柱尺寸:400 mm×400 mm。试计算天棚抹灰的清单工程量。

**【解】** 天棚抹灰清单工程量$=(5.1\times3-0.24)\times(10.2-0.24)$

$=15.06\times9.96$

$=150.00\ m^2$

**【例11.5】** 在例11.4中,若装潢为天棚吊顶,试计算天棚的清单工程量。

**【解】** 天棚吊顶清单工程量=天棚抹灰的工程量－独立柱的工程量

$=150.00-0.4\times0.4\times2$

$=149.68\ m^2$

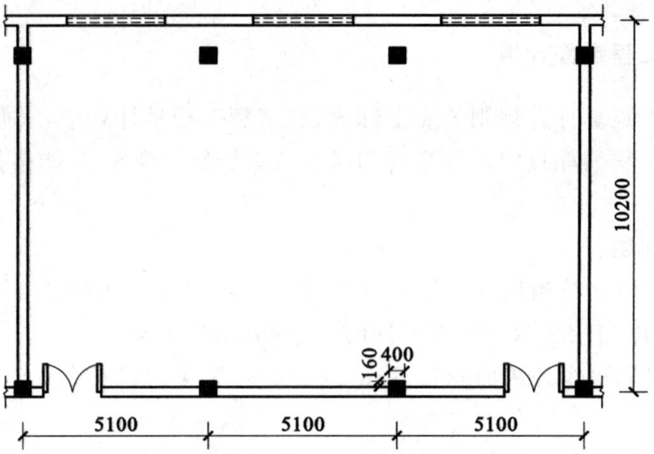


图 11.3 某建筑物平面图(单位:mm)

## 11.4 门窗工程

这一部分包括7节,即:木门、金属门、金属卷帘(闸)门、厂库房大门、特种门;其他门;木窗;金属窗;门窗套;窗台板;窗帘、窗帘盒、轨。总共55个清单项目,适用于门窗工程。

### 11.4.1 门窗工程清单分项

部分清单项目设置及工程量计算规则如表11.15至表11.18所示。

表 11.15 木门(编号:010801)

| 项目编码 | 项目名称 | 项目特征 | 计量单位 | 工程量计算规则 | 工作内容 |
|---|---|---|---|---|---|
| 010801001 | 木质门 | (1) 门代号及洞口尺寸;<br>(2) 镶嵌玻璃品种、厚度 | (1) 樘;<br>(2) $m^2$ | (1) 以樘计量,按设计图示数量计算;<br>(2) 以平方米($m^2$)计量,按设计图示洞口尺寸以面积计算 | (1) 门安装;<br>(2) 玻璃安装;<br>(3) 五金安装 |
| 010801002 | 木质门带套 | | | | |
| 010801003 | 木质连窗门 | | | | |
| 010801004 | 木质防火门 | | | | |
| 010801005 | 木门框 | (1) 门代号及洞口尺寸;<br>(2) 框截面尺寸;<br>(3) 防护材料种类 | (1) 樘;<br>(2) m | (1) 以樘计量,按设计图示数量计算;<br>(2) 以米(m)计量,按设计图示框的中心线以延长米计算 | (1) 木门框制作、安装;<br>(2) 运输;<br>(3) 刷防护材料 |
| 010801006 | 门锁安装 | (1) 锁品种;<br>(2) 锁规格 | 个<br>(套) | 按设计图示数量计算 | 安装 |

表 11.16　金属门(编号:010802)

| 项目编码 | 项目名称 | 项目特征 | 计量单位 | 工程量计算规则 | 工作内容 |
|---|---|---|---|---|---|
| 010802001 | 金属（塑钢）门 | (1) 门代号及洞口尺寸；<br>(2) 门框或扇外围尺寸；<br>(3) 门框、扇材质；<br>(4) 玻璃品种、厚度 | (1) 樘；<br>(2) $m^2$ | (1) 以樘计量，按设计图示数量计算；<br>(2) 以平方米($m^2$)计量，按设计图示洞口尺寸以面积计算 | (1) 门安装；<br>(2) 五金安装；<br>(3) 玻璃安装 |
| 010802002 | 彩板门 | (1) 门代号及洞口尺寸；<br>(2) 门框或扇外围尺寸 | | | |
| 010802003 | 钢质防火门 | (1) 门代号及洞口尺寸；<br>(2) 门框或扇外围尺寸；<br>(3) 门框、扇材质 | | | |
| 010802004 | 防盗门 | | | | (1) 门安装；<br>(2) 五金安装 |

表 11.17　木窗(编号:010806)

| 项目编码 | 项目名称 | 项目特征 | 计量单位 | 工程量计算规则 | 工作内容 |
|---|---|---|---|---|---|
| 010806001 | 木质窗 | (1) 窗代号及洞口尺寸；<br>(2) 玻璃品种、厚度 | (1) 樘；<br>(2) $m^2$ | (1) 以樘计量，按设计图示数量计算；<br>(2) 以平方米($m^2$)计量，按设计图示洞口尺寸以面积计算 | (1) 窗安装；<br>(2) 五金、玻璃安装 |
| 010806002 | 木飘（凸）窗 | | | (1) 以樘计量，按设计图示数量计算；<br>(2) 以平方米($m^2$)计量，按设计图示尺寸以框外围展开面积计算 | |
| 010806003 | 木橱窗 | (1) 窗代号；<br>(2) 框截面及外围展开面积；<br>(3) 玻璃品种、厚度；<br>(4) 防护材料种类 | | | (1) 窗制作、运输、安装；<br>(2) 五金、玻璃安装；<br>(3) 刷防护材料 |
| 010806004 | 木纱窗 | (1) 窗代号及框的外围尺寸；<br>(2) 窗纱材料品种、规格 | | (1) 以樘计量，按设计图示数量计算；<br>(2) 以平方米($m^2$)计量，按框的外围尺寸以面积计算 | (1) 窗安装；<br>(2) 五金安装 |

表 11.18　金属窗(编号:010807)(部分)

| 项目编码 | 项目名称 | 项目特征 | 计量单位 | 工程量计算规则 | 工作内容 |
|---|---|---|---|---|---|
| 010807001 | 金属（塑钢、断桥）窗 | (1) 窗代号及洞口尺寸；<br>(2) 框、扇材质；<br>(3) 玻璃品种、厚度 | (1) 樘；<br>(2) $m^2$ | (1) 以樘计量，按设计图示数量计算；<br>(2) 以平方米($m^2$)计量，按设计图示洞口尺寸以面积计算 | (1) 窗安装；<br>(2) 五金、玻璃安装 |
| 010807002 | 金属防火窗 | | | | |

其他需注意问题：

(1) 木质门应区分镶板木门、企口木板门、实木装饰门、胶合板门、夹板装饰门、木纱门、全玻门(带木质扇框)、木质半玻门(带木质扇框)等项目，分别编码列项。

(2) 木门五金应包括折页、插销、门碰珠、弓背拉手、搭机、木螺丝、弹簧折页(自动门)、管子拉手(自由门、地弹门)、地弹簧(地弹门)、角铁、门轧头(地弹门、自由门)等。

(3) 木质门带套计量按洞口尺寸以面积计算，不包括门套的面积，但门套应计算在综合单价中。

(4) 以樘计量，项目特征必须描述洞口尺寸；以平方米($m^2$)计量，项目特征可不描述洞口尺寸。

(5) 单独制作安装木门框按木门框项目编码列项。

(6) 金属门应区分金属平开门、金属推拉门、金属地弹门、全玻门(带金属扇框)、金属半玻门(带扇框)等项目，分别编码列项。

(7) 铝合金门五金包括地弹簧、门锁、拉手、门插、门铰、螺丝等。

(8) 金属门五金包括 L 型执手插锁(双舌)、执手锁(单舌)、门轨头、地锁、防盗门机、门眼(猫眼)、门碰珠、电子锁(磁卡锁)、闭门器、装饰拉手等。

(9) 特种门应区分冷藏门、冷冻间门、保温门、变电室门、隔音门、防射线门、人防门、金库门等项目，分别编码列项。

(10) 木质窗应区分木百叶窗、木组合窗、木天窗、木固定窗、木装饰空花窗等项目，分别编码列项。

(11) 木窗以樘计量，项目特征必须描述洞口尺寸，没有洞口尺寸必须描述窗框外围尺寸；以平方米($m^2$)计量，项目特征可不描述洞口尺寸及框的外围尺寸。

(12) 木窗以平方米($m^2$)计量，无设计图示洞口尺寸，按窗框外围以面积计算。

(13) 木橱窗、木飘(凸)窗以樘计量，项目特征必须描述框截面及外围展开面积。

(14) 木窗五金包括折页、插销、风钩、木螺丝、滑轮滑轨(推拉窗)等。

(15) 金属窗应区分金属组合窗、防盗窗等项目，分别编码列项。

(16) 金属橱窗、飘(凸)窗以樘计量，项目特征必须描述框外围展开面积。

### 11.4.2 门窗工程定额计量

门窗工程清单工程量计算规则依照上部分，在定额工程量计算中，依据现行 2018 年《湖北省房屋建筑与装饰工程消耗量定额及全费用基价表(结构 · 屋面)》，严格执行定额规定，按要求进行调整或换算。

特别注意以下问题：

(1) 定额中成品套装木门安装包括门套和门扇的安装，已包括相应的贴脸及装饰线条安装人工及材料消耗量，不另单独计算。

(2) 铝合金成品门窗按隔热断桥铝合金型材考虑，当设计为普通铝合金型材时，按相应项目执行，其中人工乘以系数 0.8。

(3) 金属门连窗，门、窗分别执行相应项目。

(4) 厂库房大门按一、二类木种考虑，如采用三、四类木种时，制作按相应项目执行，人工和机械乘以系数 1.3；安装按相应项目执行，人工和机械乘以系数 1.35。

(5) 全玻转门电子感应自动门传感装置安装、伸缩门电动装置安装、电控防盗门控制器安装、钢化玻璃电子感应门电磁感应装置安装已包括在调试用工内。

(6) 成品木门框安装按设计图示框的中心线长度计算；成品木门扇安装按设计图示扇面积计算；成品套装木门安装按设计图示数量计算；木质防火门安装按设计图示洞口面积计算；纱门按设计图示扇外围面积计算。

(7) 铝合金门窗(飘窗、阳台封闭窗除外)、塑钢门窗、塑料节能门窗、彩板钢门窗均按设计图示门、窗洞口面积计算。

(8) 飘窗、阳台封闭窗按设计图示框型材外边线尺寸以展开面积计算。

(9) 金属卷帘(闸)门按设计图示卷帘门宽度乘以卷帘门高度(包括卷帘箱高度)以面积计算。电动装置安装按设计图示套数计算。

**【例 11.6】** 某住宅楼为一类工程，有单扇无亮无纱镶板门(900 mm×2100 mm)60 樘，业主提供的工程量清单如表 11.19 所示，试确定该分部分项工程综合单价。

**表 11.19　分部分项工程量清单与计价表**

工程名称：某装饰工程　　　　　　　　　　　　　　　　　　　　　第　页　共　页

| 序号 | 项目编码 | 项目名称 | 项目特征 | 计量单位 | 工程量 | 金额(元) | | |
|---|---|---|---|---|---|---|---|---|
| | | | | | | 综合单价 | 合价 | 其中：暂估价 |
| 1 | 010801001001 | 镶板木门 | 单扇无亮无纱镶板门 900 mm×2100 mm；<br>框断面 60 mm×60 mm；<br>弹子锁、拉手安装 | 樘 | 60 | | | |

**【解】** (1) 核算清单工程量

单扇无亮无纱镶板门 60 樘，门锁安装 60 套。

(2) 计算计价工程量

① 单扇无亮无纱镶板门：

$$0.9\times2.1\times60=113.4\ \text{m}^2$$

② 门锁安装。每樘一套共 60 套。

(3) 综合单价的确定

镶板木门全费用综合单价分析表如表 11.20 所示。

**表 11.20　镶板木门全费用综合单价分析表**

工程名称：　　　　　　　　　　　　标段：　　　　　　　　　　　　第　页　共　页

| 项目编码 | 010801001001 | 项目名称 | 镶板木门 | | 计量单位 | 樘 | 工程量 | 60 | | | | | |
|---|---|---|---|---|---|---|---|---|---|---|---|---|---|
| 清单全费用综合单价组成明细 | | | | | | | | | | | | | |
| 定额编号 | 定额项目名称 | 定额单位 | 数量 | 单价(元) | | | | | 合价(元) | | | | |
| | | | | 人工费 | 材料费 | 施工机具使用费 | 费用 | 增值税 | 人工费 | 材料费 | 施工机具使用费 | 费用 | 增值税 |
| A5-1 | 成品木门扇安装 | 100 $m^2$ | 0.0189 | 1504.11 | 48327.10 | 0 | 1341.52 | 5117.27 | 28.43 | 913.38 | 0 | 25.35 | 96.72 |
| A5-162 | 弹子锁 | 10 个 | 0.1 | 91.18 | 388.85 | 0 | 81.32 | 69.68 | 9.12 | 38.89 | 0 | 8.13 | 6.97 |
| A5-163 | 门拉手 | 10 个 | 0.1 | 102.69 | 337.04 | 0 | 91.59 | 53.14 | 10.27 | 33.70 | 0 | 9.16 | 5.31 |
| 小　计 | | | | | | | | | 47.82 | 985.97 | 0 | 42.64 | 109.00 |
| 清单全费用综合单价(元) | | | | | | | | | 1185.43 | | | | |

## 11.5　油漆、涂料、裱糊工程

这一部分包括 8 节，即：门油漆；窗油漆；木扶手及其他板条线条油漆；木材面油漆；金属面油漆；抹灰面油漆；喷刷涂料；裱糊。总共 36 个清单项目，适用于门窗油漆、金属面油漆、抹灰面油漆等工程。

### 11.5.1　油漆、涂料、裱糊工程清单分项

部分清单项目设置及工程量计算规则如表 11.21、表 11.22 所示。

**表 11.21　门油漆（编号：011401）**

| 项目编码 | 项目名称 | 项目特征 | 计量单位 | 工程量计算规则 | 工作内容 |
|---|---|---|---|---|---|
| 011401001 | 木门油漆 | (1) 门类型；<br>(2) 门代号及洞口尺寸；<br>(3) 腻子种类；<br>(4) 刮腻子遍数；<br>(5) 防护材料种类；<br>(6) 油漆品种、刷漆遍数 | (1) 樘；<br>(2) $m^2$ | (1) 以樘计量，按设计图示数量计量；<br>(2) 以平方米($m^2$)计量，按设计图示洞口尺寸以面积计算 | (1) 基层清理；<br>(2) 刮腻子；<br>(3) 刷防护材料、油漆 |
| 011401002 | 金属门油漆 | | | | (1) 除锈、基层清理；<br>(2) 刮腻子；<br>(3) 刷防护材料、油漆 |

**表 11.22　窗油漆（编号：011402）**

| 项目编码 | 项目名称 | 项目特征 | 计量单位 | 工程量计算规则 | 工作内容 |
|---|---|---|---|---|---|
| 011402001 | 木窗油漆 | (1) 窗类型；<br>(2) 窗代号及洞口尺寸；<br>(3) 腻子种类；<br>(4) 刮腻子遍数；<br>(5) 防护材料种类；<br>(6) 油漆品种、刷漆遍数 | (1) 樘；<br>(2) $m^2$ | (1) 以樘计量，按设计图示数量计量；<br>(2) 以平方米($m^2$)计量，按设计图示洞口尺寸以面积计算 | (1) 基层清理；<br>(2) 刮腻子；<br>(3) 刷防护材料、油漆 |
| 011402002 | 金属窗油漆 | | | | (1) 除锈、基层清理；<br>(2) 刮腻子；<br>(3) 刷防护材料、油漆 |

其他需注意问题：

(1) 木扶手及其他板条、线条油漆（编码：011403）按设计图示尺寸以长度计算；木材面油漆（编码：011404）区分不同情况分别按设计图示尺寸以面积计算或展开面积、外围面积计算；金属面油漆（编码：011405）按设计图示尺寸以质量计算或按设计展开面积计算。

(2) 木门油漆应区分木大门、单层木门、双层（一玻一纱）木门、双层（单裁口）木门、全玻自由门、半玻自由门、装饰门及有框门或无框门等项目，分别编码列项。

(3) 金属门油漆应区分平开门、推拉门、钢制防火门等项目,分别编码列项。

(4) 木窗油漆应区分单层木门、双层(一玻一纱)木窗、双层框扇(单裁口)木窗、双层框三层(二玻一纱)木窗、单层组合窗、双层组合窗、木百叶窗、木推拉窗等项目,分别编码列项。

(5) 金属窗油漆应区分平开窗、推拉窗、固定窗、组合窗、金属隔栅窗等项目,分别编码列项。

(6) 木扶手应区分带托板与不带托板,分别编码列项。若是木栏杆带扶手,木扶手不应单独列项,应包含在木栏杆油漆中。

(7) 喷刷墙面涂料部位要注明内墙或外墙。

(8) 以平方米($m^2$)计量时,项目特征可不必描述洞口尺寸。

### 11.5.2 油漆、涂料、裱糊工程定额计量

油漆、涂料、裱糊工程清单工程量计算规则依照上部分,在定额工程量计算中,依照《湖北省房屋建筑与装饰工程消耗量定额及全费用基价表(装饰·装修)》(2018),特别注意以下问题:

(1) 设计与定额取定的喷、涂、刷遍数不同时,可按相应每增加一遍定额项目进行调整。

(2) 油漆、涂料定额中均已考虑刮腻子。喷刷涂料中刮腻子项目仅适用于单独刮腻子工程。

(3) 门窗套、窗台板、腰线、压顶、扶手等抹灰面刷油漆、涂料,与整体墙面同色者,并入墙面计算;与整体墙面分色者,单独计算,按墙面相应项目执行,人工乘以系数1.43。

(4) 独立柱抹灰面喷刷油漆、涂料、裱糊,按墙面相应项目执行,人工乘以系数1.2。

(5) 木门、木扶手、其他木材面等刷漆,按熟桐油、底油、生漆二遍执行。设计要求金属面刷二遍防锈漆时,按金属面刷防锈漆一遍项目执行,其中人工乘以系数1.74,材料均乘以系数1.90。

## 思 考 题

(1) 楼地面工程清单分项有何特点?楼地面工程计价应注意事项有哪些?

(2) 墙柱面工程清单分项有何特点?墙柱面定额工程量是如何计算的?

(3) 天棚工程清单分项和计价有何特点?

(4) 门窗工程的清单分项有何特点?其计价工程量是如何确定的?

(5) 油漆、涂料、裱糊工程清单工程量和定额工程量是如何计算的?

## 习 题

(1) 某建筑物平面如图11.4所示,内外墙厚均为240 mm,其地面做法为:80 mm厚C10混凝土垫层,素水泥砂浆结合层一遍,20 mm厚1∶3水泥砂浆,600×600陶瓷地砖面层。试编制该地面工程量清单并报价。

(2) 某建筑平面图如图11.5所示。首层地面做法为:C10混凝土地面垫层60 mm厚,1∶3水泥砂浆粘结层,面层800×800玻化砖,面砖踢脚;楼梯面层为实木地板,实木踢脚;二层地面实木地板,实木踢脚线。已知楼梯井宽300 mm,内外墙厚均为240 mm,M1尺寸900 mm×2000 mm, M2尺寸1200 mm×2000 mm,试编制该地面工程量清单并报价。

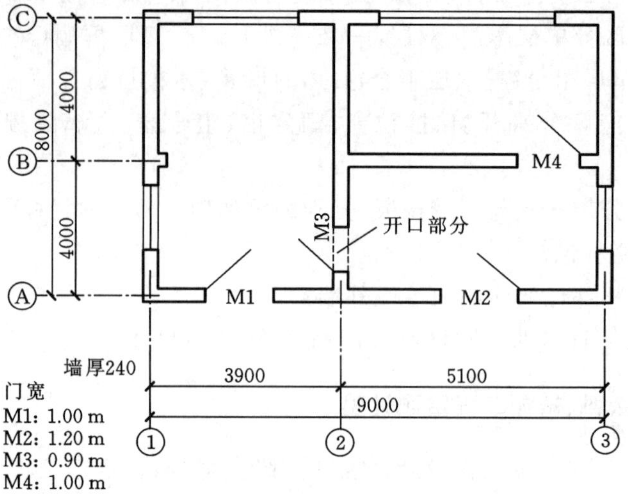


**图 11.4　某建筑物平面图**

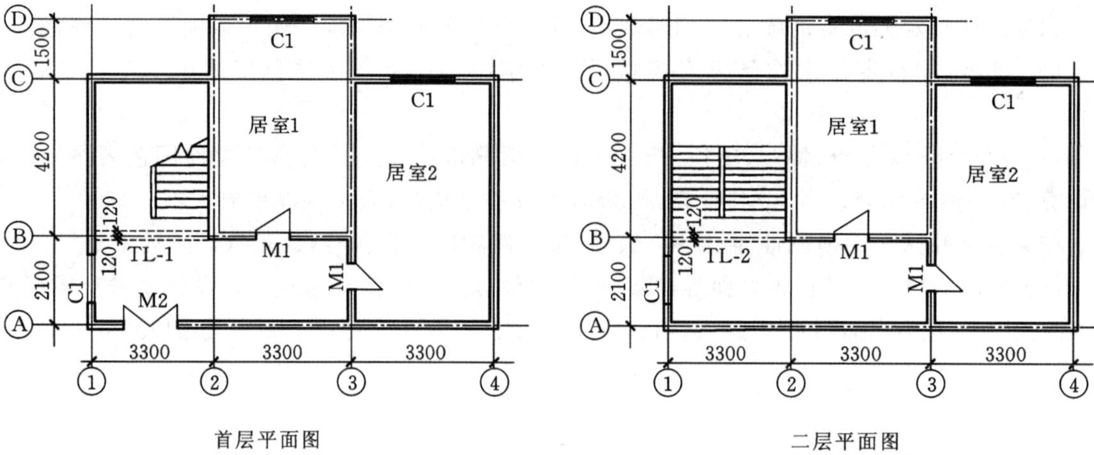


**图 11.5　某建筑平面图**

(3) 某建筑室外台阶如图 11.6 所示，门厅及室外台阶均镶贴 25 mm 厚花岗岩面层，粘结层：30 mm 厚 1∶3水泥砂浆，垫层：80 mm 厚 C15 混凝土及 100 mm 厚 3∶7 灰土。试编制室外台阶及平台的工程量清单并报价。

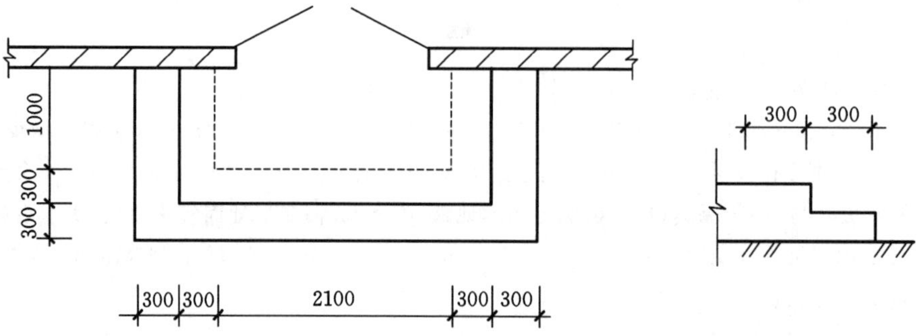


**图 11.6　某建筑室外台阶图**

(4) 某钢筋混凝土天棚如图 11.7 所示。已知板厚 100 mm，天棚抹灰 12 mm 厚，采用干混抹灰砂浆 DP M10，面层乳胶漆二道，试编制该天棚工程量清单并报价。

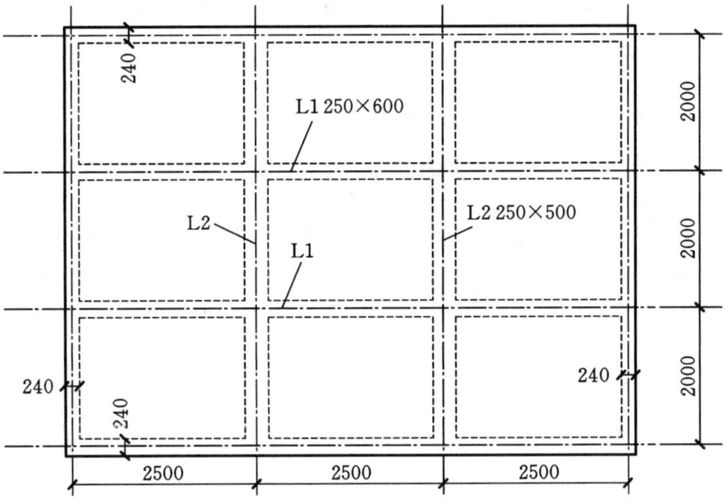


**图 11.7　某钢筋混凝土天棚**

(5) 如图 11.8 所示：内墙面为 15 mm 厚 1∶2 水泥砂浆打底，面层 108 内墙涂料 2 遍，外墙面采用普通水泥白石子水刷石，试编制内外墙面工程量清单并报价。已知内外墙厚均为 240 mm，板厚 100 mm，门窗表如下，窗户离地 900 mm。

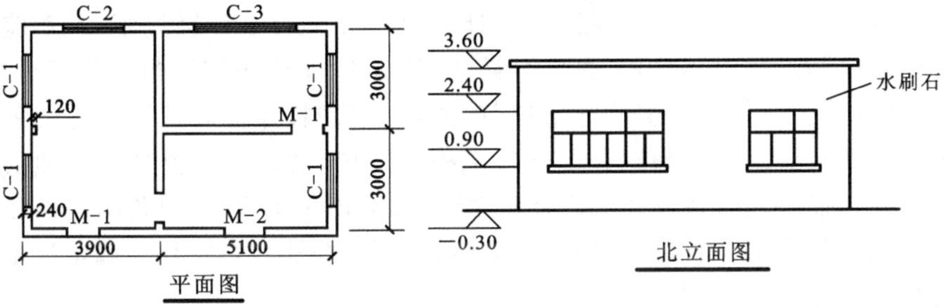


| 门窗表 | |
|---|---|
| M-1 | 900 mm×2000 mm |
| M-2 | 1200 mm×2000 mm |
| M-3 | 1000 mm×2400 mm |
| C-1 | 1500 mm×1500 mm |
| C-2 | 1800 mm×1500 mm |
| C-3 | 3000 mm×1500 mm |

**图 11.8　某建筑平面、立面图**

# 12　措施项目计量与计价

**本 章 提 要**

本章主要介绍措施项目清单分项特点，以及措施项目清单计价的相关规定。重点要求掌握脚手架、模板及垂直运输等措施项目的计量方法和清单编制及计价。

## 12.1　概　　述

措施项目是指为完成工程项目施工，发生于该工程施工准备和施工过程中的技术、生活、安全、环境保护等方面的项目[《建设工程工程量清单计价规范》(GB 50500—2013)]。按《房屋建筑与装饰工程工程量计算规范》(GB 50854—2013)，措施项目在附录 S 中，分为脚手架工程、混凝土模板及支架(撑)、垂直运输、超高施工增加、大型机械设备进出场及安拆、施工排水降水、安全文明施工及其他措施项目等 7 节内容。“计量规范”对可以计算工程量的措施项目(单价措施项目)，列出了项目编码、项目名称、项目特征、计量单位和工程量计算规则，对不能计算工程量的措施项目(总价措施项目)，列出了项目编码、项目名称、工作内容及包含范围。

措施项目清单必须根据相关工程现行国家“计量规范”的规定编制，并且应根据拟建工程的实际情况列项。单价措施项目清单的编制同分部分项工程量清单，需依据规范规定的项目编码、项目名称确定清单项目，描述项目特征和确定计量单位，计算清单工程量；总价措施项目清单的编制依据规范规定的项目编码、项目名称确定清单项目，不必描述项目特征和确定计量单位，无须计算清单工程量。

依《建筑安装工程费用项目组成》(建标[2013]44 号)规定，措施项目费是指为完成建设工程施工，发生于施工前和施工过程中的技术、生活、安全、环境保护等方面的费用。措施项目费的内容包括：(1)安全文明施工费；(2)夜间施工增加费；(3)二次搬运费；(4)冬雨季施工增加费；(5)已完工程及设备保护费；(6)工程定位复测费；(7)特殊地区施工增加费；(8)大型机械设备进出场及安拆费；(9)脚手架工程费。措施项目费随不同的专业工程会略有不同，具体参见各类专业工程的现行国家或行业“计量规范”。

措施项目费包括按单价计算的项目费用(表 12.1)和按总价计算的项目费用(表12.2)。措施项目中的单价项目，应根据招标文件和招标工程量清单项目中的特征描述及有关要求确定综合单价计算，其要求及计算方法同分部分项工程量清单费用。措施项目中的总价项目，在招标控制价中应根据拟定的招标文件和常规施工方案按规范规定计价，在投标价中根据招标文件及投标时拟定的施工组织设计或施工方案自主确定。

当工程发生变更，工程量清单发生增减，或工程量发生偏差引起措施项目发生变化时，可以根据“计价规范”的相关规定调整措施项目费用。

**表 12.1　单价措施项目清单与计价表**

| 序号 | 项目编码 | 项目名称 | 项目特征描述 | 计量单位 | 工程量 | 金额(元) | | |
|---|---|---|---|---|---|---|---|---|
| | | | | | | 综合单价 | 合价 | 其中 |
| | | | | | | | | 暂估价 |
| | | | | | | | | |
| | | | | | | | | |
| 本页小计 | | | | | | | | |
| 合计 | | | | | | | | |

**表 12.2　总价措施项目清单与计价表**

| 序号 | 项目编码 | 项目名称 | 计算基础 | 费率(%) | 金额(元) | 调整费率(%) | 调整后金额(元) | 备注 |
|---|---|---|---|---|---|---|---|---|
| | | 安全文明施工费 | | | | | | |
| | | 夜间施工增加费 | | | | | | |
| | | 二次搬运费 | | | | | | |
| | | 冬雨季施工增加费 | | | | | | |
| | | 已完工程及设备保护费 | | | | | | |
| | | | | | | | | |
| | | | | | | | | |
| | | | | | | | | |
| 合计 | | | | | | | | |

编制人(造价人员)：　　　　　　　　　　　　　　　　复核人(造价工程师)：

注：① "计算基础"中安全文明施工费可为"定额基价"、"定额人工费"或"定额人工费＋定额机械费"，其他项目可为"定额人工费"或"定额人工费＋定额机械费"；

② 按施工方案计算的措施费，若无"计算基础"和"费率"的数值，也可只填"金额"数值，但应在备注栏说明施工方案出处或计算方法。

【习题测试】

## 12.2　脚手架工程计量与计价

在建筑施工中，当施工高度超过地面(室内自然地面或设计地面、室外地面)1.2 m时，为能继续进行操作(如结构施工、内外装饰等)、堆放和运送材料，需要搭设相应高度的脚手架，并应计算脚手架工程量。

### 12.2.1　脚手架工程清单分项

《房屋建筑与装饰工程工程量计算规范》(GB 50854—2013)中，脚手架工程在附录S措施项目中，有综合脚手架、外脚手架、里脚手架、悬空脚手架、挑脚手架、满堂脚手架、整体提升架及外装饰吊篮共 8 个子目。规范规定，使用综合脚手架时，不再使用外脚手架、里脚手架等单项脚手架；综合脚手架适用于能够按“建筑面积计算规则”，计算建筑面积的建筑工程脚手架，不适用于房屋加层、构筑物及附属工程脚手架。同一建筑物有不同檐高时，按建筑物竖向切面分别按不同檐高编列清单项目。脚手架材质可以不描述，但应注明由投标人根据工程实际情况按照国家现行标准《建筑施工扣件式钢管脚手架安全技术规范》(JGJ 130—2011)等规范自行确定。表 12.3 所示为其前 6 个清单子目。

**表 12.3　脚手架工程(编号:011701)(部分)**

<table>
<tr><th>项目编码</th><th>项目名称</th><th>项目特征</th><th>计量单位</th><th>工程量计算规则</th><th>工作内容</th></tr>
<tr><td>011701001</td><td>综合脚手架</td><td>(1) 建筑结构形式;<br>(2) 檐口高度</td><td rowspan="4">m²</td><td>按建筑面积计算</td><td>(1) 场内、场外材料搬运;<br>(2) 搭、拆脚手架，斜道，上料平台;<br>(3) 安全网的铺设;<br>(4) 选择附墙点与主体连接;<br>(5) 测试电动装置、安全锁等;<br>(6) 拆除脚手架后材料的堆放</td></tr>
<tr><td>011701002</td><td>外脚手架</td><td rowspan="2">(1) 搭设方式;<br>(2) 搭设高度;<br>(3) 脚手架材质</td><td rowspan="2">按所服务对象的垂直投影面积计算</td><td rowspan="5">(1) 场内、场外材料搬运;<br>(2) 搭、拆脚手架，斜道，上料平台;<br>(3) 安全网的铺设;<br>(4) 拆除脚手架后材料的堆放</td></tr>
<tr><td>011701003</td><td>里脚手架</td></tr>
<tr><td>011701004</td><td>悬空脚手架</td><td rowspan="2">(1) 搭设方式;<br>(2) 悬挑宽度;<br>(3) 脚手架材质</td><td>按搭设的水平投影面积计算</td></tr>
<tr><td>011701005</td><td>挑脚手架</td><td>m</td><td>按搭设长度乘以搭设层数以延长米计算</td></tr>
<tr><td>011701006</td><td>满堂脚手架</td><td>(1) 搭设方式;<br>(2) 搭设高度;<br>(3) 脚手架材质</td><td>m²</td><td>按搭设的水平投影面积计算</td></tr>
</table>

### 12.2.2　脚手架工程计价

脚手架工程主要在《湖北省房屋建筑与装饰工程消耗量定额及全费用基价表(装饰·措施)》(2018)中，构筑物脚手架部分在《湖北省房屋建筑与装饰工程消耗量定额及全费用基价表(结构·屋面)》(2018)中。脚手架措施项目包括施工需要的脚手架搭、拆、运输的工料机消耗，均按钢管脚手架编制。综合脚手架、外脚手架、里脚手架、悬空脚手架、挑脚手架、满堂脚手架、粉饰脚手架中的钢管、扣件、底座及顶丝均按租赁形式表示，其他含量以自有形式表示；悬空吊篮中的材料以自有形式表示。计价时需注意如下问题：

12.2.2.1　综合脚手架

脚手架计算烦琐复杂、因素多变，且在预算总价中比重较低，为简化计算，各省市地区实施了“综合脚手架”算量取费办法。即在一定使用条件下，在算量计价中综合了建筑物中砌筑内外墙、运料斜坡、上料平台、金属卷扬机架、外墙粉刷等作业时需用的脚手架项目的统称。

以湖北省为例，其综合脚手架内容包括外墙砌筑及外墙粉饰、3.6 m 以内的内墙砌筑及混凝土浇捣用架、内墙面和天棚粉饰脚手架。单层建筑综合脚手架适用于檐高 20 m 以内的单层建筑工程。二层及二层以上的建筑工程执行多层建筑综合脚手架项目；地下室执行地下室综合脚手架项目。

湖北省 2018 定额按建筑面积计算的综合脚手架，是按一个整体工程考虑的，当建筑工程（主体结构）与装饰装修工程不是一个单位施工时，建筑工程综合脚手架按定额子目的 80%计算，装饰装修工程另按实际使用的单项脚手架或其他脚手架计算。

单独综合脚手架不能满足工程所需时，按定额规定可另执行单项脚手架项目。

同一建筑物有不同檐高且上层建筑面积小于下层建筑面积 50%时，纵向分割，分别计算建筑面积，并按各自檐高执行相应项目。

单层建筑物的高度，自室外地坪至檐口滴水的高度为准。单层厂房综合脚手架定额适用于檐高 6 m 以内的钢结构建筑，若檐高超过 6 m，则按每增加 1 m 定额计算。多层厂房综合脚手架定额适用于檐高 20 m 以内且层高在 6 m 以内的钢结构建筑，若檐高超过 20 m 或层高超过 6 m，应分别按每增加 1 m 定额计算。

装配式混凝土结构工程的综合脚手架按定额相应项目乘以系数 0.85 计算。

12.2.2.2 单项脚手架

（1）建筑物外墙脚手架。设计室外地坪至檐口砌筑高度在 15 m 以下的按单排脚手架计；砌筑高度在 15 m 以上或虽不足 15 m 但外墙门窗及装饰面积超过外墙表面积 60%以上时，按双排脚手架计算。

（2）外脚手架。按外墙外边线长度乘以外墙高度以面积计算；里脚手架按墙面垂直投影面积计算，均不扣除门、窗、洞口、空圈等所占面积。同一建筑物高度不同时，按不同高度分别计算。

（3）满堂脚手架。按室内净面积计算，高度在 3.6～5.2 m 之间时计算基本层，5.2 m 以外，每增加 1.2 m 计算一个增加层，达到 0.6 m 按一个增加层计算，不足 0.6 m 按一个增加层乘以系数 0.5 计算。

装饰装修工程外墙电动吊篮，按外墙装饰面尺寸以垂直投影面积计算。

**【例 12.1】** 某无天窗的单层工业厂房高度 8.70 m，建筑面积 909.98 $m^2$，试编制该综合脚手架的清单并计算其综合单价。

**【解】**（1）依题意，该综合脚手架的清单编制如表 12.4 所示。

**表 12.4 单价措施项目清单与计价表**

工程名称：

| 序号 | 项目编码 | 项目名称 | 项目特征描述 | 计量单位 | 工程量 | 金额 | | |
|---|---|---|---|---|---|---|---|---|
| | | | | | | 综合单价 | 合价 | 其中：暂估价 |
| 1 | 011701001001 | 综合脚手架 | 建筑结构形式：<br>单层工业厂房<br>檐口高度：8.70 m | $m^2$ | 909.98 | | | |

（2）计算该清单综合单价

依据湖北省消耗量定额可知，单层建筑物高度超过 6 m 者需计算增加层：

$$N=8.7-6=2.7\text{ m}\quad 2.7\div 1=2\text{ 余 }0.7\text{ 大于 }0.6$$

按 3 个增加层计算。

查定额，如表 12.5 所示。

**表 12.5　综合脚手架(摘录)**

工作内容：场内、外材料搬运；搭、拆脚手架、挡脚板，上下翻板子；
拆除后材料堆放

(单位：100 $m^2$)

| 定额编号 | | A17-1 | A17-2 | A17-3 | A17-4 |
|---|---|---|---|---|---|
| 项目 | | 单层建筑综合脚手架 | | | |
| | | 建筑面积 500 $m^2$ 以内 | 建筑面积 1600 $m^2$ 以内 | | |
| | | | 檐高 4.5 m 以内 | 檐高 6 m 以内 | 檐高超过 6 m，每增加 1 m |
| 全费用(元) | | 4673.53 | 1841.10 | 2512.78 | 527.32 |
| 其中 | 人工费(元) | 1034.41 | 394.80 | 403.20 | 86.47 |
| | 材料费(元) | 2058.53 | 840.37 | 1464.75 | 304.84 |
| | 机械费(元) | 143.83 | 53.80 | 41.09 | 8.11 |
| | 费用(元) | 1050.87 | 400.11 | 396.26 | 84.36 |
| | 增值税(元) | 385.89 | 152.02 | 207.48 | 43.54 |

注：增值税按 9%税率计算。

计算如下：

人工费：(403.20＋86.47×3)/100＝6.63 元/$m^2$

材料费：(1464.75＋304.84×3)/100＝23.79 元/$m^2$

机械费：(41.09＋8.11×3)/100＝0.65 元/$m^2$

费　用：(396.26＋84.36×3)/100＝6.49 元/$m^2$

增值税：(207.48＋43.54×3)/100＝3.61 元/$m^2$

综合单价：6.63＋23.79＋0.65＋6.49＋3.61＝41.17 元/$m^2$

【习题测试】

## 12.3　模板工程计量与计价

### 12.3.1　模板工程清单分项

“计量规范”对现浇混凝土模板采用两种方式进行编制，在现浇混凝土工程项目“工作内容”中包括模板工程的内容，同时又在措施项目中单列了现浇混凝土模板工程项目。对此，招标人应根据工程实际情况选用。即对现浇混凝土工程项目，一方面“工作内容”中包括模板工程的内容，以立方米($m^3$)计量，与混凝土工程项目一起组成综合单价；另一方面又在措施项目中单列了现浇混凝土模板工程项目，以平方米($m^2$)计量，单独组成综合单价。上述规定包含三层意思：一是招标人应根据工程的实际情况在同一个标段(或合同段)的两种方式中选择其一；二是招标人若采用单列现浇混凝土模板工程，必须按规范所规定的计量单位、项目编码、项目特征描述列出清单，同时，现浇混凝土项目中不含模板的工程费用；三是招标人若不单列现浇混凝土模板工程项目，不再编列现浇混凝土模板项目清单，意味着现浇混凝土工程项目的综合单价中包括了模板的工程费用。

“计量规范”对预制混凝土构件，其“工作内容”中包括模板工程，不再另列预制混凝土构件模板工程项目。

混凝土模板及支架(撑)工程在规范的附录S措施项目中，有基础、柱、梁、墙、板、天沟、檐沟、雨篷、楼梯、其他现浇构件、地沟、台阶、扶手、散水、后浇带、化粪池、检查井等共计32个子目。规范规定，混凝土模板及支撑(架)项目，只适用于以平方米($m^2$)计量，按模板与混凝土构件的接触面积计算。以立方米计量的模板及支撑(支架)，按混凝土及钢筋混凝土实体项目执行，其综合单价中应包含模板及支撑(支架)。原槽浇灌的混凝土基础，不计算模板。若现浇混凝土梁、板支撑高度超过3.6 m，项目特征应描述支撑高度。当采用清水模板时，应在特征中注明。其部分清单子目如表12.6所示。

**表12.6 混凝土模板及支架(撑)(编号:011702)(部分)**

| 项目编码 | 项目名称 | 项目特征 | 计量单位 | 工程量计算规则 | 工作内容 |
|---|---|---|---|---|---|
| 011702001 | 基础 | 基础类型 | $m^2$ | 按模板与现浇混凝土构件的接触面积计算：<br>(1) 现浇钢筋混凝土墙、板单孔面积不大于0.3 $m^2$的孔洞不予扣除，洞侧壁模板亦不增加；单孔面积大于0.3 $m^2$时应予扣除，洞侧壁模板面积并入墙、板工程量内计算；<br>(2) 现浇框架分别按梁、板、柱有关规定计算；附墙柱、暗梁、暗柱并入墙内工程量内计算；<br>(3) 柱、梁、墙、板相互连接的重叠部分，均不计算模板面积；<br>(4) 构造柱按图示外露部分计算模板面积 | (1) 模板制作；<br>(2) 模板安装、拆除、整理堆放及场内外运输；<br>(3) 清理模板粘结物及模内杂物、刷隔离剂等 |
| 011702002 | 矩形柱 | | | | |
| 011702003 | 构造柱 | | | | |
| 011702004 | 异形柱 | 柱截面形状 | | | |
| 011702005 | 基础梁 | 梁截面形状 | | | |
| 011702006 | 矩形梁 | 支撑高度 | | | |
| 011702007 | 异形梁 | (1) 梁截面形状；<br>(2) 支撑高度 | | | |
| 011702008 | 圈梁 | | | | |
| 011702009 | 过梁 | | | | |
| 011702010 | 弧形、拱形梁 | (1) 梁截面形状；<br>(2) 支撑高度 | | | |
| 011702011 | 直形墙 | | | | |
| 011702012 | 弧形墙 | | | | |
| 011702013 | 短肢剪力墙、电梯井壁 | | | | |
| 011702014 | 有梁板 | 支撑高度 | | | |
| 011702015 | 无梁板 | | | | |
| 011702016 | 平板 | | | | |
| 011702017 | 拱板 | | | | |
| 011702018 | 薄壳板 | | | | |
| 011702019 | 空心板 | | | | |
| 011702020 | 其他板 | | | | |

### 12.3.2 模板工程计价

湖北省 2018 消耗量定额中模板分组合钢模板、胶合板模板、木模板、大钢模板、铝合金模板。按企业自有编制。组合钢模板、铝合金模板包括装箱及回库维修耗量。

梁、板、柱、墙的支模高度 3.6 m 以内时，套用“支模高度 3.6 m 以内”相应子目；支模高度超过 3.6 m 时，先按全部工程量套用“支模高度 3.6 m 以内”相应子目，再按超过部分工程量乘以超高米数套用“高度超过 3.6 m，每增加 1 m”子目；依次类推。支模高度超高米数不足 1 m 的按 1 m 考虑。

12.3.2.1 现浇混凝土构件模板

现浇混凝土构件模板，除另有规定者外，均按模板与混凝土的接触面积(扣除后浇带所占面积)计算。

(1) 基础

① 有肋式带形基础，肋高与肋宽之比在 4∶1 以内的按有肋式带形基础计算；肋高与肋宽之比超过 4∶1 的，其底板按板式带形基础计算，以上部分按墙计算。

② 箱式满堂基础应分别按满堂基础、柱、墙、梁、板有关规定计算。

③ 设备基础除块体外，其他类型设备基础分别按基础、梁、柱、板、墙等有关规定计算。

(2) 柱

① 柱模板按柱周长乘以柱高计算，牛腿的模板面积并入柱模板工程量内。

② 柱高从柱基或板上表面算至上一层楼板下表面，无梁板算至柱帽底部标高。

③ 构造柱按图示外露部分计算模板面积。带马牙槎构造柱的宽度按马牙槎处的宽度计算。

(3) 梁

① 梁与柱连接时，梁长算至柱的侧面。

② 主梁与次梁连接时，次梁长算至主梁的侧面。

③ 梁与墙连接，梁长算至墙侧。如为砌块墙时，伸入墙内的梁头和梁垫的模板面积并入梁垫工程量内。

④ 圈梁与过梁连接时，过梁长度按门窗洞口宽度共加 500 mm 计算。

⑤ 现浇挑梁的悬挑部分按单梁计算，嵌入墙身部分分别按圈梁、过梁计算。

(4) 板

① 有梁板包括主梁、次梁与板，梁板工程量合并计算。

② 无梁板的柱帽并入板内计算。

(5) 墙

① 墙与梁重叠，当墙厚等于梁宽时，墙与梁合并按墙计算；当墙厚小于梁宽时，墙梁分别计算。

② 墙与板相交，墙高算至板的底面。

(6) 其他

① 柱、墙、梁、板、栏板相互连接的重叠部分，均不扣除模板面积。

② 挑檐、天沟与板(包括屋面板、楼板)连接时，以外墙外边线为分界线，与梁(包括圈梁)连接时，以梁外边线为分界线。外墙外边线以外或梁外边线以外为挑檐、天沟。

③ 现浇混凝土楼梯，按水平投影面积计算。不扣除宽度小于 500 mm 楼梯井所占面积，楼梯的踏步、踏步板、平台梁等侧面模板不另行计算，伸入墙内部分亦不增加。当整体楼梯与现浇楼板无梯梁连接时，以楼梯的最后一个踏步边缘加 300 mm 为界。

12.3.2.2 装配式工程模板

后浇混凝土模板工程量按后浇混凝土与模板接触面的面积以"$m^2$"计算，伸出后浇混凝土与预制构件抱合不分的模板面积不增加计算。

铝合金模板工程量按混凝土与模板接触面的面积以"$m^2$"计算。

现浇钢筋混凝土墙、板上单孔面积≤0.3 $m^2$的孔洞不予扣除，洞侧壁模板亦不增加；单孔面积>0.3 $m^2$时应予扣除，洞侧壁模板面积并入墙、板模板工程量内计算。

柱与梁、柱与墙、梁与梁等连接重叠部分以及伸入墙内的梁头、板头与砖接触部分，均不计算模板面积。

楼梯模板工程量按水平投影面积计算。

**【例 12.2】** 某工程二层楼板为有梁板，其混凝土与模板接触面积为 1500 $m^2$，层高为 6 m，采用胶合板模板、钢支撑，试编制该有梁板模板清单并计算综合单价。

**【解】** (1)依题意，该有梁板模板的清单编制如表 12.7 所示。

**表 12.7 单价措施项目清单与计价表**

工程名称：

| 序号 | 项目编码 | 项目名称 | 项目特征 | 计量单位 | 工程量 | 金额(元) | | |
|---|---|---|---|---|---|---|---|---|
| | | | | | | 综合单价 | 合价 | 其中：暂估价 |
| 1 | 011702014001 | 有梁板 | 胶合板模板；<br>钢支撑高度 6 m | $m^2$ | 1500 | | | |

(2) 计算该清单综合单价

依据湖北省消耗量定额可知，现浇钢筋混凝土板支模高度超过 3.6 m 以上部分，需计算支撑超高增加费。6－3.6＝2.4 m，按 3 个增加层计算有梁板支撑增加费。超高部分模板接触面积为 1500 $m^2$。

查相应定额，如表 12.8 所示。

**表 12.8 板模板(摘录)** (单位：100 $m^2$)

| 定额编号 | | A16-101 | A16-125 |
|---|---|---|---|
| 项目 | | 有梁板 | 板支撑高度超过 3.6 m 每增加 1 m |
| | | 胶合板模板 3.6 m 以内钢支撑 | 钢支撑 |
| 全费用(元) | | 8411.49 | 840.06 |
| 其中 | 人工费(元) | 2764.45 | 386.37 |
| | 材料费(元) | 2482.16 | 39.73 |
| | 机械费(元) | 2.51 | 0 |
| | 费　用(元) | 2467.85 | 344.60 |
| | 增值税(元) | 694.52 | 69.36 |

注：增值税按 9%税率计算。

计算如下：

人工费：(2764.45+386.37×3)×1500/100=58853.40 元

材料费：(2482.16+39.73×3)×1500/100=39020.25 元

机械费：2.51×1500/100=37.65 元

费　用：(2467.85+344.60×3)×1500/100=52524.75 元

增值税：(694.52+69.36×3)×1500/100=13539 元

有梁板模板费：58853.40+39020.25+37.65+52524.75+13539.0=163975.10 元

综合单价=163975.10÷1500=109.32 元/$m^2$

综合单价分析表如表 12.9 所示。

**表 12.9　有梁板综合单价分析表**

工程名称：

| 项目编码 | | 011702014001 | | 项目名称 | | 有梁板 | | 计量单位 | m² | 工程量 | 1500 | | |
|---|---|---|---|---|---|---|---|---|---|---|---|---|---|
| 清单全费用综合单价组成明细 | | | | | | | | | | | | | |
| 定额编号 | 定额项目名称 | 定额单位 | 数量 | 单价(元) | | | | | 合价(元) | | | | |
| | | | | 人工费 | 材料费 | 机械费 | 费用 | 增值税 | 人工费 | 材料费 | 机械费 | 费用 | 增值税 |
| A16-101 | 有梁板胶合板模板 | 100 m² | 0.01 | 2764.45 | 2482.16 | 2.51 | 2467.85 | 694.52 | 27.64 | 24.82 | 0.03 | 24.68 | 6.94 |
| A16-125 | 钢支撑超高增加 | 100 m² | 0.03 | 386.37 | 39.73 | 0 | 344.60 | 69.36 | 11.59 | 1.19 | 0 | 10.34 | 2.08 |
| 小计 | | | | | | | | | 39.23 | 26.01 | 0.03 | 35.02 | 9.02 |
| 清单全费用综合单价(元) | | | | | | | | | 109.31 | | | | |

## 12.4　垂直运输及超高施工增加工程计量与计价

### 12.4.1　垂直运输、超高施工增加工程清单分项

《房屋建筑与装饰工程工程量计算规范》(GB 50854—2013)规定，垂直运输指施工工程在合理工期内所需的垂直运输机械。同一建筑物有不同檐高时，按建筑物的不同檐高做纵向分割，分别计算建筑面积，以不同檐高分别编码列项。建筑物的檐口高度是指设计室外地坪至檐口滴水的高度(平屋顶是指屋面板底高度)，突出主体建筑物屋顶的电梯机房、楼梯出口间、水箱间、瞭望塔、排烟机房等不计入檐口高度。垂直运输只有一个子目，如表 12.10 所示。

**表 12.10　垂直运输(编号:011703)**

| 项目编码 | 项目名称 | 项目特征 | 计量单位 | 工程量计算规则 | 工作内容 |
|---|---|---|---|---|---|
| 011703001 | 垂直运输 | (1) 建筑物建筑类型及结构形式；<br>(2) 地下室建筑面积；<br>(3) 建筑物檐口高度、层数 | (1) $m^2$；<br>(2) 天 | (1) 按建筑面积计算；<br>(2) 按施工工期日历天数计算 | (1)垂直运输机械的固定装置、基础制作、安装；<br>(2) 行走式垂直运输机械轨道的铺设、拆除、摊销 |

根据规范规定,单层建筑物檐口高度超过 20 m、多层建筑物超过 6 层时,可按超高部分的建筑面积计算超高施工增加。计算层数时,地下室不计入层数。同一建筑物有不同檐高时,可按不同高度的建筑面积分别计算建筑面积,以不同檐高分别编码列项。

超高施工增加在附录 S 措施项目中只有一个子目,如表 12.11 所示。

**表 12.11　超高施工增加(编号:011704)**

| 项目编码 | 项目名称 | 项目特征 | 计量单位 | 工程量计算规则 | 工作内容 |
|---|---|---|---|---|---|
| 011704001 | 超高施工增加 | (1) 建筑物建筑类型及结构形式；<br>(2) 建筑物檐口高度、层数；<br>(3) 单层建筑物檐口高度超过 20 m,多层建筑物超过 6 层部分的建筑面积 | $m^2$ | 按建筑物超高部分的建筑面积计算 | (1) 建筑物超高引起的人工工效降低以及由于人工工效降低引起的机械降效；<br>(2) 高层施工用水加压水泵的安装、拆除及工作台班；<br>(3) 通信联络设备的使用及摊销 |

### 12.4.2　垂直运输工程计价

《湖北省房屋建筑与装饰工程消耗量定额及全费用基价表》(2018)中,垂直运输和建筑物超高增加分列在两章内容中。定额规定垂直运输包括单位工程在合理工期内完成全部工程项目所需的垂直运输机械台班,不包括机械的场外往返运输、一次安拆及路基铺垫和轨道铺拆等费用。建筑物超高增加人工、机械定额适用于建筑物檐口高度超过 20 m 的项目。

12.4.2.1　定额应用说明

(1) 垂直运输、建筑物超高增加按建筑面积计算时是按一个整体工程考虑,当建筑工程(主体结构)与装饰装修工程不是一个单位施工时,建筑工程按定额子目的 80%计算,装饰装修工程按定额子目的 20%计算。

(2) 檐高 3.6 m 以内的单层建筑不计算垂直运输机械台班。建筑层高超过 3.6 m 者,另计层高超高垂直运输增加费,每超过 1 m,其超高部分按相应套用定额增加 10%,超高不足 1 m 按 1 m 计算。

(3) 厂(库)房钢结构工程的垂直运输费用已包括在相应的安装定额项目内,不另单独计算。

(4) 装配式混凝土结构工程、装配式钢结构工程的建筑物超高增加费按定额相应项目计算，其中人工消耗量乘以系数0.7。

12.4.2.2　定额工程量计算规则

(1) 建筑物垂直运输，区分不同建筑物檐高按建筑面积计算。同一建筑物有不同檐高且上层建筑面积小于下层建筑面积50%时，纵向分割，分别计算建筑面积，并按各自檐高执行相应项目。地下室垂直运输按地下室建筑面积计算。

(2) 建筑物超高增加费的人工、机械区分不同檐高，按建筑物超高部分的建筑面积计算。当上层建筑面积小于下层建筑面积50%，进行纵向分割。

(3) 垂直运输定额按泵送混凝土考虑，如采用非泵送，垂直运输费按以下方法增加：相应项目乘以调整系数1.08，再乘以非泵送混凝土数量占全部混凝土数量的百分比。

(4) 基坑支护的水平支撑梁等垂直运输，按经批准的施工组织设计计算。

**【例12.3】** 某建筑工程一办公楼檐高27 m，8层，塔吊施工，总建筑面积6700 $m^2$，其中1～4层为每层1000 $m^2$，层高3.6 m；5层、6层为每层700 $m^2$，7层、8层为每层600 $m^2$，层高均为3 m。电梯机房100 $m^2$，室外设计地面标高为－0.6 m。试计算该建筑工程垂直运输及超高增加费并编制清单计价表。

**【解】** 该建筑工程层数8层，1～4层建筑面积4000 $m^2$，檐高3.6m×4＝14.4 m；5～6层建筑面积1400 $m^2$，檐高20.4 m，7～8层建筑面积1200 $m^2$，檐高26.4 m，电梯机房100 $m^2$，檐高27 m。区分不同建筑物檐高按建筑面积计算垂直运输费。超过20 m部分计算建筑物超高增加费。定额参见表12.12。

**表12.12　卷扬机及塔式起重机施工、建筑物超高增加费(部分)**

工作内容：单位工程合理工期内完成全部工程所需要的垂直运输全部操作过程(垂直运输)。

工人上下班降低工效、上下楼及自然休息增加时间；垂直运输影响时间；由于人工降效引起的机械降效；水压不足发生的加压水泵台班(建筑物超高增加)　　(单位：100 $m^2$)

| 定额编号 | | A18-5 | A18-6 | A19-1 |
|---|---|---|---|---|
| 项目 | | 檐高20 m以内 | 檐高(30 m以内) | 檐高(30 m以内) |
| | | 塔式起重机施工 | 塔式起重机施工 | 超高增加费 |
| 全费用(元) | | 3770.89 | 4326.50 | 2241.30 |
| 其中 | 人工费(元) | 0 | 276.17 | 1037.68 |
| | 材料费(元) | 331.25 | 341.91 | 4.97 |
| | 机械费(元) | 1653.51 | 1641.14 | 46.56 |
| | 费　用(元) | 1474.77 | 1710.05 | 967.03 |
| | 增值税(元) | 311.36 | 357.23 | 185.06 |

注：增值税按9%税率计算。

计算该垂直运输工程：

人工费：276.17/100×1300＋1037.68/100×1300＝17080.05元

材料费：331.25/100×5400＋341.91/100×1300＋4.97/100×1300＝22396.94元

机械费：1653.51/100×5400＋1641.14/100×1300＋46.56/100×1300＝111229.64 元

费　用：1474.77/100×5400＋1710.05/100×1300＋967.03/100×1300＝114439.62 元

增值税：311.36/100×5400＋357.23/100×1300＋185.06/100×1300＝23863.21 元

完成该建筑工程垂直运输的全部费用为：

17080.05＋22396.94＋111229.64＋114439.62＋23863.21＝289009.46 元

全费用综合单价＝289009.46÷6700＝43.14 元/$m^2$

综合单价分析表略。

## 12.5　其他措施项目计量与计价

### 12.5.1　大型机械设备进出场及安拆

大型机械设备进出场及安拆在措施项目中只有一个子目，如表 12.13 所示。

表 12.13　大型机械设备进出场及安拆（编号：011705）

| 项目编码 | 项目名称 | 项目特征 | 计量单位 | 工程量计算规则 | 工作内容 |
|---|---|---|---|---|---|
| 011705001 | 大型机械设备进出场及安拆 | （1）机械设备名称；（2）机械设备规格型号 | 台次 | 按使用机械设备的数量计算 | （1）安拆费包括施工机械、设备在现场进行安装拆卸所需人工、材料、机械和试运转费用以及机械辅助设施的折旧、搭设、拆除等费用；（2）进出场费包括施工机械、设备整体或分体自停放地点运至施工现场或由一施工地点运至另一施工地点所发生的运输、装卸、辅助材料等费用 |

依湖北省消耗量定额计价时，需注意：

（1）常用大型机械安装、拆卸和 25 km 以内运输费用按每台次计算，其中电、燃料可按各地造价管理部门发布的市场信息价格调整。

（2）自升式塔式起重机的安拆高度以塔顶高度 30 m 为准，以后每增加塔身 10 m（标准节）的安装和拆卸，人工增加 12 个（工日），本机台班 0.5 个（台班）。

（3）塔式起重机及自升式塔式起重机 25 km 以内运输费是以塔顶高度 30 m 计算的，塔高 30 m 以上的标准节运输，每四个标准节收取人工 1.2 个工日，8 t 载重汽车 1.2 个台班，16 t 汽车吊 0.6 个台班。26.35 km 场外运输按 25 km 以内表列的机械费增加 15％，36 km 起按湖北省汽车运价规定实施细则执行。

（4）运输车辆、汽车式起重机过桥如需收取费用，按当地人民政府有关文件规定收费。

（5）自升式塔式起重机的附着装置运输费用未包括在定额内，发生时按实计算。

### 12.5.2　施工排水、降水

施工排降水在措施项目中有两个子目，若相应专项设计不具备，没法精确计算时，可以按暂估量计算清单工程量，如表 12.14 所示。

表 12.14　施工排水、降水(编号:011706)

| 项目编码 | 项目名称 | 项目特征 | 计量单位 | 工程量计算规则 | 工作内容 |
|---|---|---|---|---|---|
| 011706001 | 成井 | (1) 成井方式；<br>(2) 地层情况；<br>(3) 成井直径；<br>(4) 井(滤)管类型、直径 | m | 按设计图示尺寸以钻孔深度计算 | (1) 准备钻孔机械、埋设护筒、钻机就位；泥浆制作、固壁；成孔、出渣、清孔等；<br>(2) 对接上、下井管(滤管)，焊接，安放，下滤料，洗井，连接试抽等 |
| 011706002 | 排水、降水 | (1) 机械规格、型号；<br>(2) 降排水管规格 | 昼夜 | 按排、降水日历天数计算 | (1) 管道安装、拆除，场内搬运等；<br>(2) 抽水、值班、降水设备维修等 |

应用湖北省消耗量定额计价时需注意，定额设置井点降水、抽明水两节，若施工组织设计中排水、降水方式与定额不同时，可以编制补充定额另行计算。井点降水包括轻型井点、喷射井点、大口径井点，其采用方式由施工组织设计确定。井点降水过程中，如需提供资料，则水位监测和资料整理费用另计。井点降水成孔过程中产生的泥水处理及挖沟排水工作应另行计算；遇有天然水源可用时，不计水费。井点降水必须保证连续供电，在电源无保证的情况下，使用备用电源的费用另计。抽排明水，编制预算时按抽水量套用定额，工程结算时按实际使用抽水机台班套用定额。

定额工程量计算时，井点降水区别轻型井点、喷射井点、大口径井点，按不同井管深度的井管安装、拆除以根为单位计算，使用按套天计算。井点套组成：轻型井点 50 根为一套；喷射井点 30 根为一套；大口径井点 $\phi400$：10 根为一套。井点降水总根数不足一套时，可按一套计算使用费，超过一套后，超过部分按实计算。使用天应以每昼夜 24 h 为一天，使用天数应按施工组织设计规定的使用天数计算。

抽明水工程量，按抽水量以体积计算，按抽水机使用台班以台班量计算。

### 12.5.3　安全文明施工及其他措施项目

安全文明施工及其他措施项目如表 12.15 所示。

**表 12.15　安全文明施工及其他措施项目(编号:011707)**

| 项目编码 | 项目名称 | 工作内容及包含范围 |
| --- | --- | --- |
| 011707001 | 安全文明施工 | (1) 环境保护:现场施工机械设备降低噪声、防扰民措施;水泥和其他易飞扬细颗粒建筑材料密闭存放或采取覆盖措施等;工程防扬尘洒水;土石方、建渣外运车辆防护措施等;现场污染源的控制、生活垃圾清理外运、场地排水排污措施;其他环境保护措施;<br>(2) 文明施工:"五牌一图";现场围挡的墙面美化(包括内外粉刷、刷白、标语等)、压顶装饰;现场厕所便槽刷白、贴面砖,水泥砂浆地面或地砖,建筑物内临时便溺设施;其他施工现场临时设施的装饰装修、美化措施;现场生活卫生设施;符合卫生要求的饮水设备、淋浴、消毒等设施;生活用洁净燃料;防煤气中毒、防蚊虫叮咬等措施;施工现场操作场地的硬化;现场绿化、治安综合治理;现场配备医药保健器材、物品和急救人员培训;现场工人的防暑降温、电风扇、空调等设备及用电;其他安全文明措施;<br>(3) 安全施工:安全资料、特殊作业专项方案的编制,安全施工标志的购置及安全宣传;"三宝"(安全帽、安全带、安全网)、"四口"(楼梯口、电梯井口、通道口、预留洞口)、"五临边"(阳台围边、楼板围边、屋面围边、槽坑围边、卸料平台两侧),水平防护架、垂直防护架、外架封闭等防护;施工安全用电,包括配电箱三级配电、两级保护装置要求、外电防护措施;起重机、塔吊等起重设备(含井架、门架)及外用电梯的安全防护措施(含警示标志)及卸料平台的临边防护、层间安全门、防护棚等设施;建筑工地起重机械的检验检测;施工机具防护棚及其围栏的安全保护设施;施工安全防护通道;工人的安全防护用品、用具购置;消防设施与消防器材的配置;电气保护、安全照明设施;其他安全防护措施;<br>(4) 临时设施:施工现场采用彩色、定型钢板,砖、混凝土砌块等围挡的安砌、维修、拆除;施工现场临时建筑物、构筑物的搭设、维修、拆除,如临时宿舍、办公室、食堂、厨房、厕所、诊疗所、临时文化福利用房、临时仓库、加工场、搅拌台、临时简易水塔、水池等;施工现场临时设施的搭设、维修、拆除,如临时供水管道、临时供电管线、小型临时设施等;施工现场规定范围内临时简易道路铺设,临时排水沟、排水设施安砌、维修、拆除;其他临时设施搭设、维修、拆除 |
| 011707002 | 夜间施工 | (1) 夜间固定照明灯具和临时可移动照明灯具的设置、拆除;<br>(2) 夜间施工时,施工现场交通标志、安全标牌、警示灯等的设置、移动、拆除;<br>(3) 包括夜间照明设备及照明用电、施工人员夜班补助、夜间施工劳动效率降低等 |
| 011707003 | 非夜间施工照明 | 为保证工程施工正常进行,在地下室等特殊施工部位施工时所采用的照明设备的安拆、维护及照明用电等 |
| 011707004 | 二次搬运 | 由于施工场地条件限制而发生的材料、成品、半成品等一次运输不能到达堆放地点,必须进行的二次或多次搬运 |
| 011707005 | 冬雨季施工 | (1) 冬雨(风)季施工时增加的临时设施(防寒保温、防雨、防风设施)的搭设、拆除;<br>(2) 冬雨(风)季施工时,对砌体、混凝土等采用的特殊加温、保温和养护措施;<br>(3) 冬雨(风)季施工时,施工现场的防滑处理、对影响施工的雨雪的清除;<br>(4) 冬雨(风)季施工时增加的临时设施、施工人员的劳动保护用品、冬雨(风)季施工劳动效率降低等 |

续表 12.15

| 项目编码 | 项目名称 | 工作内容及包含范围 |
| --- | --- | --- |
| 011707006 | 地上、地下设施、建筑物的临时保护设施 | 在工程施工过程中，对已建成的地上、地下设施和建筑物进行的遮盖、封闭、隔离等必要保护措施 |
| 011707007 | 已完工程及设备保护 | 对已完工程及设备采取的覆盖、包裹、封闭、隔离等必要保护措施 |

注：本表所列项目应根据工程实际情况计算措施项目费用，需分摊的应合理计算摊销费用。

安全文明施工费必须按国家或省级、行业建设主管部门的规定计算，不得作为竞争性费用。“计价规范”还规定：

(1) 安全文明施工费包括的内容和使用范围，应符合国家有关文件和“计量规范”的规定；

(2) 发包人应在工程开工后的 28 d 内预付不低于当年施工进度计划的安全文明施工费总额的 60%，其余部分应按照提前安排的原则进行分解，并应与进度款同期支付；

(3) 发包人没有按时支付安全文明施工费的，承包人可催告发包人支付；发包人在付款期满后的 7 天内仍未支付的，若发生安全事故，发包人应承担相应责任；

(4) 承包人对安全文明施工费应专款专用，在财务账目中应单独列项备查，不得挪作他用，否则发包人有权要求其限期改正；逾期未改正的，造成的损失和延误的工期应由承包人承担。

湖北省消耗量定额规定，成品构件二次运输适用于因场地狭小等原因，不能一次运至施工现场内，而须由成品构件集中堆放点至施工现场内的二次运输。不适用于构件场外运输，构件场外运输费用应包含在构件成品价中。成品构件二次运输定额按运距 1 km 综合考虑，实际运距超过时，按甲方批准的施工组织设计计算。预制混凝土构件二次运输按构件图示尺寸以实际体积计算。二次运输不计算构件运输废品率。金属结构构件二次运输按图示钢材尺寸以质量计算。

## 思 考 题

(1) 措施项目有哪些内容？并简述其具有的特点。

(2) 措施项目清单的编制有何特点？

(3) 结合本地的计价定额，试简述脚手架、模板、垂直运输及超高增加以及其他措施项目的计价方法。

## 习 题

(1) 某房屋建筑图如图 12.1 所示，编制建筑物的内墙砌筑脚手架工程量清单并报价。

(2) 某新建工程如图 12.2 所示，地下室一层，层高 4.5 m，建筑面积 3000 $m^2$；地上共 28 层，地上一至五层每层建筑面积为 2800 $m^2$，层高为 3.9 m；其他各层建筑面积为 1200 $m^2$，层高为 3 m；设计室外地面标高为 −0.6 m，屋面天沟板底标高为 108.9 m，采用塔吊施工。

① 试编制该建筑物脚手架工程量清单并报价。

② 试编制该建筑物垂直运输、超高施工增加工程量清单，计算该建筑物建筑工程垂直运输及增加费。

(3) 已知某建筑结构平面图如图 12.3 所示，框架柱尺寸为 300 mm×300 mm，柱高 3.6 m，屋面板厚为 100 mm，试编制该结构现浇有梁板模板和柱模板工程量清单并报价。

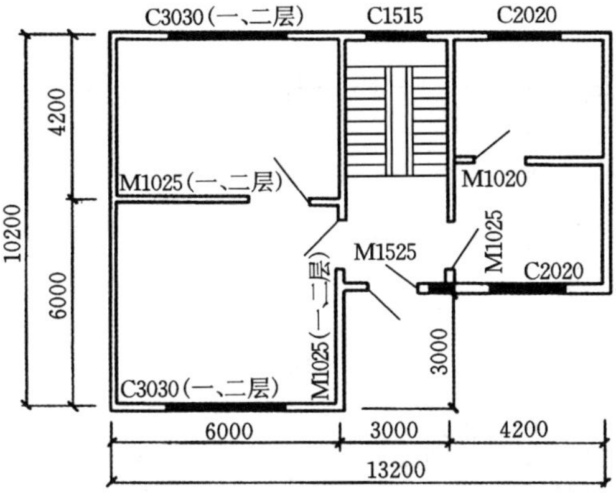

某建筑平面图

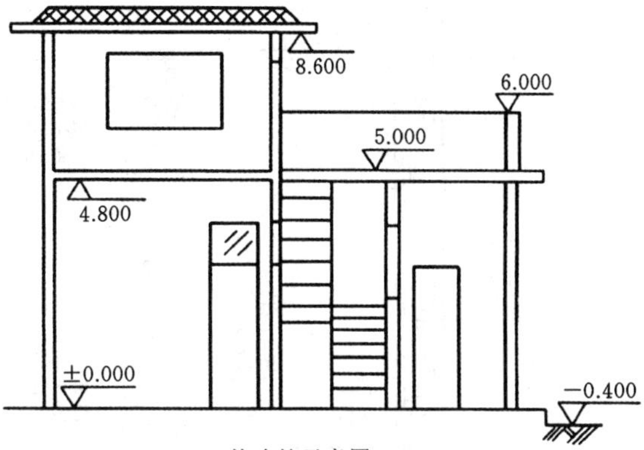

某建筑示意图

**图 12.1　某建筑平面图、立面图**

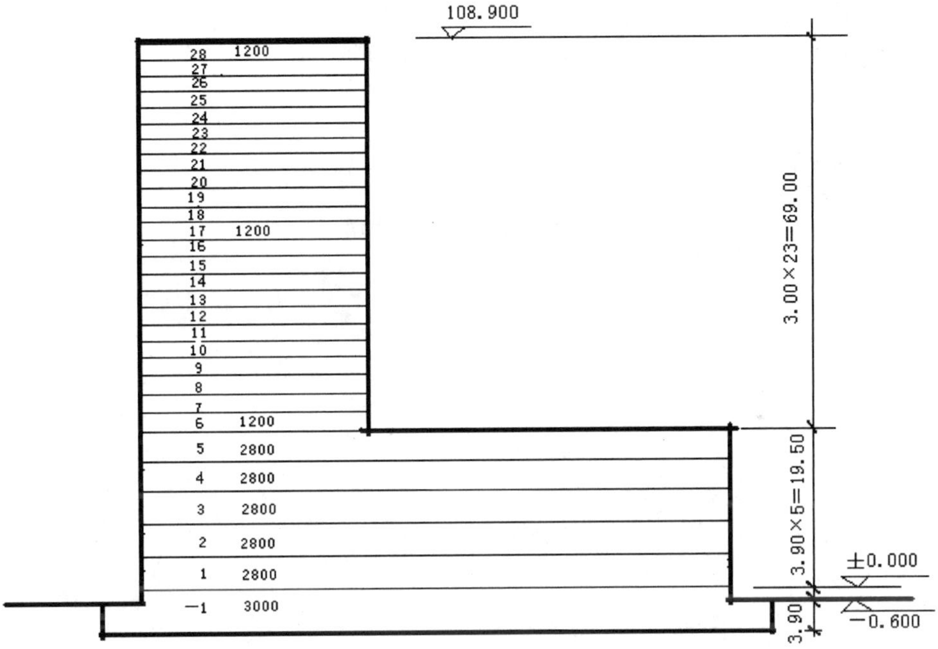


**图 12.2　某建筑立面图**

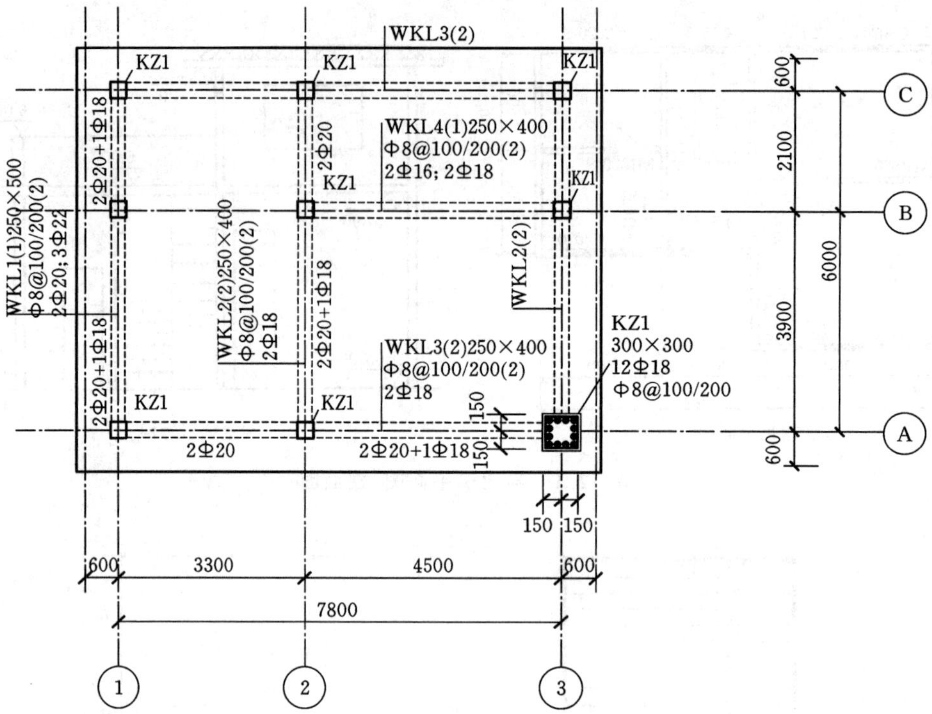
WKL3(2)
KZ1
KZ1
KZ1
KZ1
KZ1
KZ1
KZ1
KZ1
WKL4(1)250×400
Φ8@100/200(2)
2Φ16; 2Φ18
2Φ20+1Φ18
2Φ20
WKL1(1)250×500
Φ8@100/200(2)
2Φ20; 3Φ22
2Φ20+1Φ18
WKL2(2)250×400
Φ8@100/200(2)
2Φ18
2Φ20+1Φ18
WKL2(2)
KZ1
300×300
12Φ18
Φ8@100/200
WKL3(2)250×400
Φ8@100/200(2)
2Φ18
2Φ20+1Φ18
2Φ20
2Φ20+1Φ18
150
150
150
150
600
2100
3900
600
6000
600
3300
4500
600
7800
C
B
A
1
2
3

**图 12.3　某建筑平面图**

# 13 设计概算

## 本章提要

本章主要介绍设计概算的概念和内容，单位工程设计概算编制方法，单项工程综合概算编制方法和建设项目总概算编制方法。重点要求掌握建筑工程概算的编制方法，包括概算定额法、概算指标法、类似工程预算法等，熟悉单项工程综合概算的编制步骤。

## 13.1 概　　述

建筑工程设计概算是初步设计文件的重要组成部分，是在投资估算的控制下，由设计单位根据初步设计（或扩大初步设计）图纸、概算定额或概算指标、各项费用定额（或取费标准）、建设地区自然条件和技术经济条件，以及设备、材料预算价格等资料，编制和确定的建设项目从筹建至竣工交付生产或使用所需全部费用的经济文件。它是设计文件的一个重要组成部分。采用两阶段设计的建设项目，初步设计阶段必须编制设计概算；采用三阶段设计的技术阶段，必须编制修正概算。

设计概算文件必须完整地反映工程项目初步设计的内容，严格执行国家有关的方针、政策和制度，实事求是地根据工程所在地的建设条件，按有关的依据及资料进行编制。设计概算文件包括概算编制说明书、总概算书、单项工程综合概算书、单位工程概算书、工程建设其他费用概算书、分年度投资汇总表、资金供应量汇总表、主要材料表等。

### 13.1.1 设计概算的编制原则

在设计概算的编制过程中，为了保证设计概算的编制质量及准确程度，更好地发挥设计概算在设计阶段工程造价控制中的作用，应遵循以下原则：

(1) 严格执行国家的建设方针和经济政策；

(2) 要完整、准确地反映设计内容；

(3) 要坚持结合拟建工程的实际，反映工程所在地当时的价格水平。

### 13.1.2 设计概算的编制依据

设计概算的编制依据有：

(1) 国家发布的有关法律、法规、规章、规程等；

(2) 批准的可行性研究报告及投资估算、设计图纸及有关资料；

(3) 有关部门颁布的现行概算定额、概算指标、费用定额，以及建设项目设计概算编制办法等；

(4) 有关部门发布的人工、设备、材料价格、造价指数等；

(5) 有关合同、协议等；

(6) 其他有关资料。

### 13.1.3 设计概算的内容

设计概算可分单位工程概算、单项工程综合概算和建设项目总概算三级，各级概算之间的相互关系如图 13.1 所示。

- 建设项目总概算
  - 单项工程综合概算
    - 各单位工程建筑工程概算
    - 各单位工程设备及安装工程概算
  - 工程建设其他费用概算
  - 预备费、建设期贷款利息、固定资产投资方向调节税、经营性项目铺底流动资金

**图 13.1 建设项目总概算构成**

(1) 单位工程概算

单位工程概算是确定各单位工程建设费用的文件，是编制单项工程综合概算的依据，是单项工程综合概算的组成部分。单位工程概算分建筑工程概算和设备及安装工程概算两大类。建筑工程概算包括一般土建工程概算，给排水、采暖工程概算，通风、空调工程概算，电气、照明工程概算，弱电工程概算，特殊建筑物工程概算等；设备及安装工程概算包括机械设备及安装工程概算、电气设备及安装工程概算、热力设备及安装工程概算，以及工器具及生产家具购置费用概算等。

(2) 单项工程综合概算

单项工程综合概算是确定一个单项工程所需建设费用的文件，它是由单项工程中的各单位工程概算汇总编制而成的，是建设项目概算的组成部分。单项工程综合概算书是工程项目总概算书的组成部分，是编制总概算书的基础文件，一般由编制说明和综合概算表两部分组成。单项工程综合概算的组成内容如图 13.2 所示。

- 单项工程综合概算
  - 单位建筑工程概算
    - 一般土建工程概算
    - 给排水、采暖工程概算
    - 通风、空调工程概算
    - 电气、照明工程概算
    - 弱电工程概算
    - 特殊建筑物工程概算
  - 单位设备及安装工程概算
    - 机械设备及安装工程概算
    - 电气设备及安装工程概算
    - 热力设备及安装工程概算
    - 工器具及生产家具购置费用概算
  - 工程建设其他费用概算（不编总概算时列入）

**图 13.2 单项工程综合概算组成内容**

(3) 建设项目总概算

建设项目总概算是以整个建设项目为编制对象，确定项目从筹建到竣工验收整个过程所需全部费用的文件。它是由各单项工程综合概算，工程建设其他费用概算，预备费、建设期贷款利息、固定资产投资方向调节税、经营性项目铺底流动资金等汇总编制而成的。建设项目总

概算的组成内容如图13.3所示。

【习题测试】

- 建设项目总概算
  - 单项工程综合概算
    - 主要生产工程项目综合概算
    - 辅助工程项目综合概算
    - 公用系统工程项目综合概算
    - 行政福利设施综合概算
    - 住宅与生活设施综合概算
  - 工程建设其他费用概算
    - 土地使用费
    - 建设单位管理费
    - 勘察设计和研究实验费
    - 联合试运转费和生产准备费
    - 办公和生产家具购置费
    - 供电补贴费
    - 引进技术和进口设备项目的其他费
    - 施工机构迁移费
    - 临时设施费
    - 工程监理费
    - 工程保险费
  - 预备费、建设期贷款利息、固定资产投资方向调节税和经营性项目铺底流动资金等概算

**图13.3 建设项目总概算组成内容**

## 13.2 单位工程概算编制方法

单位工程概算包括建筑工程概算、设备及安装工程概算两大类。建筑工程概算的编制方法有概算定额法、概算指标法、类似工程预算法等;设备及安装工程概算的编制方法有预算单价法、扩大单价法、设备价值百分比法和综合吨位指标法等。本节主要阐述建筑及安装工程设计概算的编制方法。

### 13.2.1 概算定额法

概算定额法又叫扩大单价法或扩大结构定额法。利用概算定额编制设计概算是设计概算编制的主要方法,类似于用预算定额编制建筑工程预算。它是根据初步设计(或扩大初步设计)图纸资料和概算定额的项目划分计算出工程量,然后套用概算定额单价(基价)计算汇总后,再计取有关费用,便可得出单位工程概算造价。

概算定额法适用于当拟建工程项目的初步设计或扩大初步设计文件具有一定的深度,结构、建筑要求比较明确,基本上能够按照初步设计的平、立、剖面图,折算出地面、楼面、墙身、门窗和屋面等分部工程(或扩大结构构件)项目的工程量的情况。该种方法编制精度高,是编制设计概算的常用方法。

利用概算定额法编制概算的具体步骤如下:

(1) 熟悉图纸,了解设计意图、施工条件和施工方法。

(2) 列出分部分项工程项目和单价措施项目,并计算分部分项工程量和单价措施项目工程量。

(3) 根据工程量和概算定额基价,计算分部分项工程费和单价措施项目费。

(4) 按计价程序计取其他费用,并汇总造价;根据有关取费标准规定的费率、税率和相应

的计费基数，分别计算总价措施项目费、企业管理费、利润、规费及税金。

(5) 将分部分项工程费、单价措施项目费、总价措施项目费、企业管理费、利润、规费及税金相加汇总得到单位工程概算造价。

(6) 计算单位工程概算造价指标(如每平方米建筑面积造价：元/$m^2$)。

(7) 编制建筑工程概算书。建筑工程概算书的内容一般包括：

① 封面。封面的内容一般包括工程地址、建设单位、编制单位和编制时间等。

② 编制说明。内容主要有工程概况、编制依据、编制方法及其他说明。

③ 工程概算造价取费表。它一般包括分部分项工程费、措施项目费、企业管理费、利润、规费、税金及概算总价。

④ 建筑工程概算表。它主要包括项目名称、定额编号、工程量、概算价值及主要材料消耗量等。

**【例 13.1】** 某市拟建一座 7560 $m^2$ 的教学楼，给出的扩大单价(基价)和工程量如表 13.1 所示。其中：材料费占人工费、材料费和施工机具使用费总和的比率为 60%。各项费率分别为：措施项目费率为 14.34%，企业管理费率为 28.27%，利润率为 19.73%，规费费率为 26.85%，各费率计费基数均为人工费和施工机具使用费之和；增值税税率为 9%，计费基数为不含税工程造价。试用概算定额法编制该教学楼土建工程设计概算造价和平方米造价(计算结果：平方米造价保留一位小数，其余取整)。

**表 13.1　某教学楼土建工程量和扩大单价**

| 分部工程名称 | 单位 | 工程量 | 扩大单价(元) |
|---|---|---|---|
| 基础工程 | 10 $m^3$ | 190 | 4500 |
| 砌筑工程 | 10 $m^3$ | 300 | 4200 |
| 混凝土及钢筋混凝土工程 | 10 $m^3$ | 300 | 7800 |
| 地面工程 | 100 $m^2$ | 48 | 5800 |
| 楼面工程 | 100 $m^2$ | 120 | 6000 |
| 卷材屋面 | 100 $m^2$ | 52 | 6800 |
| 门窗工程 | 100 $m^2$ | 38 | 9400 |
| 脚手架工程 | 100 $m^2$ | 210 | 1050 |

**【解】** 根据已知条件和表 13.1 中的数据，求得该教学楼土建工程概算造价和平方米造价如表 13.2、表 13.3 所示。

**表 13.2　某教学楼土建工程概算造价计算表**

| 序号 | 分部工程名称 | 单位 | 工程量 | 扩大单价(元) | 合价(元) |
|---|---|---|---|---|---|
| 1 | 基础工程 | 10 $m^3$ | 190 | 4500 | 855000 |
| 2 | 砌筑工程 | 10 $m^3$ | 300 | 4200 | 1260000 |
| 3 | 混凝土及钢筋混凝土工程 | 10 $m^3$ | 300 | 7800 | 2340000 |
| 4 | 地面工程 | 100 $m^2$ | 48 | 5800 | 278400 |
| 5 | 楼面工程 | 100 $m^2$ | 120 | 6000 | 720000 |
| 6 | 卷材屋面 | 100 $m^2$ | 52 | 6800 | 353600 |
| 7 | 门窗工程 | 100 $m^2$ | 38 | 9400 | 357200 |
| 8 | 脚手架工程 | 100 $m^2$ | 210 | 1050 | 220500 |

**表 13.3　某教学楼土建工程平方米造价计算表**

| 序号 | 分部工程或费用名称 | 计费依据 | 合价(元) |
|---|---|---|---|
| A | 人工费、材料费和施工机具使用费小计 | 以上 8 项之和 | 6384700 |
| B | 人工费和施工机具使用费小计 | A×40% | 2553880 |
| C | 措施项目费 | B×14.34% | 366226 |
| D | 企业管理费 | B×28.27% | 721982 |
| E | 利润 | B×19.73% | 503881 |
| F | 规费 | B×26.85% | 685717 |
| G | 不含税工程造价 | A+C+D+E+F | 8662506 |
| H | 增值税 | G×9% | 779626 |
| 概算造价 | | G+H | 9442132 |
| 平方米造价 | | 9442132/7560 | 1249.0 元/$m^2$ |

### 13.2.2　概算指标法

建筑工程概算指标通常是以整个建筑物和构筑物为对象，以建筑面积或体积为计量单位而规定的人工、材料和机械台班的消耗量标准和造价指标。建筑工程概算指标比概算定额具有更加综合与扩大的特点，所以利用概算指标编制的设计概算比按概算定额编制的设计概算更加简化，但精确度也比按概算定额编制的设计概算低。由于编制速度快，能满足时间紧迫的要求，因此具有一定的实用价值。

概算指标法适用于当初步设计深度较浅，或处于方案阶段，不能准确地计算出工程量，但工程设计是采用技术比较成熟而又有类似工程概算指标可以利用时的情况。

13.2.2.1　编制步骤

(1) 收集编制概算的原始资料。

(2) 根据工程的性质、规模、结构内容和层数等选定与其相应的概算指标。

(3) 计算建筑工程概算人工费、材料费和施工机具使用费，计取企业管理费、利润等费用，计算分部分项工程费、措施项目费、其他项目费、规费和税金，确定建筑工程概算造价。

(4) 编制建筑工程概算书。

13.2.2.2　概算指标的编制方法

(1) 直接套用概算指标编制概算

如果拟建工程项目在设计构造和概算指标上与某一建筑物相符，则可套用概算指标进行编制。以指标中所规定的土建工程每平方米(或每百平方米)的造价或人工及主要材料消耗量乘以设计工程项目的概算相对应的工程量，可得出全部概算价值和主要材料消耗量。当然，不同的地区日工资标准和材料预算价格不同，编制时应注意根据具体情况进行调整。

(2) 换算概算指标编制概算

在实际工程项目中，新结构、新技术、新材料的不断应用，随之带来的是工程项目设计的更新。因此，在套用概算指标时，设计的内容、建筑结构构造特征不可能完全与概算指标中所规定的相符。为保证概算价值的正确性，不能简单按照相似工程的概算指标直接套用，而必须根据差别的具体情况，对概算指标中的相关数据进行必要的修正和换算，经换算后的概算指标方可使用。换算方法如下：

分部分项工程费修正值＝原概算指标分部分项工程费－换出结构构件价值
＋换入结构构件价值 (13.1)

**【例 13.2】** 新建一住宅楼，建筑面积 3600 $m^2$，按地区材料价差和概算指标算出单方造价为 783 元。其中：土建工程 704.00 元(其中分部分项工程费为 512.00 元)，给排水工程 21.00 元，电气安装 26.00 元，采暖工程 32.00 元。按照当地造价管理部门规定，土建工程措施项目费率为 14.34％，企业管理费率为 28.27％，利润率为 19.73％，规费费率为 26.85％，各费率计费基数均为人工费和施工机具使用费之和。增值税税率为 9％，费率计费基数为不含税工程造价。

但新建住宅楼设计资料与概算指标相比较，其结构构件有部分变更，设计资料表明外墙为 1 砖半外墙，而概算指标中外墙为 1 砖外墙。根据当地土建工程预算定额，外墙带形毛石基础的预算单价为 145.57 元/$m^3$，1 砖外墙的预算单价为 148.00 元/$m^3$，1 砖半外墙的预算单价为 162.00 元/$m^3$。概算指标中每 100 $m^2$ 建筑面积中含外墙带形毛石基础为 18 $m^3$，1 砖外墙为 13.58 $m^3$。新建工程设计资料表明，每 100 $m^2$ 中含带形钢筋混凝土基础为 18.30 $m^3$，1 砖半外墙为 9.21 $m^3$，具体变更如表 13.4 所示。经测算，新建工程材料费占分部分项工程费的比例为 62％。

试计算调整后的概算单价和新建住宅楼的概算造价。

**表 13.4 建筑工程概算指标修正表(每 100 $m^2$ 建筑面积)**

| 序号 | 结构名称 | 单位 | 数量 | 单价(元) | 合价(元) |
|---|---|---|---|---|---|
| | 土建工程分部分项工程费单方造价 | | | | 512.00 |
| 换出部分 | | | | | |
| 1 | 带形毛石基础 | $m^3$ | 18.00 | 145.57 | 2620.26 |
| 2 | 1 砖外墙 | $m^3$ | 13.58 | 148.00 | 2009.84 |
| 3 | 外墙面砖 | $m^2$ | 25.20 | 68.00 | 1713.60 |
| 4 | 小计 | 元 | | | 6343.70 |
| 换入部分 | | | | | |
| 1 | 带形钢筋混凝土基础 | $m^3$ | 18.30 | 607.00 | 11108.10 |
| 2 | 1 砖半外墙 | $m^3$ | 9.21 | 162.00 | 1492.02 |
| 3 | 钢筋混凝土柱 | $m^3$ | 2.36 | 1200.00 | 2832.00 |
| 4 | 外墙油漆 | $m^2$ | 25.00 | 25.00 | 625.00 |
| 5 | 小计 | | | | 16057.12 |

**【解】** 由表 13.4 可得：

$$分部分项工程费单价单方造价修正值=512.00-\frac{6343.70}{100}+\frac{16057.12}{100}$$
$$=609.14\ 元/m^2$$

以上计算结果为分部分项工程费单方造价，需取费得到修正后的土建工程单方造价为：

$$[609.14+609.14\times(1-62\%)\times(14.34\%+28.27\%+19.73\%+26.85\%)]\times(1+9\%)$$
$$=888.99\ 元/m^2$$

其余工程单方造价不变，因此，经过调整后的概算单价为：

$$888.99+21.00+26.00+32.00=967.99\ 元/m^2$$

新建住宅楼概算造价为：

$$967.99\times 3600=3484764\ 元$$

### 13.2.3 类似工程预算法

如果拟建工程与已完工程或在建工程相似，结构特征基本相同或概算定额和概算指标不全时，就可以利用已完工程或在建工程的工程造价资料来编制拟建工程的设计概算。

类似工程预算法是以原有的相似工程的预算或结算资料为基础，按照编制概算指标的方法，求出单位工程的概算指标，再按概算指标法编制拟建工程概算。

利用类似工程编制概算时，应考虑到拟建工程在建筑与结构、地区工资、材料预算价格、施工机械使用费、企业管理费的差异。类似工程造价的价差调整常用的两种方法如下：

(1) 当类似工程造价资料有具体的人工、材料、机械台班的用量时，可按类似工程预算造价资料中的主要材料用量、工日数量、机械台班用量乘以拟建工程所在地的主要材料预算价格、人工单价、机械台班单价，计算出人工费、材料费和施工机具使用费总和，再乘以当地的综合费率，即可得出所需的造价指标。

(2) 当类似工程造价资料只有人工费、材料费、施工机械使用费和企业管理费时，可按下列公式调整：

$$K=a\%K_1+b\%K_2+c\%K_3+d\%K_4+\cdots \tag{13.2}$$

式中 $K$——综合修正系数；

$a\%$、$b\%$、$c\%$、$d\%$…——类似工程预算的人工费比重、材料费比重、施工机械使用费比重和企业管理费比重等，其中：

$$a\%=\frac{类似工程人工费(或工资标准)}{类似工程预算造价}\times 100\%$$

$b\%$、$c\%$、$d\%$…类同；

$K_1$、$K_2$、$K_3$、$K_4$…——拟建工程地区与类似工程地区预算造价在人工费、材料费、施工机械使用费、企业管理费等之间的差异系数，按下式计算：

$$K_1=\frac{拟建工程地区人工工资标准}{类似工程地区人工工资标准}$$

$K_2$、$K_3$、$K_4$…类同。

$$修正后的类似工程预算单方造价=\frac{类似工程预算的造价}{类似工程建筑面积}\times 综合修正系数 \tag{13.3}$$

$$拟建工程概算造价=修正后的类似工程预算单方造价\times 拟建项目建筑面积 \tag{13.4}$$

**【例 13.3】** 有一幢新建教学楼，建筑面积 5800 $m^2$，根据下列类似工程施工图预算的有关数据计算该工程的概算造价。

① 建筑面积 5400 $m^2$。

② 工程预算成本 3332000 元。

③ 各种费用占成本的百分比：人工费 12%，材料费 58%，机械费 10%，企业管理费 10%，其他费 10%。

④ 据拟建工程所在地区现在某项造价因素指标与类似工程的同类指标的值，计算出各修

正系数为 $K_1=1.13$，$K_2=1.25$，$K_3=1.16$，$K_4=1.29$，$K_5=0.96$。

⑤ 增值税税率为 9%。

【解】 (1) 类似工程预算成本总修正系数为：

$$K=1.13\times12\%+1.25\times58\%+1.16\times10\%+1.29\times10\%+0.96\times10\%=1.20$$

(2) 类似工程修正系数预算为：

$$3332000\times1.20=3998400 \text{ 元}$$

(3) 类似工程修正后的含税概算造价为：

$$3998400\times(1+9\%)=4358256 \text{ 元}$$

(4) 类似工程修正后的含税概算单位造价为：

$$4358256\div5400=807.08 \text{ 元}/\text{m}^2$$

(5) 拟建教学楼的概算造价为：

$$807.08\times5800=4681064 \text{ 元}$$

【习题测试】

# 13.3 单项工程综合概算的编制

## 13.3.1 单项工程综合概算书的内容

单项工程综合概算是确定某一单项工程所需建设费用的综合性文件，是根据该单项工程内各专业的单位工程概算及其他工程和费用概算汇编而成的，是建设项目总概算的组成部分，是编制总概算工程费用的依据。其内容包括：

### 13.3.1.1 编制说明

单项工程综合概算的编制说明，一般列于综合概算表的前面。其内容包括以下几方面：

(1) 工程概况。介绍单项工程的生产能力和工程概况。

(2) 编制依据。指国家和有关部门的规定、设计文件、现行概算定额或概算指标、设备材料的预算价格和费用指标等。

(3) 编制方法。说明编制概算是利用概算定额法，还是概算指标法。

(4) 主要设备和材料的数量。说明主要机械设备、电气设备及建筑安装主要材料(钢材、木材、水泥等)的数量。

(5) 其他需要说明的有关问题。

### 13.3.1.2 综合概算表

综合概算表的表达形式，如表 13.5 所示。

**表 13.5 综合概算表**

建设单位： (金额单位：万元)

| 序号 | 概算编号 | 工程及费用名称 | 概算价值 | | | | | | 技术经济指标 | | | 占投资额(%) |
|---|---|---|---|---|---|---|---|---|---|---|---|---|
| | | | 建筑工程费 | 安装工程费 | 设备购置费 | 工器具及生产用具购置费 | 其他费用 | 合计 | 单位 | 数量 | 指标 | |
| 1 | 2 | 3 | 4 | 5 | 6 | 7 | 8 | 9 | 10 | 11 | 12 | 13 |
| | | | | | | | | | | | | |

13.3.1.3　综合概算的费用组成

综合概算的费用一般由建筑工程费、安装工程费、设备购置费及工器具和生产工具购置费所组成。当编制总概算时，还应包括工程建设其他费、建设期贷款利息、预备费和固定资产投资方向调节税等费用项目。

### 13.3.2　综合概算书的编制步骤

单项工程综合概算书的编制，首先是收集和选用有关编制综合概算的基础资料，然后是审核各单位工程概算书，最后编制综合概算书。具体顺序如下：

(1) 土建工程；

(2) 给排水工程；

(3) 采暖、通风与煤气工程；

(4) 电气照明工程；

(5) 设备安装工程；

(6) 其他工程和费用；

(7) 不可预见的工程和费用；

(8) 按顺序汇总各单位工程费用总价值，即得出该单项工程全部概算费用；

(9) 计算技术经济指标：以适当的计量单位所表示的数量，除以综合概算总价值，求出技术经济指标；

(10) 填制单项工程综合概算书。

## 13.4　工程项目总概算书的编制

工程项目总概算是设计文件的重要组成部分，是确定某一建设项目从筹建开始到建成所预计花费的全部建设费用的总文件，它是根据各个单项工程综合概算以及其他工程和费用概算汇总编制而成的。

工程项目总概算书一般包括封面、签署页及目录，编制说明，单项工程综合概算书的全部组成内容和总概算表等部分。

### 13.4.1　封面、签署页及目录

封面、签署页及目录一般包括工程地址、建设单位、编制单位和编制时间等。签署页应设立工程经济人员的概预算(或造价工程师)资格证书栏目，填写编、校、审人员的姓名和证号。

### 13.4.2　编制说明

(1) 工程概况。简述建设项目性质、特点、生产规模、建设周期、建设地点等主要情况。

(2) 编制依据。

(3) 编制方法。说明是采用概算定额法，还是概算指标法。

(4) 投资分析。主要分析各项投资的比重、各专业投资的比重等经济指标。

(5) 其他需说明的问题。

### 13.4.3 工程建设其他费用概算表

（略）

### 13.4.4 单项工程综合概算书和建筑安装单位工程概算书

（略）

### 13.4.5 工程量计算表和工、料数量汇总表

（略）

### 13.4.6 总概算表

工程总概算表是以建设项目内各个单项工程综合概算及其他工程和费用概算等为基础文件，按照国家各个主管部门、各地方主管部门的有关规定编制。总概算表的内容如表13.6所示。

**表13.6 总概算表**

建设单位：　　　　工程名称：　　　　（金额单位：万元）

| 序号 | 工程及费用名称 | 概算价值 | | | | | | 术经济指标（元/m²） | | | 占投资额（%） |
|---|---|---|---|---|---|---|---|---|---|---|---|
| | | 建筑工程费 | 安装工程费 | 设备购置费 | 工器具及生产家具购置费 | 其他费用 | 总价值 | | | | |
| 1 | 第一部分费用（工程费用） | 4 | 5 | 6 | 7 | 8 | 9 | 10 | 11 | 12 | 13 |
| 2 | 第二部分费用（工程建设其他费用） | | | | | | | | | | |
| 3 | 第一、二部分费用合计 | | | | | | | | | | |
| 4 | 预备费 | | | | | | | | | | |
| 5 | 回收金额 | | | | | | | | | | |
| 6 | 建设项目总费用 | | | | | | | | | | |
| 7 | 固定资产投资方向调节税 | | | | | | | | | | |
| 8 | 建设期贷款利息 | | | | | | | | | | |
| 9 | 建设项目总造价 | | | | | | | | | | |
| 10 | 铺底流动资金 | | | | | | | | | | |
| 11 | 投资比例 | | | | | | | | | | |

## 思 考 题

（1）什么是设计概算？

（2）设计概算的作用有哪些？

（3）设计总概算的内容包括哪些？

（4）什么是单位工程设计概算？

（5）什么是概算定额法？

（6）什么是类似工程预算法？

（7）什么是建设项目总概算？

（8）概算指标法的适用范围包括哪些？

（9）什么是单项工程概算？包括哪些内容？

（10）单位工程设计概算的编制方法有哪些？

## 习 题

（1）新建学生宿舍一座，建筑面积为 3000 $m^2$，按概算指标和地区材料价差算出单方造价为 2100 元。其中：土建工程 1740 元（其中分部分项工程费为 1265.00 元），电气安装工程 156 元，消防工程 66 元，给排水工程 138 元。新建学生宿舍设计资料与概算指标相比较，其结构构件有部分变更。设计资料表明，窗户为铝合金材料，而概算指标中为塑钢材料，设计外墙用面砖，概算指标中为涂料。根据当地土建工程预算定额，外墙塑钢窗的预算单价为 240 元/$m^2$，铝合金窗的预算单价为 320 元/$m^3$；外墙面砖的预算单价为 80 元/$m^2$；外墙涂料预算单价为 45 元/$m^2$。概算指标中每 100 $m^2$ 中含外墙窗户为 16 $m^2$，外墙面砖为 82 $m^2$；新建工程设计资料表明，每 100 $m^2$ 中含外墙窗户为 16.8 $m^2$，外墙面砖为 78 $m^2$。经测算新建工程材料费占分部分项工程费的比例为 67%。试按照当地造价管理部门规定的取费标准，计算调整后的概算单价和新建住宅楼的概算造价。

（2）已建成一幢住宅楼，建筑面积为 2500 $m^2$，工程预算造价为 250 万元，其中人工费、材料费、机械费、措施费和企业管理费占单方造价的比例分别为 10%、60%、8%、6%和 16%。现拟建一幢住宅楼，建筑面积为 2900 $m^2$，结构形式与该已建成住宅楼相同。拟建工程与已建工程预算造价在人工费、材料费、机械费、措施费和企业管理费上的差异系数分别为 1.02、1.07、1.82、0.99、0.95。试用类似工程预算法求拟建住宅楼的概算造价。

# 14 工程结算和竣工决算

**本 章 提 要**

本章主要介绍工程结算的方式和一般程序，合同价款的调整内容和工程价款价差调整方法，工程竣工决算的内容与编制步骤。重点要求掌握按月结算的一般程序和合同价款的调整内容及工程价款价差调整方法。

## 14.1 工 程 结 算

### 14.1.1 工程结算的含义

工程结算是指发承包双方根据合同约定，对合同工程在实施中、终止时、已完工后进行的合同价款计算、调整和确认，包括期中结算、终止结算、竣工结算。在履行施工合同过程中，工程结算分为预付款结算、进度款结算和竣工结算三个阶段。

工程结算的分类如图 14.1 所示。

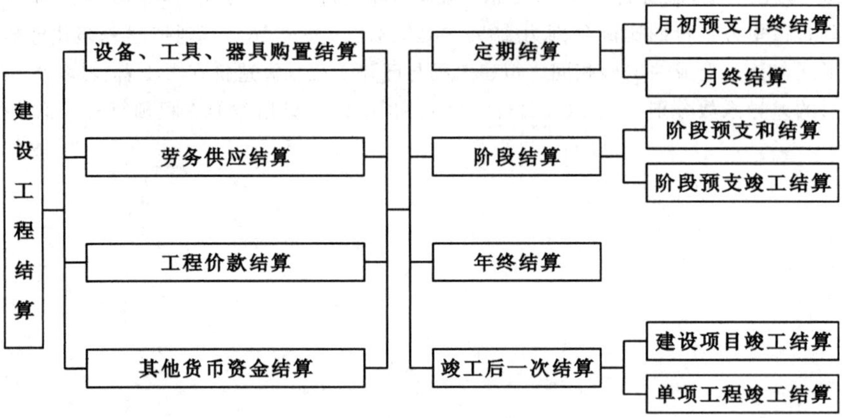


图 14.1 工程结算分类

### 14.1.2 工程结算的方式

建筑工程结算可以根据不同情况，采取多种方式。下面介绍几种工程结算方式。

14.1.2.1 按月结算

按月结算实行旬末或月中预支工程款项，月终实施结算。跨年度竣工的工程，在年终进行工程盘点，办理年度结算。对在建施工工程，每月月末（或下月初）由承包商提出已完工程月报表和工程款结算清单，交现场监理工程师审查签证并经业主确认后，办理已完工程的工程款结算和支付业务。

按月结算时，对已完成的施工部分产品，必须严格按规定标准检查质量并逐一清点工程量，对质量不合格或未完成预算定额规定的全部工序内容，则不能办理工程结算。

14.1.2.2 分阶段结算

分阶段结算是指以单项（或单位）工程为对象，按其施工形象进度划分为若干施工阶段，按阶段进行工程价款结算，具体做法有以下几种：

(1) 按施工阶段预支，该施工阶段完工后结算。这种做法是将工程总造价通过计算拆分到各个施工阶段，从而得到各个施工阶段的工程费用。承包商据此填写工程价款预支账单，送监理工程师签证并经业主确认后办理结算。

(2) 按施工阶段预支，竣工后一次结算。

(3) 分次预支，竣工后一次结算。分次预支，每次预支金额数应与施工进度大体一致。此种结算方法的优点是可以简化结算手续，适用于投资少、工期短、技术简单的工程。

14.1.2.3 竣工后一次结算

竣工后一次结算是指工程竣工后，按照合同（或协议）的规定，在原施工图预算的基础上编制、调整预算，向建设单位办理最后的工程价款结算。建设项目或单项工程的全部建筑安装工程建设工期在12个月以内，或者工程承包合同价在100万元以内的，可以实行工程价款每月月中预支（或按合同规定），竣工后一次结算的方式。

14.1.2.4 目标结算

目标结算即在工程合同中，将承包工程的内容分解成不同的控制界面，以业主验收控制界面作为支付工程款的前提条件。也就是说，将合同中的工程内容分解成不同的验收单元，当承包商完成单元工程内容并经业主（或其委托人）验收后，业主即支付构成单元工程内容的工程款。

目标结算方式下，承包商要想获得工程款，必须按照合同约定的质量标准完成界面内的工程内容。要想尽早获得工程款，承包商必须充分发挥自己的组织实施能力，在保证质量的前提下，加快施工进度。

我国现行建筑安装工程款结算中，相当一部分是按月计算。这种结算办法是按分部分项工程，即以“假定建筑安装产品”为对象，按月结算（或预支），待工程竣工后再办理竣工结算，一次结算，找补余款。

### 14.1.3 按月结算工程款的一般程序

14.1.3.1 预付款结算

预付款是指工程开工前，发包人按照合同约定，预先支付给承包人用于购买合同工程施工所需的材料、工程设备，以及组织施工机械和人员进场等的款项，此部分预付款也称为预付备料款。承包人应将预付款专款专用于合同工程。工程预付款的具体事宜由发包人和承包人双方根据建设行政主管部门的有关规定在合同中约定。

(1) 预付备料款的限额

对于施工企业常年应备的备料款限额，可按下式计算：

$$\text{备料款限额} = \frac{\text{全年施工产值} \times \text{主要材料所占比重}}{\text{年度施工日历天数}} \times \text{材料储备天数} \tag{14.1}$$

在实际工作中，备料款的数额要根据各工程类型、合同工期、承包方式和材料供应体制等不同条件，在工程承包合同中约定。包工包料工程的预付款的支付比例不得低于签约合同价（扣除暂列金额）的10％，不宜高于签约合同价（扣除暂列金额）的30％。

(2) 预付备料款的扣回

建设单位通过商业银行拨付给施工单位的材料款，是属于预付款性质的款项，因此，随着施工工程的进展情况，以抵充工程价款的方式陆续扣回。预付备料款的扣回常有以下几种办法：

① 一次抵扣备料款的办法

对工期较短的工程，工程施工前一次性拨付备料款，而在施工过程中无须分次抵扣。当预付款与已付工程款之和达到施工合同总价的95％时，便停止工程款的支付，待工程竣工验收后一并结算。

② 固定比例扣回备料款的办法

有的工程工期较长，如施工工期跨年度施工的工程，其备料款的占用时间很长，可按固定比例扣回备料款。一般情况下，当工程施工进度达到60％以后，即开始抵扣备料款。扣回的比例，是按每次完成10％进度后，即扣回预付备料款总额的25％，分四次全部扣回。

③ 备料款的起扣点方法

发包单位拨付给承包单位的备料款属于预支性质。到了工程中后期，随着工程所需主要材料储备的逐渐减少，应以抵充工程价款的方式陆续扣回。扣款的方式是从未施工工程尚需的主要材料及构件的价值相当于备料款数额时扣起，从每次结算工程价款中按材料比例抵扣工程价款，竣工前全部扣清。备料款的起扣点可按下式计算：

$$T = P - \frac{M}{N} \tag{14.2}$$

式中 $T$——起扣点，即预付备料款开始抵扣时的累计完成工程量金额；

$P$——承包工程价款总额；

$M$——预付备料款；

$N$——主要材料所占比例。

14.1.3.2 进度款结算

进度款是指在合同工程施工过程中，发包人按照合同约定对付款周期内承包人完成的合同价款给予支付的款项，也是合同价款期中结算支付。在施工过程中，承包方按照合同约定的时间、程序和方法，根据工程计量结果，向发包方办理工程进度款的支付。进度款支付周期应与合同约定的工程计量周期一致。

已标价工程量清单中的单价项目，承包人应按工程计量确认的工程量与综合单价计算；综合单价发生调整的，以发承包双方确认调整的综合单价计算进度款。发包人提供的甲供材料金额，应按照发包人签约提供的单价和数量从进度款支付中扣除，列入本周期应扣减的金额中。承包人现场签证和得到发包人确认的索赔金额应列入本周期应增加的金额中。

进度款的支付比例按照合同约定，按期中结算价款总额计，不低于60％，不高于90％。

14.1.3.3 竣工结算

工程竣工结算是指承包单位全部完成按照合同规定的承包工程内容，经验收质量合格，并符合合同要求后，依合同约定向发包单位进行最终工程价款的结算。在竣工结算时，若因某些条件变化使工程价款发生变化，则需按规定对合同价款进行调整。当年开工、当年竣工的工程，只需办理一次性结算。跨年度的工程，在年终办理一次年终结算，将未完工程结转到下一年度，此时竣工结算等于各年度结算的总和。

办理工程价款竣工结算的一般公式为：

竣工结算工程价款＝合同价款＋合同价款调整金额－预付及已结算工程价款－质量保证(保修)金 (14.3)

14.1.3.4 质量保证金

质量保证金是指发承包双方在工程合同中约定，从应付合同价款中预留，用以保证承包人在缺陷责任期内履行缺陷修复义务的金额。缺陷责任期指承包人对已交付使用的合同工程承担合同约定的缺陷修复责任的期限。

发包人应按照合同约定的质量保证金比例从结算款中预留质量保证金。

承包人未按照合同约定履行属于自身责任的工程缺陷修复义务的，发包人有权从质量保证金中扣除用于缺陷修复的各项支出。经查验，工程缺陷属于发包人原因造成的，应由发包人承担查验和缺陷修复的费用。

在合同约定的缺陷责任期终止后，发包人应按照规定将剩余的质量保证金返还给承包人。

14.1.3.5 最终结清

缺陷责任期终止后，承包人应按照合同约定向发包人提交最终结清支付申请。发包人对最终结清支付申请有异议的，有权要求承包人进行修正和提供补充资料。承包人修正后，应再次向发包人提交修正后的最终结清支付申请。

最终结清时，承包人被预留的质量保证金不足以抵减发包人工程缺陷修复费用的，承包人应承担不足部分的补偿责任。承包人对发包人支付的最终结清款有异议的，应按照合同约定的争议解决方式处理。

**【例 14.1】** 某工程合同价 1680 万元，预付工程备料款为合同价的 25%，主要材料和结构构件金额占合同价的 60%，每月实际完成工作量和合同价款调整如表 14.1 所示。试求预付备料款、每月结算工程款、竣工结算款各为多少(考虑尾留 5%)？

**表 14.1 某工程逐月完成工作量和价款调整**

| 月份 | 1 | 2 | 3 | 4 | 5 | 6 | 合同价款增加额(万元) |
|---|---|---|---|---|---|---|---|
| 完成工作量金额(万元) | 150 | 260 | 330 | 390 | 360 | 190 | 90 |

**【解】** (1) 预付备料款＝1680×25%＝420 万元。

(2) 预付备料款起扣点：

$$T=P-\frac{M}{N}=1680-\frac{420}{60\%}=980\text{ 万元}$$

(3) 尾留工程款＝1680×5%＝84 万元。

(4) 1 月份结算工程款 150 万元，累计拨款额为 150 万元。

(5) 2 月份结算工程款 260 万元，累计拨款额为 410 万元。

(6) 3 月份结算工程款 330 万元，累计拨款额为 740 万元。

(7) 4 月份完成工程款 390 万元，390＋740＝1130 万元＞980 万元(预付备料款起扣点)。

因此，从4月份起按比例逐月扣回预付备料款。

4月份拨付结算工程款：

$$(980-740)+(1130-980)\times(1-60\%)=300 \text{ 万元}$$

4月份累计拨款：

$$740+300=1040 \text{ 万元}$$

(8) 5月份结算工程款为：

$$360\times(1-60\%)=144 \text{ 万元}$$

5月份累计拨款：

$$1040+144=1184 \text{ 万元}$$

(9) 6月份结算工程款为：

$$190\times(1-60\%)=76 \text{ 万元}$$

扣除尾留工程款84万元，考虑合同价款增加额，6月份结算工程款为：

$$76-84+90=82 \text{ 万元}$$

6月份累计拨款1266万元，剩余84万元作为尾留工程款，经竣工验收合格后支付。

### 14.1.4 工程价款的调整

14.1.4.1 合同价款的调整内容

当法律法规变化、工程造价管理部门公布的价格调整、工程变更、工程量清单缺项、不可抗力以及双方约定的其他合同价款调整等事项发生后，发承包双方根据合同约定，对合同价款进行变动的提出、计算和确认，称为合同价款调整。经发承包双方确认调整的合同价款，作为追加(减)合同价款，应与工程进度款同期支付。如在工程结算期间发生的，应在竣工结算款支付。

(1) 法律法规变化

发承包双方都是国家法律、法规、规章和政策的执行者，因此，在合同履行过程中，当国家的法律、法规、规章和政策发生变化而引起工程造价增减变化时，发承包双方应当按照相关规定调整合同价款。招标工程以投标截止日前28 d、非招标工程以合同签订前28 d为基准日，其后因国家的法律、法规、规章和政策发生变化引起工程造价增减变化的，发承包双方应按照省级或行业建设主管部门或其授权的工程造价管理机构发布的规定调整合同价款。

因承包人原因导致工期延误的，按上述规定的调整时间，在合同工程原定竣工时间之后，合同价款调增的不予调整，合同价款调减的予以调整。

(2) 工程变更

由于施工条件和发包人要求变化等原因，往往会发生合同约定的工程材料性质和品种、建筑物结构形式、施工工艺和方法，以及施工工期等的变动，而引起工程变更。因工程变更引起已标价工程量清单项目或其工程数量发生变化时，应按照下列规定调整：

① 已标价工程量清单中有适用于变更工程项目的，应采用该项目的单价；但当工程变更导致该清单项目的工程数量发生变化，且工程量偏差超过15%时，该项目单价应按照工程量偏差的规定调整。

② 已标价工程量清单中没有适用但有类似于变更工程项目的，可在合理范围内参照类似项目的单价。

③ 已标价工程量清单中没有适用也没有类似于变更工程项目的，应由承包人根据变更工程资料、计量规则和计价办法、工程造价管理机构发布的信息价格和承包人报价浮动率提出变更工程项目的单价，并应报发包人确认后调整。承包人报价浮动率可按下列公式计算：

招标工程

$$承包人报价浮动率 L=(1-中标价/招标控制价)\times 100\% \tag{14.4}$$

非招标工程

$$承包人报价浮动率 L=(1-报价/施工图预算)\times 100\% \tag{14.5}$$

④ 已标价工程量清单中没有适用也没有类似于变更工程项目，且工程造价管理机构发布的信息价格缺价的，应由承包人根据变更工程资料、计量规则、计价办法和通过市场调查等取得有合法依据的市场价格提出变更工程项目的单价，并应报发包人确认后调整。

工程变更引起施工方案改变并使措施项目发生变化时，承包人提出调整措施项目费的，应事先将拟实施的方案提交发包人确认，并应详细说明与原方案措施项目相比的变化情况。拟实施的方案经发承包双方确认后执行，并应按照规定调整措施项目费。

当发包人提出的工程变更因非承包人原因删减了合同中的某项原定工作或工程，致使承包人发生的费用或(和)得到的收益不能被包括在其他已支付或应支付的项目中，也未被包含在任何替代的工作或工程中时，承包人有权提出并应得到合理的费用及利润补偿。

(3) 项目特征不符

项目特征是构成清单项目价值的本质特征，单价的高低与其具有必然联系。因此，发包人在招标工程量清单中对项目特征的描述，应被认为是准确的和全面的，并且与实际施工要求相符合。否则，承包人无法报价。

承包人应按照发包人提供的设计图纸实施合同工程，若在合同履行期间出现设计图纸(含设计变更)与招标工程量清单任一项目的特征描述不符，且该变化引起该项目工程造价增减变化的，应按照实际施工的项目特征，按工程变更的相关规定重新确定相应工程量清单项目的综合单价，并调整合同价款。

(4) 工程量清单缺项

合同履行期间，由于招标工程量清单中缺项，新增分部分项工程清单项目的，应按照工程变更的相关规定确定单价，并调整合同价款。

新增分部分项工程清单项目后，引起措施项目发生变化的，应按照规范相关规定，在承包人提交的实施方案被发包人批准后调整合同价款。

由于招标工程量清单中措施项目缺项，承包人应将新增措施项目实施方案提交发包人批准后，按照规定调整合同价款。

(5) 工程量偏差

施工过程中，由于施工条件、地质水文、工程变更等变化以及招标工程量清单编制人专业水平的差异，往往会造成实际工程量与招标工程量清单出现偏差。工程量偏差过大，会对综合成本的分摊带来影响。如突然增加太多，仍按原综合单价计价，对发包人不公平；如突然减少太多，仍按原综合单价计价，对承包人不公平。并且，这给有经验的承包人的不平衡报价打开了大门。因此，为维护合同的公平，“计价规范”作了以下规定：

对于任一招标工程量清单项目，当工程量偏差超过15%时，可进行调整。调整的原则为：

当工程量增加15%以上时，其增加部分的工程量的综合单价应予调低；当工程量减少15%以上时，减少后剩余部分的工程量的综合单价应予调高。可按下列公式调整：

① 当 $Q_1>1.15Q_0$ 时

$$S=1.15Q_0\times P_0+(Q_1-1.15Q_0)\times P_1 \tag{14.6}$$

② 当 $Q_1<0.85Q_0$ 时

$$S=Q_1\times P_1 \tag{14.7}$$

式中 $S$——调整后的某一分部分项工程费结算价；

$Q_1$——最终完成的工程量；

$Q_0$——招标工程量清单中列出的工程量；

$P_1$——按照最终完成工程量重新调整后的综合单价；

$P_0$——承包人在工程量清单中填报的综合单价。

如果工程量偏差超过15%，且该变化引起相关措施项目相应发生变化时，如按系数或单一总价方式计价的，工程量增加的措施项目费调增，工程量减少的措施项目费调减。

（6）不可抗力

因不可抗力事件导致的人员伤亡、财产损失及其费用增加，发承包双方应按下列原则分别承担并调整合同价款和工期：

① 合同工程本身的损害、因工程损害导致第三方人员伤亡和财产损失，以及运至施工场地用于施工的材料和待安装的设备的损害，应由发包人承担；

② 发包人、承包人人员伤亡应由其所在单位负责，并应承担相应费用；

③ 承包人的施工机械设备损坏及停工损失，应由承包人承担；

④ 停工期间，承包人应发包人要求留在施工场地的必要的管理人员及保卫人员的费用应由发包人承担；

⑤ 工程所需清理、修复费用，应由发包人承担。

不可抗力解除后复工的，若不能按期竣工，应合理延长工期。发包人要求赶工的，赶工费用应由发包人承担。

（7）索赔

合同一方向另一方提出索赔时，应有正当的索赔理由和有效证据，并应符合合同的相关约定。

根据合同约定，承包人认为因非承包人原因发生的事件造成了承包人的损失，应按索赔程序向发包人提出索赔。承包人要求赔偿时，可以选择下列一种或几种方式获得赔偿：

① 延长工期；

② 要求发包人支付实际发生的额外费用；

③ 要求发包人支付合理的预期利润；

④ 要求发包人按合同的约定支付违约金。

根据合同约定，发包人认为由于承包人的原因造成发包人的损失，宜按承包人索赔的程序进行索赔。发包人要求赔偿时，可以选择下列一项或几项方式获得赔偿：

① 延长质量缺陷修复期限；

② 要求承包人支付实际发生的额外费用；

③ 要求承包人按合同的约定支付违约金。

承包人应付给发包人的索赔金额可从拟支付给承包人的合同价款中扣除，或由承包人以其他方式支付给发包人。

(8) 现场签证

由于施工生产的特殊性，施工过程中往往会出现一些与合同工程或合同约定不一致或未约定的事项，这时就需要发承包双方用书面形式记录下来，各地对此的称谓不一，如工程签证、施工签证、技术核定单等，"计价规范"将其定义为现场签证。

签证有多种情形：一是发包人的口头指令，需要承包人将其提出，由发包人转换成书面签证；二是发包人的书面通知如涉及工程实施，需要承包人就完成此通知需要的人工、材料、机械设备等内容向发包人提出，取得发包人的签证确认；三是合同工程招标工程量清单中已有，但施工中发现与其不符，比如土方类别，出现流沙等，需承包人及时向发包人提出签证确认，以便调整合同价款；四是由于发包人原因未按合同约定提供场地、材料、设备或停水、停电等造成承包人停工，需承包人及时向发包人提出签证确认，以便计算索赔费用；五是合同中约定材料、设备等价格，由于市场发生变化，需承包人向发包人提出采购数量及其单价，以便发包人核对后取得发包人的签证确认；六是其他由于施工条件、合同条件变化需现场签证的事项等。可以说如何处理现场签证，是一个工程管理水平高低的衡量标准，是有效减少合同纠纷的手段。《计价规范》对现场签证有如下规定：

① 现场签证的工作如已有相应的计日工单价，现场签证中应列明完成该类项目所需的人工、材料、工程设备和施工机械台班的数量。如现场签证的工作没有相应的计日工单价，应在现场签证报告中列明完成该签证工作所需的人工、材料、工程设备和施工机械台班的数量及单价。

② 合同工程发生现场签证事项，未经发包人签证确认，承包人便擅自施工的，除非征得发包人书面同意，否则发生的费用应由承包人承担。

③ 现场签证工作完成后的 7 d 内，承包人应按照现场签证内容计算价款，报送发包人确认后，作为增加合同价款，与进度款同期支付。

④ 在施工过程中，当发现合同工程内容因场地条件、地质水文、发包人要求等不一致时，承包人应提供所需的相关资料，并提交发包人签证认可，作为合同价款调整的依据。

合同价款调整的内容还包括计日工、暂估价、提前竣工(赶工补偿)、误期赔偿、暂列金额及发承包双方约定的其他调整事项。

#### 14.1.4.2 工程价款价差调整方法

合同履行期间，因人工、材料、工程设备和施工机械台班价格波动影响合同价款时，应根据合同约定调整合同价款。发承包双方可以根据合同约定的调整方法，对合同价款进行调整。因物价波动引起的合同价款调整方法有两种：一种是采用价格指数调整价格差额；另一种是采用造价信息调整价格差额。承包人采购材料和工程设备的，应在合同中约定主要材料、工程设备价格变化的范围或幅度；如没有约定，且材料、工程设备单价变化超过 5%时，超过部分的价格按上述两种方法之一进行调整。

(1) 价格指数调整价格差额

价格指数调整价格差额又称调值公式法，主要用于施工中所用的材料品种较少，但每种材料使用量较大的土木工程，如公路、水坝等。根据国际惯例，对建设项目已完投资费用的结算，一般也采取此法。建筑安装工程费用价格调值公式一般包括固定部分、材料部分和人工部分三项。一般情况下，业主与承包商在签订合同时就明确了调值公式并规定了相应指数。典型的材料成本要素有钢筋、水泥、木材、钢构件、沥青制品等；同样，人工可包括普通工和技术工。当建筑安装工程的规模和复杂性增大时，公式也变得更为复杂。因人工、材料和工程设备、施工机械台班等价格波动影响合同价格时，根据投标函附录中的价格指数和权重表约定的数据，按下式计算差额并调整合同价款：

$$\Delta P=P_0\times\left[A+\left(B_1\times\frac{F_{t1}}{F_{01}}+B_2\times\frac{F_{t2}}{F_{02}}+B_3\times\frac{F_{t3}}{F_{03}}+\cdots+B_n\times\frac{F_{tn}}{F_{0n}}\right)-1\right] \tag{14.8}$$

式中 $\Delta P$——需调整的价格差额；

$P_0$——约定的付款证书中承包人应得到的已完成工程量的金额，此项金额应不包括价格调整、不计质量保证金的扣留和支付、预付款的支付和扣回，约定的变更及其他金额已按现行价格计价的，也不计在内；

$A$——定值权重（即不调部分的权重）；

$B_1$、$B_2$、$B_3$、…、$B_n$——各可调因子的变值权重（即可调部分的权重），为各可调因子在投标函投标总报价中所占的比例；

$F_{t1}$、$F_{t2}$、$F_{t3}$、…、$F_{tn}$——各可调因子的现行价格指数，指约定的付款证书相关周期最后一天的前42天的各可调因子的价格指数；

$F_{01}$、$F_{02}$、$F_{03}$、…、$F_{0n}$——各可调因子的基本价格指数，指基准日期的各可调因子的价格指数。

以上价格调整公式中的各可调因子、定值和变值权重，以及基本价格指数及其来源在投标函附录价格指数和权重表中约定。价格指数应首先采用工程造价管理机构提供的价格指数，缺乏上述价格指数时，可采用工程造价管理机构提供的价格代替。

**【例14.2】** 某城市土建工程，合同规定结算款为2450万元。合同报价时期为2007年3月，工程于2009年5月建成交付使用。根据表14.2中所列工程人工费、材料费构成比例以及有关造价指数，计算工程实际结算款。

**表14.2 工程人工费、材料费构成比例及有关造价指数**

| 项目 | 人工费 | 钢材 | 水泥 | 集料 | 一级红砖 | 砂 | 木材 | 不调值费用 |
|---|---|---|---|---|---|---|---|---|
| 比例 | 45% | 11% | 11% | 5% | 6% | 3% | 4% | 15% |
| 2007年3月指数 | 100 | 100.8 | 102.0 | 93.6 | 100.2 | 95.4 | 93.4 | |
| 2009年5月指数 | 110.1 | 98.0 | 112.9 | 95.9 | 98.9 | 91.1 | 117.9 | |

**【解】** 需调整的价格差额为：

$$\begin{aligned}\Delta P&=P_0\times\left[A+\left(B_1\times\frac{F_{t1}}{F_{01}}+B_2\times\frac{F_{t2}}{F_{02}}+B_3\times\frac{F_{t3}}{F_{03}}+\cdots+B_n\times\frac{F_{tn}}{F_{0n}}\right)-1\right]\\&=2450\times\left[0.15+\left(0.45\times\frac{110.1}{100}+0.11\times\frac{98.0}{100.8}+0.11\times\frac{112.9}{102.0}\right.\right.\\&\quad\left.\left.+0.05\times\frac{95.9}{93.6}+0.06\times\frac{98.9}{100.2}+0.03\times\frac{91.1}{95.4}+0.04\times\frac{117.9}{93.4}\right)-1\right]\\&=2450\times0.064=156.8\text{ 万元}\end{aligned}$$

则本工程实际结算款为：

2450＋156.8＝2606.8 万元

（2）造价信息调整价格差额

采用造价信息调整价格差额的方法，主要用于使用的材料品种较多，相对而言每种材料使用量较小的房屋建筑与装饰工程。

施工合同履行期内，因人工、材料和工程设备、施工机械台班价格波动影响合同价格时，人工、机械使用费按照国家或省、自治区、直辖市建设行政管理部门、行业建设管理部门或其授权的工程造价管理机构发布的人工成本信息、机械台班单价或机械使用费系数进行调整；需要进行价格调整的材料，其单价和采购数应由发包人复核；发包人确认需调整的材料单价及数量，作为调整合同价款差额的依据。

人工单价发生变化，且承包人对人工费或人工单价的报价不高于发布的价格时，发承包双方应按省级或行业建设主管部门或其授权的工程造价管理机构发布的人工成本文件调整合同款。

材料、工程设备价格变化按照发包人提供的清单，由发承包双方约定的风险范围按下列规定调整合同价款：

① 承包人投标报价中材料单价低于基准单价：施工期间材料单价涨幅以基准单价为基础超过合同约定的风险幅度值，或材料单价跌幅以投标报价为基础超过合同约定的风险幅度值时，其超过部分按实调整。

② 承包人投标报价中材料单价高于基准单价：施工期间材料单价跌幅以基准单价为基础超过合同约定的风险幅度值，或材料单价涨幅以投标报价为基础超过合同约定的风险幅度值时，其超过部分按实调整。

③ 承包人投标报价中材料单价等于基准单价：施工期间材料单价涨、跌幅以基准单价为基础超过合同约定的风险幅度值时，其超过部分按实调整。

④ 承包人应在采购材料前将采购数量和新的材料单价报送发包人核对，确认用于本合同工程时，发包人应确认采购材料的数量和单价。发包人在收到承包人报送的确认资料后 3 个工作日不予答复的，视为已经认可，可作为调整合同价款的依据。如果承包人未报经发包人核对即自行采购材料，再报发包人确认调整合同价款的，如发包人不同意，则不作调整。

施工机械台班单价或施工机械使用费发生变化超过省级或行业建设主管部门或其授权的工程造价管理机构规定的范围时，按其规定调整合同价款。

【习题测试】

## 14.2 竣工决算

竣工决算是项目竣工报告的重要组成部分，对于总结分析建设过程的经验教训，提高工程造价管理水平和积累技术经济资料，为有关部门制订类似工程的建设计划与修订概预算定额指标提供资料和经验，都具有重要意义。

### 14.2.1 竣工决算的概念

竣工决算是指建设项目竣工后，业主按照国家有关规定在新建、改建和扩建工程建设项目竣工验收阶段编制的决算报告。竣工决算由竣工财务决算报表、竣工财务决算说明书、建设工程竣工图、工程造价比较分析四部分组成。其中,竣工财务决算报表、竣工财务决算说明书属于竣工财务决算的内容。竣工财务决算是竣工决算的组成部分,是正确核定新增固定资产价值、考核分析投资效果、建立健全经济责任制的依据,也是竣工验收报告的重要组成部分。

### 14.2.2 竣工决算的作用

竣工验收是工程项目建设全过程的最后一个程序,是全面考核基本建设工作是否合乎设计要求和工程质量的重要环节,是投资成果转入生产或使用的标志。而所有竣工验收的项目在办理验收手续之前,必须对所有财产和物资进行清理,编好竣工决算。

(1) 竣工决算是国家对基本建设投资实行计划管理的重要手段

在基本建设项目从筹建到竣工投产或交付使用的全过程中,各项费用的实际发生额,以及基本建设投资计划的实际执行情况,只能从建设单位编制的建设工程竣工决算中全面反映出来。通过把竣工决算的各项费用数额与设计概算中的相应费用指标相比,可得出节约或超支的情况。通过分析节约或超支的原因,总结经验教训,加强投资计划管理,以提高基本建设投资效果。

(2) 竣工决算是对基本建设实行"三算"对比的基本依据

"三算"对比是指设计概算、施工图预算和竣工决算的对比,这里的设计概算和施工图预算都是人们在建筑施工前不同建设阶段根据有关资料进行计算,确定拟建工程所需的费用。在一定意义上,它们属于人们主观上的估算范畴。而建设工程竣工决算所确定的建设费用是人们在建设活动中实际支出的费用,它在"三算"对比中具有特殊的作用,能够直接反映出固定资产投资计划完成情况和投资效果。

(3) 竣工决算是基本建设成果和财务状况的综合反映

建设项目竣工决算包括基本建设项目从开始建设到竣工验收为止的全部实际费用。它采用货币指标、建设工期、实物数量和各种技术经济指标,综合、全面地反映基本建设项目的建设成果和财务状况。

(4) 竣工决算是竣工验收的主要依据

按国家基本建设程序规定,当批准的设计文件规定的工业项目经负荷运转和试生产,并生产出合格的产品,民用项目符合设计要求,能够正常使用时,应该及时组织竣工验收工作,对建设项目进行全面考核。在竣工验收之前,建设单位向主管部门提出验收报告,其中主要组成部分是建设单位编制的竣工决算文件,作为验收委员会(或小组)验收依据。

验收人员要检查建设项目实际建筑物、构筑物和生产设备与设施的生产和使用情况,同时审查竣工决算文件中的有关内容和指标,确定建设项目的验收结果。

(5) 竣工决算是确定建设单位新增资产价值的依据

在竣工决算中详细计算了建设项目所有的建筑工程费、安装工程费、设备费和其他费用等新增固定资产总额及流动资金,作为建设管理部门向使用单位移交财产的依据。

### 14.2.3 工程竣工决算的编制依据

(1) 可行性研究报告、投资估算书、初步设计或扩大初步设计、修正总概算及其他批复文件。

(2) 原始概(预)算书。

(3) 设计图交底或施工图会审的会议纪要。

(4) 设计变更通知书、现场工程变更签证、施工记录、各种验收资料、停(复)工报告。

(5) 关于材料、设备等价差调整的有关规定，其他施工中发生的费用记录。

(6) 竣工图。

(7) 各种结算资料，包括建筑工程的竣工结算文件、设备安装工程结算文件、设备购置费用结算文件、工器具和生产用具购置结算文件等。

(8) 国家和地方主管部门颁发的有关建设工程竣工决算的文件。

### 14.2.4 竣工决算的内容

竣工决算的内容包括竣工决算报告说明书、竣工财务决算报表、建设工程竣工图和工程造价比较分析四个部分。前两个部分又称为建设项目竣工财务决算，是竣工决算的核心内容和重要组成部分。

#### 14.2.4.1 竣工决算报告说明书

竣工决算报告说明书反映竣工项目建设成果和经验，是全面考核工程投资与造价的书面总结文件，是竣工决算报告的重要组成部分，其主要内容包括：

(1) 建设项目概况

对工程总的评价一般从进度、质量、安全、造价及施工方面进行分析说明。对工程进度，主要说明开工和竣工时间，对照合同工期和要求，分析工期是提前还是延期；对工程质量，要根据竣工验收委员会或质量监督部门的验收评定等级，合格率和优良率进行说明；对工程安全，要根据劳动工资和施工部门记录，对有无设备事故和人身事故进行说明；对工程造价，应对照概算造价，说明是节约还是超支，并用金额和百分率进行分析说明。

(2) 资金来源及运用等财务分析

主要包括工程价款结算、会计账务的处理、财产物资情况及债权债务的清偿情况。

(3) 基本建设收入、投资包干结余、竣工结余资金的上缴分配情况

通过对基本建设投资包干情况的分析，说明投资包干数、实际支用数和节约额、投资包干节余的有机构成和包干节余的分配情况。

(4) 主要技术经济指标的分析、计算情况

①概算执行情况分析，即根据实际投资完成额与概算进行对比分析；②新增生产能力的效益分析，即说明交付使用财产占总投资额的比例，不增加固定资产的造价占投资总额的比例，分析其有机构成和成果。

(5) 工程建设的经验、项目管理和财务管理工作以及竣工财务决算中有待解决的问题。

(6) 需说明的其他事项。

#### 14.2.4.2 竣工财务决算报表

建设项目竣工财务决算报表按大、中型建设项目和小型建设项目分别制定。其中大、中型建设项目竣工财务决算报表包括：建设项目竣工财务决算审批表；大、中型建设项目概况表；大、中型建设项目竣工财务决算表；大、中型建设项目交付使用资产总表；建设项目交付使用资产明细表。

(1) 建设项目竣工财务决算审批表

该表作为竣工决算上报有关部门审批时使用，其格式如表 14.3 所示。

**表 14.3 建设项目竣工财务决算审批表**

<table>
<tr><td>建设项目法人(建设单位)</td><td></td><td>建设性质</td><td></td></tr>
<tr><td>建设项目名称</td><td></td><td>主管部门</td><td></td></tr>
<tr><td colspan="4">开户银行意见：<br><br>（盖章）<br>年　月　日</td></tr>
<tr><td colspan="4">专员办审批意见：<br><br>（盖章）<br>年　月　日</td></tr>
<tr><td colspan="4">主管部门或地方财政部门审批意见：<br><br>（盖章）<br>年　月　日</td></tr>
</table>

(2) 大、中型建设项目概况表

该表综合反映大、中型建设项目的基本概况，其格式如表 14.4 所示。

**表 14.4 大、中型建设项目竣工工程概况表**

<table>
<tr><td>建设项目名称</td><td colspan="3"></td><td>建设地址</td><td></td><td rowspan="9">基建支出</td><td>项目</td><td>概算（元）</td><td>实际（元）</td><td>备注</td></tr>
<tr><td>主要设计单位</td><td colspan="3"></td><td>主要施工企业</td><td></td><td>建筑安装工程</td><td></td><td></td><td rowspan="8"></td></tr>
<tr><td rowspan="3">占地面积</td><td>计划</td><td>实际</td><td rowspan="3">总投资（万元）</td><td>设计</td><td>实际</td><td>设备、工具、器具</td><td></td><td></td></tr>
<tr><td rowspan="2"></td><td rowspan="2"></td><td rowspan="2"></td><td rowspan="2"></td><td>待摊投资</td><td></td><td></td></tr>
<tr><td>其中：建设单位管理费</td><td></td><td></td></tr>
<tr><td rowspan="2">新增生产能力</td><td colspan="3">能力(效益)名称</td><td>设计</td><td>实际</td><td>其他投资</td><td></td><td></td></tr>
<tr><td colspan="3"></td><td></td><td></td><td>待核销基建支出</td><td></td><td></td></tr>
<tr><td rowspan="2">建设起止时间</td><td>设计</td><td colspan="4">从　年　月　日开工<br>至　年　月　日竣工</td><td>非经营项目转出投资</td><td></td><td></td></tr>
<tr><td>实际</td><td colspan="4">从　年　月　日开工<br>至　年　月　日竣工</td><td>合计</td><td></td><td></td></tr>
<tr><td>设计概算批准文号</td><td colspan="10"></td></tr>
<tr><td rowspan="3">完成主要工程量</td><td colspan="5">建筑规模</td><td colspan="5">设备(台、套、吨)</td></tr>
<tr><td colspan="3">设计</td><td colspan="2">实际</td><td colspan="2">设计</td><td colspan="3">实际</td></tr>
<tr><td colspan="3"></td><td colspan="2"></td><td colspan="2"></td><td colspan="3"></td></tr>
<tr><td rowspan="2">收尾工程</td><td colspan="3">工程内容</td><td colspan="2">投资额</td><td colspan="5">完成时间</td></tr>
<tr><td colspan="3"></td><td colspan="2"></td><td colspan="5"></td></tr>
</table>

(3) 大、中型建设项目竣工财务决算表

该表反映竣工的大、中型建设项目从开工到竣工为止全部资金来源和资金运用的情况,其格式如表 14.5 所示。

**表 14.5 大、中型建设项目竣工财务决算表**

(单位:元)

| 资金来源 | 金额 | 资金占用 | 金额 | 补充资料 |
|---|---|---|---|---|
| 一、基建拨款 | | 一、基本建设支出 | | 1. 基建投资借款期末余额 |
| 1. 预算拨款 | | 1. 交付使用资产 | | 2. 应收生产单位投资借款期末数 |
| 2. 基建基金拨款 | | 2. 在建工程 | | 3. 基建结余资金 |
| 其中:国债专项资金拨款 | | 3. 待核销基建支出 | | |
| 3. 专项建设基金拨款 | | 4. 非经营项目转出投资 | | |
| 4. 进口设备转账拨款 | | 二、应收生产单位投资借款 | | |
| 5. 器材转账拨款 | | 三、拨付所属投资借款 | | |
| 6. 煤代油专用基金拨款 | | 四、器材 | | |
| 7. 自筹资金拨款 | | 其中:待处理器材损失 | | |
| 8. 其他拨款 | | 五、货币资金 | | |
| 二、项目资本 | | 六、预付及应收款 | | |
| 1. 国家资本 | | 七、有价证券 | | |
| 2. 法人资本 | | 八、固定资产 | | |
| 3. 个人资本 | | 固定资产原价 | | |
| 4. 外商资本 | | 减:累计折旧 | | |
| 三、项目资本公积 | | 固定资产清理 | | |
| 四、基建借款 | | 待处理固定资产损失 | | |
| 其中:国债转贷 | | | | |
| 五、上级拨入投资借款 | | | | |
| 六、企业债券投资借款 | | | | |
| 七、待冲基建支出 | | | | |
| 八、应付款 | | | | |
| 九、未交款 | | | | |
| 1. 未交税金 | | | | |
| 2. 其他未交款 | | | | |
| 十、上级拨入资金 | | | | |
| 十一、留成收入 | | | | |
| 合计 | | 合计 | | |

(4) 大、中型建设项目交付使用资产总表

该表反映建设项目建成后新增固定资产、流动资产、无形资产和其他资产价值的情况,作为办理财产交接、检查投资计划完成情况和分析投资效果的依据,其格式如表 14.6 所示。

**表 14.6 大、中型建设项目交付使用财产总表**

| 单项工程项目名称 | 总计 | 固定资产 | | | | | 流动资产 | 无形资产 | 递延资产 |
|---|---|---|---|---|---|---|---|---|---|
| | | 建筑工程 | 安装工程 | 设备 | 其他 | 合计 | | | |
| | | | | | | | | | |
| | | | | | | | | | |
| | | | | | | | | | |
| | | | | | | | | | |
| | | | | | | | | | |
| | | | | | | | | | |

| 交付单位： | 接收单位： |
|---|---|
| 负责人： | 负责人： |
| （盖章） | （盖章） |
| 年 月 日 | 年 月 日 |

(5) 建设项目交付使用资产明细表

该表反映交付使用的固定资产、流动资产、无形资产和其他资产及其价值的明细情况，是办理资产交接的依据和接收单位登记资产账目的依据，是使用单位建立资产明细账和登记新增资产价值的依据，其格式如表 14.7 所示。

**表 14.7 建设项目交付使用财产明细表**

| 单项工程名称 | 建筑工程 | | | 设备工具器具家具 | | | | | | 流动资产 | | 无形资产 | | 递延资产 | |
|---|---|---|---|---|---|---|---|---|---|---|---|---|---|---|---|
| | 结构 | 面积（$m^2$） | 价值（元） | 名称 | 规格型号 | 单位 | 数量 | 价值（元） | 设备安装费（元） | 名称 | 价值（元） | 名称 | 价值（元） | 名称 | 价值（元） |
| | | | | | | | | | | | | | | | |
| | | | | | | | | | | | | | | | |

支付单位盖章　　年　月　日　　　　接收单位盖章　　年　月　日

14.2.4.3　*建设工程竣工图*

建设工程竣工图是真实地记录各种地上、地下建筑物、构筑物等情况的技术文件，是工程进行交工验收、维护改建和扩建的依据，是国家的重要技术档案。国家规定：各项新建、扩建、改建的基本建设工程，特别是基础、地下建筑、管线、结构、井巷、桥梁、隧道、港口、水坝以及设备安装等隐蔽部位，都要编制竣工图。为确保竣工图质量，必须在施工过程中（不能在竣工后）及时做好隐蔽工程检查记录，整理好设计变更文件。

14.2.4.4　*工程造价比较分析*

经批准的概预算是考核实际建设工程造价和进行工程造价比较分析的依据。在分析时，可先对比整个项目的总概算，然后将建筑安装工程费、设备工器具购置费和其他工程费用逐一与竣工决算表中所提供的实际数据和相关资料及批准的概算和预算指标、实际的工程造价进行对比分析，以确定竣工项目总造价是节约还是超支，并在对比的基础上，总结先进经验，找出节约和超支的内容和原因，提出改进措施。

### 14.2.5 竣工决算的编制步骤

竣工决算可按以下步骤进行编制：

(1) 收集、整理和分析原始资料。从工程开始就按编制依据的要求，收集、清点、整理有关资料，如设计文件、施工记录、上级批文、概(预)算文件、工程结算单的归集整理、财务处理、财产物资的盘点核实及债权债务的清偿等，做到账账、账证、账实、账表相符。

(2) 进行工程对照，核实工程变动情况，重新核实各单位工程、单项工程造价。将竣工图与原设计图纸进行核实，必要时可实地测量，确认实际变更情况。按照有关规定对原工程合同结算价款进行增减调整。

(3) 核定其他各项投资费用。对经审定的待摊投资、其他投资、待核销基建支出和非经营项目的转出投资，按照财政部印发的通知要求，严格划分和核定后，分别计入相应的基建支出(占用)栏目内。

(4) 编制竣工财务决算说明书。按相关要求编制，力求内容具体、简明扼要、文字流畅、重点突出，分析问题全面透彻。

(5) 填报竣工财务决算报表。

(6) 工程造价对比分析。

(7) 制作工程竣工图。

(8) 按国家规定上报审批，存档。

### 14.2.6 竣工结算与竣工决算的关系

建设项目的竣工决算是以竣工结算为基础进行编制的，它是在整个建设项目竣工结算的基础上，加上从筹建开始到工程全部竣工过程中有关基本建设的其他工程和费用支出，便构成了建设项目的竣工决算。它们的区别表现在以下几个方面：

(1) 编制单位不同

竣工结算是由施工单位编制的，竣工决算是由建设单位编制的。

(2) 编制范围不同

竣工结算主要是针对单位工程编制的，单位工程竣工后便可以进行编制；而竣工决算是针对建设项目编制的，必须在整个建设项目全部竣工后才可以进行编制。

(3) 编制作用不同

竣工结算是建设单位与施工单位结算工程价款的依据，是核定施工企业生产成果、考核工程成本的依据，是建设单位编制建设项目竣工决算的依据。而竣工决算是建设单位考核基本建设投资效果的依据，是正确确定固定资产价值和正确计算固定资产折旧费的依据。

## 思 考 题

(1) 工程结算的概念是什么？工程结算主要有哪几种方式？

(2) 试简述工程预付款的含义及工程预付款的扣回。

(3) 试简述合同价款的调整内容。

(4) 试简述价格指数调整价格差额。

(5) 编制竣工决算的依据有哪些？试简述竣工决算的编制步骤。

(6) 竣工结算与竣工决算的区别有哪些？它们各自的作用是什么？

## 习　题

(1) 某工程年度计划施工产值为800万元，预付备料款为176万元，主要材料、构件所占比率为60%。试计算起扣点为多少万元？

(2) 某施工单位承包某工程项目，甲乙双方签定的关于工程价款的合同内容有：

① 建筑安装工程造价660万元，建筑材料及设备费占施工产值的比重为60%；

② 工程预付款为签约合同价的20%。工程实施后，工程预付款从未施工工程尚需的建筑材料及设备费相当于工程预付款数额时起扣，从每次结算工程价款中按材料和设备占施工产值的比重扣抵工程预付款，竣工前全部扣清；

③ 工程进度款逐月计算；

④ 工程质量保证金为建筑安装工程造价的3%，竣工结算月一次扣留；

⑤ 工程各月实际完成产值如表14.8所示。

**表14.8　工程各月实际完成产值**

| 月份 | 2 | 3 | 4 | 5 | 6 | 合计 |
|---|---|---|---|---|---|---|
| 完成产值 | 55万元 | 110万元 | 165万元 | 220万元 | 110万元 | 660万元 |

问：① 通常工程竣工结算的前提是什么？

② 工程价款结算的方式有哪几种？

③ 该工程的工程预付款、起扣点为多少？

④ 该工程2—5月每月拨付工程款为多少，累计工程款为多少？

⑤ 6月份办理竣工结算的总造价为多少，甲方应付工程结算款为多少？

(3) 某工程合同价款为400万元，于2022年8月签订合同并开工，2023年6月竣工。合同约定按工程造价指数调整法对工程价款进行动态结算。根据当地造价站公布的造价指数，类似工程在2022年8月和2023年6月的造价指数分别为113.15和117.60。则此工程价差调整额为多少万元？

(4) 某设备基础工程施工合同中约定：工期19周，钢筋混凝土基础工程量增加超出15%时，结算时对超出部分按原价的90%调整单价；工程量减少超出15%时，结算时对剩余部分按原价的1.1倍调整单价。合同约定A工作的综合单价为800元/$m^3$，B工作的综合单价为1200元/$m^3$。基础工程施工过程中，在A、B工作开始前，建设单位变更了设备基础尺寸，使A工作的工程量由原来的4200 $m^3$增加到7000 $m^3$，B工作的工程量由原来的3600 $m^3$减少到2400 $m^3$。试计算A、B工作的实际发生费用。

(5) 某施工合同约定采用价格指数及价格调整公式调整价格差额。调价因素及有关数据见表14.9所示。其月完成进度款为1200万元，则该月应当支付给承包人的价格调整金额为多少万元。

**表14.9　调价因素及有关数据**

| | 人工 | 钢材 | 水泥 | 砂石料 | 施工机具使用费 | 定值 |
|---|---|---|---|---|---|---|
| 权重系数 | 0.1 | 0.1 | 0.15 | 0.15 | 0.2 | 0.3 |
| 基准日价格或指数 | 80元/工日 | 100 | 110 | 120 | 115 | — |
| 现行价格或指数 | 90元/工日 | 102 | 120 | 110 | 120 | — |

# 附录一

## 课程设计任务书

### 一、目的与要求

本课程设计为单位建筑工程工程量清单的编制与报价，是课程教学的实践教学环节之一。

本课程设计通过编制一个小型单位工程项目的工程造价文件，让学生较全面地熟悉已学理论知识，并在复习与巩固所学理论知识的基础上，初步掌握编制单位工程工程量清单及计价的内容、步骤与方法，培养学生运用已学知识分析与解决实际问题的能力。

通过本次课程设计，训练学生通过查阅和运用资料、图纸、手册等来分析问题和解决问题；培养学生作为建筑工程技术及管理人员应有的经济观点。

通过技术经济文件的编制工作，要求学生在教师指导下，独立完成规定的设计内容。

### 二、课程设计提交成果

1. 工程量计算书。
2. 招标工程量清单(包括封面、扉页、编制说明、分部分项工程量清单、措施项目清单、其他项目清单)。
3. 综合单价计算书(分部分项工程量清单报价不少于10项，措施项目和其他项目需要全部报价)。
4. 招标控制价(包括封面、扉页、编制说明、分部分项工程量清单与计价表、措施项目清单与计价、其他项目清单计价表、综合单价分析表)。
5. 人材机分析表(与报价部分的清单项一致)。
6. 人材机分析汇总表。

### 三、课程设计任务分工

| 任务分工 | 计算部位 | 计算项目 |
|---|---|---|
| 学号尾号1～15 | 1～4轴线 | 土石方工程、基础工程、砌筑工程、混凝土工程、门窗工程、钢筋工程、屋面及防水工程、装饰装修工程、措施项目计算模板、脚手架及垂直运输 |
| 学号尾号16～以后 | 5～8轴线 | |

注：砌筑工程、门窗工程、装饰装修工程、混凝土工程及钢筋工程的工程量自选一层计算，计算时需备注。

### 四、课程设计资料

1. 施工图纸一套。
2.《建设工程工程量清单计价规范》(GB 50500—2013)。
3.《房屋建筑与装饰工程工程量计算规范》(GB 50854—2013)。
4.《建筑工程建筑面积计算规范》(GB/T 50353—2013)。
5. 省建筑工程消耗量定额及统一基价表。
6. 省建筑安装工程费用定额。
7. 施工图设计中所用的有关标准图集：22G101-1；22G101-2；22G101-3；03ZG002；03ZG003；03ZG313。
8. 教材《建筑工程概预算》及有关预算手册。

## 五、成绩考核及评定

考核标准

| 序号 | 内容 | 分值 |
|---|---|---|
| 1 | 考勤情况 | 10 |
| 2 | 按期完成规定任务的情况 | 10 |
| 3 | 图表质量、文字表达、书写工整程度 | 20 |
| 4 | 工程量计算方法是否正确、内容是否齐全、计算是否准确 | 30 |
| 5 | 工程量清单编制、使用定额报价方法是否正确，内容是否齐全 | 30 |

## 六、课程设计的步骤

（1）搜集相关资料，熟悉施工图纸及相关标准。

（2）按照“计量规范”附录章节编排，计算清单工程量，按照“计价规范”规定格式整理结果，填写规范表格。

（3）对照消耗量定额，根据拟定的施工方案，确定工程的计价工程量。

（4）参照消耗量定额基价、费用定额取费标准及市场行情，确定工程的综合单价及报价。

（5）使用消耗量定额做工程的人材机分析表及人材机分析汇总表。

（6）整理计算结果，编写编制说明，装订成册。

# 附录二

# ××镇中心卫生院清单计价编制实例

## 一、工程量清单

××镇中心卫生院　　工程

# 招标工程量清单

招　标　人：＿＿＿＿＿＿＿＿＿＿＿＿＿＿
（单位盖章）

造价咨询人：＿＿＿＿＿＿＿＿＿＿＿＿＿＿
（单位盖章）

年　　月　　日

××镇中心卫生院 **工程**

# 招标工程量清单

招　标　人：＿＿＿＿＿＿＿＿
（单位盖章）

造价咨询人：＿＿＿＿＿＿＿＿
（单位资质专用章）

法定代表人
或其授权人：＿＿＿＿＿＿＿＿
（签字或盖章）

法定代表人
或其授权人：＿＿＿＿＿＿＿＿
（签字或盖章）

编　制　人：＿＿＿＿＿＿＿＿
（造价人员签字盖专用章）

复　核　人：＿＿＿＿＿＿＿＿
（造价工程师签字盖专用章）

编制时间：　　　年　　月　　日

复核时间：　　　年　　月　　日

# 总　说　明

工程名称：××镇中心卫生院

**一、工程概况**

“××镇中心卫生院”位于××省××市××区。

建筑用途：公共建筑，该工程建筑面积 1201.62 $m^2$，其中地上建筑面积 1201.62 $m^2$，地下建筑面积 0 $m^2$；

建筑高度 14.45 m，地上 3 层，地下 0 层；

结构类型：框架结构；

基础类型：独立基础。

**二、编制依据**

1. ××镇中心卫生院建筑施工图，结构施工图。

2.《建设工程工程量清单计价规范》(GB 50500—2013)、《房屋建筑与装饰工程工程量计算规范》(GB 50854—2013)。

3. 湖北省房屋建筑与装饰工程消耗量定额及全费用基价表(2018)、湖北省建筑安装工程费用定额(2018)、湖北省通用安装工程消耗量定额及全费用基价表(2018)、鄂建办〔2019〕93 号关于调整湖北省建设工程计价依据的通知。

4.《民用建筑设计统一标准》(GB 50352—2019)、《铝合金门窗工程技术规范》(JGJ 214—2010)、《建筑设计防火规范》(GB 50016—2014)(2018 版)、《室外装修及配件》(11ZJ901)、《建筑无障碍设施》(13ZJ301)等设计文件及规范文件。

5. 其他相关的建筑及规划设计规范、其他相关的建筑资料集、××地区的气候特点及气象资料。

**三、工程量清单编制说明**

1. 本工程量清单的工作内容应包含清单计价规范所列出的工作内容(但不仅限于此)，其完整的工作内容应为按照设计图纸、现行的相关施工工艺、技术规范标准、施工质量验收规范标准等要求完成该项工程并达到设计使用要求的所有内容。

2. 分部分项工程量清单中对工程项目的项目特征及具体做法只作重点描述，详细情况见图纸设计、技术说明及相关标准图集。

3. 工程混凝土采用商品混凝土。

4. 本说明未尽事项，以计价规范、工程量计量规范、计价管理办法、标准图集及相关规范、招标文件以及有关的法律、法规、建施行政部门颁发的文件为准。

表-01

# 分部分项工程和单价措施项目清单与计价表

工程名称：××镇中心卫生院　　　　　　　　　　标段：　　　　　　　　　　第 1 页　共 7 页

| 序号 | 项目编码 | 项目名称 | 项目特征描述 | 计量单位 | 工程量 | 金额(元) | | |
|---|---|---|---|---|---|---|---|---|
| | | | | | | 综合单价 | 合价 | 其中：暂估价 |
| | A.1 | 土石方工程 | | | | | | |
| 1 | 010101001001 | 平整场地 | (1) 土壤类别：二类土；<br>(2) 弃土运距：0 | $m^2$ | 474.5 | | | |
| 2 | 010101003001 | 挖沟槽土方 | (1) 土壤类别：二类土；<br>(2) 挖土深度：0.3 m；<br>(3) 弃土运距：就近堆土 | $m^3$ | 57.27 | | | |
| 3 | 010101004001 | 挖基坑土方 | (1) 土壤类别：二类土；<br>(2) 挖土深度：0.6 m；<br>(3) 弃土运距：就近堆土 | $m^3$ | 62.16 | | | |
| 4 | 010103001001 | 回填方<br>(基地回填) | (1) 填方材料品种：原土；<br>(2) 填方来源、运距：就近取土 | $m^3$ | 72.08 | | | |
| 5 | 010103001002 | 回填方<br>(室内回填) | (1) 填方材料品种：原土；<br>(2) 填方来源、运距：就近取土 | $m^3$ | 140.25 | | | |
| 6 | 010103002001 | 取土回填 | (1) 取土品种：二类土；<br>(2) 运距：5 km | $m^3$ | 92.9 | | | |
| | | 分部小计 | | | | | | |
| | A.4 | 砌筑工程 | | | | | | |
| 7 | 010402001001 | 砌块墙 | (1) 砌块品种、规格、强度等级：100 mm厚蒸压加气混凝土砌块；<br>(2) 砂浆强度等级：Mb5.0 砂浆 | $m^3$ | 8.72 | | | |
| 8 | 010402001002 | 砌块墙 | (1) 砌块品种、规格、强度等级：200 mm、250 mm 厚蒸压加气混凝土砌块；<br>(2) 砂浆强度等级：Mb5.0 砂浆 | $m^3$ | 24.01 | | | |
| 9 | 010402001003 | 女儿墙 | (1) 砌块品种、规格、强度等级：250 mm厚蒸压加气混凝土砌块；<br>(2) 墙体类型：女儿墙；<br>(3) 砂浆强度等级：Mb7.5 砂浆 | $m^3$ | 6.4 | | | |
| | | 分部小计 | | | | | | |
| | A.5 | 混凝土及钢筋混凝土工程 | | | | | | |
| 10 | 010501001001 | 垫层 | (1) 混凝土种类：商品混凝土；<br>(2) 混凝土强度等级：C15 | $m^3$ | 15.76 | | | |
| 11 | 010501003001 | 独立基础 | (1) 混凝土种类：商品混凝土；<br>(2) 混凝土强度等级：C25 | $m^3$ | 19.98 | | | |
| | | | 本页小计 | | | | | |

注：为计取规费等的使用，可在表中增设其中："定额人工费"。

表-08

# 分部分项工程和单价措施项目清单与计价表

工程名称：××镇中心卫生院　　　　标段：　　　　第2页　共7页

| 序号 | 项目编码 | 项目名称 | 项目特征描述 | 计量单位 | 工程量 | 金额(元) | | |
|---|---|---|---|---|---|---|---|---|
| | | | | | | 综合单价 | 合价 | 其中：暂估价 |
| 12 | 010502001001 | 矩形柱 | (1) 混凝土种类：商品混凝土；<br>(2) 混凝土强度等级：C25 | $m^3$ | 46.89 | | | |
| 13 | 010502002001 | 构造柱 | (1) 混凝土种类：商品混凝土；<br>(2) 混凝土强度等级：C20 | $m^3$ | 39.82 | | | |
| 14 | 010503001001 | 基础梁 | (1) 混凝土种类：商品混凝土；<br>(2) 混凝土强度等级：C25 | $m^3$ | 34.91 | | | |
| 15 | 010503005001 | 过梁 | (1) 混凝土种类：商品混凝土；<br>(2) 混凝土强度等级：C20 | $m^3$ | 3.39 | | | |
| 16 | 010505001001 | 有梁板 | (1) 混凝土种类：商品混凝土；<br>(2) 混凝土强度等级：C25 | $m^3$ | 238.21 | | | |
| 17 | 010505007001 | 挑檐板 | (1) 混凝土种类：商品混凝土；<br>(2) 混凝土强度等级：C25 | $m^3$ | 5.54 | | | |
| 18 | 010506001001 | 直形楼梯 | (1) 混凝土种类：商品混凝土；<br>(2) 混凝土强度等级：C25 | $m^2$ | 60.74 | | | |
| 19 | 010507001001 | 坡道 | (1) 20 mm 1∶2 水泥砂浆面层；<br>(2) 金刚砂防滑条；<br>(3) 100 mm 厚 C15 混凝土；<br>(4) 150 mm 厚碎石垫层灌砂浆 | $m^2$ | 47.11 | | | |
| 20 | 010507001002 | 散水 | (1) 60 mm 厚 C15 混凝土面层；<br>(2) 60 mm 厚砂垫层 | $m^2$ | 68.52 | | | |
| 21 | 010507004001 | 台阶 | (1) 600×600 陶瓷面砖；<br>(2) 15 mm 厚 1∶3 水泥砂浆；<br>(3) C15 商品混凝土 | $m^2$ | 39.81 | | | |
| 22 | 010507005001 | 压顶 | (1) 混凝土种类：商品混凝土；<br>(2) 混凝土强度等级：C15 | $m^3$ | 1.7 | | | |
| 23 | 010515001001 | 现浇构件钢筋 | (1) 钢筋种类、规格：一级钢筋直径≤10 mm | t | 3.034 | | | |
| 24 | 010515001002 | 现浇构件钢筋 | (1) 钢筋种类、规格：三级钢筋直径≤10 mm | t | 1.649 | | | |
| 25 | 010515001003 | 现浇构件钢筋 | (1) 钢筋种类、规格：三级钢筋直径≤18 mm | t | 18.723 | | | |
| 26 | 010515001004 | 现浇构件钢筋 | (1) 钢筋种类、规格：三级钢筋直径≤25 mm | t | 5.563 | | | |
| 27 | 010515001005 | 现浇构件钢筋 | (1) 钢筋种类、规格：一级箍筋直径≤10 mm | t | 25.972 | | | |
| 28 | 010515001006 | 现浇构件钢筋 | (1) 钢筋种类、规格：一级箍筋直径>10 mm | t | 0.142 | | | |
| | | | 本页小计 | | | | | |

注：为计取规费等的使用，可在表中增设其中："定额人工费"。

表-08

# 分部分项工程和单价措施项目清单与计价表

工程名称：××镇中心卫生院　　　　标段：　　　　第 3 页　共 7 页

| 序号 | 项目编码 | 项目名称 | 项目特征描述 | 计量单位 | 工程量 | 金额(元) | | |
|---|---|---|---|---|---|---|---|---|
| | | | | | | 综合单价 | 合价 | 其中：暂估价 |
| 29 | 010515001007 | 现浇构件钢筋 | (1) 钢筋种类、规格：三级箍筋直径≤10 mm | t | 5.35 | | | |
| | | 分部小计 | | | | | | |
| | A.8 | 门窗工程 | | | | | | |
| 30 | 010801001001 | 木质门 | 实木门带观察窗 | $m^2$ | 70.35 | | | |
| 31 | 010802001001 | 金属(塑钢)门 | 塑料百叶门 | $m^2$ | 37.59 | | | |
| 32 | 010802003001 | 钢质防火门 | 钢质乙级防火门 | $m^2$ | 2.94 | | | |
| 33 | 010802004001 | 防盗门 | 铁质防盗门(子母门) | $m^2$ | 10.8 | | | |
| 34 | 010805005001 | 全玻自由门 | 玻璃门(贴防撞标识) | $m^2$ | 7.2 | | | |
| 35 | 010807001001 | 金属(塑钢、断桥)窗 | (1) 框、扇材质：103 系列塑钢；<br>(2) 玻璃品种、厚度：low-e 中空安全玻璃 6＋9A＋6 | $m^2$ | 192.78 | | | |
| | | 分部小计 | | | | | | |
| | A.9 | 屋面及防水工程 | | | | | | |
| 36 | 010901001001 | 瓦屋面 | (1) 青灰色筒板瓦(盖六留四)；<br>(2) 1∶1∶4 水泥石灰砂浆加水泥重 3%麻刀卧瓦，最薄处 20 mm 厚；<br>(3) 30 mm 厚 1∶3 水泥砂浆内铺 $\phi$6@500×500 钢筋网 | $m^2$ | 434.96 | | | |
| 37 | 010902001001 | 屋面卷材防水 | (1) 卷材品种、规格、厚度：1.2 厚聚氯乙烯防水卷材；<br>(2) 防水层数：一层；<br>(3) 防水层做法：冷粘法 | $m^2$ | 357.83 | | | |
| 38 | 010902001002 | 屋面卷材防水 | (1) 卷材品种、规格、厚度：1.5 厚高分子自粘防水卷材；<br>(2) 防水层数：一层；<br>(3) 防水层做法：自粘法 | $m^2$ | 260.63 | | | |
| 39 | 010902002001 | 屋面涂膜防水 | (1) 防水膜品种：聚氨酯防水涂料；<br>(2) 涂膜厚度、遍数：1.5 mm 厚，一遍 | $m^2$ | 260.63 | | | |
| | | | 本页小计 | | | | | |

注：为计取规费等的使用，可在表中增设其中："定额人工费"。

表-08

# 分部分项工程和单价措施项目清单与计价表

工程名称：××镇中心卫生院　　　　标段：　　　　第 4 页　共 7 页

| 序号 | 项目编码 | 项目名称 | 项目特征描述 | 计量单位 | 工程量 | 金额(元) | | |
|---|---|---|---|---|---|---|---|---|
| | | | | | | 综合单价 | 合价 | 其中：暂估价 |
| 40 | 010902002002 | 屋面涂膜防水(挑檐) | (1) 1 mm 厚聚合物水泥防水涂料；<br>(2) 15 mm 厚 1∶3 水泥砂浆找平，刷界面处理剂；<br>(3) 焦渣混凝土填实 | $m^2$ | 77.13 | | | |
| 41 | 010902003001 | 屋面刚性层 | (1) 刚性层厚度：40 mm；<br>(2) 混凝土种类：细石混凝土；<br>(3) 混凝土强度等级：C20 | $m^2$ | 244.33 | | | |
| | | 分部小计 | | | | | | |
| | A.10 | 保温、隔热、防腐工程 | | | | | | |
| 42 | 011001001001 | 保温屋面 | (1) 保温隔热材料品种、规格、厚度：50 mm 厚 XPS 保温板 X300 型 | $m^2$ | 244.33 | | | |
| | | 分部小计 | | | | | | |
| | A.11 | 楼地面装饰工程 | | | | | | |
| 43 | 011102003001 | 块料地面(卫生间) | (1) 10 mm 厚防滑陶瓷地砖 600×600；<br>(2) 20 mm 厚 1∶4 干硬性水泥砂浆；<br>(3) 1.5 mm 厚聚氨酯防水涂料；<br>(4) 最薄处 15 mm 厚 1∶3 水泥砂浆找坡层抹平；<br>(5) 80 mm 厚 C15 细石混凝土垫层；<br>(6) 素土夯实 | $m^2$ | 37.54 | | | |
| 44 | 011102003002 | 块料地面(房间及公共走道) | (1) 10 mm 厚防滑地砖 600×600；<br>(2) 20 mm 厚 1∶3 水泥砂浆；<br>(3) 水泥浆一道(内掺建筑胶)；<br>(4) 80 mm 厚 C15 细石混凝土垫层；<br>(5) 素土夯实 | $m^2$ | 377.53 | | | |
| 45 | 011102003003 | 块料楼面(卫生间) | (1) 10 mm 厚防滑陶瓷地砖 600×600；<br>(2) 20 mm 厚 1∶4 干硬性水泥砂浆；<br>(3) 3 mm 厚聚合物水泥基防水涂料；<br>(4) 20 mm 厚 1∶3 水泥砂浆找平；<br>(5) 250 mm 厚炉渣填充并找坡 1%；<br>(6) 1.5 mm 厚聚氨酯防水涂料一道(基层处理平整)四周翻起 300；<br>(7) 现浇混凝土下沉基坑 | $m^2$ | 61.2 | | | |
| | | | 本页小计 | | | | | |

注：为计取规费等的使用，可在表中增设其中："定额人工费"。

表-08

# 分部分项工程和单价措施项目清单与计价表

工程名称：××镇中心卫生院　　　　　　　　　　　　　　　　　　标段：　　　　　　　　　　　　第5页　共7页

| 序号 | 项目编码 | 项目名称 | 项目特征描述 | 计量单位 | 工程量 | 金额（元） | | |
|---|---|---|---|---|---|---|---|---|
| | | | | | | 综合单价 | 合价 | 其中：暂估价 |
| 46 | 011102003004 | 块料楼面（房间及公共走道） | （1）10 mm厚防滑地砖600×600；<br>（2）20 mm厚1∶3水泥砂浆；<br>（3）水泥浆一道（内掺建筑胶）；<br>（4）钢筋混凝土结构层 | $m^2$ | 598.84 | | | |
| 47 | 011105003001 | 块料踢脚线 | （1）10 mm厚面砖；<br>（2）3 mm厚1∶1水泥砂浆加水重20%建筑胶；<br>（3）15 mm厚1∶3水泥石灰砂浆；<br>（4）墙体表面清理干净 | $m^2$ | 39.43 | | | |
| 48 | 011106002001 | 块料楼梯面层 | （1）10 mm厚防滑地砖600×600；<br>（2）20 mm厚1∶3水泥砂浆；<br>（3）水泥浆一道（内掺建筑胶）；<br>（4）钢筋混凝土楼梯结构层 | $m^2$ | 60.74 | | | |
| 49 | 011107002001 | 块料台阶面 | （1）10 mm厚防滑地砖600×600；<br>（2）15 mm厚1∶3水泥砂浆找平 | $m^2$ | 9.24 | | | |
| | | 分部小计 | | | | | | |
| | A.12 | 墙、柱面装饰与隔断、幕墙工程 | | | | | | |
| 50 | 011201001001 | 墙面一般抹灰（外墙） | （1）墙体类型：外墙；<br>（2）底层厚度、砂浆配合比：20 mm厚加气混凝土砌块专用抹面砂浆，分两次抹灰；<br>（3）面层厚度、砂浆配合比：8 mm厚1∶2.5水泥砂浆 | $m^2$ | 991.46 | | | |
| 51 | 011201001002 | 墙面一般抹灰（内墙） | （1）墙表面清理干净，涂刷界面砂浆；<br>（2）15 mm厚1∶1∶6水泥石灰砂浆，分两次抹灰；<br>（3）5 mm厚1∶0.5∶3水泥石灰砂浆 | $m^2$ | 2672.85 | | | |
| 52 | 011201001003 | 墙面一般抹灰（卫生间墙） | （1）墙表面清理干净，涂刷界面砂浆；<br>（2）刷专用界面剂一遍；<br>（3）20 mm厚掺防水剂的防水砂浆，分层抹灰压实；<br>（4）5 mm厚1∶2水泥砂浆抹面压光 | $m^2$ | 458.81 | | | |
| 53 | 011202001001 | 柱面一般抹灰 | （1）柱（梁）体类型：独立柱；<br>（2）底层厚度、砂浆配合比：干混抹灰砂浆DP M10 | $m^2$ | 13.98 | | | |
| 本页小计 | | | | | | | | |

注：为计取规费等的使用，可在表中增设其中："定额人工费"。

表-0

# 分部分项工程和单价措施项目清单与计价表

工程名称：××镇中心卫生院　　　　标段：　　　　第6页　共7页

| 序号 | 项目编码 | 项目名称 | 项目特征描述 | 计量单位 | 工程量 | 金额(元) | | |
|---|---|---|---|---|---|---|---|---|
| | | | | | | 综合单价 | 合价 | 其中：暂估价 |
| 54 | 011204003001 | 块料墙面(墙裙) | (1) 墙体类型：外墙墙裙；<br>(2) 面层材料品种、规格、颜色：青灰色面砖 | $m^2$ | 51.31 | | | |
| | | 分部小计 | | | | | | |
| | A.13 | 天棚工程 | | | | | | |
| 55 | 011301001001 | 天棚抹灰 | (1) 钢筋混凝土板底面清理干净，涂刷界面砂浆；<br>(2) 素水泥浆一道甩毛(内掺建筑胶)；<br>(3) 3 mm厚底基防裂腻子分遍刮平；<br>(4) 2 mm厚面层耐水腻子刮平 | $m^2$ | 929.09 | | | |
| 56 | 011301001002 | 天棚抹灰(卫生间) | (1) 现浇钢筋混凝土楼板表面清理干净；<br>(2) 刷基层配套处理剂；<br>(3) 5 mm厚涂刮型聚合物水泥防水砂浆 | $m^2$ | 90.39 | | | |
| | | 分部小计 | | | | | | |
| | A.14 | 油漆、涂料、裱糊工程 | | | | | | |
| 57 | 011406001001 | 抹灰面油漆(楼梯及走道天棚) | (1) 刷或滚底漆一遍；<br>(2) 刷或滚乳胶漆二遍 | $m^2$ | 290.13 | | | |
| 58 | 011406001002 | 抹灰面油漆(内墙) | (1) 满刮腻子，刮平；<br>(2) 刷或滚底漆一遍；<br>(3) 刷或滚乳胶漆二遍 | $m^2$ | 2672.85 | | | |
| 59 | 011407001001 | 墙面喷刷涂料(外墙及独立柱) | (1) 喷底涂料一遍；<br>(2) 饰面层涂料二道 | $m^2$ | 1005.44 | | | |
| 60 | 011407004001 | 线条刷涂料(暗红色仿木纹涂料) | 暗红色仿木涂料，宽500 mm | m | 148.45 | | | |
| | | 分部小计 | | | | | | |
| | | 措施项目 | | | | | | |
| 61 | 011701001001 | 综合脚手架 | (1) 建筑结构形式：框架结构；<br>(2) 檐口高度：14.45 m | $m^2$ | 1201.81 | | | |
| 62 | 011702001001 | 独立基础模板 | (1) 基础类型：独立基础 | $m^2$ | 58.56 | | | |
| | | | 本页小计 | | | | | |

注：为计取规费等的使用，可在表中增设其中："定额人工费"。

表-08

# 分部分项工程和单价措施项目清单与计价表

工程名称：××镇中心卫生院　　　　　　　　　　　　标段：　　　　　　　　　　第7页　共7页

| 序号 | 项目编码 | 项目名称 | 项目特征描述 | 计量单位 | 工程量 | 金额(元) | | |
|---|---|---|---|---|---|---|---|---|
| | | | | | | 综合单价 | 合价 | 其中：暂估价 |
| 63 | 011702001002 | 基础垫层模板 | (1) 基础类型：混凝土垫层 | $m^2$ | 58.55 | | | |
| 64 | 011702002001 | 矩形柱模板 | | $m^2$ | 409.04 | | | |
| 65 | 011702003001 | 构造柱模板 | | $m^2$ | 474.09 | | | |
| 66 | 011702005001 | 基础梁模板 | (1) 梁截面形状：矩形 | $m^2$ | 282.12 | | | |
| 67 | 011702009001 | 过梁模板 | | $m^2$ | 51.37 | | | |
| 68 | 011702014001 | 有梁板模板 | (1) 支撑高度：3.6～4.0 m | $m^2$ | 2398.48 | | | |
| 69 | 011702022001 | 挑檐模板 | (1) 构件类型：平面 | $m^2$ | 70.03 | | | |
| 70 | 011702024001 | 楼梯 | (1) 类型：直形楼梯 | $m^2$ | 106.95 | | | |
| 71 | 011703001001 | 垂直运输 | (1) 建筑物建筑类型及结构形式：框架结构；<br>(2) 建筑物檐口高度、层数：14.45 m，3层 | $m^2$ | 1201.81 | | | |
| | | 分部小计 | | | | | | |
| | | | | | | | | |
| | | | | | | | | |
| | | | | | | | | |
| | | | | | | | | |
| | | | | | | | | |
| | | | | | | | | |
| | | | | | | | | |
| | | | | | | | | |
| | | | | | | | | |
| | | | | | | | | |
| | | | | | | | | |
| | | | | | | | | |
| 本页小计 | | | | | | | | |
| 合　计 | | | | | | | | |

注：为计取规费等的使用，可在表中增设其中："定额人工费"。

表-08

# 其他项目清单与计价汇总表

工程名称：××镇中心卫生院　　　　　　　　标段：　　　　　　　　第1页　共1页

| 序号 | 项目名称 | 金额(元) | 结算金额(元) | 备注 |
|---|---|---|---|---|
| 1 | 暂列金额 | 180000.00 | | 明细详见表-12-1 |
| 2 | 暂估价 | 120000.00 | | |
| 2.1 | 材料暂估价 | — | | 明细详见表-12-2 |
| 2.2 | 专业工程暂估价 | 120000.00 | | 明细详见表-12-3 |
| 3 | 计日工 | | | 明细详见表-12-4 |
| 4 | 总承包服务费 | | | 明细详见表-12-5 |
| 5 | 索赔与现场签证费 | 0.00 | | |
| 6 | 增值税 | 33550.48 | | |
| 合　计 | | | | — |

注：材料(工程设备)暂估单价进入清单项目综合单价，此处不汇总。

表-12

# 暂列金额明细表

工程名称：××镇中心卫生院　　　　标段：　　　　第1页　共1页

| 序号 | 项目名称 | 计量单位 | 暂定金额(元) | 备注 |
|---|---|---|---|---|
| 1 | | 元 | 180000 | |
| | | | | |
| | | | | |
| | | | | |
| | | | | |
| | | | | |
| | | | | |
| | | | | |
| | | | | |
| | | | | |
| | | | | |
| | | | | |
| | | | | |
| | | | | |
| | | | | |
| | | | | |
| | | | | |
| | | | | |
| | | | | |
| | | | | |
| | | | | |
| | | | | |
| | | | | |
| | | | | |
| | | | | |
| | | | | |
| | | | | |
| | | | | |
| 合　计 | | | 180000.00 | — |

注：此表由招标人填写，如不能详列，也可只列暂列金额总额，投标人应将上述暂列金额计入投标总价中。

表-12-1

# 材料(工程设备)暂估单价及调整表

工程名称：××镇中心卫生院　　　　标段：　　　　第 1 页　共 1 页

| 序号 | 材料(工程设备)名称、规格、型号 | 计量单位 | 数量 | | 暂估(元) | | 确认(元) | | 差额±(元) | | 备注 |
|---|---|---|---|---|---|---|---|---|---|---|---|
| | | | 暂估 | 确认 | 单价 | 合价 | 单价 | 合价 | 单价 | 合价 | |
| 1 | 地砖 600×600 | $m^2$ | | | 100 | | | | | | |
| 2 | 钢制防盗门 | $m^2$ | | | 450 | | | | | | |
| 3 | 木质防火门 | $m^2$ | | | 450 | | | | | | |
| 4 | 全玻有框门扇 | $m^2$ | | | 450 | | | | | | |
| | | | | | | | | | | | |
| | | | | | | | | | | | |
| | | | | | | | | | | | |
| | | | | | | | | | | | |
| | | | | | | | | | | | |
| | | | | | | | | | | | |
| | | | | | | | | | | | |
| | | | | | | | | | | | |
| | | | | | | | | | | | |
| | | | | | | | | | | | |
| | | | | | | | | | | | |
| | | | | | | | | | | | |
| | | | | | | | | | | | |
| | | | | | | | | | | | |
| | | | | | | | | | | | |
| | | | | | | | | | | | |
| | | | | | | | | | | | |
| | | | | | | | | | | | |
| | | | | | | | | | | | |
| | | | | | | | | | | | |
| | | | | | | | | | | | |
| | | | | | | | | | | | |
| | | | | | | | | | | | |
| | | | | | | | | | | | |
| 合计 | | | | | | | | | | | |

注：此表由招标人填写“暂估单价”，并在备注栏说明暂估价的材料、工程设备拟用在那些清单项目上，投标人应将上述材料、工程设备暂估单价计入工程量清单综合单价报价中。

表-12-2

# 专业工程暂估价及结算价表

工程名称：××镇中心卫生院　　　　　　　　　　　　　　　　　　　　　　　　　　　标段：　　　　　　　　　第 1 页　共 1 页

| 序号 | 工程名称 | 工程内容 | 暂估金额（元） | 结算金额（元） | 差额±（元） | 备注 |
|---|---|---|---|---|---|---|
| 1 | 消防工程 | 自动喷淋系统 | 120000 | | | |
| | | | | | | |
| | | | | | | |
| | | | | | | |
| | | | | | | |
| | | | | | | |
| | | | | | | |
| | | | | | | |
| | | | | | | |
| | | | | | | |
| | | | | | | |
| | | | | | | |
| | | | | | | |
| | | | | | | |
| | | | | | | |
| | | | | | | |
| | | | | | | |
| | | | | | | |
| | | | | | | |
| | | | | | | |
| | | | | | | |
| | | | | | | |
| | | | | | | |
| | | | | | | |
| | | | | | | |
| | | | | | | |
| | | | | | | |
| | | | | | | |
| 合计 | | | 120000.00 | | | — |

注：此表"暂估金额"由招标人填写，投标人应将"暂估金额"计入投标总价中。结算时按合同约定结算金额填写。

表-12-3

# 计日工表

工程名称：××镇中心卫生院　　　　标段：　　　　第1页　共1页

| 编号 | 项目名称 | 单位 | 暂定数量 | 单价(元) | 合价(元) |
| --- | --- | --- | --- | --- | --- |
| 1 | 人工 | | | | |
| 1.1 | 普工 | 工日 | 50 | | |
| 1.2 | 技工 | 工日 | 60 | | |
| 人工小计 | | | | | |
| 2 | 材料 | | | | |
| 2.1 | 钢筋(规格见图纸) | t | 5 | | |
| 2.2 | 商品混凝土 C25 | $m^3$ | 10 | | |
| 材料小计 | | | | | |
| 3 | 施工机具使用费 | | | | |
| 3.1 | 卷扬机 | 台班 | 20 | | |
| 施工机具使用费小计 | | | | | |
| 4 | 费用 | | | | |
| | | | | | |
| | | | | | |
| | | | | | |
| | | | | | |
| | | | | | |
| | | | | | |
| | | | | | |
| | | | | | |
| | | | | | |
| | | | | | |
| | | | | | |
| | | | | | |
| | | | | | |
| | | | | | |
| | | | | | |
| | | | | | |
| | | | | | |
| | | | | | |
| 总　计 | | | | | |

注：此表项目名称、暂定数量由招标人填写，编制招标控制价时，单价由招标人按有关计价规定确定；投标时，单价由投标人自主报价，按暂定数量计算合价计入投标总价中。结算时，按发承包双方确认的实际数量计算合价。

表-12-4

# 总承包服务费计价表

工程名称：××镇中心卫生院　　　　标段：　　　　第 1 页　共 1 页

| 序号 | 项目名称 | 项目价值(元) | 服务内容 | 计算基础 | 费率(%) | 金额(元) |
|---|---|---|---|---|---|---|
| 1 | 发包人发包专业工程 | | | | | |
| 1.1 | | | | | | |
| 小计 | | | | | | |
| 2 | 发包人提供的材料 | | | | | |
| 2.1 | | | | | | |
| 小计 | | | | | | |
| | | | | | | |
| | | | | | | |
| | | | | | | |
| | | | | | | |
| | | | | | | |
| | | | | | | |
| | | | | | | |
| | | | | | | |
| | | | | | | |
| | | | | | | |
| | | | | | | |
| | | | | | | |
| | | | | | | |
| | | | | | | |
| | | | | | | |
| | | | | | | |
| | | | | | | |
| | | | | | | |
| | | | | | | |
| | | | | | | |
| | | | | | | |
| | | | | | | |
| | | | | | | |
| | 合计 | — | — | | — | |

注：此表项目名称、服务内容由招标人填写，编制招标控制价时，费率及金额由招标人按有关计价规定确定；投标时，费率及金额由投标人自主报价，计入投标总价中。

表-12-5

## 二、项目招标控制价

<u>××镇中心卫生院</u> 工程

# 招标控制价

招　标　人：________________________
（单位盖章）

造价咨询人：________________________
（单位盖章）

年　　月　　日

×× 镇中心卫生院 **工程**

# 招标控制价

招标控制价(小写):2,442,281.21 元

(大写):贰佰肆拾肆万贰仟贰佰捌拾壹元贰角壹分

招　标　人:＿＿＿＿＿＿＿＿(单位盖章)

造价咨询人:＿＿＿＿＿＿＿＿(单位资质专用章)

法定代表人
或其授权人:＿＿＿＿＿＿＿＿(签字或盖章)

法定代表人
或其授权人:＿＿＿＿＿＿＿＿(签字或盖章)

编　制　人:＿＿＿＿＿＿＿＿(造价人员签字盖专用章)

复　核　人:＿＿＿＿＿＿＿＿(造价工程师签字盖专用章)

编制时间:　　　　年　　月　　日

复核时间:　　　　年　　月　　日

# 总　说　明

工程名称：××镇中心卫生院　　　　第1页　共1页

**一、工程概况**

"××镇中心卫生院"位于××省××市××区。

建筑用途：公共建筑，该工程建筑面积 1201.62 $m^2$，其中地上建筑面积 1201.62 $m^2$，地下建筑面积 0 $m^2$；

建筑高度 14.45 m，地上 3 层，地下 0 层；

结构类型：框架结构；

基础类型：独立基础。

**二、编制依据**

1. 招标文件、招标工程量清单及其补充通知、答疑纪要；

2.《建设工程工程量清单计价规范》(GB 50500—2013)、《房屋建筑与装饰工程工程量计算规范》(GB 50854—2013)；

3. 湖北省房屋建筑与装饰工程消耗量定额及全费用基价表(2018)、湖北省建筑安装工程费用定额(2018)、湖北省通用安装工程消耗量定额及全费用基价表(2018)、鄂建办〔2019〕93 号关于调整湖北省建设工程计价依据的通知；鄂建办〔2020〕42 号关于调整湖北省现行建设工程计价依据定额人工单价的通知；

4.《民用建筑设计统一标准》(GB 50352—2019)、《铝合金门窗工程技术规范》(JGJ 214—2010)、《建筑设计防火规范》(GB 50016—2014)(2018 版)、《室外装修及配件》(11ZJ901)、《建筑无障碍设施》(13ZJ301)等设计文件及规范文件；

5. 其他相关的建筑及规划设计规范、其他相关的建筑资料集、××地区的气候特点及气象资料。

**三、工程量清单编制说明**

1. 本工程量清单的工作内容应包含清单计价规范所列出的工作内容(但不仅限于此)，其完整的工作内容应为按照设计图纸、现行的相关施工工艺、技术规范标准、施工质量验收规范标准等要求实施完成该项工程并达到设计使用要求的所有内容；

2. 分部分项工程量清单中对工程项目的项目特征及具体做法只作重点描述，详细情况见图纸设计、技术说明及相关标准图集；

3. 工程混凝土采用商品混凝土；

4. 本说明未尽事项，以计价规范、工程量计量规范、计价管理办法、标准图集及相关规范、招标文件以及有关的法律、法规、建施行政部门颁发的文件为准；

5. 主要材料价格参照 2024 年 05 月份湖北省武汉市信息价，以及市场询价。

表1

# 单位工程招标控制价汇总表

工程名称：××镇中心卫生院　　标段：　　第1页　共1页

| 序号 | 汇总内容 | 金额(元) | 其中：暂估价(元) |
| --- | --- | --- | --- |
| 一 | 分部分项工程和单价措施项目 | 1974619.38 | 153412.09 |
| 1.1 | 其中：人工费 | 415154.57 | |
| 1.2 | 其中：施工机具使用费 | 29419.76 | |
| 1.3 | 其中：安全文明施工费 | 69243.33 | |
| 1.4 | 土石方工程 | 12543.71 | |
| 1.5 | 砌筑工程 | 24427.65 | |
| 1.6 | 混凝土及钢筋混凝土工程 | 726215.32 | 4100.43 |
| 1.7 | 门窗工程 | 118379.94 | 38575.61 |
| 1.8 | 屋面及防水工程 | 121064.29 | |
| 1.9 | 保温、隔热、防腐工程 | 4459.02 | |
| 1.10 | 楼地面装饰工程 | 223356.51 | 110736.05 |
| 1.11 | 墙、柱面装饰与隔断、幕墙工程 | 153866.37 | |
| 1.12 | 天棚工程 | 16676.07 | |
| 1.13 | 油漆、涂料、裱糊工程 | 85603.39 | |
| 二 | 其他项目费 | 406333.63 | — |
| 三 | 甲供费用(单列不计入造价) | | |
| 四 | 人工费调整(含税) | 61328.2 | |
| 4.1 | 人工费价差 | 56264.4 | |
| 4.2 | 人工费价差增值税 | 5063.8 | |
| 五 | 含税工程造价 | 2442281.21 | |
| | | | |
| 单位工程数据： | | | |
| | 人工费 | 434654.57 | |
| | 材料费 | 1025364.33 | |
| | 施工机具使用费 | 37819.76 | |
| | 费用 | 386546.77 | |
| | 主材费 | 0 | |
| | 设备费 | 0 | |
| | 增值税 | 196567.55 | |
| | | | |
| | | | |
| | | | |
| 招标控制价合计： | | 2,442,281.21 | 153412.09 |

注：本表适用于单位工程招标控制价或投标报价的汇总，如无单位工程划分，单项工程也使用本表汇总。

表4

# 分部分项工程和单价措施项目清单与计价表

工程名称:××镇中心卫生院　　　　　　　　　　　　　标段:　　　　　　　　　　第1页　共7页

| 序号 | 项目编码 | 项目名称 | 项目特征描述 | 计量单位 | 工程量 | 金额(元) | | |
|---|---|---|---|---|---|---|---|---|
| | | | | | | 综合单价 | 合价 | 其中:暂估价 |
| | A.1 | 土石方工程 | | | | | | |
| 1 | 010101001001 | 平整场地 | (1) 土壤类别:二类土;<br>(2) 弃土运距:0 | $m^2$ | 474.5 | 3.43 | 1627.54 | |
| 2 | 010101003001 | 挖沟槽土方 | (1) 土壤类别:二类土;<br>(2) 挖土深度:0.3 m;<br>(3) 弃土运距:就近堆土 | $m^3$ | 57.27 | 34.06 | 1950.62 | |
| 3 | 010101004001 | 挖基坑土方 | (1) 土壤类别:二类土;<br>(2) 挖土深度:0.6 m;<br>(3) 弃土运距:就近堆土 | $m^3$ | 62.16 | 37.2 | 2312.35 | |
| 4 | 010103001001 | 回填方(基地回填) | (1) 填方材料品种:原土;<br>(2) 填方来源、运距:就近取土 | $m^3$ | 72.08 | 27.54 | 1985.08 | |
| 5 | 010103001002 | 回填方(室内回填) | (1) 填方材料品种:原土;<br>(2) 填方来源、运距:就近取土 | $m^3$ | 140.25 | 21.05 | 2952.26 | |
| 6 | 010103002001 | 取土回填 | (1) 取土品种:二类土;<br>(2) 运距:5 km | $m^3$ | 92.9 | 18.47 | 1715.86 | |
| | | 分部小计 | | | | | 12543.71 | |
| | A.4 | 砌筑工程 | | | | | | |
| 7 | 010402001001 | 砌块墙 | (1) 砌块品种、规格、强度等级:100 mm厚蒸压加气混凝土砌块;<br>(2) 砂浆强度等级:Mb5.0 砂浆 | $m^3$ | 8.72 | 612.7 | 5342.74 | |
| 8 | 010402001002 | 砌块墙 | (1) 砌块品种、规格、强度等级:200 mm、250 mm 厚蒸压加气混凝土砌块;<br>(2) 砂浆强度等级:Mb5.0 砂浆 | $m^3$ | 24.01 | 627.45 | 15065.07 | |
| 9 | 010402001003 | 女儿墙 | (1) 砌块品种、规格、强度等级:250 mm厚蒸压加气混凝土砌块;<br>(2) 墙体类型:女儿墙;<br>(3) 砂浆强度等级:Mb7.5 砂浆 | $m^3$ | 6.4 | 628.1 | 4019.84 | |
| | | 分部小计 | | | | | 24427.65 | |
| | A.5 | 混凝土及钢筋混凝土工程 | | | | | | |
| 10 | 010501001001 | 垫层 | (1) 混凝土种类:商品混凝土;<br>(2) 混凝土强度等级:C15 | $m^3$ | 15.76 | 531 | 8368.56 | |
| 11 | 010501003001 | 独立基础 | (1) 混凝土种类:商品混凝土;<br>(2) 混凝土强度等级:C25 | $m^3$ | 19.98 | 534.94 | 10688.1 | |
| 12 | 010502001001 | 矩形柱 | (1) 混凝土种类:商品混凝土;<br>(2) 混凝土强度等级:C25 | $m^3$ | 46.89 | 623.8 | 29249.98 | |
| | | | 本页小计 | | | | 85278 | |

注:为计取规费等的使用,可在表中增设其中:"定额人工费"。

表5

# 分部分项工程和单价措施项目清单与计价表

工程名称：××镇中心卫生院　　　　标段：　　　　第 2 页　共 7 页

| 序号 | 项目编码 | 项目名称 | 项目特征描述 | 计量单位 | 工程量 | 金额(元) | | |
|---|---|---|---|---|---|---|---|---|
| | | | | | | 综合单价 | 合价 | 其中：暂估价 |
| 13 | 010502002001 | 构造柱 | (1) 混凝土种类：商品混凝土；<br>(2) 混凝土强度等级：C20 | $m^3$ | 39.82 | 715.84 | 28504.75 | |
| 14 | 010503001001 | 基础梁 | (1) 混凝土种类：商品混凝土；<br>(2) 混凝土强度等级：C25 | $m^3$ | 34.91 | 536.48 | 18728.52 | |
| 15 | 010503005001 | 过梁 | (1) 混凝土种类：商品混凝土；<br>(2) 混凝土强度等级：C20 | $m^3$ | 3.39 | 729.21 | 2472.02 | |
| 16 | 010505001001 | 有梁板 | (1) 混凝土种类：商品混凝土；<br>(2) 混凝土强度等级：C25 | $m^3$ | 238.21 | 550.48 | 131129.84 | |
| 17 | 010505007001 | 挑檐板 | (1) 混凝土种类：商品混凝土；<br>(2) 混凝土强度等级：C25 | $m^3$ | 5.54 | 745.25 | 4128.69 | |
| 18 | 010506001001 | 直形楼梯 | (1) 混凝土种类：商品混凝土；<br>(2) 混凝土强度等级：C25 | $m^2$ | 60.74 | 181.47 | 11022.49 | |
| 19 | 010507001001 | 坡道 | (1) 20 mm 1∶2 水泥砂浆面层；<br>(2) 金刚砂防滑条；<br>(3) 100 mm 厚 C15 混凝土；<br>(4) 150 mm 厚碎石垫层灌砂浆 | $m^2$ | 47.11 | 157.39 | 7414.64 | |
| 20 | 010507001002 | 散水 | (1) 60 mm 厚 C15 混凝土面层；<br>(2) 60 mm 厚砂垫层 | $m^2$ | 68.52 | 44.66 | 3060.1 | |
| 21 | 010507004001 | 台阶 | (1) 600×600 陶瓷面砖；<br>(2) 15 mm 厚 1∶3 水泥砂浆；<br>(3) C15 商品混凝土 | $m^2$ | 39.81 | 274.69 | 10935.41 | 4100.43 |
| 22 | 010507005001 | 压顶 | (1) 混凝土种类：商品混凝土；<br>(2) 混凝土强度等级：C15 | $m^3$ | 1.7 | 772.99 | 1314.08 | |
| 23 | 010515001001 | 现浇构件钢筋 | (1) 钢筋种类、规格：一级钢筋直径≤10 mm | t | 3.034 | 6997.92 | 21231.69 | |
| 24 | 010515001002 | 现浇构件钢筋 | (1) 钢筋种类、规格：三级钢筋直径≤10 mm | t | 1.649 | 6480.87 | 10686.95 | |
| 25 | 010515001003 | 现浇构件钢筋 | (1) 钢筋种类、规格：三级钢筋直径≤18 mm | t | 18.723 | 6419.88 | 120199.41 | |
| 26 | 010515001004 | 现浇构件钢筋 | (1) 钢筋种类、规格：三级钢筋直径≤25 mm | t | 5.563 | 5795.03 | 32237.75 | |
| 27 | 010515001005 | 现浇构件钢筋 | (1) 钢筋种类、规格：一级箍筋直径≤10 mm | t | 25.972 | 8800.73 | 228572.56 | |
| 28 | 010515001006 | 现浇构件钢筋 | (1) 钢筋种类、规格：一级箍筋直径>10 mm | t | 0.142 | 6898.74 | 979.62 | |
| 29 | 010515001007 | 现浇构件钢筋 | (1) 钢筋种类、规格：三级箍筋直径≤10 mm | t | 5.35 | 8465.45 | 45290.16 | |
| 本页小计 | | | | | | | 677908.68 | 4100.43 |

注：为计取规费等的使用，可在表中增设其中："定额人工费"。

表 5

# 分部分项工程和单价措施项目清单与计价表

工程名称：××镇中心卫生院　　　　标段：　　　　第 3 页　共 7 页

| 序号 | 项目编码 | 项目名称 | 项目特征描述 | 计量单位 | 工程量 | 金额(元) | | |
|---|---|---|---|---|---|---|---|---|
| | | | | | | 综合单价 | 合价 | 其中：暂估价 |
| | | 分部小计 | | | | | 726215.32 | 4100.43 |
| | A.8 | 门窗工程 | | | | | | |
| 30 | 010801001001 | 木质门 | 实木门带观察窗 | $m^2$ | 70.35 | 544.05 | 38273.92 | 30660.29 |
| 31 | 010802001001 | 金属(塑钢)门 | 塑料百叶门 | $m^2$ | 37.59 | 326.55 | 12275.01 | |
| 32 | 010802003001 | 钢质防火门 | 钢质乙级防火门 | $m^2$ | 2.94 | 772.99 | 2272.59 | |
| 33 | 010802004001 | 防盗门 | 铁质防盗门(子母门) | $m^2$ | 10.8 | 567.32 | 6127.06 | 4675.32 |
| 34 | 010805005001 | 全玻自由门 | 玻璃门(贴防撞标识) | $m^2$ | 7.2 | 642.49 | 4625.93 | 3240 |
| 35 | 010807001001 | 金属(塑钢、断桥)窗 | (1) 框、扇材质：103 系列塑钢；<br>(2) 玻璃品种、厚度：low-e 中空安全玻璃 6＋9A＋6 | $m^2$ | 192.78 | 284.29 | 54805.43 | |
| | | 分部小计 | | | | | 118379.94 | 38575.61 |
| | A.9 | 屋面及防水工程 | | | | | | |
| 36 | 010901001001 | 瓦屋面 | (1) 青灰色筒板瓦(盖六留四)；<br>(2) 1∶1∶4 水泥石灰砂浆加水泥重 3%麻刀卧瓦，最薄处 20 mm 厚；<br>(3) 30 mm 厚 1∶3 水泥砂浆内铺 $\phi$6@500×500 钢筋网 | $m^2$ | 434.96 | 111.39 | 48450.19 | |
| 37 | 010902001001 | 屋面卷材防水 | (1) 卷材品种、规格、厚度：1.2 mm 厚聚氯乙烯防水卷材；<br>(2) 防水层数：一层；<br>(3) 防水层做法：冷粘法 | $m^2$ | 357.83 | 69.29 | 24794.04 | |
| 38 | 010902001002 | 屋面卷材防水 | (1) 卷材品种、规格、厚度：1.5 mm 厚高分子自粘防水卷材；<br>(2) 防水层数：一层；<br>(3) 防水层做法：自粘法 | $m^2$ | 260.63 | 61.01 | 15901.04 | |
| 39 | 010902002001 | 屋面涂膜防水 | (1) 防水膜品种：聚氨酯防水涂料；<br>(2) 涂膜厚度、遍数：1.5 mm 厚，一遍 | $m^2$ | 260.63 | 30.07 | 7837.14 | |
| | | | 本页小计 | | | | 215362.35 | 38575.61 |

注：为计取规费等的使用，可在表中增设其中："定额人工费"。

表 5

# 分部分项工程和单价措施项目清单与计价表

工程名称：××镇中心卫生院　　　　标段：　　　　第4页　共7页

| 序号 | 项目编码 | 项目名称 | 项目特征描述 | 计量单位 | 工程量 | 金额（元） | | |
|---|---|---|---|---|---|---|---|---|
| | | | | | | 综合单价 | 合价 | 其中：暂估价 |
| 40 | 010902002002 | 屋面涂膜防水（挑檐） | （1）1 mm厚聚合物水泥防水涂料；<br>（2）15 mm厚1∶3水泥砂浆找平，刷界面处理剂；<br>（3）焦渣混凝土填实 | $m^2$ | 77.13 | 174.68 | 13473.07 | |
| 41 | 010902003001 | 屋面刚性层 | （1）刚性层厚度：40 mm；<br>（2）混凝土种类：细石混凝土；<br>（3）混凝土强度等级：C20 | $m^2$ | 244.33 | 43.42 | 10608.81 | |
| | | 分部小计 | | | | | 121064.29 | |
| | A.10 | 保温、隔热、防腐工程 | | | | | | |
| 42 | 011001001001 | 保温屋面 | （1）保温隔热材料品种、规格、厚度：50 mm厚XPS保温板X300型 | $m^2$ | 244.33 | 18.25 | 4459.02 | |
| | | 分部小计 | | | | | 4459.02 | |
| | A.11 | 楼地面装饰工程 | | | | | | |
| 43 | 011102003001 | 块料地面（卫生间） | （1）10 mm厚防滑陶瓷地砖600×600；<br>（2）20 mm厚1∶4干硬性水泥砂浆；<br>（3）1.5 mm厚聚氨酯防水涂料；<br>（4）最薄处15 mm厚1∶3水泥砂浆找坡层抹平；<br>（5）80 mm厚C15细石混凝土垫层；<br>（6）素土夯实 | $m^2$ | 37.54 | 242.24 | 9093.69 | 3866.88 |
| 44 | 011102003002 | 块料地面（房间及公共走道） | （1）10 mm厚防滑地砖600×600；<br>（2）20 mm厚1∶3水泥砂浆；<br>（3）水泥浆一道（内掺建筑胶）；<br>（4）80 mm厚C15细石混凝土垫层；<br>（5）素土夯实 | $m^2$ | 377.53 | 205.55 | 77601.29 | 38885.33 |
| 45 | 011102003003 | 块料楼面（卫生间） | （1）10 mm厚防滑陶瓷地砖600×600；<br>（2）20 mm厚1∶4干硬性水泥砂浆；<br>（3）3 mm厚聚合物水泥基防水涂料；<br>（4）20 mm厚1∶3水泥砂浆找平；<br>（5）250 mm厚炉渣填充并找坡1%；<br>（6）1.5 mm厚聚氨酯防水涂料一道（基层处理平整）四周翻起300；<br>（7）现浇混凝土下沉基坑 | $m^2$ | 61.2 | 344.09 | 21058.31 | 6303.6 |
| | | 本页小计 | | | | | 136294.19 | 49055.81 |

注：为计取规费等的使用，可在表中增设其中："定额人工费"。

表

# 分部分项工程和单价措施项目清单与计价表

工程名称：××镇中心卫生院　　　　　　　　　　　　　　标段：　　　　　　　　　　　　　第 5 页　共 7 页

| 序号 | 项目编码 | 项目名称 | 项目特征描述 | 计量单位 | 工程量 | 金额(元) | | |
|---|---|---|---|---|---|---|---|---|
| | | | | | | 综合单价 | 合价 | 其中：暂估价 |
| 46 | 011102003004 | 块料楼面（房间及公共走道） | (1) 10 mm 厚防滑地砖 600×600；<br>(2) 20 mm 厚 1∶3 水泥砂浆；<br>(3) 水泥浆一道(内掺建筑胶)；<br>(4) 钢筋混凝土结构层 | $m^2$ | 598.84 | 163.33 | 97808.54 | 61680.24 |
| 47 | 011105003001 | 块料踢脚线 | (1) 10 mm 厚面砖；<br>(2) 3 mm 厚 1∶1 水泥砂浆加水重 20%建筑胶；<br>(3) 15 mm 厚 1∶3 水泥石灰砂浆；<br>(4) 墙体表面清理干净 | $m^2$ | 39.43 | 129.69 | 5113.68 | |
| 48 | 011106002001 | 块料楼梯面层 | (1) 10 mm 厚防滑地砖 600×600；<br>(2) 20 mm 厚 1∶3 水泥砂浆；<br>(3) 水泥浆一道(内掺建筑胶)；<br>(4) 钢筋混凝土楼梯结构层 | $m^2$ | 60.74 | 185.45 | 11264.23 | |
| 49 | 011107002001 | 块料台阶面 | (1) 10 mm 厚防滑地砖 600×600；<br>(2) 15 mm 厚 1∶3 水泥砂浆找平 | $m^2$ | 9.24 | 153.33 | 1416.77 | |
| | | 分部小计 | | | | | 223356.51 | 110736.1 |
| | A.12 | 墙、柱面装饰与隔断、幕墙工程 | | | | | | |
| 50 | 011201001001 | 墙面一般抹灰（外墙） | (1) 墙体类型：外墙；<br>(2) 底层厚度、砂浆配合比：20 mm 厚加气混凝土砌块专用抹面砂浆，分两次抹灰；<br>(3) 面层厚度、砂浆配合比：8 mm 厚 1∶2.5 水泥砂浆 | $m^2$ | 991.46 | 46.78 | 46380.5 | |
| 51 | 011201001002 | 墙面一般抹灰（内墙） | (1) 墙表面清理干净，涂刷界面砂浆；<br>(2) 15 mm 厚 1∶1∶6 水泥石灰砂浆，分两次抹灰；<br>(3) 5 mm 厚 1∶0.5∶3 水泥石灰砂浆 | $m^2$ | 2672.85 | 31.14 | 83232.55 | |
| 52 | 011201001003 | 墙面一般抹灰（卫生间墙） | (1) 墙表面清理干净，涂刷界面砂浆；<br>(2) 刷专用界面剂一遍；<br>(3) 20 mm 厚掺防水剂的防水砂浆，分层抹灰压实；<br>(4) 5 mm 厚 1∶2 水泥砂浆抹面压光 | $m^2$ | 458.81 | 37.64 | 17269.61 | |
| 53 | 011202001001 | 柱面一般抹灰 | (1) 柱(梁)体类型：独立柱；<br>(2) 底层厚度、砂浆配合比：干混抹灰砂浆 DP M10 | $m^2$ | 13.98 | 38.2 | 534.04 | |
| | | | 本页小计 | | | | 263019.92 | 61680.24 |

注：为计取规费等的使用，可在表中增设其中："定额人工费"。

表 5

# 分部分项工程和单价措施项目清单与计价表

工程名称：××镇中心卫生院　　　　　　　　　　　　标段：　　　　　　　　　　第6页　共7页

| 序号 | 项目编码 | 项目名称 | 项目特征描述 | 计量单位 | 工程量 | 金额(元) | | |
|---|---|---|---|---|---|---|---|---|
| | | | | | | 综合单价 | 合价 | 其中：暂估价 |
| 54 | 011204003001 | 块料墙面(墙裙) | (1) 墙体类型：外墙墙裙；<br>(2) 面层材料品种、规格、颜色：青灰色面砖 | $m^2$ | 51.31 | 125.7 | 6449.67 | |
| | | 分部小计 | | | | | 153866.37 | |
| | A.13 | 天棚工程 | | | | | | |
| 55 | 011301001001 | 天棚抹灰 | (1) 钢筋混凝土板底面清理干净，涂刷界面砂浆；<br>(2) 素水泥浆一道甩毛(内掺建筑胶)；<br>(3) 3 mm厚底基防裂腻子分遍刮平；<br>(4) 2 mm厚面层耐水腻子刮平 | $m^2$ | 929.09 | 16.83 | 15636.58 | |
| 56 | 011301001002 | 天棚抹灰(卫生间) | (1) 现浇钢筋混凝土楼板表面清理干净；<br>(2) 刷基层配套处理剂；<br>(3) 5 mm厚涂刮型聚合物水泥防水砂浆 | $m^2$ | 90.39 | 11.5 | 1039.49 | |
| | | 分部小计 | | | | | 16676.07 | |
| | A.14 | 油漆、涂料、裱糊工程 | | | | | | |
| 57 | 011406001001 | 抹灰面油漆(楼梯及走道天棚) | (1) 刷或滚底漆一遍；<br>(2) 刷或滚乳胶漆二遍 | $m^2$ | 290.13 | 28.22 | 8187.47 | |
| 58 | 011406001002 | 抹灰面油漆(内墙) | (1) 满刮腻子，刮平；<br>(2) 刷或滚底漆一遍；<br>(3) 刷或滚乳胶漆二遍 | $m^2$ | 2672.85 | 14.55 | 38889.97 | |
| 59 | 011407001001 | 墙面喷刷涂料(外墙及独立柱) | (1) 喷底涂料一遍；<br>(2) 饰面层涂料二道 | $m^2$ | 1005.44 | 35.62 | 35813.77 | |
| 60 | 011407004001 | 线条刷涂料(暗红色仿木纹涂料) | 暗红色仿木涂料，宽500 mm | m | 148.45 | 18.27 | 2712.18 | |
| | | 分部小计 | | | | | 85603.39 | |
| | | 措施项目 | | | | | | |
| 61 | 011701001001 | 综合脚手架 | (1) 建筑结构形式：框架结构；<br>(2) 檐口高度：14.45 m | $m^2$ | 1201.81 | 56.32 | 67685.94 | |
| 62 | 011702001001 | 独立基础模板 | (1) 基础类型：独立基础 | $m^2$ | 58.56 | 83.73 | 4903.23 | |
| | | 本页小计 | | | | | 181318.3 | |

注：为计取规费等的使用，可在表中增设其中："定额人工费"。

表5

# 分部分项工程和单价措施项目清单与计价表

工程名称：××镇中心卫生院　　　　标段：　　　　第 7 页　共 7 页

| 序号 | 项目编码 | 项目名称 | 项目特征描述 | 计量单位 | 工程量 | 金额（元） | | |
|---|---|---|---|---|---|---|---|---|
| | | | | | | 综合单价 | 合价 | 其中：暂估价 |
| 63 | 011702001002 | 基础垫层模板 | （1）基础类型：混凝土垫层 | $m^2$ | 58.55 | 66.65 | 3902.36 | |
| 64 | 011702002001 | 矩形柱模板 | | $m^2$ | 409.04 | 91.13 | 37275.82 | |
| 65 | 011702003001 | 构造柱模板 | | $m^2$ | 474.09 | 70.19 | 33276.38 | |
| 66 | 011702005001 | 基础梁模板 | （1）梁截面形状：矩形 | $m^2$ | 282.12 | 94.66 | 26705.48 | |
| 67 | 011702009001 | 过梁模板 | | $m^2$ | 51.37 | 119.27 | 6126.9 | |
| 68 | 011702014001 | 有梁板模板 | （1）支撑高度：3.6～4.0 m | $m^2$ | 2398.48 | 97.79 | 234547.36 | |
| 69 | 011702022001 | 挑檐模板 | （1）构件类型：平面 | $m^2$ | 70.03 | 119.94 | 8399.4 | |
| 70 | 011702024001 | 楼梯 | （1）类型：直形楼梯 | $m^2$ | 106.95 | 234.8 | 25111.86 | |
| 71 | 011703001001 | 垂直运输 | （1）建筑物建筑类型及结构形式：框架结构；<br>（2）建筑物檐口高度、层数：14.45 m，3 层 | $m^2$ | 1201.81 | 33.36 | 40092.38 | |
| | | 分部小计 | | | | | 488027.11 | |
| | | | | | | | | |
| | | | | | | | | |
| | | | | | | | | |
| | | | | | | | | |
| | | | | | | | | |
| | | | | | | | | |
| | | | | | | | | |
| | | | | | | | | |
| | | | | | | | | |
| | | | | | | | | |
| | | | | | | | | |
| | | | | | | | | |
| | | | | | | | | |
| | | | | | | | | |
| | | | | | | | | |
| | | | | | | | | |
| | | | | | | | | |
| | | | | | | | | |
| 本页小计 | | | | | | | 415437.94 | |
| 合　计 | | | | | | | 1974619.4 | 153412.1 |

注：为计取规费等的使用，可在表中增设其中："定额人工费"。

表 5

# 全费用综合单价分析表

工程名称：××镇中心卫生院　　　　　　　　　　　　　　　　　标段：

| 项目编码 | | 010101001001 | | 项目名称 | | 平整场地 | | | 计量单位 | m$^2$ | 工程量 | 474.5 | |
|---|---|---|---|---|---|---|---|---|---|---|---|---|---|
| 清单全费用综合单价组成明细 | | | | | | | | | | | | | |
| 定额编号 | 定额项目名称 | 定额单位 | 数量 | 单价 | | | | | 合价 | | | | |
| | | | | 人工费 | 材料费 | 施工机具使用费 | 费用 | 增值税 | 人工费 | 材料费 | 施工机具使用费 | 费用 | 增值税 |
| G1-318 | 人工场地平整 | 100 m$^2$ | 0.01 | 207.83 | 0 | 0 | 107.07 | 28.34 | 2.08 | 0 | 0 | 1.07 | 0.28 |
| 人工单价 | | 小计 | | | | | | | 2.08 | 0 | 0 | 1.07 | 0.28 |
| 普工 104 元/工日 | | 未计价材料费 | | | | | | | 0 | | | | |
| 清单全费用综合单价 | | | | | | | | | 3.43 | | | | |
| 材料费明细 | 主要材料名称、规格、型号 | | | | | | 单位 | 数量 | 单价（元） | 合价（元） | 暂估单价（元） | 暂估合价（元） | |
| | | | | | | | | | | | | | |
| | | | | | | | | | | | | | |
| | | | | | | | | | | | | | |
| | | | | | | | | | | | | | |
| | | | | | | | | | | | | | |
| | | | | | | | | | | | | | |
| | | | | | | | | | | | | | |
| | | | | | | | | | | | | | |
| | | | | | | | | | | | | | |
| | | | | | | | | | | | | | |
| | | | | | | | | | | | | | |
| | | | | | | | | | | | | | |

注：① 如不使用省级或行业建设主管部门发布的计价依据，可不填定额编号、名称等；

② 招标文件提供了暂估单价的材料，按暂估的单价填入表内“暂估单价”栏及“暂估合价”栏。

# 全费用综合单价分析表

工程名称：××镇中心卫生院　　　　　　　　　　　　　　　　标段：

| 项目编码 | | 010101003001 | | 项目名称 | | 挖沟槽土方 | | | 计量单位 | m$^3$ | 工程量 | 57.27 | |
|---|---|---|---|---|---|---|---|---|---|---|---|---|---|
| 清单全费用综合单价组成明细 | | | | | | | | | | | | | |
| 定额编号 | 定额项目名称 | 定额单位 | 数量 | 单价 | | | | | 合价 | | | | |
| | | | | 人工费 | 材料费 | 施工机具使用费 | 费用 | 增值税 | 人工费 | 材料费 | 施工机具使用费 | 费用 | 增值税 |
| G1-9 | 人工挖沟槽土方（槽深）一、二类土≤2 m | 10 m$^3$ | 0.1 | 206.26 | 0 | 0 | 106.23 | 28.12 | 20.63 | 0 | 0 | 10.62 | 2.81 |
| 人工单价 | | 小计 | | | | | | | 20.63 | 0 | 0 | 10.62 | 2.81 |
| 普工 104 元/工日 | | 未计价材料费 | | | | | | | 0 | | | | |
| 清单全费用综合单价 | | | | | | | | | 34.06 | | | | |
| 材料费明细 | 主要材料名称、规格、型号 | | | | | | 单位 | 数量 | 单价（元） | 合价（元） | 暂估单价（元） | 暂估合价（元） | |
| | | | | | | | | | | | | | |
| | | | | | | | | | | | | | |
| | | | | | | | | | | | | | |
| | | | | | | | | | | | | | |
| | | | | | | | | | | | | | |
| | | | | | | | | | | | | | |
| | | | | | | | | | | | | | |
| | | | | | | | | | | | | | |
| | | | | | | | | | | | | | |
| | | | | | | | | | | | | | |
| | | | | | | | | | | | | | |

注：① 如不使用省级或行业建设主管部门发布的计价依据，可不填定额编号、名称等；

② 招标文件提供了暂估单价的材料，按暂估的单价填入表内“暂估单价”栏及“暂估合价”栏。

# 全费用综合单价分析表

工程名称：××镇中心卫生院　　　　　　　　　　　　　　　　标段：

| 项目编码 | | 010101004001 | | 项目名称 | | 挖基坑土方 | | | 计量单位 | m³ | 工程量 | | 62.16 |
|---|---|---|---|---|---|---|---|---|---|---|---|---|---|
| 清单全费用综合单价组成明细 | | | | | | | | | | | | | |
| 定额编号 | 定额项目名称 | 定额单位 | 数量 | 单价 | | | | | 合价 | | | | |
| | | | | 人工费 | 材料费 | 施工机具使用费 | 费用 | 增值税 | 人工费 | 材料费 | 施工机具使用费 | 费用 | 增值税 |
| G1-17 | 人工挖基坑土方(坑深)，一、二类土≤2 m | 10 m³ | 0.1 | 225.31 | 0 | 0 | 116.05 | 30.72 | 22.53 | 0 | 0 | 11.61 | 3.07 |
| 人工单价 | | 小计 | | | | | | | 22.53 | 0 | 0 | 11.61 | 3.07 |
| 普工 104 元/工日 | | 未计价材料费 | | | | | | | 0 | | | | |
| 清单全费用综合单价 | | | | | | | | | 37.2 | | | | |
| 材料费明细 | 主要材料名称、规格、型号 | | | | | | 单位 | 数量 | 单价（元） | 合价（元） | 暂估单价（元） | 暂估合价（元） | |
| | | | | | | | | | | | | | |
| | | | | | | | | | | | | | |
| | | | | | | | | | | | | | |
| | | | | | | | | | | | | | |
| | | | | | | | | | | | | | |
| | | | | | | | | | | | | | |
| | | | | | | | | | | | | | |
| | | | | | | | | | | | | | |
| | | | | | | | | | | | | | |
| | | | | | | | | | | | | | |
| | | | | | | | | | | | | | |

注：① 如不使用省级或行业建设主管部门发布的计价依据，可不填定额编号、名称等；

② 招标文件提供了暂估单价的材料，按暂估的单价填入表内“暂估单价”栏及“暂估合价”栏。

# 全费用综合单价分析表

工程名称：××镇中心卫生院　　　　　　　　　　　　标段：

| 项目编码 | | 010103002001 | | 项目名称 | | 取土回填 | | | 计量单位 | $m^3$ | 工程量 | 92.9 | |
|---|---|---|---|---|---|---|---|---|---|---|---|---|---|
| 清单全费用综合单价组成明细 | | | | | | | | | | | | | |
| 定额编号 | 定额项目名称 | 定额单位 | 数量 | 单价 | | | | | 合价 | | | | |
| | | | | 人工费 | 材料费 | 施工机具使用费 | 费用 | 增值税 | 人工费 | 材料费 | 施工机具使用费 | 费用 | 增值税 |
| G1-212 | 自卸汽车运土方（载重 8 t 以内）运距 1 km 以内 | 1000 $m^3$ | 0.001 | 0 | 2189.33 | 3803.87 | 1802.78 | 701.64 | 0 | 2.19 | 3.8 | 1.8 | 0.7 |
| G1-213×4 | 自卸汽车运土方（载重 8 t 以内）30 km 以内每增加 1 km 单价×4 | 1000 $m^3$ | 0.001 | 0 | 2523.22 | 4500.01 | 2131.75 | 823.95 | 0 | 2.52 | 4.5 | 2.13 | 0.82 |
| 人工单价 | | 小计 | | | | | | | 0 | 4.71 | 8.3 | 3.93 | 1.52 |
| | | 未计价材料费 | | | | | | | 0 | | | | |
| 清单全费用综合单价 | | | | | | | | | 18.47 | | | | |
| 材料费明细 | 主要材料名称、规格、型号 | | | | | | 单位 | 数量 | 单价（元） | 合价（元） | 暂估单价（元） | 暂估合价（元） | |
| | 其他材料费 | | | | | | | | — | 4.72 | — | 0 | |
| | 材料费小计 | | | | | | | | — | 4.72 | — | 0 | |
| | | | | | | | | | | | | | |
| | | | | | | | | | | | | | |
| | | | | | | | | | | | | | |
| | | | | | | | | | | | | | |
| | | | | | | | | | | | | | |
| | | | | | | | | | | | | | |

注：① 如不使用省级或行业建设主管部门发布的计价依据，可不填定额编号、名称等；

② 招标文件提供了暂估单价的材料，按暂估的单价填入表内“暂估单价”栏及“暂估合价”栏。

# 全费用综合单价分析表

工程名称：××镇中心卫生院　　　　　　　　标段：

| 项目编码 | | 010402001002 | | 项目名称 | | 砌块墙 | | | 计量单位 | $m^3$ | 工程量 | 24.01 | |
|---|---|---|---|---|---|---|---|---|---|---|---|---|---|
| 清单全费用综合单价组成明细 | | | | | | | | | | | | | |
| 定额编号 | 定额项目名称 | 定额单位 | 数量 | 单价 | | | | | 合价 | | | | |
| | | | | 人工费 | 材料费 | 施工机具使用费 | 费用 | 增值税 | 人工费 | 材料费 | 施工机具使用费 | 费用 | 增值税 |
| A1-32换 | 蒸压加气混凝土砌块墙，墙厚＞150 mm,砂浆换为“砌筑水泥砂浆 M5.0” | 10 $m^3$ | 0.1 | 1303.01 | 3131.03 | 14.8 | 1307.69 | 518.09 | 130.3 | 313.1 | 1.48 | 130.77 | 51.81 |
| 人工单价 | | 小计 | | | | | | | 130.3 | 313.1 | 1.48 | 130.77 | 51.81 |
| 高级技工 241 元/工日；技工 160 元/工日；普工 104 元/工日 | | 未计价材料费 | | | | | | | 0 | | | | |
| 清单全费用综合单价 | | | | | | | | | 627.45 | | | | |
| 材料费明细 | 主要材料名称、规格、型号 | | | | | | 单位 | 数量 | 单价（元） | 合价（元） | 暂估单价（元） | 暂估合价（元） | |
| | 其他材料费 | | | | | | | | — | 313.1 | — | 0 | |
| | 材料费小计 | | | | | | | | — | 313.1 | — | 0 | |
| | | | | | | | | | | | | | |
| | | | | | | | | | | | | | |
| | | | | | | | | | | | | | |
| | | | | | | | | | | | | | |
| | | | | | | | | | | | | | |
| | | | | | | | | | | | | | |

注：① 如不使用省级或行业建设主管部门发布的计价依据，可不填定额编号、名称等；

② 招标文件提供了暂估单价的材料，按暂估的单价填入表内“暂估单价”栏及“暂估合价”栏。

# 全费用综合单价分析表

工程名称：××镇中心卫生院　　　　　　　　　　　　　　　　标段：

| 项目编码 | | 010501001001 | | 项目名称 | | 垫层 | | | 计量单位 | m$^3$ | 工程量 | | 15.76 |
|---|---|---|---|---|---|---|---|---|---|---|---|---|---|
| 清单全费用综合单价组成明细 | | | | | | | | | | | | | |
| 定额编号 | 定额项目名称 | 定额单位 | 数量 | 单价 | | | | | 合价 | | | | |
| | | | | 人工费 | 材料费 | 施工机具使用费 | 费用 | 增值税 | 人工费 | 材料费 | 施工机具使用费 | 费用 | 增值税 |
| A2-1 | 现浇混凝土 垫层 | 10 m$^3$ | 0.1 | 419.54 | 4033.14 | 0 | 420.41 | 438.58 | 41.94 | 403.19 | 0 | 42.03 | 43.84 |
| 人工单价 | | 小计 | | | | | | | 41.94 | 403.19 | 0 | 42.03 | 43.84 |
| 技工 160 元/工日；普工 104 元/工日 | | 未计价材料费 | | | | | | | 0 | | | | |
| 清单全费用综合单价 | | | | | | | | | 531 | | | | |
| 材料费明细 | 主要材料名称、规格、型号 | | | | | | 单位 | 数量 | 单价（元） | 合价（元） | 暂估单价（元） | 暂估合价（元） | |
| | 预拌混凝土 C15 | | | | | | m$^3$ | 1.01 | 390.87 | 394.66 | | | |
| | 其他材料费 | | | | | | | | — | 8.53 | — | 0 | |
| | 材料费小计 | | | | | | | | — | 403.19 | — | 0 | |
| | | | | | | | | | | | | | |
| | | | | | | | | | | | | | |
| | | | | | | | | | | | | | |
| | | | | | | | | | | | | | |
| | | | | | | | | | | | | | |
| | | | | | | | | | | | | | |
| | | | | | | | | | | | | | |
| | | | | | | | | | | | | | |

注：① 如不使用省级或行业建设主管部门发布的计价依据，可不填定额编号、名称等；

② 招标文件提供了暂估单价的材料，按暂估的单价填入表内“暂估单价”栏及“暂估合价”栏。

# 全费用综合单价分析表

工程名称：××镇中心卫生院　　　　　　　　　　　　　　标段：

| 项目编码 | | 010507001001 | | 项目名称 | | 坡道 | | 计量单位 | m² | 工程量 | | 47.11 | |
|---|---|---|---|---|---|---|---|---|---|---|---|---|---|
| 清单全费用综合单价组成明细 | | | | | | | | | | | | | |
| 定额编号 | 定额项目名称 | 定额单位 | 数量 | 单价 | | | | | 合价 | | | | |
| | | | | 人工费 | 材料费 | 施工机具使用费 | 费用 | 增值税 | 人工费 | 材料费 | 施工机具使用费 | 费用 | 增值税 |
| A1-80 | 垫层，碎石，灌浆 | 10 m³ | 0.015 | 454.07 | 2724.55 | 57.95 | 513.1 | 337.47 | 6.81 | 40.87 | 0.87 | 7.7 | 5.06 |
| A2-1 | 现浇混凝土，垫层 | 10 m³ | 0.01 | 419.54 | 4033.14 | 0 | 420.41 | 438.58 | 4.2 | 40.33 | 0 | 4.2 | 4.39 |
| A9-10换 | 整体面层，干混砂浆楼地面，混凝土或硬基层上 20 mm 换为“水泥砂浆 1∶2” | 100m² | 0.01 | 902.99 | 837.69 | 63.69 | 486.59 | 206.19 | 9.03 | 8.38 | 0.64 | 4.87 | 2.06 |
| A9-153 | 防滑条，金刚砂 | 100 m | 0.0373 | 218.38 | 114.35 | 0 | 110.11 | 39.86 | 8.14 | 4.26 | 0 | 4.1 | 1.48 |
| 人工单价 | | 小计 | | | | | | | 28.18 | 93.84 | 1.51 | 20.87 | 12.99 |
| 技工 160 元/工日；普工 104 元/工日 | | 未计价材料费 | | | | | | | 0 | | | | |
| 清单全费用综合单价 | | | | | | | | | 157.39 | | | | |
| 材料费明细 | 主要材料名称、规格、型号 | | | | | | 单位 | 数量 | 单价（元） | 合价（元） | 暂估单价（元） | 暂估合价（元） | |
| | 预拌混凝土 C15 | | | | | | m³ | 0.101 | 390.87 | 39.48 | | | |
| | 水泥 32.5 | | | | | | kg | 11.771 | 0.3 | 3.53 | | | |
| | 中（粗）砂 | | | | | | m³ | 0.023 | 202.71 | 4.63 | | | |
| | 其他材料费 | | | | | | | | — | 54.37 | — | 0 | |
| | 材料费小计 | | | | | | | | — | 93.85 | — | 0 | |
| | | | | | | | | | | | | | |

注：① 如不使用省级或行业建设主管部门发布的计价依据，可不填定额编号、名称等；

② 招标文件提供了暂估单价的材料，按暂估的单价填入表内“暂估单价”栏及“暂估合价”栏。

# 全费用综合单价分析表

工程名称：××镇中心卫生院　　　　　　　　　　　　标段：

| 项目编码 | | 010507004001 | | 项目名称 | | 台阶 | | | 计量单位 | $m^2$ | 工程量 | 39.81 | |
|---|---|---|---|---|---|---|---|---|---|---|---|---|---|
| 清单全费用综合单价组成明细 | | | | | | | | | | | | | |
| 定额编号 | 定额项目名称 | 定额单位 | 数量 | 单价 | | | | | 合价 | | | | |
| | | | | 人工费 | 材料费 | 施工机具使用费 | 费用 | 增值税 | 人工费 | 材料费 | 施工机具使用费 | 费用 | 增值税 |
| A2-50换 | 现浇混凝土，台阶换为“预拌混凝土C15” | 10 $m^2$ | 0.1 | 148.06 | 501.22 | 0 | 148.36 | 71.79 | 14.81 | 50.12 | 0 | 14.84 | 7.18 |
| A9-1换 | 平面砂浆找平层，混凝土或硬基层上20 mm换为“水泥砂浆1∶3” | 100 $m^2$ | 0.01 | 678.08 | 745.4 | 63.69 | 373.22 | 167.44 | 6.78 | 7.45 | 0.64 | 3.73 | 1.67 |
| A9-44换 | 陶瓷地面砖，单块地砖0.36 $m^2$以内 | 100 $m^2$ | 0.01 | 2496.47 | 11536.56 | 63.69 | 1266.99 | 1382.73 | 24.96 | 115.37 | 0.64 | 12.67 | 13.83 |
| 人工单价 | | 小计 | | | | | | | 46.55 | 172.94 | 1.28 | 31.24 | 22.68 |
| 高级技工241元/工日；技工160元/工日；普工104元/工日 | | 未计价材料费 | | | | | | | 0 | | | | |
| 清单全费用综合单价 | | | | | | | | | 274.69 | | | | |
| 材料费明细 | 主要材料名称、规格、型号 | | | | | | 单位 | 数量 | 单价（元） | 合价（元） | 暂估单价（元） | 暂估合价（元） | |
| | 预拌混凝土C15 | | | | | | $m^3$ | 0.124 | 390.87 | 48.31 | | | |
| | 地砖600×600 | | | | | | $m^2$ | 1.03 | | | 100 | 103 | |
| | 水泥32.5 | | | | | | kg | 8.242 | 0.3 | 2.47 | | | |
| | 中（粗）砂 | | | | | | $m^3$ | 0.024 | 202.71 | 4.88 | | | |
| | 其他材料费 | | | | | | | | — | 21.56 | — | 0 | |

注：① 如不使用省级或行业建设主管部门发布的计价依据，可不填定额编号、名称等；
② 招标文件提供了暂估单价的材料，按暂估的单价填入表内“暂估单价”栏及“暂估合价”栏。

# 其他项目清单与计价汇总表

工程名称：××镇中心卫生院　　　　标段：　　　　第 1 页　共 1 页

| 序号 | 项目名称 | 金额(元) | 结算金额(元) | 备注 |
| --- | --- | --- | --- | --- |
| 1 | 暂列金额 | 180000 |  | 明细详见表 7-1 |
| 2 | 暂估价 | 120000 |  |  |
| 2.1 | 材料暂估价 | 153412.2 |  | 明细详见表 7-5 |
| 2.2 | 专业工程暂估价 | 120000 |  | 明细详见表 7-2 |
| 3 | 计日工 | 72783.15 |  | 明细详见表 7-3 |
| 4 | 总承包服务费 |  |  | 明细详见表 7-4 |
| 5 | 索赔与现场签证费 |  |  |  |
| 6 | 增值税 | 33550.48 |  |  |
|  |  |  |  |  |
|  |  |  |  |  |
|  |  |  |  |  |
|  |  |  |  |  |
|  |  |  |  |  |
|  |  |  |  |  |
|  |  |  |  |  |
|  |  |  |  |  |
|  |  |  |  |  |
|  |  |  |  |  |
|  |  |  |  |  |
|  |  |  |  |  |
|  |  |  |  |  |
|  |  |  |  |  |
|  |  |  |  |  |
|  |  |  |  |  |
|  |  |  |  |  |
|  |  |  |  |  |
|  |  |  |  |  |
|  |  |  |  |  |
|  |  |  |  |  |
|  |  |  |  |  |
|  |  |  |  |  |
| 合　　计 |  | 406333.63 |  | — |

注：材料(工程设备)暂估单价进入清单项目综合单价，此处不汇总。

表 7

# 暂列金额明细表

工程名称：××镇中心卫生院　　　　　　　　标段：　　　　　　　　第1页　共1页

| 序号 | 项目名称 | 计量单位 | 暂定金额(元) | 备注 |
|---|---|---|---|---|
| 1 | | 元 | 180000 | |
| 合　计 | | | 180000.00 | — |

注：此表由招标人填写，如不能详列，也可只列暂列金额总额，投标人应将上述暂列金额计入投标总价中。

表7-1

# 专业工程暂估价及结算价表

工程名称：××镇中心卫生院　　　　标段：　　　　第1页　共1页

| 序号 | 工程名称 | 工程内容 | 暂估金额(元) | 结算金额(元) | 差额±(元) | 备注 |
|---|---|---|---|---|---|---|
| 1 | 消防工程 | 自动喷淋系统 | 120000 | | | |
| | | | | | | |
| | | | | | | |
| | | | | | | |
| | | | | | | |
| | | | | | | |
| | | | | | | |
| | | | | | | |
| | | | | | | |
| | | | | | | |
| | | | | | | |
| | | | | | | |
| | | | | | | |
| | | | | | | |
| | | | | | | |
| | | | | | | |
| | | | | | | |
| | | | | | | |
| | | | | | | |
| | | | | | | |
| | | | | | | |
| | | | | | | |
| | | | | | | |
| | | | | | | |
| | | | | | | |
| | | | | | | |
| | | | | | | |
| | | | | | | |
| | | | | | | |
| | | | | | | |
| | | | | | | |
| | | | | | | |
| 合　计 | | | 120000.00 | | | — |

注：此表"暂估金额"由招标人填写，投标人应将"暂估金额"计入投标总价中。结算时按合同约定结算金额填写。

表7-2

# 计 日 工 表

工程名称：××镇中心卫生院　　　　　　　　　　　　　　标段：　　　　　　　　　　　　　　第1页　共1页

| 编号 | 项目名称 | 单位 | 暂定数量 | 单价(元) | 合价(元) |
|---|---|---|---|---|---|
| 1 | 人工 | | | | |
| 1.1 | 普工 | 工日 | 50 | 150 | 7500 |
| 1.2 | 技工 | 工日 | 60 | 200 | 12000 |
| 人工小计 | | | | | 19500 |
| 2 | 材料 | | | | |
| 2.1 | 钢筋(规格见图纸) | t | 5 | 4000 | 20000 |
| 2.2 | 商品混凝土 C25 | $m^3$ | 10 | 400 | 4000 |
| 材料小计 | | | | | 24000 |
| 3 | 施工机具使用费 | | | | |
| 3.1 | 卷扬机 | 台班 | 20 | 420 | 8400 |
| 施工机具使用费小计 | | | | | 8400 |
| 4 | 费用 | | | | 20883.15 |
| | | | | | |
| | | | | | |
| | | | | | |
| | | | | | |
| | | | | | |
| | | | | | |
| | | | | | |
| | | | | | |
| | | | | | |
| | | | | | |
| | | | | | |
| | | | | | |
| | | | | | |
| | | | | | |
| | | | | | |
| | | | | | |
| | | | | | |
| | | | | | |
| | | | | | |
| | | | | | |
| 总　　计 | | | | | 72783.15 |

注：此表项目名称、暂定数量由招标人填写，编制招标控制价时，单价由招标人按有关计价规定确定；投标时，单价由投标人自主报价，按暂定数量计算合价计入投标总价中。结算时，按发承包双方确认的实际数量计算合价。

表7-3

# 总承包服务费计价表

工程名称：××镇中心卫生院　　　　标段：　　　　第1页　共1页

| 序号 | 项目名称 | 项目价值(元) | 服务内容 | 计算基础 | 费率(%) | 金额(元) |
|---|---|---|---|---|---|---|
| 1 | 发包人发包专业工程 | | | | | |
| 1.1 | | | | | | |
| 小计 | | | | | | |
| 2 | 发包人提供的材料 | | | | | |
| 2.1 | | | | | | |
| 小计 | | | | | | |
| | | | | | | |
| | | | | | | |
| | | | | | | |
| | | | | | | |
| | | | | | | |
| | | | | | | |
| | | | | | | |
| | | | | | | |
| | | | | | | |
| | | | | | | |
| | | | | | | |
| | | | | | | |
| | | | | | | |
| | | | | | | |
| | | | | | | |
| | | | | | | |
| | | | | | | |
| | | | | | | |
| | | | | | | |
| | | | | | | |
| | | | | | | |
| | | | | | | |
| | | | | | | |
| | | | | | | |
| | | | | | | |
| | 合　计 | — | — | | — | 0.00 |

注：此表项目名称、服务内容由招标人填写，编制招标控制价时，费率及金额由招标人按有关计价规定确定；投标时，费率及金额由投标人自主报价，计入投标总价中。

表7-

# 材料(工程设备)暂估单价及调整表

工程名称:××镇中心卫生院　　　　标段:　　　　第1页　共1页

| 序号 | 材料(工程设备)名称、规格、型号 | 计量单位 | 数量 | | 暂估(元) | | 确认(元) | | 差额±(元) | | 备注 |
|---|---|---|---|---|---|---|---|---|---|---|---|
| | | | 暂估 | 确认 | 单价 | 合价 | 单价 | 合价 | 单价 | 合价 | |
| 1 | 地砖 600×600 | $m^2$ | 1148.364 | | 100 | 114836.4 | | | | | |
| 2 | 钢制防盗门 | $m^2$ | 10.39 | | 450 | 4675.5 | | | | | |
| 3 | 木质防火门 | $m^2$ | 68.134 | | 450 | 30660.3 | | | | | |
| 4 | 全玻有框门扇 | $m^2$ | 7.2 | | 450 | 3240 | | | | | |
| | | | | | | | | | | | |
| | 合计 | | 1234.088 | | | 153412.2 | | | | | |

注:此表由招标人填写"暂估"—"单价",并在备注栏说明暂估价的材料、工程设备拟用在那些清单项目上,投标人应将上述材料、工程设备暂估单价计入工程量清单综合单价报价中。

表7-5

# 单位工程人材机分析表

工程名称：××镇中心卫生院 

| 序号 | 名称及规格 | 单位 | 数量 | 市场价 | 合计 |
|---|---|---|---|---|---|
| 一、 | 人工 | | | | |
| 1 | 普工 | 工日 | 1143.007 | 104 | 118872.73 |
| 2 | 技工 | 工日 | 1997.903 | 160 | 319664.48 |
| 3 | 高级技工 | 工日 | 124.036 | 241 | 29892.68 |
| | 合计 | | | | 468429.89 |
| 二、 | 材料 | | | | |
| 1 | 醇酸无光调和漆 | kg | 247.773 | 16.04 | 3974.28 |
| 2 | 大白粉 | kg | 17.442 | 0.3 | 5.23 |
| 3 | 挡脚板 | $m^3$ | 0.18 | 1685.3 | 303.35 |
| 4 | 低合金钢焊条 E43 系列 | kg | 127.806 | 6.92 | 884.42 |
| 5 | 低碳钢焊条 J422 $\phi$4.0 | kg | 0.337 | 3.68 | 1.24 |
| 6 | 地弹簧 | 套 | 3.298 | 68.45 | 225.75 |
| 7 | 地砖 600×600 | $m^2$ | 1148.364 | 100 | 114836.4 |
| 8 | 电 | kW·h | 304.359 | 0.75 | 228.27 |
| 9 | 垫木 60×60×60 | 块 | 48.289 | 0.52 | 25.11 |
| 10 | 镀锌铁丝 $\phi$0.7 | kg | 433.826 | 4.28 | 1856.78 |
| 11 | 镀锌铁丝 $\phi$4.0 | kg | 254.652 | 4.28 | 1089.91 |
| 12 | 对拉螺栓 | kg | 99.312 | 5.92 | 587.93 |
| 13 | 二甲苯 | kg | 29.45 | 5.99 | 176.41 |
| 14 | 防滑木条 | $m^3$ | 0.024 | 2479.26 | 59.5 |
| 15 | 防水剂 GQT | kg | 59.593 | 13.86 | 825.96 |
| 16 | 防水涂料 JS | kg | 536.354 | 10.52 | 5642.44 |
| 17 | 钢管 $\phi$48×3.5 | km·天 | 1119.462 | 18.05 | 20206.29 |
| 18 | 钢管底座 | 千个·天 | 21.572 | 76.92 | 1659.32 |
| 19 | 钢筋 综合 | kg | 50.652 | 3.78 | 191.46 |
| 20 | 钢筋 HPB300 $\phi$10 以内 | kg | 29586.12 | 4.13 | 122190.68 |
| 21 | 钢筋 HPB300 $\phi$10 以外 | kg | 145.55 | 4.23 | 615.68 |
| 22 | 钢筋 HRB400 以内 $\phi$10 以内 | kg | 7138.98 | 4.03 | 28770.09 |
| 23 | 钢筋 HRB400 以内 $\phi$12～$\phi$18 | kg | 19191.075 | 3.98 | 76380.48 |
| 24 | 钢筋 HRB400 以内 $\phi$20～$\phi$25 | kg | 5702.075 | 3.94 | 22466.18 |
| 25 | 钢筋网片 | t | 0.087 | 3422.43 | 297.75 |
| 26 | 钢丝绳 $\phi$8 | m | 5.204 | 2.65 | 13.79 |
| 27 | 钢支撑及配件 | kg | 2201.478 | 3.85 | 8475.69 |
| 28 | 钢制防盗门 | $m^2$ | 10.39 | 450 | 4675.5 |
| 29 | 钢质防火门 | $m^2$ | 2.847 | 641.71 | 1826.95 |
| 30 | 隔离剂 | kg | 406.222 | 2.57 | 1043.99 |
| 31 | 硅酮耐候密封胶 | kg | 197.102 | 35.53 | 7003.03 |
| 32 | 红丹防锈漆 | kg | 110.11 | 12 | 1321.32 |
| 33 | 建筑胶 | kg | 1225.331 | 2.22 | 2720.23 |
| 34 | 胶合板模板 | $m^2$ | 1011.209 | 31.03 | 31377.82 |

编制人： 审核人： 编制日期：

# 单位工程人材机分析表

工程名称：××镇中心卫生院　　　　第2页　共4页

| 序号 | 名称及规格 | 单位 | 数量 | 市场价 | 合计 |
|---|---|---|---|---|---|
| 35 | 金刚砂 | kg | 76.071 | 2.34 | 178.01 |
| 36 | 锯木屑 | $m^3$ | 7.505 | 15.4 | 115.58 |
| 37 | 聚氨酯发泡密封胶 750 mL/支 | 支 | 296.747 | 19.94 | 5917.14 |
| 38 | 聚氨酯甲乙料 | kg | 758.48 | 9.89 | 7501.37 |
| 39 | 聚苯乙烯泡沫板 | $m^3$ | 12.461 | 231.01 | 2878.62 |
| 40 | 聚醋酸乙烯乳液 | kg | 0.111 | 5.56 | 0.62 |
| 41 | 聚合物胶乳 | kg | 36.518 | 2.46 | 89.83 |
| 42 | 聚氯乙烯防水卷材 1.2 | $m^2$ | 484.52 | 21.22 | 10281.51 |
| 43 | 扣件 | 千个·天 | 399.41 | 12.82 | 5120.44 |
| 44 | 梁卡具 模板用 | kg | 57.038 | 3.85 | 219.6 |
| 45 | 炉(矿)渣 综合 | $m^3$ | 123.146 | 37.69 | 4641.37 |
| 46 | 铝合金门窗配件 地脚 3×30×300 | 个 | 1649.671 | 0.54 | 890.82 |
| 47 | 棉纱 | kg | 13.021 | 10.27 | 133.73 |
| 48 | 木脚手板 | $m^3$ | 3.077 | 1884.9 | 5799.84 |
| 49 | 木模板 | $m^3$ | 0.169 | 1951.02 | 329.72 |
| 50 | 木支撑 | $m^3$ | 7.568 | 2090 | 15817.12 |
| 51 | 木质防火门 | $m^2$ | 68.134 | 450 | 30660.3 |
| 52 | 黏土脊瓦 455×195 | 块 | 122.607 | 0.92 | 112.8 |
| 53 | 膨胀螺栓 M10 | 套 | 544.566 | 1.12 | 609.91 |
| 54 | 其他材料费 | 元 | 567.611 | 1 | 567.61 |
| 55 | 汽油 | kg | 116.27 | 6.03 | 701.11 |
| 56 | 砌筑水泥砂浆 M5.0 | $m^3$ | 2.909 | 461.67 | 1343 |
| 57 | 砌筑水泥砂浆 M7.5 | $m^3$ | 0.506 | 469.18 | 237.41 |
| 58 | 墙面砖 194×94 | $m^2$ | 53.364 | 50.23 | 2680.47 |
| 59 | 清油 | kg | 43.409 | 15.9 | 690.2 |
| 60 | 全玻有框门扇 | $m^2$ | 7.2 | 450 | 3240 |
| 61 | 色粉 | kg | 1.113 | 8.56 | 9.53 |
| 62 | 砂纸 | 张 | 451.196 | 0.22 | 99.26 |
| 63 | 砂子 | $m^3$ | 4.739 | 128.68 | 609.81 |
| 64 | 石膏粉 | kg | 1.559 | 0.51 | 0.8 |
| 65 | 石灰膏 | $m^3$ | 12.772 | 135.78 | 1734.18 |
| 66 | 石料切割锯片 | 片 | 3.727 | 26.97 | 100.52 |
| 67 | 石油沥青 10# | kg | 45.753 | 2.8 | 128.11 |
| 68 | 熟桐油 | kg | 43.403 | 25.67 | 1114.16 |
| 69 | 水 | $m^3$ | 340.709 | 3.39 | 1155 |
| 70 | 水泥 32.5 | kg | 39447.285 | 0.3 | 11834.19 |
| 71 | 水泥 综合 | kg | 74.609 | 0.28 | 20.89 |
| 72 | 水泥膏 | $m^3$ | 0.336 | 485.52 | 163.13 |
| 73 | 塑钢百叶门 | $m^2$ | 36.162 | 205.16 | 7419 |
| 74 | 塑料薄膜 | $m^2$ | 1793.738 | 1.47 | 2636.79 |

编制人：　　　　审核人：　　　　编制日期：

# 单位工程人材机分析表

工程名称：××镇中心卫生院 

| 序号 | 名称及规格 | 单位 | 数量 | 市场价 | 合计 |
|---|---|---|---|---|---|
| 75 | 塑料膨胀螺栓 | 套 | 1391.158 | 0.43 | 598.2 |
| 76 | 塑料粘胶带 20 mm×50 m | 卷 | 147.924 | 15.26 | 2257.32 |
| 77 | 碎石 综合 | $m^3$ | 7.785 | 121.31 | 944.4 |
| 78 | 羧甲基纤维素 | kg | 0.074 | 7.21 | 0.53 |
| 79 | 陶瓷地砖 综合 | $m^2$ | 143.389 | 49.63 | 7116.4 |
| 80 | 调和漆 | kg | 12.989 | 11.12 | 144.44 |
| 81 | 铁件 综合 | kg | 10.344 | 3.85 | 39.82 |
| 82 | 土工布 | $m^2$ | 151.939 | 5.99 | 910.11 |
| 83 | 无光丙烯酸外墙涂料 | kg | 1411.638 | 9.21 | 13001.19 |
| 84 | 无光调和漆 | kg | 3.192 | 19.13 | 61.06 |
| 85 | 小青瓦 200×130 | 千块 | 25.515 | 560 | 14288.4 |
| 86 | 硬塑料管 $\phi$20 | m | 657.745 | 1.97 | 1295.76 |
| 87 | 油漆溶剂油 | kg | 181.102 | 3.76 | 680.94 |
| 88 | 预铺/湿铺高分子自粘防水卷材 1.5 | $m^2$ | 352.906 | 30 | 10587.18 |
| 89 | 原木 | $m^3$ | 0.072 | 1529.71 | 110.14 |
| 90 | 圆钉 | kg | 158.743 | 5.92 | 939.76 |
| 91 | 蒸压粉煤灰加气混凝土砌块 600×300×150 以内 | $m^3$ | 7.778 | 262.26 | 2039.86 |
| 92 | 蒸压粉煤灰加气混凝土砌块 600×300×150 以外 | $m^3$ | 28.361 | 285.26 | 8090.26 |
| 93 | 蒸压灰砂砖 240×115×53 | 千块 | 1.009 | 390 | 393.51 |
| 94 | 中(粗)砂 | $m^3$ | 146.883 | 202.71 | 29774.65 |
| 95 | 中空钢化镀膜玻璃 6+9A+6 | $m^2$ | 185.686 | 145 | 26924.47 |
| 96 | 汽油【机械】 | kg | 1.639 | 6.03 | 9.88 |
| 97 | 柴油【机械】 | kg | 342.689 | 5.26 | 1802.54 |
| 98 | 电【机械】 | kW·h | 5204.327 | 0.57 | 2966.47 |
| 99 | 预拌混凝土 C15 | $m^3$ | 64.78 | 390.87 | 25320.56 |
| 100 | 预拌混凝土 C20 | $m^3$ | 42.428 | 403.49 | 17119.27 |
| 101 | 预拌混凝土 C25 | $m^3$ | 363.408 | 420 | 152631.36 |
| 102 | 预拌细石混凝土 C20 | $m^3$ | 9.871 | 413.2 | 4078.7 |
| 103 | 干混地面砂浆 DS M15 | t | 16.798 | 308.63 | 5184.37 |
| 104 | 干混地面砂浆 DS M20 | t | 1.381 | 321.9 | 444.54 |
| 105 | 干混界面砂浆 DIT M10 | t | 0.853 | 278.54 | 237.59 |
| 106 | 干混抹灰砂浆 DP M10 | t | 38.474 | 278.54 | 10716.55 |
| 107 | 干混抹灰砂浆 DP M15 | t | 1.68 | 285.62 | 479.84 |
| 108 | 干混抹灰砂浆 DP M20 | t | 0.429 | 312.17 | 133.92 |
| 109 | 干混砌筑砂浆 DM M10 | t | 3.467 | 280.31 | 971.83 |
| 110 | 胶粘剂 DTA 砂浆 | $m^3$ | 1.241 | 650 | 806.65 |
| 111 | 预拌水泥砂浆 | $m^3$ | 2.627 | 360 | 945.72 |
| | 合计 | | | | 933790.92 |

编制人：　　　　审核人：　　　　编制日期：

# 单位工程人材机分析表

工程名称：××镇中心卫生院 第4页 共4页

| 序号 | 名称及规格 | 单位 | 数量 | 市场价 | 合计 |
|---|---|---|---|---|---|
| 三、 | 配比 | | | | |
| 1 | 水泥石灰砂浆 1∶1∶4 | $m^3$ | 8.869 | 347.31 | 3080.29 |
| 2 | 水泥石灰砂浆 1∶1∶6 | $m^3$ | 60.166 | 323.8 | 19481.75 |
| 3 | 水泥砂浆 1∶2 | $m^3$ | 1.406 | 401.29 | 564.21 |
| 4 | 水泥砂浆 1∶2.5 | $m^3$ | 0.962 | 385.75 | 371.09 |
| 5 | 水泥砂浆 1∶3 | $m^3$ | 39.32 | 361.35 | 14208.28 |
| 6 | 水泥砂浆 1∶4 | $m^3$ | 2.013 | 330.95 | 666.2 |
| 7 | 防水砂浆 1:2 | $m^3$ | 10.328 | 481.09 | 4968.7 |
| 8 | 水泥石灰砂浆 1∶0.5∶3 | $m^3$ | 2.593 | 365.38 | 947.43 |
| 9 | 沥青冷底子油 3∶7 | t | 0.151 | 5491.5 | 829.22 |
| | 合计 | | | | 45117.17 |
| 四、 | 机械 | | | | |
| 1 | 折旧费 | 元 | 1756.878 | 1 | 1756.88 |
| 2 | 安拆费及场外运费 | 元 | 2072.714 | 1 | 2072.71 |
| 3 | 人工 | 工日 | 166.057 | 160 | 26569.12 |
| 4 | 其他费 | 元 | 374.553 | 1 | 374.55 |
| 5 | 检修费 | 元 | 374.7 | 1 | 374.7 |
| 6 | 维护费 | 元 | 1260.589 | 1 | 1260.59 |
| | 合计 | | | | 32408.55 |
| | | | | | |
| | | | | | |
| | | | | | |
| | | | | | |
| | | | | | |
| | | | | | |
| | | | | | |
| | | | | | |
| | | | | | |
| | | | | | |
| | | | | | |
| | | | | | |
| | | | | | |
| | | | | | |
| | | | | | |
| | | | | | |
| | 总合计： | | | | 1434629.36 |

编制人： 审核人： 编制日期：

# 分部分项工程和单价措施项目清单全费用分析表

工程名称：××镇中心卫生院　　　　第 1 页　共 19 页

| 序号 | 项目编码 | 项目名称 | 计量单位 | 工程量 | 综合单价(元) | | | | | | | | | | |
|---|---|---|---|---|---|---|---|---|---|---|---|---|---|---|---|
| | | | | | 人工费 | 材料费 | 机械费 | 费用 | 费用明细(不重复计入小计) | | | | | 增值税 | 小计 |
| | | | | | | | | | 管理费 | 利润 | 总价措施 | 其中：安全文明施工 | 规费 | | |
| 1 | 010101001001 | 平整场地 | $m^2$ | 474.5 | 2.08 | 0 | 0 | 1.07 | 0.32 | 0.2 | 0.31 | 0.17 | 0.24 | 0.28 | 3.43 |
| | G1-318 | 人工场地平整 | 100 $m^2$ | 4.745 | 207.83 | 0 | 0 | 107.07 | 32.05 | 19.58 | 31.39 | 17.4 | 24.05 | 28.34 | 343.24 |
| 2 | 010101003001 | 挖沟槽土方 | $m^3$ | 57.27 | 20.63 | 0 | 0 | 10.62 | 3.18 | 1.94 | 3.11 | 1.73 | 2.39 | 2.81 | 34.06 |
| | G1-9 | 人工挖沟槽土方(槽深）一、二类土 ≤2 m | 10 $m^3$ | 5.727 | 206.26 | 0 | 0 | 106.23 | 31.81 | 19.43 | 31.13 | 17.26 | 23.86 | 28.12 | 340.61 |
| 3 | 010101004001 | 挖基坑土方 | $m^3$ | 62.16 | 22.53 | 0 | 0 | 11.6 | 3.47 | 2.12 | 3.4 | 1.89 | 2.61 | 3.07 | 37.2 |
| | G1-17 | 人工挖基坑土方(坑深）一、二类土 ≤2 m | 10 $m^3$ | 6.216 | 225.31 | 0 | 0 | 116.05 | 34.74 | 21.22 | 34.02 | 18.86 | 26.07 | 30.72 | 372.08 |
| 4 | 010103001001 | 回填方(基地回填) | $m^3$ | 72.08 | 16.64 | 0.05 | 0 | 8.58 | 2.57 | 1.57 | 2.51 | 1.39 | 1.93 | 2.27 | 27.54 |
| | G1-329 | 回填土，夯填土，人工，槽坑 | 10 $m^3$ | 7.208 | 166.43 | 0.53 | 0 | 85.73 | 25.66 | 15.68 | 25.12 | 13.93 | 19.27 | 22.74 | 275.43 |
| 5 | 010103001002 | 回填方(室内回填) | $m^3$ | 140.25 | 12.71 | 0.05 | 0 | 6.55 | 1.96 | 1.2 | 1.92 | 1.06 | 1.47 | 1.74 | 21.05 |
| | G1-328 | 回填土，夯填土，人工，地坪 | 10 $m^3$ | 14.025 | 127.14 | 0.53 | 0 | 65.48 | 19.6 | 11.98 | 19.19 | 10.64 | 14.71 | 17.38 | 210.53 |
| 6 | 010103002001 | 取土回填 | $m^3$ | 92.9 | 0 | 4.71 | 8.3 | 3.93 | 1.28 | 0.78 | 0.91 | 0.7 | 0.96 | 1.53 | 18.47 |

编制人：　　　　审核人：　　　　编制日期：

## 分部分项工程和单价措施项目清单全费用分析表

工程名称：××镇中心卫生院



| 序号 | 项目编码 | 项目名称 | 计量单位 | 工程量 | 综合单价(元) | | | | | | | | | | |
|---|---|---|---|---|---|---|---|---|---|---|---|---|---|---|---|
| | | | | | 人工费 | 材料费 | 机械费 | 费用 | 费用明细(不重复计入小计) | | | | | 增值税 | 小计 |
| | | | | | | | | | 管理费 | 利润 | 总价措施 | 其中：安全文明施工 | 规费 | | |
| | G1-212 | 自卸汽车运土方(载重 8 t 以内)运距 1 km 以内 | 1000 $m^3$ | 0.093 | 0 | 2189.33 | 3803.87 | 1802.78 | 586.56 | 358.32 | 417.8 | 318.38 | 440.1 | 701.64 | 8497.62 |
| | G1-213×4 | 自卸汽车运土方(载重 8 t 以内)30 km 以内每增加 1 km 单价×4 | 1000 $m^3$ | 0.093 | 0 | 2523.22 | 4500.01 | 2131.75 | 693.9 | 423.9 | 493.3 | 376.65 | 520.65 | 823.95 | 9978.93 |
| 7 | 010402001001 | 砌块墙 | $m^3$ | 8.72 | 130.3 | 298.18 | 2.17 | 131.46 | 37.45 | 26.14 | 32.3 | 26.88 | 35.57 | 50.59 | 612.7 |
| | A1-31换 | 蒸压加气混凝土砌块墙，墙厚≤150 mm，砂浆换为“砌筑水泥砂浆 M5.0” | 10 $m^3$ | 0.872 | 1303.01 | 2981.77 | 21.73 | 1314.53 | 374.5 | 261.37 | 322.96 | 268.79 | 355.7 | 505.89 | 6126.93 |
| 8 | 010402001002 | 砌块墙 | $m^3$ | 24.01 | 130.3 | 313.1 | 1.48 | 130.76 | 37.25 | 26 | 32.13 | 26.74 | 35.38 | 51.81 | 627.45 |
| | A1-32换 | 蒸压加气混凝土砌块墙，墙厚>150 mm，砂浆换为“砌筑水泥砂浆 M5.0” | 10 $m^3$ | 2.401 | 1303.01 | 3131.03 | 14.8 | 1307.69 | 372.54 | 260 | 321.32 | 267.38 | 353.83 | 518.09 | 6274.62 |
| 9 | 010402001003 | 女儿墙 | $m^3$ | 6.4 | 130.3 | 313.7 | 1.48 | 130.76 | 37.25 | 26 | 32.13 | 26.74 | 35.38 | 51.86 | 628.1 |

编制人：　　　　审核人：　　　　编制日期：

# 分部分项工程和单价措施项目清单全费用分析表

工程名称：××镇中心卫生院 第 3 页 共 19 页

| 序号 | 项目编码 | 项目名称 | 计量单位 | 工程量 | 综合单价(元) | | | | | | | | | | |
|---|---|---|---|---|---|---|---|---|---|---|---|---|---|---|---|
| | | | | | 人工费 | 材料费 | 机械费 | 费用 | 费用明细(不重复计入小计) | | | | | 增值税 | 小计 |
| | | | | | | | | | 管理费 | 利润 | 总价措施 | 其中：安全文明施工 | 规费 | | |
| | A1-32换 | 蒸压加气混凝土砌块墙，墙厚>150 mm，砂浆换为“砌筑水泥砂浆 M7.5” | 10 $m^3$ | 0.64 | 1303.01 | 3136.96 | 14.8 | 1307.69 | 372.54 | 260 | 321.32 | 267.38 | 353.83 | 518.62 | 6281.08 |
| 10 | 010501001001 | 垫层 | $m^3$ | 15.76 | 41.94 | 403.19 | 0 | 42.03 | 11.86 | 8.28 | 10.63 | 8.51 | 11.26 | 43.84 | 531 |
| | A2-1 | 现浇混凝土，垫层 | 10 $m^3$ | 1.576 | 419.54 | 4033.14 | 0 | 420.41 | 118.6 | 82.78 | 106.38 | 85.12 | 112.65 | 438.58 | 5311.67 |
| 11 | 010501003001 | 独立基础 | $m^3$ | 19.98 | 31.76 | 427.18 | 0 | 31.83 | 8.98 | 6.27 | 8.05 | 6.44 | 8.53 | 44.17 | 534.94 |
| | A2-5换 | 现浇混凝土，独立基础，混凝土换为“预拌混凝土 C25” | 10 $m^3$ | 1.998 | 317.52 | 4270.96 | 0 | 318.17 | 89.76 | 62.65 | 80.51 | 64.42 | 85.25 | 441.6 | 5348.25 |
| 12 | 010502001001 | 矩形柱 | $m^3$ | 46.89 | 74.3 | 423.54 | 0 | 74.45 | 21 | 14.66 | 18.84 | 15.08 | 19.95 | 51.51 | 623.8 |
| | A2-11换 | 现浇混凝土，矩形柱，换为“预拌混凝土 C25” | 10 $m^3$ | 4.689 | 742.99 | 4235.18 | 0 | 744.53 | 210.04 | 146.59 | 188.4 | 150.75 | 199.5 | 515.04 | 6237.74 |
| 13 | 010502002001 | 构造柱 | $m^3$ | 39.82 | 124.39 | 407.69 | 0 | 124.65 | 35.17 | 24.54 | 31.54 | 25.24 | 33.4 | 59.11 | 715.84 |
| | A2-12 | 现浇混凝土，构造柱 | 10 $m^3$ | 3.981 | 1244.03 | 4077.3 | 0 | 1246.61 | 351.69 | 245.45 | 315.45 | 252.41 | 334.02 | 591.11 | 7159.05 |
| 14 | 010503001001 | 基础梁 | $m^3$ | 34.91 | 30 | 432.11 | 0 | 30.07 | 8.48 | 5.92 | 7.61 | 6.09 | 8.06 | 44.3 | 536.48 |

编制人： 审核人： 编制日期：

# 分部分项工程和单价措施项目清单全费用分析表

工程名称：××镇中心卫生院



| 序号 | 项目编码 | 项目名称 | 计量单位 | 工程量 | 综合单价(元) | | | | | | | | | | |
|---|---|---|---|---|---|---|---|---|---|---|---|---|---|---|---|
| | | | | | 人工费 | 材料费 | 机械费 | 费用 | 费用明细(不重复计入小计) | | | | | 增值税 | 小计 |
| | | | | | | | | | 管理费 | 利润 | 总价措施 | 其中：安全文明施工 | 规费 | | |
| | A2-16换 | 现浇混凝土，基础梁，换为“预拌混凝土 C25” | 10 $m^3$ | 3.491 | 299.99 | 4320.79 | 0 | 300.62 | 84.81 | 59.19 | 76.07 | 60.87 | 80.55 | 442.93 | 5364.33 |
| 15 | 010503005001 | 过梁 | $m^3$ | 3.39 | 120.34 | 428.08 | 0 | 120.58 | 34.02 | 23.74 | 30.51 | 24.42 | 32.31 | 60.21 | 729.21 |
| | A2-20 | 现浇混凝土过梁 | 10 $m^3$ | 0.339 | 1204.77 | 4285.89 | 0 | 1207.26 | 340.59 | 237.7 | 305.5 | 244.45 | 323.47 | 602.81 | 7300.73 |
| 16 | 010505001001 | 有梁板 | $m^3$ | 238.21 | 34.39 | 436.03 | 0.08 | 34.53 | 9.74 | 6.8 | 8.74 | 6.99 | 9.25 | 45.45 | 550.48 |
| | A2-30换 | 现浇混凝土，有梁板，换为“预拌混凝土 C25” | 10 $m^3$ | 23.833 | 343.73 | 4358.01 | 0.77 | 345.18 | 97.39 | 67.97 | 87.32 | 69.9 | 92.5 | 454.29 | 5501.98 |
| 17 | 010505007001 | 挑檐板 | $m^3$ | 5.54 | 121.96 | 439.54 | 0 | 122.22 | 34.48 | 24.06 | 30.93 | 24.75 | 32.75 | 61.53 | 745.25 |
| | A2-41换 | 现浇混凝土，天沟，挑檐板，换为“预拌混凝土 C25” | 10 $m^3$ | 0.554 | 1218.75 | 4392.22 | 0 | 1221.28 | 344.54 | 240.46 | 309.04 | 247.28 | 327.24 | 614.9 | 7447.15 |
| 18 | 010506001001 | 直形楼梯 | $m^2$ | 60.74 | 27.55 | 111.32 | 0 | 27.62 | 7.79 | 5.44 | 6.99 | 5.59 | 7.4 | 14.98 | 181.47 |
| | A2-46换 | 现浇混凝土，楼梯直形，换为“预拌混凝土 C25” | 10 $m^2$ | 6.074 | 275.5 | 1113.21 | 0 | 276.08 | 77.88 | 54.36 | 69.86 | 55.9 | 73.98 | 149.83 | 1814.62 |
| 19 | 010507001001 | 坡道 | $m^2$ | 47.11 | 28.17 | 93.84 | 1.51 | 20.87 | 5.88 | 4.95 | 5.04 | 3.63 | 5 | 13 | 157.39 |

编制人：　　审核人：　　编制日期：

# 分部分项工程和单价措施项目清单全费用分析表

工程名称：××镇中心卫生院　　　　第5页　共19页

| 序号 | 项目编码 | 项目名称 | 计量单位 | 工程量 | 综合单价（元） | | | | | | | | | | |
|---|---|---|---|---|---|---|---|---|---|---|---|---|---|---|---|
| | | | | | 人工费 | 材料费 | 机械费 | 费用 | 费用明细（不重复计入小计） | | | | | 增值税 | 小计 |
| | | | | | | | | | 管理费 | 利润 | 总价措施 | 其中：安全文明施工 | 规费 | | |
| | A1-80 | 垫层，碎石，灌浆 | 10 $m^3$ | 0.707 | 454.07 | 2724.55 | 57.95 | 513.1 | 144.75 | 101.02 | 129.85 | 103.89 | 137.48 | 337.47 | 4087.14 |
| | A2-1 | 现浇混凝土垫层 | 10 $m^3$ | 0.471 | 419.54 | 4033.14 | 0 | 420.41 | 118.6 | 82.78 | 106.38 | 85.12 | 112.65 | 438.58 | 5311.67 |
| | A9-10换 | 整体面层，干混砂浆楼地面，混凝土或硬基层上 20 mm，换为“水泥砂浆 1∶2” | 100 $m^2$ | 0.471 | 902.99 | 837.69 | 63.69 | 486.59 | 137.17 | 141.52 | 109.79 | 66.31 | 98.11 | 206.19 | 2497.15 |
| | A9-153 | 防滑条，金刚砂 | 100 m | 1.755 | 218.38 | 114.35 | 0 | 110.11 | 30.99 | 31.97 | 24.99 | 14.98 | 22.16 | 39.86 | 482.7 |
| 20 | 010507001002 | 散水 | $m^2$ | 68.52 | 3.88 | 33.17 | 0.01 | 3.91 | 1.1 | 0.77 | 0.99 | 0.79 | 1.05 | 3.69 | 44.66 |
| | A1-72 | 垫层，砂 | 10 $m^3$ | 0.411 | 227.62 | 1494.85 | 2.35 | 230.88 | 65.01 | 45.37 | 58.76 | 46.66 | 61.74 | 176.01 | 2131.71 |
| | A2-1 | 现浇混凝土垫层 | 10 $m^3$ | 0.411 | 419.54 | 4033.14 | 0 | 420.41 | 118.6 | 82.78 | 106.38 | 85.12 | 112.65 | 438.58 | 5311.67 |
| 21 | 010507004001 | 台阶 | $m^2$ | 39.81 | 46.55 | 172.94 | 1.27 | 31.25 | 8.87 | 7.76 | 7.29 | 5.27 | 7.33 | 22.68 | 274.69 |
| | A2-50换 | 现浇混凝土，台阶，换为“预拌混凝土 C15” | 10 $m^2$ | 3.981 | 148.06 | 501.22 | 0 | 148.36 | 41.86 | 29.21 | 37.55 | 30.04 | 39.74 | 71.79 | 869.43 |

编制人：　　　　审核人：　　　　编制日期：

# 分部分项工程和单价措施项目清单全费用分析表

工程名称：××镇中心卫生院 

| 序号 | 项目编码 | 项目名称 | 计量单位 | 工程量 | 综合单价(元) | | | | | | | | | | |
|---|---|---|---|---|---|---|---|---|---|---|---|---|---|---|---|
| | | | | | 人工费 | 材料费 | 机械费 | 费用 | 费用明细(不重复计入小计) | | | | | 增值税 | 小计 |
| | | | | | | | | | 管理费 | 利润 | 总价措施 | 其中:安全文明施工 | 规费 | | |
| | A9-1换 | 平面砂浆找平层,混凝土或硬基层上 20 mm,换为“水泥砂浆 1∶3” | 100 $m^2$ | 0.398 | 678.08 | 745.4 | 63.69 | 373.22 | 105.26 | 108.6 | 84.06 | 50.89 | 75.3 | 167.44 | 2027.83 |
| | A9-44换 | 陶瓷地面砖,单块地砖 0.36 $m^2$ 以内 | 100 $m^2$ | 0.398 | 2496.47 | 11536.56 | 63.69 | 1266.99 | 363.29 | 374.81 | 269.03 | 175.63 | 259.86 | 1382.73 | 16746.4 |
| 22 | 010507005001 | 压顶 | $m^3$ | 1.7 | 149.05 | 410.76 | 0 | 149.36 | 42.14 | 29.41 | 37.79 | 30.24 | 40.02 | 63.82 | 772.99 |
| | A2-53换 | 现浇混凝土,扶手,压顶,换为“预拌混凝土 C15” | 10 $m^3$ | 0.17 | 1490.46 | 4107.66 | 0 | 1493.55 | 421.35 | 294.07 | 377.93 | 302.41 | 400.2 | 638.25 | 7729.92 |
| 23 | 010515001001 | 现浇构件钢筋 | t | 3.034 | 1066.56 | 4257.15 | 16.87 | 1079.53 | 306.29 | 213.76 | 268.59 | 219.83 | 290.89 | 577.81 | 6997.92 |
| | A2-64 | 现浇构件圆钢筋,HPB300,直径≤10 mm | t | 3.034 | 1066.56 | 4257.15 | 16.87 | 1079.53 | 306.29 | 213.76 | 268.59 | 219.83 | 290.89 | 577.81 | 6997.92 |
| 24 | 010515001002 | 现浇构件钢筋 | t | 1.649 | 886.67 | 4141.09 | 17.34 | 900.65 | 255.56 | 178.36 | 224 | 183.42 | 242.73 | 535.12 | 6480.87 |
| | A2-68 | 现浇构件带肋钢筋,HRB400 以内,直径≤10 mm | t | 1.649 | 886.67 | 4141.09 | 17.34 | 900.65 | 255.56 | 178.36 | 224 | 183.42 | 242.73 | 535.12 | 6480.87 |
| 25 | 010515001003 | 现浇构件钢筋 | t | 18.723 | 763.67 | 4168.32 | 98.86 | 858.95 | 243.84 | 170.18 | 213.34 | 175.01 | 231.59 | 530.08 | 6419.88 |

编制人： 审核人： 编制日期：

# 分部分项工程和单价措施项目清单全费用分析表

工程名称：××镇中心卫生院 第7页 共19页

| 序号 | 项目编码 | 项目名称 | 计量单位 | 工程量 | 综合单价(元) | | | | | | | | | | |
|---|---|---|---|---|---|---|---|---|---|---|---|---|---|---|---|
| | | | | | 人工费 | 材料费 | 机械费 | 费用 | 费用明细(不重复计入小计) | | | | | 增值税 | 小计 |
| | | | | | | | | | 管理费 | 利润 | 总价措施 | 其中：安全文明施工 | 规费 | | |
| | A2-69 | 现浇构件带肋钢筋，HRB400以内，直径≤18 mm | t | 18.723 | 763.67 | 4168.32 | 98.86 | 858.95 | 243.84 | 170.18 | 213.34 | 175.01 | 231.59 | 530.08 | 6419.88 |
| 26 | 010515001004 | 现浇构件钢筋 | t | 5.563 | 524.59 | 4107.51 | 81.25 | 603.19 | 171.27 | 119.53 | 149.72 | 122.92 | 162.67 | 478.49 | 5795.03 |
| | A2-70 | 现浇构件带肋钢筋，HRB400以内，直径≤25 mm | t | 5.563 | 524.59 | 4107.51 | 81.25 | 603.19 | 171.27 | 119.53 | 149.72 | 122.92 | 162.67 | 478.49 | 5795.03 |
| 27 | 010515001005 | 现浇构件钢筋 | t | 25.972 | 1868.94 | 4270.72 | 36.27 | 1898.13 | 538.6 | 375.9 | 472.07 | 386.57 | 511.56 | 726.67 | 8800.73 |
| | A2-77 | 箍筋圆钢，HPB300，直径≤10 mm | t | 25.972 | 1868.94 | 4270.72 | 36.27 | 1898.13 | 538.6 | 375.9 | 472.07 | 386.57 | 511.56 | 726.67 | 8800.73 |
| 28 | 010515001006 | 现浇构件钢筋 | t | 0.142 | 968.03 | 4362.82 | 16.9 | 981.34 | 278.45 | 194.3 | 244.15 | 199.86 | 264.44 | 569.65 | 6898.74 |
| | A2-78 | 箍筋圆钢，HPB300，直径>10 mm | t | 0.142 | 968 | 4362.84 | 16.93 | 981.35 | 278.44 | 194.33 | 244.12 | 199.84 | 264.46 | 569.62 | 6898.74 |
| 29 | 010515001007 | 现浇构件钢筋 | t | 5.35 | 1763.93 | 4169.49 | 37.99 | 1795.06 | 509.4 | 355.52 | 446.33 | 365.61 | 483.81 | 698.98 | 8465.45 |
| | A2-79 | 箍筋带肋钢筋，HRB400以内，直径≤10 mm | t | 5.35 | 1763.93 | 4169.49 | 37.99 | 1795.06 | 509.4 | 355.52 | 446.33 | 365.61 | 483.81 | 698.98 | 8465.45 |
| 30 | 010801001001 | 木质门 | $m^2$ | 70.35 | 28.27 | 442.72 | 0 | 28.14 | 7.99 | 5.58 | 6.98 | 5.74 | 7.59 | 44.92 | 544.05 |

编制人： 审核人： 编制日期：

# 分部分项工程和单价措施项目清单全费用分析表

工程名称:××镇中心卫生院



| 序号 | 项目编码 | 项目名称 | 计量单位 | 工程量 | 综合单价(元) | | | | | | | | | | |
|---|---|---|---|---|---|---|---|---|---|---|---|---|---|---|---|
| | | | | | 人工费 | 材料费 | 机械费 | 费用 | 费用明细(不重复计入小计) | | | | | 增值税 | 小计 |
| | | | | | | | | | 管理费 | 利润 | 总价措施 | 其中:安全文明施工 | 规费 | | |
| | A5-9换 | 木质防火门安装 | 100 $m^2$ | 0.704 | 2827.21 | 44271.96 | 0 | 2814.23 | 799.25 | 557.81 | 698.07 | 573.64 | 759.1 | 4492.21 | 54405.6 |
| 31 | 010802001001 | 金属(塑钢)门 | $m^2$ | 37.59 | 36.16 | 227.44 | 0 | 35.99 | 10.22 | 7.13 | 8.93 | 7.34 | 9.71 | 26.96 | 326.55 |
| | A5-17 | 塑钢成品门安装,百页门 | 100 $m^2$ | 0.376 | 3615.81 | 22743.72 | 0 | 3599.21 | 1022.19 | 713.4 | 892.78 | 733.65 | 970.84 | 2696.29 | 32655 |
| 32 | 010802003001 | 钢质防火门 | $m^2$ | 2.94 | 40.39 | 628.57 | 0 | 40.2 | 11.42 | 7.97 | 9.97 | 8.19 | 10.84 | 63.83 | 772.99 |
| | A5-22 | 钢质防火门安装 | 100 $m^2$ | 0.029 | 4039.11 | 62857.64 | 0 | 4020.59 | 1141.86 | 796.92 | 997.3 | 819.54 | 1084.51 | 6382.56 | 77299.9 |
| 33 | 010802004001 | 防盗门 | $m^2$ | 10.8 | 40.39 | 438.59 | 0.65 | 40.85 | 11.6 | 8.1 | 10.13 | 8.33 | 11.02 | 46.84 | 567.32 |
| | A5-23换 | 钢质防盗门安装 | 100 $m^2$ | 0.108 | 4039.11 | 43859.22 | 64.65 | 4084.6 | 1160.13 | 809.67 | 1012.93 | 832.65 | 1101.87 | 4684.28 | 56731.9 |
| 34 | 010805005001 | 全玻自由门 | $m^2$ | 7.2 | 53.29 | 483.1 | 0 | 53.05 | 15.07 | 10.51 | 13.16 | 10.81 | 14.31 | 53.05 | 642.49 |
| | A5-69换 | 全玻璃门扇安装,有框门扇 | 100 $m^2$ | 0.072 | 5329.06 | 48310.41 | 0 | 5304.61 | 1506.53 | 1051.42 | 1315.81 | 1081.27 | 1430.85 | 5304.97 | 64249.1 |
| 35 | 010807001001 | 金属(塑钢、断桥)窗 | $m^2$ | 192.78 | 23.66 | 213.61 | 0 | 23.55 | 6.69 | 4.67 | 5.84 | 4.8 | 6.35 | 23.47 | 284.29 |
| | A5-93换 | 塑钢成品窗安装,平开,换为“中空钢化镀膜玻璃 6+9A+6” | 100 $m^2$ | 1.928 | 2365.73 | 21361.46 | 0 | 2354.86 | 668.79 | 466.76 | 584.13 | 480.01 | 635.18 | 2347.38 | 28429.4 |
| 36 | 010901001001 | 瓦屋面 | $m^2$ | 434.96 | 21.78 | 63.52 | 1.78 | 15.11 | 4.27 | 3.78 | 3.57 | 2.5 | 3.49 | 9.2 | 111.39 |

编制人：　　　　审核人：　　　　编制日期：

# 分部分项工程和单价措施项目清单全费用分析表

工程名称：××镇中心卫生院　　　　第 9 页　共 19 页

| 序号 | 项目编码 | 项目名称 | 计量单位 | 工程量 | 综合单价（元） | | | | | | | | | | |
|---|---|---|---|---|---|---|---|---|---|---|---|---|---|---|---|
| | | | | | 人工费 | 材料费 | 机械费 | 费用 | 费用明细（不重复计入小计） | | | | | 增值税 | 小计 |
| | | | | | | | | | 管理费 | 利润 | 总价措施 | 其中：安全文明施工 | 规费 | | |
| | A6-2换 | 块瓦屋面，普通黏土瓦，混凝土板上浆贴，换为“小青瓦 200×130” | 100 m² | 4.350 | 636.46 | 4450.42 | 18.73 | 654.54 | 185.22 | 129.27 | 164.12 | 132.94 | 175.93 | 518.41 | 6278.56 |
| | A9-1换 | 平面砂浆找平层，混凝土或硬基层上 20 mm，换为“水泥石灰砂浆 1∶1∶4” | 100 m² | 4.350 | 678.08 | 716.78 | 63.69 | 373.22 | 105.26 | 108.6 | 84.06 | 50.89 | 75.3 | 164.86 | 1996.63 |
| | A9-1换 | 平面砂浆找平层，混凝土或硬基层上 20 mm，实际厚度(mm)：30，换为“水泥砂浆 1∶3” | 100 m² | 4.350 | 863.55 | 1185.19 | 95.53 | 482.35 | 136.09 | 140.41 | 108.5 | 65.79 | 97.35 | 236.4 | 2863.02 |
| 37 | 010902001001 | 屋面卷材防水 | m² | 357.83 | 6.71 | 50.16 | 0 | 6.7 | 1.9 | 1.32 | 1.68 | 1.36 | 1.8 | 5.72 | 69.29 |
| | A6-71 | 聚氯乙烯卷材，冷粘法一层，平面 | 100 m² | 3.578 | 670.77 | 5016.33 | 0 | 670.35 | 189.63 | 132.34 | 168.28 | 136.1 | 180.1 | 572.17 | 6929.62 |
| 38 | 010902001002 | 屋面卷材防水 | m² | 260.63 | 6.08 | 43.81 | 0 | 6.08 | 1.72 | 1.2 | 1.53 | 1.23 | 1.63 | 5.04 | 61.01 |
| | A6-79 | 高分子自粘胶膜卷材，自粘法一层，平面 | 100 m² | 2.606 | 608.4 | 4380.66 | 0 | 608.01 | 171.99 | 120.04 | 152.63 | 123.44 | 163.35 | 503.74 | 6100.81 |

编制人：　　　　审核人：　　　　编制日期：

# 分部分项工程和单价措施项目清单全费用分析表

工程名称:××镇中心卫生院



| 序号 | 项目编码 | 项目名称 | 计量单位 | 工程量 | 综合单价(元) | | | | | | | | | | |
|---|---|---|---|---|---|---|---|---|---|---|---|---|---|---|---|
| | | | | | 人工费 | 材料费 | 机械费 | 费用 | 费用明细(不重复计入小计) | | | | | 增值税 | 小计 |
| | | | | | | | | | 管理费 | 利润 | 总价措施 | 其中:安全文明施工 | 规费 | | |
| 39 | 010902002001 | 屋面涂膜防水 | $m^2$ | 260.63 | 3.7 | 20.2 | 0 | 3.69 | 1.04 | 0.73 | 0.93 | 0.75 | 0.99 | 2.48 | 30.07 |
| | A6-95换 | 聚氨酯防水涂膜,2 mm 厚,平面,实际厚度(mm):1.5 | 100 $m^2$ | 2.606 | 369.52 | 2020.47 | 0 | 369.31 | 104.46 | 72.91 | 92.72 | 74.98 | 99.22 | 248.34 | 3007.64 |
| 40 | 010902002002 | 屋面涂膜防水(挑檐) | $m^2$ | 77.13 | 40.15 | 82.43 | 0.64 | 37.04 | 10.43 | 7.65 | 9.31 | 7.23 | 9.65 | 14.42 | 174.68 |
| | A6-99 | 聚合物水泥防水涂料,1.0 mm 厚,平面 | 100 $m^2$ | 0.771 | 340.85 | 2319.82 | 0 | 340.64 | 96.36 | 67.25 | 85.52 | 69.16 | 91.51 | 270.12 | 3271.43 |
| | A9-2换 | 平面砂浆找平层,填充材料上 20 mm,实际厚度(mm):15 换为"水泥砂浆 1:3" | 100 $m^2$ | 0.771 | 717.75 | 745.84 | 63.69 | 393.21 | 110.89 | 114.4 | 88.6 | 53.61 | 79.32 | 172.84 | 2093.33 |
| | A1-81 | 垫层,炉(矿)渣,干铺 | 10 $m^3$ | 8.531 | 267.25 | 468.11 | 0 | 268.46 | 75.55 | 52.73 | 68.42 | 54.23 | 71.76 | 90.34 | 1094.16 |
| 41 | 010902003001 | 屋面刚性层 | $m^2$ | 244.33 | 10.74 | 18.37 | 0 | 10.73 | 3.04 | 2.12 | 2.69 | 2.18 | 2.88 | 3.58 | 43.42 |
| | A6-113 | 细石混凝土,厚 40 mm | 100 $m^2$ | 2.443 | 1073.6 | 1836.63 | 0 | 1072.92 | 303.51 | 211.82 | 269.34 | 217.83 | 288.25 | 358.48 | 4341.63 |

编制人:　　　　审核人:　　　　编制日期:

# 分部分项工程和单价措施项目清单全费用分析表

工程名称：××镇中心卫生院 第 11 页 共 19 页

| 序号 | 项目编码 | 项目名称 | 计量单位 | 工程量 | 综合单价（元） | | | | | | | | | | |
|---|---|---|---|---|---|---|---|---|---|---|---|---|---|---|---|
| | | | | | 人工费 | 材料费 | 机械费 | 费用 | 费用明细（不重复计入小计） | | | | | 增值税 | 小计 |
| | | | | | | | | | 管理费 | 利润 | 总价措施 | 其中：安全文明施工 | 规费 | | |
| 42 | 011001001001 | 保温屋面 | $m^2$ | 244.33 | 2.48 | 11.78 | 0 | 2.48 | 0.7 | 0.49 | 0.62 | 0.5 | 0.67 | 1.51 | 18.25 |
| | A7-41 | 屋面，干铺聚苯乙烯板，厚度 50 mm | 100 $m^2$ | 2.443 | 247.66 | 1178.15 | 0 | 247.52 | 70.01 | 48.86 | 62.14 | 50.25 | 66.51 | 150.6 | 1823.93 |
| 43 | 011102003001 | 块料地面（卫生间） | $m^2$ | 37.54 | 36.72 | 162.64 | 1.11 | 21.77 | 6.2 | 5.84 | 4.9 | 3.39 | 4.83 | 20 | 242.24 |
| | A2-1 | 现浇混凝土垫层 | 10 $m^3$ | 0.298 | 419.54 | 4033.14 | 0 | 420.41 | 118.6 | 82.78 | 106.38 | 85.12 | 112.65 | 438.58 | 5311.67 |
| | A9-1换 | 平面砂浆找平层，混凝土或硬基层上 20 mm，实际厚度（mm）：15，换为“水泥砂浆 1∶3” | 100$m^2$ | 0.375 | 585.34 | 559.73 | 47.77 | 318.62 | 89.84 | 92.69 | 71.83 | 43.43 | 64.26 | 136.03 | 1647.49 |
| | A6-95换 | 聚氨酯防水涂膜，2 mm 厚，平面，实际厚度（mm）：1.5 | 100$m^2$ | 0.260 | 369.52 | 2020.47 | 0 | 369.31 | 104.46 | 72.91 | 92.72 | 74.98 | 99.22 | 248.34 | 3007.64 |
| | A9-44换 | 陶瓷地面砖，单块地砖 0.36 $m^2$ 以内，换为“水泥砂浆 1∶4” | 100 $m^2$ | 0.375 | 2496.47 | 11095.02 | 63.69 | 1266.99 | 363.29 | 374.81 | 269.03 | 175.63 | 259.86 | 1343 | 16265.2 |

编制人： 审核人： 编制日期：

# 分部分项工程和单价措施项目清单全费用分析表

工程名称：××镇中心卫生院



| 序号 | 项目编码 | 项目名称 | 计量单位 | 工程量 | 综合单价（元） | | | | | | | | | | |
|---|---|---|---|---|---|---|---|---|---|---|---|---|---|---|---|
| | | | | | 人工费 | 材料费 | 机械费 | 费用 | 费用明细（不重复计入小计） | | | | | 增值税 | 小计 |
| | | | | | | | | | 管理费 | 利润 | 总价措施 | 其中：安全文明施工 | 规费 | | |
| 44 | 011102003002 | 块料地面（房间及公共走道） | $m^2$ | 377.53 | 28.3 | 143.62 | 0.64 | 16.02 | 4.58 | 4.41 | 3.54 | 2.43 | 3.49 | 16.97 | 205.55 |
| | A2-1 | 现浇混凝土垫层 | 10 $m^3$ | 3.000 | 419.54 | 4033.14 | 0 | 420.41 | 118.6 | 82.78 | 106.38 | 85.12 | 112.65 | 438.58 | 5311.67 |
| | A9-44换 | 陶瓷地面砖，单块地砖 0.36 $m^2$ 以内，换为“水泥砂浆 1：3” | 100 $m^2$ | 3.775 | 2496.47 | 11157.01 | 63.69 | 1266.99 | 363.29 | 374.81 | 269.03 | 175.63 | 259.86 | 1348.57 | 16332.7 |
| 45 | 011102003003 | 块料楼面（卫生间） | $m^2$ | 61.2 | 52.93 | 223.88 | 1.27 | 37.6 | 10.67 | 9.01 | 8.88 | 6.56 | 9.04 | 28.41 | 344.09 |
| | A9-44换 | 陶瓷地面砖，单块地砖 0.36 $m^2$ 以内，换为“水泥砂浆 1：4” | 100 $m^2$ | 0.612 | 2496.47 | 11095.02 | 63.69 | 1266.99 | 363.29 | 374.81 | 269.03 | 175.63 | 259.86 | 1343 | 16265.2 |
| | A6-99换 | 聚合物水泥防水涂料，1.0 mm 厚，平面，实际厚度(mm)：3 | 100 $m^2$ | 0.612 | 886.47 | 6296.45 | 0 | 885.92 | 250.61 | 174.9 | 222.4 | 179.86 | 238.01 | 726.2 | 8795.04 |
| | A9-1换 | 平面砂浆找平层，混凝土或硬基层上 20 mm，换为“水泥砂浆 1：3” | 100 $m^2$ | 0.612 | 678.08 | 745.4 | 63.69 | 373.22 | 105.26 | 108.6 | 84.06 | 50.89 | 75.3 | 167.44 | 2027.83 |

编制人：　　审核人：　　编制日期：

# 分部分项工程和单价措施项目清单全费用分析表

工程名称:××镇中心卫生院



| 序号 | 项目编码 | 项目名称 | 计量单位 | 工程量 | 综合单价(元) | | | | | | | | | | |
|---|---|---|---|---|---|---|---|---|---|---|---|---|---|---|---|
| | | | | | 人工费 | 材料费 | 机械费 | 费用 | 费用明细(不重复计入小计) | | | | | 增值税 | 小计 |
| | | | | | | | | | 管理费 | 利润 | 总价措施 | 其中:安全文明施工 | 规费 | | |
| | A1-81 | 垫层,炉(矿)渣,干铺 | 10 $m^3$ | 1.53 | 267.25 | 468.11 | 0 | 268.46 | 75.55 | 52.73 | 68.42 | 54.23 | 71.76 | 90.34 | 1094.16 |
| | A6-95换 | 聚氨酯防水涂膜,2 mm 厚,平面,实际厚度(mm):1.5 | 100 $m^2$ | 0.933 | 369.52 | 2020.47 | 0 | 369.31 | 104.46 | 72.91 | 92.72 | 74.98 | 99.22 | 248.34 | 3007.64 |
| 46 | 011102003004 | 块料楼面(房间及公共走道) | $m^2$ | 598.84 | 24.96 | 111.57 | 0.64 | 12.67 | 3.63 | 3.75 | 2.69 | 1.76 | 2.6 | 13.49 | 163.33 |
| | A9-44换 | 陶瓷地面砖,单块地砖,0.36 $m^2$ 以内,换为"水泥砂浆 1∶3" | 100 $m^2$ | 5.988 | 2496.47 | 11157.01 | 63.69 | 1266.99 | 363.29 | 374.81 | 269.03 | 175.63 | 259.86 | 1348.57 | 16332.7 |
| 47 | 011105003001 | 块料踢脚线 | $m^2$ | 39.43 | 43.49 | 52.84 | 0.75 | 21.9 | 6.28 | 6.48 | 4.65 | 3.03 | 4.49 | 10.71 | 129.69 |
| | A9-104 | 踢脚线,陶瓷地面砖 | 100 $m^2$ | 0.394 | 4349.1 | 5284.23 | 74.93 | 2189.53 | 627.77 | 647.68 | 465.03 | 303.49 | 449.05 | 1070.8 | 12968.6 |
| 48 | 011106002001 | 块料楼梯面层 | $m^2$ | 60.74 | 57.09 | 83.51 | 0.87 | 28.67 | 8.22 | 8.48 | 6.09 | 3.98 | 5.88 | 15.31 | 185.45 |
| | A9-120换 | 楼梯面层,陶瓷地面砖,换为"水泥砂浆 1∶3" | 100 $m^2$ | 0.607 | 5708.41 | 8350.63 | 86.92 | 2868.23 | 822.36 | 848.44 | 609.21 | 397.56 | 588.22 | 1531.28 | 18545.5 |
| 49 | 011107002001 | 块料台阶面 | $m^2$ | 9.24 | 35.08 | 86.83 | 0.94 | 17.82 | 5.11 | 5.27 | 3.78 | 2.47 | 3.66 | 12.66 | 153.33 |

编制人:　　　　审核人:　　　　编制日期:

# 分部分项工程和单价措施项目清单全费用分析表

工程名称：××镇中心卫生院 

| 序号 | 项目编码 | 项目名称 | 计量单位 | 工程量 | 综合单价(元) | | | | | | | | | | |
|---|---|---|---|---|---|---|---|---|---|---|---|---|---|---|---|
| | | | | | 人工费 | 材料费 | 机械费 | 费用 | 费用明细(不重复计入小计) | | | | | 增值税 | 小计 |
| | | | | | | | | | 管理费 | 利润 | 总价措施 | 其中：安全文明施工 | 规费 | | |
| | A9-137换 | 台阶装饰，陶瓷地面砖，换为“水泥砂浆 1∶3” | 100 $m^2$ | 0.092 | 3507.7 | 8682.62 | 94.22 | 1782.51 | 511.11 | 527.32 | 378.49 | 247.09 | 365.59 | 1266.03 | 15333.1 |
| 50 | 011201001001 | 墙面一般抹灰(外墙) | $m^2$ | 991.46 | 19.97 | 11.8 | 0.72 | 10.43 | 2.94 | 3.03 | 2.36 | 1.42 | 2.1 | 3.86 | 46.78 |
| | A10-2 | 墙面一般抹灰外墙(14+6 mm) | 100 $m^2$ | 9.915 | 1886.78 | 1078.07 | 72.31 | 986.89 | 277.99 | 286.81 | 223.24 | 134.39 | 198.85 | 362.16 | 4386.21 |
| | A10-25换 | 墙面装饰抹灰，素水泥浆界面剂，换为“水泥砂浆 1∶2.5” | 100 $m^2$ | 9.915 | 110.18 | 102.25 | 0 | 55.55 | 15.63 | 16.13 | 12.6 | 7.56 | 11.19 | 24.12 | 292.1 |
| 51 | 011201001002 | 墙面一般抹灰(内墙) | $m^2$ | 2672.85 | 12.69 | 8.41 | 0.72 | 6.75 | 1.9 | 1.96 | 1.53 | 0.92 | 1.36 | 2.57 | 31.14 |
| | A10-1换 | 墙面一般抹灰，内墙(14+6 mm)，换为“水泥石灰砂浆 1∶1∶6” | 100 $m^2$ | 26.729 | 1159.11 | 740.7 | 72.31 | 619.99 | 174.74 | 180.28 | 139.98 | 84.48 | 124.99 | 233.29 | 2825.4 |

编制人：　　审核人：　　编制日期：

# 分部分项工程和单价措施项目清单全费用分析表

工程名称：××镇中心卫生院　　　　第15页　共19页

| 序号 | 项目编码 | 项目名称 | 计量单位 | 工程量 | 综合单价(元) | | | | | | | | | | |
|---|---|---|---|---|---|---|---|---|---|---|---|---|---|---|---|
| | | | | | 人工费 | 材料费 | 机械费 | 费用 | 费用明细(不重复计入小计) | | | | | 增值税 | 小计 |
| | | | | | | | | | 管理费 | 利润 | 总价措施 | 其中:安全文明施工 | 规费 | | |
| | A10-25换 | 墙面装饰抹灰，素水泥浆界面剂，换为“水泥石灰砂浆1∶0.5∶3” | 100 $m^2$ | 26.729 | 110.18 | 100.27 | 0 | 55.55 | 15.63 | 16.13 | 12.6 | 7.56 | 11.19 | 23.94 | 289.94 |
| 52 | 011201001003 | 墙面一般抹灰(卫生间墙) | $m^2$ | 458.81 | 13.79 | 12.64 | 0.76 | 7.34 | 2.07 | 2.13 | 1.66 | 1 | 1.48 | 3.11 | 37.64 |
| | A10-24 | 墙面界面剂 | 100 $m^2$ | 4.588 | 110.18 | 65 | 3.56 | 57.32 | 16.14 | 16.65 | 12.98 | 7.8 | 11.55 | 21.25 | 257.31 |
| | A10-1换 | 墙面一般抹灰，内墙(14+6 mm)，换为“防水砂浆1∶2” | 100 $m^2$ | 4.588 | 1159.11 | 1094.76 | 72.31 | 619.99 | 174.74 | 180.28 | 139.98 | 84.48 | 124.99 | 265.16 | 3211.33 |
| | A10-25换 | 墙面装饰抹灰，素水泥浆界面剂，换为“水泥砂浆1∶2” | 100 $m^2$ | 4.588 | 110.18 | 103.76 | 0 | 55.55 | 15.63 | 16.13 | 12.6 | 7.56 | 11.19 | 24.25 | 293.74 |
| 53 | 011202001001 | 柱面一般抹灰 | $m^2$ | 13.98 | 15.67 | 10.5 | 0.65 | 8.23 | 2.32 | 2.39 | 1.86 | 1.12 | 1.66 | 3.15 | 38.2 |
| | A10-30 | 一般抹灰，独立柱(梁)，矩形柱(梁)面 | 100 $m^2$ | 0.140 | 1567.39 | 1049.63 | 65 | 822.26 | 231.64 | 238.98 | 185.96 | 111.98 | 165.68 | 315.39 | 3819.67 |
| 54 | 011204003001 | 块料墙面(墙裙) | $m^2$ | 51.31 | 39.6 | 55.75 | 0 | 19.97 | 5.62 | 5.8 | 4.53 | 2.72 | 4.02 | 10.38 | 125.7 |

编制人：　　　　审核人：　　　　编制日期：

# 分部分项工程和单价措施项目清单全费用分析表

工程名称：××镇中心卫生院



| 序号 | 项目编码 | 项目名称 | 计量单位 | 工程量 | 综合单价(元) | | | | | | | | | | |
|---|---|---|---|---|---|---|---|---|---|---|---|---|---|---|---|
| | | | | | 人工费 | 材料费 | 机械费 | 费用 | 费用明细(不重复计入小计) | | | | | 增值税 | 小计 |
| | | | | | | | | | 管理费 | 利润 | 总价措施 | 其中:安全文明施工 | 规费 | | |
| | A10-62换 | 墙面块料面层,镶贴纸皮条形瓷砖,水泥膏,墙面墙裙,换为“墙面砖194×94” | 100 $m^2$ | 0.513 | 3959.78 | 5574.92 | 0 | 1996.66 | 561.89 | 579.71 | 453.15 | 271.64 | 401.91 | 1037.82 | 12569.2 |
| 55 | 011301001001 | 天棚抹灰 | $m^2$ | 929.09 | 9.15 | 1.69 | 0 | 4.6 | 1.3 | 1.34 | 1.03 | 0.63 | 0.93 | 1.39 | 16.83 |
| | A13-250 | 刮腻子,天棚面,满刮两遍 | 100 $m^2$ | 9.291 | 915.06 | 169.4 | 0 | 459.69 | 129.85 | 133.96 | 103 | 62.77 | 92.88 | 138.97 | 1683.12 |
| 56 | 011301001002 | 天棚抹灰(卫生间) | $m^2$ | 90.39 | 3.34 | 3.69 | 0.09 | 3.43 | 0.97 | 0.68 | 0.86 | 0.7 | 0.92 | 0.95 | 11.5 |
| | A6-121换 | 聚合物水泥防水砂浆,10 mm厚,实际厚度(mm):5 | 100 $m^2$ | 0.904 | 334.05 | 368.93 | 9.39 | 343.13 | 97.09 | 67.76 | 86.07 | 69.68 | 92.21 | 95 | 1150.5 |
| 57 | 011406001001 | 抹灰面油漆(楼梯及走道天棚) | $m^2$ | 290.13 | 13.51 | 5.59 | 0 | 6.79 | 1.92 | 1.98 | 1.52 | 0.93 | 1.37 | 2.33 | 28.22 |
| | A13-200 | 乳胶漆,室内,天棚面,两遍 | 100 $m^2$ | 2.901 | 1351.29 | 558.97 | 0 | 678.84 | 191.75 | 197.83 | 152.1 | 92.7 | 137.16 | 233.02 | 2822.12 |
| 58 | 011406001002 | 抹灰面油漆(内墙) | $m^2$ | 2672.85 | 5.45 | 5.17 | 0 | 2.73 | 0.77 | 0.8 | 0.61 | 0.37 | 0.55 | 1.2 | 14.55 |

编制人：　　　　审核人：　　　　编制日期：

# 分部分项工程和单价措施项目清单全费用分析表

工程名称：××镇中心卫生院　　　　第 17 页　共 19 页

| 序号 | 项目编码 | 项目名称 | 计量单位 | 工程量 | 综合单价（元） | | | | | | | | | | |
|---|---|---|---|---|---|---|---|---|---|---|---|---|---|---|---|
| | | | | | 人工费 | 材料费 | 机械费 | 费用 | 费用明细（不重复计入小计） | | | | | 增值税 | 小计 |
| | | | | | | | | | 管理费 | 利润 | 总价措施 | 其中：安全文明施工 | 规费 | | |
| | A13-189 | 调和漆，墙面，满刮腻子，底油一遍，调和漆两遍 | 100 $m^2$ | 26.729 | 544.81 | 516.87 | 0 | 273.7 | 77.31 | 79.76 | 61.32 | 37.37 | 55.31 | 120.18 | 1455.56 |
| 59 | 011407001001 | 墙面喷刷涂料（外墙及独立柱） | $m^2$ | 1005.44 | 11.92 | 14.78 | 0 | 5.98 | 1.69 | 1.74 | 1.34 | 0.82 | 1.21 | 2.94 | 35.62 |
| | A13-222换 | 外墙丙烯酸酯涂料，墙面，两遍，实际遍数（遍）：3 | 100 $m^2$ | 10.054 | 1191.56 | 1477.98 | 0 | 598.59 | 169.08 | 174.44 | 134.13 | 81.74 | 120.94 | 294.13 | 3562.26 |
| 60 | 011407004001 | 线条刷涂料（暗红色仿木纹涂料） | m | 148.45 | 9.26 | 2.85 | 0 | 4.65 | 1.31 | 1.36 | 1.04 | 0.64 | 0.94 | 1.51 | 18.27 |
| | A13-247 | 仿木纹涂饰墙面 | 100 $m^2$ | 0.742 | 1851.84 | 570.33 | 0 | 930.31 | 262.78 | 271.11 | 208.46 | 127.04 | 187.96 | 301.72 | 3654.2 |
| 61 | 011701001001 | 综合脚手架 | $m^2$ | 1201.81 | 7.3 | 33.54 | 1.77 | 9.06 | 2.57 | 1.79 | 2.26 | 1.84 | 2.44 | 4.65 | 56.32 |
| | A17-7 | 多层建筑综合脚手架，檐高 20 m 以内 | 100 $m^2$ | 12.018 | 730.47 | 3354.18 | 177.35 | 905.94 | 256.64 | 179.11 | 226.44 | 184.2 | 243.75 | 465.11 | 5633.05 |
| 62 | 011702001001 | 独立基础模板 | $m^2$ | 58.56 | 23.79 | 29.23 | 0.02 | 23.78 | 6.73 | 4.7 | 5.96 | 4.83 | 6.39 | 6.91 | 83.73 |
| | A16-19 | 独立基础，胶合板模板，木支撑 | 100 $m^2$ | 0.586 | 2378.83 | 2923.46 | 1.99 | 2377.72 | 673.06 | 469.74 | 595.65 | 483.07 | 639.27 | 691.38 | 8373.38 |
| 63 | 011702001002 | 基础垫层模板 | $m^2$ | 58.55 | 15.84 | 29.49 | 0 | 15.82 | 4.48 | 3.13 | 3.96 | 3.21 | 4.25 | 5.5 | 66.65 |

编制人：　　　　审核人：　　　　编制日期：

# 分部分项工程和单价措施项目清单全费用分析表

工程名称:××镇中心卫生院



| 序号 | 项目编码 | 项目名称 | 计量单位 | 工程量 | 综合单价(元) | | | | | | | | | | |
|---|---|---|---|---|---|---|---|---|---|---|---|---|---|---|---|
| | | | | | 人工费 | 材料费 | 机械费 | 费用 | 费用明细(不重复计入小计) | | | | | 增值税 | 小计 |
| | | | | | | | | | 管理费 | 利润 | 总价措施 | 其中:安全文明施工 | 规费 | | |
| | A16-1 | 基础垫层,胶合板模板 | 100 $m^2$ | 0.585 | 1583.72 | 2949.02 | 0.32 | 1582.01 | 447.81 | 312.53 | 396.35 | 321.4 | 425.32 | 550.36 | 6665.43 |
| 64 | 011702002001 | 矩形柱模板 | $m^2$ | 409.04 | 28.43 | 26.75 | 0.02 | 28.41 | 8.04 | 5.61 | 7.12 | 5.77 | 7.64 | 7.52 | 91.13 |
| | A16-50 | 矩形柱,胶合板模板,钢支撑,3.6 m以内 | 100 $m^2$ | 4.090 | 2824.24 | 2671.7 | 1.65 | 2822.2 | 798.88 | 557.55 | 707.03 | 573.37 | 758.74 | 748.78 | 9068.57 |
| | A16-58 | 柱支撑,高度超过 3.6 m,每增加 1 m 钢支撑 | 100 $m^2$ | 0.211 | 362.7 | 56.74 | 0 | 362.26 | 102.54 | 71.56 | 90.76 | 73.59 | 97.4 | 70.35 | 852.05 |
| 65 | 011702003001 | 构造柱模板 | $m^2$ | 474.09 | 20.34 | 23.66 | 0.04 | 20.35 | 5.76 | 4.02 | 5.1 | 4.14 | 5.47 | 5.8 | 70.19 |
| | A16-52 | 构造柱,胶合板模板,钢支撑,3.6 m以内 | 100 $m^2$ | 4.741 | 2033.74 | 2366.4 | 4.25 | 2035.22 | 576.14 | 402.1 | 509.78 | 413.51 | 547.2 | 579.56 | 7019.17 |
| 66 | 011702005001 | 基础梁模板 | $m^2$ | 282.12 | 26.94 | 32.95 | 0.02 | 26.93 | 7.62 | 5.32 | 6.75 | 5.47 | 7.24 | 7.82 | 94.66 |
| | A16-65 | 基础梁,胶合板模板,钢支撑 | 100 $m^2$ | 3.326 | 2285.08 | 2795.34 | 1.99 | 2284.08 | 646.55 | 451.24 | 572.2 | 464.05 | 614.09 | 662.98 | 8029.47 |
| 67 | 011702009001 | 过梁模板 | $m^2$ | 51.37 | 41.09 | 27.2 | 0.05 | 41.08 | 11.63 | 8.12 | 10.29 | 8.35 | 11.04 | 9.85 | 119.27 |
| | A16-74 | 过梁,胶合板模板,3.6 m以内钢支撑 | 100 $m^2$ | 0.514 | 4108.49 | 2720.1 | 4.68 | 4107.72 | 1162.79 | 811.53 | 1029.02 | 834.56 | 1104.38 | 984.69 | 11925.68 |
| 68 | 011702014001 | 有梁板模板 | $m^2$ | 2398.48 | 31.51 | 26.69 | 0.03 | 31.49 | 8.91 | 6.22 | 7.89 | 6.4 | 8.47 | 8.07 | 97.79 |
| | A16-101 | 有梁板胶合板模板,3.6 m以内钢支撑 | 100 $m^2$ | 23.985 | 2764.45 | 2629.03 | 2.51 | 2763.32 | 782.22 | 545.92 | 692.26 | 561.42 | 742.92 | 734.34 | 8893.65 |

编制人:　　　　审核人:　　　　编制日期:

# 分部分项工程和单价措施项目清单全费用分析表

工程名称：××镇中心卫生院　　　　第 19 页　共 19 页

| 序号 | 项目编码 | 项目名称 | 计量单位 | 工程量 | 综合单价(元) | | | | | | | | | | |
|---|---|---|---|---|---|---|---|---|---|---|---|---|---|---|---|
| | | | | | 人工费 | 材料费 | 机械费 | 费用 | 费用明细(不重复计入小计) | | | | | 增值税 | 小计 |
| | | | | | | | | | 管理费 | 利润 | 总价措施 | 其中:安全文明施工 | 规费 | | |
| | A16-125 | 板支撑高度超过 3.6 m,每增加 1 m 钢支撑 | 100 $m^2$ | 23.985 | 386.37 | 39.73 | 0 | 385.88 | 109.23 | 76.23 | 96.68 | 78.39 | 103.74 | 73.08 | 885.06 |
| 69 | 011702022001 | 挑檐模板 | $m^2$ | 70.03 | 42.12 | 25.24 | 0.31 | 42.37 | 12 | 8.37 | 10.61 | 8.61 | 11.39 | 9.9 | 119.94 |
| | A16-124 | 挑檐胶合板模板钢支撑 | 100 $m^2$ | 0.700 | 4212.29 | 2523.82 | 31.11 | 4236.71 | 1199.61 | 837.22 | 1060.54 | 860.99 | 1139.34 | 990.35 | 11994.28 |
| 70 | 011702024001 | 楼梯 | $m^2$ | 106.95 | 85.52 | 44.4 | 0.04 | 85.45 | 24.19 | 16.88 | 21.41 | 17.36 | 22.97 | 19.39 | 234.8 |
| | A16-130 | 楼梯直形胶合板模板钢支撑 | 100 $m^2$ | 1.069 | 8552.15 | 4439.68 | 3.99 | 8545.05 | 2418.82 | 1688.13 | 2140.78 | 1736.04 | 2297.32 | 1938.68 | 23479.55 |
| 71 | 011703001001 | 垂直运输 | $m^2$ | 1201.81 | 0 | 0.82 | 14.96 | 14.83 | 4.23 | 2.95 | 3.63 | 3.04 | 4.02 | 2.75 | 33.36 |
| | A18-4 | 檐高 20 m 以内,卷扬机施工 | 100 $m^2$ | 12.018 | 0 | 81.67 | 1496.07 | 1482.55 | 422.94 | 295.17 | 362.75 | 303.55 | 401.69 | 275.43 | 3335.72 |
| | | | | | | | | | | | | | | | |
| | | | | | | | | | | | | | | | |
| | | | | | | | | | | | | | | | |
| | | | | | | | | | | | | | | | |
| | | | | | | | | | | | | | | | |
| | | | | | | | | | | | | | | | |
| | | | | | | | | | | | | | | | |
| | | | | | | | | | | | | | | | |

编制人：　　　　审核人：　　　　编制日期：

三、钢筋工程计算明细表(部分)

# 钢筋明细表(选择绘图输入界面)

工程名称:××镇中心卫生院　　　　　　　　　　　　编制日期:

| 筋号 | 级别 | 直径 | 钢筋图形 | 计算公式 | 根数 | 总根数 | 单长(m) | 总长(m) | 总重(kg) |
|---|---|---|---|---|---|---|---|---|---|
| 楼层名称:基础层(绘图输入) | | | | | | | | | |
| 构件名称:KZ1[170] | | | 构件数量:1 | | | 本构件钢筋重:58.683 kg | | | |
| 构件位置:＜1+50,E−100＞ | | | | | | | | | |
| 角筋插筋 1 | Φ | 22 | 150 ⌊ 2093 | 3400/3+1000−40+max(6*d*,150) | 2 | 2 | 2.243 | 4.486 | 13.368 |
| 角筋插筋 2 | Φ | 22 | 150 ⌊ 2863 | 3400/3+1×max(35*d*,500)+1000−40+max(6*d*,150) | 2 | 2 | 3.013 | 6.026 | 17.958 |
| 钢筋 | Φ | 16 | 150 ⌊ 2653 | 3400/3+1×max(35*d*,500)+1000−40+max(6*d*,150) | 3 | 3 | 2.803 | 8.409 | 13.287 |
| 钢筋 | Φ | 16 | 150 ⌊ 2093 | 3400/3+1000−40+max(6*d*,150) | 3 | 3 | 2.243 | 6.729 | 10.632 |
| 箍筋 1 | Φ | 10 | 350 [450] | 2(450+350)+2×12.89*d* | 3 | 3 | 1.858 | 5.574 | 3.438 |
| 构件名称:KZ2[168] | | | 构件数量:19 | | | 本构件钢筋重:36.829 kg | | | |
| 构件位置:＜7,F−50＞;＜3,D+100＞;＜4,D+100＞;＜3,C+100＞;＜4,C+100＞;＜5+50,C+100＞;＜7,C+100＞;＜8−50,C+100＞;＜1+50,B+100＞;＜2−100,B+100＞;＜3,B−100＞;＜4,B−100＞;＜6+100,B−100＞;＜7,B−100＞;＜8−50,B−100＞;＜3+100,A+50＞;＜4,A+50＞;＜6+100,A+50＞;＜7,A+50＞ | | | | | | | | | |
| 角筋插筋 1 | Φ | 16 | 150 ⌊ 2093 | 3400/3+1000−40+max(6×*d*,150) | 4 | 76 | 2.243 | 170.468 | 269.344 |
| 钢筋 | Φ | 14 | 150 ⌊ 3896 | 3400/3+1×(0.3×56×*d*+56×*d*)+56×*d*+1000−40+max(6×*d*,150) | 4 | 76 | 4.046 | 307.496 | 372.096 |
| 箍筋 1 | Φ | 10 | 350 [350] | 2×(350+350)+2×(12.89×*d*) | 3 | 57 | 1.658 | 94.506 | 58.311 |

# 钢筋明细表(选择绘图输入界面)

工程名称:××镇中心卫生院　　　　　　　　　　　　　　　　　　编制日期:

| 楼层名称:首层(绘图输入) | | | | | | | | | |
|---|---|---|---|---|---|---|---|---|---|
| 筋号 | 级别 | 直径 | 钢筋图形 | 计算公式 | 根数 | 总根数 | 单长(m) | 总长(m) | 总重(kg) |
| 构件名称:KZ1[203]　　构件数量:1　　本构件钢筋重:172.137 kg | | | | | | | | | |
| 构件位置:<1+50,E−100> | | | | | | | | | |
| 钢筋 | Φ | 22 | 3367 | 4000 − 1133 + max(3000/6,500,500) | 4 | 4 | 3.367 | 13.468 | 40.136 |
| 钢筋 | Φ | 16 | 3367 | 4000 − 1693 + max(3000/6,500,500)+1×max(35×*d*,500) | 6 | 6 | 3.367 | 20.202 | 31.92 |
| 箍筋1 | Φ | 10 | 360 460 | 2×(460+360)+2×(12.89×*d*) | 41 | 41 | 1.898 | 77.818 | 48.011 |
| 箍筋2 | Φ | 10 | 460 | 460+2×(12.89×*d*) | 41 | 41 | 0.718 | 29.438 | 18.163 |
| 箍筋3 | Φ | 10 | 181 360 | 2×(360+181)+2×(12.89×*d*) | 41 | 41 | 1.34 | 54.94 | 33.907 |
| 构件名称:KZ2[201]　　构件数量:19　　本构件钢筋重:73.222 kg | | | | | | | | | |
| 构件位置:<7,F−50>;<3,D+100>;<4,D+100>;<3,C+100>;<4,C+100>;<5+50,C+100>;<7,C+100>;<8−50,C+100>;<1+50,B+100>;<2−100,B+100>;<3,B−100>;<4,B−100>;<6+100,B−100>;<7,B−100>;<8−50,B−100>;<3+100,A+50>;<4,A+50>;<6+100,A+50>;<7,A+50> | | | | | | | | | |
| 角筋1 | Φ | 16 | 3367 | 4000 − 1133 + max(3000/6,400,500) | 4 | 76 | 3.367 | 255.892 | 404.32 |
| 钢筋 | Φ | 14 | 4151 | 4000 − 2936 + 56 × *d*+max(3000/6,400,500)+1×(0.3×56×*d*+56×*d*)+56×14 | 4 | 76 | 4.151 | 315.476 | 381.748 |
| 箍筋1 | Φ | 8 | 360 360 | 2×(360+360)+2×(12.89×*d*) | 49 | 931 | 1.646 | 1532.43 | 605.15 |
| 构件名称:TZ1[4980]　　构件数量:2　　本构件钢筋重:35.44 kg | | | | | | | | | |
| 构件位置:<1−25,1/C+810>;<5−25,D+1225> | | | | | | | | | |
| 钢筋 | Φ | 14 | 210 1892 | 1600/3+56×*d*+600−25+15×*d* | 3 | 6 | 2.102 | 12.612 | 15.258 |
| 钢筋 | Φ | 14 | 210 2911 | 1600/3+56×*d*+1×(0.3×56×*d*+56×*d*)+600−25+15×*d* | 3 | 6 | 3.121 | 18.726 | 22.656 |

# 钢筋明细表(选择绘图输入界面)

工程名称:××镇中心卫生院　　　　　　　　　　　　　　　　　　编制日期:

| 筋号 | 级别 | 直径 | 钢筋图形 | 计算公式 | 根数 | 总根数 | 单长(m) | 总长(m) | 总重(kg) |
|---|---|---|---|---|---|---|---|---|---|
| 楼层名称:首层(绘图输入) | | | | | | | | | |
| 构件名称:TZ1[4980] | | | 构件数量:2 | | | | 本构件钢筋重:35.44 kg | | |
| 构件位置:<1-25,1/C+810>;<5-25,D+1225> | | | | | | | | | |
| 钢筋 | Φ | 14 | 168 1447 | 2000-1317+56×$d$-400+400-20+12×$d$ | 3 | 6 | 1.615 | 9.69 | 11.724 |
| 箍筋 1 | Φ | 6 | 210 260 | 2×(260+210)+2×(75+2.89×$d$) | 31 | 62 | 1.125 | 69.75 | 15.5 |
| 箍筋 2 | Φ | 6 | 260 | 260+2×(75+2.89×$d$) | 29 | 58 | 0.445 | 25.81 | 5.742 |
| 构件名称:GZ-1[4821] | | | 构件数量:1 | | | | 本构件钢筋重:19.141 kg | | |
| 构件位置:<5+375,F+25> | | | | | | | | | |
| 角筋 1 | Φ | 12 | 120 3100 | 3300-200+10×$d$ | 4 | 4 | 3.22 | 12.88 | 11.436 |
| 构造柱预留筋 1 | Φ | 12 | 1092 | 53×$d$+38×$d$ | 4 | 4 | 1.092 | 4.368 | 3.88 |
| 箍筋 1 | Φ | 6 | 210 210 | 2×(210+210)+2×(75+1.9×$d$) | 17 | 17 | 1.013 | 17.221 | 3.825 |
| 构件名称:LJ-1[7404] | | | 构件数量:1 | | | | 本构件钢筋重:5.516 kg | | |
| 构件位置:<1-25,1/C-100> | | | | | | | | | |
| 砌体加筋 1 | Φ | 6 | 60 1655 60 | 100+1000+60+100+455+60 | 14 | 14 | 1.775 | 24.85 | 5.516 |
| 构件名称:LJ-1[7407] | | | 构件数量:1 | | | | 本构件钢筋重:1.092 kg | | |
| 构件位置:<1-25,B+375> | | | | | | | | | |
| 砌体加筋 1 | Φ | 6 | 60 290 60 | 75+200+60+75-60+60 | 12 | 12 | 0.41 | 4.92 | 1.092 |
| 构件名称:GL-1[4940] | | | 构件数量:5 | | | | 本构件钢筋重:2.848 kg | | |
| 构件位置:<7-50,B><1/7-1550,B>;<7+1,C><1/7-1550,C>;<1/2+1050,B><3+50,B>;<4-50,C><5-1600,C>;<6+1550,C><7-1,C> | | | | | | | | | |
| 过梁下部纵筋 1 | Φ | 8 | 80 1180 340 | 1200+10×$d$+40×$d$ | 3 | 15 | 1.6 | 24 | 9.48 |
| 过梁箍筋 1 | Φ | 6 | 60 160 | 2×[(200-2×20)+(100-2×20)]+2×(75+1.9×$d$) | 7 | 35 | 0.613 | 21.455 | 4.76 |

# 钢筋明细表(选择绘图输入界面)

工程名称:××镇中心卫生院　　　　　　　　编制日期:

| 筋号 | 级别 | 直径 | 钢筋图形 | 计算公式 | 根数 | 总根数 | 单长(m) | 总长(m) | 总重(kg) |
|---|---|---|---|---|---|---|---|---|---|
| 楼层名称:首层(绘图输入) | | | | | | | | | |
| 构件名称:GL-1[4942]　构件数量:2　本构件钢筋重:3.133 kg | | | | | | | | | |
| 构件位置:<1/7+100,C><8-1500,C>;<6+650,B><7-850,B> | | | | | | | | | |
| 过梁下部纵筋 1 | $\underline{\Phi}$ | 8 | 340 ⌊1160⌋ 340 | $1200+40\times d+40\times d$ | 3 | 6 | 1.84 | 11.04 | 4.362 |
| 过梁箍筋 1 | Φ | 6 | 60 [160] | $2\times[(200-2\times 20)+(100-2\times 20)]+2\times(75+1.9\times d)$ | 7 | 14 | 0.613 | 8.582 | 1.904 |
| 构件名称:GL-1[4944]　构件数量:1　本构件钢筋重:3.044 kg | | | | | | | | | |
| 构件位置:<1/2,C-50><1/2,1/C-1350> | | | | | | | | | |
| 过梁下部纵筋 1 | $\underline{\Phi}$ | 8 | 340 ⌊1310 | $1350+40\times d-20$ | 3 | 3 | 1.65 | 4.95 | 1.956 |
| 过梁箍筋 1 | Φ | 6 | 60 [160] | $2\times[(200-2\times 20)+(100-2\times 20)]+2\times(75+1.9\times d)$ | 8 | 8 | 0.613 | 4.904 | 1.088 |
| 构件名称:KL3(6)[1822]　构件数量:1　本构件钢筋重:602.485 kg | | | | | | | | | |
| 构件位置:<1-25,B+25><8+25,B+25> | | | | | | | | | |
| 1跨 上通长筋 1 | $\underline{\Phi}$ | 16 | 240 ⌊30460⌋ 240 | $400-20+15\times d+29700+400-20+15\times d$ | 1 | 1 | 30.94 | 30.94 | 48.885 |
| 1跨 上通长筋 2 | $\underline{\Phi}$ | 16 | 240 ⌊10380 | $400-20+15\times d+7600+400+6000/3$ | 1 | 1 | 10.62 | 10.62 | 16.78 |
| 1跨 侧面受扭通长筋 1 | $\underline{\Phi}$ | 10 | 150 ⌊30460⌋ 150 | $400-20+15\times d+29700+400-20+15\times d+2240$ | 2 | 2 | 33 | 66 | 40.722 |
| 1跨 侧面受扭筋 2 | $\underline{\Phi}$ | 10 | 150 ⌊8380 | $400-20+15\times d+7600+40\times d+560$ | 2 | 2 | 9.09 | 18.18 | 11.218 |
| 钢筋 | $\underline{\Phi}$ | 16 | 240 ⌊8620 | $400-20+15\times d+7600+40\times d$ | 2 | 2 | 8.86 | 17.72 | 27.998 |
| 钢筋 | $\underline{\Phi}$ | 16 | 4400 | $6000/3+400+6000/3$ | 3 | 3 | 4.4 | 13.2 | 20.856 |
| 2跨 右支座筋 2 | $\underline{\Phi}$ | 16 | 2640 | $6000/3+40\times d$ | 1 | 1 | 2.64 | 2.64 | 4.171 |

# 钢筋明细表(选择绘图输入界面)

工程名称:××镇中心卫生院　　　　　　　　　　　　　　　　　　　　编制日期:

| 筋号 | 级别 | 直径 | 钢筋图形 | 计算公式 | 根数 | 总根数 | 单长(m) | 总长(m) | 总重(kg) |
|---|---|---|---|---|---|---|---|---|---|
| 楼层名称:首层(绘图输入) | | | | | | | | | |
| 构件名称:KL3(6)[1822] | | | | 构件数量:1 | | | 本构件钢筋重:602.485 kg | | |
| 构件位置:<1-25,B+25><8+25,B+25> | | | | | | | | | |
| 3跨上通长筋1 | Φ | 16 | 240 22460 240 | 400－20＋15×*d*＋21700＋400－20＋15×*d* | 1 | 1 | 22.94 | 22.94 | 36.245 |
| 3跨侧面受扭通长筋1 | Φ | 10 | 150 22460 150 | 400－20＋15×*d*＋21700＋400－20＋15×*d*＋1120 | 2 | 2 | 23.88 | 47.76 | 29.468 |
| 3跨下部钢筋1 | Φ | 25 | 8000 | 40×*d*＋6000＋40×*d* | 1 | 1 | 8 | 8 | 30.8 |
| 3跨下部钢筋2 | Φ | 25 | 375 7380 | 400－20＋15×*d*＋6000＋40×*d* | 1 | 1 | 7.755 | 7.755 | 29.857 |
| 4跨下通长筋1 | Φ | 16 | 10130 | 40×*d*＋8850＋40×*d* | 2 | 2 | 10.13 | 20.26 | 32.01 |
| 5跨右支座筋1 | Φ | 16 | 4434 | 6050/3＋400＋6050/3 | 1 | 1 | 4.434 | 4.434 | 7.006 |
| 5跨右支座筋2 | Φ | 16 | 3426 | 6050/4＋400＋6050/4 | 2 | 2 | 3.426 | 6.852 | 10.826 |
| 6跨右支座筋1 | Φ | 16 | 240 2397 | 6050/3＋400－20＋15×*d* | 1 | 1 | 2.637 | 2.637 | 4.166 |
| 6跨下部钢筋1 | Φ | 25 | 375 7430 | 40×*d*＋6050＋400－20＋15×*d* | 3 | 3 | 7.805 | 23.415 | 90.147 |
| 吊筋 | Φ | 14 | 280 45 250 560 | 150＋2×50＋2×20×*d*＋2×1.4 14×(600－2×20) | 8 | 8 | 2.394 | 19.152 | 23.176 |
| 钢筋 | Φ | 6 | 560 210 | 2×[(250－2×20)＋(600－2×20)]＋2×(75＋2.89×*d*) | 202 | 202 | 1.725 | 348.45 | 77.366 |
| 钢筋 | φ | 6 | 210 | (250－2×20)＋2×(75＋1.9×*d*) | 144 | 144 | 0.383 | 55.152 | 12.24 |
| 吊筋 | Φ | 14 | 280 45 300 560 | 200＋2×50＋2×20×*d*＋2×1.4 14×(600－2×20) | 6 | 6 | 2.444 | 14.664 | 17.742 |

# 钢筋明细表(选择绘图输入界面)

工程名称:××镇中心卫生院　　　　　　　　　　　　　　　　　　编制日期:

| 筋号 | 级别 | 直径 | 钢筋图形 | 计算公式 | 根数 | 总根数 | 单长(m) | 总长(m) | 总重(kg) |
|---|---|---|---|---|---|---|---|---|---|
| 楼层名称:首层(绘图输入) | | | | | | | | | |
| 构件名称:KL3(6)[1822] | | | 构件数量:1 | | | 本构件钢筋重:602.485 kg | | | |
| 构件位置:<1-25,B+25><8+25,B+25> | | | | | | | | | |
| 2跨 箍筋1 | Ф | 8 | 560 160 | 2×[(200-2×20)+(600-2×20)]+2×(12.89×$d$) | 39 | 39 | 1.646 | 64.194 | 25.35 |
| 2跨 拉筋1 | Φ | 6 | 160 | (200-2×20)+2×(75+1.9×$d$) | 30 | 30 | 0.333 | 9.99 | 2.22 |
| 钢筋 | Ф | 25 | 210 | 250-2×20 | 4 | 4 | 0.21 | 0.84 | 3.236 |
| 构件名称:无标注板[3649] | | | 构件数量:1 | | | 本构件钢筋重:27.395 kg | | | |
| 构件位置:<3+3200,C+533><3+1725,C+533>;<3+2217,1/C-1200><3+2217,C>;<3+1725,C+1041><4-1725,C+1040>;<3+2440,C><3+2440,1/C-1200> | | | | | | | | | |
| C8-200.1 | Ф | 8 | 1475 | 1300+max(200/2,5×$d$)+max(150/2,5×$d$) | 7 | 7 | 1.475 | 10.325 | 4.081 |
| C8-200.1 | Ф | 8 | 1600 | 1375+max(200/2,5×$d$)+max(250/2,5×$d$) | 7 | 7 | 1.6 | 11.2 | 4.424 |
| 无标注SLJ-C8@200.1 | Ф | 8 | 120 3060 120 | 2800+150-20+15×$d$+150-20+15×$d$ | 7 | 7 | 3.3 | 23.1 | 9.128 |
| 无标注KBSLJ-C8@200.1 | Ф | 8 | 70 3000 70 | 1600+650+750+100-2×15+100-2×15 | 7 | 7 | 3.14 | 21.98 | 8.68 |
| 无标注KBSLJ-C8@200[3794].1 | Φ | 6 | 1275 | 1475-100-100 | 2 | 2 | 1.275 | 2.55 | 0.566 |
| 无标注KBSLJ-C8@200[3794].2 | Φ | 6 | 775 | 725+150-100 | 3 | 3 | 0.775 | 2.325 | 0.516 |

# 钢筋明细表(选择绘图输入界面)

工程名称:××镇中心卫生院　　　　编制日期:

| 筋号 | 级别 | 直径 | 钢筋图形 | 计算公式 | 根数 | 总根数 | 单长(m) | 总长(m) | 总重(kg) |
|---|---|---|---|---|---|---|---|---|---|
| 楼层名称:首层(绘图输入) | | | | | | | | | |
| 构件名称:LT-1[5173] | | | 构件数量:1 | | | | 本构件钢筋重:400.427 kg | | |
| 构件位置:<2－150,C> | | | | | | | | | |
| 梯板 1 梯板面筋 1 | Φ | 8 | 120 4131 120 | 3720＋200＋15×$d$＋211＋15×$d$ | 17 | 17 | 4.371 | 74.307 | 29.359 |
| 梯板 1 梯板底筋 1 | Φ | 12 | 3948 | 3720＋114＋114 | 11 | 11 | 3.948 | 43.428 | 38.566 |
| 钢筋 | Φ | 6 | 1620 | 1650－15－15 | 104 | 104 | 1.62 | 168.48 | 37.44 |
| 梯板 2 梯板面筋 1 | Φ | 8 | 120 4347 90 | 4136＋211＋15×$d$＋90 | 17 | 17 | 4.557 | 77.469 | 30.6 |
| 梯板 2 梯板底筋 1 | Φ | 12 | 4250 | 4136＋114 | 11 | 11 | 4.25 | 46.75 | 41.514 |
| 钢筋 | Φ | 16 | 240 3870 240 | 200－15＋15×$d$＋3450＋250－15＋15×$d$ | 10 | 10 | 4.35 | 43.5 | 68.73 |
| 钢筋 | Φ | 8 | 370 170 | 2×[(200－2×15)＋(400－2×15)]＋2×(12.89×$d$) | 45 | 45 | 1.286 | 57.87 | 22.86 |
| 钢筋 | Φ | 16 | 240 2660 240 | 500－15＋15×$d$＋1890＋300－15＋15×$d$ | 4 | 4 | 3.14 | 12.56 | 19.844 |
| 平台梁 1.1 跨 箍筋 1 | Φ | 6 | 370 220 | 2×[(250－2×15)＋(400－2×15)]＋2×(75＋2.89×$d$) | 19 | 19 | 1.365 | 25.935 | 5.757 |
| 钢筋 | Φ | 16 | 240 2700 240 | 300－15＋15×$d$＋2030＋400－15＋15×$d$ | 4 | 4 | 3.18 | 12.72 | 20.096 |
| 平台梁 2.1 跨 箍筋 1 | Φ | 6 | 370 170 | 2×[(200－2×15)＋(400－2×15)]＋2×(75＋2.89×$d$) | 21 | 21 | 1.265 | 26.565 | 5.901 |
| 平台板面筋 1.1 | Φ | 8 | 120 2710 120 | 2340＋200－15＋15×$d$＋200－15＋15×$d$ | 19 | 19 | 2.95 | 56.05 | 22.135 |
| 平台板面筋 2.1 | Φ | 8 | 120 4045 120 | 3625＋200－15＋15×$d$＋250－15＋15×$d$ | 12 | 12 | 4.285 | 51.42 | 20.316 |
| 平台板底筋 1.1 | Φ | 8 | 2540 | 2340＋max(200/2,5×$d$)＋max(200/2,5×$d$) | 19 | 19 | 2.54 | 48.26 | 19.057 |
| 平台板底筋 2.1 | Φ | 8 | 3850 | 3625＋max(200/2,5×$d$)＋max(250/2,5×$d$) | 12 | 12 | 3.85 | 46.2 | 18.252 |

四、建筑设计图

# 图 纸 目 录

| 序号 | 专 业 | 图 号 | 图 纸 名 称 |
|---|---|---|---|
| 1 | 建筑 | 建施01 | 建筑总说明 |
| 2 | 建筑 | 建施02 | 门窗表　　门窗立面分格图 |
| 3 | 建筑 | 建施03 | 工程做法表 |
| 4 | 建筑 | 建施04 | 一层平面图 |
| 5 | 建筑 | 建施05 | 二层平面图 |
| 6 | 建筑 | 建施06 | 三层平面图 |
| 7 | 建筑 | 建施07 | 屋顶平面图 |
| 8 | 建筑 | 建施08 | 1-11轴立面图　　11-1轴立面图 |
| 9 | 建筑 | 建施09 | A-F轴立面图　　F-A轴立面图 |
| 10 | 建筑 | 建施10 | 1-1剖面图　　2-2剖面图 |
| 11 | 建筑 | 建施11 | 1# 卫生间详图　　2# 卫生间详图　　2# 楼梯详图 |
| 12 | 建筑 | 建施12 | 1# 楼梯详图 |
| 13 | 建筑 | 建施13 | 节点大样图 |
| | | | |
| | | | |

# 建筑总说明

一、工程概况:

1. 项目名称:双喜镇中心卫生院

建设单位:双喜镇中心卫生院　　建设地点:武汉市平安区

2. 项目概况:

建筑占地面积: 474.31平方米　　总建筑面积: 1201.62平方米

建筑功能: 乡镇卫生院　　地上总层数: 3层

地上建筑高度: 14.45米　　结构类型: 框架结构

二、工程设计依据:

1. 工程设计合同 (合同编号:whlg20240605)。
2. 双喜镇中心卫生院提供的设计任务书。
3. 武汉市城市规划管理局批准的设计方案。
4. 双喜镇中心卫生院提供的工程地质–岩土工程报告书。
5. 双喜镇中心卫生院提供的地形图、用地红线及电子文件。
6. 主要相关国家现行法规规范:

《民用建筑设计通则》(GB 50352—2005);

《乡镇卫生院建设标准》(建标107—2008);

《民用建筑工程室内环境污染控制规范》(GB 50325—2010)2013年修订版;

《民用建筑隔声设计规范》(GB 50118—2010);

《无障碍设计规范》(GB 50763—2012);

《建筑设计防火规范》(GB 50016—2014);

《屋面工程技术规范》(GB 50345—2012);

《建筑外墙防水工程技术规范》(JGJ/T 235—2011);

《建筑采光设计标准》(GB 50033—2013);

《公共建筑节能设计标准》(GB 50189—2015)。

三、设计所执行的标准:

1. 本工程建筑按设计使用年限分类类别为3类,设计使用年限为50年。
2. 本工程建筑物负一层耐火等级为一级,其他层耐火等级为二级。
3. 本工程抗震设防烈度为六度抗震,抗震设防类别为丙类 。
4. 本工程屋面防水等级为Ⅰ级。
5. 根据室内环境污染控制的要求,本工程为Ⅰ类。

四、尺寸与标高:

1. 图注尺寸除标高、总平面图尺寸以米为单位外,其他均以毫米为单位。
2. 本工程的建筑定位详见总平面定位图,室内±0.000详见总平面图。
3. 除注明外,建筑图纸标高指结构面标高,不含找平层(与结构标高一致)。

五、墙体:

1. 承重墙体及±0.000以下基础部分详见结施图。
2. 承重钢筋混凝土墙体、梁、板、柱详见结施图。
3. 非承重的外围护墙:采用250厚蒸压加气混凝土砌块(B06级),专用配套砂浆砌筑,专用抹面砂浆抹面。

   建筑物的内隔墙:采用100/200厚蒸压加气混凝土砌块(B06级)。具体尺寸见各详图,专用配套砂浆砌筑,专用抹面砂浆抹面。
4. 加气混凝土砌块与钢筋混凝土柱、墙结合处均应有钢筋拉结,具体做法详见结施设计有关说明。
5. 墙体砌筑时,内隔墙墙体底部应先砌实心砖(如灰砂砖、页岩砖)坎台200高,外墙底部应先浇筑C20混凝土坎台200高,宽度同墙厚。
6. 厕浴间等有水房间的楼板四周墙体底部(门洞除外)在楼面梁板上现浇钢筋混凝土翻边200高做防渗带,混凝土强度等级同梁板,并与梁板同时现浇。
7. 砌块之间粘结砂浆采用粘结性好的砌筑型保温砂浆,水平和垂直灰缝厚度:采用砌筑砂浆砌筑灰缝厚度≤15mm,采用精确砌块和专用砂浆薄层砌筑灰缝厚度≤3mm。第一层砌块砌在坎台上,应先用厚度10~20mm专用砂浆做找平层。
8. 室内墙柱面阳角均做1:2水泥砂浆护角,每面50宽,门窗洞口处粉到洞顶,内墙阳角粉到1800高处。
9. 围护墙、内隔墙内构造柱及圈梁、窗台、压顶、门窗过梁、女儿墙压顶详见结施图,不一致处需通知设计方处理后方可施工。
10. 所有附于内外墙面的构件(含装饰构件),均应和主体结构(梁、柱、板)上预埋件连接,固定牢靠。

六、门窗:

1. 本工程建筑外门窗的物理性能应符合:外窗及阳台门的气密性等级要求详见本工程"建筑施工图节能设计说明"。
2. 所有外窗及阳台玻璃门采用的型材、框料、玻璃、窗洞口尺寸及樘数详门窗表,玻璃的选择应满足《建筑玻璃应用技术规程》(JGJ 113—2015)的规定。
3. 木门:木门洞口尺寸、樘数详见门窗表,其制作材料及要求详见88ZJ601说明及做法。
4. 塑钢门、窗:框料采用白色框料,用料系列详见门窗表,玻璃采用低辐射中空安全玻璃,其制作和安装必须满足《建筑玻璃应用技术规程》(JGJ 113—2015)的规定。
5. 窗台未注明处净高1000。
6. 图中窗台高度低于900时均设防护栏杆,做法及高度详见11ZJ401。
7. 供无障碍通行的门要求详见本说明"无障碍设计"一栏。
8. 防火门窗的要求详见本说明"建筑防火"一栏。

# 建筑总说明

七. 建筑防水:

1. 建筑防水部分必须选择具有相应资质的专业防水公司实施,所有防水材料必须符合优质标准。

2. 防水(渗)部位:卫生间等涉水房间及建筑外墙、屋面、雨棚、天沟等。

3. 防水(渗)措施:

a. 屋面防水(渗):详见建筑材料做法说明及建施图。

b. 其他防水(渗)部分:楼板面清理干净、平直、干燥,涂1.5厚聚氨酯防水涂料,卫生间楼面(除门洞外)

防水涂料距结构板面沿墙四周上涂250高,卫生间、浴室花洒喷淋的临墙面防水高度不得低于2m(用户精装修时自理),

参见图1、图2:

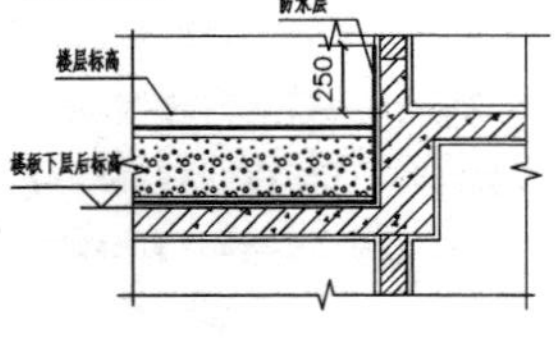

图1 卫生间 防水高度示意图

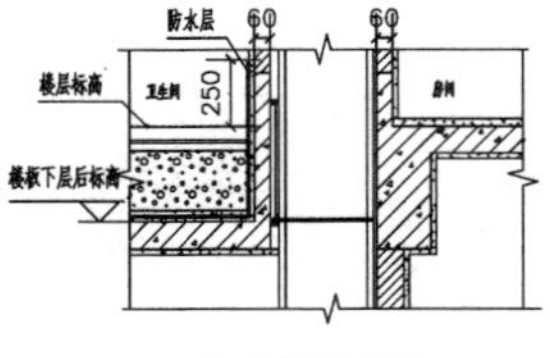

图2 排气道楼板处接口示意图

c. 有地漏房间除注明外均做1%坡向地漏。

d. 标高-0.050处无基础梁的墙体均应做防潮层。防潮层底面标高设于室内地面以下50处,做法为C20素混凝土翻边,

详见图3、图4、图5。

e. 用于涂料抹灰饰面的所有室外雨篷、挑檐及外挑构件均需做成品滴水线。

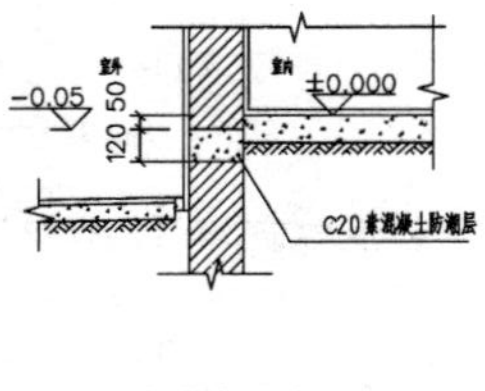

图3 防潮层(一)示意图

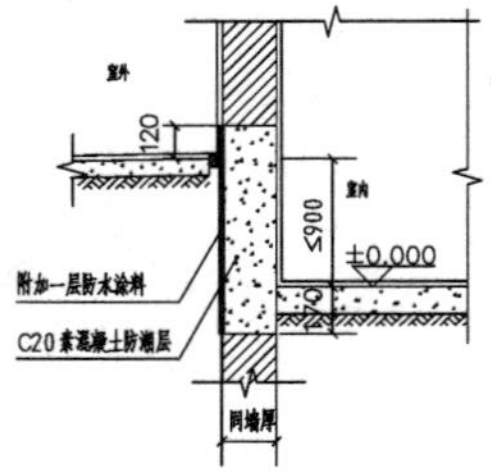

图4 防潮层(二)示意图

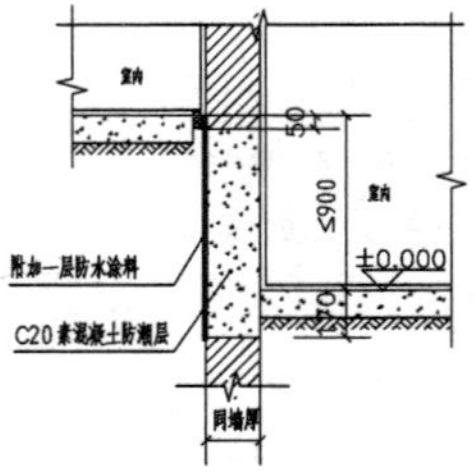

图5 防潮层(三)示意图

4. 未注明的屋面排水沟坡度为1%。

5. 防水混凝土的施工缝、穿墙管道预留洞、转角、坑槽、后浇带、变形缝等地下工程薄弱环节的建筑构造做法按《地下工程防水技术规范》处理。

6. 卷材防水屋面基层与突出屋面结构(女儿墙、立墙、天窗壁、变形缝、烟囱等)的交接处,以及基层的转角处

(水落口、檐口、天沟、檐沟、屋脊等)均应做成圆弧,并做500高钢筋混凝土反梁(参见图5、图6)。

内部排水的水落口周围应做成略低的凹坑,做法详见中南标11ZJ201第40页。

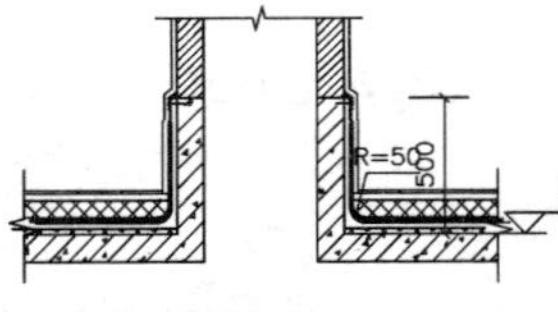

图5 管道井出屋面相关做法示意图

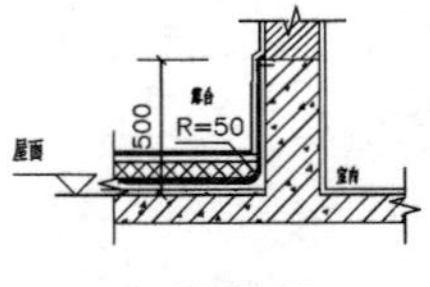

图6 立墙相关做法示意图

八、无障碍设计:

1. 供无障碍通行的门要求如下:

a. 供轮椅通行的门扇,应安装视线观察玻璃、横执把手和关门拉手,在门扇的下方应安装高0.35m的护门板。

b. 门槛高度及门内外地面高差不应大于15mm,并应以斜坡过渡。

九、室内建筑材料及装饰:

1. 本工程建筑设计只含一般室内设计。属于室内高级装饰的门、窗、玻璃、隔断、吊顶由二次装饰设计确定。室内高级装饰材料的耐火时间应符合本工程防火设计要求。

2. 室内装修使用材料应符合《民用建筑工程室内环境污染控制规范》(GB 50325—2010)和《建筑内部装修设计防火规范》(GB 50222—95,2001年修订版)的要求。

3. 保温材料要求详见节能设计专篇。

十、其他:

1. 屋面女儿墙内侧用20厚1:2水泥砂浆粉面,女儿墙压顶排水坡向屋面一侧,未注明的坡度为5%。

3. 外墙面不同装饰材料交接(除特殊部位外)均设在阴角处。

4. 本工程所使用楼地面面砖均为防滑面砖,大理石、花岗石均为毛面。

5. 厕所每个厕位均设置坚固、耐腐蚀挂物钩。

6. 本设计中楼梯栏杆、扶手见详图,未注明的栏杆高度为(从可踏面算起)1100,立杆净距不大于110;所有栏杆与墙面,地面连接处做法详见11ZJ401 $\frac{1}{41}$ $\frac{4,5}{42}$。

7. 变形缝采用彩色铝合金板。

建施01

# 门窗表

| 类型 | 设计编号 | 洞口尺寸(mm) | 数量 | | | | | 材质 | | 备注 |
|---|---|---|---|---|---|---|---|---|---|---|
| | | | 1 | 2 | 3 | 合计 | 开启方式 | 玻璃 | 框材 | |
| 普通门 | M0921 | 900X2100 | | 10 | 1 | 11 | 平开 | | | 塑钢百叶门 |
| | M1021 | 1000X2100 | 2 | 4 | 2 | 8 | 平开 | | | 塑钢百叶门 |
| | M1121 | 1100X2100 | | 1 | | 1 | 平开 | | | 实木门(带观察窗) |
| | M1221 | 1200X2100 | 10 | 10 | 7 | 27 | 平开 | | | 实木门(带观察窗) |
| | M1830 | 1800X3000 | 2 | | | 2 | 平开 | | | 铁质防盗门(子母门) |
| | M2430 | 2400X3000 | 1 | | | 1 | 平开 | | | 玻璃门(贴防撞标示) |
| 乙级防火门 | FMZ1421 | 1400X2100 | 2 | 2 | 1 | 5 | 平开 | | | 乙级防火门 |
| 普通窗 | C0921 | 900X2100 | 2 | 3 | 3 | 8 | 平开 | low-e中空安全玻璃6 +9A+6 | 103系列塑钢 | |
| | C1821 | 1800X2100 | 17 | 19 | 11 | 47 | 平开 | low-e中空安全玻璃6 +9A+6 | 103系列塑钢 | |
| | CK1821 | 1800X2100 | 2 | | | 2 | 平开 | low-e中空安全玻璃6 +9A+6 | 103系列塑钢 | 塑钢框中空(钢化)玻璃平开 |
| 洞口 | DK0606 | 600X600 | 1 | 1 | 1 | 3 | | | | |

## 门窗立面分格图

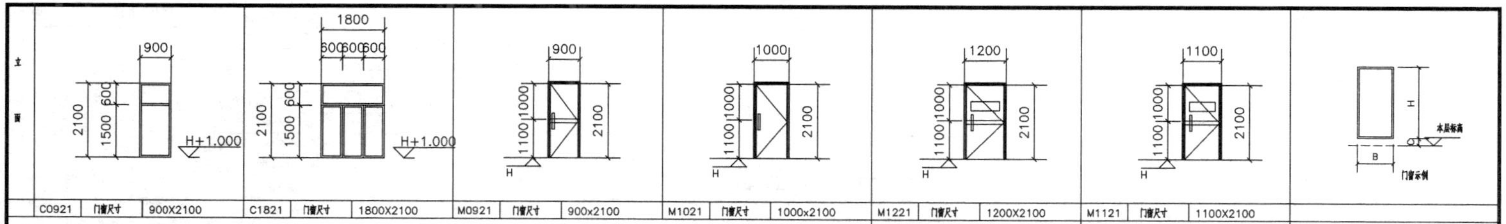


注:1、施工时应现场核对门窗洞口尺寸、数量;

2、中空玻璃为(6)mmlow-e安全玻璃+(9)A+(6)安全玻璃

3、单扇玻璃面积>1.5m² 、玻璃底边距最终装修面<900mm的落地窗应用

中空钢化玻璃;

4、型材系列待业主确定厂家后,进行二次设计,其大小应根据国家的技术标准,

由设计单位、业主、厂家共同确定;

5、门窗表中尺寸为结构洞口尺寸。

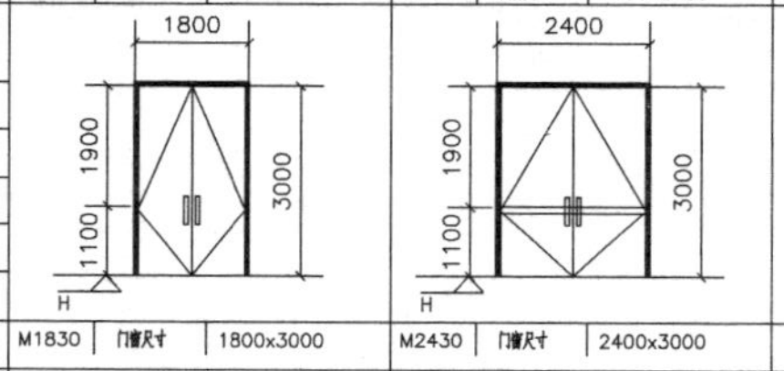


建施02

# 工程做法表

| 编号 | 名称 | 做法 | 附注 |
|---|---|---|---|
| 地面一<br>用于室外台阶、踏步 | 防滑面砖台面台阶 | 1、10厚防滑面砖水泥浆擦缝，做防滑条。<br>2、30厚1:4干硬性水泥砂浆<br>3、素水泥浆结合层一道(内掺建筑胶)<br>4、钢筋混凝土结构层 | 仿石金沙<br>600x600 |
| 地面二<br>用于其他房间及公共走道 | 防滑地砖地面<br>(自上而下) | 1、10厚防滑地砖,素水泥浆擦缝<br>2、20厚1:3水泥砂浆<br>3、水泥浆一道(内掺建筑胶)<br>4、80厚C15细石混凝土垫层<br>5、素土夯实 | |
| 地面三<br>用于盥洗间、无降板卫生间 | 防滑陶瓷地砖楼面<br>防水楼面 | 1、10厚地砖铺实拍平,水泥砂浆擦缝<br>2、20厚1:4干硬性水泥砂浆<br>3、1.5厚聚氨酯防水涂料<br>4、最薄处15厚1:3水泥砂浆找坡层抹平<br>5、80厚C15细石混凝土垫层<br>6、素土夯实 | |
| 楼面二<br>用于其他房间及公共走道 | 防滑地砖地面<br>(自上而下) | 1、10厚防滑地砖,素水泥浆擦缝<br>2、20厚1:3水泥砂浆<br>3、水泥浆一道(内掺建筑胶)<br>4、钢筋混凝土结构层 | 乳白色<br>600x600 |
| 楼面一<br>用于下沉式卫生间 | 防滑陶瓷地砖楼面<br>防水楼面 | 1、10厚地砖铺实拍平,水泥砂浆擦缝<br>2、20厚1:4干硬性水泥砂浆<br>4、3厚聚合物水泥基防水涂料<br>5、20厚1:3水泥砂浆找平<br>6、刷基层处理剂一遍干<br>7、250厚炉渣填充并找坡1%<br>8、1.5厚聚氨酯防水涂料一道(基层处理平整)<br>四周翻起300<br>9、现浇混凝土下沉基坑 | 防水层在墙柱交接处翻起高度为300 |

| 编号 | 名称 | 做法 | 附注 |
|---|---|---|---|
| 顶棚一<br>用于除注明外的顶棚 | 钢筋混凝土<br>板刮腻子顶棚 | 1、钢筋混凝土板底面清理干净,涂刷界面砂浆<br>2、素水泥浆一道甩毛(内掺建筑胶)<br>3、3厚底基防裂腻子分遍刮平<br>4、2厚面层耐水腻子刮平 | |
| 顶棚二<br>用于楼梯间、公共走道 | 钢筋混凝土板刮腻子<br>乳胶漆顶棚 | 1、钢筋混凝土板底面清理干净,涂刷界面砂浆<br>2、素水泥浆一道甩毛(内掺建筑胶)<br>3、3厚底基防裂腻子分遍刮平<br>4、2厚面层耐水腻子刮平<br>5、刷或滚底漆一遍<br>6、刷或滚乳胶漆二遍 | |
| 顶棚三<br>用于卫生间 | 聚合物水泥砂浆防潮顶棚 | 1、现浇钢筋混凝土楼板底面清理干净<br>2、刷基层界面处理剂<br>3、5厚掺纤维聚合物水泥防水砂浆 | |
| 外墙一<br>用于涂料外墙 | 防水涂料外墙面<br>材料颜色详立面<br>(自保温) | 1、250专用保温砌筑砂浆砌筑的<br>加气混凝土砌块(B06级)<br>2、刷专用界面剂一遍<br>3、20厚加气混凝土砌块专用抹面砂浆,分2次抹灰<br>4、8厚1:2.5水泥砂浆<br>5、喷底涂料一遍<br>6、喷主层涂料<br>7、饰面层涂料二遍 | 颜色详立面图 |
| 内墙一<br>用于其他房间及公共走道 | 乳胶漆内墙 | 1、墙表面清理干净,涂刷界面砂浆<br>2、15厚1:1:6水泥石灰砂浆,分两次抹灰<br>3、5厚1:0.5:3水泥石灰砂浆<br>4、清理基层<br>5、满刮腻子,磨平<br>6、刷或滚底漆一遍<br>7、刷或滚乳胶漆二遍 | |
| 内墙二<br>用于卫生间 | 水泥砂浆防渗内墙 | 1、墙表面清理干净,涂刷界面砂浆<br>2、刷专用界面剂一遍<br>3、20厚掺防水剂的防水砂浆,分层抹灰压实<br>4、5厚1:2水泥砂浆抹面压光 | |

| 编号 | 名称 | 做法 | 附注 |
|---|---|---|---|
| 热桥一<br>用于梁、柱、板<br>热桥处 | | 1、20厚水泥砂浆<br>2、3厚抗裂抹面砂浆<br>3、20厚无机保温砂浆<br>4、梁柱表面清理干净,涂刷界面砂浆 | |
| 屋面一<br>用于上人屋面 | 细石混凝土保护层屋面<br>合成高分子卷材<br>防水屋面<br>(上人、有保温) | 1、40厚C20细石混凝土,内配Φ4@100双向<br>钢筋网片,表面压光<br>2、10厚石灰砂浆<br>3、满铺0.3厚聚乙烯薄膜一层<br>4、1.5厚高分子自粘防水卷材<br>5、刷基层处理剂一遍<br>6、20厚1:2.5水泥砂浆找平<br>7、50厚XPS保温板X300型<br>8、1.5厚聚氨酯防水涂料<br>9、最薄处20厚焦渣混凝土找坡2%<br>10、钢筋混凝土屋面板,表面清扫干净,刷基层处理剂 | |
| 屋面二<br>用于坡屋面、坡屋面雨棚 | 青瓦防水屋面<br>II级防水<br>无保温 | 1、青灰色筒板瓦(盖六留四)<br>2、1:1:4水泥白灰砂浆加水泥重3%麻刀卧瓦,<br>最薄处20厚<br>3、30厚1:3水泥砂浆内铺Φ6@500X500钢筋网<br>4、1.2厚聚氯乙烯防水卷材<br>5、2厚抹面胶浆内压耐碱网格布一道<br>6、50厚XPS保温板(X300型)<br>7、20厚1:2.5水泥砂浆找平<br>8、钢筋混凝土屋面,表面清理干净 | |
| 踢脚一<br>用于候梯厅、楼梯间、公共走道、物业用房等公共部分 | 面砖踢脚 | 1、10厚面砖,水泥浆擦缝<br>2、3厚1:1水泥砂浆加水重20%建筑胶镶贴<br>3、15厚1:3水泥石灰砂浆,分两次抹灰<br>4、墙体表面清理干净 | |

注:

1、本做法参照15ZJ001《建筑构造用料做法》、13ZJ002《建筑节能构造用料做法》、10ZJ106《蒸压加气混凝土砌块外墙自保温》、图集中对建筑材料的要求、施工技术要求、各特殊部位的加强措施应严格遵照执行。

2、本做法中涉及装修、精装修的部分由用户自理。

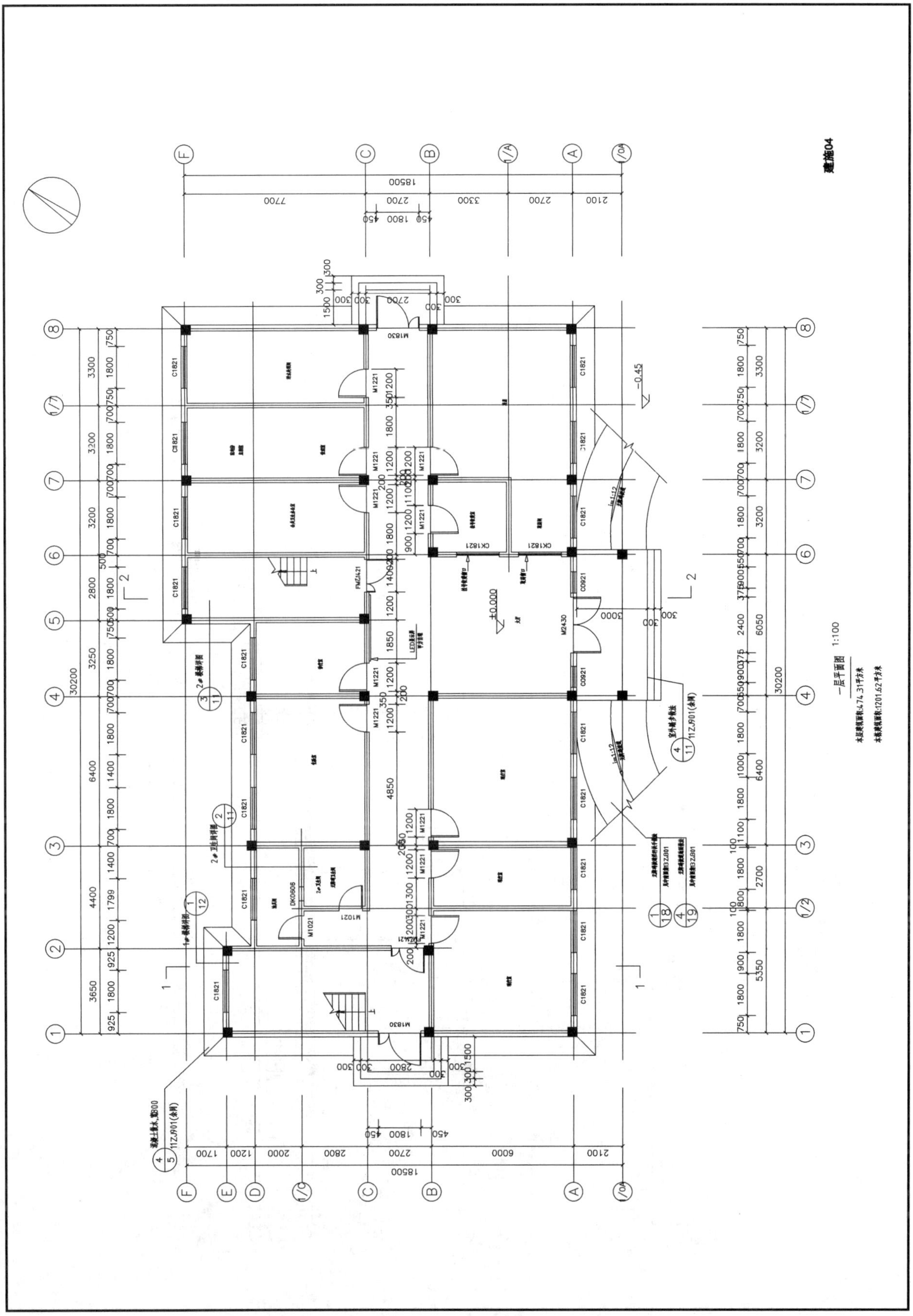

建施04
一层平面图 1:100
本层建筑面积:474.31平方米
本栋建筑面积:1201.62平方米

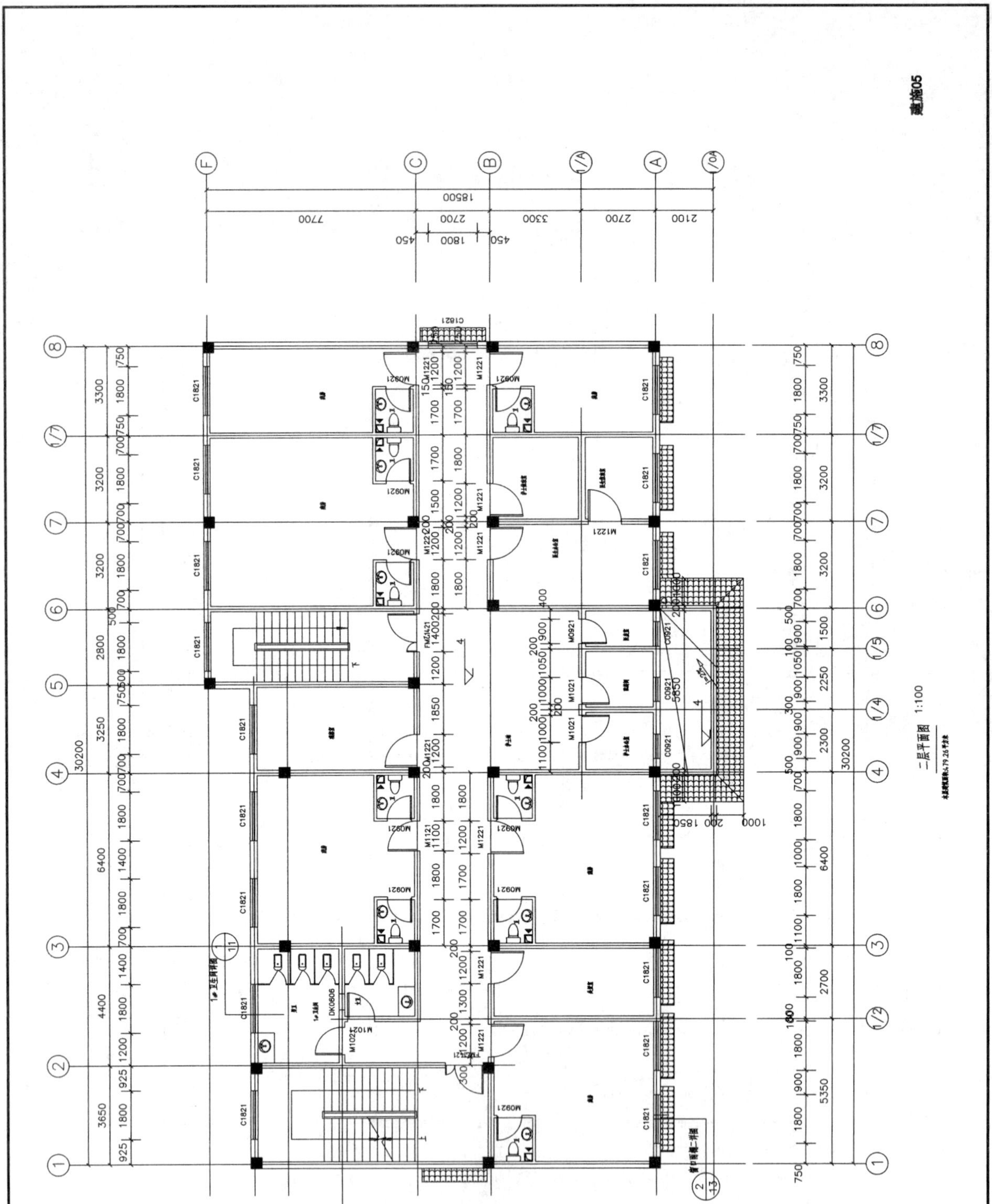
建施05
二层平面图 1:100

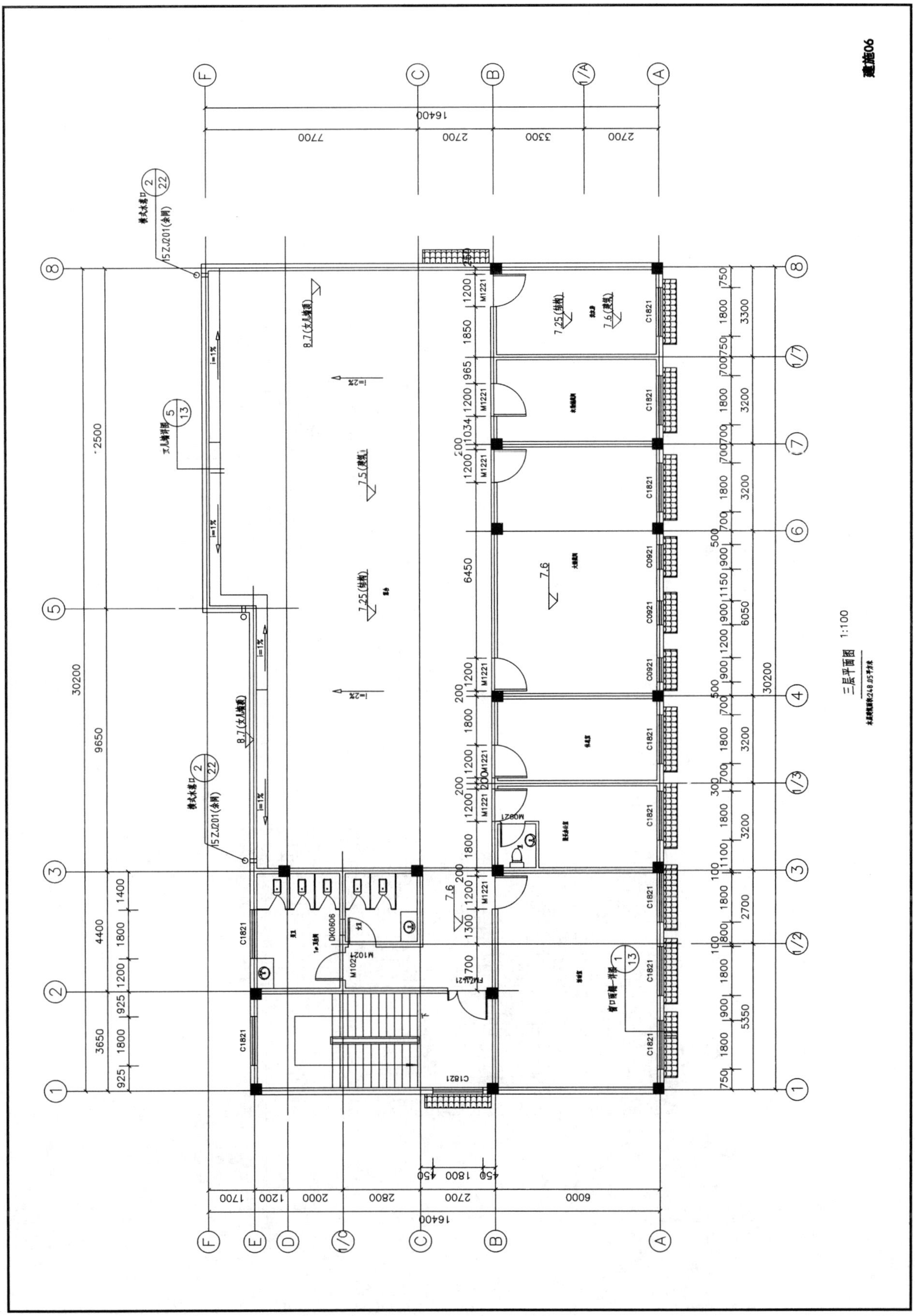
建施06
三层平面图 1:100

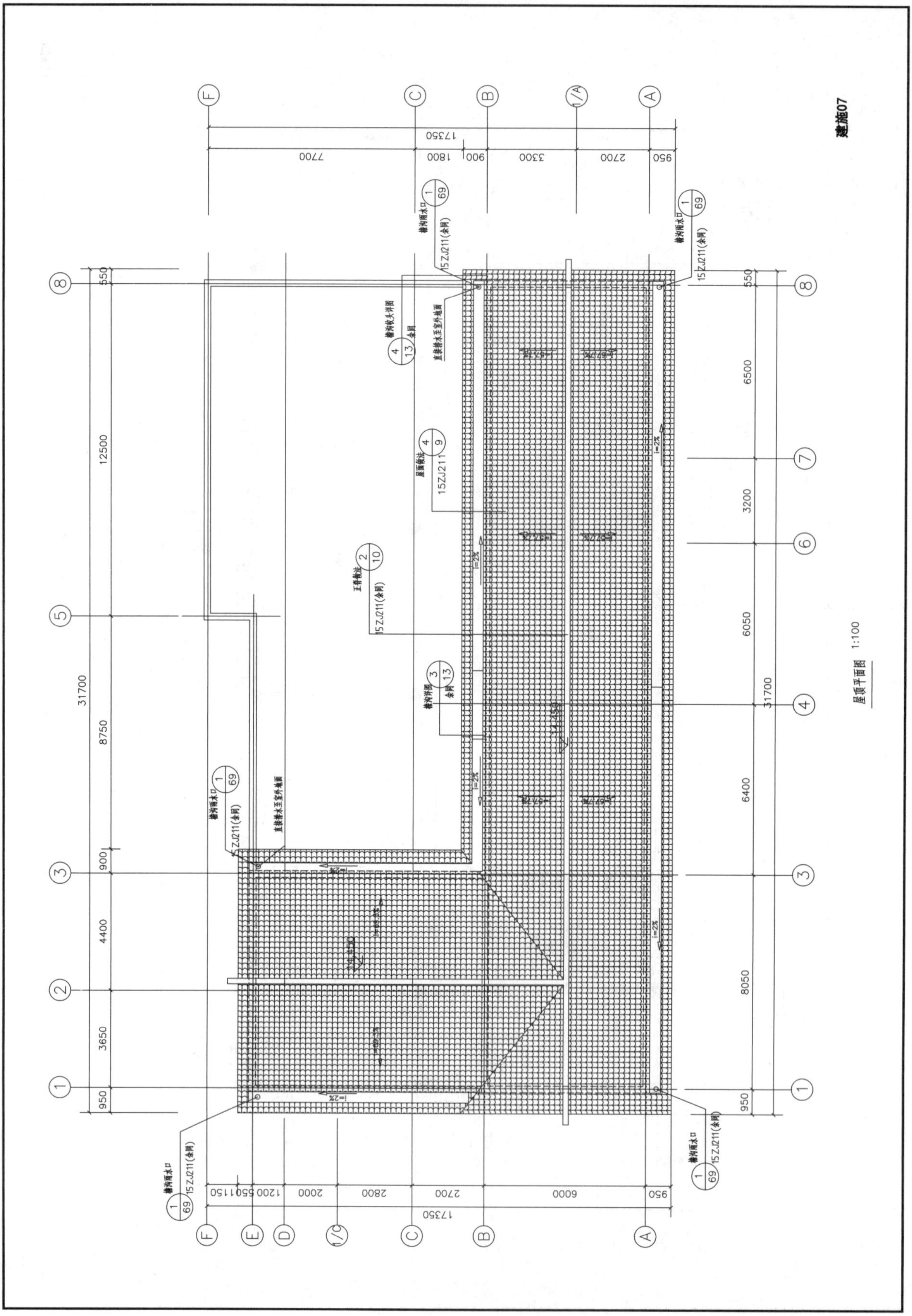
建施07
屋顶平面图 1:100
31700
17350
15ZJ211
檐沟雨水口
屋面做法

建施08
1-11轴立面图 1:100
11-1轴立面图 1:100
图例:

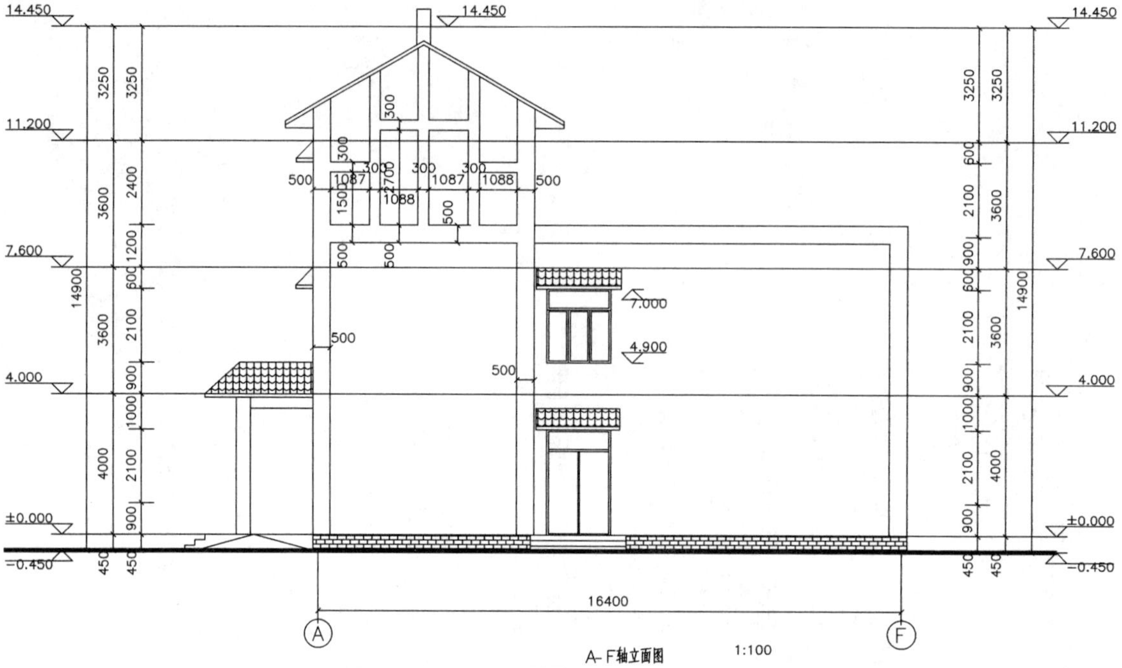


A-F轴立面图 1:100

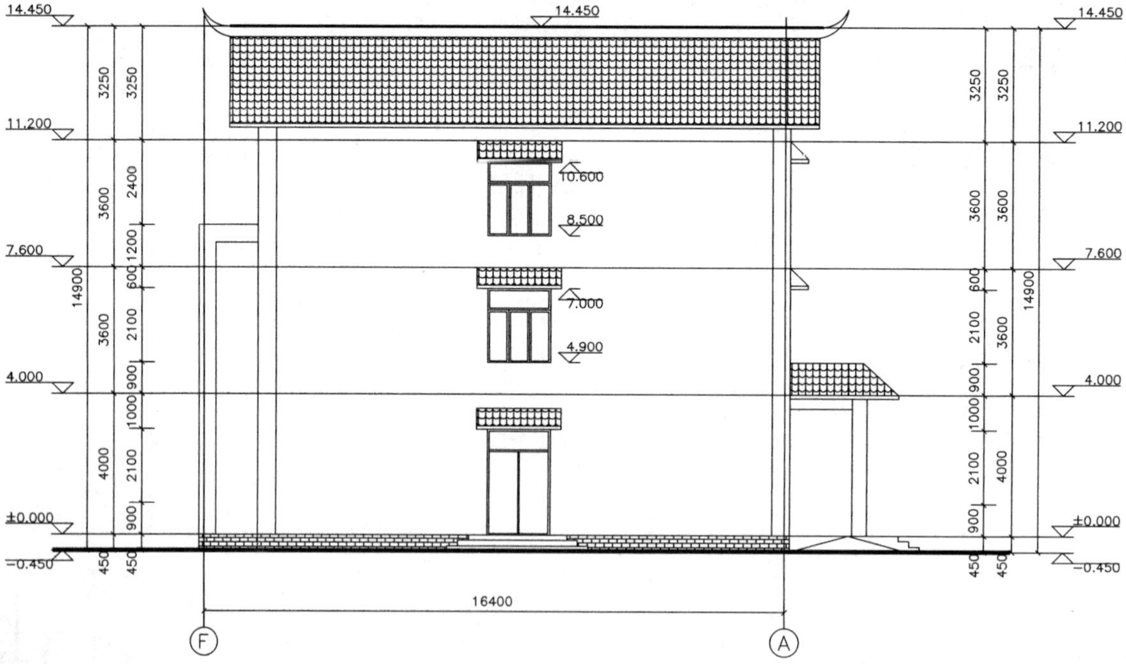


图例:

青灰色面砖墙裙

青灰色筒板瓦

白色防水涂料,沿楼层梁上、下口分缝2道

暗红色仿木涂料,宽500,竖向缝间距与白色涂料分缝对齐
楼层中部加设一道分缝

F-A轴立面图 1:100

建施09

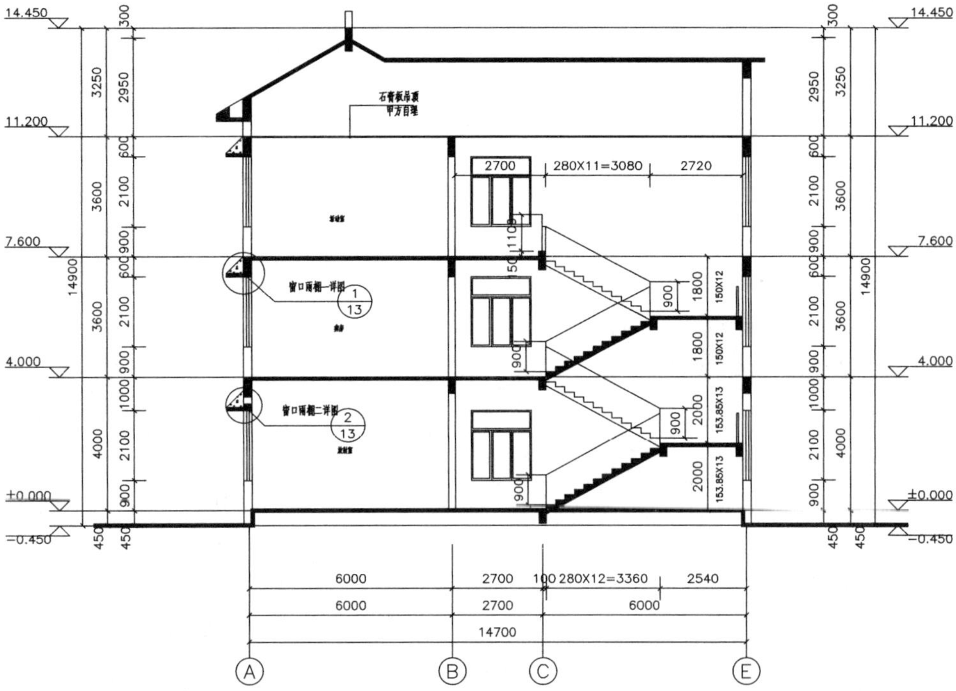


1-1剖面图 1:100

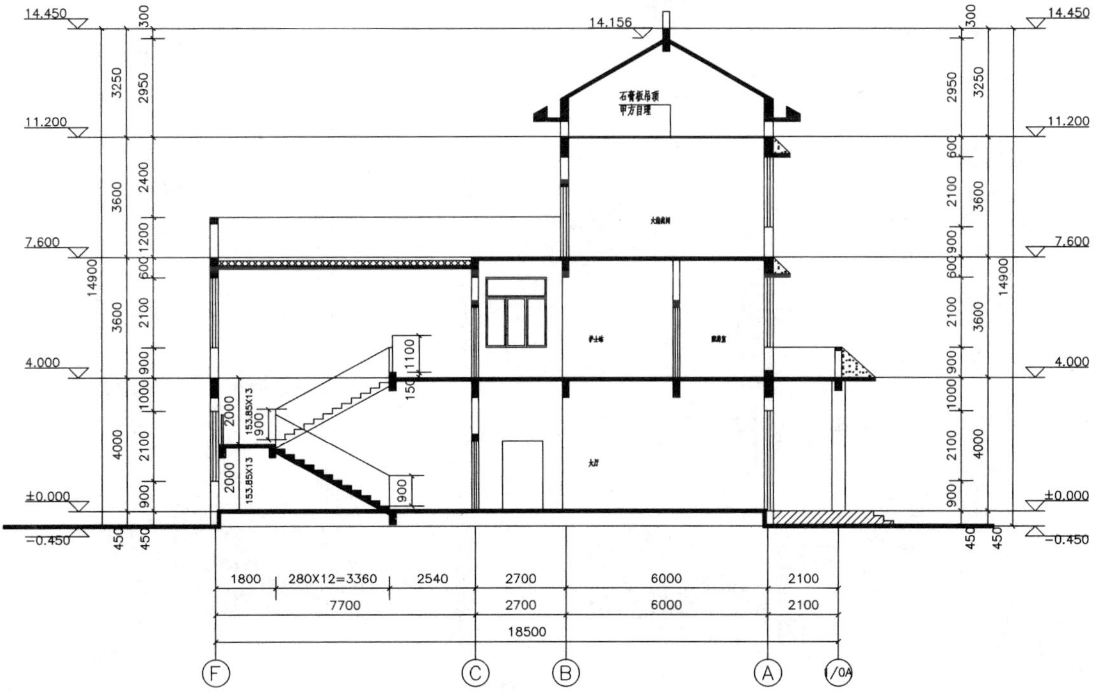


2-2剖面图 1:100

建施10

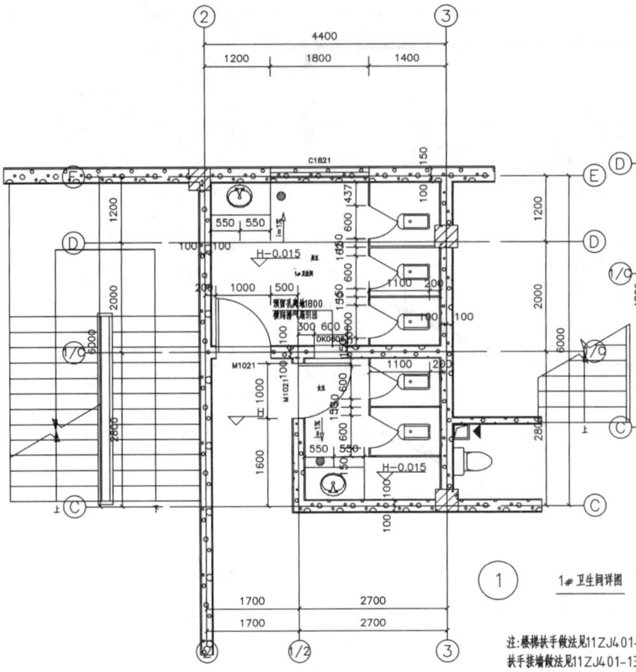


1 1# 卫生间详图 1:50

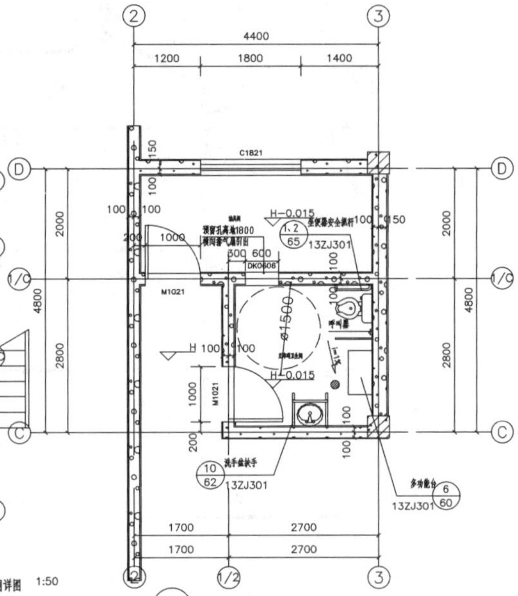


2 2# 卫生间详图 1:50

注:楼梯扶手做法见11ZJ401-13-2Y。
扶手接墙做法见11ZJ401-13-3。
踏步防滑做法见11ZJ401-39-1。
扶手做法见11ZJ401-37-15。
护窗栏杆做法见11ZJ401-35-2Y。
扶手选用不锈钢管。

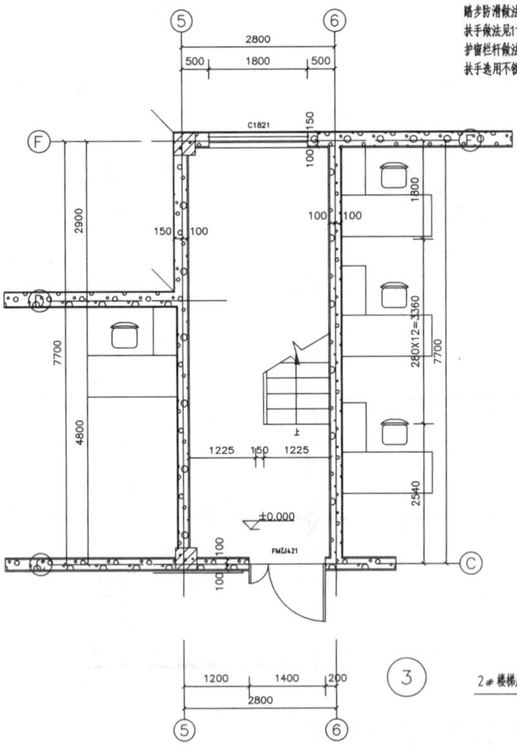


3 2# 楼梯底层详图 1:50

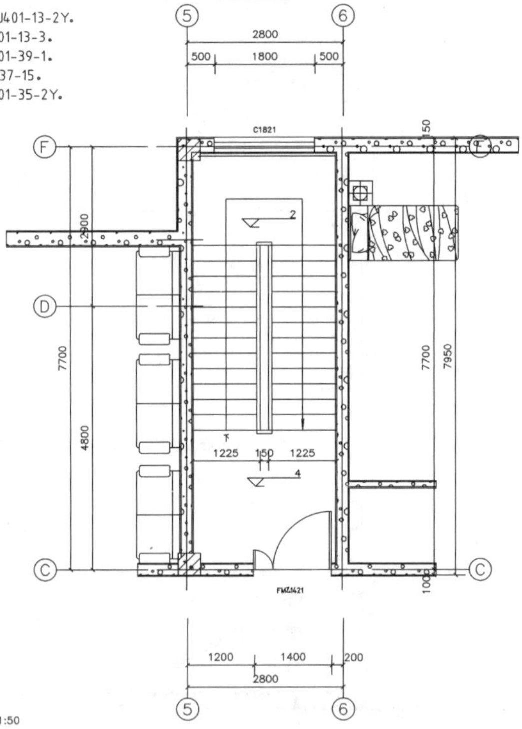


2# 楼梯顶层详图 1:50

建施11

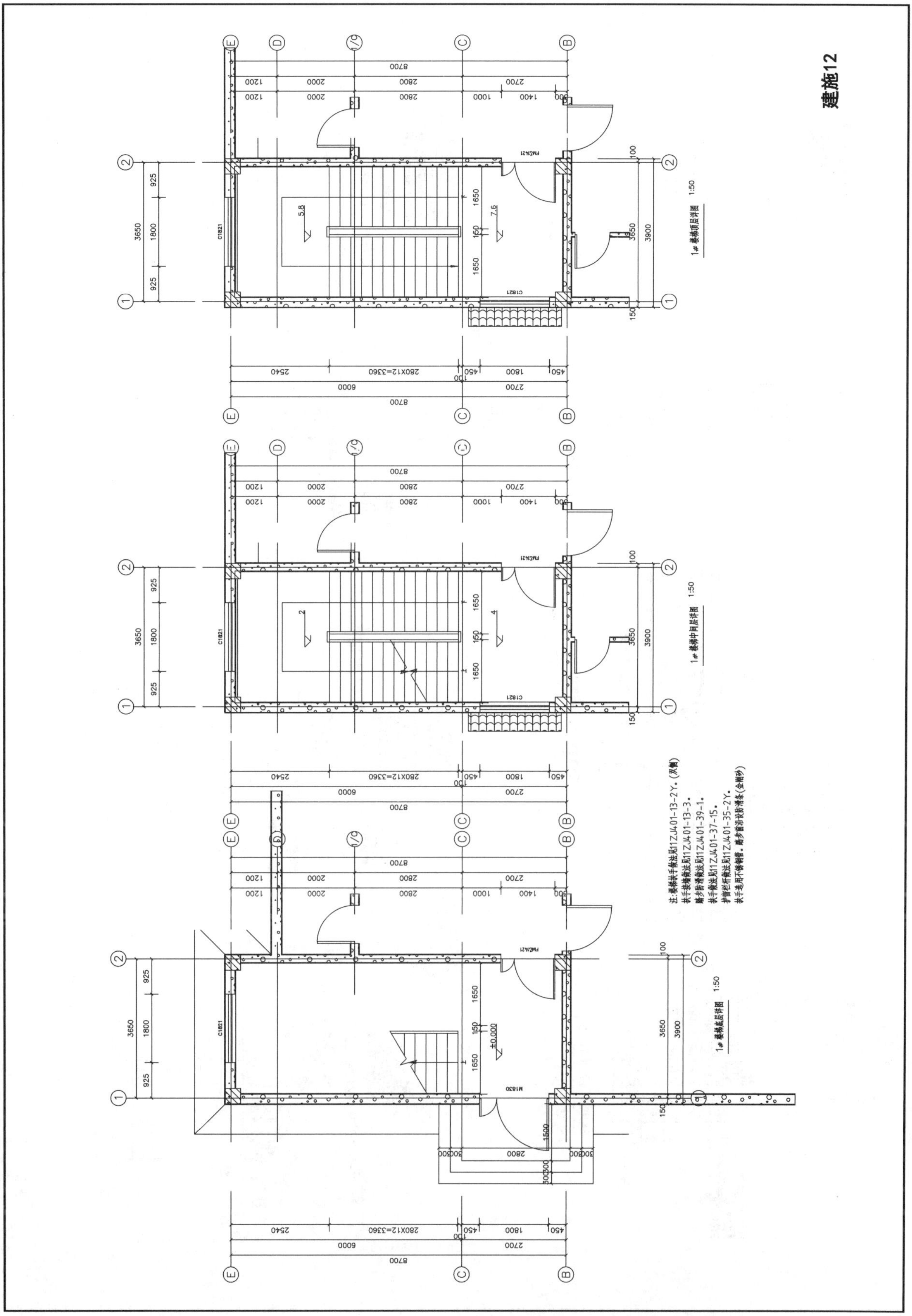

建施12
1# 楼梯顶层详图 1:50
1# 楼梯中间层详图 1:50
1# 楼梯底层详图 1:50
注:楼梯扶手做法见11ZJ401-13-2Y。(双侧)
扶手接墙做法见11ZJ401-13-3。
踏步防滑做法见11ZJ401-39-1。
扶手做法见11ZJ401-37-15。
护窗栏杆做法见11ZJ401-35-2Y。
扶手选用不锈钢管。踏步面沿设防滑条(金刚砂)

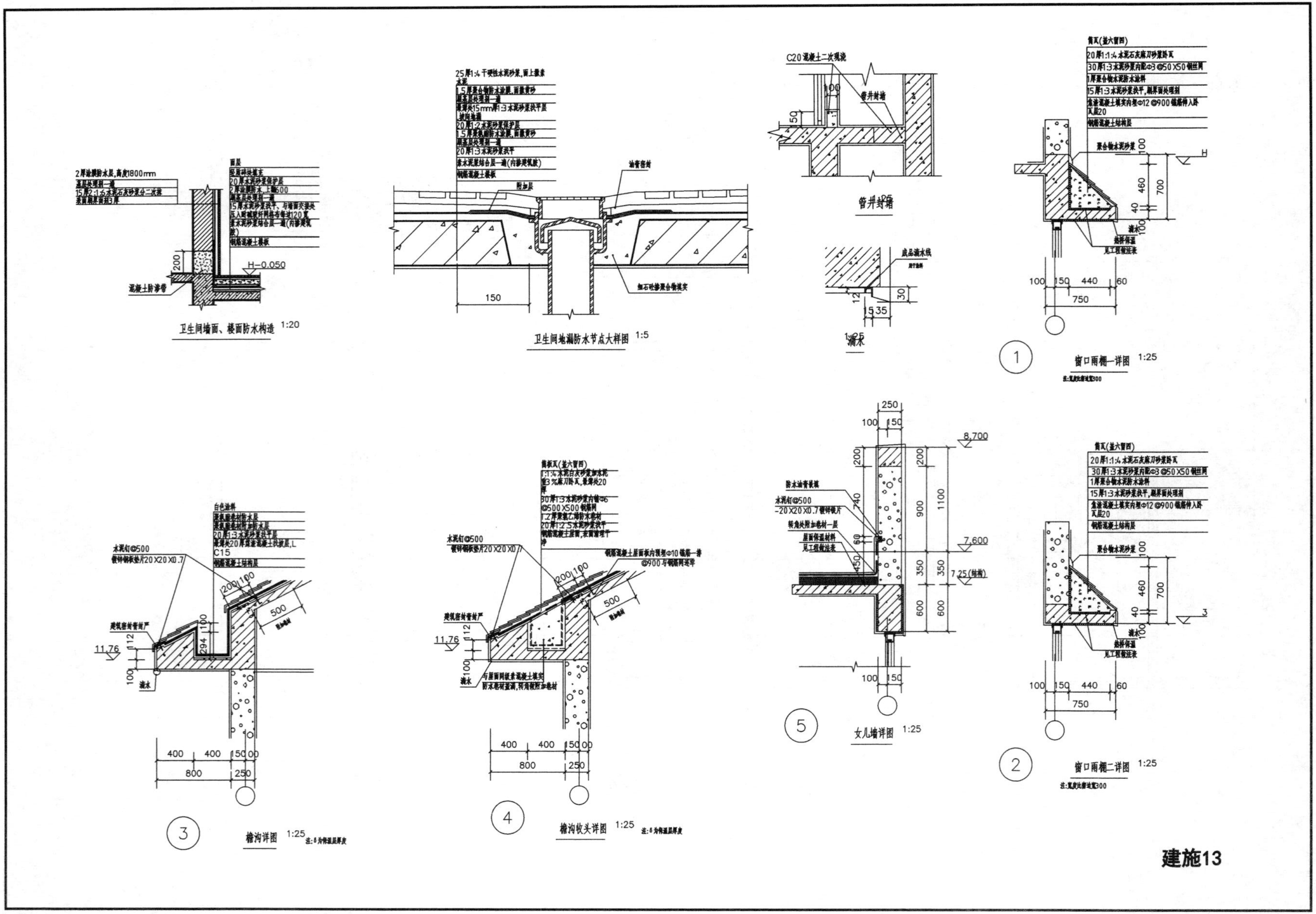
卫生间墙面、楼面防水构造 1:20
卫生间地漏防水节点大样图 1:5
管井封堵
滴水
窗口雨棚一详图 1:25
檐沟详图 1:25
檐沟收头详图 1:25
女儿墙详图 1:25
窗口雨棚二详图 1:25
建施13

五、结构设计图

# 图 纸 目 录

| 序号 | 专 业 | 图 号 | 图 纸 名 称 |
|---|---|---|---|
| 1 | 结构 | 目录 | 图纸目录 |
| 2 | 结构 | 结施-01 | 结构设计总说明(一) |
| 3 | 结构 | 结施-02 | 结构设计总说明(二) |
| 4 | 结构 | 结施-03 | 基础平面布置图 |
| 5 | 结构 | 结施-04 | 基础顶～三层楼面墙柱定位及配筋大样图 |
| 6 | 结构 | 结施-05 | 三层楼面～坡顶层墙柱定位及配筋大样图 |
| 7 | 结构 | 结施-06 | 一层梁配筋平面布置图 |
| 8 | 结构 | 结施-07 | 二层板配筋平面布置图 |
| 9 | 结构 | 结施-08 | 二层梁配筋平面布置图 |
| 10 | 结构 | 结施-09 | 三层板配筋平面布置图 |
| 11 | 结构 | 结施-10 | 三层梁配筋平面布置图 |
| 12 | 结构 | 结施-11 | 闷顶层梁配筋平面布置图 |
| 13 | 结构 | 结施-12 | 屋面层板配筋平面布置图 |
| 14 | 结构 | 结施-13 | 屋面层梁配筋平面布置图 |
| 15 | 结构 | 结施-14 | LT1 楼梯结构配筋图 |
| 16 | 结构 | 结施-15 | LT2 楼梯结构配筋图 |
| | | | |
| | | | |

# 结构设计总说明

一、工程概况和总则

1. 本工程位于 湖北省武汉市平安区双喜镇。

2. 本工程为 3 层办公楼,结构体系:现浇钢筋混凝土 框架 结构,地上 3 层,地下 0 层。建筑总高度(室外地面到主要屋面):14.85 m。

3. 建筑结构安全等级为二级,结构设计使用年限为 50 年。

本工程建筑抗震设防类别为 标准 设防类, 丙 类建筑,抗震设防烈度为 6 度,设计基本地震加速度 0.05g,

4. 设计地震分组: 第一组,建筑场地类别: Ⅱ 类。

5. 全部尺寸除注明外,均以毫米(mm)为单位;标高以米(m)为单位;图中标高除注明外均为结构标高。

6. 本说明与具体结构施工图纸不同时,应以设计图纸为准。本总说明未详尽处,应严格遵照现行国家有关设计、施工和验收等规范与规程规定施工。

7. 框架抗震等级:四 级。本工程嵌固于基础顶。

二、设计依据和材料

1. 采用现行国家标准规范和规程进行设计,主要有:

| | | | |
|---|---|---|---|
| 《建筑结构荷载规范》 | (GB 50009-2012) | 《混凝土结构设计规范》2015版 | (GB 50010-2010) |
| 《建筑地基基础设计规范》 | (GB 50007-2011) | 《建筑抗震设计规范》2016版 | (GB 50011-2010) |
| 《建筑结构可靠度设计统一标准》 | (GB 50068-2001) | 《混凝土结构耐久性设计规范》 | (GB/T 50476-2008) |
| 《高层建筑混凝土结构技术规程》 | (JGJ 3-2010) | 《建筑桩基技术规范》 | (JGJ 94-2008) |
| 《建筑工程抗震设防分类标准》 | (GB 50223-2008) | 《全国民用建筑工程设计技术措施 结构 2009》 | |
| 《住宅工程质量通病防控技术规程》 | (DB 42/T 636-2010) | 《墙体材料应用统一技术规范》 | (GB 50574-2010) |
| 《中国地震动力参数区划图》 | (GB 18306-2015) | | |

2. 业主提供的岩土工程勘察报告

3. 经业主确认的建筑方案。

4. 荷载取值: (1)、设计采用的均布荷载标准值限值:(单位: $kN/m^2$ ) (楼层未注明房间的活荷载为2.0)

| 使用部位 | 大厅 | 门厅 | 病房 | 理疗室 | 办公室 | 疏散楼梯 | 卫生间 | 走廊 | 储藏间 | 洗衣房 | 活动室 | 上人屋面 | 不上人屋面 |
|---|---|---|---|---|---|---|---|---|---|---|---|---|---|
| 装修荷载 | 1.5 | 1.5 | 1.5 | 1.5 | 1.5 | 1.5 | 6.0 | 1.5 | 1.5 | 6.0 | 1.5 | 4 | 4 |
| 活　载 | 2.5 | 2.5 | 2.0 | 2.0 | 2.0 | 3.5 | 2.5 | 2.5 | 5.0 | 3.0 | 3.5 | 2 | 0.5 |

注:a、楼板的装修荷载包含板底抹灰或吊顶和板面装饰荷载,不包括楼板自重(自重=板厚X钢筋混凝土容重)楼层房间应按照建施图中注明内容使用,未经设计单位同意,不得改变房间的使用功能和使用环境。

b、消防车道:板跨小于3m时活荷载取35 $kN/m^2$,板跨大于6m时活荷载取20 $kN/m^2$,板跨介于3~6m时,活荷载可按跨度在(35~20)$kN/m^2$范围内线性插值确定。

c、地下室顶板考虑施工活荷载 5 $kN/m^2$。

(2)、基本风压值: $W_o = 0.30$ $kN/m^2$; (3)、基本雪压值: $S_o = 0.20$ $kN/m^2$。

5. 主要结构材料:

(1)、钢筋符号: Φ 为 HPB300,Φ 为 HRB400。钢筋的强度标准值应具有不小于95%的保证率。

(2)、当抗震等级为一、二、三级的框架结构和斜撑构件(含梯段)时,其纵向受力钢筋采用普通钢筋时,钢筋的抗拉强度实测值与屈服强度实测值的比值不应小于1.25;且钢筋的屈服强度实测值与强度标准值的比值不应大于 1.3,且钢筋在最大拉力下的总伸长率实测值不应小于9%。当采用进口钢筋时,应符合我国相关规范的要求。

(3)、钢筋接头形式及要求:

a、框架梁、框架柱、剪力墙柱主筋直径≥25时,应采用直螺纹机械连接接头或焊接,当受力钢筋直径<25时,可采用绑扎连接接头。

b、所有钢筋接头位置应设置在受力较小处,在同一根钢筋上宜少设接头。

c、同一构件中相邻纵向受力钢筋的绑扎搭接接头宜相互错开。钢筋绑扎搭接接头连接区段的长度为 1.3 倍搭接长度,凡搭接接头中点位于该连接区段长度内的搭接接头均属于同一连接区段。位于同一连接区段内的受拉钢筋搭接接头面积百分率:

对梁类,板类及墙类构件: ≤25%; 对柱类构件: ≤50%。

d、钢筋的连接构造均应按规范《混凝土结构设计规范》(GB 50010—2010)中 8.4.1~8.4.9 条款执行。

e、施工中任何钢筋的替换,均应经设计单位同意后,方可替换。

f、受拉钢筋的最小锚固长度和抗震锚固长度详《混凝土结构施工图平面整体表示方法制图规则和构造详图》(16G101-1)。

g、钢筋采用焊接时,焊接技术要求和质量应符合《钢筋焊接及验收规范》(JGJ 18—2003)的相关规定。

(4)、混凝土强度等级: 详各层施工图层高表及说明。

保护层厚度: 除特别注明外,地面以下钢筋混凝土构件及卫生间,屋面按二a类环境取用;其余位置各构件按一类环境取用,取值详 附表二 。

结构混凝土耐久性的基本要求应按《混凝土结构设计规范》(GB 50010—2010)第3.5.3条施工。

(5)、本工程所采用的Φ6 钢筋,应符合现行国家标准《钢筋混凝土用热轧光圆钢筋》GB13013中的相应性能要求。

6. 本工程设计计算所采用的计算程序

(1)、主体采用 PKPM系列之"高层建筑结构空间有限元分析与设计软件-SATWE"(版本:2010)进行结构整体分析,以SATWE配筋结果为准。

(2)、基础采用 PKPM系列之"土木工程地基基础计算机辅助设计系统-JCCAD"(版本:2010)进行基础计算。

结施-01

三、地基基础

1. 本工程地基基础设计等级为 丙 级,基础的安全等级为二级,基础形式为 柱下独立 基础,基础设计详结施 结施-03。
2. 基础定位轴线应与建施图底层平面轴线核对无误后方可施工。
3. ±0.000以下施工完成并通过验收后应即时回填,基坑回填土密实度要求>94%,严禁采用建筑垃圾土或淤泥土回填。
4. 底层室内墙下无基础梁时的做法详本图大样 ①。

四、钢筋混凝土楼(屋)面板

1. 板底筋长度除注明外,伸入支座长度应≥5$d$并≥100,且应伸入到支座(梁或墙)中心线;短跨钢筋置于下排,长跨钢筋置于上排。当板底与梁底平时,板的下部钢筋伸入梁内须弯折后置于梁的下部纵向钢筋之上。板配筋图中的负筋标注说明详附图一所示,负筋直钩长度为板厚-保护层厚度。
2. 现浇梁板内不得在水平方向预埋水管。当预埋其他管线时,应设置在现浇板上,下两层钢筋的中部,并与钢筋成斜交布置。
3. 沿管线方向在板的上下表面各加设一道直径4mm,间距100mm,宽600mm的钢丝网片予以补强。严禁超过二层管线交错叠放。
电线,电缆导管直径大于20mm时应采用金属导管。预埋管线最大外径不应超过1/3板厚,导管应绑扎牢固定位。
结构施工时应与各专业施工图密切配合。所有穿梁、穿楼板的管洞与其他专业核对无误后方可施工,不得后凿。板洞口尺寸<300时,钢筋绕过洞口不截断。洞口≥300者,应按相关本图大样 ② 设置洞边加强钢筋。
4. 须后浇的管井预留洞处均应按图预留钢筋以便管道安装完毕后封口;已布好钢筋的管井,待管井内设备安装完毕,再用高一级的微膨胀细石混凝土灌实。
5. 屋面板的混凝土建议掺抗裂防水剂以起自防水作用,施工时参照相关产品说明进行。
6. 除注明外,雨蓬和露台外露部分无负筋的板面均设 Φ6@200 双向抗温度应力钢筋(负筋),并与图中的负筋搭接 250。
7. 板配筋施工图中建筑物四大角部和挑檐阳角处,均按本图大样 ③④ 设置加强筋。

五、钢筋混凝土楼(屋)面梁

1. 板底部钢筋,短跨方向筋放在下层。除注明外,100mm板厚受力钢筋的分布钢筋均为 Φ6@180;120mm板厚受力钢筋的分布钢筋均为 Φ8@250;
110mm板厚受力钢筋的分布钢筋均为 Φ6@160;130mm板厚受力钢筋的分布钢筋均为 Φ8@250。
2. 梁按标准设计图集《混凝土结构施工图平面整体表示方法制图规则和构造详图》(16G101-1)绘制,凡本图未注明的构造详图和要求均应按该图集施工。
3. 除注明外,凡连续梁上有支座负筋处为该梁的支座。梁上原位标注下打_(下划线)的钢筋,表示在本跨内通长设置。凡梁搭接处,梁两侧附加箍筋:每侧 3Φ$d$@50;
"⌐⌙"表示梁两侧附加吊筋:每侧 4Φ$d$@50,吊筋在图中未标注的均为 2Φ14。除注明外,当梁腹板 高度$h_w$≥450 时,梁两侧沿腹板高度设置纵向构造钢筋,梁腰筋详按附表三 梁侧向纵筋(腰筋)数量表中所示设置。
4. 对跨度不小于4m(及悬挑长度不小于2m)的现浇钢筋混凝土梁、板,其模板应起拱。
除注明外,非悬挑板起拱高度为跨度(短跨)的1/600,悬挑板起拱高度为悬挑长度的1/300 非悬挑梁起拱高度为跨度的1/600悬挑梁起拱高度为悬挑长度的1/300
5. 主次梁高度相同时,次梁的下部纵向钢筋应置于主梁下部纵向钢筋之上。悬挑梁板均应待混凝土设计强度达到100%方可拆除底模。
6. 各梁柱节点,当上部不再有柱时,均应参照16G101中WKL的构造方法施工。

六、框架柱:

1. 本工程的框架柱按国家建筑标准设计图集《混凝土结构施工图平面整体表示方法制图规则和构造详图》(16G101—1)绘制,凡本图未注明的构造详图和要求均应按该图集施工。
2. 当上柱的配筋大于或多于下柱的配筋时,应在下柱的柱顶预埋插筋,插筋的直径及根数应满足上柱的要求。

七、填充墙、构造柱和过梁

1. 本工程的填充墙墙体厚度详见建施,室内地坪以下及潮湿环境中为强度MU15标准水泥砖填充, 采用强度为M10的水泥砂浆砌筑;其他部位采用蒸压加气混凝土砌块填充,采用强度为Mb5.0的砂浆砌筑,屋面女儿墙砂浆砌筑等级为Mb7.5。本工程中使用的标准水泥砖及蒸压加气混凝土砌块均应符合相应国家标准要求,蒸压加气混凝土砌块强度不低于A5.0。
2. 墙与构造柱连接处,砌体应砌成马牙槎,先砌墙后浇柱;马牙槎做法详本图大样 ⑤;砌体与框架柱、构造柱连接处沿高度设 2Φ6@600 拉结筋,拉结筋伸入砌体内长度不小于700,且不小于 1/5 砌体长度,遇门窗洞口按实际长度截取。
3. 所有纵横墙的交接部位,无约束墙体的端部,电梯间的角部和当填充墙长度≥4000时于墙中部设构造柱,间距小于4000;构造柱按墙厚取用,柱宽同墙厚,详本图大样 ⑥ GZ1。构造柱纵筋层间搭接长度为48$d$,搭接长度范围内箍筋加密至@100。
4. 当填充墙高度 ≥4000 时每隔2m高设置一道与框架柱,构造柱连接且沿墙全长贯通的钢筋混凝土连系梁:梁高300,梁宽同墙厚,箍筋Φ6@200,纵筋4Φ12,并锚入两端柱内 400。
5. 墙中的门、窗洞及设备预留孔洞洞顶均应设置钢筋混凝土过梁,过梁混凝土强度等级 C20。洞边为混凝土柱时,须在过梁标高处的柱内预埋过梁钢筋。
当洞口宽度<1200时,按 附图二 设置;当洞口宽度≥1200时,按 附表一 设置。过梁支座长度均应≥250。当门、窗洞顶离结构梁(或板)底距离小于过梁高度时,应按 附图三 做挂板与结构梁浇成整体。

结施-01

# 结构设计总说明（二）

6. 门窗洞边距框架柱，构造柱边小于240mm时，应沿门窗洞高度范围设置现浇混凝土门（窗）垛，且门（窗）垛应配筋为4Φ12，箍筋为Φ6@200。门（窗）垛的箍筋应伸入框架柱，构造柱中。
7. 全部砌体未经设计同意，不得任意更改墙体材料及厚度和砌体位置。
8. 楼梯间和人流通道的填充墙，应采用钢丝网砂浆面层加强。加强层采用抹灰层20mm厚1:1:4水泥石灰膏砂浆，并满铺镀锌钢丝网，钢丝网网格为10mmx10mm，钢丝直径不小于0.5mm。

八、施工要求

1. 施工单位接到施工图后，相关人员应认真阅读本工程全套各专业图纸及所选用图集，对工程进行全面了解及技术交底。施工时应先看清各图内的说明并结合建施、水、电、暖等各工种图纸与结施校对好尺寸位置。当设计图纸中存在相互不一致时，请及时通知设计人员处理。做到遇到问题及时解决。
2. 设计未考虑冬、雨季施工，施工单位应根据有关施工及验收规范自定。
3. 设计中未考虑塔式起重机、施工用电梯、泵送设备、脚手架等施工机具对主体结构的影响。有影响时，请施工单位对受影响的结构构件应采取必要的加强、加固措施。
4. 所有外露钢质结构构件及结构预埋件均刷防锈漆两底两面。
5. 施工时应注意复核模板、支撑及施工荷载（特别对于高大脚手架），应满足设计荷载要求不能超载。
6. 涉及高大脚手架、深基坑的施工应按有关规定进行施工方案的专项审查。
7. 本工程需进行钢筋代换时，应经设计单位同意方可进行钢筋代换。

九、其他

1. 卫生间周边墙、屋面女儿墙，室内楼面与屋面交接处均设 200 高反边，宽度同墙厚，反边与楼（屋）面梁板同时浇筑。卫生间外楼面梁或圈梁加高至卫生间板底，按本图大样 (7/—) 施工。
2. 电梯井道施工时，应按电梯样本图设置预埋件。
3. 幕墙包括高层建筑外墙玻璃门窗，石材干挂幕墙、商标、广告牌、钢结构雨篷和构架等必须在上部结构施工前请有资质的单位进行设计，幕墙设计单位必须与上部结构设计单位配合，提供支点的反力供上部结构的验算。
4. 走廊、阳台、屋面等有铁艺栏杆处，应在与铁艺栏杆相连的构造柱或墙上按建筑图集放置预埋件。
5. 设备定货与土建关系：（1）、电梯定货必须符合本图所提供的电梯井道尺寸、门洞尺寸以及建筑图纸的电梯机房设计。门洞边的预留孔洞、电梯机房楼板、检修吊勾等，需待电梯定货后，经核实无误后方能施工。
6. 以上所述的玻璃幕墙、钢结构构件、电梯以及其他设备预留的孔洞、基坑、基础、预埋件等有关尺寸在浇筑混凝土之前必须得到设备厂家签字认可方可施工。
7. 按建施、水、暖、电设施图施工，管道需要穿梁时，应严格按照本图大样 (8/—) 施工。若建施、水、暖、电设施图需穿梁的标高不满足本图大样所示尺寸范围时，应及时通知有关设计人员。
8. 浇筑大体积、大厚度的混凝土构件，应选择发热量低的水泥品种，并密切注意混凝土的浇筑和养护，以避免混凝土水化热和收缩应力给结构带来的不利影响。
9. 本施工图未经施工图审查及施工图会审不得用于施工。
10. 本施工图未经技术鉴定或设计许可，不得改变结构的使用用途和使用环境。
11. 避雷接地应按照电施要求设置。

梁腰筋数量表（两侧总数）

| $b$ \ $h_w$ | 450 | $450<h_w\leq600$ | $600<h_w\leq800$ | $800<h_w\leq1000$ |
|---|---|---|---|---|
| $b\leq250$ | 2Φ12 | 4Φ10 | 6Φ12 | 8Φ12 |
| $300\leq b\leq400$ | 2Φ14 | 4Φ12 | 6Φ14 | 8Φ14 |

**附表三 梁侧向纵筋（腰筋）数量表**

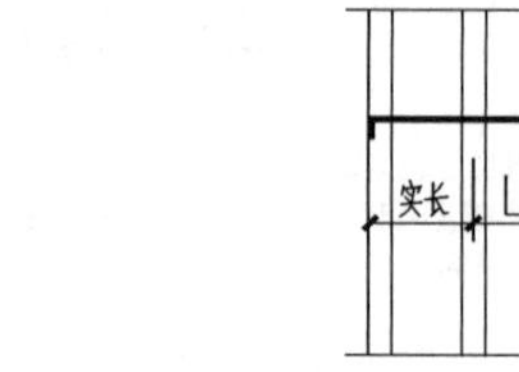


**拉筋构造图**

附表一 过梁

| 洞宽 $L$ | 梁高 $h$ | 负 筋 | 底 筋 |
|---|---|---|---|
| $1200\leq L\leq1800$ | 200 | 2Φ10 | 2Φ12 |
| $1800<L\leq2400$ | 250 | 2Φ10 | 2Φ12 |
| $2400<L\leq3000$ | 300 | 2Φ10 | 2Φ12 |
| 过梁宽度同墙厚，箍筋均为 Φ6@200；砼强度等级 C20 | | | |

**过梁配筋**

混凝土保护层最小厚度 $c$（mm）

| 环境类别 | | 板 墙 壳 | 梁 柱 杆 |
|---|---|---|---|
| 一类环境 | | 15 | 20 |
| 二类环境 | a | 20 | 25 |
| | b | 25 | 35 |
| 三类环境 | a | 30 | 40 |
| | b | 40 | 50 |

注：1：混凝土强度等级不大于C25时，表中保护层厚度数值应增加5mm；

2：钢筋混凝土基础宜设置混凝土垫层，基础中钢筋的混凝土保护层厚度应从垫层顶面算起，且不应小于40mm。

**附表二 混凝土保护层最小厚度**

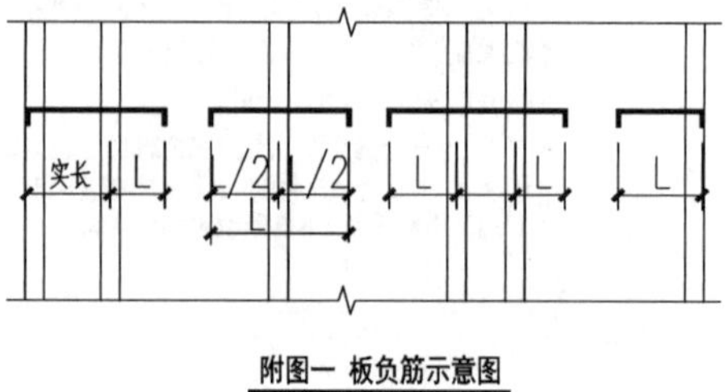


**附图一 板负筋示意图**

注：$L$ 为板配筋图上所标注尺寸

结施-02

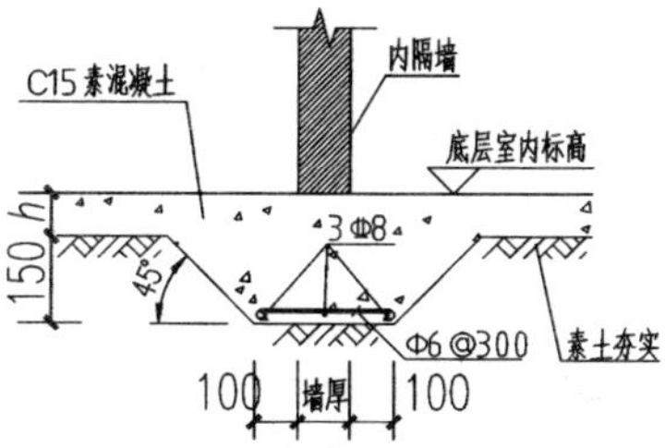

① 底层非承重墙基础大样

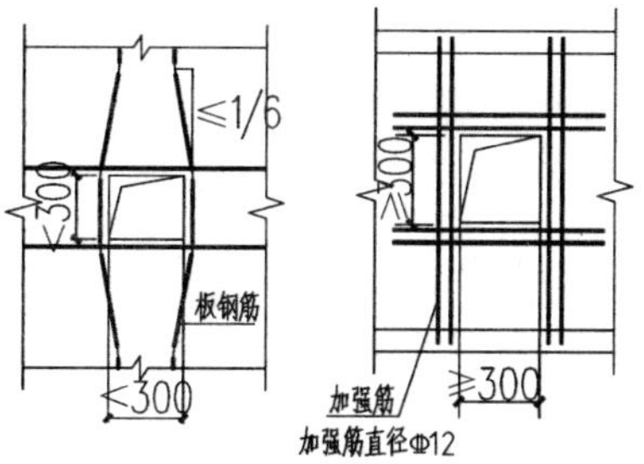

② 楼板开洞口构造措施

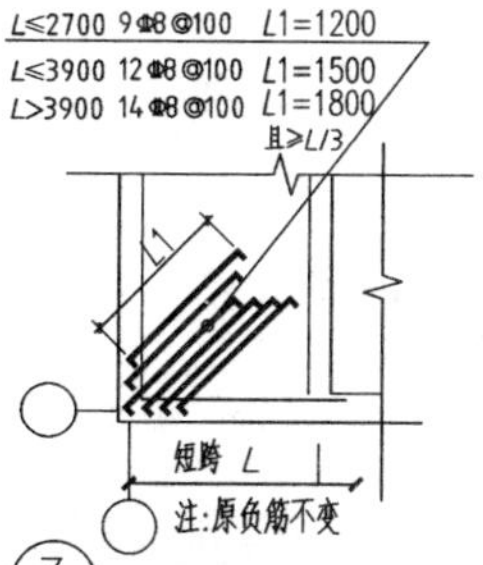

③ 角部支座负筋加强大样

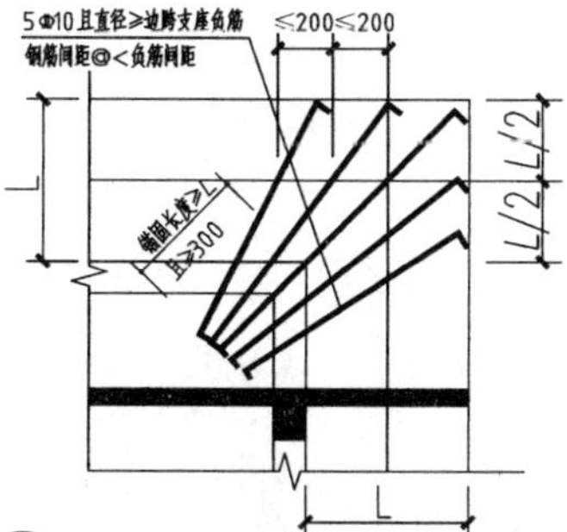

④ 挑檐转角位于阳角处的加强配筋

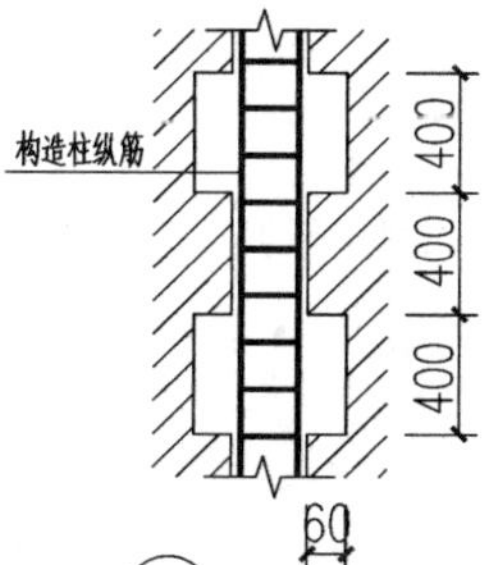

⑤ 马牙槎大样

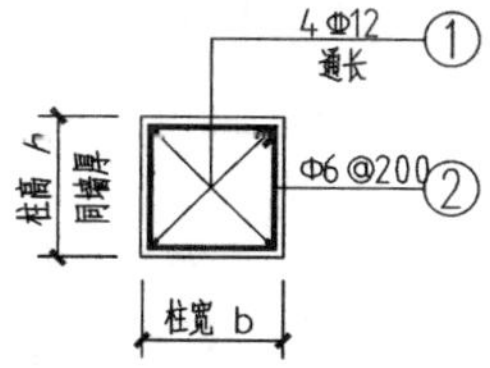


墙厚 240:　bXh=240X240
墙厚 200:　bXh=200X200
墙厚 120:　bXh=200X120

注:构造柱混凝土强度等级 C20

⑥ 构造柱 GZ1

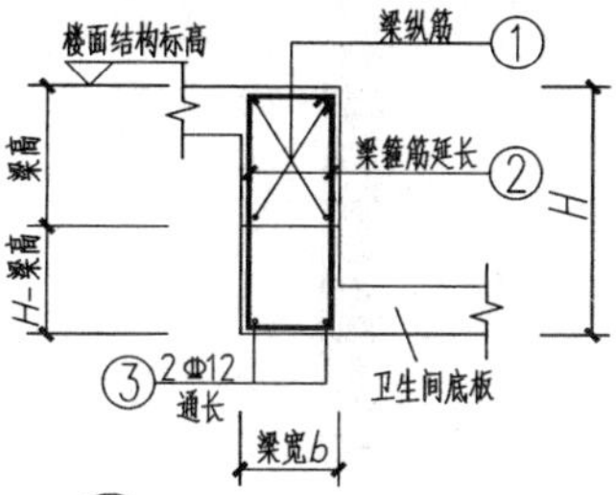

⑦ 卫生间梁加高大样

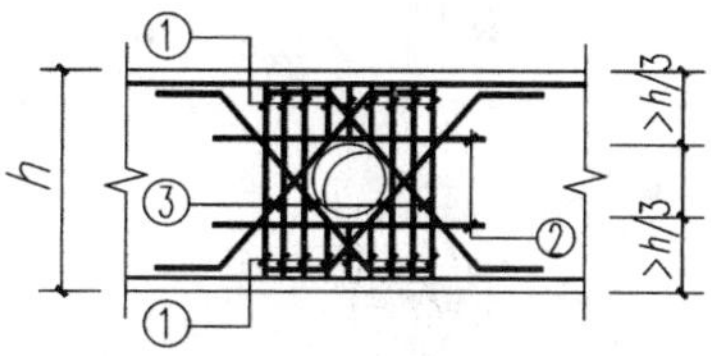


注: ① 号附加箍筋直径肢距与梁相同,共 9 根,间距 50

② 号筋为上下各 2Φ16 直筋,长度 1400

③ 号筋为每侧各 2Φ16 钢筋,水平段长 160

⑧ 梁孔加固大样

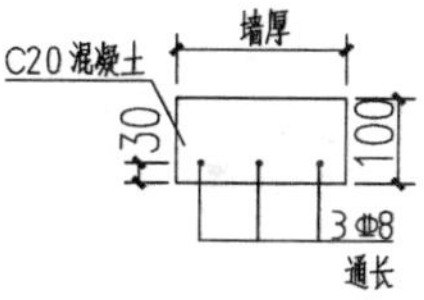

附图二 过梁

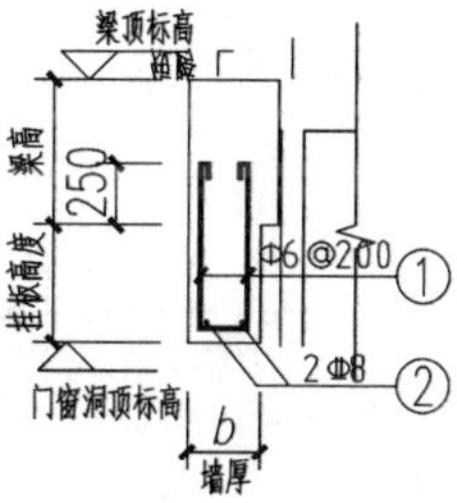

附图三 挂板大样

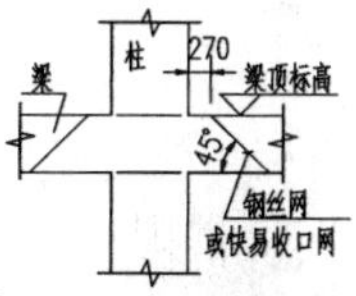

⑨ 梁柱节点混凝土浇灌

结施-02

说明:

1. 本图±0.000相当于绝对标高详建施图,本图中所标均为相对标高。
2. 基础底标高以现场开挖土层为准,且应满足下图(图一)的刚性角要求,基础面标高暂定为-1.450。
3. 基础持力层为②层中风化石灰岩,持力层地基承载力特征值$f_{ak}$=4000kPa,基底进入持力层深度不得小于300mm,并且埋深必须≥1000。

   由于本工程场地位于灰岩地区,勘探报告揭示该场地局部有溶洞发育,因此应对建筑从基础位置进行施工勘察(超前钻)。
4. 基础设计参数详见独立基础表,混凝土保护层厚度均为40mm,材料如下:
   混凝土强度等级:
   独立基础　C25
   垫　　层　C15
5. 坐标及轴线定位详建筑图。
6. 基础施工完成后即刻对基础周边土进行分层夯实回填,压实系数不小于0.94,土面标高为建筑室内地面标高;当上部构件施工到一层楼面时,室外土分层夯实回填至建筑设计的室外地坪标高。
7. 基槽(坑)开挖后,应进行基槽检验,基槽检验可用触探或其他方法,当发现与勘察报告和设计文件不一致或遇到异常情况时,应立即联系相关部门协调处理。
8. 基础施工完成后,须按相关国家规定进行验收,当遇基础周围有陡坡时,应确保陡坡的稳定。
9. 未尽事宜须遵守国家有关施工验收规范、规程和规定。
10. 当柱下钢筋混凝土独立基础的边长大于或等于2.5米时,底板受力钢筋的长度可取边长的0.9倍,并交错布置。
11. 基槽开挖之后不可久露,不可被水长时间浸泡,以免降低持力层的强度,在雨季施工时应加强地面排水,以防止地下水对基础浸泡及边坡塌方,保证施工安全。

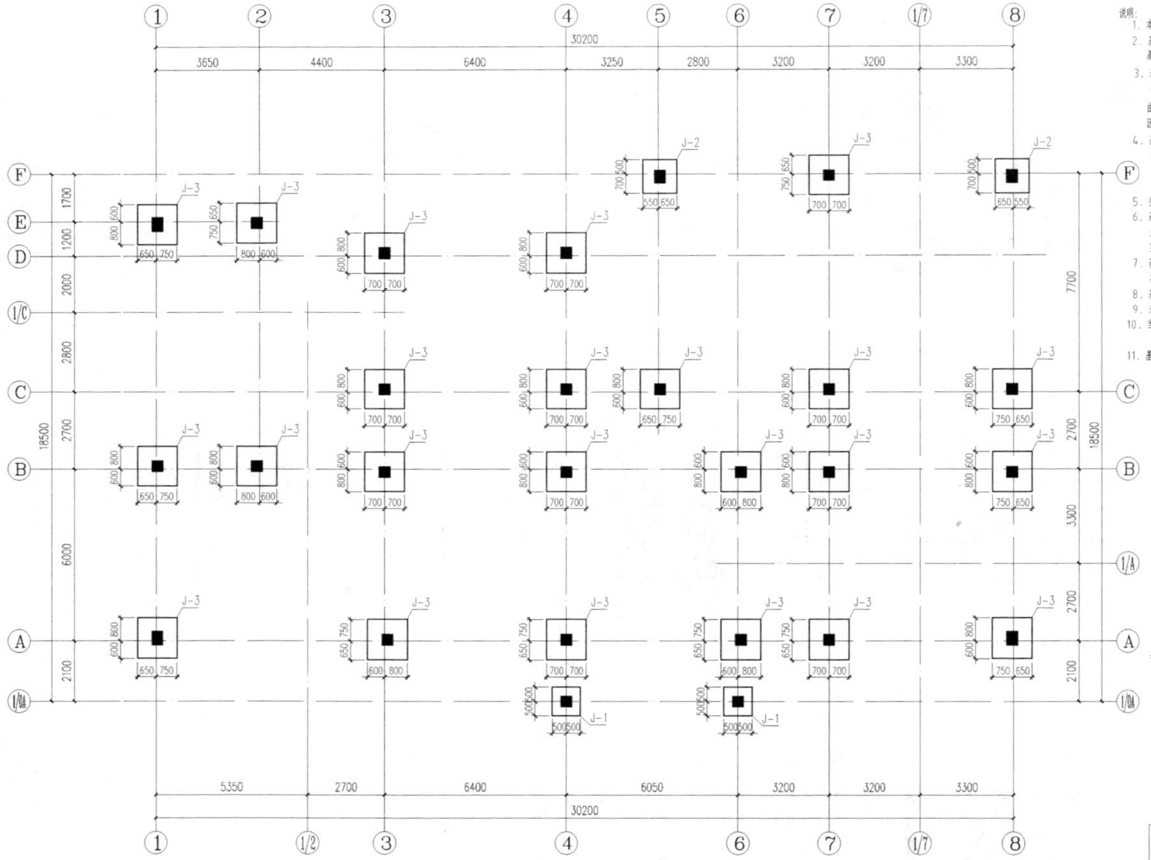


基础平面布置图 1:100

独立基础参数一览表

| 编号 | B(mm) | L(mm) | H(mm) | Agb1 | AgL1 |
|---|---|---|---|---|---|
| J-1 | 1000 | 1000 | 400 | ⌀12@150 | ⌀12@150 |
| J-2 | 1200 | 1200 | 400 | ⌀12@150 | ⌀12@150 |
| J-3 | 1400 | 1400 | 400 | ⌀12@140 | ⌀12@140 |

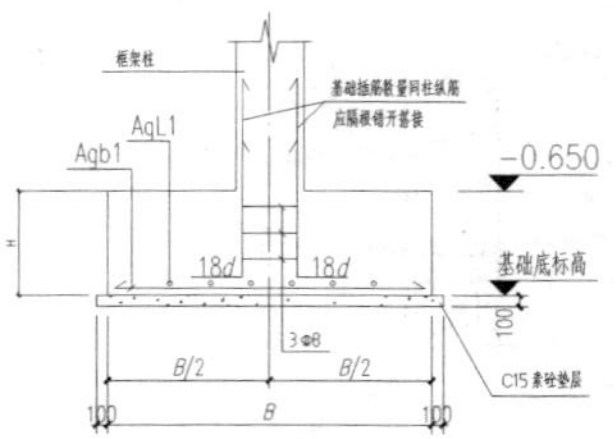


剖面A—A

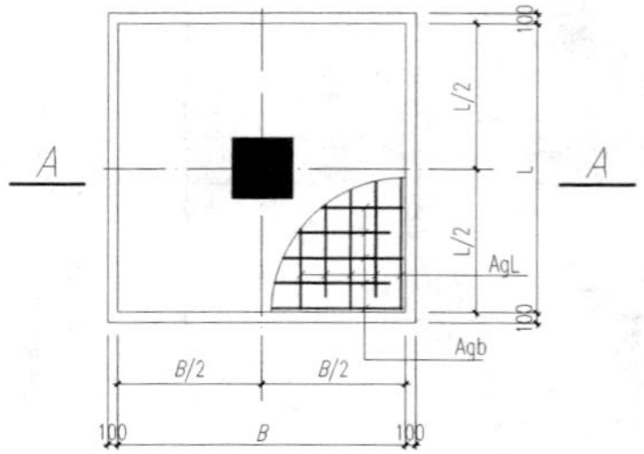


单柱独立基础

结施-03

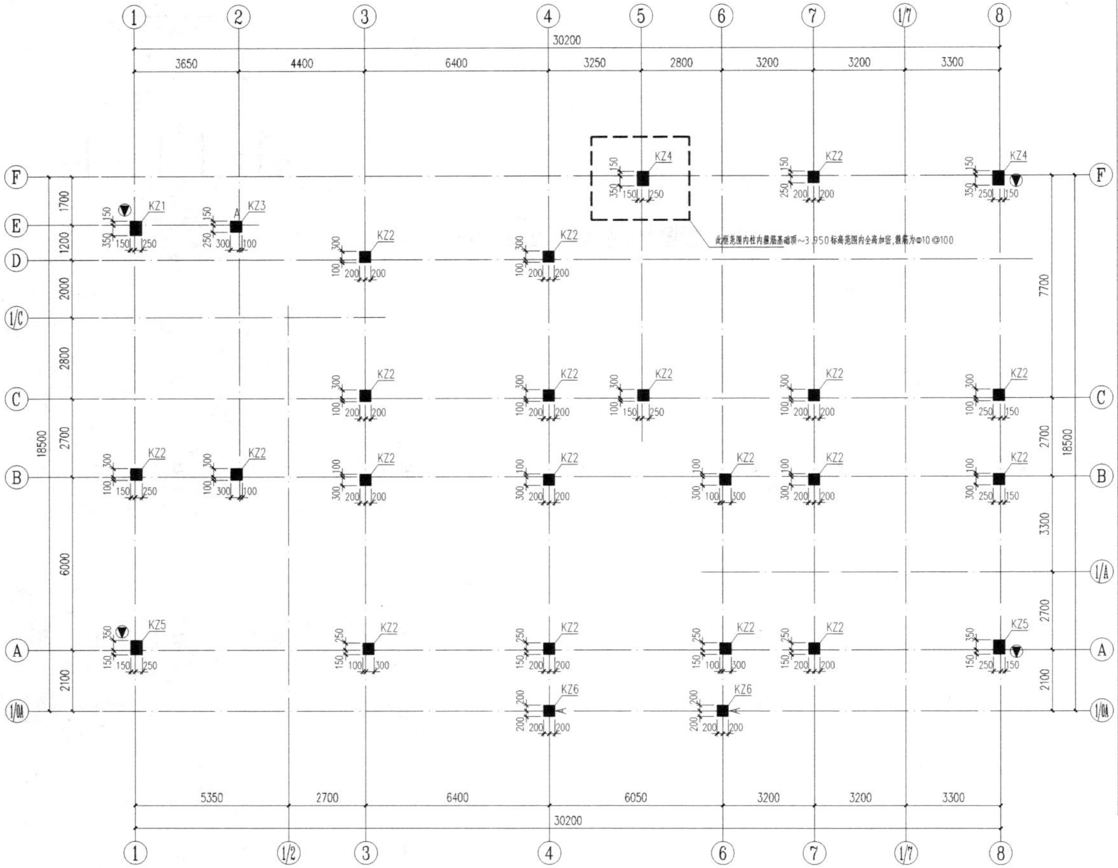


# 基础顶～三层楼面墙柱定位平面图 1:100

| 截面 | 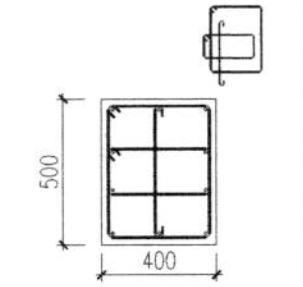 | | 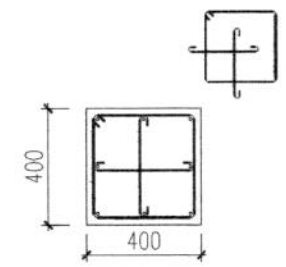 | |
|---|---|---|---|---|
| 编号 | KZ1 | | KZ2 | |
| 标高 | 基础顶~7.550 | | 基础顶~-0.050 | -0.050~7.550 |
| 纵筋 | 4Φ22(角筋)+6Φ16 | | 4Φ16(角筋)+4Φ14 | |
| 箍筋/拉筋 | Φ10@100 | | Φ10@100 | Φ8@100/200 |
| 截面 | 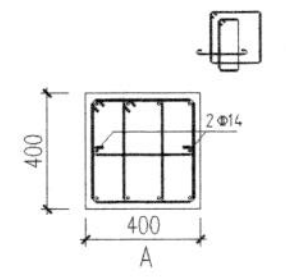 | | 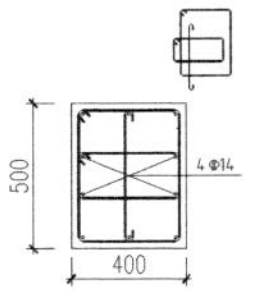 | |
| 编号 | KZ3 | | KZ4 | |
| 标高 | 基础顶~7.550 | | 基础顶~-0.050 | -0.050~7.550 |
| 纵筋 | 8Φ18(角筋)+2Φ14 | | 6Φ20(角筋)+4Φ14 | |
| 箍筋/拉筋 | Φ10@100 | | Φ10@100 | Φ8@100/200 |
| 截面 | 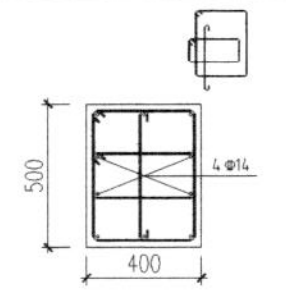 | | 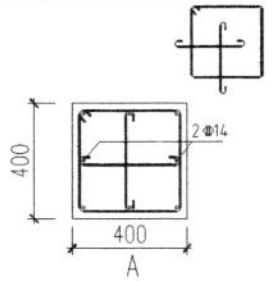 | |
| 编号 | KZ5 | | KZ6 | |
| 标高 | 基础顶~-0.050 | -0.050~7.550 | 基础顶~-0.050 | -0.050~3.950 |
| 纵筋 | 6Φ18(角筋)+4Φ14 | | 6Φ18(角筋)+2Φ14 | |
| 箍筋/拉筋 | Φ10@100 | Φ8@100/200 | Φ10@100 | Φ8@100/200 |

说明:

1. 拉筋应紧靠纵向钢筋并钩住箍筋。
2. 箍筋弯钩端头平直段>10$d$且不小于75mm,135°弯钩。
3. 纵向受力筋在同一连接区的连接接头面积的百分率不应大于50%,在层高范围内柱的每根纵向受力钢筋接头数不应超过一个。
4. 本图未定位柱均为轴线居中或边与轴线平齐。
5. 平面图中没有标明的柱标高,详见大样。
6. 柱抗震等级为四级,墙柱混凝土等级详见结构层高表。
7. 观测点平面位置见各柱定位平面图,观测点以符号"▼"标注。
8. 观测次数:首层施工完毕即观测一次,以后每施工完一～五层观测一次。竣工验收以后,第一年不少于4次,第二年不少于2次,以后每年1次,直到下沉稳定为止。
9. 观测过程中,如有基础附近地面荷载增减、基础四周突然大量积水,长时间大量降雨等,均应及时增加观测次数。当建筑物突然出现大量沉降、不均匀沉降和严重裂缝时应立即进行逐日或2～3天的连续观测;

| 层号 | 楼层结构标高 $H_0$ | 层高(mm) | 梁板砼强度 | 柱砼强度 |
|---|---|---|---|---|
| 坡屋顶 | 14.400 | | C25 | |
| 阁楼层 | 11.150 | 3250 | C25 | C25 |
| 三层 | 7.550 | 3600 | C25 | C25 |
| 二层 | 3.950 | 3600 | C25 | C25 |
| 一层 | -0.050 | 4000 | C25 | C25 |

楼层结构标高
结构层高表

上部结构嵌固部位：基础顶

结施-04

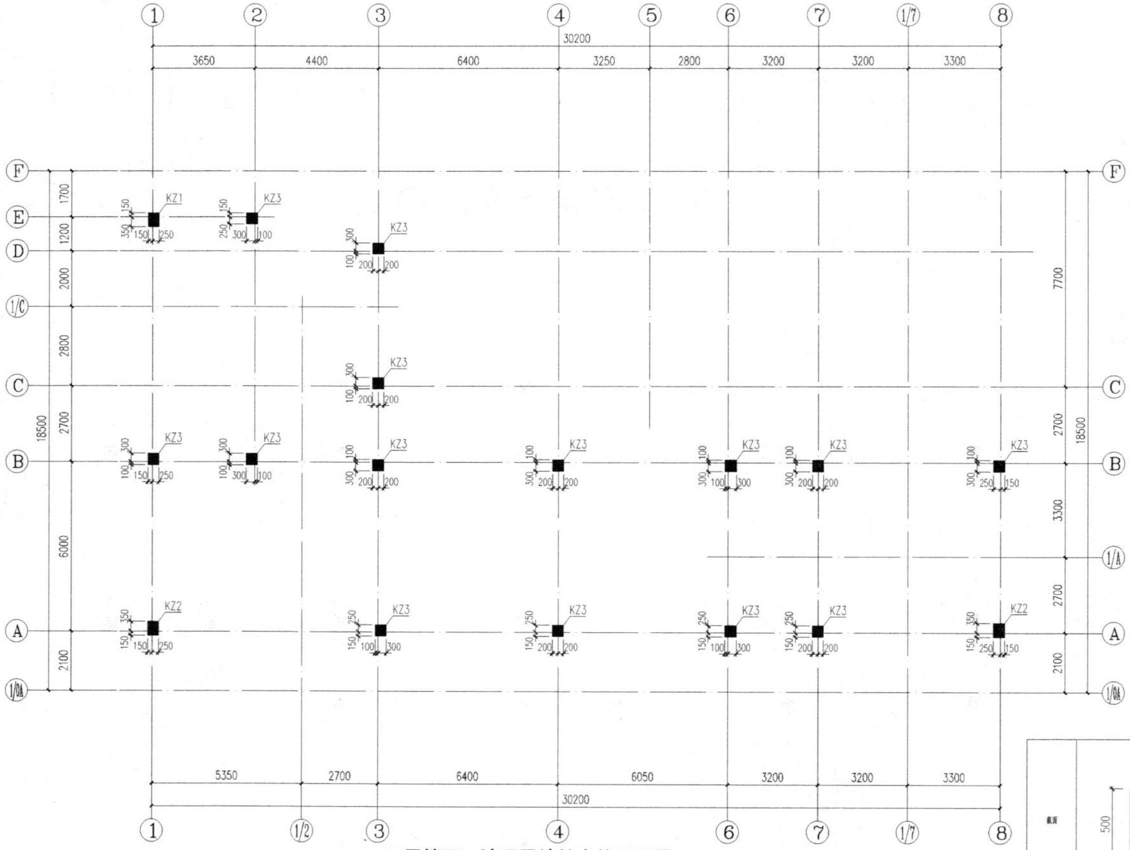


# 三层楼面~坡顶层墙柱定位平面图 1:100

| 坡屋顶 | 14.400 | | C25 | |
|---|---|---|---|---|
| 阁顶层 | 11.150 | 3250 | C25 | C25 |
| 三层 | 7.550 | 3600 | C25 | C25 |
| 二层 | 3.950 | 3600 | C25 | C25 |
| 一层 | -0.050 | 4000 | C25 | C25 |
| 层号 | 楼层结构标高 $H_i$ | 层高(mm) | 梁板砼强度 | 柱砼强度 |

楼层结构标高
结构层高表
上部结构嵌固部位：基础顶

说明:
1. 拉筋应紧靠纵向钢筋并钩住箍筋。
2. 箍筋弯钩端头平直段>10$d$且不小于75mm,135°弯钩。
3. 纵向受力筋在同一连接区的连接接头面积的百分率不应大于50%,在层高范围内柱的每根纵向受力钢筋接头数不应超过一个。
4. 本图未定位柱均为轴线居中或边与轴线平齐。
5. 平面图中没有标明的柱标高,详见大样。
6. 柱抗震等级为四级,墙柱混凝土等级详见结构层高表。

| 截面 | 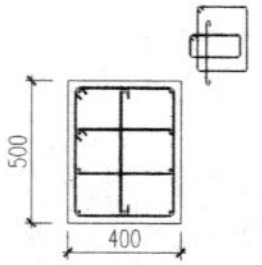 | 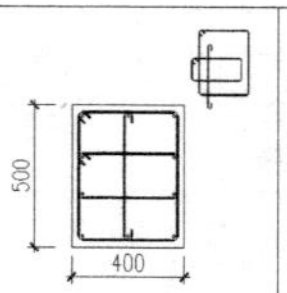 | 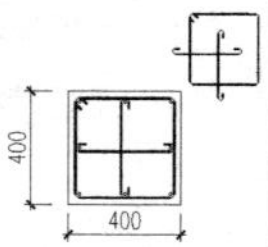 |
|---|---|---|---|
| 编号 | KZ1 | KZ2 | KZ3 |
| 标高 | 7.550~坡顶标高 | 7.550~坡顶标高 | 7.550~坡顶标高 |
| 纵筋 | 4Φ22(角筋)+6Φ14 | 4Φ18(角筋)+6Φ14 | 4Φ16(角筋)+4Φ14 |
| 箍筋/拉筋 | Φ8@100/200 | Φ8@100/200 | Φ8@100/200 |

结施-05

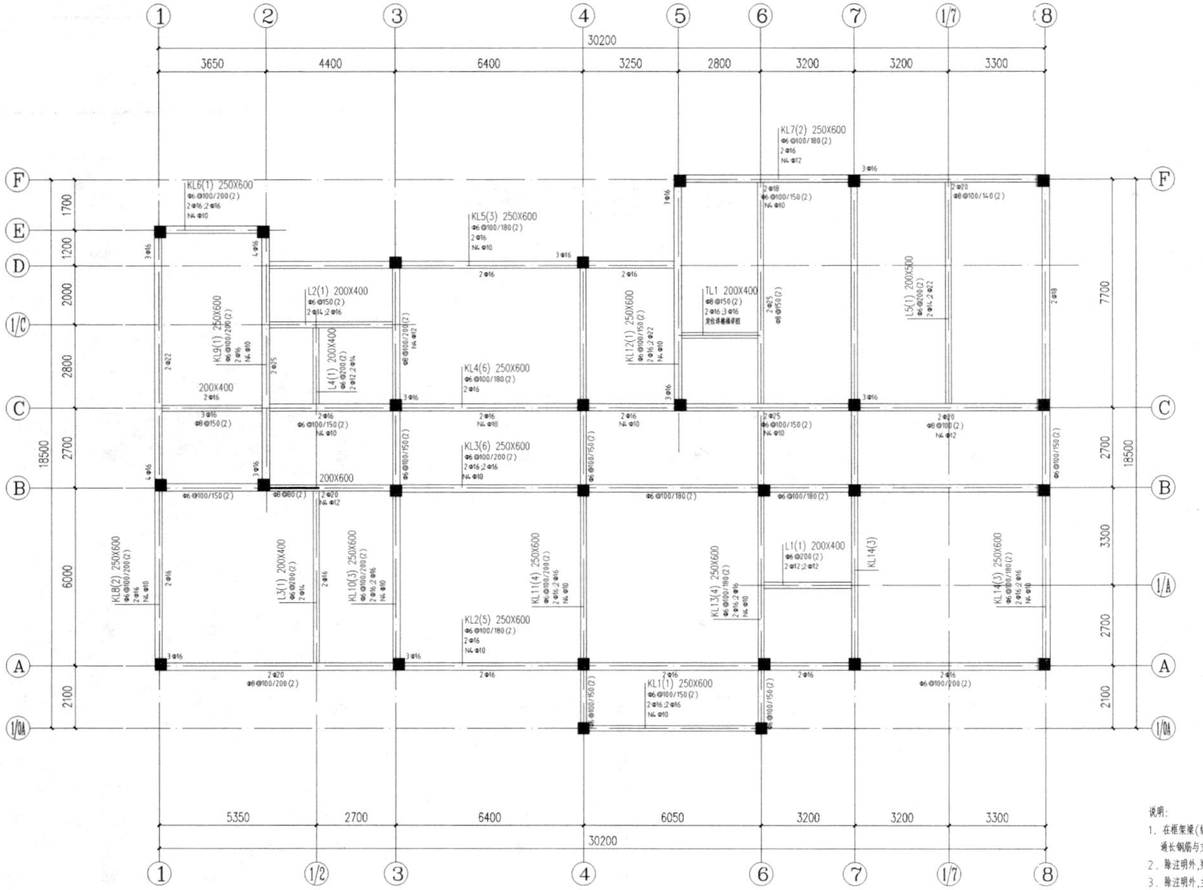


## 一层梁配筋平面布置图 1:100

| 坡屋顶 | 14.400 | | C25 | |
|---|---|---|---|---|
| 闷顶层 | 11.150 | 3250 | C25 | C25 |
| 三层 | 7.550 | 3600 | C25 | C25 |
| 二层 | 3.950 | 3600 | C25 | C25 |
| 一层 | −0.050 | 4000 | C25 | C25 |
| 层号 | 楼层结构标高 $H_i$ | 层高(mm) | 梁板砼强度 | 柱砼强度 |

楼层结构标高

结构层高表

上部结构嵌固部位：基础顶

说明：

1. 在框架梁(编号为 KL,WKL)、次梁(编号为 L)配筋的标注中，当集中标注的上部通长钢筋与支座钢筋直径不同时，通长钢筋与支座钢筋按搭接连接，搭接长度应满足 $L_e$。
2. 除注明外，梁腰筋设置均参见《结构设计总说明》。
3. 除注明外，主次梁交接处主梁之两侧各加设3×D@50附加箍筋。
4. 除注明外，框架梁(编号为 KL)一端与墙柱相连、另一端与梁相连时，与梁相连端的箍筋不需加密，该端纵筋可次梁构造要求施工。
5. 除注明外，次梁(编号为 L)一端与墙柱相连、另一端与梁相连时，与墙柱相连端箍筋加密为@100，该端纵筋须按框架梁构造要求施工。
6. 框架梁(编号为KL)的端支座为柱墙顶部时，梁端纵筋构造应按屋面框架梁构造要求施工。
7. 除特别注明外，次梁(编号为 L)配筋构造按充分利用钢筋的抗拉强度时的构造要求施工。
8. 梁的标高跟板配筋图填充范围标高一致。
9. 当图中未注明梁配筋的次梁，截面均为200×300，顶筋2Φ12，底筋2Φ12，箍筋Φ6@200。
10. 混凝土梁施工图平面表示方法和构造详见设计总说明和《国家建筑标准设计图集16G101-1》。

结施-06

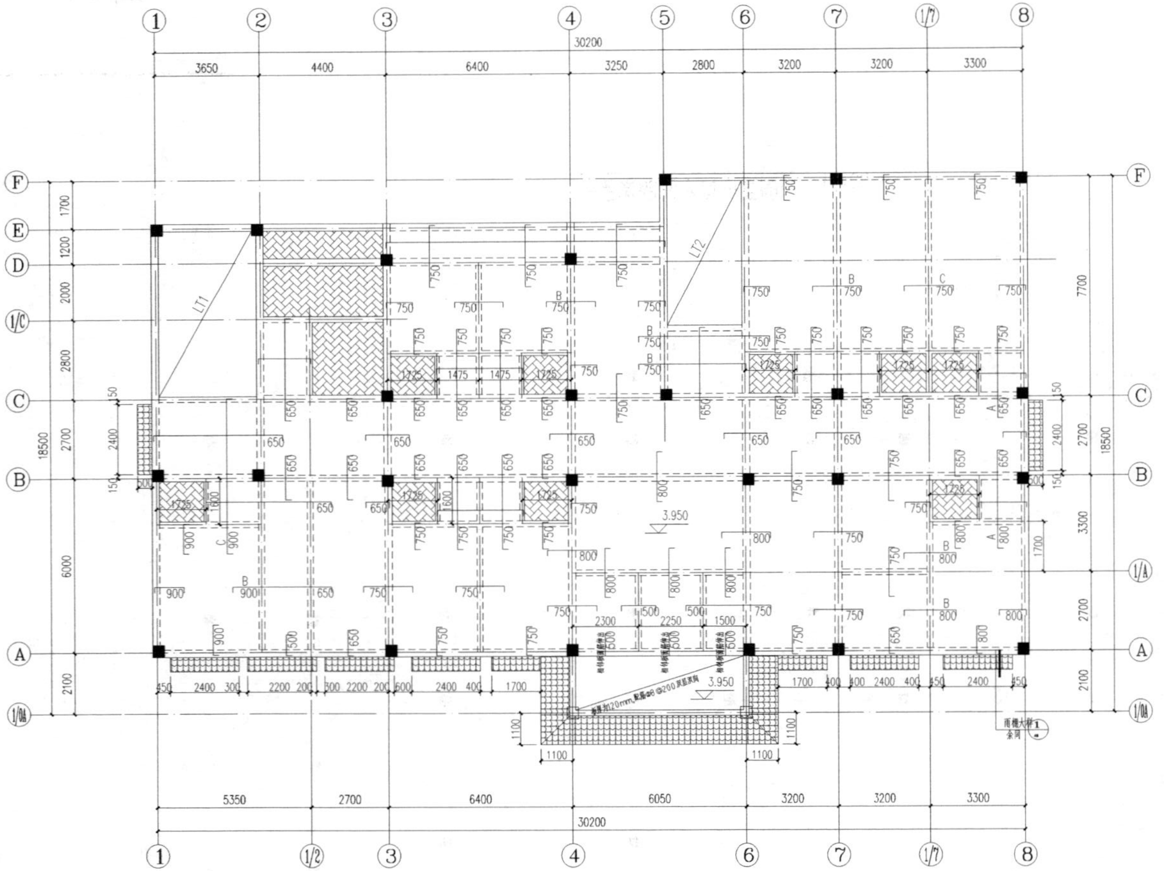


## 二层板配筋平面布置图 1:100

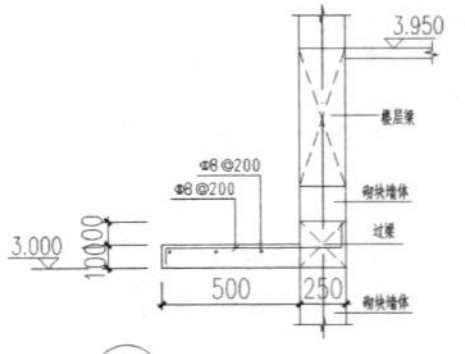


## ① 雨棚大样 1:25

| 坡屋顶 | 14.400 | | C25 | |
|---|---|---|---|---|
| 闷顶层 | 11.150 | 3250 | C25 | C25 |
| 三层 | 7.550 | 3600 | C25 | C25 |
| 二层 | 3.950 | 3600 | C25 | C25 |
| 一层 | −0.050 | 4000 | C25 | C25 |
| 层号 | 楼层结构标高 $H_0$ | 层高(mm) | 梁板砼强度 | 柱砼强度 |

楼层结构标高

结构层高表

上部结构嵌固部位：基础顶

板配筋说明:

1. 除注明外,梁中心线均与轴线对齐或梁边与轴线、墙、柱边平齐,梯梁定位详楼梯大样图。
2. 除注明外,板厚均为 $h$=100mm,未标注的板面筋均为Φ8@200,底筋为Φ8@200双向拉通。
3. 除注明外,梁顶标高同相邻板面标高。当梁两侧板面有高差时,梁顶标高取高者。
4. 梁、板、墙上预留孔洞详见各设备专业施工图,施工时各专业应密切配合。
5. 栏杆等预埋件位置及详图见建施图。
6. 降板图例:

   填充▨处,结构标高为 $H_0$-0.350,$H_0$为楼层结构标高,板厚$h$=100mm,配筋双层双向,面筋Φ8@200,底筋Φ6@140。
7. 楼板内受力钢筋的分布钢筋设置详见《结构设计总说明》。
8. 填充墙下未设梁处,在墙下板底设 2Φ12 加强筋。
9. 图中板底筋弯钩仅表示钢筋截断位置,HPB300级钢筋(Φ)端部需设置弯钩,HRB335级(Φ)及 HRB400级(Φ)钢筋端部不需设置弯钩。
10. 填充▨处为设备管井后浇板,板厚$h$=100mm,配筋双层双向,面筋Φ8@200,底筋Φ6@140。此板施工时,钢筋预留,混凝土待管道安装完毕后浇筑。
11. 板钢筋代号表:

| 板钢筋代号 | 配　筋 |
|---|---|
| A | Φ8@180 |
| B | Φ8@150 |
| C | Φ10@200 |

结施-07

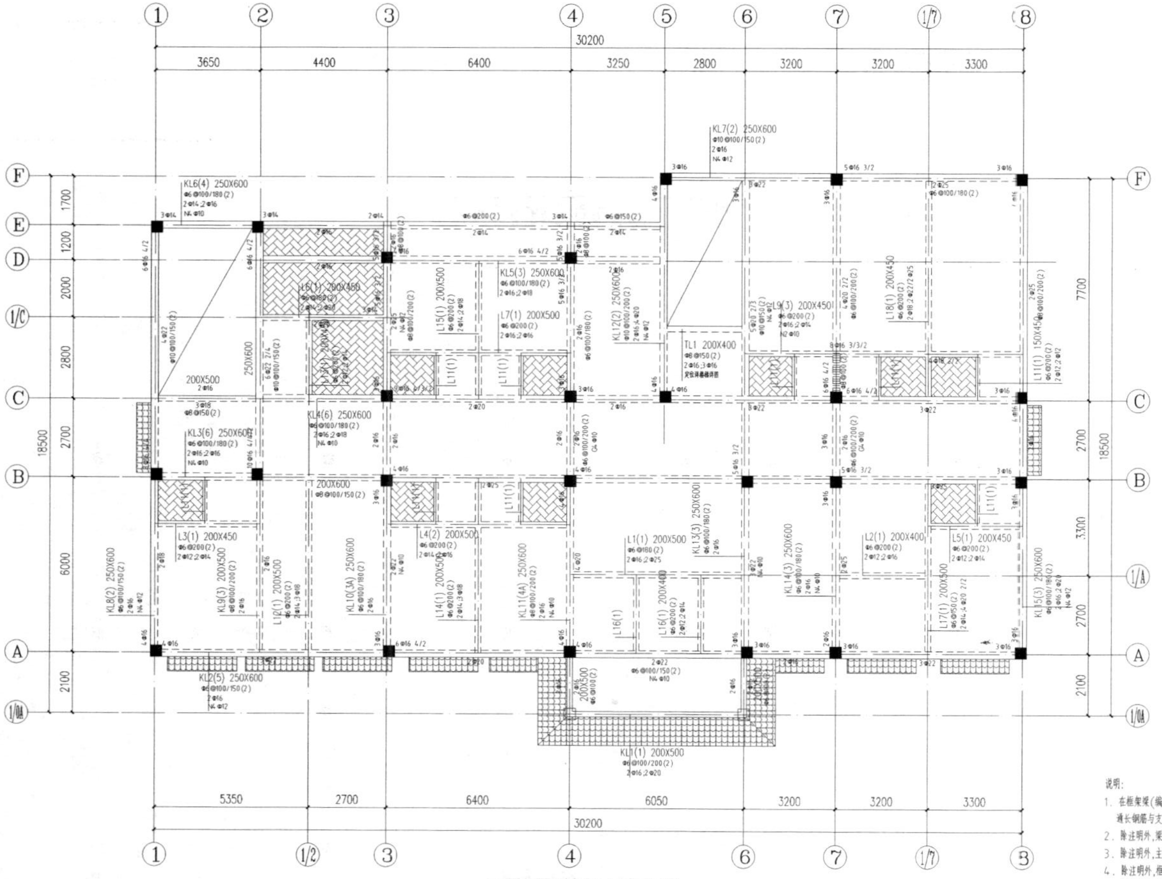

## 二层梁配筋平面布置图 1:100

| | | | | |
|---|---|---|---|---|
| 坡屋顶 | 14.400 | | C25 | |
| 阁顶层 | 11.150 | 3250 | C25 | C25 |
| 三层 | 7.550 | 3600 | C25 | C25 |
| 二层 | 3.950 | 3600 | C25 | C25 |
| 一层 | -0.050 | 4000 | C25 | C25 |
| 层号 | 楼层结构标高 $H_0$ | 层高(mm) | 梁板砼强度 | 柱砼强度 |

楼层结构标高

结构层高表

上部结构嵌固部位：基础顶

说明：

1. 在框架梁(编号为 KL,WKL)、次梁(编号为 L)配筋的标注中，当集中标注的上部通长钢筋与支座钢筋直径不同时，通长钢筋与支座钢筋按搭接连接，搭接长度应满足 $L_e$。
2. 除注明外，梁腰筋设置均参见《结构设计总说明》。
3. 除注明外，主次梁交接处主梁之两侧各加设3×D@50附加箍筋。
4. 除注明外，框架梁(编号为 KL)一端与墙柱相连、另一端与梁相连时，与梁相连端的箍筋不需加密，该端纵筋可次梁构造要求施工。
5. 除注明外，次梁(编号为 L)一端与墙柱相连、另一端与梁相连时，与墙柱相连端箍筋加密为@100，该端纵筋须按框架梁构造要求施工。
6. 框架梁(编号为KL)的端支座为柱墙顶部时，梁端纵筋构造应按屋面框架梁构造要求施工。
7. 除特别注明外，次梁(编号为 L)配筋构造按充分利用钢筋的抗拉强度时的构造要求施工。
8. 梁的标高跟板配筋图填充范围标高一致。
9. 当图中未注明梁配筋的次梁，截面均为200×300，顶筋2Φ12，底筋2Φ12，箍筋Φ6@200。
10. 混凝土梁施工图平面表示方法和构造详见设计总说明和《国家建筑标准设计图集16G101-1》。

结施-08

板配筋说明：
1. 除注明外，梁中心线均与轴线对齐或梁边与轴线、墙、柱边平齐，梯梁定位详楼梯大样图。
2. 除注明外，板厚均为 $h=100$ mm，未标注的板面筋均为Φ8 @200，底筋为Φ8 @200 双向拉通。
3. 除注明外，梁顶标高同相邻板面标高。当梁两侧板面有高差时，梁顶标高取高者。
4. 梁、板、墙上预留孔洞详见各设备专业施工图，施工时各专业应密切配合。
5. 栏杆等预埋件位置及详图见建施图。
6. 降板图例：
填充▨ 处，结构标高为 $H_0-0.350$，$H_0$ 为楼层结构标高，板厚 $h=100$ mm，配筋双层双向，面筋Φ8 @200，底筋Φ6 @140。
填充▨ 处，结构标高为 7.250，板厚 $h=120$ mm，配筋Φ8 @200 双层双向拉通。
7. 楼板内受力钢筋的分布钢筋设置详见《结构设计总说明》。
8. 填充墙下未设梁处，在墙下板底设 2Φ12 加强筋。
9. 图中板底筋弯钩仅表示钢筋截断位置，HPB300 级钢筋(Φ)端部需设置弯钩，HRB335 级(Φ)及 HRB400 级(Φ)钢筋端部不需设置弯钩。
10. 填充▨ 处为设备管井后浇板，板厚 h=100mm，配筋双层双向，面筋Φ8 @200，底筋Φ6 @140。此板施工时，钢筋预留，混凝土待管道安装完毕后浇筑。
11. 板钢筋代号表：

| 板钢筋代号 | 配　筋 |
|---|---|
| A | Φ8 @180 |
| B | Φ8 @150 |
| C | Φ10 @200 |
| D | Φ10 @150 |
| E | Φ12 @150 |

12. 板附加钢筋代号表：

| 板钢筋代号 | 配　筋 |
|---|---|
| +A | Φ6 @200 |
| +B | Φ8 @200 |
| +C | Φ10 @200 |
| +D | Φ10 @180 |

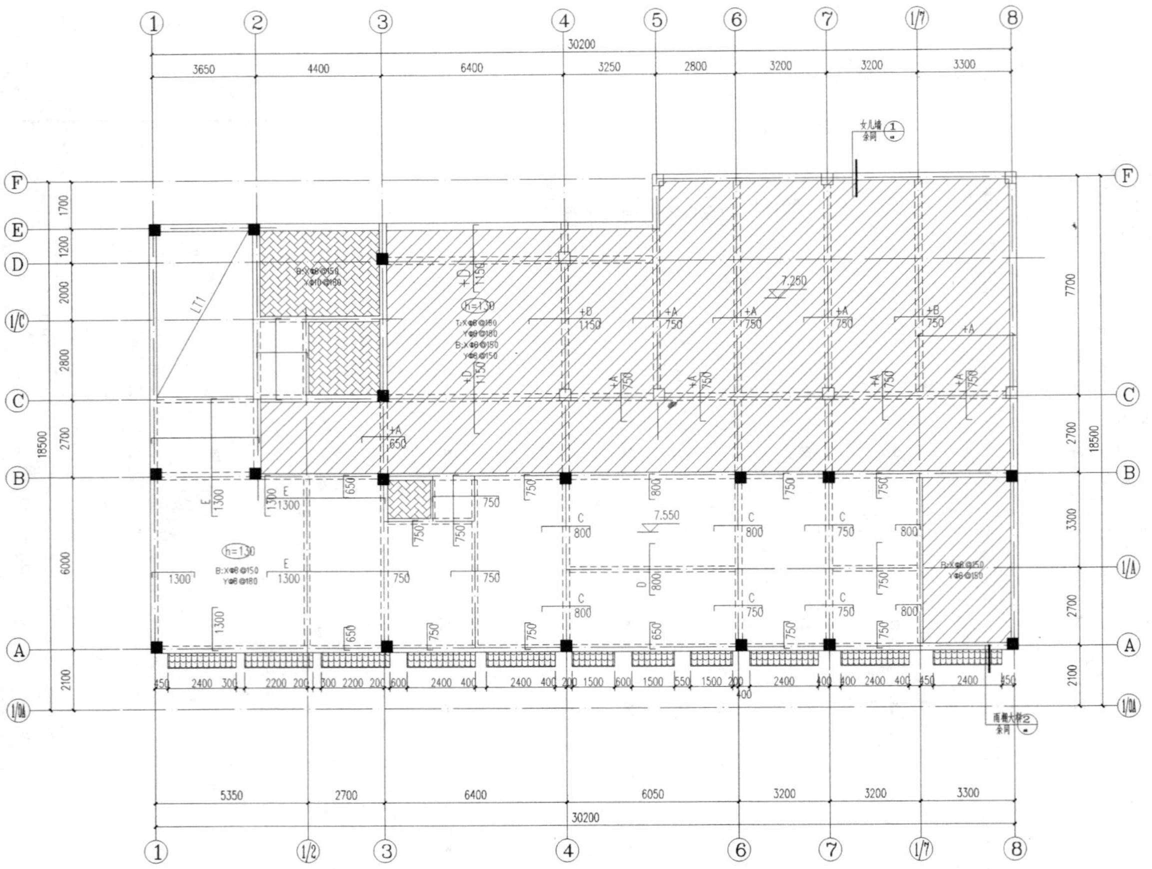

## 三层板配筋平面布置图 1:100

| 层号 | 楼层结构标高 $H_0$ | 层高(mm) | 梁板砼强度 | 柱砼强度 |
|---|---|---|---|---|
| 坡屋顶 | 14.400 | | C25 | |
| 闷顶层 | 11.150 | 3250 | C25 | C25 |
| 三层 | 7.550 | 3600 | C25 | C25 |
| 二层 | 3.950 | 3600 | C25 | C25 |
| 一层 | −0.050 | 4000 | C25 | C25 |

楼层结构标高

结构层高表

上部结构嵌固部位：基础顶

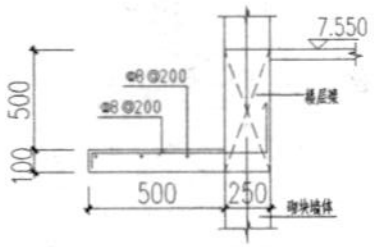

② 雨棚大样 1:25

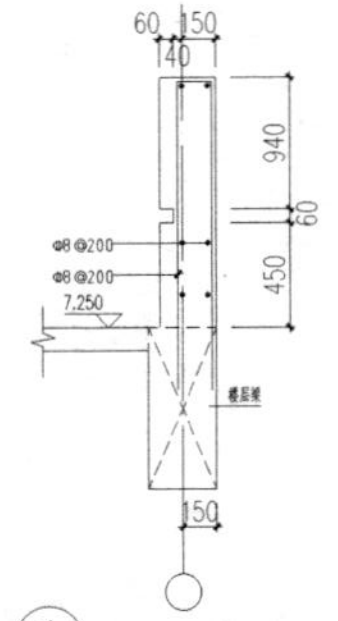

① 女儿墙大样图 1:25

未注明锚固长度均为 $L$。

结施-09

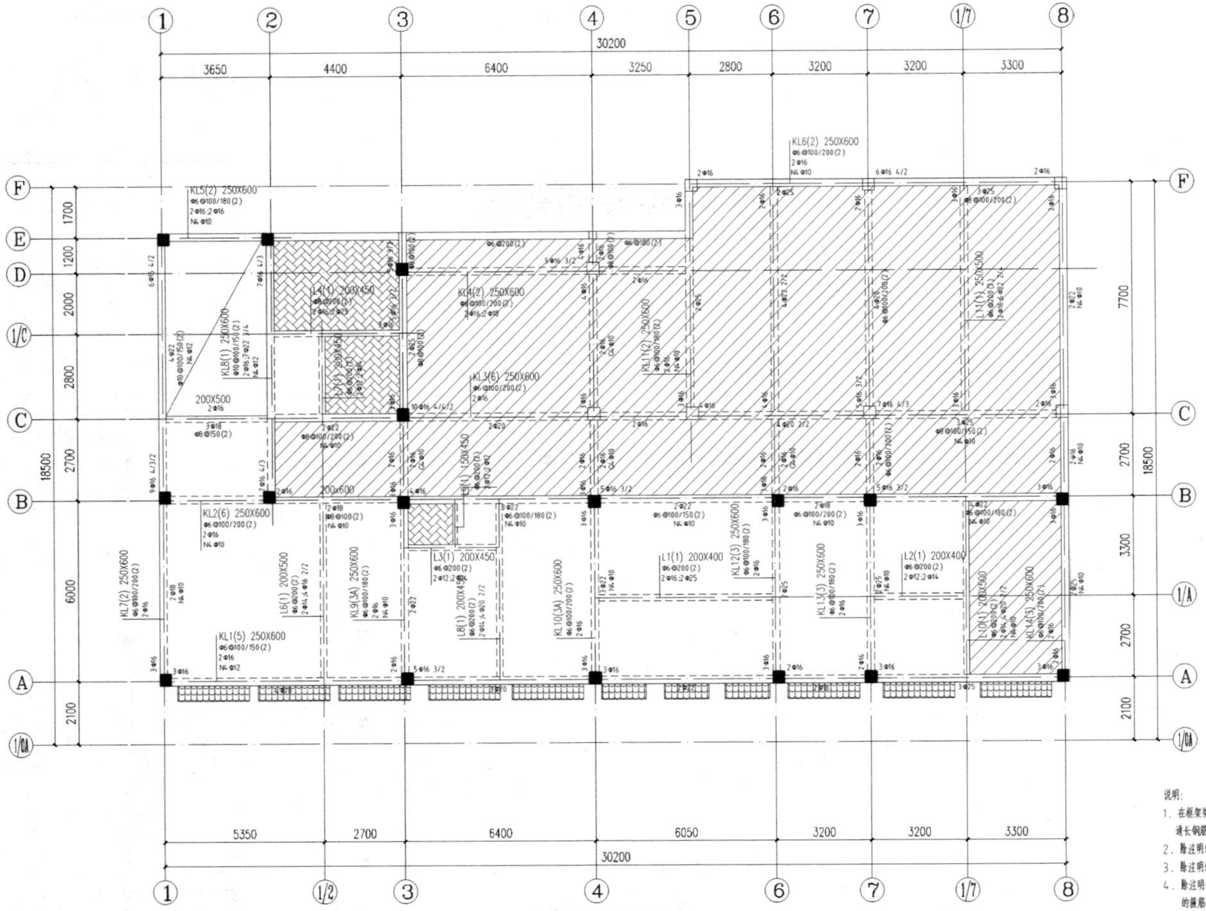


# 三层梁配筋平面布置图 1:100

| | | | | |
|---|---|---|---|---|
| 坡屋顶 | 14.400 | | C25 | |
| 阁顶层 | 11.150 | 3250 | C25 | C25 |
| 三层 | 7.550 | 3600 | C25 | C25 |
| 二层 | 3.950 | 3600 | C25 | C25 |
| 一层 | -0.050 | 4000 | C25 | C25 |
| 层号 | 楼层结构标高 $H_s$ | 层高(mm) | 梁板砼强度 | 柱砼强度 |

楼层结构标高

结构层高表

上部结构嵌固部位：基础顶

说明:

1. 在框架梁(编号为 KL,WKL)、次梁(编号为 L)配筋的标注中,当集中标注的上部通长钢筋与支座钢筋直径不同时,通长钢筋与支座钢筋按搭接连接,搭接长度应满足$L_e$。
2. 除注明外,梁腰筋设置均参见《结构设计总说明》。
3. 除注明外,主次梁交接处主梁之两侧各加设3×D@50附加箍筋。
4. 除注明外,框架梁(编号为 KL)一端与墙柱相连、另一端与梁相连时,与梁相连端的箍筋不需加密,该端纵筋可次梁构造要求施工。
5. 除注明外,次梁(编号为 L)一端与墙柱相连、另一端与梁相连时,与墙柱相连端箍筋加密为@100,该端纵筋须按框架梁构造要求施工。
6. 框架梁(编号为KL)的端支座为柱墙顶部时,梁端纵筋构造应按屋面框架梁构造要求施工。
7. 除特别注明外,次梁(编号为 L)配筋构造按充分利用钢筋的抗拉强度时的构造要求施工。
8. 梁的标高跟板配筋图填充范围标高一致。
9. 当图中未注明梁配筋的次梁,截面均为200×300,顶筋2Φ12,底筋2Φ12,箍筋Φ6@200。
10. 混凝土梁施工图平面表示方法和构造详见设计总说明和《国家建筑标准设计图集16G101-1》。

结施-10

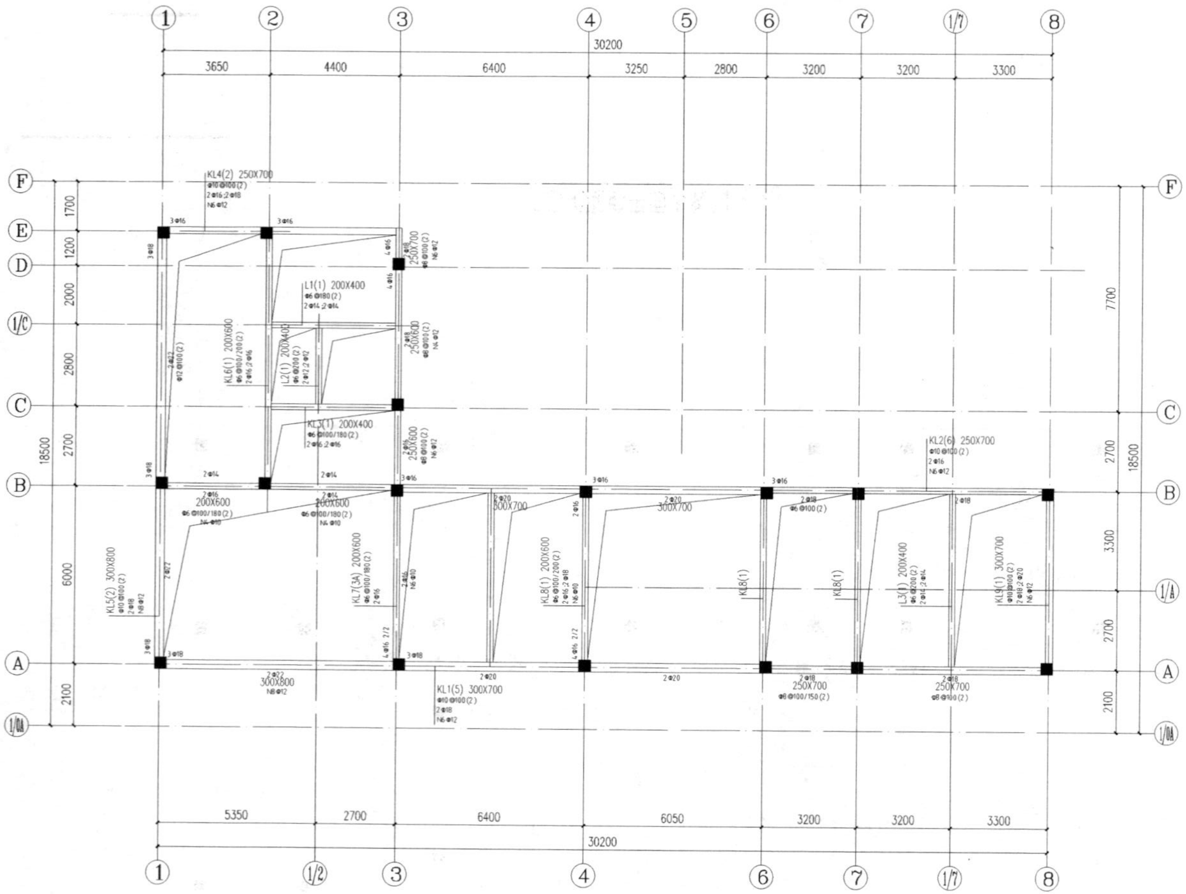


# 闷顶层梁配筋平面布置图 1:100

注:本层梁底标高均为10.550

| | | | | |
|---|---|---|---|---|
| 坡屋顶 | 14.400 | | C25 | |
| 闷顶层 | 11.150 | 3250 | C25 | C25 |
| 三层 | 7.550 | 3600 | C25 | C25 |
| 二层 | 3.950 | 3600 | C25 | C25 |
| 一层 | -0.050 | 4000 | C25 | C25 |
| 层号 | 楼层结构标高 $H_s$ | 层高(mm) | 梁板砼强度 | 柱砼强度 |

楼层结构标高

结构层高表

上部结构嵌固部位:基础顶

说明:

1. 在框架梁(编号为 KL,WKL)、次梁(编号为 L)配筋的标注中,当集中标注的上部通长钢筋与支座钢筋直径不同时,通长钢筋与支座钢筋按搭接连接,搭接长度应满足 $L_e$。
2. 除注明外,梁腰筋设置均参见《结构设计总说明》。
3. 除注明外,主次梁交接处主梁之两侧各加设3×D@50附加箍筋。
4. 除注明外,框架梁(编号为 KL)一端与墙柱相连、另一端与梁相连时,与梁相连端的箍筋不需加密,该端纵筋可次梁构造要求施工。
5. 除注明外,次梁(编号为 L)一端与墙柱相连、另一端与梁相连时,与墙柱相连端箍筋加密为@100,该端纵筋须按框架梁构造要求施工。
6. 框架梁(编号为KL)的端支座为柱墙顶部时,梁端纵筋构造应按屋面框架梁构造要求施工。
7. 除特别注明外,次梁(编号为 L)配筋构造按充分利用钢筋的抗拉强度时的构造要求施工。
8. 梁的标高跟板配筋图填充范围标高一致。
9. 当图中未注明梁配筋的次梁,截面均为200×300,顶筋2Φ12,底筋2Φ12,箍筋Φ6@200。
10. 混凝土梁施工图平面表示方法和构造详见设计总说明和《国家建筑标准设计图集16G101-1》。

结施-11

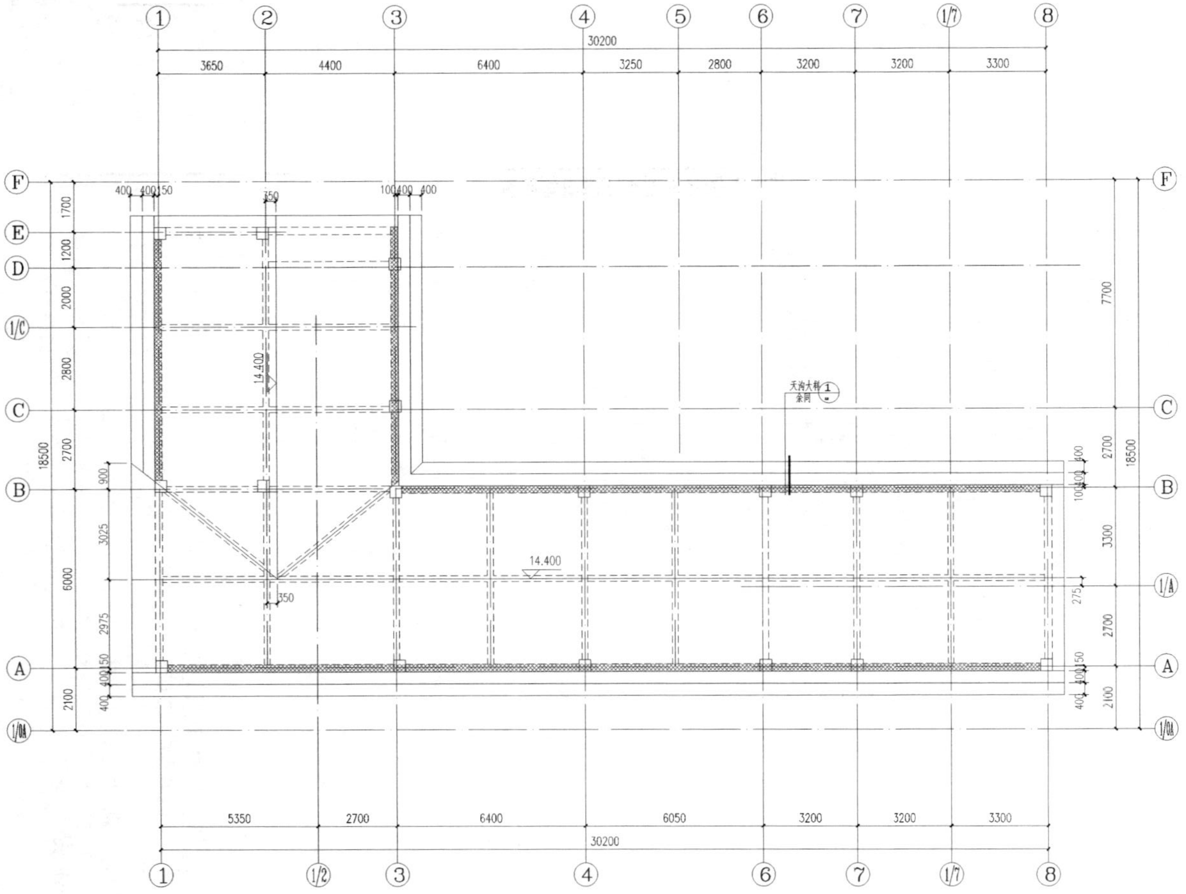


## 屋面层板配筋平面布置图 1:100

注:填充 ▨ 范围内梁柱顶标高与闷顶层同位置相同

板配筋说明:

1. 除注明外,梁中心线均与轴线对齐或梁边与轴线、墙、柱边平齐,梯梁定位详楼梯大样图。
2. 除注明外,板厚均为 $h$=120mm,配筋为Φ8 @200 双层双向;
   所示负筋凡带“+”的为附加负筋;
3. 除注明外,梁顶标高同相邻板面标高。当梁两侧板面有高差时,梁顶标高取高者。
4. 梁、板、墙上预留孔洞详见各设备专业施工图,施工时各专业应密切配合。
5. 栏杆等预埋件位置及详图见建施图。
6. 楼板内受力钢筋的分布钢筋设置详见《结构设计总说明》。
7. 板附加钢筋代号表:

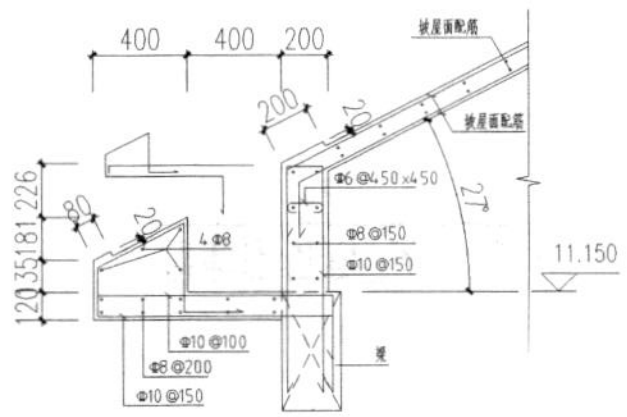


## 1 坡屋面天沟大样一 1:25

未注明锚固长度均为La
未注明配筋均为Φ6 @200

| | | | | |
|---|---|---|---|---|
| 坡屋顶 | 14.400 | | C25 | |
| 闷顶层 | 11.150 | 3250 | C25 | C25 |
| 三层 | 7.550 | 3600 | C25 | C25 |
| 二层 | 3.950 | 3600 | C25 | C25 |
| 一层 | −0.050 | 4000 | C25 | C25 |
| 层号 | 楼层结构标高 $H_i$ | 层高(mm) | 梁板砼强度 | 柱砼强度 |

楼层结构标高
结构层高表

上部结构嵌固部位 :基础顶

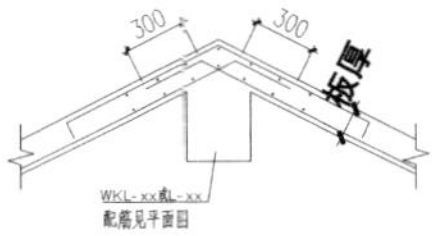


## 屋面板折角大样（一）

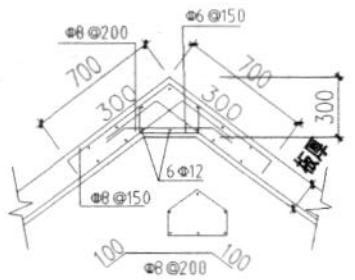


## 屋面板折角大样（二）

结施-12

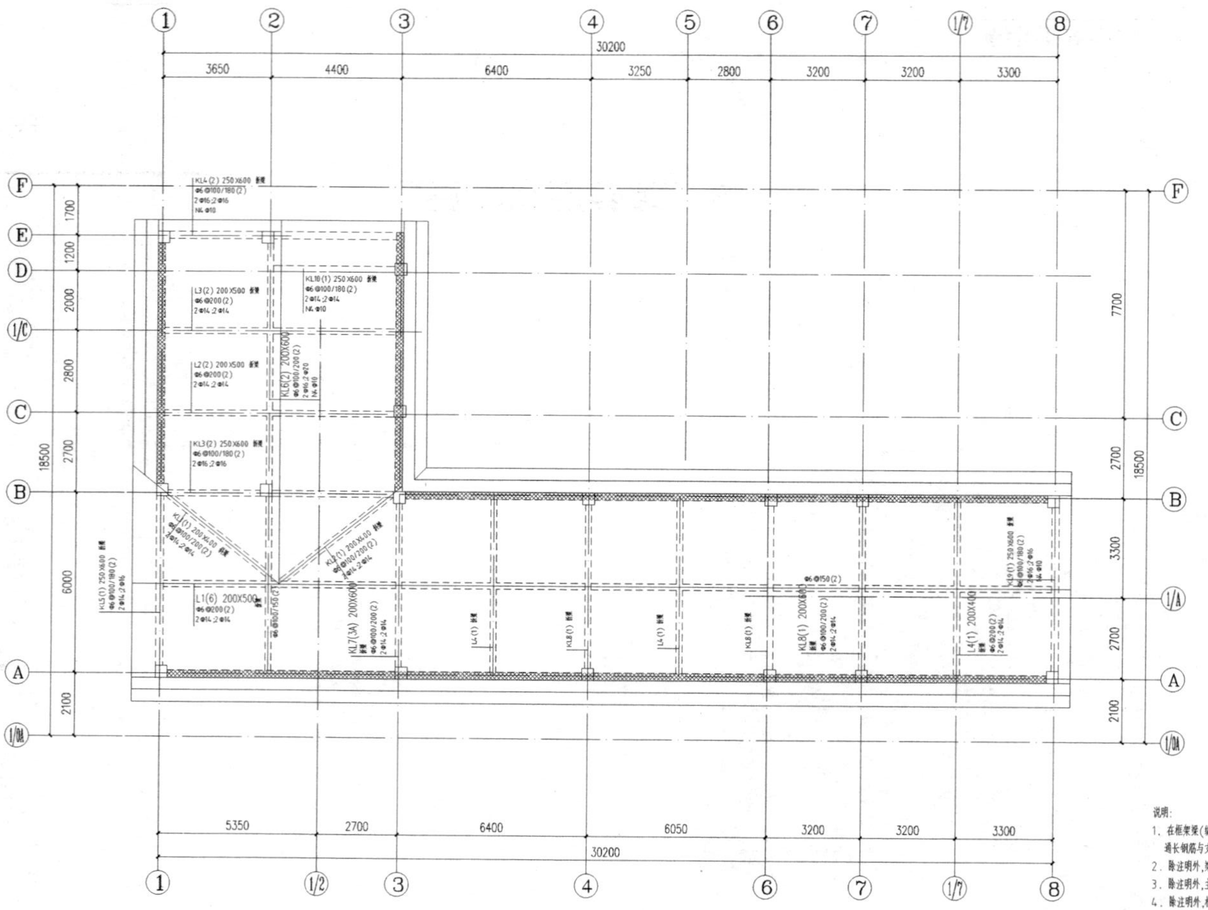


# 屋面层梁配筋平面布置图 1:100

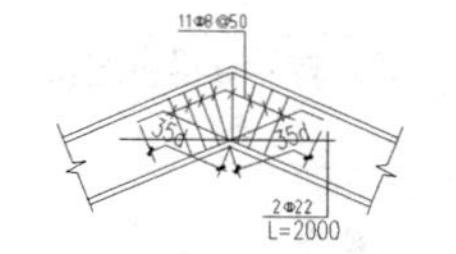


## 屋面梁折角大样（一）

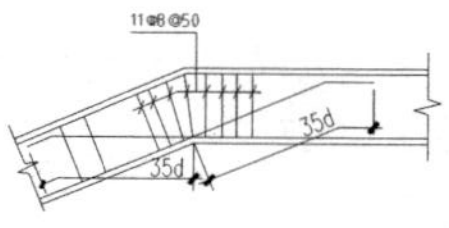


## 屋面梁折角大样（二）

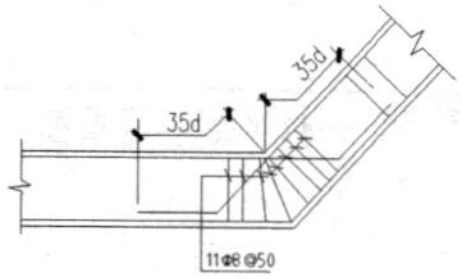


## 屋面梁折角大样（三）

| 层号 | 楼层结构标高 $H_0$ | 层高(mm) | 梁板砼强度 | 柱砼强度 |
|---|---|---|---|---|
| 坡屋顶 | 14.400 | | C25 | |
| 闷顶层 | 11.150 | 3250 | C25 | C25 |
| 三层 | 7.550 | 3600 | C25 | C25 |
| 二层 | 3.950 | 3600 | C25 | C25 |
| 一层 | -0.050 | 4000 | C25 | C25 |

楼层结构标高

结构层高表

上部结构嵌固部位：基础顶

说明:

1. 在框架梁(编号为 KL,WKL)、次梁(编号为 L)配筋的标注中,当集中标注的上部通长钢筋与支座钢筋直径不同时,通长钢筋与支座钢筋按搭接连接,搭接长度应满足 $L_e$。
2. 除注明外,梁腰筋设置均参见《结构设计总说明》。
3. 除注明外,主次梁交接处主梁之两侧各加设3×D@50附加箍筋。
4. 除注明外,框架梁(编号为 KL)一端与墙柱相连、另一端与梁相连时,与梁相连端的箍筋不需加密,该端纵筋可次梁构造要求施工。
5. 除注明外,次梁(编号为 L)一端与墙柱相连、另一端与梁相连时,与墙柱相连端箍筋加密为@100,该端纵筋须按框架梁构造要求施工。
6. 框架梁(编号为KL)的端支座为柱墙顶部时,梁端纵筋构造应按屋面框架梁构造要求施工。
7. 除特别注明外,次梁(编号为 L)配筋构造按充分利用钢筋的抗拉强度时的构造要求施工。
8. 梁的标高跟板配筋图填充范围标高一致。
9. 当图中未注明梁配筋的次梁,截面均为200×300,顶筋2⌀12,底筋2⌀12,箍筋⌀6@200。
10. 混凝土梁施工图平面表示方法和构造详见设计总说明和《国家建筑标准设计图集16G101-1》。

结施-13

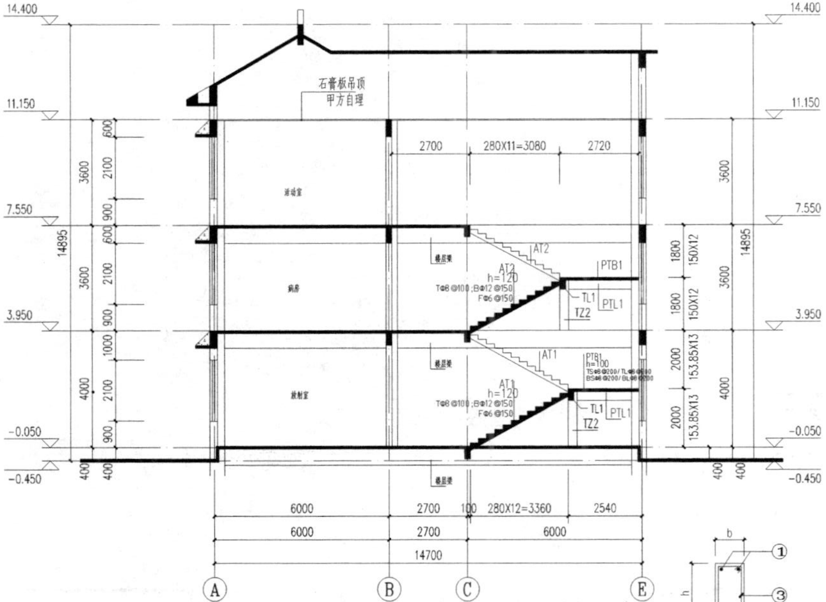


LT1 1-1剖面图 1:100

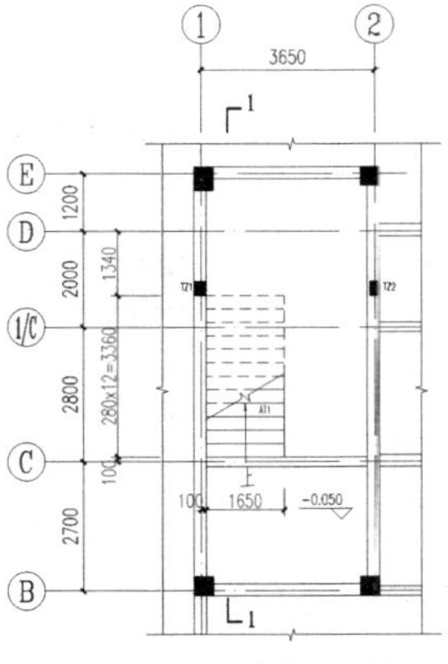


LT1 一层结构平面图 1:100

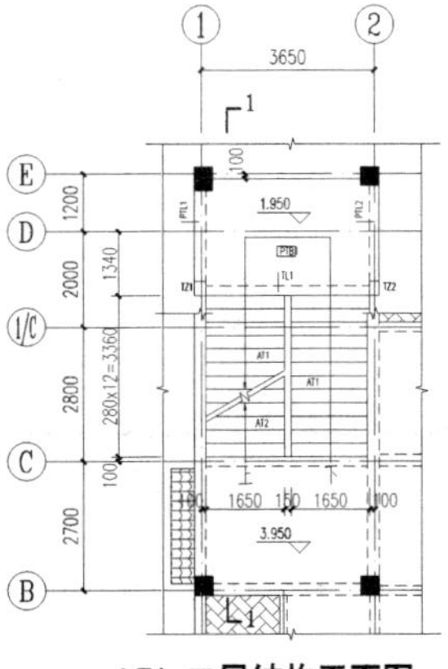


LT1 二层结构平面图 1:100

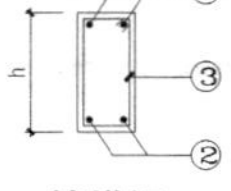


楼梯梁 1:20

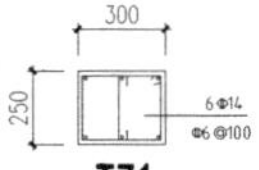


TZ1

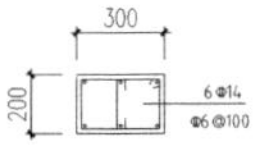


TZ2

楼梯梁配筋表

| 楼梯梁编号 | 截面 b×h | 面筋① | 底筋② | 箍筋③ |
|---|---|---|---|---|
| TL1 | 200x400 | 2⊕16 | 3⊕16 | ⊕8@150(2) |
| PTL1 | 250x400 | 2⊕16 | 2⊕16 | ⊕6@100(2) |
| PTL2 | 200x400 | 2⊕16 | 2⊕16 | ⊕6@100(2) |

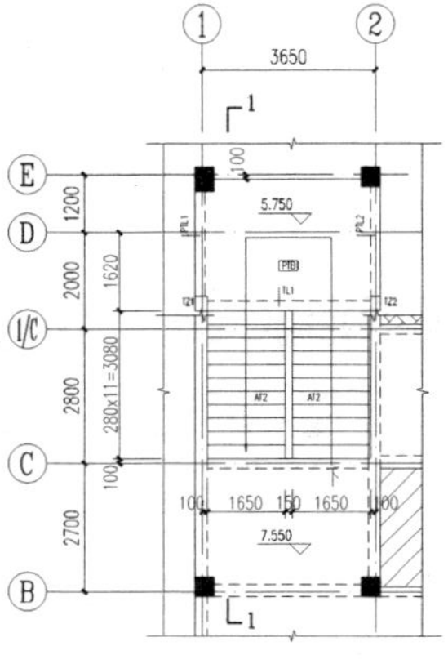


LT1 三层结构平面图 1:100

说明:

1. 本楼梯大样应配合各楼层结构平面图及建施楼梯大样使用,栏板(杆)构造及安装联结预埋件等详见建施详图,配合施工。
2. 楼梯配筋表示方法所对应之构造详图详见《国标图集 16G101-2》。
3. 《国标图集 16G101-2》中,楼梯板支座上部纵筋均取板下部纵筋的 1/2,为了方便施工和避免理解错误,本图将支座上部纵筋也详细注出,故楼梯板配筋表示方法与图集相比略有不同。楼梯板集中标注中将支座上部纵筋前加字母 "T"、下部纵筋前加字母"B",例如:某楼梯板支座上部纵筋为 ⊕10@200、下部纵筋为 ⊕12@150,则表示为: T⊕10@200;B⊕12@150。配筋构造仍参见《国标图集 16G101-2》。
4. 平台板(PTB*)配筋中:
   平行于梯板方向:板面支座负筋前加字母"TS",板底筋前加字母"BS";
   垂直于梯板方向:板面支座负筋前加字母"TL",板底筋前加字母"BL";
   配筋构造仍参见《国标图集 16G101-2》。
5. 在平台板与梯板交界处,当平台板负筋与梯板负筋配筋相同时,负筋可拉通布置。
6. 本图所注标高均为结构标高。
7. 未注明的梯板、平台板分布钢筋均为 ⊕6@200。
8. 楼梯构件混凝土强度等级均为同该楼层混凝土强度等级。
9. 图中未表示的梁均为楼层梁,详各楼层梁配筋图。

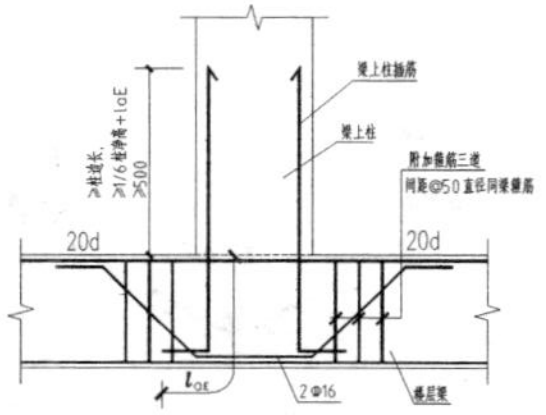


梁上梯柱加强节点图

结施-14

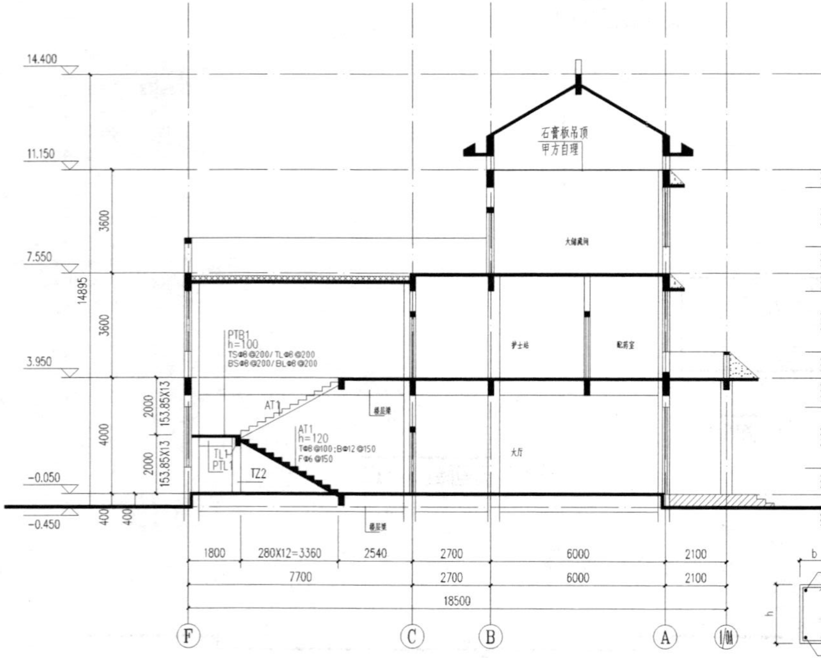


## LT2 1-1剖面图 1:100

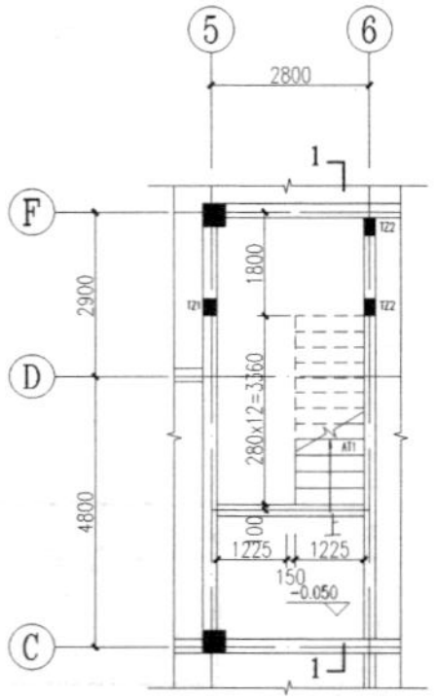


## LT2 一层结构平面图 1:100

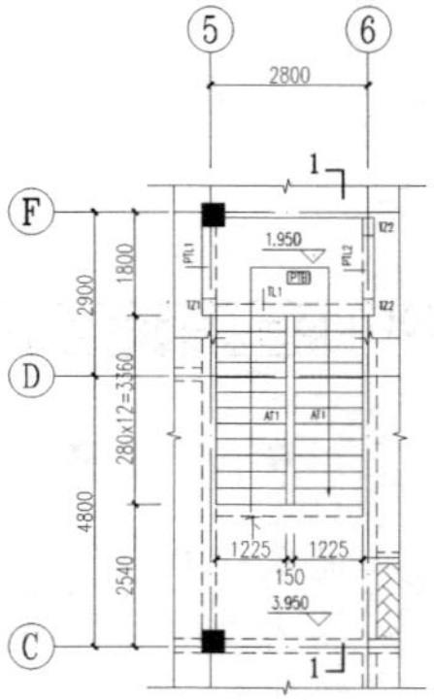


## LT2 二层结构平面图 1:100

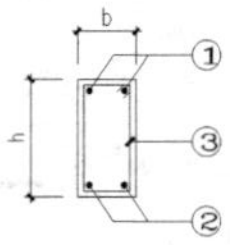


## 楼梯梁 1:20

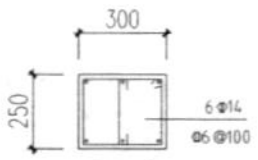


## TZ1

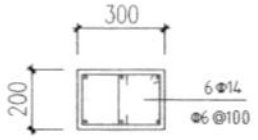


## TZ2

说明:

1. 本楼梯大样应配合各楼层结构平面图及建施楼梯大样使用,栏板(杆)构造及安装联结预埋件等详见建施详图,配合施工。
2. 楼梯配筋表示方法所对应之构造详图详见《国标图集 16G101-2》。
3. 《国标图集 16G101-2》中,楼梯板支座上部纵筋均取板下部纵筋的 1/2,为了方便施工和避免理解错误,本图将支座上部纵筋也详细注出,故楼梯板配筋表示方法与图集相比略有不同。楼梯板集中标注中将支座上部纵筋前加字母 "T"、下部纵筋前加字母"B",例如:某梯板支座上部纵筋为 ⌀10@200、下部纵筋为 ⌀12@150,则表示为:T⌀10@200;B⌀12@150。配筋构造仍参见《国标图集 16G101-2》。
4. 平台板(PTB*)配筋中:
   平行于梯板方向:板面支座负筋前加字母"TS",板底筋前加字母"BS";
   垂直于梯板方向:板面支座负筋前加字母"TL",板底筋前加字母"BL";
   配筋构造仍参见《国标图集 16G101-2》。
5. 在平台板与梯板交界处,当平台板负筋与梯板负筋配筋相同时,负筋可拉通布置。
6. 本图所注标高均为结构标高。
7. 未注明的梯板、平台板分布钢筋均为 ⌀6@200。
8. 楼梯构件混凝土强度等级均为同该楼层混凝土强度等级。
9. 图中未表示的梁均为楼层梁,详各楼层梁配筋图。

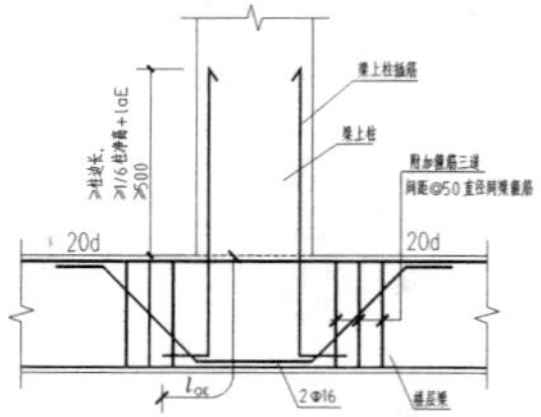


## 梁上梯柱加强节点图

楼梯梁配筋表

| 楼梯梁编号 | 截面 b×h | 面筋① | 底筋② | 箍筋③ |
|---|---|---|---|---|
| TL1 | 200x400 | 2⌀16 | 3⌀16 | ⌀8@150(2) |
| PTL1 | 250x400 | 2⌀16 | 2⌀16 | ⌀6@100(2) |
| PTL2 | 200x400 | 2⌀16 | 2⌀16 | ⌀6@100(2) |

# 参考文献


［1］ 龙敬庭. 建筑工程概(预)算[M]. 武汉:武汉理工大学出版社,2008.

［2］ 梁红宁. 建筑工程概预算[M]. 广州:华南理工大学出版社,2002.

［3］ 张建平. 工程估价[M]. 北京:科学出版社,2006.

［4］ 沈祥华. 建筑工程概预算[M]. 4 版. 武汉:武汉理工大学出版社,2013.

［5］ 刘富勤. 工程量清单的编制与投标报价[M]. 北京:北京大学出版社,2006.

［6］ 李玉芬. 建筑工程概预算[M]. 北京:机械工业出版社,2008.

［7］ 方俊. 工程估价[M]. 武汉:武汉理工大学出版社,2008.

［8］ 李立新. 工程估价[M]. 杭州:浙江大学出版社,2008.

［9］ 王朝霞. 建筑定额与计价[M]. 北京:中国电力出版社,2004.

［10］ 李佐华. 建筑工程计量与计价[M]. 北京:高等教育出版社,2005.

［11］ 张毅. 装饰装修工程概预算与工程量清单计价[M]. 哈尔滨:哈尔滨工业大学出版社,2010.

［12］ 朱艳. 建筑装饰工程概预算教程[M]. 北京:中国建材工业出版社,2004.

［13］ 陈英. 建筑工程概预算[M]. 2 版. 武汉:武汉理工大学出版社,2014.

［14］ 杨会云. 建筑工程计量与计价[M]. 北京:科学出版社,2010.

［15］ 袁建新. 施工图预算与工程造价控制[M]. 北京:中国建筑工业出版社,2008.

［16］ 吴贤国. 建筑工程概预算[M]. 北京:中国建筑工业出版社,2007.

［17］ 北京广联达慧中软件技术有限公司专家顾问委员会. 建设工程招标投标实战操作案例[M]. 北京:中国建材出版社,2004.

［18］ 中华人民共和国住房和城乡建设部. 建设工程工程量清单计价规范:GB 50500—2013[S]. 北京:中国计划出版社,2013.

［19］ 中华人民共和国住房和城乡建设部. 房屋建筑与装饰工程工程量计算规范:GB 50854—2013[S]. 北京:中国计划出版社,2013.

［20］ 建设工程计价计量规范辅导(2013). 北京:中国计划出版社,2013.

［21］ 湖北省建设工程标准定额管理总站. 湖北省房屋建筑与装饰工程消耗量定额及基价表(2018). 武汉:长江出版社,2018.

［22］ 湖北省建设工程标准定额管理总站. 湖北省建设工程公共专业消耗量定额及基价表(2018). 武汉:长江出版社,2018.

［23］ 湖北省建设工程标准定额管理总站. 湖北省建筑安装工程费用定额(2018). 武汉:长江出版社,2018.

［24］ 全国造价工程师执业资格考试培训教材编审组. 建设工程计价. 北京:中国计划出版社,2013.

［25］ 广联达服务新干线. 广联达钢筋抽样软件 GGJ2009 教程. 北京:中国建材工业出版社,2009.

［26］ 中国建筑标准设计研究院. 混凝土结构施工图平面整体表示方法制图规则和构造图(22G101-1,22G101-2,22G101-3). 北京:中国标准出版社,2022.

［27］ 湖北省建设工程造价管理总站. 建筑工程计量与计价[M]. 武汉:长江出版社,2010.